GAOPIN KAIGUAN DIANYUAN
JISHU JI YINGYONG

高频开关电源技术及应用

张颖超　杨贵恒　李 龙　曹均灿　金丽萍　编著

化学工业出版社
·北京·

内 容 提 要

本书首先对开关电源的基本概念、主要技术及其应用、主要技术要求及其性能指标测试作了简要综述；其次介绍了开关电源常用的无源器件、常用电力电子器件、功率变换电路、辅助电路和常用 PWM 集成控制器；然后详细阐述了现代开关电源关键技术（功率因数校正技术、软开关技术、同步整流技术、并联均流技术）以及开关电源设计实例；最后一章结合全国各通信局（站）典型高频开关电源系统，详细介绍了其系统组成与工作原理、操作使用与参数设置以及维护管理等方面的内容，对各通信局（站）通信电源使用、维修与管理人员有指导作用。

本书内容丰富、语言通俗，具有较强的实用性与可操作性，可供从事开关电源设计、生产、调试、使用与维修的工程技术人员阅读，也可供普通高等院校电气工程、自动化、通信工程以及高等职业院校通信系统运行管理、发电与供电技术、通信电源等相关专业的师生参考。

图书在版编目（CIP）数据

高频开关电源技术及应用/张颖超等编著 . —北京：
化学工业出版社，2020.4
ISBN 978-7-122-36164-6

Ⅰ.①高… Ⅱ.①张… Ⅲ.①开关电源 Ⅳ.①TN91

中国版本图书馆 CIP 数据核字（2020）第 023432 号

责任编辑：高墨荣   文字编辑：陈 喆
责任校对：刘 颖   装帧设计：王晓宇

出版发行：化学工业出版社（北京市东城区青年湖南街 13 号   邮政编码 100011）
印   装：大厂聚鑫印刷有限责任公司
787mm×1092mm   1/16   印张 24¾   字数 657 千字   2020 年 7 月北京第 1 版第 1 次印刷

购书咨询：010-64518888   售后服务：010-64518899
网   址：http://www.cip.com.cn
凡购买本书，如有缺损质量问题，本社销售中心负责调换。

定   价：98.00 元

前　言

任何电器和电气设备正常工作都离不开电源供电。开关电源由于具有体积小、重量轻、耗能低和使用方便等一系列优点，故在邮电通信、航空航天、仪器仪表、医疗器械和家用电器等领域得到了广泛应用。

目前，工作效率、开关损耗和功率因数是开关电源设计、生产和使用过程中需要高度重视的问题。这一方面是节能的要求，另一方面是使开关电源可靠工作、提高开关电源抗干扰能力和改善开关电源对外干扰的要求，而要满足以上有关技术要求，离不开一些新技术的推出，例如有源功率因数校正技术、软开关技术、同步整流技术等，为制造出满足以上技术要求的新型开关电源产品提供了可能。新技术的推出改善了开关电源产品的性能和质量，也极大地方便了人们的生活，改善了人们的生活质量。直流大电流输出的开关电源在通信系统中得到了广泛的应用，并联均流技术是一个很好的应用实例，为实现大电流输出电源产品的模块化提供了可能。

全书共分9章，第1章对开关电源的基本概念、主要技术及其应用、主要技术要求及其性能指标测试作了简要综述；第2～6章分别介绍了开关电源常用的无源器件、常用电力电子器件、功率变换电路、辅助电路和常用PWM集成控制器；第7章和第8章详细阐述了现代开关电源关键技术（功率因数校正技术、软开关技术、同步整流技术、并联均流技术）以及开关电源设计实例；第9章结合全国各通信局（站）典型高频开关电源系统，详细介绍了其系统组成与工作原理、操作使用与参数设置以及维护管理等方面的内容，对各通信局（站）通信电源使用、维修与管理人员具有直接性的指导作用。

本书由张颖超、杨贵恒、李龙、曹均灿、金丽萍编著。在编写过程中，甘剑锋、詹天文、文武松、聂金铜、阮喻、杨科目、雷绍英、李光兰、温中珍、杨楚渝、杨昆明、杨胜、邓红梅、杨沙沙、杨洪、汪二亮、杨蕾、杨新等做了大量的资料搜集整理工作并提出了许多宝贵的修改意见，在此表示衷心感谢！

本书内容丰富、语言通俗，具有较强的实用性与可操作性，可供从事开关电源设计、生产、调试、使用与维修的工程技术人员阅读，也可供普通高等院校电气工程、自动化、通信工程以及高等职业院校通信系统运行管理、发电与供电技术、通信电源等相关专业的师生参考。

随着开关电源技术的快速发展，现代电源新理论与新技术不断涌现，由于时间仓促，加之水平有限，书中难免有疏漏和不妥之处，恳请广大读者批评指正。

编著者

目　录

第1章　绪论 001

1.1　概述 001
1.1.1　开关电源的定义 002
1.1.2　开关电源的分类 002
1.1.3　开关电源结构图 002
1.2　开关电源主要技术及其应用 005
1.2.1　开关电源的主要技术 005
1.2.2　开关电源的发展趋势 010
1.2.3　开关电源的应用领域 012
1.3　开关电源主要技术要求 013
1.3.1　使用性能要求 013
1.3.2　电气性能指标 014
1.3.3　安全性能 016
1.3.4　环境适应性 017
1.4　开关电源主要性能指标测试 017
1.4.1　电气性能试验 018
1.4.2　安全性能试验 025
1.4.3　音响噪声试验 027
习题与思考题 028

第2章　常用无源器件 029

2.1　电阻器 029
2.1.1　普通电阻器 029
2.1.2　电位器 035
2.1.3　特殊电阻器 042
2.2　电容器 048
2.2.1　电容器基本知识 048
2.2.2　常用电容器 052
2.2.3　电容器的检测 059
2.3　电感器和变压器 062

2.3.1　电感器 ……………………………………………………………… 062

2.3.2　变压器 ……………………………………………………………… 070

2.3.3　互感器 ……………………………………………………………… 079

习题与思考题 ……………………………………………………………… 081

第3章　常用电力电子器件　082

3.1　电力二极管 …………………………………………………………… 083

3.1.1　工作原理 …………………………………………………………… 083

3.1.2　伏安特性 …………………………………………………………… 084

3.1.3　主要参数 …………………………………………………………… 084

3.1.4　主要类型 …………………………………………………………… 085

3.1.5　检测方法 …………………………………………………………… 086

3.2　电力晶体管 GTR ……………………………………………………… 087

3.2.1　工作原理 …………………………………………………………… 087

3.2.2　基本类型 …………………………………………………………… 088

3.2.3　特性参数 …………………………………………………………… 089

3.3　功率场效应晶体管 MOSFET …………………………………………… 093

3.3.1　工作原理 …………………………………………………………… 093

3.3.2　主要特性 …………………………………………………………… 094

3.3.3　主要参数 …………………………………………………………… 095

3.3.4　检测方法 …………………………………………………………… 097

3.4　绝缘栅双极晶体管 IGBT ……………………………………………… 098

3.4.1　工作原理 …………………………………………………………… 098

3.4.2　基本特性 …………………………………………………………… 099

3.4.3　擎住效应 …………………………………………………………… 101

3.4.4　主要参数 …………………………………………………………… 101

3.4.5　安全工作区 ………………………………………………………… 102

3.4.6　检测方法 …………………………………………………………… 102

3.5　电力电子器件的驱动电路 ……………………………………………… 103

3.5.1　驱动电路的要求 …………………………………………………… 103

3.5.2　直接（非隔离）驱动电路 ………………………………………… 104

3.5.3　隔离驱动电路 ……………………………………………………… 108

习题与思考题 ……………………………………………………………… 112

第4章　功率变换电路　113

4.1　整流与滤波电路 ……………………………………………………… 113

4.1.1　单相不可控整流电路 ……………………………………………… 113

4.1.2　三相不可控整流电路 ……………………………………………… 121

4.1.3　滤波电路 …………………………………………………………… 129

4.2　非隔离型直流变换电路 ………………………………………………… 136

4.2.1　降压式直流变换电路 ……………………………………………… 136

　　　4.2.2　升压式直流变换电路 ·· 143

　　　4.2.3　反相式直流变换电路 ·· 145

　　4.3　隔离型直流变换电路 ··· 146

　　　4.3.1　单端反激式直流变换电路 ·· 147

　　　4.3.2　单端正激式直流变换电路 ·· 152

　　　4.3.3　推挽式直流变换电路 ·· 155

　　　4.3.4　全桥式直流变换电路 ·· 159

　　　4.3.5　半桥式直流变换电路 ·· 162

　　习题与思考题 ··· 165

第 5 章　辅助电路　166

　　5.1　辅助电源电路 ··· 166

　　　5.1.1　串联线性调整型稳压电源电路 ·· 166

　　　5.1.2　小功率开关稳压电源电路 ·· 168

　　5.2　保护电路 ··· 170

　　　5.2.1　过流保护电路 ·· 170

　　　5.2.2　过压保护电路 ·· 173

　　　5.2.3　欠压保护电路 ·· 175

　　　5.2.4　过热保护电路 ·· 176

　　5.3　其他辅助电路 ··· 178

　　　5.3.1　软启动电路 ·· 178

　　　5.3.2　尖峰吸收电路 ·· 181

　　　5.3.3　信号取样电路 ·· 184

　　习题与思考题 ··· 187

第 6 章　常用 PWM 集成控制器　188

　　6.1　电压型 PWM 集成控制器 ·· 189

　　　6.1.1　基本组成、型号及特点 ·· 189

　　　6.1.2　SG3525A PWM 控制器 ·· 189

　　　6.1.3　TL494 PWM 控制器 ·· 195

　　6.2　电流型 PWM 集成控制器 ·· 203

　　　6.2.1　工作原理、型号及特点 ·· 203

　　　6.2.2　UC3842 PWM 控制器 ··· 205

　　　6.2.3　UC3846/UC3847 PWM 控制器 ·· 212

　　6.3　移相式全桥 PWM 集成控制器 ·· 218

　　　6.3.1　型号及其特点 ·· 218

　　　6.3.2　UC3875 移相式集成控制器 ·· 219

　　　6.3.3　UC3879 移相式集成控制器 ·· 222

　　　6.3.4　UC3879 与 UC3875 的比较 ·· 224

　　习题与思考题 ··· 225

7.1　功率因数校正技术及应用 ·· 226
　7.1.1　功率因数的定义 ··· 227
　7.1.2　传统开关电源所存在的问题 ·· 227
　7.1.3　功率因数校正方法 ·· 228
　7.1.4　功率因数控制器举例 ·· 233
7.2　软开关技术及应用 ··· 238
　7.2.1　脉冲频率调制型软开关变换器 ·· 238
　7.2.2　脉冲宽度调制型软开关变换器 ·· 245
　7.2.3　移相控制软开关变换器 ·· 252
7.3　同步整流技术及其应用 ··· 272
　7.3.1　自驱动同步整流技术 ·· 272
　7.3.2　辅助绕组驱动同步整流技术 ·· 273
　7.3.3　有源钳位同步整流技术 ·· 273
　7.3.4　电压外驱动同步整流技术 ·· 274
　7.3.5　应用谐振技术的软开关同步整流技术 ·· 275
　7.3.6　正激有源钳位电路的外驱动软开关同步整流技术 ·································· 275
7.4　并联均流技术及其应用 ··· 276
　7.4.1　串接均流电阻法 ··· 277
　7.4.2　主从均流法 ··· 279
　7.4.3　平均电流自动均流法 ·· 279
　7.4.4　最大电流自动均流法 ·· 281
　7.4.5　热应力自动均流法 ·· 282
习题与思考题 ··· 283

8.1　48V/5A 开关电源实例剖析 ·· 285
　8.1.1　电路组成 ··· 285
　8.1.2　工作原理 ··· 285
　8.1.3　常见故障检修 ··· 289
8.2　反激式同步整流 5V/3A 适配器实例剖析 ··· 298
　8.2.1　常用原边反馈控制芯片 ·· 298
　8.2.2　常用同步整流控制器 ·· 301
　8.2.3　设计调试与典型波形 ·· 306
8.3　48V/20A 通信用开关电源实例剖析 ·· 310
　8.3.1　交错 PFC 原理及控制芯片 ·· 310
　8.3.2　ZVS 移相全桥变换器原理及控制芯片 ·· 313
　8.3.3　电路设计 ··· 317
　8.3.4　参数计算 ··· 321
　8.3.5　调试步骤与典型波形 ·· 324

8.4 模块化直流操作电源实例剖析 ……………………………………………… 326
　　8.4.1 主电路结构与原理 ……………………………………………… 326
　　8.4.2 控制和保护电路 ……………………………………………… 327
　　8.4.3 电路参数设计 ……………………………………………… 330
　　8.4.4 并联均流电路设计 ……………………………………………… 332
　　8.4.5 热插拔和故障退出电路 ……………………………………………… 332
习题与思考题 ……………………………………………… 333

第9章　典型高频开关电源系统　334

9.1 系统概述 ……………………………………………… 334
　　9.1.1 外形结构 ……………………………………………… 334
　　9.1.2 系统配置 ……………………………………………… 335
　　9.1.3 主要特点 ……………………………………………… 335
9.2 工作原理 ……………………………………………… 336
　　9.2.1 系统原理框图 ……………………………………………… 336
　　9.2.2 交流配电单元 ……………………………………………… 336
　　9.2.3 直流配电单元 ……………………………………………… 337
　　9.2.4 整流器单元 ……………………………………………… 339
　　9.2.5 监控单元 ……………………………………………… 344
9.3 操作使用 ……………………………………………… 347
　　9.3.1 开关机步骤 ……………………………………………… 348
　　9.3.2 操作菜单介绍 ……………………………………………… 349
　　9.3.3 运行信息查阅 ……………………………………………… 350
　　9.3.4 系统参数设置 ……………………………………………… 355
　　9.3.5 日常操作 ……………………………………………… 363
9.4 维护管理 ……………………………………………… 365
　　9.4.1 日常维护 ……………………………………………… 365
　　9.4.2 告警分析与处理 ……………………………………………… 368
　　9.4.3 常见故障检修 ……………………………………………… 384
习题与思考题 ……………………………………………… 386

参考文献　388

第1章
绪 论

电源是指能产生电能或进行电能变换可供人们使用的装置。根据能量来源不同，通常将其分为三类：①把其他形式的能转换为电能，如火力、水力、风力、太阳能、核能以及自备内燃发电机组发电等，通常称这种电源为一次电源或发电设备（即供电电源，俗称市电电网或备用电站）；②在电能传递过程中，在供电电源与负载之间对电能进行变换或稳定处理，通常称这种电源为二次电源、功率变换电源、电能变换设备或电力电子电源（即对已有的电源进行控制）等；③平时把能量以某种形式储存起来，使用时将其转换为电能供给负载，目前利用最多的储存形式是化学能，与其对应的装置称为化学电源，其典型装置是各种蓄电池。本书主要讲述第二种形式的电源：电力电子电源的典型代表——开关电源。

1.1　概述

首先，我们借助日常生活中的一个例子——笔记本电脑及其适配器（如图1-1所示）来阐述开关电源的作用，即为什么要用适配器，笔记本电脑才能工作。

图1-1　笔记本电脑及其适配器

如果用电池给笔记本电脑供电，供电的时间是有限的，电池电量用完了，计算机就不能工作，下次要用电池给计算机供电，怎么办？适配器的作用之一：给电池充电。适配器的额定输入电压为 AC 220V，而电池电压为 DC 19V，也就是说 AC 220V 经过适配器变换得到 DC 19V 之后才能给电池充电。

如果不用电池给笔记本电脑供电，直接用适配器给笔记本电脑供电，那么 AC 220V 经过适配器变换得到 DC 19V，才能给笔记本电脑供电。若笔记本电脑工作需要消耗 40W（输出 19V/2.1A）的能量，假设整个电路的效率为 80%，那么输入端需要 50W 的能量经过适配器传递给笔记本电脑。适配器的作用之二：把交流 AC 220V 变换成笔记本电脑工作时需要的 DC 19V 和传递能量。

1.1.1　开关电源的定义

在有些情况下，发电设备或化学电源作为电源，不能直接给用电设备供电。例如，当用电设备工作时需要的电压与其电源电压不一致时，供电电源必须经过转换才能得到用电设备所需要的电压，其功率变换结构框图如图 1-2 所示。

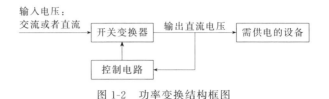

图 1-2　功率变换结构框图

从广义上说，凡是采用电力电子器件作为开关管，通过对开关管的开通与关断控制，将一种电能形态转换成为另一种电能形态的装置，即称为开关变换器。以开关变换器为主要组成部分，用闭环自动控制来稳定输出电压，并在电路中加入保护环节的电源，叫做开关电源（Switching Mode Power Supply，SMPS；Switching Power Supply，SPS）。由此可知，开关变换器（亦称为电力电子变换器）是开关电源转换的核心，可能涉及电压或频率的转换，是开关电源主电路的主要组成部分。

1.1.2　开关电源的分类

开关电源是现代电子电器和电子设备（如电视机、电子计算机、测试仪器、生物医学仪器等）的心脏和动力。现代开关电源分为直流开关电源和交流开关电源两类，前者输出质量较高的直流电，后者输出质量较高的交流电。根据开关变换器转换电能的种类不同，可将开关变换器分为四种类型：

① 直流-直流（DC-DC）变换器　是将一种直流电能转换成另一种或多种电压直流电能的变换器，是直流开关电源的主要部件；

② 逆变器（DC-AC 变换器）　是将直流电转换为交流电的电能变换器，是交流开关电源和交流不间断电源（UPS）的主要部件；

③ 整流器（AC-DC 变换器）　是将交流电转换为一种或多种电压直流电能的变换器，通常又称为离线式开关变换器（Off-line Switching Converter，所谓离线并不是变换器与市电线路无关的意思，只是变换器中因有高频变压器隔离，使输出的直流与市电隔离，所以称其为离线式开关变换器）；

④ 交-交（AC-AC）变频器　是将一种频率的交流电直接转换为另一种恒定频率或可变频率的交流电，或是将变频交流电直接转换为恒频交流电的电能变换器。

这四类变换器可以是单向变换的，也可以是双向变换的。单向电能变换器只能将电能从一个方向输入，经变换后从另一方向输出；双向电能变换器可实现电能的双向流动。

如果用 DC-DC 变换器作为开关电源的变换器，则称其为直流开关电源。人们习惯上将直流开关电源简称为开关电源，本书所讲述的开关电源就是指这种狭义上的开关电源，又因电力电子器件在电能变换过程中处于高频开关状态，所以又称其为高频开关电源。

1.1.3　开关电源结构图

开关电源按照输入与输出间是否有电气隔离分为两大类：①非隔离式开关电源；②隔离式开关电源。

非隔离式开关电源电路结构框图如图 1-3（a）所示。隔离式开关电源电路结构框图如图

1-3(b) 所示。在设计时可以根据不同的使用场合和使用要求，选用不同的 DC-DC 变换器作为电路的主要组成部分。

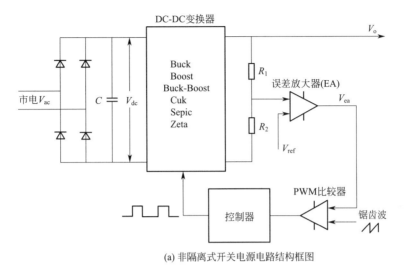

(a) 非隔离式开关电源电路结构框图

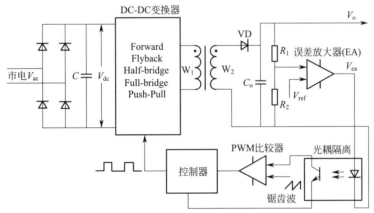

(b) 隔离式开关电源电路结构框图

图 1-3　高频开关电源电路结构框图

　　图 1-3 所示的高频开关电源电路结构框图主要由以下四部分电路组成：一是市电输入整流滤波电路，其作用是将市电输入的交流电压 V_{ac} 转换成纹波较小的直流电压 V_{dc}；二是开关电源的主要组成部分，也是开关电源的核心——DC-DC 变换器，其作用是将市电输入经过整流滤波的直流电压 V_{dc} 进行 PWM 控制和 DC-DC 转换，得到另一种数值的直流稳定电压 V_o；三是检测控制电路，其作用是通过 R_1 和 R_2 组成的分压器检测出输出电压 V_o 的值，将 V_o 通过误差放大器与参考电压 V_{ref} 进行比较，得到误差电压 V_{ea}，将 V_{ea} 通过脉宽调制（Pulse Width Modulation，PWM）比较器与锯齿波电压进行比较，得到 PWM 矩形波脉冲列（如果是隔离式变换器，V_{ea} 经过光耦隔离，反馈到 PWM 比较器与锯齿波电压进行比较，得到 PWM 矩形波脉冲列），此脉冲列通过驱动器并以负反馈的方式，对 DC-DC 变换器进行 PWM 控制，将 V_{dc} 转换成另一种数值的直流稳定电压 V_o，达到稳定输出电压的目的；四是开关电源的保护电路（在图 1-3 中未画出来），其作用是：当出现过流、过压、欠压、过热等特殊情况时，保证开关电源安全稳定地工作。

　　如上所述，开关电源的核心是 DC-DC 变换器。直流变换器按输入与输出间是否有电气隔离可分为两类：没有电气隔离的称为非隔离式直流变换器，有电气隔离的称为隔离式直流变换器。

非隔离式直流变换器按所用有源功率器件的个数，可分为单管、双管和四管三类。单管直流变换器有六种，即降压式（Buck）变换器、升压式（Boost）变换器、升降压式（Buck-Boost）变换器、Cuk 变换器（美国加州理工学院 Slobodan Cuk 提出的对 Buck/Boost 改进的单管不隔离直流变换器）、Zeta（Zero energy thermonuclear assembly）变换器和 Sepic（Single ended primary inductor converter）变换器。在这六种单管变换器中，降压式和升压式变换器是最基础的，另外四种变换器是从中派生的。双管直流变换器有双管串接的升降压式（Buck-Boost）变换器。全桥直流变换器（Full-bridge converter）是常用的四管直流变换器。

隔离式直流变换器也可按所用有源功率器件数量来分类。单管的有正激式（Forward）和反激式（Flyback）两种。双管有双管正激（Double transistor forward converter）、双管反激（Double transistor flyback converter）、推挽（Push-Pull converter）和半桥（Half-bridge converter）四种。全桥直流变换器（Full-bridge converter）就是四管直流变换器。

隔离式变换器可以实现输入与输出间的电气隔离，通常采用变压器实现隔离，变压器本身具有变压的功能，有利于扩大变换器的应用范围。变压器还便于实现多路不同电压或多路相同电压的输出。

在功率开关管电压和电流定额相同时，变换器的输出功率通常与所用开关管的数量成正比，故四管变换器的输出功率最大，而单管变换器的输出功率最小。非隔离式变换器可与隔离式变换器组合得到单个变换器不具备的特性。

按能量传递来分，直流变换器有单向和双向两种。具有双向功能的充电器在电源正常时向电池充电，一旦电源中断，充电器可将电池电能返回电网，向电网短时间应急供电。直流电动机控制的变换器也是双向的：当电动机工作时，将电能从电源传递到电动机；当其处于制动状态时，将电能回馈给电源。

直流变换器也可分为自激式和他激式（他控式）。借助于变换器本身的正反馈信号实现开关管自持周期性开关的变换器叫做自激式变换器，洛耶尔（Royer）变换器是一种典型的推挽自激式变换器，他激式直流变换器中的开关器件控制信号由专门的控制电路产生。

按开关管的开关条件，直流变换器可分为硬开关（Hard Switching）和软开关（Soft Switching）两种。硬开关直流变换器的开关管是在承受电压或电流的情况下开通或关断电路的，因此在开通或关断过程中伴随着较大的损耗，即所谓的开关损耗（Switching Loss）。变换器工作状态一定时，开关管开通或关断一次的损耗也是一定的，因此开关频率越高，开关损耗就越大。同时，开关过程中还会激起电路中分布电感和寄生电容的振荡，带来附加损耗，因而硬开关直流变换器的开关频率不能太高。软开关直流变换器的开关管在开通或关断过程中，或是加于其上的电压为零，即零电压开关（Zero Voltage Switching，ZVS），或是通过器件的电流为零，即零电流开关（Zero Current Switching，ZCS）。软开关方式显著地减小了开关损耗和开关过程中激起的振荡，可以大幅度地提高开关频率，为变换器的小型化和模块化创造了条件。功率场效应晶体管（Metal-Oxide-Semiconductor Field-Effect Transistor，金属-氧化物半导体场效应晶体管，MOSFET）是一种多子器件，有较高的开关速度，但同时也有较大的寄生电容。当其关断时，在外电压作用下寄生电容充满电，如果在开通前不将这部分电荷放掉，则其将消耗于器件内部，这就是所谓的容性开通损耗。为了减小以至消除此损耗，功率 MOSFET 宜采用 ZVS 开通方式。绝缘栅双极型晶体管（Insulated Gate Bipolar Transistor，IGBT）是一种复合器件，关断时的电流拖尾导致较大的关断损耗，如果在关断前使通过它的电流降为零，则可以显著地降低开关损耗，因此 IGBT 宜采用 ZCS 方式。IGBT 在零电压条件下关断，同样也能减小关断损耗，但是 MOSFET 在零电流条件下开通并不能减小其容性开通损耗。谐振变换器（Resonant Converter，RC）、准谐振变换器（Quasi-Resonant Converter，QRC）、多谐振变换器（Multi-Resonant Converter，MRC）、零电压开关 PWM 变换器（ZVS PWM Converter）、零电流开关 PWM 变换器（ZCS PWM Converter）、零电压转换（Zero Voltage Transition，ZVT）PWM 变换器和零电流转换（Zero Current Transition，ZCT）PWM 变换器等均属于软开关直流变换器。电力电子器件和零开关变换器电路拓扑的发展，促成了高频电力电子学的诞生。

1.2 开关电源主要技术及其应用

众所周知，制造开关电源设备的技术理论基础是电力电子技术，也就是说电力电子技术的进步是推动开关电源设备发展的前提。有了先进的电能变换技术，就可以使电能的利用更趋合理、高效、精确和方便。从电能变换的发展历程来看，早期主要依靠旋转式的电动机和发电机来实现交流电与直流电之间的变换，现在完全可以依靠电能变换电路来实现交流与直流的变换，历经了由"动"到"静"的过程，电能变换技术主体内容也演变为现代电力电子技术。因此，关注开关电源设备的发展趋势，实际上在很大程度上就是关注现代电力电子技术的发展趋势。本节首先简要介绍目前应用于开关电源的主要技术，然后介绍开关电源（设备）的发展趋势，最后介绍开关电源的应用领域。

1.2.1 开关电源的主要技术

开关电源处于电源技术的核心地位，它是在新型功率器件、新型电路拓扑不断出现的条件以及实际需要的推动下发展起来的。开关电源技术近年来得到了突飞猛进的发展，主要表现在以下几个方面。

（1）高频化技术

随着微处理器超大规模集成电路（Very Large Scale Integration Circuit，VLSIC）尺寸不断减小，供电电源与微处理器的尺寸已相形见绌，迫切需要小型、轻型化。为达到这一目的，必须提高开关电源的工作频率。理论分析和实践经验表明，电器产品体积、重量随供电频率的升高而减小，所以当把频率从 50Hz 提高到几百千赫，提高几千倍，用电设备的体积、重量大大降低。这是开关电源得以实现功率变换且带来明显效益的根本原因。频率越高，电磁兼容性（Electro Magnetic Compatibility，EMC）问题越严重，印制电路板（Printed Circuit Board，PCB）的布置变得越复杂，功率器件、导线的自身参数对系统的影响也越大。因此目前频率还不能太高（通常在 10MHz 以下）。

（2）新型高频电力电子器件及磁性材料技术

功率 MOSFET、超快恢复二极管、IGBT、无感电容、无感电阻、新型铁氧体材料、纳米软磁金属、静电感应晶体管（Static Induction Transistor，SIT）等新型器件的出现装备了开关电源，使之升级换代。如 MOSFET 和 IGBT 已完全可代替功率晶体管和中小电流的晶体管，使开关电源工作频率大大提高，使开关电源高频化变为现实。超快恢复功率二极管和 MOSFET 同步整流技术也为研制高效低电压输出（≤3.3V）的开关电源创造了条件。现在，正在探索研制耐高温的高性能碳化硅（SiC）电力电子器件，SiC 器件在高温、高频、大功率、高电压、光电子及抗辐照等方面具有特有的优势。

（3）同步整流技术

从高频开关电源的基本电路结构我们知道，开关电源的损耗主要由四部分组成，即输入整流、开关变换、高频变压器和输出端整流损耗。在输出低电压、大电流的情况下，整流二极管的导通压降占输出电压的比例较高，快恢复二极管（Fast Recovery Diode，FRD）或超快恢复二极管（Fast Recovery Epitaxial Diode，FRED）可达 $1.0 \sim 1.2 \text{V}$，即使采用低压降的肖特基二极管（Schottky Barrier Diode，SBD），也会产生约 0.6V 的压降，这必将导致整流损耗增大，电源效率降低。例如，目前笔记本电脑普遍采用 3.3V 甚至 1.8V 或 1.5V 的供电电压，其供电电流达 20A。即使采用肖特基二极管，整流电路的损耗也会占电源总损耗的 50% 以上。因此，传统的二极管整流电路已无法满足实现低电压、大电流开关电源高效率及小体积的需要，而低电压供电有利于降低电路的整体功率消耗，是计算机及通信设备供电的发展趋势。同步整流技术的出现，正是顺应了这一发展趋势，从出现至今，国内外许多高等院校及科研机构都不断致力于同步整流技术的研究，为高效率二次电源的开发与应用提供了强大的技术基础。

同步整流技术就是采用通态电阻极低的专用功率 MOSFET，来取代整流二极管以降低整流损耗的一项新技术。它能大大提高 DC-DC 变换器的效率并且不存在由肖特基势垒电压造成的死区电压。功率 MOSFET 属于电压控制型器件，它在导通时的伏安特性呈线性关系。用功率 MOSFET 做整流器时，要求栅极电压的相位必须与被整流电压的相位保持同步才能完成整流功能，故称之为同步整流。

同步整流的 MOSFET 控制通常分为三种方式，即由变压器绕组直接驱动控制、由控制 IC 驱动控制及专用驱动控制电路控制。对于非隔离型变换器，同步整流的 MOSFET 控制通常由控制 IC 驱动控制，具有控制时序准确、驱动电压恒定、不受输入或输出电压影响的优点；对于隔离型变换器，同步整流的 MOSFET 控制通常采用另外两种方式。

目前，同步整流技术在 DC-DC 模块电源领域得到了广泛的应用。随着 MOSFET 设计工业技术的进步，当今的 MOSFET 的性能大大提高。例如，IR 公司的 MOS 管 IRF7821，其最大导通电阻仅为 $9.1\text{m}\Omega$，开关时间小于 10ns，栅电荷仅 9.3nC，而且在逻辑电平下驱动即可。同步整流技术几乎可以应用到各种电路拓扑，并且可以与其他技术相结合，从而形成了各具特色的同步整流技术。例如，有源钳位技术与同步整流技术结合，实现了软开关同步整流技术，进一步降低了同步整流 MOS 管的开关损耗，效率也得到了进一步提高。同步整流技术的关键在同步整流管的驱动控制上，不同的驱动方式对效率的影响有较大差别。

（4）软开关功率变换技术

体积小、重量轻是用电设备对电源系统的基本要求，因而高功率密度是开关电源技术发展的趋势，高频化是实现这一目标的必然途径。然而，在传统的硬开关方式下，不断提高变换电路的工作频率会带来诸多问题。

① 开关损耗大　在开通时，开关器件的电流上升和电压下降同时进行；关断时，电压上升和电流下降同时进行。由于电压、电流波形的交叠产生了开关损耗，该损耗随开关频率的提高而急剧增加。

② 感性关断电压尖峰大　当器件关断时，电路中的感性元件感应出尖峰电压，开关频率愈高，关断愈快，该感应电压愈高，此电压加在开关器件两端，易造成器件击穿。

③ 容性开通电流尖峰大　当开关器件在很高的电压下开通时，储存在开关器件结电容中的能量将以电流形式全部耗散在该器件内，频率愈高，开通电流尖峰愈大，从而会引起器件过热损坏。而且由于电压变化快，将产生严重的开关噪声，即所谓的"密勒"效应（Miller effect），此效应将影响到器件驱动电路的稳定性。

④ 电磁干扰严重　随着频率提高，器件开关过程中产生的 $\text{d}i/\text{d}t$ 和 $\text{d}v/\text{d}t$ 增大，从而导致电磁干扰（EMI）严重。

⑤ 二极管反向恢复问题　二极管由导通变为截止时存在着反向恢复期，开关管在此期间内的开通动作，易产生很大的冲击电流，频率愈高，该冲击电流愈大，对器件的安全运行造成危害。

随着现代电力电子器件开关频率的不断提高，这些问题越来越严重，成为开关变换器高频化途中的拦路虎。

"软开关"是相对于传统"硬开关"而言的。图 1-4 给出了开关器件在一般意义上的开关轨迹。广义上讲，只要开关器件的开关轨迹在阴影部分以内，均可称为软开关。当然，阴影部分的面积的大小应由器件本身的参数和特征来决定。甚至有文献以 AB 直线为界，直线以下部分定义为软开关，以上部分定义为硬开关。按照这种定义，给开关器件加上传统无源缓冲吸收电路，从而"软化"器件的开关过程也可称为"软开关"，但从能量角度讲，这种方法是将开关损耗转移到缓冲电路中消耗掉，电路的变换效率并没有得到提高，甚至会使效率有所降低。真正意义上的软开关技术是从狭义的角度讲，在传统电力电子变换电路基础上，通常需要增加器件或辅助电路，同时在改变原有控制方式的情况下，使开关器件实现 ZVS 或 ZCS 的技术。这一技术的应用不但改善了器件的开关条件，而且真正减小了开关损耗，而不是将开关损耗转移掉。

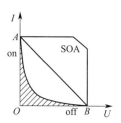

图 1-4 电力电子器件
开关轨迹示意图

软开关技术实际是利用电容和电感谐振，使开关器件中的电流（或电压）按正弦或准正弦规律变化，当电流过零时，关断器件；当电压过零时，开通器件，从而达到开关损耗为零的目的。图 1-5 为硬开关与理想情况的软开关工作方式下开关器件两端的电压 U 与流过开关器件的电流 I 的波形图。

从图中可以看出：与硬开关工作方式不同，理想的软关断过程是电流先到零，电压再缓慢上升到断态值，所以关断损耗（P_{off}）近似为零，由于器件关断前电流已下降到零，因此解决了感性关断问题；理想的软开通过程是电压先降到零后，电流再缓慢上升到通态值，所以开通损耗（P_{on}）近似为零，器件结电容上的电压亦为零，解决了容性开通问题；同时，开通时，二极管反向恢复过程已经结束，因此二极管反向恢复问题亦不存在。di/dt 和 dv/dt 的降低使得 EMI 问题得以解决。由此可见：软开关技术在改善功率器件开关条件方面效果明显，使高频化成为可能。近年来，对软开关技术的深入研究使电力电子变换器的设计发生了革命性的变化。软开关技术的应用使电力电子变换器具有更高的效率、更高的功率密度、更高的可靠性。正因为如此，软开关技术从理论一出现就显示出了蓬勃的生命力，受到各国专家学者的广泛重视，至今仍是电力电子领域比较活跃的研究方向之一。

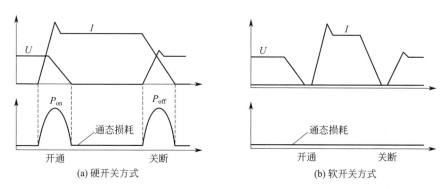

(a) 硬开关方式   (b) 软开关方式

图 1-5 硬开关和理想情况的软开关工作方式下开关器件两端的电压、电流波形图

软开关的分类方法有很多，广义上的软开关可以分为借助电路控制信号的合理安排以实现软开关，泛称为控制型软开关电路；在电路中增设缓冲电路以实现软开关，泛称为缓冲型软开关电路；在直流侧或交流侧设置谐振电路以实现软开关，泛称谐振型软开关电路。而本书所指的狭义软开关变换器，从功率器件实现软开关的工作模式出发，可以分为 QRC、零

开关 PWM 变换器（Zero Switching PWM Converter）和零转换 PWM 变换器（Zero Transition PWM Converter）；按照其实现软开关而采取的时间-比率控制方式，软开关技术可分为脉冲频率调制（Pulse Frequency Modulation，PFM）方式、PWM 方式和移相（Phase Shifted，PS）控制方式。

在上述几种软开关技术中，PS 控制方式由于不需要额外增加或增加很少的谐振元件及辅助开关，同时容易输出较大功率，因而在开关电源领域得到了非常广泛的应用。

（5）控制技术

在开关电源的控制技术中，常用的控制方式有电流型控制、多环控制、电荷控制及单周期控制，其中电流型控制、多环控制已得到较普遍应用；电荷控制及单周期控制使得开关电源动态性能有了很大的提高。下面将分别加以阐述。

通常一个稳定的系统需要对输出变量采用闭环控制，以便在输入电压变化或负载电流变化时能及时调节，并具有期望的动态响应。传统的开关电源大都采用电压型控制，即只对输出电压采样，并作为反馈信号实现闭环控制，以稳定输出电压。在其控制过程中，电感电流未参与控制，是独立变量，开关变换器为二阶系统，有两个状态变量，即输出滤波电容的电压和输出滤波电感的电流。二阶系统是一个有条件的稳定系统，只有对误差放大器补偿网络进行精心设计和计算，才能保证系统稳定工作。开关电源的电流都要流经电感，将使滤波电容上的电压信号对电流信号产生 $90°$ 延迟。因此，仅采用输出电压反馈的闭环控制，其稳压响应速度慢，稳定性差，甚至在大信号变化时会产生振荡，从而损坏功率器件。

电流型控制在保留了电压型控制的输出电压反馈的基础上，增加了电感电流反馈，而且这个电流反馈就作为 PWM 控制变换器的斜坡函数，从而不再需要锯齿波发生器，使系统的性能明显提高。由于反馈电感电流的变化率 di/dt 直接跟随输入电压和输出电压的变化而变化，系统稳定时电感电流的平均值正比于负载电流。电压反馈回路中，误差放大器的输出作为电流给定信号，与反馈的电感电流比较，直接控制功率开关通断的占空比，使功率开关的电流受电流给定信号的控制。电流型控制的优点是：

① 动态响应快和稳定性高；

② 输出电压精度高；

③ 具有内在对功率开关电流的控制能力；

④ 具有良好的并联运行能力。

目前，随着电流型控制集成控制器的出现，电流型控制技术越来越多地被应用于实际的设计当中。电流型控制包括：峰值电流型控制和平均电流型控制。后者是在前者的基础上发展起来的，两者均为双环控制系统，即一个电压环和一个电流环。峰值电流型控制的特点在于：在电流环中，检测的只是开关电流的峰值，而无补偿环节。该控制方法仅适用于降压式电路。平均电流型控制在电流环中引入了一个高增益的电流误差放大器。电流误差放大器的同相端电压反映了参考电流的大小，检测到的电感电流经电阻变换网络，转换为电压信号送入电流误差放大器的反相端。平均电流型控制的优点是：

① 选取合适电路参数，可保证控制电路的稳定性和快速调解电感电流，电感电流紧密跟踪网侧电压波形，用较小电感即可使谐波电流含量大大降低；

② 不需斜率补偿，但为了保证可靠工作，在一定开关频率下需有环路增益限制；

③ 抗噪能力强；

④ 对各种不同的电路拓扑均有良好的控制效果。

电流型控制适用于非线性负载。如果负载是线性的，则采用多环控制效果比较好，在多环反馈控制结构中，一般是将电容电流波形反馈环作为内环，电容电压波形反馈环作为外环，电容电压有效值反馈环作为最外环。

电荷控制技术是近年来提出的一种新型控制技术，其工作过程为：在第一开关周期的开始处，用定频时钟开通功率级的有源开关，对开关电流取样和积分，当积分电容上的电压达到控制电压时，关闭功率开关，并同时开通另一辅助开关，使积分电容迅速放电，这一状态一直维持到出现下一个时钟脉冲。由于控制信号实际上为开关电流在下一个周期内的总电荷，因此通常称其为电荷控制；又因开关平均电流和开关电荷成正比，故又称其为开关电流平均值控制技术。在降压及升降压变换器中，开关电流即为输入电流，所以电荷控制技术是功率因数校正控制的合适技术，它既可使输入功率因数达到1，又可稳定输出电压，因此电荷控制技术作为一种新兴技术必将会得到迅猛发展和广泛应用。

开关变换器是脉动的非线性动态系统，这种系统在合适的脉动控制下，具有快速的动态响应特点，它与线性反馈相比，受输入电压波动的影响很小，目前的大多数控制方法，是先把模型方程线性化，再利用一个线性反馈回路来实现控制。一般的电压反馈是通过改变控制脉冲的占空比来实现的，当输入电压变化时，占空比不会马上改变，而是首先改变输出信号，然后是控制信号，最后才是占空比，对应的占空比变化才能使输出信号向稳定的方向变化。这个过程要重复多次，才能达到稳定状态。如果使用电流峰值控制，当控制脉冲的占空比大于0.5时，电路中有可能产生次谐波振荡，所以通常在比较器的输入端加一个谐波补偿环节抑制次谐波振荡。如果补偿环节参数设计合适的话，系统在一个周期内将不受输入电压波动的影响。由于电流的下降斜率是一个动态变化的函数，选择一个与之相抵消的斜率是很困难的，而单周期控制具有充分利用非线性这一优点，使得输出不受输入波动的影响，在一个周期内快速跟踪控制参考量，达到稳定状态。单周期控制主要是在一个周期内控制开关变量的变化，使输出跟随控制参考量，且开关变量的输出与输入无关，只与参考电压有关。

随着数字处理技术的发展成熟，其优点越来越明显：便于计算机软件控制，避免模拟信号传递过程中的波形畸变，抗干扰能力强；便于软件调试、遥感遥测、植入容错等技术。目前，单片机（Peripheral Interface Controller，PIC）、数字信号处理器（Digital Signal Processor，DSP）、可编程逻辑器件（Programmable Logic Device，PLD）价位的下降，使得它在开关电源中的应用越来越广泛，数字控制取代模拟控制是开关电源发展的一个必然趋势。

（6）功率因数校正技术

由于人们总希望在AC-DC变换器电路的输出端得到一个较为平滑的直流电压，所以通常采用电容来滤波。正是由于整流二极管的非线性和电容的共同作用，输入电流发生了畸变。如果去掉滤波电容，则输出端的电流变为近似的正弦波，提高了变压器的输入侧的功率因数，并减少了输入电流的谐波，但是整流电路的输出不再是一个平稳的直流电压，而变为脉动波，如果想要使输入电流为正弦波，且输出电压为平滑的直流，必须在整流电路和滤波电容之间加一个电路，即功率因数校正（Power Factor Correction，PFC）电路，使得输入电流能够跟踪输入电压。

为了实现这一目标，可用无源电路，也可用有源电路，无源滤波电路技术主要是在整流桥和电容之间串联一个电感，以增加二极管的导通时间，降低输入电流的幅值，或者在交流侧接入一个谐振滤波器，主要消除3次谐波。无源方式最简单，但电流的谐波仍然较大，且要求电抗性负载。逐流技术是以荧光灯电子镇流器为背景提出的无源PFC，采用两个串联电容为滤波电容，适当配合几只二极管，使得并联电容充电、串联放电，以增加整流二极管的导通角，改善输入侧的功率因数，代价是直流母线电压约为输入电压最大的一半之间脉动。配上适当的高频反馈，也能实现功率因数大于0.98。

有源功率因数校正（Active Power Factor Correction，APFC）技术主要是以输入电压为参考信号，控制输入电流跟踪参考信号，实现输入电流的低频分量和输入电压为一个近似同频同相的波形，以提高功率因数和抑制谐波；同时采用电压反馈，使得输入电压为近似平滑的直流电压。其控制方法又可分为直接电流控制和间接电流控制两种。直接电流控制用输入电流跟参考电流作比较，再用输出的电流误差控制开关动作。直接电流控制可分为峰值电流控制、滞环控制和平均电流控制。峰值电流控制使得次谐波振荡问题在功率因数校正上更为严重，用得较少。滞环控制：平均电流为纯正弦，但属于变频控制。平均电流控制：实现简单，控制效果好，是目前最为流行的控制方式。间接电流控制则是控制输入电感端电压的幅值和相位，使得电感电流与输入电压同相，因此为幅值相位控制，该方法虽然控制电路简单，但由于对参数比较敏感，还未得到广泛应用。

（7）并联均流技术

开关电源系统通常需要若干个开关电源模块并联工作，以满足负载功率的需要。以通信系统供电为例，若需要48V/2000A的直流供电系统，一般要10个以上48V/200A的开关电源模块并联。在并联电源系统中，每个模块只处理较小功率，不但降低了应力，还可以应用冗余技术，提高系统的可靠性。

模块并联工作时，要求各个模块能够平均分担负载电流，即均分负载电流。并联均流的作用是使系统中的每个模块都能有效地输出功率，并使系统中各模块处于最佳工作状态，以保证电源系统稳定、可靠、高效地工作。

开关电源的并联均流性能一般以均分负载不平衡度指标来衡量。不平衡度越小，其均流性能越好，即各模块实际输出电流值距系统要求值的偏离点和离散性越小。目前，较好的开关电源系统负载均分不平衡度为±3%左右。

开关电源模块的并联均流技术途径有多种，有输出阻抗法、主从跟随法、平均电流自动跟踪均流法、外加均流控制器法、最大电流自动跟踪均流法等。前几种方法都有自身的弊端，而最大电流自动跟踪均流法能自动设定主从模块，即在所有并联模块中，输出电流最大的模块将自动成为主模块，而其余的模块则为从模块，它们的电压误差依次被整定，以校正负载电流分配的不平衡，又称"自动主从控制法"。这种最大电流自动均流法应用较为广泛，并且已有成熟的集成控制芯片面世。美国Unitrode公司生产的UC3907就是基于最大电流自动均流法的均流控制芯片。随着单片机及DSP技术的迅速发展，利用软件控制并联电源模块的均流技术也必将获得广泛应用。

1.2.2 开关电源的发展趋势

开关电源（设备）的发展既要受电力电子技术发展的制约，又要受到设备制造技术、市场需求、制造成本与利润等多方面因素的影响，要准确判断开关电源设备今后的发展趋势并非易事。因此，以下只能基于目前设备和技术的现状，结合市场对设备的大致需求，宏观判断一下今后开关电源设备的发展趋势。

（1）高频化和小型化

在开关变换技术的发展和推动下，尤其是软开关变换技术的日益成熟与应用，为进一步提高开关电源中功率开关器件的工作频率奠定了基础。而功率开关器件工作频率的进一步提高，可使相同功率的开关电源设备的体积和重量减小，单位体积的输出功率（功率密度）增加，改善动态响应特性。因此，提高变换电路的工作频率无疑将是开关电源设备今后的一种发展趋势。预计在不远的将来，小功率开关电源的工作频率将提高到1MHz以上，电能变换的效率会有明显提升，中小功率开关电源的功率密度可达每立方英寸300W以上。

（2）标准化和模块化

开关电源设备的标准化是指设备的产品型号、系列、电气性能和接口的标准化。其中接口的标准化包括：接口的物理结构、接线方式、连接电缆的长度、输出的路数、输入/输出电能形式、交流电的相数、电压等级、电压极性、接地规定、功率等级、频率及其他电性能指标，此外还包括应用软件、监控管理及与各种用电设备的匹配等相关内容的标准化。实现开关电源接口标准化的途径就是要综合不同的用户需求，有针对性地制定具体要求，并以法规的形式规范研制和生产。一般而言，实现开关电源设备的标准化含有使这类设备通用化的意思，因此开关电源设备走标准化的道路，是实现单一设备或其中单元的基本结构、功能和指标统一的一种途径，是力求减少产品品种并使其在功能和结构上通用的一种方法，是实现电源系统与单一设备之间、单一设备与其组成单元之间、电源系统与用户之间结构匹配协调的有效措施，可以使科研、生产和使用三者之间的关系更协调，从而使开关电源系统的效费比更加合理、性能指标更优。

开关电源模块化是指将具有特定功能和结构的独立单元按系统集成原则组合在一起，以求最大限度地发挥设备效能，提升供电保障的可靠性，改善设备维修性能的一种设计方法。实现开关电源模块化的途径就是将开关电源的功能块划分出来，单独做成通用模块，使之具有标准化的结构和接口，而整个设备本身就是各个功能模块的系统集成或"积木式"的叠加。目前，开关电源设备已经在走模块化的发展道路，这不仅方便了用户使用，提高了设备的维修性能，而且使设备的扩容更加方便，尤其是便于实现系统的冗余供电模式，从而提升供电系统的可靠性。因此，这也是电能变换电源设备今后的发展方向之一。

（3）数字化和智能化

开关电源设备的数字化是指利用数字技术，以数字信号代替传统的模拟信号，完成指定操作和预定功能的过程。实现开关电源设备数字化的主要方法是"附加"和"嵌入"，前者是在已有设备中附加某些硬件，使其具备数字化的功能；后者是先研制数字化新系统，而后将其嵌入设备之中。如：数字控制的开关电源，可以通过单片机对开关电源的工作实行间接控制而实现数字化，也可以通过高性能数字控制集成电路对开关电源实现直接控制而实现数字化。可以预期，开关电源的模拟控制与数字控制这两种不同的技术将在今后多年内长期共存，但数字化的发展趋势毋庸置疑。

开关电源设备或系统的智能化是指在单一的开关电源设备或系统中，借助传感器采集信息，网络传递信息，计算机分析、判断和处理信息，自动化执行机构执行规定的动作，使其整个过程是封闭的并且是智能化的。随着计算机技术和人工智能技术的发展，开关电源设备或系统的智能化呈现强劲的发展势头。如：在开关电源设备或系统实现故障自诊断、预先报警管理，在通信局（站）中实现网络化集中监控管理，对设备生产、储运、配送和维修的全过程实现智能化精确管理等。

（4）隐身化和绿色化

隐身化一词多用于军事装备，是指采取必要的多谱隐身技术措施，最大限度地消除装备可见光的反射特性、自身的红外辐射、反射雷达波的特性、反射激光的特性、自身的电磁特征信号和声振特征信号等，达到与环境的融合、协调，提高装备战场生存能力的目的。如果将开关电源设备用于军事领域，其设备自身的隐身性能就是一个必须考虑的课题，而从欧美等军事强国的装备发展过程来看，开关电源装备的隐身化也是一个必然的趋势。

开关电源设备的绿色化是指设备的发展要向全寿命、物质利用率高、浪费资源少、污染环境小及与环境相协调的方向发展。要达到这一目标，首先要研究实现设备绿色化技术，包括高效能量变换技术（软开关技术、同步整流技术、并联均流技术、有源功率因数校正技术等）、传导及辐射干扰控制技术等；其次是要利用绿色化技术和绿色化理念进行开关电源的设计，使设计出的产品方便拆卸与分解，零部件可以翻新和重复使用，这样既保护了环境，避免了资源的浪费，减少了垃圾数量，同时也增强了设备的可维修性。

当然，开关电源设备的发展，往往受国家战略方针、市场需求、基础工业水平等多种因素的综合制约与影响。但我们有理由相信，其必将朝着"结构模块化、系统数字化、控制智能化、接口标准化、应用绿色化"的方向发展，以满足现代信息社会的各种需求。

1.2.3 开关电源的应用领域

开关电源是 20 世纪 60 年代电源历史上的一次革命，广泛应用于家用电器、个人计算机和手机、测试仪器（如示波器、信号发生器、频谱分析仪等）、医学仪器、工业设备（如大型计算机、通信系统、自动控制系统）、航空航天、交通运输、军用电子装置等各个领域。下面列举开关电源应用领域的一些例子。

（1）金属焊接与切割电源

世界生产的钢材约 50% 需要焊接与切割加工成构件，才能使用。高频开关焊接与切割电源在体积、质量、节能及焊接与切割性能等方面是传统焊接与切割电源无法比拟的，已取代传统焊接与切割电源，广泛用于焊接与切割行业。

（2）表面处理工程

用于电镀行业的整流电源，其特点是低电压、大电流。高频逆变开关整流电镀电源与二极管的硅整流电源、晶闸管整流电镀电源相比，除了体积小、质量轻、效率高之外，还有可控性好、稳压稳流精度高、易于并联、易于实现计算机监控、故障检测安全控制，而且镀层品质大大提高。直流电镀与脉冲电镀相结合，可获得无裂缝、耐腐蚀能力和耐磨能力强、均匀的镀层表面。

用于工业设备和武器装备、舰船维修的电弧热喷涂工艺，应用高频开关电源电弧为热源，对解决涂层结构致密、低孔隙率、高强度、耐磨、防热腐蚀具有广泛的应用前景。

用于塑料表面处理，采用工作电压为 $10\sim13kV$、开关频率为 $10\sim36kHz$ 的高压开关电源以电晕方法使塑料表面改性，提高印刷性和粘接性，用此法同时还可去除油污、水汽和尘垢。开关电源用于电容器铝箔表面处理，可提高电容器的比容量及抗电强度等。

（3）在环境保护中的应用

脉冲电晕加氨脱硫是一种很有前景的烟气净化技术，对解决世界性三大环保问题之一的酸雨，高频开关电源有其用武之地。

高频开关电源在脉冲放电废水处理中也得到广泛应用，利用强脉冲放电所产生的等离子体具有的高密度储存能量和高膨胀效应，能形成强烈的热能、膨胀压力热能、光能、声能和辐射能，进而在水中产生各种游离基，这些活性游离基可以破坏工业废水中的有害物质。

脉冲电场杀菌消毒应用开关电源，可以克服热处理、防腐剂等杀菌的局限性以及给食品引入新的污染，强脉冲放电，特别是高压脉冲放电产生的强烈冲击波以及紫外线、强电流和臭氧等综合效应，灭菌效果和能量利用率更高。

（4）在激光中的应用

激光在国防工业领域用于靶场试验、杀伤武器、探测、防御等，在工业加工领域用于打孔、成形、修模等，在医疗卫生领域用于手术、修复等。激光器的电源应用高频开关电源能克服晶闸管开关的缺点，为激光技术的发展和应用开辟了广阔前景。

（5）在电力系统中的应用

在电力操作系统中使用 AC-DC、DC-DC 高频开关电源，可实现与市电的热备运行，既可在市电正常情况下为蓄电池充电，也可在市电断电时提供负载所需的操作电源，克服了硅整流器及二极管调压存在的体积大、精度差等一系列缺点。与此同时，电力输配电系统需要应用高压大功率开关变换器。

（6）在通信领域中的应用

开关电源应用于通信系统时间较早，技术已日趋成熟。目前，应用最广泛的是 $-48V$

通信用高频开关电源系统。中国电信和中国移动正在试点运行通信用 240V 直流系统和通信用 336V 直流系统，相关行业标准已经颁布，以试图取消 UPS，提高系统的可靠性。

（7）在蓄电池充电中的应用

以往的大容量蓄电池充电装置多用硅二极管和晶闸管整流电源。采用开关电源对蓄电池充电，不仅体积小、质量轻，可以实现计算机或单片机控制，充电参数更符合蓄电池接受率，充电效率高，能实现快速充电，而且可以提高蓄电池的使用寿命。作为蓄电池能量再生工具的开关电源充电机，具有很好的应用市场，尤其是电动汽车电池充电机。

（8）在风能和太阳能发电中的应用

风能和太阳能是一种可再生能源，对于节约能源和减少环境污染具有重要意义。在风能和太阳能发电系统中应用到 DC-DC 和 DC-AC 高频开关变换器，因其体积小、质量轻、效率高、噪声低而备受青睐。

（9）在电动机调速中的应用

全世界用电量中约有 60% 是通过电动机消耗掉的。如何使电动机工作在高效状态，具有重大的意义。开关电源变频器在该领域可以发挥重要作用。

（10）在军事装备中的应用

安装在军用电子设备中的开关电源已成为现代军用电子设备的特征之一。开关电源用于坦克、火炮、导弹发射装置的启动控制、训练和点火，提高了军事训练的效果和战斗力，还可节省军费开支。

凡是使用电源的装置和设备，开关电源都有用武之地，从民用电器到工业设备及军事装备等各个领域，开关电源的应用无处不在。要囊括其应用领域十分困难，上述列举的应用领域只是其中几例，供参考。应用是设计制造的目的，应用也是促进设计者正确设计产品的关键。有理由相信，随着开关电源技术的不断进步，其应用领域会越来越广。

1.3 开关电源主要技术要求

电源是一切电子设备的动力之源，是保证电子设备正常工作的基础部件。无论多么先进的电子设备，如果电源出现故障，都将不能正常工作。据相关统计，电源故障占电子设备整机故障率的 50% 左右。为此，对电源必须提出一些基本要求，包括使用性能要求、电气性能指标、安全性能以及环境适应性等。

1.3.1 使用性能要求

（1）高可靠性

平均无故障工作时间（Mean Time Between Failure，MTBF）是衡量电源可靠性的重要指标之一，在通用电源的标准中规定，可靠性指标 MTBF≥3000h 是最低要求。某些领域中的电源（如通信电源、航空航天电源、电力操作电源）要求可靠性指标比较高，否则无法满足用户的使用要求。目前，由于元器件制造技术与工艺的不断成熟，设计技术的完善与精密，电源模块的 MTBF 可达到 500000h 以上。

（2）高安全性

设计制造出的开关电源，应符合相关的国家、行业标准或规范中规定的安全性指标要求，如绝缘要求、抗电强度要求、防人身触电要求等，以防止在极限状态或恶劣环境条件下，出现电源故障并危及人身和设备安全。

（3）可维修性

平均故障维修时间（Mean Time To Repair，MTTR）同样是衡量电源可维修性的重要指标之一。电源出现故障时，应能及时诊断出故障现象及部位，尽量不需使用专用工具或不需熟练技工就能在较短的时间内排除故障，并能替换故障部件或模块。一般情况下，要求MTTR<30min。这除了要求电源有故障自诊断功能外，必须采用先进的设计、制造技术和工艺，如标准化、模块化、电力电子集成等设计制造工艺。

（4）高功率密度

提高电源单位体积的功率容量（W/cm^3）及单位质量的功率容量（W/g），以减少电源的体积和质量（重量），便于用户安装、集成、移动及使用。实现高功率密度的关键是提高开关频率、减少损耗，与此相应的是要求应用低损耗功率器件，高导热、高绝缘性能的材料，应用软开关、功率因数校正、同步整流和并联均流等先进技术，以提高其技术性能。

（5）高性价比

低使用维修费用、高性价比是电源制造商和用户双方都追求的目标，更是市场经济条件下竞争的主要条件。使用与维修费用，是用户投资与回报高度关注的问题。

1.3.2 电气性能指标

（1）输入技术指标

开关电源的输入技术指标主要有：输入电源相数、额定输入电压及输入电压变动范围、输入频率、输入电流和效率等。

① 输入电源相数 是指输入到电源装置内的馈电线的相数。一般常用单相双线式或三相三线式，也有采用单相三线式或三相四线式的。

② 额定输入电压及输入电压变动范围 电源的额定输入电压因国家及地区的不同而有所差异，例如，我国为 AC 220V（单相）和 AC 380V（三相），日本为 AC 100V 和 AC 200V，美国为 AC 120V，而欧洲则为 AC 220～240V。其变动范围通常为±10%，但因线路的架设配置以及各国的具体情况不同，输入电压的变化范围多为－20%～+15%。

③ 输入频率 市电频率也因国家及地区的不同而各异，我国的市电频率为 50Hz，日本的工频为 50Hz 与 60Hz，而美国的工频为 60Hz。当频率的变动范围为 48～63Hz 时，对开关电源的特性影响不大。特殊电源的频率为 400Hz（中频）。

④ 输入电流 主要包括最大输入电流、额定输入电流、输入谷值及瞬间停电、冲击电流和泄漏电流等。

a. 最大输入电流：输入电压为下限值，输出电压及电流为上限值时的输入电流。

b. 额定输入电流：输入电压、输出电压及电流为额定时的输入电流。

c. 输入谷值及瞬间停电：表示电源工作过程中，所有的输出电路均维持在额定电压的精度内，可允许瞬间输入电压至下限时的输入电压与持续时间。

d. 冲击电流：在规定的时间间隔对输入电压进行通断，而输入电流达到稳定状态之前流经的最大瞬时电流，称为冲击电流，亦称浪涌电流或峰值电流。一般为 (3～5)I_{in}。

⑤ 效率 是指输入、输出为额定值时，其输出功率与输入有效功率的比值。效率因输出电压、电流、路数及开关方式不同而异，并随输入与输出条件变化而变化。效率越高越好，可节约能源，降低损耗，减轻功率器件发热，从而提高开关电源功率密度和可靠性。

⑥ 功率因数 开关电源的源电流与源电压相位差的余弦与电流波形畸变因子的乘积，即为功率因数。它反映出开关电源装置接入电网后对电网产生影响的程度，同时也影响开关电源的效率，一般功率因数 PF>0.9。

⑦ 源效应（电网电压调整率） 是指在额定或规定的负载范围内，输入电压在规定的允许范围内变化时，引起输出电压的变化量与输出额定电压整定值之比的百分数。输入电压一般应取波动下限、标称值和上限三点测量输出电压的变化量，则源效应为

$$C_V = |V_{ON} - V_o|/V_{ON} \times 100\%$$

式中，C_V 为电压调整率，%；V_{ON} 为源电压在额定标称值时的输出电压，V；V_o 为源电压波动时的输出电压，V。

对恒流源而言，源效应是指输入电网电压在规定的允许范围内变化时，引起输出电流的变化量与输出电流设置值之比的百分数，即 $C_C = |I_{ON} - I_o|/I_{ON} \times 100\%$。

（2）输出技术指标

① 额定输出电压　是指在规定的输入电压下，满载时整定的输出电压值。恒压性能好的电源在负载由空载到满载变化时，应该保持输出电压不变。

② 额定输出电流　输出端供给负载的最大平均电流，根据电子设备的不同，多路输出电源中某路输出电流增大，其他几路输出电流就得减小，以保持总的输出电流不变。

③ 负载效应（负载调整率或电压调整率、稳压精度或输出电压精度）　是在规定的源电压（可以是标称值源电压，也可以是源电压的允许下限或上限）下，负载电流从空载（也可以按产品标准规定的某一轻载）至满载变化时，引起输出电压的变化量与输出整定值（额定输出电压）之比的百分数。直流电源常用的精度一般不大于 ±1%，交流电源常用的精度一般不大于 ±5%。输出电压的变动主要有如下几种原因。

a. 静态输入电压引起的变动。其他性能指标在额定条件下，在规定范围内输入电压缓慢变动时引起输出电压的变动。

b. 静态负载引起的变动。其他性能指标在额定条件下，输出电流在规定范围内缓慢变动时引起输出电压的变动。在规定负载变动范围内及多路输出的条件下，可能有非稳定输出的情况。因此，还包括规定最高负载电流。最高负载电流下的规定精度，一般是保护功能尚未发挥作用时的情况。另外，对于多路输出的电源，电路方式的不同也会受到其他输出负载变动的影响。

c. 动态输入电压引起的变动。其他性能指标在额定条件下，输入电压以规定的幅度急剧变化时引起输出电压的变动。一般是把输入电压的上限与额定输入电源及输入电压的下限作为变动幅度。

d. 动态负载引起的变动。其他性能指标在额定条件下，输出电流按规定的幅度急剧变化时引起输出电压的变动。动态负载引起的变动不包括恒定的脉冲负载引起的变动。

④ 输出电压可调范围　在保证电压稳定精度条件下，由外部可调整的输出电压范围一般为 ±5% 或 ±10%。条件是输入电压为下限时输出电压取最大值，以及输入电压为上限时输出电压取最小值。

⑤ 输出电流变动范围　根据设备的结构决定负载电流时，一般负载的输出电流的变化较小，如果是感性负载等冲击电流较大的负载，就要限定输出电流变动范围。

⑥ 线路调整率　输入电压的波动范围与输出电压的波动范围之比。随着技术的发展，线路调整率不断提高。电源对电网的适应能力很重要，尤其是在国家电网的末端用户，电网电压相对来说还不太稳定，有时电网电压会有较大波动。

⑦ 输出纹波与噪声　纹波是直流稳压电源输出端呈现交流成分的分量，用峰-峰值表示，一般在输出电压的 0.5% 以内。噪声是输出端呈现的除纹波以外频率的分量，通常也用峰-峰值表示，一般为输出电压的 1% 左右。当噪声与纹波没有明确区分时，应规定纹波与噪声的总合成值。多数场合中规定纹波与噪声的总合成值在输出电压的 2% 以内。

开关电源的输出纹波除了输入整流脉动成分外，主要是开关频率基波纹波，呈锯齿波状，同时还有功率开关管在导通-截止过渡状态产生的尖峰开关噪声重叠在锯齿波上。用示波器观察输出纹波，当扫描频率低时，可能只观察到整流脉动的低频成分，开关频率基波纹波被低频所调制。观察基波纹波，扫描频率应与开关频率相匹配。

⑧ 电源输出内阻（输出阻抗）　电源的内阻 R_o 表示为在输入电压、环境温度等不变的

条件下，输出电压变化相对于负载电流变化的比值，即

$$R_。＝\Delta U_。/\Delta I_。$$

（3）保护功能

① 过电流保护　当负载电流超过设定值或发生短路时对电源或负载进行的保护，即为过电流保护。其设定值一般为额定电流的 110％～130％。但在不损坏电源与负载的前提下，不规定短路保护时的电流值的情况也很多，这种情况下电路一般为自动恢复型。

② 过电压保护　是指当电源本身失控或其他原因出现输出电压高于允许额定值时，为防止负载损坏而进行的保护。过电压保护值一般规定为额定输出电压的 130％～150％。发生过电压时应使电源停止工作，并断开输出。一般可通过再接通输入电源或加复位信号的方法使电源恢复正常工作状态。

③ 欠电压保护　当输出电压低于规定值时为保护负载及防止负载误动作，电压监测电路发出电源停止工作信号，并发出报警信号。

④ 过热保护　因电源内部异常或使用方法不当而使电源温升超过规定值时，电源停止工作，并发出报警信号，同时进行强制风冷；当冷却功能异常，部件温度超过规定使用部件最高温度时电源自动关闭。

⑤ 输入过电压、欠电压保护　当输入端出现过高电压或过低电压时对电源进行保护的功能。过电压保护值一般规定为额定输入电压的 ＋10％ ～ ＋20％，发生过电压时应使开关电源不能启动；欠电压保护值一般规定为额定输入电压的 －20％～－10％，发生欠电压时应使开关电源不能启动。一般要待输入电源恢复正常后，开关电源才能正常工作。

（4）外部检测与控制功能

① 远程通/断控制　规定由外部信号控制通/断电源的输出所采用的装置。如采用 TTL 等半导体器件或继电器与开关等开环通/断控制。这种控制还要规定采用继电器与开关时的机械振荡持续时间。

② 远程检测　用输出端到电压检测点的输出引线的电压降对电压降进行补偿。但该功能对大电流与高精度输出的电源不太适用。其补偿电压降一般为额定电压的 5％，在输出电压可调范围内。补偿时要根据负载条件而定，以免引起振荡等故障。

③ 接口　规定输入、输出信号等端子，除标记端子形状、配列形式与接插件的名称以外，还要标记使用端子的编号，使输入与输出及信号端子很好地分离开，有接插件时还要标记好对方的编号以防接错。

④ 顺序与指示　一般开关电源都设有输入电压和输出电压软启动功能，也就是说电源是按照一定顺序开机或关机的。这就不仅要规定输出电压的上升与下降时间，还要规定电源准备就绪的各种信号，并通过控制面板进行指示，通常指示的信号有：输入电压、输出电压、输出电流、输出频率、过电流保护、过电压保护、欠电压保护、过热保护等。

1.3.3　安全性能

（1）绝缘电阻

用 500V 绝缘电阻表（俗称兆欧表、摇表）测得输入端与机架间、输入与输出端子间的绝缘电阻一般要求在 50MΩ 以上，用 100V 绝缘电阻表测得输出与框体间的绝缘电阻一般在 10MΩ 以上。

（2）绝缘耐压

绝缘耐压程度根据输入电压的不同而异。除各种安全规格以外，输入与机架间、输入与输出端子间的每分钟绝缘耐压值为交流 1000V、1250V 或者 1500V。输出与机架间一般没有其他的特殊规定，必要时输出端子间需规定特殊的绝缘。

（3）（泄）漏电流

（泄）漏电流是指流经输入侧地线的电流。为防止发生触电危险，目前包括 IEC 在内的国际安全标准中，均针对设备的等级以及使用数量等考虑规定适当的标准，一般所规定的（泄）漏电流为 0.5～1mA。

1.3.4 环境适应性

（1）机械结构

机械结构规定的项目有：机箱的形状、外形尺寸与公差、装配位置、装配孔及螺钉的长度等，框体的材料及表面处理、冷却条件、通风方向与风量及开口尺寸、机外温升、接口位置及显示、操作部件（如开关、输出电压调节旋钮及指示灯等）的位置、文字显示的位置以及电源设备的重量等。

（2）环境条件

① 温度 电源设备使用温度范围（符合规格的有关连续使用电源的允许温度范围）随使用场合的不同而各异，一般为 $-5～+40℃$（储运温度一般为 $-40～+70℃$）。当电源设备在温度变换剧烈的场合使用时，有必要对温升斜率予以限制，一般在 $15℃/h$ 以内。一般规定的常温环境为 $15～35℃$。

② 湿度 电源设备规定的使用相对湿度范围一般为不大于 90%（$40℃\pm2℃$），其储运相对湿度范围一般为不大于 95%（$40℃\pm2℃$）（须不致结露），一旦发生结露，必须有相应的指示与适当的对应限制。一般规定的常湿环境为 $25\%～85\%$。

③ 海拔高度与大气压力 电源说明书中注明的海拔高度，是保证其安全工作的重要条件。在电源设备中有许多元器件采用密封封装，而且封装一般是在一个大气压下进行的，封装后的器件内部为一个大气压。由于大气压随着海拔高度的增加而降低，海拔过高时会形成器件壳内壳外较大的压力差，使器件变形或爆裂，从而导致元器件损坏。在没有特意说明的情况下，电源设备适宜的大气压力为 $70～106kPa$，海拔高度应低于海拔 3000m。

④ 耐振动 对于耐振动的规定，系统应能承受频率为 $10～55Hz$、振幅为 $0.35mm$ 的正弦波振动。

⑤ 耐冲击 耐冲击的规定随产品不同而各异，冲击加速度一般在 $(10～100)g$。主要针对运输情况考虑，多是在包装条件方面规定耐冲击的程度。

⑥ 其他环境条件 根据电源设备使用环境所规定的项目一般还包括耐积尘、耐腐蚀性气体、耐恶劣气候以及耐药性等。这些条件除特殊用途设备外，一般不予限制。

（3）电磁传导干扰（EMI）

任何一个合格的电器产品，都要对电磁干扰作适当的处理。这包含两个方面的内容：一是防止外部电磁干扰侵入电器内部，以免影响自身的工作；二是保证产品本身产生的电磁谐波不外泄到电网和周围环境里，以免影响其他电器的正常工作。在日常生活中，像显示器产生"雪花"、滚动、显示不稳定；打手机、无绳电话时电视机、收音机发出杂音；在计算机开机后，附近其他电器，如电视机、音响等不能正常使用，都很可能是因为电磁干扰而产生的影响。国家将电磁传导干扰分为 A、B 级。A 级是工业标准，要求相对宽松一些；B 级为家用标准，也是目前民用的最高标准。

1.4 开关电源主要性能指标测试

在评估电源产品性能及质量时，不但要有一个指标体系，而且要有产品测试方法，以便与相关的指标进行对比。本节从实际出发，介绍开关电源主要性能指标的测试方法、测试线路与测试要求，本节的测试方法对于工程实践具有重要的实用价值。

1.4.1 电气性能试验

（1）输入电压、输出电压和输出电流范围试验

输入电压、输出电压和输出电流试验电路如图1-6所示。仪器仪表的量程均应满足受试设备的最大值。开关电源为交流输入、直流输出受试设备。输入端用：交流数字功率分析仪、交流电压表、互感器（图中未标出）、交流电流表及输入电压调节装置；输出端用：直流电压表、直流电流表及可调节负载器。

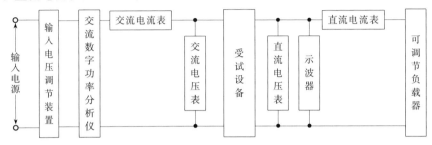

图1-6　输入电压、输出电压和输出电流试验电路

输入电压、输出电压和输出电流范围试验，适用于测量受试设备输入电压、输出电压和输出电流范围。其试验条件和方法如下：

① 按受试设备技术标准规定的输入电压范围进行调节。

② 按受试设备技术标准规定的输出电压、电流范围进行调节。

③ 测量和记录输入、输出电压或电流连续变化范围内各种组合状态极限条件下的数据。

（2）输入过压、欠压保护与告警性能试验

输入过压、欠压保护与告警性能试验适用于测量或观察受试设备输入过压、欠压保护值及动作可靠性。其试验电路如图1-6所示，试验条件和方法如下。

按受试设备技术标准规定的过压及欠压值进行调节：

① 调节输入电压值至过压保护值（过压告警及过压关断）或欠压保护值，受试设备应出现相应的保护及告警。

② 调节受试设备的输入电压值，从高于过压保护值降低至过压保护值以下（或从低于欠压保护值升至欠压保护值以上），受试设备的保护及告警消失、恢复正常。

③ 测量和记录输入过压值、欠压值及告警与保护状态。

（3）输出过压、欠压保护与告警试验

输出过压、欠压保护与告警性能试验适用于测量或观察受试设备输出过压、欠压保护值及动作可靠性。其试验电路如图1-6所示，试验方法与步骤如下：

① 调节受试设备的输出电压值至其标准规定的过压保护值（过压告警及过压关断），受试设备应出现相应的保护及告警。

② 受试设备的输出电压恢复至过压保护值以下，受试设备的保护及告警消失。

③ 调节受试设备的输出电压值至标准规定的欠压保护值，受试设备应出现相应的保护及告警。

④ 受试设备的输出电压恢复至欠压保护值以上，受试设备的保护及告警消失。

（4）输出电流限制性能试验

输出电流限制性能试验适用于测量具有电流限制功能的受试设备在输出负载电流超过规定的限流值时，保护受试设备的特性。其试验电路如图1-6所示，试验方法与步骤如下：

① 按受试设备技术标准规定调节受试设备。

② 调节输出负载电流，使其达到规定的限流值，观察输出电压并进一步调节负载电流，使输出电压下降到超出受试设备的稳压精度，该点为限流点，记录限流电流值和电压值。

③ 比较受试设备技术标准规定的限流特性曲线，继续增加负载电流，分别记录每一组电流值和输出电压值，直至输出电压下降到低于规定的输出下限值，根据记录绘制出限流特性曲线。

（5）过载能力试验

过载能力试验适用于测量具有过载指标要求的受试设备的过载能力。其试验电路如图1-6所示，试验方法与步骤如下：

① 按受试设备技术标准规定调节输入电源、输出负载。

② 记录受试设备达到过载时的输出电压、电流及时间，以及受试设备正常与否的状态。

（6）动态响应试验

动态响应试验适用于测量受试设备在输入电压、输出负载突变和切换过程中输出电压变化对负载影响的程度。

① 输入交流电压突变试验　输入交流电压突变试验适用于测量受试设备因输入交流电压突变而引起输出电压的变化。

a. 试验电路如图1-6所示。

b. 试验用仪器仪表设备及要求。100MHz存储记忆示波器，电源突变装置且该突变装置应满足：

（a）受试设备输入视在功率的120％以上。

（b）可调范围应大于受试设备的输入突变范围。

（c）突变上升值和下降的幅值和时间应满足受试设备的技术标准。

c. 试验方法与步骤：

（a）按受试设备技术标准规定的额定值调整受试设备。

（b）输入电压从额定值按受试设备技术标准规定的正向阶跃幅值和时间突变，测量并记录输出电压变化的突变值和恢复时间。

（c）输入电压从额定值按受试设备技术标准规定的负向阶跃幅值和时间突变，测量并记录输出电压变化的突变值和恢复时间。

② 输出负载电流突变试验　适用于测量受试设备因输出负载电流突变而引起的输出电压的变化。

a. 试验电路见图1-6。

b. 试验用仪器仪表设备及要求。100MHz存储记忆示波器，负载突变装置且该突变装置应满足：

（a）受试设备技术标准规定的突变范围。

（b）受试设备技术标准规定的突变时间。

c. 试验方法与步骤：

（a）按技术标准规定的额定值调整受试设备。

（b）按受试设备技术标准规定的负载突变范围进行"突加"或"突减"负载。

（c）用示波器捕捉突加或突减时输出电压的波动幅值和恢复时间并记录测量数据。

（7）效率与功率因数试验

效率与功率因数试验适用于测量受试设备在规定的条件下的效率和功率因数。其试验电路如图1-6所示，试验方法与步骤如下：

① 按受试设备技术条件规定调整受试设备。

② 输入为额定电压值、输出为额定电流值和稳压上限电压值。

注：在不同工作条件下测量其效率和功率因数时其方法相同。

③ 输入端交流数字功率分析仪直接记录或打印交流输入有功功率和功率因数测量数据。

④ 输出端直流电压表、电流表直接记录直流输出功率测量数据。

⑤以直流输出功率和交流输入有功功率之比计算效率。见如下公式：

$$\eta = \frac{UI}{P} \times 100\%$$

式中，η 为效率，%；U 为输出电压稳压上限值，V；I 为额定负载电流值，A；P 为输入交流有功功率，W。

（8）稳定工作性能试验

稳定工作性能试验适用于测量受试设备在规定的工作条件下及稳定工作状态下的各性能指标。

① 稳压精度试验　稳压精度试验适用于测量受试设备输出电压稳定偏差程度。其试验电路如图 1-6 所示，试验方法与步骤如下。

a. 定点。以受试设备技术标准规定的输入电压为额定值，以 50% 额定负载电流值，调整受试设备的输出电压至整定值并以此为标准值。

注：为保证测量、计算结果的精度，输出电压测量值应至少保留小数点后两位数。

b. 受试设备有较宽的输出电压范围，取浮充下限、浮充上限、均衡上限三个输出电压为定点值。

c. 在输入电压允许变化的范围内逐一测量输出电压并填入表 1-1 中。

d. 在负载电流允许变化的范围内逐一测量输出电压并填入表 1-1 中。

e. 依照表 1-1 记录的数据，按如下公式计算受试设备的稳压精度：

$$\delta = \frac{U - U_\circ}{U_\circ} \times 100\%$$

式中，δ 为稳压精度，%；U 为输出电压测量值，V；$U_\circ$ 为输出电压标准值，V。

表 1-1　稳压精度测量记录

输出电压标准值 $U_\circ$/V		输入电压/V	负载电流下限值/A	负载电流 50%/A	负载电流 100%/A
			输出电压测量值 U/V		
浮充下限	输入上限				
	额定值				
	输入下限				
浮充上限	输入上限				
	额定值				
	输入下限				
均衡上限	输入上限				
	额定值				
	输入下限				

注：1. 输出电压标准值 $U_\circ$ 简化测试时可选一项进行。

2. 可用于负载调整率与电网调整率的测量记录。

② 负载效应（负载调整率）试验　负载效应（负载调整率）试验适用于测量受试设备仅由于输出负载的变化引起的输出电压稳定偏差程度。其试验电路如图 1-6 所示，试验方法与步骤如下。

a. 定点。以受试设备技术标准规定的输入电压为额定值，以 50% 额定负载电流值，调整受试设备的输出电压至整定值并以此为标准值。

b. 保持输入电压为额定值。

c. 在输出负载电流为 5% 额定值及 100% 额定值时分别测量受试设备的输出电压值，并记入表 1-1。

d. 依照表 1-1 记录的数据计算负载调整率。

③ 源效应（电网调整率）试验　源效应（电网调整率）试验适用于测量受试设备仅由输入电源的变化引起的输出电压稳定偏差程度。其试验电路如图 1-6 所示，试验方法与步骤如下。

a. 定点。以受试设备技术标准规定的输入电压为额定值，以 50% 额定负载电流值，调整受试设备的输出电压至整定值并以此为标准值。

b. 保持输出为 50% 额定负载电流值。

c. 调整输入电压在允许最高值及最低值范围内，分别测量受试设备输出电压值，并记入表 1-1。

d. 依照表 1-1 记录的数据计算电网调整率。

④ 稳流精度试验　稳流精度试验适用于测量具有稳流性能的受试设备输出电流稳定偏差程度。其试验电路如图 1-6 所示，试验方法与步骤如下。

a. 定点。以受试设备技术标准规定的输入电压为额定值，输出电压范围的中间值调整负载电流 50% 额定值为稳流整定值并以此为标准值。

注：为保证测量、计算结果的精度，输出电流测量值应至少保留小数点后两位数。

b. 在输入电压允许的变化范围内逐一测量输出电流并填入表 1-2 中。

c. 在输出电压允许的变化范围内逐一测量输出电流并填入表 1-2 中。

d. 依照表 1-2 记录的数据，按下列公式计算受试设备的稳流精度。

$$\delta_i = \frac{I - I_o}{I_o} \times 100\%$$

式中，δ_i 为稳流精度，%；I 为输出电流测量值，A；I_o 为输出电流标准值，A。

表 1-2　稳流精度测量记录

输出电流标准值 I_o/A		输入电压/V	输出电压下限值/V	输出电压中间值/V	输出电压上限值/V
			输出电流测量值 I/A		
下限值		输入上限			
		额定值			
		输入下限			
50%值		输入上限			
		额定值			
		输入下限			
额定值		输入上限			
		额定值			
		输入下限			

（9）启动性能试验

① 软启动时间试验　软启动时间试验适用于测量具有软启动性能的受试设备，从开机启动至输出电压上升到设定值的过程时间。其试验电路如图 1-6 所示，试验方法与步骤如下。

a. 预调：按受试设备技术标准规定，调节输入电压为额定值、输出电压为出厂整定值、负载电流为 100% 额定值，保持调节状态不变，关断受试设备输入电源。

b. 测试：重新启动受试设备，用数字存储示波器记录从开机到输出电压上升到设定值的整个过程。

c. 判读：从数字存储示波器的记录判断，开机到输出电压上升到设定值的时间间隔为软启动时间。

② 开机输入冲击电流试验　开机输入冲击电流试验适用于测量受试设备由开机启动引起的输入冲击（浪涌）电流变化的过程及冲击电流峰值。

a. 试验电路见图1-7。

b. 试验用仪器仪表设备及要求。与受试设备最大开机输入冲击电流相对应的电流传感器、100MHz数字存储记忆示波器、交流电压表、直流电压表、输入电压调节装置及可调节负载器等。

c. 试验条件和方法。

（a）预调。按受试设备技术标准调整受试设备。

（b）重复开关受试设备达5次以上，每次间隔时间1min以上，用示波器捕捉开机冲击电流信号，记录最大冲击信号的峰值。

注：由EMI电路所产生的微秒级冲击电流不考虑。

（c）根据电流传感器的变比和示波器衰减比率计算出实际冲击电流值。

③ 开机特性试验　开机特性试验适用于测量受试设备开机正常启动工作过程。其试验电路如图1-7所示，试验方法与步骤如下。

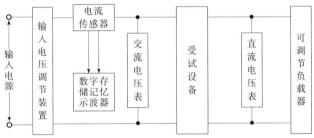

图1-7　开机输入冲击电流试验电路

a. 预调。按受试设备技术标准规定调整受试设备。

b. 重复开关受试设备达5次以上，每次间隔时间1min以上。

c. 每次开机受试设备应工作正常。

④ 开机输出电压过冲试验　开机输出电压过冲试验适用于测量受试设备在开机过程中输出电压过冲程度。

a. 试验电路见图1-8。

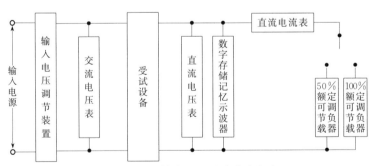

图1-8　开机输出电压过冲试验电路

b. 试验用仪器仪表设备及要求。100MHz数字存储记忆示波器、交流电压表、交流电流表、直流电压表、直流电流表、输入电压调节装置及可调节负载器。

c. 试验条件和方法。

（a）预调。按受试设备技术标准，分别在输出 0、50％、100％额定负载状态调整受试设备。

（b）用示波器分别测量、记录受试设备输出 0、50％、100％额定负载状态时的开、关机过程输出电压冲击峰值与稳态输出的电压差。

（10）均分负载（并机）性能试验

均分负载（并机）性能试验适用于测量具有并联工作性能的受试设备在并联工作条件下，受试设备的性能指标。

a. 试验电路见图 1-9。

b. 试验用仪器仪表设备及要求。交流电压表、交流电流表、直流电压表、直流电流表、输入电压调节装置及可调节负载器。

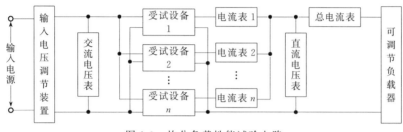

图 1-9　均分负载性能试验电路

c. 试验方法与步骤。

（a）按受试设备技术标准连接 n 台受试设备。

（b）定点。以受试设备技术标准规定的输入电压为额定值、输出电压为出厂整定值、输出总负载电流为 50％（或中间）额定值，测量、记录各单台受试设备的输出电流值。

（c）在受试设备技术标准规定的负载均分范围内调整负载电流，测量、记录总负载电流及各单台受试设备的输出电流值。

（d）根据测试记录数据，开关电源的均分负载不平衡度按下式计算方法进行。

$$\begin{cases} \delta_1 = (K_1 - K) \times 100\% \\ \delta_2 = (K_2 - K) \times 100\% \\ \vdots \\ \delta_n = (K_n - K) \times 100\% \end{cases}$$

$$\begin{cases} K_1 = I_1 / I_H \\ K_2 = I_2 / I_H \\ \vdots \\ K_n = I_n / I_H \\ K = \sum I / n I_H \end{cases}$$

式中，I_1，I_2，$\cdots$，I_n 为各台被测整流器所承担的输出电流值，A；I_H 为各台被测整流器输出电流额定值，A；$\sum I$ 为 n 台被测整流器输出电流总和，A；$n I_H$ 为 n 台被测整流器输出电流额定值总和，A。

（11）杂音电压、杂音电流试验

杂音电压、杂音电流试验适用于测量受试设备本身产生的杂音电压、电流对供电电源及负载的影响程度。

① 电话衡重杂音电压试验　电话衡重杂音电压试验适用于测量受试设备的直流输出端电话衡重杂音电压对其用电设备的电性能影响的程度。

a. 试验电路见图1-10。

b. 试验用仪器仪表设备及要求。

（a）杂音计（应符合 JJF 1167—2007）、交流电压表、直流电压表、直流电流表及输入电压调节装置与可调节阻性负载器。

（b）杂音计测量输入端串联 $2\mu F/100V$ 无极性电容器。

c. 试验方法与步骤。

（a）按受试设备技术标准调整受试设备。

（b）杂音计测量线尽可能短地接入受试设备输出端。

（c）用杂音计"电话衡重"测量方式测量输出端电话衡重杂音电压值。

② 宽频杂音电压试验　宽频杂音电压试验适用于测量受试设备的直流输出端叠加的宽频杂音电压对其用电设备的电性能影响的程度。试验电路如图1-10所示，试验方法与步骤如下：

a. 按受试设备技术标准规定调整受试设备。

b. 杂音计测量线尽可能短地接入受试设备输出端。

c. 用杂音计"宽频"测量方式测量输出端宽频杂音电压值。

③ 离散频率杂音电压试验　离散频率杂音电压试验适用于测量受试设备的直流输出端叠加的离散频率杂音电压对其用电设备的电性能影响的程度。试验电路如图1-10所示（注：用30MHz频谱分析仪替代图中的杂音计），试验方法与步骤如下：

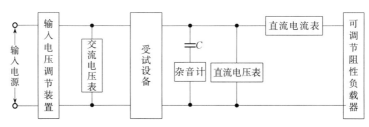

图1-10　杂音电压试验电路

a. 按受试设备技术标准规定调整受试设备。

b. 频谱分析仪测量线尽可能短地接入受试设备输出端。

c. 用频谱分析仪根据受试设备技术标准分频段测量输出端离散频率杂音电压值。

④ 峰-峰杂音电压试验　峰-峰杂音电压试验适用于测量受试设备的直流输出端叠加的峰-峰杂音电压（一定频宽）对其用电设备的电性能影响的程度。试验电路如图1-10所示（注：用20MHz模拟示波器替代图中的杂音计），示波器用电须经隔离变压器与市电隔离且示波器机壳不接地，试验方法与步骤如下：

a. 按受试设备技术标准规定调整受试设备。

b. 示波器测量探头尽可能短，或用绞线接入受试设备输出端。

c. 示波器水平扫描低于0.5s测量输出端峰-峰杂音电压值。

⑤ 输入端反灌相对宽频杂音电流试验　输入端反灌相对宽频杂音电流试验适用于测量直流供电的受试设备输入反灌相对宽频杂音电流对与受试设备共用直流电源的其他通信设备

电性能影响程度。

a. 试验电路见图 1-11。

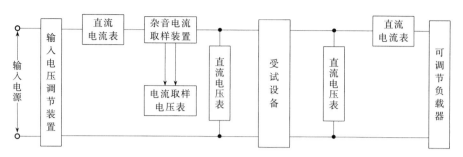

图 1-11　输入端反灌相对宽频杂音电流试验电路

b. 试验用仪器仪表设备及要求。输入电流取样装置（或 0.5 级 75mV 分流器）、高输入阻抗的真方均根值宽频杂音电压表（或具有真方均根值测量功能的示波器）、直流电源调节装置、直流电压表、电流表、可调节负载器。

c. 试验方法与步骤。

（a）按受试设备技术标准调整受试设备。

（b）用宽频杂音电压表或示波器与杂音电流取样装置测量输入端反灌相对宽频杂音电流值。

（c）调整输出负载，记录测试数据。

⑥ 输入端反灌相对电话衡重杂音电流试验　输入端反灌相对电话衡重杂音电流试验适用于测量直流供电的受试设备输入反灌相对电话衡重杂音电流对与受试设备共用直流电源其他通信设备电性能影响的程度。试验电路如图 1-11 所示，试验方法与步骤如下：

a. 按受试设备技术标准调整受试设备。

b. 用杂音计与杂音电流取样装置测量输入端反灌相对电话衡重杂音电流值。

c. 调整输出负载，记录测试数据。

1.4.2　安全性能试验

（1）绝缘电阻测量试验

绝缘电阻试验适用于测量受试设备的绝缘电阻值。

① 试验用仪器仪表设备及要求　绝缘电阻表（兆欧表）应符合受试设备技术标准的规定。

② 试验部位

a. 彼此无电连接的电路之间。

b. 电路与机壳之间。

③ 试验方法与步骤

a. 受试设备应与外部供电网络和负载断开。

b. 受试设备输入（输出）端子与主电路相连的电容器以及半导体器件的各级端子应短接或断开。

c. 主电路中的开关器件常开触点均应闭合或短接。

d. 主电路中不能承受试验的器件应从电路中拆除或短接。

e. 辅助设备（如系统控制装置、风机）与主电路无电连接，则应与柜壳相接。若与主电路有电连接则应断开。插入的或多端子的印制电路板和组件可以拔下。

　　f. 用绝缘电阻表测量所应测量的部位与机壳间及相互部位间的绝缘电阻值。

　　（2）抗电强度（绝缘强度）试验

　　抗电强度试验适用于测量受试设备的电气绝缘耐受电压程度的能力，进行抗电强度（绝缘强度）试验前应先测量其绝缘电阻，绝缘电阻大于 $1M\Omega$ 时才能进行。

　　① 试验用仪器仪表设备及要求　频率为 $50Hz$，试验电压及漏电流范围、精度和容量应符合受试设备技术标准要求的试验设备。

　　② 试验部位　试验电压根据受试设备技术标准施加于：

　　a. 输出端子与柜壳之间。

　　b. 输入端子与柜壳之间。

　　c. 输入端子与输出端子之间。

　　d. 交流配电设备的各相之间。

　　e. 控制电路对地。

　　③ 试验电压和漏电流

　　a. 试验电压和漏电流应符合受试设备技术标准的规定。

　　b. 受试设备技术标准中未规定的应按照 GB 4943.1—2011《信息技术设备 安全 第 1 部分：通用要求》的规定进行。

　　c. 当受试设备不便施加交流试验电压时，可以施加与上述规定试验电压的峰值相等的直流试验电压。

　　④ 试验方法与步骤

　　a. 按绝缘电阻测量试验的试验方法与步骤分开相应的部位。

　　b. 试验电压从零升至规定值的时间应不大于 $10s$，或者由规定电压值的 50% 开始，以每级为规定值的 5% 的有级调整方式上升至规定值，到达规定值后维持 $1min$，漏电流应符合受试设备技术标准规定。

　　c. 出厂检验时，可在 $1s$ 内逐渐施加到规定的试验电压值。

　　d. 重复的电气绝缘强度试验应降低前次试验电压 15% 的试验电压进行。

　　（3）保护接地试验

　　保护接地试验适用于测量受试设备主保护接地点与可能触及金属部分的接地电阻。

　　① 试验用仪器仪表设备及要求　毫欧表、凯文电桥或数字微欧仪。

　　② 试验部位　受试设备主保护接地点与柜壳或应予接地的导电金属之间。

　　③ 试验方法与步骤

　　a. 断开受试设备与供电网络及负载间的连接，并清洁测量点。

　　b. 用毫欧表（凯文电桥或数字微欧仪）分别测量主保护接地点与柜壳或其他应接地的导电金属之间的电阻值。

　　（4）中线电流试验

　　中线电流试验适用于测量三相交流供电的受试设备中线电流值。

　　① 试验电路见图 1-12。

　　② 试验用仪器仪表设备及要求

　　a. 输入电压表、中线电流表、输入电压调节装置、参数数字分析仪。

　　b. 输出电压表、电流表、可调节阻性负载器。

　　③ 试验方法与步骤

　　a. 按受试设备技术标准规定的输入、输出额定值调整受试设备。

b. 从中线电流检测装置中读取中线电流。

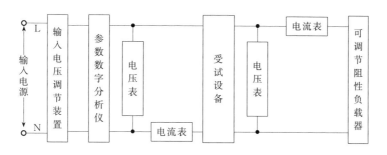

图 1-12　中线电流试验电路

（5）接触电流（对地漏电流）试验

接触电流试验适用于交流供电的受试设备对地漏电流的测量。

① 试验配置　按受试设备技术标准的规定配置。

② 试验用仪器仪表设备及要求　漏电流测试仪及相应测试仪。

③ 试验方法

a. 按受试设备技术标准规定的输入、输出额定值工作。

b. 按 GB 4943.1—2011《信息技术设备 安全 第 1 部分：通用要求》的相关要求分别测量输入相线、中线与保护地间的漏电流值。

（6）蓄电池管理及保护功能试验

蓄电池管理及保护功能试验适用于具有蓄电池管理及保护功能的受试设备。

① 试验配置　按受试设备技术标准的规定连接蓄电池、监控系统。

② 试验方法与步骤

a. 管理功能：按受试设备技术标准的规定，检查受试设备是否具备相应蓄电池管理功能。

b. 保护功能：按受试设备技术标准的规定，检查受试设备蓄电池保护电路和保护功能。

（7）本地、远程计算机三遥试验

本地、远程计算机三遥试验适用于观察和测量受试设备通过计算机接口、网络接口和通信网络与计算机通信时，计算机对受试设备的三遥性能。

① 试验配置　按受试设备技术标准的规定连接计算机系统（包括支持软件）、调制解调器或其他网络接口、通信线、交流电压表、交流电流表、频率计、直流电压表、直流电流表、温度计。

② 试验方法与步骤

a. 按受试设备技术标准和有关规定，受试设备、监控系统应正常运行。

b. 记录实测模拟量和对应的计算机显示模拟量。

c. 通过计算机对受试设备进行遥控，记录设备受控状态。

d. 在受试设备上模拟故障和恢复，记录故障状态及计算机响应情况。

e. 根据受试设备技术标准和有关规定，对计算机应用软件规定的功能进行验证，记录验证结果。

1.4.3　音响噪声试验

音响噪声试验适用于测量受试设备正常运行时产生的音响噪声。

（1）试验用仪器仪表设备

声级计。

（2）试验方法与步骤

① 受试设备按技术条件在额定条件正常运行。

② 在受试设备周围 2m 内没有声音反射的场所。

③ 测量应在正对受试设备操作面、垂直距离 1m、受试设备高度的 1/2 处，取至少两点作为测试点，测量时，测试话筒正对受试设备噪声源，取噪声最严重一点的值为测试值。

④ 测试应按 GB/T 3768—2017《声学 声压法测定噪声源声功率级和声能量级 采用反射面上方包络测量面的简易法》的规定进行，采用 A 声级计，测试时应尽量避免周围环境噪声对测量结果的干扰；当在每个测量点上测量 A 声级时，若与背景噪声的 A 声级之差小于 10dB，则应按 GB/T 3768—2017 所列修正量对所测得的 A 声级加以修正。

习题与思考题

1. 简述开关电源的定义及其分类方法。

2. 画出开关电源的结构框图。

3. 目前，应用于开关电源的主要技术有哪些？

4. 简述开关电源的发展趋势。

5. 简述开关电源的主要使用性能要求。

6. 简述开关电源的主要性能指标。

7. 简述开关电源的环境适应性要求。

8. 简述开关电源输入电压、输出电压和输出电流范围试验的具体方法与步骤。

9. 简述开关电源开机输入冲击电流试验的具体方法与步骤。

10. 简述开关电源均分负载（并机）性能试验的具体方法与步骤。

11. 简述开关电源电话衡重杂音电压试验的具体方法与步骤。

12. 简述开关电源绝缘电阻测量试验的具体方法与步骤。

13. 简述开关电源抗电强度（绝缘强度）试验的具体方法与步骤。

14. 简述开关电源保护接地试验的具体方法与步骤。

15. 简述开关电源接触电流（对地漏电流）试验的具体方法与步骤。

16. 简述开关电源音响噪声试验的具体方法与步骤。

第2章
常用无源器件

高频开关电源必须具有完成电能变换的主电路、相应的控制电路、操作显示电路和辅助电源等，也就是说高频开关电源由一些具有特定功能的电路组成，而这些电路由相应的元件和器件构成，主要包括电阻器、电容器、电感器、变压器、电子及电力电子器件等。从这个意义上讲，学习和掌握元器件知识是学习高频开关电源的基础。常用的无源功率元件包括电阻器、电容器、电感器和变压器等。本章将分别讲述它们各自的结构、电路图形符号、种类、主要技术参数以及常用的检测方法。

2.1　电阻器

电子在物体内做定向运动时会遇到阻力，这种阻力称为电阻。具有一定电阻数的元件称为电阻器，简称电阻。电阻器是电源电路中应用最广泛的一种电子元器件，约占其元器件总数的 35% 以上，其质量的好坏直接影响到电源电路工作的稳定性。电阻器的国际单位是欧姆（Ω），此外，在实际应用中，还常用千欧（$k\Omega$）和兆欧（$M\Omega$）等单位。它们之间的换算关系为 $1M\Omega = 10^3 k\Omega = 10^6 \Omega$。在电路图中，电阻的单位符号"$\Omega$"通常省略。人们通常将电阻器分为三类：阻值固定的电阻器称为普通电阻器或固定电阻器；阻值连续可调的电阻器称为可变电阻器（其中最常用的是电位器）；具有特殊作用的电阻器称为特殊电阻器。

2.1.1　普通电阻器

（1）主要类型

在电路中，电阻器主要用来控制电压和电流，即起分压、降压、限流、分流、隔离、滤波（与电容器配合）、阻抗匹配和信号幅度调节等作用。电流通过电阻器时，会消耗电能而发热，变成热能，因此电阻器是一种耗能元件。普通电阻器的电路图形符号如图 2-1 所示。图 2-1(a) 所示为国内现在使用的普通电阻器的电路图形符号，图 2-1(b) 所示为我国曾经使用过以及现在国外普遍使用的普通电阻器的电路图形符号。在电路中，普通电阻器通常用字母 R 来表示。根据其制造材料和结构的不同，可将普通电阻器分为薄膜（碳膜、金属膜、金属氧化膜和合成膜等）型电阻器、实芯（有机合成材料和无机合成材料）电阻器、玻璃釉膜电阻器和线绕电阻器等。

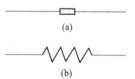

图 2-1　普通电阻器的电路图形符号

①碳膜电阻器　碳膜电阻器采用碳膜作为导电层，属于薄膜型电阻器的一种。它是将气态碳氢化合物在高温和真空中热分解出的结晶碳沉积在柱形或管形陶瓷骨架上

制成的，其型号标志为 RT。改变碳膜的厚度和用刻槽的方法变更碳膜的长度可得到不同的阻值。在碳膜电阻器的外表面一般涂有一层绿色或橙色的保护漆。碳膜电阻器的高频特性好，具有良好的稳定性，其温度系数不大且是负值，价格低廉但体积较大，其阻值范围宽，一般为 $2.1\Omega\sim10M\Omega$，其额定功率有 1/8W、1/4W、1/2W、1W、2W、5W 和 10W 等。碳膜电阻器广泛应用于交流、直流和脉冲电路中，其外形及内部结构如图 2-2 所示。

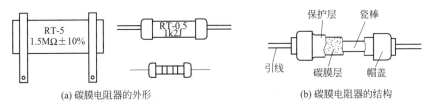

(a) 碳膜电阻器的外形   (b) 碳膜电阻器的结构

图 2-2   碳膜电阻器的外形及内部结构

② 金属膜电阻器   金属膜电阻器采用金属膜作为导电层，也属于薄膜型电阻器的一种。这种电阻器采用高真空加热蒸发（高温分解、化学沉积、烧渗等）技术，将合金材料（有高阻、中阻、低阻三种）蒸镀在陶瓷骨架上制成。金属膜一般为镍铬合金，也可用其他金属或合金材料。在电阻器的外表面通常涂有蓝色或红色保护漆。其型号标志为 RJ。改变金属膜厚度和用刻槽的方法变更金属膜的长度，可以得到不同的阻值。这种电阻器的精度、稳定度和高频性能等都比碳膜电阻器好；在相同功率条件下，其体积比碳膜电阻小得多；其阻值范围为 $1\Omega\sim1000M\Omega$；额定功率有 1/8W、1/4W、1/2W、1W、2W、10W、25W 等。常用在频率和精度要求较高的场合，但其成本相对较高。金属膜电阻器的外形及内部结构如图 2-3 所示。

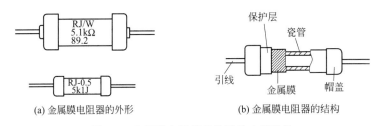

(a) 金属膜电阻器的外形   (b) 金属膜电阻器的结构

图 2-3   金属膜电阻器的外形及内部结构

③ 实芯电阻器   实芯电阻器通常是用碳质导电物质做导电材料，用云母粉、石英粉、玻璃粉和二氧化钛等做填料，另加黏合剂经加热压制而成的一种电阻器。按照黏合剂的不同，分为有机实芯电阻器和无机实芯电阻器，其型号标志分别为 RS 和 RN。有机实芯电阻器具有较强的过负荷能力，但其固有噪声较高，稳定性较差，分布电感和分布电容也较大，只可作为普通电阻器使用，而不能用于要求较高的电路中。无机实芯电阻器的优点是电阻温度系数较大，缺点是阻值范围较小。常见的有机实芯碳质电阻器外形如图 2-4 所示。

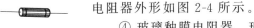

图 2-4   有机实芯碳质电阻器外形

④ 玻璃釉膜电阻器   玻璃釉膜电阻器又称金属陶瓷电阻器或厚膜电阻器。它是由贵金属银、钯、铑、钌等的氧化物（如氧化钯、氧化钌等）粉末与玻璃釉粉末混合，再经有机黏合剂按一定比例调制成一定黏度的浆料，然后用丝网印刷法涂覆在陶瓷骨架上，最后经高温烧结而成。其型号标志为 RI。玻璃釉膜电阻器的阻值范围为 $4.7\Omega\sim200M\Omega$；其额定功率一般为 1/8W、1/4W、1/2W、1W、2W 等，大功率型有 500W。玻璃釉膜电阻器具有耐温、耐湿、性能稳定、噪声小、高频特

性好、阻值范围大、体积小、重量轻等优点，主要应用在高功率、高可靠性电路中。常见玻璃釉膜电阻器的外形结构如图 2-5 所示。

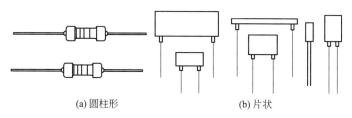

(a) 圆柱形　　　　　　　　(b) 片状

图 2-5　常见玻璃釉膜电阻器的外形结构

⑤ 线绕电阻器　线绕电阻器是用电阻率较大的合金线（即电阻丝，采用镍铬合金、锰铜合金、康铜丝等材料制成）缠绕在绝缘基棒上制成的。其型号标志为 RX。其阻值大小由合金线的长短和粗细决定，阻值范围为 $0.1\Omega\sim5M\Omega$，额定功率为 $1/8\sim500W$。这种电阻器具有耐高温、功率大、噪声低和电阻值精度高等优点，其缺点是有比较大的分布电感和电容，高频特性差，只能应用在直流和低频交流的场合。线绕电阻器常用在电源电路中作为限流电阻，也可制成功率较大的精密型电阻器，用作分流电阻。常见线绕电阻器的外形及内部结构如图 2-6 所示。

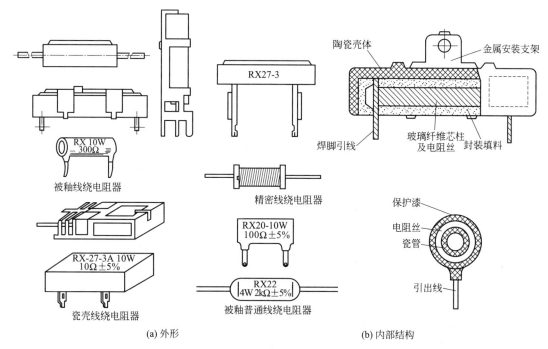

(a) 外形　　　　　　　　　　(b) 内部结构

图 2-6　常见线绕电阻器的外形及内部结构

（2）型号及其含义

普通电阻器的型号一般由四部分组成，各部分有其确切的含义，如图 2-7 所示。其中每部分代表的含义如表 2-1 所示。

（3）主要参数

普通电阻器的主要参数有：标称阻值（简称阻值）、允许误差、额定功率、最高工作电压和额定工作电压、温度系数以及环境温度等。了解普通电阻器的这些参数，可以在设计电路时合理地选用电阻器。

图 2-7 普通电阻器的型号

表 2-1　普通电阻器的型号及各部分代表的含义

第一部分（主称）		第二部分（材料）		第三部分（分类）		第四部分（序号）
符号	意义	符号	意义	符号	意义	
		T	碳膜	1	普通	
		J	金属膜	2	普通或阻燃	
		Y	氧化膜	3 或 C	高超频	用个位数或无数字表示。对主称和材料相同，仅尺寸和性能指标略有差别，但基本上不影响互换使用的产品应同一序号。如果尺寸、性能指标的差别影响互换使用，则在序号后用大写字母予以区别
		C	沉积膜	4	高阻	
		H	合成膜	5	高温	
R	电阻器	P	硼碳膜	6	高湿	
		U	硅碳膜	7 或 J	精密	
		X	线绕	8	高压	
		S	有机实芯	9	特殊	
		N	无机实芯	G	高功率	
		I	玻璃釉膜	T	可调	
				X	小型	
				L	测量用	

① 标称阻值　标称阻值通常是指电阻器上标注的电阻值。常用的有 E24（精度等级为Ⅰ，允许误差为±5％）、E12（精度等级为Ⅱ，允许误差为±10％）和 E6（精度等级为Ⅲ，允许误差为±20％）三个系列，其中 E24 系列分别有 1.0、1.1、1.2、1.3、1.5、1.6、1.8、2.0、2.2、2.4、2.7、3.0、3.3、3.6、3.9、4.3、4.7、5.1、5.6、6.2、6.8、7.5、8.2、9.1 乘以 10^N（N=0、1、2、3、…）所得的数值；E12 系列分别有 1.0、1.2、1.5、1.8、2.2、2.7、3.3、3.9、4.7、5.6、6.8、8.2 乘以 10^N（N=0、1、2、3、…）所得的数值；E6 系列分别有 1.0、1.5、2.2、3.3、4.7、6.8 乘以 10^N（N=0、1、2、3、…）所得的数值。

② 允许误差　一只电阻器的实际阻值不可能与标称阻值完全相等，两者之间总会存在一定的误差，电阻器允许的误差范围称为电阻器的允许误差。通常，普通电阻器的允许误差为±5％、±10％和±20％。如 E24 系列电阻器的允许误差为±5％，E12 系列电阻器的允许误差为±10％，E6 系列电阻器的允许误差为±20％，而高精度电阻器的允许误差范围可高达±0.001％。允许误差越小的电阻器，其阻值精度就越高，稳定性也越好，但其生产成本相对较高，价格较贵。

③ 额定功率　电阻器的额定功率是指在正常大气压力和规定温度下，电阻器能长期连续工作并能满足规定性能要求时，所允许消耗的最大功率，常用 P_R 表示。在额定功率限度以下，电阻器可以正常工作而且不会改变其性能，也不会损坏。为便于生产和选用，国家对电阻器规定了一个额定功率系列，如表 2-2 所示。其中 1/8W 和 1/4W 的电阻器较为常用。大功率电阻器因体积较大，其额定功率一般直接标注在电阻器上，而小功率电阻器的额定功率往往不标注。在电路中，电阻器额定功率常用国家规定的通用符号表示，如图 2-8 所示。

④ 最高工作电压　最高工作电压是指电阻器长期工作不发生过热或电击穿损坏时的工作电压。如果电压超过该规定值，则电阻器内部将产生火花，引起噪声，导致电路性能变差，甚至导致电阻器永久损坏。电阻器的额定功率越大，其最高工作电压相对越高。

表 2-2　电阻器额定功率系列

类别	额定功率系列/W
非线绕电阻器	1/20，1/8，1/4，1/2，1，2，5，10，25，50，100
线绕电阻器	1/20，1/8，1/4，1/2，1，2，3，4，5，6，6.5，7.5，8，10，16，25，40，50，75，100，150，250，500

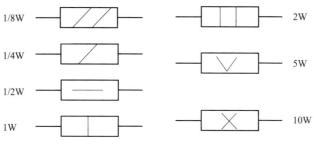

图 2-8　不同功率电阻器的电路图形符号

⑤ 温度系数　温度系数是表示电阻器热稳定性随温度变化的物理量。温度系数是指在规定的某一温度范围内，温度每变化 1℃，电阻器阻值的相对变化量，即

$$\alpha_T = \frac{R_2 - R_1}{R_1(t_2 - t_1)}$$

式中，α_T 为温度系数，1/℃；R_1，R_2 分别为环境温度为 t_1（℃）和 t_2（℃）时的电阻器的阻值，Ω。

电阻器的温度系数越小，其热稳定性越好。

（4）标识方法

电阻器的标识方法有直标法和色标法两种。

① 直标法　采用直标法的电阻器，其阻值（通常用阿拉伯数字表示）、允许误差（通常用百分数表示）和单位符号（用 Ω、kΩ 和 MΩ 表示）直接标注在电阻器的表面上。大功率电阻器的额定功率也直接标注在电阻器上。例如，电阻器表面上印有 RT-0.5-100Ω±10%，其含义是额定功率为 0.5W、阻值为 100Ω、允许误差为 ±10% 的碳膜电阻器；又例如，电阻器表面上印有 RJ-4.7kΩ±5%，其含义是阻值为 4.7kΩ、允许误差为 ±5% 的金属膜电阻器。

在有的电阻器上，其电阻值和允许误差用数字和英文字母有规律地组合在一起表示。通常，英文符号 R、k、M 前面的数字表示整数电阻值，后面的数字表示小数电阻值；分别用英文字母 Y（±0.001%）、Z（±0.002%）、E（±0.005%）、L（±0.01%）、P（±0.02%）、W（±0.05%）、B（±0.1%）、C（±0.25%）、D（±0.5%）、F（±1%）、G（±2%）、J（±5%）、K（±10%）、M（±20%）、N（±30%）表示电阻器相应的允许误差。例如，4k7J 表示电阻器的电阻值为 4.7kΩ，其允许误差为 ±5%；又例如，3R3K 表示电阻器的电阻值为 3.3Ω，其允许误差为 ±10%。

② 色标法　色标法是用标在电阻器上不同颜色的色环表示其阻值和允许误差。小功率电阻器的体积较小，用直标法表示电阻器的阻值和允许误差有时比较困难，所以广泛使用色标法。

一般用背景区别电阻器的种类：通常用浅色（浅绿色、浅蓝色、浅棕色）表示碳膜电阻器，用红色表示金属或金属氧化膜电阻器，用深绿色表示线绕电阻器。用色环表示电阻器的阻值大小及精度。

普通精度电阻器大多用四色环表示其阻值和允许误差（如图 2-9 所示）。第一、二色环表示有效数字（通常第一色环最靠近电阻端部），第三色环表示倍率（倍乘数），与前三色环距离较远的第四色环表示允许误差。有关色环颜色及其含义如表 2-3 所示。

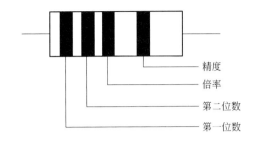

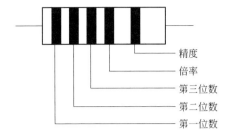

精度
倍率
第二位数
第一位数

精度
倍率
第三位数
第二位数
第一位数

图 2-9　普通精度电阻器的色环表示法　　　　图 2-10　精密型电阻器的色环表示法

表 2-3 色环颜色及其含义

色环颜色	有效数字	乘数	误差/%	色环颜色	有效数字	乘数	误差/%
黑色	0	10^0	—	紫色	7	10^7	±0.1
棕色	1	10^1	±1	灰色	8	10^8	—
红色	2	10^2	±2	白色	9	10^9	—
橙色	3	10^3	—	金色	—	10^{-1}	±5
黄色	4	10^4	—	银色	—	10^{-2}	±10
绿色	5	10^5	±0.5	无色	—	—	±20
蓝色	6	10^6	±0.25				

　　例如，第一色环到第四色环的排列依次为黄、紫、橙、金。由表 2-3 可知，此色环电阻器的阻值为 $47×10^3 Ω$，即此电阻器的标称值为 47kΩ，允许误差为±5%。牢记表 2-3 中各种颜色的色环所代表的数字就可以很快地知道色环电阻器的阻值。

　　精密型电阻器常采用五色环表示其阻值和允许误差（如图 2-10 所示）。五色环的前三环表示有效数字，第四环表示倍率，与前四色环距离较远的第五环表示允许误差。由于多了一位有效数字，从而电阻器的阻值表示更精确。

　　例如，第一色环到第五色环的排列依次为棕、绿、黑、棕、棕。由表 2-3 可知，此色环电阻器的阻值为 $150×10^1 Ω$，即此电阻器的标称值为 1500Ω，允许误差为±1%。

　　(5) 检测方法

　　检测普通电阻器时，主要用万用表的欧姆挡检测电阻器的标称值。

　　① 使用万用表欧姆挡时的注意事项

　　a. 对于指针式万用表，每次改换挡位时，都要重新调零。将红黑两表笔短接，旋转调零旋钮，使万用表指针指到欧姆刻度线的 0Ω 处。对于数字式万用表，则不用调零。

　　b. 要合理选择量程。万用表一般有 $R×1$、$R×10$、$R×100$、$R×1k$ 和 $R×10k$ 等挡，根据被测电阻值的大小选择合适的量程可以准确地得到被测电阻器的阻值，如果量程选择不当会使测量值不准确，误差大。

　　c. 检测方法要得当。检测时要避免人体对检测结果的影响，尤其是在测量阻值较大的电阻器时，用手触到电阻器就给电阻器并联了人体电阻，所测得的阻值不准确。

　　② 用万用表检测固定电阻器的方法

　　a. 不在路检测：将万用表置于适当的欧姆挡位并调零后，直接用两表笔接触电阻器的两端，即可在万用表表盘的欧姆刻度线上读出电阻值。

　　b. 在路检测：在检修工作中，有时会怀疑某电阻器短路或断路，为了方便、省时，往往不将电阻器焊下而直接用万用表的欧姆挡进行测量，这时要考虑到在路测量时其他元器件对测量值的影响，测得的电阻值为电路的等效电阻，只能供参考，要根据电路结构和经验来进行电阻器的在路检测判断，如果无法判断，只能将电阻器焊下，对其进行不在路检测。

2.1.2 电位器

电阻器除了前述的普通电阻器外，还有可调整电阻值的电阻器，被称为"可变电阻器"。这种电阻器可通过调整转轴角度来改变电阻值。更精密一点的微调电阻器则须旋转数圈才能调整 0%～100% 的电阻值，常用于精密仪器调校。通过调节可变电阻器的转轴，可以使它的输出电位发生改变，所以这种连续可调的电阻器又被称为电位器。电位器是电气设备中常用的可调电子元件，由一个电阻体和一个转动或滑动系统组成。在电气设备的相关电路中，电位器用来分压、分流和作为变阻器。

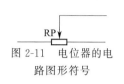

图 2-11　电位器的电路图形符号

（1）主要类型

电位器是一种连续可调的电阻器，其滑动臂（动接点）的接触刷在电阻体上滑动，可获得与电位器外加输入电压和可动臂转角成一定关系的输出电压，电位器在电路中通常用字母 R 或 RP（旧标准用 W）表示，其电路图形符号如图 2-11 所示。常见电位器的外形和名称如图 2-12 所示。

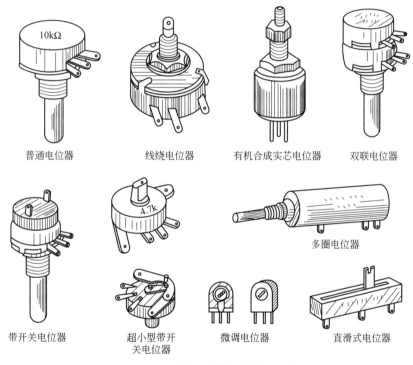

图 2-12　常见电位器的外形和名称

电位器有多种分类方法。

① 按电阻体的材料分类　电位器按电阻体的材料可分为线绕电位器和非线绕电位器两大类。

线绕电位器又可分为通用线绕电位器、精密线绕电位器、大功率线绕电位器和预调式线绕电位器等。

非线绕电位器可分为实芯电位器和膜式电位器两种类型。其中实芯电位器又分为有机合成实芯电位器、无机合成实芯电位器和导电塑料电位器。膜式电位器又分为碳膜电位器和金属膜电位器。

② 按调节方式分类　电位器按调节方式可分为旋转式电位器、推拉式电位器、直滑式电位器等多种。

③ 按电阻值的变化规律分类　电位器按电阻值的变化规律可分为直线式电位器、指数式电位器和对数式电位器。

④ 按结构特点分类　电位器按其结构特点可分为单圈电位器、多圈电位器、单联电位器、双联电位器、多联电位器、抽头式电位器、带开关电位器、锁紧型电位器、非锁紧型电位器和贴片式电位器等多种。

⑤ 按驱动方式分类　电位器按驱动方式可分为手动调节电位器和电动调节电位器。

⑥ 其他分类方式　电位器除能按以上各种方式分类外，还可以分为普通电位器、磁敏电位器、光敏电位器、电子电位器和步进电位器等。

（2）基本结构与工作原理

① 电位器的基本结构与接法　电位器主要由电阻体、定片、动片触点、操作柄和金属外壳等组成。电位器的操作柄用来控制动片在电阻体上的滑动，外壳起屏蔽作用，以避免在操作时引起干扰；电位器金属外壳在电路中接地（操作柄与外壳相连），这样调整电位器时干扰比较小，可以达到抑制干扰的目的。典型合成碳膜电位器的结构如图2-13所示。它有三个引出端，其中1、3两端电阻最大，2、3或1、2间的电阻值可以通过与轴相连的簧片（一般轴与簧片之间是绝缘的）位置变化而加以改变。电位器的三种连接方法如图2-14所示。双联电位器的结构与单联电位器一样，只是由两个相同的单联电位器结构组合在一起。

图2-13　合成碳膜电位器的结构

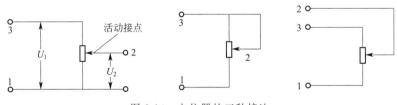

图2-14　电位器的三种接法

② 电位器调节电阻原理　转动电位器的转柄时，动片在电阻体上滑动，动片到两个定片之间的阻值大小将发生改变，当动片到一个定片的阻值增大时，动片到另一个定片的阻值将减小；当动片到一个定片的阻值减小时，动片到另一个定片的阻值将增大。如图2-15所示，电位器在电路中相当于两个电阻器构成的串联电路，动片将电位器的电阻体分成 R_1 和 R_2 两个电阻。当动片向定片1端滑动时，R_1 的阻值将减小，同时 R_2 的阻值增大；当动片向定片2端滑动时，R_1 的阻值将增大，同时 R_2 的阻值减小。R_1 和 R_2 的阻值之和始终等于电位器的标称值。

③ 电位器的作用　电位器的主要作用有两个：一是用作变阻器；二是用作分压器。

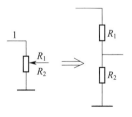

图2-15　电位器调节
电阻原理示意图

如图 2-16(a) 所示为电位器用作变阻器。由于电位器的 3 端与电位器的活动触点 2 端已短接，电位器两端即 1、3 间的电阻值就为 1、2 端间的电阻值，随活动触点 2 端的移动，1、3 端间电阻值就在 0Ω 和电位器的标称值之间变化。

如图 2-16(b) 所示为电位器用作分压器。电位器的输入电压 U_i 由 1、3 两端输入，输出电压 U_o 由 1、2 两端输出。2 端为电位器的活动触点。U_i 等于 2、3 间电压 U_{23} 与 1、2 间电压 U_{12} 之和，即 $U_i = U_{23} + U_{12}$。输出电压 U_o 就是 U_{12}，改变活动触点 2 端在电位器上的位置，就改变了 U_{12}，即改变了输出电压 U_o，输出电压 U_o 可在 $0 \sim U_i$ 间连续变化。

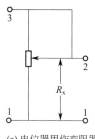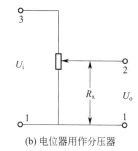

(a)电位器用作变阻器　　(b)电位器用作分压器

图 2-16　电位器的作用

（3）型号及其含义

按照国家标准规定，电位器的型号由四部分组成，如图 2-17 所示。由图 2-17 可见，第一部分为主称；第二、三部分用字母分别表示其电阻体的材料和类别，各字母符号含义如表 2-4 所示；第四部分用阿拉伯数字表示序号。

序号(用数字表示)
分类(用数字、字母表示)
材料(用字母表示)
主称(用字母 R、RP 或 W 表示)

图 2-17　电位器的型号

（4）主要参数

由于制作电位器所用的电阻材料与相应的固定电阻器相同，所以其主要参数的定义，如额定功率等与相应的固定电阻器也基本相同。但由于电位器存在活动触点，而且阻值是可调的，因此还有其特有的几项参数。下面对其主要参数作简要介绍。

 电位器的型号及各部分代表的含义

第一部分（主称）		第二部分（材料）		第三部分（分类）		第四部分（序号）
符号	意义	符号	意义	符号	意义	
R、RP(或 W)	电位器	J	金属膜	G	高压类	通常用阿拉伯数字表示。对主称和材料相同,仅尺寸和性能指标略有差别,但基本上不影响互换使用的产品应给同一序号。如果尺寸、性能指标的差别影响互换使用,则在序号后用大写字母予以区别
		Y	氧化膜	H	组合类	
		H	合成碳膜	B	片式类	
		X	线绕	W	螺杆驱动预调类	
		S	有机实芯	Y	旋转预调类	
		N	无机实芯	J	单圈旋转精密类	
		I	玻璃釉膜	D	多圈旋转精度类	
		D	导电塑料	M	直滑式精密类	
		F	复合膜	X	旋转低功率类	
				Z	直滑式低功率类	
				P	旋转功率类	
				T	特殊类	
				R	耐热类	

① 标称阻值　标称阻值是指电位器上标示的电阻值，它等于电阻体两个固定端之间的电阻值。其单位有欧姆（Ω）、千欧（kΩ）和兆欧（MΩ）。线绕电位器和非线绕电位器的标称值应符合 E6 和 E12 两个系列规定值。

② 额定功率　电位器的额定功率是指在直流或交流电路中，在规定的大气压力及额定温度下长期连续正常工作时所允许消耗的最大功率。常用的电位器额定功率有 0.1W、0.25W、0.5W、1W、1.6W、2W、3W、5W、10W、16W 和 25W 等。

③ 允许偏差　允许偏差指的是电位器的实测阻值与标称阻值偏差范围。一般线绕电位器的允许偏差有 ±20％、±10％ 和 ±5％ 三种，而非线绕电位器的允许偏差有 ±10％、±5％、±2％ 和 ±1％ 四种。高精度电位器的允许偏差可达到 0.1％。

④ 阻值变化规律　电位器的阻值变化规律是指其阻值随滑动触点旋转角度或滑动行程之间的变化关系。这种关系常用的有直线式、指数式（反转对数式）和对数式三种形式，分别用字母 A、B、C 表示。如图 2-18 所示是三种形式电位器的阻值随活动触点的旋转角度变化的曲线图。图中，纵坐标表示当转柄在某一角度时，其实际电阻值与电位器总电阻值的百分数，横坐标表示的是某一旋转角与最大旋转角的百分数。

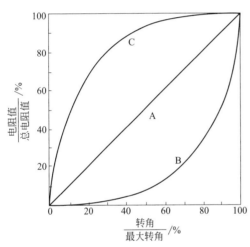

图 2-18　电位器阻值变化曲线图
A—直线式；B—指数式（反转对数式）；C—对数式

由图可知：直线式电位器的阻值变化与旋转角度成直线关系。当电阻体上的导电物质分布均匀时，单位长度的阻值大致相等。这种电位器适用于要求均匀调节的场合，如分压器、晶体管偏流调整电路等。

指数式（反转对数式）电位器上的导电物质分布不均匀，电位器开始转动时，阻值变化较小，当转动角度增大时，阻值变化较大。指数式电位器单位面积允许承受的功率不等，阻值变化小的一端允许承受的功率大一些。指数式电位器普遍应用于音量调节电路，因为人耳对声音响度的听觉最灵敏，当音量大到一定程度后，人耳的听觉逐渐变迟钝。所以音量调节一般采用指数式电位器，使声音的变化显得平稳、舒适。

对数式电位器电阻体上的导电物质分布也不均匀，当电位器开始转动时，其阻值变化很大，当转动角度增大，转动到接近阻值大的一端时，阻值变化比较小。对数式电位器适用于与指数式电位器要求相反的电子电路中，如电视机的对比度和音调控制电路。

⑤ 最大工作电压　最大工作电压是指电位器在规定条件下，长期（指工作寿命内）可靠地工作不损坏所允许承受的最高工作电压，一般也可称为额定工作电压。电位器的实际工作电压要小于额定电压。如果工作电压高于额定电压，则电位器所承受的功率要超过额定功率，会导致电位器过热损坏。电位器的最大工作电压同电位器的结构、材料、尺寸、额定功率等因素有关。比如，WHJ 型电位器最大工作电压为 250V，WH20 型电位器最大工作电压为 200V，WH25 型电位器最大工作电压为 150V，WH102 型电位器最大工作电压为 100V。

⑥ 动噪声　动噪声是指电位器在外加电压作用下，其动触点在电阻体上滑动时产生的电噪声，该噪声的大小与转轴速度、接触点和电阻体之间的接触电阻、动接触点的数目、电阻体电阻率的不均匀变化及外加的电压大小等因素有关。

⑦ 分辨率　当电位器的阻值连续变化时，其阻值变化量与输出电压的比值称为电位器

的分辨率。对于直线式线绕电位器而言，其分辨率为绕组总匝数的倒数（用百分数表示）。这种电位器的总匝数越多，分辨率越高。而对于非线绕电位器而言，其阻值变化是连续的，因而其分辨率要高于线绕电位器。

（5）标识方法

电位器参数的标识方法通常采用直接标注法，即用字母和数字直接将有关参数标注在电位器的壳体上，用以表示电位器的型号、类别、标称阻值、额定功率和误差等。电位器的标称阻值的标识方法通常有两种：一种是在外壳上直接标出电阻最大值，电阻最小值一般视为零；另一种是用三位有效数字表示，前两位有效数字表示电阻的有效值，第三位数字表示倍率。例如，标识为"332"的电位器，其最大阻值为 $33 \times 10^2 \Omega = 3300\Omega = 3.3k\Omega$。

在选用电位器时，除了要注意其电阻值、额定功率、体积大小以及安装是否方便外，还要注意电位器阻值的变化规律。

（6）几种常用的电位器

① 线绕电位器　线绕电位器是利用康铜丝或镍铬合金电阻丝绕在一个环状骨架上制成的。这种电位器额定功率大（几瓦或数十瓦）、耐高温、耐磨性能好、噪声低，阻值可以调得很精确而且稳定性好。它一般是直线式电位器，其型号为 WX-×××。线绕电位器的阻值范围比较小，一般为几十欧姆至几千欧姆之间，阻值允许偏差为±5%、±10%和±20%。这种电位器通常用于电源调节或大电流分压电路中。由于它是由电阻丝绕制而成的，其电感量较大，故线绕电位器很少用于高频电路。

② 碳膜电位器　碳膜电位器的电阻体用炭粉和树脂的混合物喷涂（蒸涂）在马蹄形胶木板上制成，碳膜涂有一层银粉，以确保碳膜片与引出线接触良好。电位器的中间引线由与轴相连的滑动簧片和电阻体胶木片上的接触环实现连接，碳膜电位器的外形、内部结构及连接方式如图 2-19 所示。碳膜电位器的型号为 WT××，其额定功率常用的有 0.1W、0.25W 和 0.5W 三种，最高工作电压为 200V，电阻的标称阻值为 510Ω～5.1MΩ。碳膜电位器的优点是结构简单、成本低、噪声小、电阻范围宽、寿命长，其缺点是功率较小（一般小于2W，否则体积较大）、耐热及耐湿性能差、滑动噪声与温度系数较大，在家用电器电路中应用广泛。

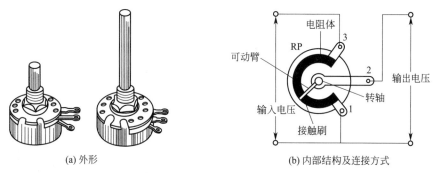

(a) 外形　　　　　　　　　　　(b) 内部结构及连接方式

图 2-19　碳膜电位器的外形、内部结构及连接方式

③ 金属膜电位器　金属膜电位器有金属合金膜、金属氧化膜、氧化钽膜等电位器。金属膜电位器的电阻体是用上述几种材料通过真空技术，沉积在陶瓷基体上制成的。

金属膜电位器的主要性能特点如下：a. 耐热性能好，其满负荷温度可达 70℃，温度系数可与线绕电位器相比；b. 分辨率极高，接触电阻很小；c. 金属膜电位器的分布电容和分布电感小，频率范围很宽，可用于直流电路和高频电路；d. 噪声电动势很低，仅次于线绕电位器；e. 耐磨性不好，阻值范围小（10Ω～100kΩ）。

④ 实芯电位器　主要为有机合成实芯电位器，它是用炭黑、石英粉、有机黏合剂等材料混合加热压制，构成电阻体，然后压入塑料基体上，经加热聚合而成的。有机合成实芯电位器可以制成小型的、微调式、直线式、对数式等多种电位器。

实芯电位器的性能特点：a. 可靠性高，体积小。它的体积比其他电位器小很多，适于小型化的家用电器。b. 有机实芯电位器的阻值连续可变，因此分辨率很高，这是线绕电位器不能相比的。c. 阻值范围很宽，一般为 $100\Omega \sim 4.7M\Omega$。d. 耐磨性能好、耐热性较好、过负荷能力强。e. 噪声大、耐温性差、温度系数大。其主要用于对可靠性及温度要求较高的通用小型电子设备中。

⑤ 单联电位器与双联电位器　单联电位器由一个独立的转轴控制一组电位器。双联电位器通常是将两个规格相同的电位器装在同一转轴上，调节转轴时，两个电位器的滑动触点同步转动。但也有部分双联电位器为异步异轴。双联电位器一般在立体声音响器材中用于音量或音调控制。图 2-20 所示是双联电位器的外形图。

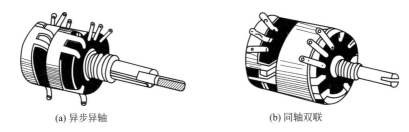

(a) 异步异轴　　　　　　　　　　　　　　(b) 同轴双联

图 2-20　双联电位器的外形

（7）检测方法

① 电位器各引脚的识别方法。

a. 找电位器动片引脚的方法。

一种方法是电位器的动片往往在两定片之间，以此特征可方便地找出动片。

另一种方法是通过万用表对电位器阻值的测量确定动片引脚，其方法是：选用万用表的 $R\times 1k$ 挡，红表笔接一根引脚，黑表笔任意接一根引脚，调节电位器操作柄，观察阻值是否变化，然后红、黑表笔分别换引脚，调节电位器操作柄时观察阻值是否变化，哪次测量中阻值不变化，说明红、黑表笔所接引脚之外的另一根引脚为动片引脚。

使用万用表检测法可以找出电位器动片，如图 2-21 所示是接线示意图，当万用表红、黑表笔不接在动片上时，调节电位器操作柄时万用表指示的阻值不变化。

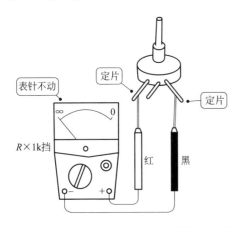

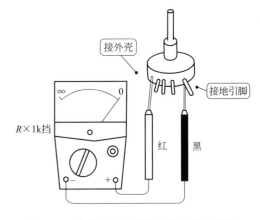

图 2-21　用万用表找电位器动片接线示意图　　　　图 2-22　找外壳接地引脚时的接线示意图

b. 找电位器接地定片引脚的方法。电位器三根引脚中有一根接地的定片引脚，分辨这一接地引脚的方法有两种。

第一种方法：电位器接在电路中时，测量的电位器某一个定片引脚与线路板地线之间的电阻为零时，说明该定片为接地定片引脚。

第二种方法：用万用表欧姆挡来分辨，首先将转柄逆时针方向旋转到底，然后测量的电位器动片与某一定片之间的阻值为零时，说明这一定片为接地的定片引脚。

这一测量方法的原理是：在电位器使用中转柄顺时针方向转动为阻值增大，当电位器逆时针方向旋转到底时，动片引脚与定片引脚之间的电阻为零，这样可以在确定动片引脚的前提下，确定接地定片的引脚。

c. 找电位器另一根定片引脚的方法。确定动片和接地定片引脚后，剩下的一根引脚为另一根定片引脚。这一定片在电路中往往接信号传输线热端，信号从此引脚加到电位器中，将此引脚称为热端引脚。

d. 找电位器外壳引脚的方法。在一些电位器中，除上述三根正常作用的引脚外，还多出一根外壳接地引脚，此引脚与电位器金属外壳相连，可以用万用表的欧姆挡进行识别，测量各引脚与金属外壳之间的电阻大小，为零的引脚为外壳接地引脚，如图 2-22 所示是找外壳接地引脚时的接线示意图。

② 电位器阻值测量方法　电位器阻值测量分为在路检测和不在路（脱开）检测两种。由于一般电位器的引脚用引线与线路板上的电路相连，焊下引线比较方便，所以常用不在路检测的方法，这样测量的结果能够准确说明问题。

主要分以下两种情况：

a. 测量的两固定引片之间的阻值，应等于该电位器外壳上的标称阻值，远大于或远小于标称阻值都说明电位器有问题。

b. 检测阻值变化情况，方法是：用万用表欧姆挡相应量程，一支表笔接动片，另一支表笔接一个定片，如图 2-23 所示是测量时表笔接线示意图，缓慢地左右旋转电位器的转柄，表针指示的阻值应从零到最大值（等于标称阻值），然后从最大值到零连续变化。

③ 检测电位器的活动臂与电阻体的接触情况　将万用表的两个表笔分别接至定臂和活动臂上，平缓地旋转电位器的转轴，表头的指针应平稳地从小到大或从大到小移动。若指针呈间歇式或跳跃式变动，则说明活动臂与电阻体接触不良，用同样的方法检测另一定臂与活动臂的接触是否良好。

④ 检测电位器各引脚与金属外壳的绝缘情况　将万用表置于 $R \times 10k$ 挡，一支表笔接金属外壳，另一支表笔分别接电位器三个引脚，每个引脚与外壳间电阻值都应为无穷大，若测出某引脚与外壳间阻值不为无穷大，甚至为零，则证明此电位器绝缘有问题，不能用。

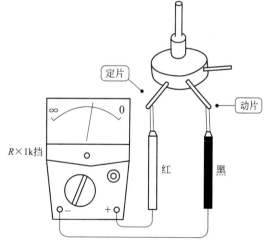

图 2-23　电位器阻值测量时的接线示意图

⑤ 检测带有开关的电位器的开关性能　将万用表置于 $R \times 1k$ 挡，两表笔分别接触开关的两个引脚，旋动电位器的旋柄，使开关动作，在"开"时，万用表电阻值应为 0Ω，在

"关"时，电阻值应为无穷大。同时还应听到开关动作时清脆的响声。如果开、关时的电阻值不对，说明开关已坏或有接触不良现象。

2.1.3 特殊电阻器

随着科技的日益发展，特殊用途电阻器得到了越来越广泛的应用。常见的有热敏电阻器、压敏电阻器、光敏电阻器、磁敏电阻器、湿敏电阻器、气敏电阻器和力敏电阻器等，这类电阻器通常也称为敏感电阻。它们主要用于温度补偿、温度控制、过载保护、自动检测和自动控制等方面。本节仅对热敏电阻器、压敏电阻器和光敏电阻器作简要介绍。

(1) 热敏电阻器

热敏电阻器是一种对温度反应比较敏感、其阻值会随着温度的变化而变化的非线性电阻器，通常由单晶、多晶等对温度敏感的半导体材料制成。热敏电阻器在电路中用文字符号"RT"或"R"表示，其电路图形符号如图2-24所示。

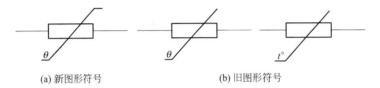

(a) 新图形符号　　　　　　　　　(b) 旧图形符号

图2-24　热敏电阻器的电路图形符号

① 热敏电阻器的种类　热敏电阻器根据其结构、形状、灵敏度、受热方式及温变特性的不同可分为多种类型。

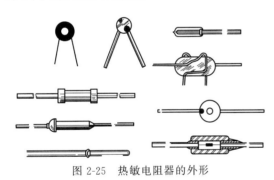

图2-25　热敏电阻器的外形

按结构及形状分：可分为圆片形（片状）热敏电阻器、圆柱形（柱形）热敏电阻器以及圆圈形（垫圈状）热敏电阻器等多种，如图2-25所示。

按对温度变化的灵敏度分：可分为高灵敏型（突变型）热敏电阻器和低灵敏型（缓变型）热敏电阻器。

按受热方式分：可分为直热式热敏电阻器和旁热式热敏电阻器。

按温变（温度变化）特性分：可分为正温度系数（PTC）热敏电阻器和负温度系数（NTC）热敏电阻器。

② 热敏电阻器的型号命名方法　热敏电阻器的型号命名分为四部分：

第一部分用字母"M"表示主称为敏感电阻器；

第二部分用字母表示敏感电阻器的类别，"Z"表示正温度系数热敏电阻器，"F"表示负温度系数热敏电阻器；

第三部分用数字0~9表示热敏电阻器的用途或特征；

第四部分用数字或字母、数字的混合表示序号，代表某种规格、性能。

热敏电阻器型号中各部分的含义见表2-5。

例如：型号为MZ73A-1的热敏电阻器，其型号中各部分的含义为M表示敏感电阻器、Z表示正温度系数热敏电阻器、7表示消磁用、3A-1表示序号；型号为MF53-1的热敏电阻器，其型号中各部分的含义为M表示敏感电阻器、F表示负温度系数热敏电阻器、5表示测温用、3-1表示序号。

表 2-5　热敏电阻器型号中各部分的含义

第一部分(主称)		第二部分(类别)		第三部分(用途或特征)		第四部分(序号)
字母	含义	字母	含义	数字	含义	
M	敏感电阻器	Z	正温度系数热敏电阻器	1	普通型	一般用数字或字母、数字的混合表示序号,代表着某种规格、性能等
				5	测温	
				6	温度控制	
				7	消磁	
				9	恒温	
		F	负温度系数热敏电阻器	0	特殊型	
				1	普通型	
				2	稳压	
				3	微波测量	
				4	旁热式	
				5	测温	
				6	温度控制	
				8	线性型	

③ 热敏电阻器的主要参数　热敏电阻器的主要参数有:标称阻值、额定功率、电阻温度系数、热时间常数、允许误差、测量功率、材料常数、耗散系数、最高工作温度、开关温度、标称电压、工作电流、稳压范围、最大电压和绝缘电阻等。

④ 正温度系数热敏电阻器　正温度系数热敏电阻器也称 PTC 热敏电阻器,属于直热式热敏电阻器。

正温度系数热敏电阻器是以钛酸钡($BaTiO_3$)为主要原料,再掺入锶(Sr)、锆(Zr)等稀土元素后制成的。其主要特性是在工作温度范围内具有正的电阻温度系数,即电阻值与温度变化成正比例关系,当温度升高时,电阻值随之增大。

正温度系数热敏电阻器在常温下,其电阻值较小,仅有几欧姆至几十欧姆,当流经它的电流超过额定值时,其电阻值能在几秒钟内迅速增大至数百欧姆甚至数千欧姆以上。正温度系数热敏电阻器广泛用于过热保护和过流保护等电路中。

常用于限流的小功率 PTC 热敏电阻器有 MZ2 系列和 MZ21 系列,常用于电动机过热保护的 PTC 热敏电阻器有 MZ61 系列。

检测时,将万用表置 $R \times 1k$ 挡,具体可分为两步操作:

a. 常温检测(室内温度接近 25℃)　将两表笔接触 PTC 热敏电阻的两引脚测出其实际阻值,并与标称阻值相对比,二者相差在 ±20Ω 内即为正常。实际阻值若与标称阻值相差过大,则说明其性能不良或已损坏。

b. 加温检测　在常温测试正常的基础上,即可进行第二步测试——加温检测。将一热源靠近 PTC 热敏电阻对其加热,同时用万用表检测其电阻值是否随温度的升高而增大,如是,说明热敏电阻正常,若阻值无变化,说明其性能变劣,不能再继续使用。

⑤ 负温度系数热敏电阻器　负温度系数热敏电阻器也称 NTC 热敏电阻器,是应用较多的温度敏感型电阻器。

负温度系数热敏电阻器是用锰(Mn)、钴(Co)、镍(Ni)、铜(Cu)、铝(Al)等金属氧化物(具有半导体性质)或碳化硅(SiC)等材料,采用陶瓷工艺制成的。其主要特性是电阻值与温度变化成反比,即在工作温度范围内,当温度升高时,电阻值却随之减小。

NTC 热敏电阻器广泛应用于电视机、显示器、音响设备等家电、办公产品中,这些电器内往往安装有大容量电解电容器作滤波或旁路用,在开机瞬间,电容器对电源几乎呈短路状态,其冲击电流很大,容易造成变压器、整流堆或保险管过载。若在设备的整流输出端串接上 NTC 热敏电阻器,如图 2-26 所示。这样在开机瞬间,电容器的充电电流便受到 NTC

元件的限制。约开机 15s 后，NTC 元件升温相对稳定，其分压也逐步降至零点几伏。这样小的压降，可视此种元件在完成软启动功能后为短接状态，不会影响电器的正常工作。

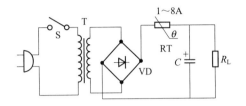

图 2-26 NTC 热敏电阻器在家用电器中的应用

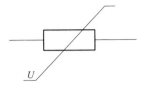

图 2-27 压敏电阻器电路图形符号

常用于稳压的 NTC 热敏电阻器有 MF21、MF22 和 RR 系列等；另外，常用的普通型 NTC 热敏电阻器有 MF11～MF17 系列；常用于温度检测的 NTC 热敏电阻器有 MF53 系列和 MF57 系列。

用万用表电阻挡的适当量程测量 NTC 热敏电阻器的电阻值时，可用手指捏住电阻器使其温度升高，或利用电烙铁、吹风机等工具对电阻器加热。若电阻器的阻值能随着温度的升高而变小，则说明该电阻器性能良好；若电阻器阻值不随着温度变化而变化，则说明该电阻器已损坏或性能不良。

（2）压敏电阻器

压敏电阻器是电压灵敏电阻器（VSR）的简称，当外加电压施加到某一临界值时，其阻值会急剧变小，是一种对电压敏感的非线性过电压保护半导体元件。它在电路中通常用文字符号"RV"或"R"表示，图 2-27 是其电路图形符号。

① 压敏电阻器的种类 压敏电阻器可以按结构、使用材料和伏安特性等进行分类。

按结构分：压敏电阻器可分为结型压敏电阻器、体型压敏电阻器、单颗粒层压敏电阻器和薄膜压敏电阻器等。

按使用材料分：压敏电阻器可分为氧化锌压敏电阻器、碳化硅压敏电阻器、金属氧化物压敏电阻器、锗（硅）压敏电阻器、钛酸钡压敏电阻器等。

按伏安特性分：压敏电阻器可分为对称型压敏电阻器（无极性）和非对称型压敏电阻器（有极性）。

② 压敏电阻器的结构特性与应用 压敏电阻器与普通电阻器不同，其电阻值随端电压的变化而变化。它是根据半导体材料的非线性特性制成的。图 2-28 是压敏电阻器的外形，其内部结构如图 2-29 所示。

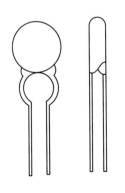

图 2-28 压敏电阻器的外形

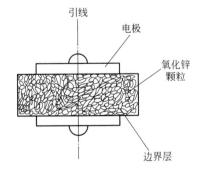

图 2-29 压敏电阻器的内部结构

普通电阻器遵守欧姆定律，而压敏电阻器的电压与电流呈特殊的非线性关系。当压敏电阻器两端所加电压低于标称额定电压时，压敏电阻器的电阻值将接近无穷大，内部几乎无电流通过。当压敏电阻器两端电压略高于标称额定电压时，压敏电阻器将迅速击穿导通，并由高阻状态变为低阻状态，工作电流也急剧增大。当其两端电压低于标称额定电压时，压敏电阻器又恢复为高阻状态。当压敏电阻器两端电压超过其最大限制电压时，压敏电阻器将完全击穿损坏，无法再自行恢复。

压敏电阻器的主要特点是工作电压范围宽（6~3000V，分若干挡），广泛地应用在家用电器及其他电子产品中，起过电压保护、防雷、抑制浪涌电流、吸收尖峰脉冲、限幅、高压灭弧、消噪、保护半导体元器件等作用。

电网电压的波动或人为的配电故障，经常会使电网产生浪涌过电压，威胁电子仪器及各种家电的整流电路和电源变压器的安全。若将压敏电阻器并接在整流二极管或电源变压器的输入端即可起到保护作用。

③ 压敏电阻器的型号命名方法　压敏电阻器的型号命名分为四部分：

第一部分用字母"M"表示主称为敏感电阻器；

第二部分用字母"Y"表示敏感电阻器为压敏电阻器；

第三部分用字母表示压敏电阻器的用途或特征；

第四部分用数字表示序号，有的在序号的后面还标有标称电压、通流容量、电阻体直径以及电压误差等。

压敏电阻器型号中各部分的含义见表2-6。

④ 压敏电阻器的主要参数及常用的压敏电阻器　压敏电阻器的主要参数有标称电压、电压比、最大控制电压、残压比、通流容量、漏电流、电压温度系数、电流温度系数、电压非线性系数、绝缘电阻、静态电容、浪涌寿命和最大稳压电流等。常用于浪涌电流抑制及过电压保护的压敏电阻器有MYJ系列、MYD系列、MYG20系列、MYG3系列、MYG4系列和MYH系列等；常用于防雷的压敏电阻器主要有MYL系列。

表 2-6　压敏电阻器型号中各部分的含义

第一部分（主称）		第二部分（类别）		第三部分（用途或特征）		第四部分（序号）
字母	含义	字母	含义	字母	含义	
M	敏感电阻器	Y	压敏电阻器	无	普通型	一般用数字或字母、数字的混合表示序号，代表着某种规格、性能等
				D	通用	
				B	补偿	
				C	消磁	
				E	消噪	
				G	过压保护	
				H	灭弧	
				K	高可靠型	
				L	防雷	
				M	防静电	
				N	高能型	
				P	高频	
				S	元器件保护	
				T	特殊型	
				W	稳压	
				Y	环型	
				Z	组合型	

⑤ 压敏电阻器的检测

a. 测量电阻　用万用表 $R \times 1k$ 或 $R \times 10k$ 挡，测量其电阻值，正常时应为无穷大。若测得其电阻值接近 0 或有一定的电阻值，则说明该电阻器已击穿损坏或已漏电损坏。

　　b. 测量标称电压　　测试电路见图 2-30，利用兆欧表提供测试电压，使用两块万用表，一块用直流电压挡读出 V_{1mA}，另一块用直流电流挡读出 I_{1mA}。然后调换压敏电阻引脚位置用同样方法读出 V'_{1mA} 和 I'_{1mA}，所测量值应满足 $V_{1mA} \approx |V'_{1mA}|$，否则说明对称性不好。

　　(3) 光敏电阻器

　　光敏电阻器是一种对光敏感的元件，其阻值随外界光照强弱（明暗）变化而变化。光敏电阻器在电路中用字母 "R" "RL" 或 "RG" 表示，图 2-31 是其电路图形符号。

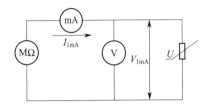

图 2-30　检测压敏电阻器的标称电压　　　　图 2-31　光敏电阻器的电路图形符号

　　① 光敏电阻器的结构特性及应用　　光敏电阻器通常由光敏层、玻璃基片（或树脂防潮膜）和电极等组成。其结构与外形如图 2-32 所示。

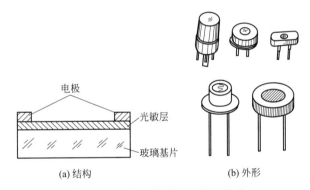

图 2-32　光敏电阻器的结构和外形

　　光敏电阻器是用硫化镉（CdS）或硒化镉（CdSe）等半导体材料制成的特殊电阻器，这些半导体具有光电导效应，因此，光敏电阻器对光线十分敏感。它在无光照射时呈高阻状态，暗阻值一般可达 1.56MΩ 以上；当有光照射时，材料中便激发出自由电子和空穴，其电阻值减小，随着光照度的升高，电阻值迅速降低，电阻值可小至 1kΩ 以下。可见，光敏电阻的暗阻和亮阻间阻值比约为 1500∶1，其暗阻值越高越好。使用时给它施以直流或交流偏压。

　　光敏电阻器广泛应用于各种自动控制电路（如自动照明灯控制电路、自动报警电路）、家用电器（如电视机中的亮度自动调节，照相机中的自动曝光控制）及各种测量仪器中。

　　② 光敏电阻器的型号命名方法

　　第一部分用字母 M 表示主称为敏感电阻器、G 表示光敏电阻器。

　　第二部分用数字 0～9 表示光敏电阻器的用途或特征。

　　第三部分用数字表示序号，代表电阻器的规格、性能等。

　　光敏电阻器型号中各部分的含义见表 2-7。

表 2-7　光敏电阻器型号中各部分的含义

第一部分(主称)		第二部分(用途或特征)		第三部分(序号)
字母	含义	数字	含义	
MG	光敏电阻器	0	特殊用途	通常用数字表示序号,以区别该电阻器的外形尺寸及性能指标等
		1	紫外光	
		2	紫外光	
		3	紫外光	
		4	可见光	
		5	可见光	
		6	可见光	
		7	红外光	
		8	红外光	
		9	红外光	

③ 光敏电阻器的种类　光敏电阻器可以根据光敏电阻器的制作材料和光谱特性来分类。

按光敏电阻器的制作材料分:光敏电阻器可分为多晶光敏电阻器和单晶光敏电阻器,还可分为硫化镉(CdS)光敏电阻器、硒化镉(CdSe)光敏电阻器、硫化铅(PbS)光敏电阻器、硒化铅(PbSe)光敏电阻器、锑化铟(InSb)光敏电阻器等。

按光谱特性分:光敏电阻器可分为可见光光敏电阻器、紫外光光敏电阻器和红外光光敏电阻器。可见光光敏电阻器主要用于各种光电自动控制系统、电子照相机和光报警器等电子产品中;紫外光光敏电阻器主要用于紫外线探测仪器;红外光光敏电阻器主要用于天文、军事等领域的有关自动控制系统中。

④ 光敏电阻器的主要参数　光敏电阻器的主要参数有额定功率(P_M)、亮电阻(R_L)、暗电阻(R_D)、最高工作电压(V_M)、亮电流(I_L)、暗电流(I_D)、时间常数(τ)、温度系数、灵敏度等。常用的光敏电阻器有 MG41~MG45 系列。

⑤ 光敏电阻器的检测方法　检测光敏电阻时,可用万用表 $R \times 1k$ 挡,将两表笔分别任意接光敏电阻的两个引脚,然后按下列方法进行测试。

a. 检测暗阻　检测电路如图 2-33 所示,用一黑纸片将光敏电阻的透光窗口遮住,此时万用表的指针基本保持不动,阻值接近无穷大。此值越大说明光敏电阻性能越好。若此值很小或接近零,说明光敏电阻已烧穿损坏,不能再继续使用。

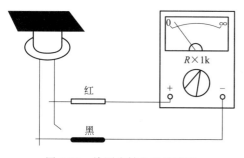

图 2-33　检测光敏电阻的暗阻

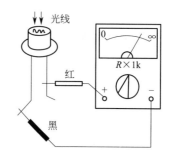

图 2-34　检测光敏电阻的亮阻

b. 检测亮阻　检测电路如图 2-34 所示,将光源(可见光光敏电阻器可用白炽灯泡照射;紫外光光敏电阻器可用验钞机的紫外线灯管照射;红外光光敏电阻器可用电视机遥控器内的红外发射管作光源)对准光敏电阻的透光窗口,此时万用表的指针应有较大幅度的摆动,阻值明显减小。此值越小说明光敏电阻器的性能越好。若此值很大甚至无穷大,表明光敏电阻器内部开路损坏,也不能再继续使用。

2.2 电容器

电容器（Capacitor）是最常见的电子元器件之一，通常简称为电容。它可储存电能，具有充电、放电及通交流、隔直流的特性，常用于滤波电路、振荡电路、耦合电路、调谐电路以及旁路电路中。本节主要介绍电容器的基本知识、主要特性参数、规格表示方法、常用电容器的类型以及电容器的检测等。

2.2.1 电容器基本知识

（1）基本结构

两个相互靠近的导体中间夹一层不导电的绝缘物质，就构成了电容器。当在电容器的两个极板之间加上电压时，电容器就能储存电荷，所以电容器是充放电荷的电子元件。电容器的电容量在数值上等于一个导电板上的电荷量与两个极板之间电压的比值。平板电容器的电容量可由下式计算，即

$$C = \frac{Q}{U} = \frac{\varepsilon S}{4\pi d}$$

式中，C 为电容量，F；Q 为一个电极板上储存的电荷，C；U 为两个电极板上的电位差，V；ε 为绝缘介质的介电常数；S 为金属极板的面积，mm^2；d 为极板间的距离，cm。

电容器电容量的基本单位是法拉（用字母 F 表示）。如果 1 伏特（1V）的电压能使电容器充电 1 库仑（1C），那么电容器的容量就是 1 法拉（1F）。但在实际应用时，法拉这个单位太大，不便于使用，工程中经常使用毫法（mF）、微法（μF）、纳法（nF）、皮法（pF）等单位，它们之间的换算关系为

$$1F = 10^3\,mF = 10^6\,\mu F = 10^9\,nF = 10^{12}\,pF$$

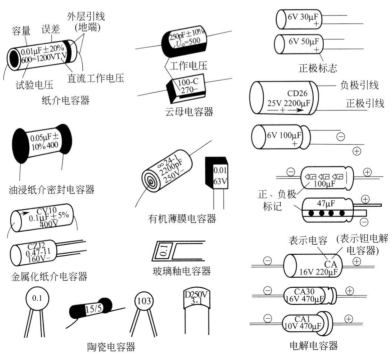

图 2-35　常用电容器的外形结构

除了平板电容器外，还有其他结构类型的电容器，在以后章节中陆续介绍。常用电容器的外形结构如图 2-35 所示。

（2）主要类型

电容器的分类方法有很多，电容器根据电容量变化情况可分为固定电容器、可变电容器和微调电容器（半可变电容器）三种。电容器根据使用的介质不同可分为纸介质电容器、空气介质电容器、云母电容器、陶瓷电容器和电解电容器等。还可以按电容器在电路中的用途来分类，如滤波电容器、旁路电容器和振荡电容器等。在电路中通常用字母 C 表示电容器，其电路图形符号如图 2-36 所示。

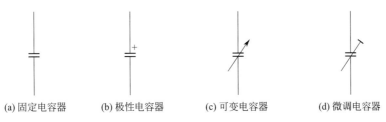

| (a) 固定电容器 | (b) 极性电容器 | (c) 可变电容器 | (d) 微调电容器 |

图 2-36　各种电容器的电路图形符号

（3）主要作用

① 隔直流通交流　直流电不能通过电容器是因为电容器两极板间的介质是绝缘物质，直流电被绝缘体所阻断。那么交流电是怎样通过电容器的呢？首先应了解一下电容器的充放电情况，如图 2-37（a）所示。图中开关 S 接 A 点，电池给电容器 C 充电，使原来不带电的电容器两极板充有等量的异种电荷，这个充电过程产生一个充电电流 i_1，当充至电容器两极板间的电压等于电池端电压时，充电过程结束，此时充电电流为零。将开关 S 改接到 B 点，此时电容器处于放电状态，

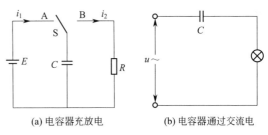

(a) 电容器充放电　　　(b) 电容器通过交流电

图 2-37　电容器通过交流电的原理

电容器上的电压经电阻器 R 形成回路，产生一个放电电流 i_2，在放电过程中，电容器两极板间的电压由大变小，放电电流 i_2 也由大变小，当放电过程结束时，电容器两极板间的电压为零，放电电流也为零。如果我们给电容器加一个交流电压 u 后，情况又如何呢？如图 2-37（b）所示。由于交流电压 u 的电压极性和大小作周期性变化，电容器不断地进行充、放电，电路中就会不断地产生充电电流和放电电流，充、放电电流也是大小和方向都随时间作周期变化的电流，就好像交流电"通过"了电容器。

② 在一定时间内起电源作用（大容量电容器）　电容器储存了电荷就是储存了能量，储存的电荷越多，则电容器储存的能量就越大。大容量电容器放电时，由于储存能量大，放电电流就较大，放电时间也较长，所以在不太长的时间内我们可以把电容器（尤其是大容量电容器）看成一个电源。在一些电路中（如功率放大器、滤波电路中）就运用了电容器的这种性能。

（4）性能参数

① 标称容量及允许误差　标称容量是指标注在电容器上的电容量。在实际应用中，电容量在 10000pF 以上的电容器，通常用 μF 作单位，电容量在 10000pF 以下的电容器，通常用 pF 作单位。像电阻器的标称阻值一样，电容器的容量一般也是按照国家规定优选出一系列标称值进行生产的。常用固定电容的标称容量系列见表 2-8。

允许误差是指电容器的标称容量与实际容量之间的最大允许误差范围。电容器的允许误

差通常用百分数表示，由电容器的实际容量与标称容量之差除以标称容量得到。普通电容器的允许误差有±5%（Ⅰ级）、±10%（Ⅱ级）和±20%（Ⅲ级）等，精密电容器的允许误差有±2%、±1%、±0.5%、±0.25%、±0.1%和±0.05%等。

表 2-8　常用固定电容的标称容量系列

电容类别	允许误差	容量范围	标称容量系列
纸介电容、金属化纸介电容、纸膜复合介质电容、低频（有极性）有机薄膜介质电容	±5% ±10% ±20%	100pF～1μF	1.0、1.5、2.2、3.3、4.7、6.8
		1～100μF	1、2、4、6、8、10、15、20、30、50、60、80、100
高频（无极性）有机薄膜介质电容、瓷介电容、玻璃釉电容、云母电容	±5%	1pF～1μF	1.0、1.1、1.2、1.3、1.5、1.6、1.8、2.0、2.2、2.4、2.7、3.0、3.3、3.6、3.9、4.3、4.7、5.1、5.6、6.2、6.8、7.5、8.2、9.1
	±10%		1.0、1.2、1.5、1.8、2.2、2.7、3.3、3.9、4.7、5.6、6.8、8.2
	±20%		1.0、1.5、2.2、3.3、4.7、6.8
铝、钽、铌、钛电解电容	±10%、±20%等	1～1000μF	1.0、1.5、2.2、3.3、4.7、6.8

② 额定电压　电容器的额定电压也称电容器的耐压值，是指电容器在规定的温度范围内，能够长时间连续正常工作时所能承受的最高电压。电容器的常用额定等级电压有 4V、6.3V、10V、16V、25V、32V、40V、50V、63V、100V、160V、250V、400V、450V、500V、630V、1000V 和 1200V 等。该额定电压值通常标示在电容器上。在实际应用中，电容器的工作电压应低于电容器上标示的额定电压值，否则会造成电容器因过压而击穿损坏。

③ 漏电流与绝缘电阻　虽然电容器的介质是绝缘物质，但当电容器加上直流电压时，总有一定的电流会通过电容器，我们称这个电流为漏电流。一般电解电容器的漏电流略大一些，而其他类型电容器的漏电流较小。

电容器两极间的电阻值称为绝缘电阻。其大小等于额定工作电压下的直流电压与通过电容器的漏电流的比值。电容器两极之间的介质不是绝对的绝缘体，其电阻不是无限大，而是一个有限的数值，一般在 1GΩ 以上。一般而言，云母电容器、陶瓷电容器等的绝缘电阻很大、漏电流很小。

电容器的绝缘电阻越小，漏电越严重。电容漏电会引起能量损耗，这种损耗不仅影响电容器的寿命，而且会影响电路的工作。因此，绝缘电阻越大越好。小容量的电容器，绝缘电阻比较大，通常为几吉欧。电解电容器的绝缘电阻一般较小。

④ 损耗因数　损耗因数用电容器的损耗角正切值（$\tan\delta$）表示，此值表示电容器能量损耗的大小。该值越小，说明电容器的质量越好。电容器的损耗主要由介质损耗、电导损耗、电容器的金属部分电阻和接触电阻的损耗引起。电容器存在损耗，使加在电容器上的正弦交流电压与通过电容器的电流之间的相位差不是 $\pi/2$，而是稍小于 $\pi/2$，其偏角为损耗角 δ，通常以 $\tan\delta$ 表示电容器能量损耗的大小。正常情况下 $\tan\delta$ 值应小于 0.01。有些电容器（尤其电解电容器）由于所在位置距发热元件较近，经长时间烘烤，会使电容器的 $\tan\delta$ 值升高到 0.2 以上，这时电容器会使电路工作不正常。

⑤ 频率特性　频率特性是指电容器对各种频率所表现出的不同性能，即电容器的电容量等电参数随着电路工作频率变化而变化的特性。不同介质材料的电容器，其最高工作频率不同。例如，容量较大的电容器（如电解电容器）只能在低频电路中工作，高频电路中只能使用容量较小的高频陶瓷电容器或云母电容器等。电容器在交流电路中（特别是高频电路）工作时，其容抗将随频率的变化而变化，此时电路等效为 RLC 串联电路，因此电容器都有一个固有谐振频率。电容器在交流电路中工作时，工作频率应远小于固有谐振频率。

⑥ 温度系数　温度系数是在一定温度范围内，温度每变化 1℃ 时电容量的相对变化值。

正温度系数表示电容量随着温度的上升/下降而增/减；负温度系数表示电容量随着温度的下降/上升而增/减。电容器的温度系数越小，表明其质量越好。

（5）型号

常用电容器的型号一般由四部分组成，各部分有其确切的含义，如图 2-38 所示。其中每部分代表的含义如表 2-9 所示。

第四部分表示元件序号
第三部分表示元件分类
第二部分表示电容器的介质材料
第一部分表示电容器主称，用 C 表示

图 2-38 常用电容器的型号命名方法

（6）标识方法

① 直标法 直标法是指将电容器的主要技术指标直接标注在电容器表面。体积较大的电容器大多采用此方法进行标识。例如，CT1-0.022μF-63V 表示圆片形低频陶瓷电容器，其额定工作电压为 63V，标称容量为 $0.022\mu F$。采用直标法标注时，有时也把电容器容量的允许误差标识出来。例如，CJ-400V-0.01μF-Ⅱ 表示密封型金属化纸介电容器，其额定工作电压为 400V，标称容量为 $0.01\mu F$，允许误差为Ⅱ级（±10%）。

在标注电容器的容量时，用阿拉伯数字，或者用阿拉伯数字与字母符号两者有规律地结合标注。在标注时应遵循以下原则：

a. 凡不带小数点的数值，若无标注单位，则单位为 pF。例如，2200 表示 2200pF。凡带小数点的数值，若无标注单位，则单位为 μF。例如，0.56 表示 $0.56\mu F$。

表 2-9 电容器型号各部分的含义

第一部分（主称）		第二部分（介质材料）		第三部分（特征分类）					第四部分（序号）
符号	意义	符号	意义	符号	意义				
					陶瓷电容	云母电容	有机电容	电解电容	
C	电容器	A	钽电解	1	圆片	非密封	非密封	箔式	用数字表示。对主称、材料相同，仅尺寸、性能指标略有差别，但基本上不影响互换使用的产品给同一序号。如尺寸、性能指标的差别影响互换使用，则用不同序号予以区别
		B	聚苯乙烯	2	管形	非密封	非密封	箔式	
		C	高频陶瓷	3	叠片	密封	密封	烧结液体	
		D	铝电解	4	独石	密封	密封	烧结固体	
		E	其他材料电解	5	穿心		穿心		
		F	聚四氟乙烯	6	支柱管				
		G	合金电解	7				无极性	
		H	纸膜复合	8	高压	高压	高压		
		I	玻璃釉	9			特殊	特殊	
		J	金属化纸介	G	高功率				
		L	涤纶	J	金属化				
		N	铌电解	L	立式矩形				
		O	玻璃膜	M	密封型				
		Q	漆膜	T	铁片				
		T	低频陶瓷	W	微调				
		V	云母纸	X	小型				
		Y	云母	Y	高压				
		Z	纸介						
		LS	聚碳酸酯						

b. 用三位数字表示，其中第一、二位数字为有效数字，第三位数字代表倍率（表示有效数字后的零的个数），电容量单位为 pF。值得注意的是，若第三位数字是 9，则表示 10^{-1} 倍率。例如，203 表示 $20 \times 10^3 \text{pF} = 20000 \text{pF} = 0.02 \mu\text{F}$，102 表示 $10 \times 10^2 \text{pF} = 1000 \text{pF} = 0.001 \mu\text{F}$，479 表示 $47 \times 10^{-1} \text{pF} = 4.7 \text{pF}$ 等。凡第三位为"9"的电容器，其容量必在 $1 \sim 9 \text{pF}$。

c. 用阿拉伯数字与字母符号相结合标注。例如，4.7p 代表 4.7pF，p33 代表 0.33pF，8n2 代表 8.2nF = 8200pF 等。其特点是省略 F，小数点往往用 p、n、μ、m 来代替。有些电容器也采用"R"表示小数点，如"$R47\mu\text{F}$"表示 $0.47\mu\text{F}$。

电容器的允许误差有时用英文字母表示，具体见表 2-10。例如，"224K"表示容量为 $22 \times 10^4 \text{pF} = 0.22\mu\text{F}$，允许误差为 $\pm 10\%$。对于容量小于 10pF 的电容器，其允许误差既不用百分数表示，也不用字母表示，而是直接标出，如 $3.3 \pm 0.5\text{p}$、$8.2 \pm 1\text{p}$ 等。

表 2-10 电容器允许误差标注字母及含义

字母	含义	字母	含义	字母	含义
X	$\pm 0.001\%$	C	$\pm 0.25\%$	N	$\pm 30\%$
Y	$\pm 0.002\%$	D	$\pm 0.5\%$	H	$\pm 100\%$
E	$\pm 0.005\%$	F	$\pm 1\%$	Q	$-10\% \sim 30\%$
L	$\pm 0.01\%$	G	$\pm 2\%$	T	$-10\% \sim 50\%$
P	$\pm 0.02\%$	J	$\pm 5\%$	S	$-20\% \sim 50\%$
W	$\pm 0.05\%$	K	$\pm 10\%$	Z	$-20\% \sim 80\%$
B	$\pm 0.1\%$	M	$\pm 20\%$	不标注	-20%

② 色标法 电容器色标法的原则及色标意义与电阻器色标法基本相同，其单位是皮法（pF）。对立式电容器，色环顺序从上到下，沿引线方向排列；轴式电容器的色环都偏向一头，其顺序从最靠近引线的一端开始为第一环。四色环电容器的第一环和第二环为有效数值，第三环为倍率，第四环为允许误差；五色环电容器的前四环与四色环相同，第五环为标称电压。各色环所表示的含义见表 2-11。另外，当某个色环的宽度等于其他环宽度的 2 倍或 3 倍时，则表示相邻 2 环或 3 环的颜色相同。例如：第一个色环为绿色（色环的宽度等于标准宽度的 2 倍），第二个色环到第四个色环分别为橙、棕、红，则此电容器实际上是五色环电容器，容量为 $55 \times 10^3 \text{pF}$，允许误差为 $\pm 1\%$，工作电压为 10V。

表 2-11 色标电容器各色环的含义

色环颜色	有效数字	倍率	允许误差/%	工作电压/V	色环颜色	有效数字	倍率	允许误差/%	工作电压/V
黑	0	10^0	—	4	紫	7	10^7	± 0.1	50
棕	1	10^1	± 1	6.3	灰	8	10^8		63
红	2	10^2	± 2	10	白	9	10^9	$(-20 \sim +50)$	—
橙	3	10^3	—	16	金	—	10^{-1}	± 5	—
黄	4	10^4	—	25	银	—	10^{-2}	± 10	—
绿	5	10^5	± 0.5	32	无色	—	—	± 20	—
蓝	6	10^6	± 0.25	40					

2.2.2 常用电容器

电容器种类很多，按其使用介质材料的不同可分为电解电容器、膜介质电容器和无机介质电容器等。下面主要介绍几种常见的电容器。

（1）电解电容器 电解电容器由极板和绝缘介质组成，极板通常具有极性，一个极板为正极，另一个极板为负极，介质材料是很薄的金属氧化膜，极板与介质都浸在电解液中。按制造极板材料的不同，电解电容器分为铝电解电容器、钽电解电容器和铌电解电容器等。

电解电容器是电容器的一种，所以它具有一般电容器的特性，由于电解电容器的结构原因，这种电容器还有其他的一些特征，主要有以下两个特点。

a. 大容量电解电容器高频特性差　电解电容器是一种低频电容器，即它主要工作在频率较低的电路中，不宜工作在频率较高的电路中，因为电解电容器的高频特性不好，容量很大的电解电容器的高频特性更差。

b. 电解电容器漏电比较大　从理论上讲电容器两极板之间绝缘，没有电流流过，但是电解电容器的漏电比较大，两极板间有较大的电流流过，说明两极板间存在漏电阻。漏电流影响了电容器的性能，对信号的损耗比较大，漏电严重时电容器在电路中不能正常工作，所以漏电流越小越好。电解电容器的容量越大，其漏电流越大。

电解电容器的引脚表示方法有以下几种：

a. 新电解电容器采用长短不同的引脚来表示引脚极性，通常采用长引脚表示正极性引脚。当电容器使用后，由于引脚已剪掉便无法识别极性，所以这种方法不够完善。

b. 标出负极性引脚，在电解电容器的绿色绝缘套上画出负极的符号，以表示这一引脚为负极性引脚。

c. 采用加号表示正极性引脚，此时外壳上有一个加号，表示这根引脚为电容器正极。

① 铝电解电容器　铝电解电容器是在作为电极的两条等长、等宽的铝箔之间加一电解物质，并以极薄的氧化铝膜作为介质卷制、封装而成的。其外形、结构如图 2-39 所示。

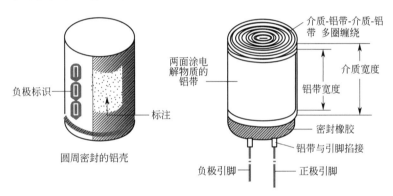

图 2-39　铝电解电容器外形、结构示意图

铝电解电容器结构比较简单，它以极薄的氧化铝膜做介质并多圈卷绕，可获得较大的电容量，如 $2200\mu F$、$3300\mu F$、$4700\mu F$、$10000\mu F$ 等，这种电解电容最突出的优点是"容量大"。然而因氧化铝膜的介电常数较小，使得铝电解电容器存在因极间绝缘电阻较小，从而漏电大、耐压低、频响低等缺点。但在应用领域，铝电解电容器仍在低中频电源滤波、退耦、储电能、信号耦合电路中占主角。

铝电解电容器的特性：

a. 单位体积的电容量大，重量轻。

b. 电解电容器通常有极性，即有正、负极。

c. 介电常数较大，范围是 $7\sim10$。

d. 时间稳定性差，存放时间长易失效，电容量误差较大。

e. 漏电流大，损耗大，其容量和损耗会随温度的变化而变化，特别是当温度低于 $-20℃$ 时，容量将随温度的下降而急剧减小，损耗则急剧上升；当温度超过 $+40℃$ 时，铝电解电容器氧化膜中的电子和离子都将显著增加，因此漏电流迅速增大。铝电解电容器只适合在 $-20\sim+40℃$ 的温度范围工作。

f. 耐压不高，价格不贵，在低压时优点突出。

铝电解电容器的容量范围为 $1\sim10000\mu F$，工作电压为 $6.3\sim450V$。

铝电解电容器的典型标注与识别方法如图 2-40 所示。

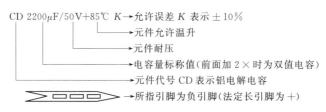

图 2-40　铝电解电容器的典型标注与识别方法

常用的几种铝电解电容器外形示意图如图 2-41 所示。

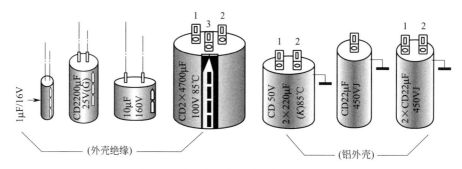

图 2-41　常用铝电解电容器外形示意图

② 钽电解电容器　钽电解电容器是以钽金属作为正极，电解质为负极，以钽表面生成的氧化膜作为介质的电解电容器。它可分为固体钽电容器和液体钽电容器两种类型，其主要区别是电解质的状态不同，前者为固态，后者为液态。当然，它们的制作工艺也不同。图 2-42 给出了部分钽电解电容器的外形。

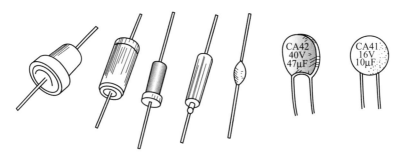

图 2-42　部分钽电解电容器的外形

钽电解电容器的电容量为 $0.1\sim1000\mu F$，额定电压为 $6.3\sim125V$。钽电容的损耗、漏电流均小于铝电解电容器，因此可以在要求高的电路中代替铝电解电容器。

钽电解电容器的外壳上通常标有"CA"标记，钽电解电容器的主要特性：它与铝电解电容器相比，可靠性高，稳定性好；漏电流小，损耗低，绝缘电阻大；在相同容量下，钽电解电容器比铝电解电容器体积小；容量大，寿命长，可制成超小型元件；耐温性能较好，工作温度最高可达 200℃；金属钽材料稀少，价格贵，通常用于要求较高的电路中。

③ 铌电解电容器　铌电解电容器以铌金属作正极，氧化铌为介质。这种电容器按正极的形状可分为烧结式和箔式两种，常用的有 CN 系列。

铌电解电容器的特性：介电常数大，相同体积的铌电解电容器比钽电解电容器的容量大一倍；化学稳定性较好，其性能优于铝电解电容器；漏电流和损耗都较小。

另外还有钽-铌合金电解电容器，其正极是钽-铌合金粉烧结而成的多孔性整体。在正极的表面用化学方法形成一层氧化膜作介质。这种电解电容器的性能仅次于钽电解电容器，优于铝电解电容器。由于铌的资源较丰富，价格适中，因此这种合金电容器性能较好，是有发展前途的，正在部分取代钽电解电容器。

（2）膜介质电容器

膜介质电容器按照材料构成不同可分为有机膜介质电容器和无机膜介质电容器。

有机膜介质电容器的种类较多，最常用的有涤纶膜电容器、聚丙烯膜电容器、聚苯乙烯膜电容器、聚碳酸酯膜电容器和漆膜电容器等。通常，有机膜介质电容器的介质损耗小，漏电小，容量范围不大，耐压有高有低。由于其介电常数各有差异，用途也不尽相同。如涤纶膜电容器，介电常数较大，体积小，容量较大，适用于低频电路；而聚苯乙烯膜电容器、聚四氟乙烯膜电容器等，虽然介电常数稍小，但由于介质损耗小，绝缘电阻大，耐压高，温度系数小，多用于高频电路；其他有机膜介质电容器性能居中，体积小，常用于旁路、高频耦合与微积分电路。

有机膜介质电容器的结构是以两片金属箔作电极，将极薄的有机膜介质夹在中间，卷成圆柱形或扁椭圆形电容芯子，加上引线，用火漆、树脂、陶瓷、玻璃釉或金属壳封装而成的。有机膜介质电容器的外形、结构示意图如图 2-43 所示。

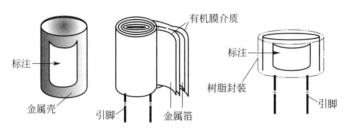

图 2-43　有机膜介质电容器的外形、结构示意图

无机膜介质电容器与有机膜介质电容器在结构上大同小异，只不过其介质是无机膜。常用的无机膜介质电容器主要有纸膜复合电容器和玻璃膜电容器两种。无机膜介质电容器的主要特点是绝缘强度好、耐压高、耐腐蚀、介质损耗小、容值稳定，多用于高频电路。

下面简单介绍几种常见的膜介质电容器。

① 聚苯乙烯膜电容器　聚苯乙烯膜电容器是以聚苯乙烯薄膜为介质制成的。它可分为箔式聚苯乙烯电容器和金属化聚苯乙烯电容器两种类型。其共同特点是电介质损耗小，容量范围宽，精度高，稳定性好，能耐高压。金属化聚苯乙烯电容器的绝缘电阻高达 $10^4 M\Omega$ 以上，但高频性能差。这两类电容器的共同缺点是不能在较高温度下工作。

聚苯乙烯薄膜电容器的容量范围为 $100pF \sim 100\mu F$；允许偏差为 $0.25\% \sim 10\%$；允许环境温度范围为 $-65 \sim 125℃$；额定工作电压范围为 $30V \sim 1.5kV$；绝缘电阻为 $(1 \sim 5) \times 10^5 M\Omega$。

聚苯乙烯电容器在收音机、录音机、电视机、VCD 机及其他家电产品中应用广泛。聚苯乙烯电容器的结构和外形如图 2-44 所示。常见的型号有 CB10 型、CB11 型、CB14 高精密型、CB80 高压型等。

② 涤纶电容器　涤纶电容器是以涤纶薄膜为电介质制作的。外形结构有金属壳密封的，

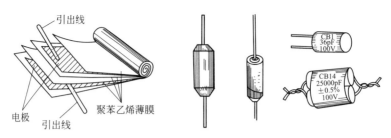

图 2-44　聚苯乙烯电容器结构和外形

如 CL41 型；塑料壳密封的，如 CL10 型、CL11 型、CL20 型、CL21 型等。同聚苯乙烯膜电容器的电极类似，其有金属箔式电极和金属膜式电极两种。常见涤纶电容器的外形如图 2-45 所示。

图 2-45　常见涤纶电容器的外形

涤纶电容器的特性：容量大、体积小，其中金属膜的电容器体积更小；耐热性和耐湿性好，耐压强度大；由于材料的成本不高，所以制作电容器的成本低，价格低廉；稳定性较差，适合稳定性要求不高的场合选用。

涤纶电容器的容量范围为 470pF～4μF；允许偏差为 ±5%、±10%、±20%；工作电压为 63～630V。

③ 聚丙烯电容器　聚丙烯电容器是用聚丙烯薄膜做介质制成的一种负温度系数的电容器。国内生产的品种主要有 CBB 系列。聚丙烯电容器是非极性有机介质电容器中的优秀品种之一。它具有优良的高频绝缘性能，电容量和损耗角正切 tanδ 在很大频率范围内与频率无关，随温度变化很小，而介电强度随温度上升有所增加，这是其他介电材料难以具备的。它耐温高，吸收系数小，机械性能比聚苯乙烯好。而且，聚丙烯薄膜价格中等，使产品具有竞争力，可用于电视机、仪器仪表的高频线路中，也可用在其他交流线路中。聚丙烯电容器电极形式也分箔式和金属化两种。封装形式有有色树脂漆封装、金属壳密封式封装、塑料壳密封式封装等。其常见外形如图 2-46 所示。

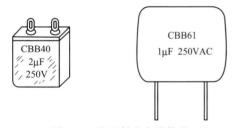

图 2-46　聚丙烯电容器外形

（3）无机介质电容器

无机介质电容器的介质由无机物质构成。根据类别不同，无机介质电容器分为瓷介电容器、玻璃釉介质电容器、云母电容器、金属化纸介电容器、独石电容器等。无机介质电容器的主要特点是绝缘强度高、耐高压、耐高温、耐腐蚀、容值稳定，多用于高频电路。

① 瓷介电容器　瓷介电容器也称陶瓷电容器，它用陶瓷做介质，在陶瓷基体两面喷涂银层，然后烧成银质薄膜做极板。其外层常涂以各种颜色的保护漆，以表示其温度系数。如白色、红色表示负温度系数；灰色、蓝色表示正温度系数。常用瓷介电容器外形如图 2-47 所示。

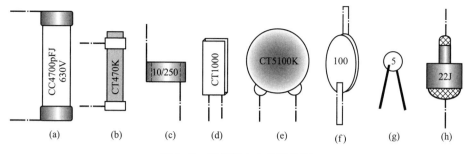

图 2-47　常用瓷介电容器外形

瓷介电容器的特性如下。

a. 耐热性能好，热稳定性高。由于陶瓷材料能在高达600℃的高温下长期工作而不老化变质，瓷介电容具备了其他介质电容不可比拟的优点。

b. 耐酸、碱及各种化学溶剂腐蚀的性能好，并且介质损耗小，使得瓷介电容器具有容值稳定的优点。

c. 因陶瓷材料绝缘性能好，使瓷介电容器耐压高，可达30kV。

d. 陶瓷材料介质不但介质损耗极小，并且几乎与频率无关，故具备了适用于高频电路的优势。

e. 体积小。

f. 缺点：电容量小，抗振动、冲击性能差。

根据陶瓷材料或成分的不同，瓷介电容器可分为高频瓷介电容器（CC型）和低频瓷介电容器（CT型）两类。

CC1型圆片形瓷介电容器是最常见的一种瓷介电容器，其主要特点是：介质损耗低，温度、频率、电压变化时电容量的稳定性较高。CC1型电容器常用于高频、容量稳定的交直流电路和脉冲电路中，也可用于温度补偿电路中。

CT1型圆片形低频瓷介电容器相对于CC1型来说，其损耗要高一些，但电容量较大，主要用于对损耗和电容量的稳定性要求不高的电路，可用来作为耦合或旁路电容。

② 玻璃釉介质电容器　玻璃釉介质电容器是以玻璃釉粉末为主要配制成分，高温压制成薄片，两面涂覆金属薄膜板加上引线后封装而成的，国内常用产品主要有CY系列，其结构外形如图2-48所示。

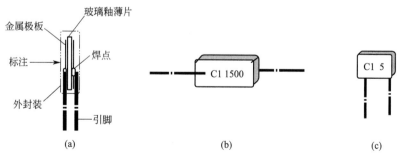

图 2-48　玻璃釉介质电容器结构、外形

玻璃釉电容器与瓷介电容器、云母电容器相比，玻璃釉介质的介电常数大，所以同数值的玻璃釉电容器体积要小一些。其性能特点是：抗潮湿、耐高温性能好，具有较好的高频性能，体积小。

③ 云母电容器 云母电容器是用金属箔或者在云母片上喷涂银层做电极板，电极板和云母一层一层叠合后，再压铸在胶木粉或封固在环氧树脂中制成的一种电容器。云母电容器包含两种形式：金属箔堆栈和银-云母形式。

云母电容器的特性：稳定性好、精密度与可靠性高；介质损耗与固有电感小；温度特性小，频率特性好，不易老化；绝缘电阻大。

云母电容器的容量范围为 5~51000pF；允许偏差为±2%、±5%；工作电压为 100V~7kV；精密度为±0.01%。

云母电容器可广泛用于高温、高频、脉冲、高稳定性电路中。但云母电容器具有生产工艺复杂、成本高、体积大、容量有限等缺点，使其使用范围受到了限制。

国产云母电容器品种和型号很多，如 CY 型云母电容器、CY31 型和 CY32 型密封电容器等。图 2-49 示出了几种云母电容器的外形。

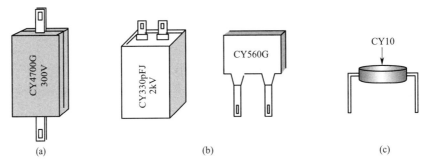

图 2-49　几种云母电容器的外形

④ 金属化纸介电容器 金属化纸介电容器是用真空蒸发的方法在涂有漆的纸上再蒸发一层厚度为 0.01μm 的薄金属膜作为电极，用这种金属化纸卷绕成芯子装入外壳内加上引线后封装而成的。图 2-50 为金属化纸介电容器的结构、外形图。

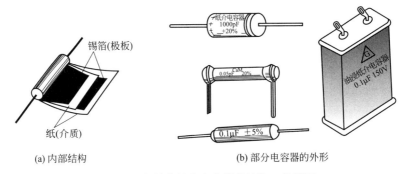

(a) 内部结构　　　　(b) 部分电容器的外形

图 2-50　金属化纸介电容器的结构、外形图

金属化纸介电容器的特性：

a. 体积小、容量大，在相同容量下，比纸介电容器体积小；

b. 自愈能力强为它的最大优点，当电容器某点绝缘被高电压击穿后，由于金属膜很薄，击穿处的金属膜在短路电流的作用下，很快会被蒸发掉，避免了击穿短路的危险；

c. 稳定性、老化性能、绝缘电阻都比瓷介、云母、塑料膜电容器差，适用于对频率和稳定性要求不高的电路。

金属化纸介电容器的容量范围为 6500pF~30μF；允许偏差为±5%、±10%、±20%；工作电压为 63~1600V。

⑤ 独石电容器　独石电容器是一种特制的瓷介类电容元件。它是用以酞酸钡为主的陶瓷材料制成薄膜，再将多层陶瓷薄膜叠压烧结、切割而成的。其外形、结构如图2-51所示。

独石电容器的性能特点：因牢靠的叠压和烧结工艺，独石电容介质损耗小；温度系数小、温度特性好，高温下长期工作不易老化；精度高；稳定性好、可靠性高；频率特性好，适用于中高频精密电路；耐湿性好，体积小。

常见的独石电容器有CC4D型、CT4C型和CT4D型等。CC4D型常在电路中用作温度补偿

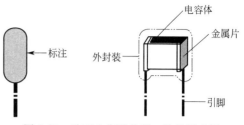

图2-51　独石电容器外形、结构示意图

电容、旁路电容或耦合电容；CT4C和CT4D型则为低频独石电容器，常在电路中作为旁路电容或耦合电容使用，或用于对损耗和稳定性要求不高的低频电路中。

2.2.3　电容器的检测

在电子电路中，电容器是容易产生故障的元器件。大部分电容器在电路结构中所处的位置显赫，起着比较重要的作用。如果电容器发生故障，多数情况会使整个电路瘫痪。所以对电容器的检测至关重要。由于电容器在结构上要比电阻器复杂，并且损坏方式与损坏程度也跟电阻器不同，故对电容器的检测相对要复杂一些，有时还会出现一定的难度。

就故障类型而言，对于电阻器，除了极少变值故障偶然发生之外，其故障只有断裂而开路。但电容器就没有那么简单，其故障有多种，比如击穿而短路、不同程度的漏电、软击穿、变值、开路故障等。

电路中电容器损坏的概率，排在首位的是击穿，其次便是漏电而引起元件温升增加，最后导致烧坏。若漏电严重，电容器本身的有功功率增加，热损耗增加，元件温升可超过80℃，外封装会有被烧焦的可能，并有不可触摸之感。另外，当电容器被击穿后通常都会出现裂缝或不大明显的裂纹。这些明显的故障一般通过外观检测均可轻而易举地发现与排除。下面简单介绍一下测量电容器的具体方法。

（1）小容量电容器的检测

① 万用表欧姆挡检测法　这里只介绍检测容量小于$1\mu F$电容器的方法。对于普通万用表，由于无电容量测量功能，可以用欧姆挡进行电容器的粗略检测，虽然是粗略检测，由于检测方便和能够说明一定的问题，所以普遍采用。

用普通万用表检测电容器时采用欧姆挡，对小于$1\mu F$电容器要用$R\times10k$挡，检测时要将电容器脱开电路后进行，具体可分成以下几种情况：

a. 检测容量为6800pF以下的电容器。由于容量小，充电时间很短，充电电流很小，万用表检测时无法看到表针的偏转，所以只能检测电容器是否存在漏电故障，而不能判断是否开路。检测这类小电容时，表针不应该偏转，如果偏转了一个较大角度，如图2-52所示，说明电容器已经漏电或击穿。

用这种方法无法测出这类小电容是否存在开路故障，可采用代替检查法，或用具有测量电容功能的数字万用表来测量。

b. 检测容量为6800pF~$1\mu F$的电容器。用$R\times10k$挡，如图2-53所示，红、黑表笔分别接电容器的两根引脚，在表笔接通瞬间，应能见到表针有一个很小的摆动过程，即若万用表指针向右摆动到一定角度后停止，然后指针向左摆，并能回到无穷大刻度点，说明该电容器充放电情况良好，且没有漏电情况。

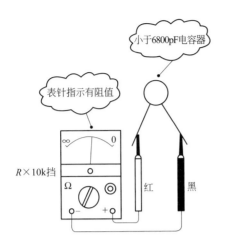

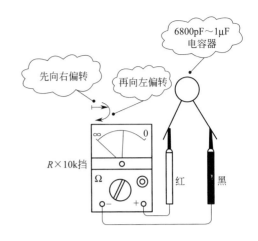

图 2-52　6800pF 以下电容器检测示意图　　　图 2-53　6800pF～1μF 电容器检测示意图

由于电容器容量很小，所以表针摆角非常小，如果未看清表针的摆动，可将红、黑表笔互换一次后测量，此时表针的摆动幅度应略大一些，因为第二次反向测量先有一个充电抵消原电荷的过程，所以摆角稍大。如果上述检测过程中表针无摆动，说明电容器已开路。

如果表针向右摆动一个很大的角度，而且表针停在某一位置不动，说明被测电容器已经击穿或严重漏电。

注意，在检测过程中，手指不要同时碰到万用表两支表笔的金属部分，以避免人体电阻对检测结果的影响。

② 代替检查法　代替检查法是判断电路中元器件是否正常工作的一个基本和重要方法，判断正确率百分之百。这种检查方法不仅可以用来检测电容器，而且可以用来检测其他各种元器件。

代替检查法的基本原理是：怀疑电路中某电容器出现故障时，可用一只质量好的电容器去代替它工作，如果代替后电路的故障现象不变，说明对此电容的怀疑不正确；如果代替后电路故障现象消失，说明怀疑正确，故障也得到解决。

对检测电容器而言，代替检查法在具体实施过程中可分成下列两种不同的情况。

a. 如果怀疑电路中的电容器短路或漏电，先断开所怀疑电容器的一根引脚，如图 2-54 所示，然后接上新的电容器。因为电容短路或漏电后，该电容器两根引脚之间不再绝缘，不断开原电容，则原电容对电路仍然存在影响。

b. 如果怀疑某电容器存在开路故障或是怀疑其容量不足，可以不必拆下原电容器，在电路中直接用一只好的电容器并联，如图 2-55 所示，通电检验，查看结果。

C_1 是原电路中的电容，C_0 是为代替检查而并联的质量好的电容。由于怀疑电容 C_1 是开路，相当于 C_1 已经开路，所以直接并联一只电容 C_0 是可以的（当然用上述 a. 所示方法也可），这样的代替检查操作过程比较方便。

（2）电解电容器的检测

电解电容器与其他普通电容器的结构有较大不同。目前，应用最多的是铝电解电容器和钽电解电容器。钽电解电容器具有寿命长、介质化学稳定性好、高频特性好等优点，但其价格较高。使用电解电容器时，要注意其极性，正极接高电位、负极接低电位，如果正负极接反，电容器就会被击穿、失效，严重时，电解电容器会爆裂。

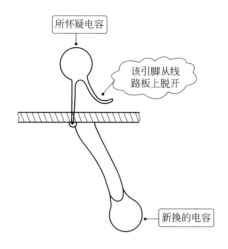

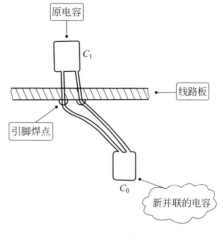

图 2-54　断开电容器一根引脚示意图　　　　　　图 2-55　电容器并联示意图

① 检测电解电容器时万用表挡位的选择　因为电解电容器的容量比一般电容器的容量大得多，因而其充放电电流较大，所以检测电解电容器时，要针对不同容量，选用合适的量程（不同的欧姆挡位）。一般情况下，测量容量为 $1\sim2.2\mu F$ 的电容器时，可选用 $R\times10k$ 挡；测量容量为 $4.7\sim22\mu F$ 的电容器时，可选用 $R\times1k$ 挡；测量容量为 $47\sim220\mu F$ 的电容器时，可选用 $R\times100$ 挡；测量容量为 $470\sim4700\mu F$ 的电容器时，可选用 $R\times10$ 挡；测量容量大于 $4700\mu F$ 的电容器时，可选用 $R\times1$ 挡。检测方法与检测一般固定电容器相同。

② 检测电解电容器的漏电阻　如图 2-56（a）所示，将万用表的红表笔接电容器的负极，黑表笔接正极，在刚接触的瞬间，万用表指针即向右偏转较大角度（对于同一电阻挡，容量越大，其摆幅就越大），过一会儿，万用表指针开始向左回转，直到停在某一位置。此时的阻值便是电解电容器的正向漏电阻，此值越大越好。再用万用表测电解电容器的反向漏电阻，如图 2-56（b）所示。将万用表的红、黑两表笔对调，重复上述检测工作，当万用表指针停止不动时的电阻值即为其反向漏电阻。正常情况下，电解电容器的反向漏电阻值应略小于正向漏电阻值。实际使用经验表明，电解电容器的漏电阻一般应在几百千欧以上，否则，将不能正常工作。在测试中，若正向、反向均无充电的现象，即表针不动，则说明电容器容量消失或内部断路；若所测阻值很小或为零，说明电容漏电大或已击穿损坏，无法继续使用。

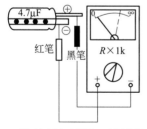
（a）检测电解电容器的正向漏电阻

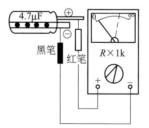
（b）检测电解电容器的反向漏电阻

图 2-56　检测电解电容器的漏电阻

③ 电解电容器正、负极的判别　有极性电解电容器的外壳上通常都标有"＋"（正极）或"－"（负极）。未剪引脚的电解电容器，长引脚为正极，短引脚为负极。对于正、负极标识不明的电解电容器，可利用上述检测电解电容器漏电阻的方法加以判别，即先任意测一下

漏电阻，记住其大小，然后交换表笔测出一个阻值，两次测量中阻值较大的那一次便是正向接法，即黑表笔接的是正极，红表笔接的是负极。

④ 电解电容器容量的测量　测量电容器的容量，最好使用电感电容表或者具有电容测量功能的数字式万用表。若无此类仪表，也可用指针式万用表来估测其电容量。即使用万用表电阻挡，采用给电解电容器进行正、反向充电的方法，根据指针向右摆动幅度的大小，估测其电容量。此时，应注意根据被测电容器容量的大小选择适当的量程，更换挡位后要重新调零。如表 2-12 所示是利用万用表所测得的常见规格电解电容器电容量与万用表指针摆动位置所对应的电阻参考值。

表 2-12 常见规格电解电容器实测数据（参考值）

电容量/μF	MF47 型万用表		MF500 型万用表		MF50 型万用表	
	电阻挡挡位	指针向右摆动位置	电阻挡挡位	指针向右摆动位置	电阻挡挡位	指针向右摆动位置
1	$R \times 10k$	700kΩ	$R \times 1k$	220kΩ	$R \times 1k$	200kΩ
2.2	$R \times 10k$	320kΩ	$R \times 1k$	100kΩ	$R \times 1k$	110kΩ
3.3	$R \times 1k$	120kΩ	$R \times 1k$	58kΩ	$R \times 1k$	60kΩ
4.7	$R \times 1k$	100kΩ	$R \times 1k$	50kΩ	$R \times 1k$	55kΩ
6.8	$R \times 1k$	75kΩ	$R \times 1k$	35kΩ	$R \times 1k$	40kΩ
10	$R \times 1k$	50kΩ	$R \times 1k$	20kΩ	$R \times 1k$	25kΩ
22	$R \times 1k$	20kΩ	$R \times 1k$	8kΩ	$R \times 1k$	10kΩ
33	$R \times 1k$	15kΩ	$R \times 1k$	5kΩ	$R \times 1k$	5.5kΩ
47	$R \times 100$	10kΩ	$R \times 1k$	3.5kΩ	$R \times 1k$	4kΩ
100	$R \times 100$	5kΩ	$R \times 100$	2.2kΩ	$R \times 1k$	2kΩ
220	$R \times 100$	2.2kΩ	$R \times 100$	750Ω	$R \times 1k$	1kΩ
330	$R \times 100$	1.8kΩ	$R \times 100$	500Ω	$R \times 100$	550kΩ
470	$R \times 10$	1kΩ	$R \times 100$	120Ω	$R \times 100$	130kΩ
1000	$R \times 10$	500Ω	$R \times 10$	230Ω	$R \times 10$	250Ω
2200	$R \times 10$	200Ω	$R \times 10$	90Ω	$R \times 10$	150Ω
3300	$R \times 10$	180Ω	$R \times 10$	75Ω	$R \times 10$	100Ω
4700	$R \times 10$	120Ω	$R \times 10$	25Ω	$R \times 10$	75Ω

从电路中刚拆下的电解电容器，应将其两脚短路放电后再用万用表测量。对于大容量的电解电容器和高压电解电容器，可用一只 15～100W、220V 的白炽灯泡对其放电。其方法是：将灯泡装在灯头上，从灯头引出两根线，分别接到电解电容器的两个引脚上。当灯泡亮一瞬间然后熄灭，则说明电容器放电完毕。

2.3　电感器和变压器

电感器多指电感线圈，简称电感，是一种常用的电子元件，具有自感、互感、对高频阻抗大、对低频阻抗小等特性，广泛应用在振荡、退耦、滤波等电路中，起选频、退耦、滤波作用。利用电感器的互感特性可以制成各种变压器，普遍应用在各种电路的信号耦合、电源变压、阻抗匹配中，起隔离直流与耦合交流的作用。

2.3.1　电感器

电感器也称线圈，它是用漆包线、纱包线或裸导线在绝缘管上或磁芯上一圈一圈地绕起来所制成的一种无源元件。

（1）主要类型

电感器的种类很多，结构和外形各异。按其使用方式来分，可分为固定电感器、可变电感器和微调电感器三类；按线圈内有无磁芯或磁芯所用材料又分为空芯电感器、磁芯电感器以及铁芯电感器等；按结构特点可分为单层电感器、多层电感器和蜂房式电感器；按其用途来分，可分为阻流电感器、偏转电感器和振荡电感器等；按照封装形式来分，可分为色码电感器、环氧树脂电感器和贴片电感器等；按照工作频率来分，可分为高频电感器（如各种振荡线圈及天线线圈等）和低频电感器（如各种滤波线圈及扼流圈等）。

电路中电感器用大写字母 L 表示，图 2-57 所示是电感器外形及电路图形符号。电感器有两个引脚，且不分正、负电极，可互换使用。

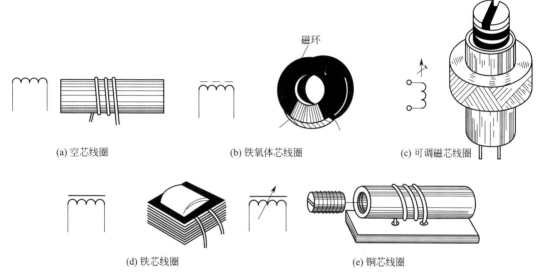

图 2-57　电感器外形及电路图形符号

（2）基本结构

电感器一般由骨架、绕组、磁芯与磁棒或铁芯、屏蔽罩、封装材料等组成。

① 骨架　骨架泛指绕制线圈的支架。一些体积较大的固定式电感器或可调式电感器，大多数是将漆包线环绕在骨架上，再将磁芯或铜芯、铁芯等装入骨架的内腔，以提高其电感量。骨架通常是采用塑料、胶木、陶瓷等制成的，根据实际需要可以制成不同的形状。小型电感器一般不使用骨架，而是直接将漆包线绕在磁芯上。空芯电感器不用磁芯、骨架和屏蔽罩等，而是先在模具上绕好后再脱去模具，并将线圈各圈之间拉开一定距离。

② 绕组　绕组是指具有规定功能的一组线圈，它是电感器的基本组成部分。绕组具有单层和多层之分。单层绕组又有密绕（绕制时导线一圈挨一圈）和间绕（绕制时每圈导线之间均隔一定的距离）两种形式；多层绕组有分层平绕、乱绕、蜂房式绕等多种，如图 2-58 所示。

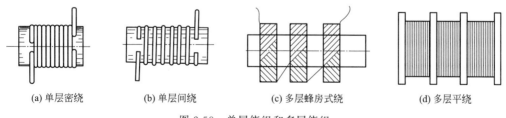

(a) 单层密绕　　(b) 单层间绕　　(c) 多层蜂房式绕　　(d) 多层平绕

图 2-58　单层绕组和多层绕组

③ 磁芯与磁棒　磁芯与磁棒一般采用镍锌铁氧体（NX 系列）或锰锌铁氧体（MX 系列）等材料，它有工字形、柱形、帽形、E 形、罐形等多种形状，如图 2-59 所示。

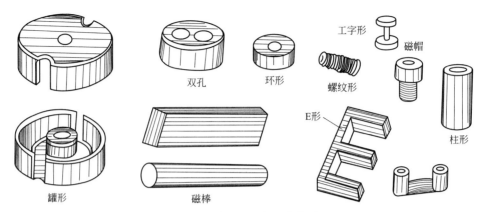

图 2-59 常用磁芯与磁棒外形

④ 铁芯 铁芯材料主要有硅钢片、坡莫合金等，其外形多为 E 形。

⑤ 屏蔽罩 为避免有些电感器在工作时产生的磁场影响其他电路及元器件正常工作，为其增加了金属屏蔽罩（例如半导体收音机的振荡线圈等）。采用屏蔽罩的电感器，会增加线圈的损耗，使其品质因数（Q 值）降低。

⑥ 封装材料 有些电感器（如色码电感器、色环电感器等）绕制好后，用封装材料将线圈和磁芯等密封起来。封装材料采用塑料或环氧树脂等。

（3）工作原理

电感器的工作原理分成两个部分：①给电感器通电后电感器的工作过程，此时电感器由电产生磁场；②电感器在交变磁场中的工作过程，此时电感器由磁产生交流电。

关于电感器的工作原理主要说明下列几点。

① 给线圈中通入交流电流时，在电感器的四周产生交变磁场，这个磁场称为原磁场。

② 给电感器通入直流电流时，在电感器四周产生大小和方向不变的恒定磁场。

③ 由电磁感应定律可知，磁通的变化将在导体内产生感应电动势，因为电感器（线圈）内电流变化（因为通的是交流电流）而产生感生电动势的现象，称之为自感应。电感就是用来表示自感应特性的一个量。

④ 自感电动势要阻碍线圈中的电流变化，这种阻碍作用称为感抗。

（4）型号命名方法

电感线圈的型号命名一般由四部分组成，如图 2-60 所示。

图 2-60 电感线圈型号命名方法

第一部分：主称，用字母表示，其中 L 代表线圈，ZL 代表阻流圈；

第二部分：特征，用字母表示，其中 G 代表高频；

第三部分：类型，用字母表示，其中 X 代表小型；

第四部分：区别代号，用字母表示。

例如，LGX 型为小型高频电感线圈。

这里要指出的是：各生产厂家对固定电感线圈的型号命名方法有所不同。有的生产厂家用 LG 加产品序号；有的厂家采用 LG 并加数字和字母后缀，其后缀字 1 表示卧式、2 表示立式、G 表示胶木外壳、P 表示圆饼式、E 表示耳朵形环氧树脂包封；也有的厂家采用 LF 并加数字和字母后缀，例如，LF10RD01，其中 LF 为低频电感线圈，10 为特征尺寸，RD 为工字形磁芯，01 代表产品序号。

（5）主要参数

① 电感量　电感量是表示电感器产生自感应能力大小的一个物理量，也称自感系数。电感量的大小与线圈的匝数、导线的直径、有无磁芯及磁芯的材料、绕制线圈的方式、线圈的形状大小等有关。通常，线圈匝数越多、匝间越密则电感量越大。带有磁芯的线圈比无磁芯的线圈的电感量要大。电感器所带磁芯的磁导率越大，其电感量也越大。一般磁芯用于高频场合，铁芯用在低频场合。线圈中装有铜芯，会使电感量减小。

电感量的单位是亨利，简称亨，用 H 表示。比亨（H）小的单位还有毫亨（mH）、微亨（μH）与纳亨（nH）。它们之间的换算关系是：

$$1H = 10^3 mH = 10^6 \mu H = 10^9 nH$$

用于不同电路中的电感器，对其电感量的要求也不同。例如，用于稳压电源电路中的电感器，其电感量一般为几亨到几十亨。

② 允许偏差　允许偏差是指电感器上标称的电感量与其实际电感量的允许误差值。不同用途的电感器对其电感量的允许偏差的要求也有所不同。一般用于滤波电路或振荡器谐振回路中的电感器，其电感量的允许偏差为 $\pm 0.2\% \sim \pm 0.5\%$，由此可见，这种电路对电感量的精度要求较高。而在电路中起高频阻流及耦合作用的电感器，其电感量允许偏差为 $\pm 10\% \sim \pm 15\%$，显然，这种电路对电感量允许偏差的要求比较低。

③ 品质因数　品质因数也称 Q 值，是衡量电感器质量高低的主要参数。它是指电感器在某一频率的交流电压下工作时，所呈现的感抗与本身直流电阻的比值。用公式表示为：

$$Q = \omega L / R = 2\pi f L / R$$

式中，L 为电感量；R 为直流电阻；f 为频率；ω 为角频率。

电感器 Q 值的大小与所用导线的直流电阻、线圈骨架的介质损耗以及铁芯引起的损耗等因素有关。电感器的 Q 值越大，表明电感器的损耗越小，越接近理想的电感，当然其效率就越高，质量就越好。反之，Q 值越小，其损耗越大，效率则越低。实际上，电感器的 Q 值是无法做到很高的，一般是几十到几百。在实际应用电路中，对用于谐振回路的电感器的 Q 值要求较高，其损耗较小，可提高工作性能。在电路中起耦合作用的电感器，其 Q 值较低。而在电路中起高频或低频阻流作用的电感器，对其 Q 值基本不作要求。

④ 额定电流　电感器在正常工作时所允许通过的最大电流即是其额定工作电流。在应用电路中，若流过电感器的实际工作电流大于其额定电流，会导致电感器发热使性能参数产生改变，甚至还可能因过流而烧毁。小型固定电感器的工作电流通常用字母表示，分别用字母 A、B、C、D 和 E 表示其最大工作电流为 50mA、150mA、300mA、700mA 和 1600mA。

⑤ 分布电容　电感器的分布电容是指线圈的匝与匝之间、线圈与磁芯之间、线圈与屏蔽层之间所存在的固有电容。这些电容实际上是一些寄生电容，会降低电感器的稳定性，也会降低线圈的品质因数。电感器的分布电容越小，电感器的稳定性越好。减小分布电容的方法通常有：用细导线绕制线圈、减小线圈骨架的直径、采用间绕法或蜂房式绕法。

（6）标识方法

电感器的电感量标识方法有直标法、文字符号法、色标法及数码标识法等。

① 直标法　直标法是将电感器的标称电感量用数字和文字符号直接标在电感器外壁上。电感器单位后面用一个英文字母表示其允许偏差。各字母代表的允许偏差见表 2-13。例如 $560\mu HK$，表示该电感器的标称电感量为 $560\mu H$，允许偏差为 $\pm 10\%$。

表 2-13　各字母代表的允许偏差

英文字母	允许偏差/%	英文字母	允许偏差/%
Y	±0.001	D	±0.5
X	±0.002	F	±1
E	±0.005	G	±2
L	±0.01	J	±5
P	±0.02	K	±10
W	±0.05	M	±20
B	±0.1	N	±30
C	±0.25		

② 文字符号法　文字符号法是将电感器的标称值和允许偏差用数字和文字符号按一定的规律组合标示在电感体上。采用这种标示方法的通常是一些小功率电感器。其单位通常为 nH 或 μH，用 μH 做单位时，"R"表示小数点；用 nH 做单位时，"n"代替"R"表示小数点。

例如，4n7 表示电感量为 4.7nH，4R7 则代表电感量为 4.7μH，47n 表示电感量为 47nH，6R8 表示电感量为 6.8μH。采用这种标示法的电感器，通常后缀一个英文字母表示允许偏差，各字母代表的允许偏差与直标法相同，如"470K"表示该电感器的电感量为 $47 \times 10^0 \mu H = 47 \mu H$，电感器允许偏差为 ±10%。

③ 色标法　色标法是指在电感器表面上涂以不同的色环来代表电感量（与电阻器类似），通常用三个或四个色环表示，如图 2-61 所示。

紧靠电感体一端的色环为第一色环，露着电感体本色较多的另一端为末环。第一、二色环表示两位有效数字，第三色环表示倍率（单位为 μH），第四色环表示允许偏差。

色码电感器的色码含义与色标电阻器的色码含义一样。

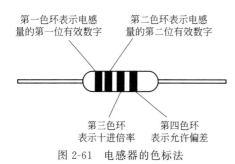

第一色环表示电感量的第一位有效数字　第二色环表示电感量的第二位有效数字

第三色环表示十进倍率　第四色环表示允许偏差

图 2-61　电感器的色标法

④ 数码标识法　数码标识法是用三位数字来表示电感器电感量的标称值。该方法常见于贴片电感上。在三位数字中，从左至右的第一、第二位为有效数字，第三位数字表示有效数字后面所加"0"的个数（单位为 μH）。如果电感量中有小数点，则用"R"表示，并占一位有效数字。电感量单位后面用一个英文字母表示其允许偏差，各字母代表的允许偏差见表 2-13。

例如，标示为"102J"的电感量为 $10 \times 10^2 \mu H = 1000 \mu H$，允许偏差为 ±5%；标示为"183K"的电感量为 18mH，允许偏差为 ±10%。需要注意的是，要将这种标示法与传统的方法区别开，如标示为"470"或"47"的电感量为 47μH，而不是 470μH。

（7）主要特性

电感器在电路中有时单独完成一项工作，有时则与其他元器件一起构成单元电路。在分析含有电感器电路的过程中，了解电感器的主要特性对电路分析相当重要。

① 感抗特性　由于电感线圈的自感电势总是阻止线圈中电流变化，故线圈对交流电有阻力，阻力大小就用感抗 X_L 来表示。X_L 与线圈电感量 L 和交流电频率 f 成正比，计算公式为：

$$X_L = 2\pi f L$$

不难看出，线圈通过低频电流时的 X_L 小。通过直流电时的 X_L 为零，仅线圈的直流电阻起阻力作用，因电阻一般很小，所以近似短路。通过高频电流时的 X_L 大，若 L 也大，则近似开路。这一点同电容器容抗与频率之间的关系正好相反。所以，利用电感元件和电容器就可以组成各种高频、中频和低频滤波器。

② 通直流阻交流特性　电容器具有隔直流通交流的特性，电感器的这一特性基本与电容器相反，它通直流阻交流。通直流是指电感器对直流电而言呈通路，只存在线圈本身的很小的直流电阻对直流电流起阻碍作用，这种阻碍作用由于很小而往往可以忽略不计，所以在电路分析中，当直流电通过线圈时，认为线圈呈通路。

当交流电通过电感器时，电感器对交流电存在着阻碍作用，阻碍交流电的是线圈的感抗，它同电容器的容抗类似，由于此时感抗远大于电感器直流电阻对交流电流的阻碍作用，所以可以忽略直流电阻对交流电流的影响。

记忆电感器通直流阻交流特性，也可以与电容器的隔直流通交流特性联系起来。

③ 电励磁特性　这是电感器的重要特性之一。当电流流过电感器时，要在电感器四周产生磁场，无论是直流电流流过线圈时还是交流电流过线圈时，在线圈内部和外部周围都要产生磁场，其磁场的大小和方向与流过线圈电流的特性有关。

直流电流通过线圈时，会产生一个方向和大小都不变的磁场，磁场大小与直流电流的大小成正比，磁场方向可用右手定则判别。

右手的四指指向线圈中电流流动的方向时，大拇指则指向磁场的方向。磁场的变化规律与电流的变化规律是一样的。当直流电流的大小改变时，磁场强度也随之改变，但磁场方向始终不变。

当线圈中流过交流电流时，磁场的方向仍用右手定则判别。由于交流电流本身的方向在不断改变，所以磁场的方向也在不断改变。由于交流电的大小在不断变化，所以磁场的强弱也在不断变化。给线圈通入交流电流后，线圈产生的磁场是一个交变磁场，其磁场强度仍与交流电流的大小成正比。

从线圈的上述特性中可以知道，线圈能够将电能转换成磁能，可以利用线圈的这一特性做成换能器件。例如，磁记录设备中的录音磁头就是利用这一原理制成的。

④ 磁励电特性　线圈不仅能将电能转换成磁能，还能将磁能转换成电能。当通过线圈的磁通量改变时（通俗地讲线圈在一个有效的交变磁场中时），线圈在磁场的作用下要产生感应电动势，这是线圈由磁励电的过程。磁通量的变化率愈大，其感应电动势愈大。由于交变磁场的大小和方向在不断改变，所以感应电动势的大小和方向也在不断改变，感应电动势的变化规律与磁场的变化规律是相同的。

当线圈在一个恒定磁场（大小和方向均不变）中时，线圈中无磁通量的变化，线圈不能产生感应电动势，这一点就不像线圈由电励磁时，通入直流电流也能产生方向恒定的磁场，线圈的这一特性要记住，否则在电路分析时容易出错。

线圈由磁励电的应用更多，如动圈式话筒、放音磁头等，它们都是将磁能转换成电能。

通过上述线圈电励磁和磁励电的特性可知，线圈可以做成一个换能器件。

⑤ 线圈中的电流不能发生突变　电感线圈中的电流不能突变，在这一点上，电容器和电感器有所不同（电容器两端的电压不能突变）。流过线圈的电流大小发生改变时，线圈中要产生一个反向电动势来企图维持原电流的大小不变，线圈中的电流变化率愈大，其反向电动势愈大。

线圈的这一特性对电路的安全工作是有危害的，例如继电器驱动电路中，继电器中的线圈会产生反向电动势，为此在驱动电路中设置了意在消除这种反向电动势的保护电路。

（8）常用电感器

电感线圈一般由骨架、绕组、磁芯、屏蔽罩等组成。但由于使用场合不同，其要求也各不相同。有的线圈没有磁芯或屏蔽罩，或者两者皆无，有的连骨架也没有。电感线圈的结构不同，其特性不同，使用场合也不同。下面简单介绍几种常见的电感器。

① 单层空芯线圈　这种线圈是用漆包线或纱包线逐圈绕在纸筒或胶木筒上制成的，如图2-62所示。绕制方法分为密绕和间绕两种。前者为一圈挨一圈紧密平绕，绕法简单，但分布电容大；后者是各匝之间保持一定距离，虽然电感量小，但分布电容也小，稳定性好，品质因数较高。密绕线圈常用于中低频电路中；间绕线圈多用于中高频电路中。

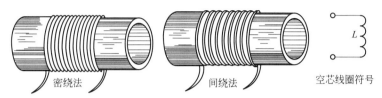

密绕法　　　　　　　　间绕法　　　　　　　空芯线圈符号

图2-62　单层空芯线圈

② 多层线圈　单层线圈只能应用在电感量小的场合，当需要的电感量较大时，常采用多层绕制方法，也就是多层线圈（电感量可达到300μH）。多层线圈除了匝与匝之间具有分布电容外，层与层之间也有分布电容，这样多层线圈的分布电容无疑是更加大了。同时线圈层与层的电压相差较多，当线圈两端具有较高电压时，容易出现跳火、绝缘击穿等问题。为了避免这些不利因素，有时采用分段绕制，即将一个线圈分成几段绕制，这样由于线圈各段电压较低，不易击穿。同时，由于线圈是分几段绕制而成的，各段间距离较大，减小了线圈的分布电容。

③ 蜂房式线圈　对于电感量大的多层线圈，采用分段绕制，这必然存在体积大和分布电容大的弊病。采用如图2-63所示的蜂房式绕法，不仅使线圈电感量大、体积小，而且其分布电容也小。蜂房线圈的平面不与骨架的圆周面平行，而是导线沿骨架来回折弯，绕一圈要折2～4次弯。对于大电感量的线圈，可分段绕制几个"蜂房"。采用蜂房式绕法，可使线圈的分布电容大大降低，稳定性好。蜂房式空芯线圈常用于中频振荡电路中；带铁芯的蜂房式线圈则用于振荡电路及中频调谐回路中。

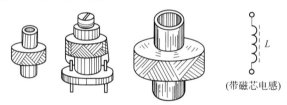

(带磁芯电感)

图2-63　蜂房式线圈

④ 磁芯线圈　为了提高线圈的电感量和品质因数，方便调整，常在线圈中加入铁粉或铁氧体芯，不同频率的线圈，采用不同的螺纹磁芯。同时利用螺纹的旋动，可以调节磁芯与线圈的位置，从而改变线圈的电感量。线圈中有了磁芯，电感量提高了，分布电容减小了，给线圈的小型化创造了有利的条件。因此，各种磁芯线圈得到了广泛的应用。如图2-64所示为常见的几种磁芯线圈。

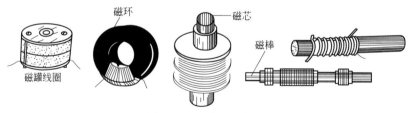

磁环　　　　　　磁芯　　　磁棒

磁罐线圈

图2-64　几种磁芯线圈

⑤ 阻流圈（扼流圈） 顾名思义，阻流圈是在电路中用来限制某种频率的信号通过某一部分电路的，即起阻流作用。阻流圈分为高频阻流圈和低频阻流圈两种，如图 2-65 所示。

高频阻流圈（GZL）为固定铁氧体磁芯线圈，其作用是阻止高频信号通过，而让低频信号和直流信号通过。这种阻流圈电感量较小（通常小于 10mH），其分布电容也较小。

低频阻流圈一般采用硅钢片铁芯或铁粉芯，有较大的电感量（可达几亨）。它通常与较大容量的电容器组成"π"形滤波网络，用来阻止残余的交流成分通过，而让直流或低频成分通过，如电源整流滤波器、低频截止滤波器等。

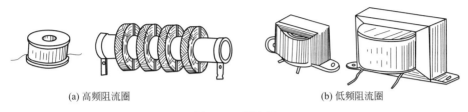

(a) 高频阻流圈   (b) 低频阻流圈

图 2-65 阻流圈

⑥ 固定线圈 固定线圈常称为固定电感器。固定线圈可以是单层线圈、多层线圈、蜂房式线圈以及具有磁芯的线圈等。这类线圈的结构是根据电感量和最大直流工作电流的大小，选用相应直径的导线绕制在磁芯上，最后成品用塑料壳或环氧树脂封装而成的，如图 2-66 所示。

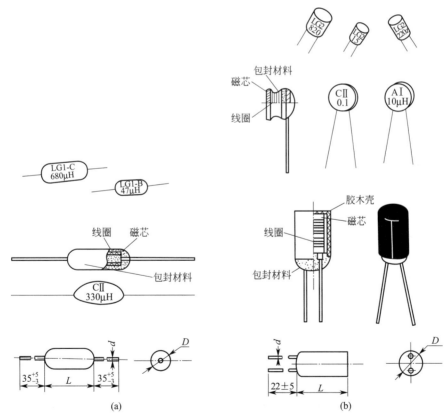

图 2-66 固定线圈

这种固定线圈具有体积小、重量轻、结构牢固和使用安装方便等优点，可用在滤波、振荡、延迟等电路中。目前生产的固定电感线圈有两种形式：其中一种固定线圈的引线是轴向的，常用 LG1 表示，如图 2-66（a）所示；另一种固定线圈的引线是同向的，常用 LG2 表示，如图 2-66（b）所示。固定线圈型号标示方法说明如图 2-67 所示。

目前，国产的 LG 型固定线圈电感量的标称值均采用 E 数系，其中 E24 系列允许偏差为±5％；E12 系列允许偏差为±10％；E6 系列允许偏差为±20％。

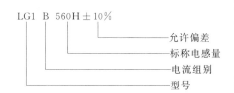

LG1 B 560H ±10%

- 允许偏差
- 标称电感量
- 电流组别
- 型号

图 2-67 固定线圈型号标示方法说明

（9）检测方法

对电感器的检测主要有直观检查和用万用表欧姆挡测量直流电阻大小两种方法。

直观检查主要是查看引脚是否断开、磁芯是否松动、线圈是否发霉等。万用表检测主要检查线圈是否开路以及绝缘情况，其他故障（如匝间短路等）用万用表是检查不出来的。

万用表测量电感器的具体检测方法是：

① 用万用表"$R×1$"挡测量线圈的电阻　将万用表电阻挡拨至"$R×1$"挡，然后使两表笔与电感器的两引脚分别相接，如图 2-68 所示。测量前应对"$R×1$"挡进行零位调准。若被测电感器的绕线较粗且匝数较少，或电感量很小，则表针的指示应接近 0Ω；如表针指示不稳定，则说明线圈引脚接触不良，或内部似断非断，有隐患；如果表针指向"∞"，则说明该线圈的引线或内部呈断路状态。大电感量线圈的匝数较多，线圈本身就有较大的电阻，因此万用表的表针应指向一定阻值。如果表针指向 0Ω，则说明该大电感量线圈内部已短路。

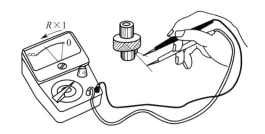

图 2-68 用万用表检测线圈的短路、断路情况

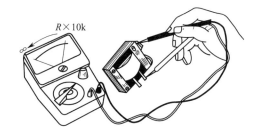

图 2-69 检测线圈的绝缘情况

② 用万用表"$R×10k$"挡检测绝缘情况　对于有铁芯或金属屏蔽罩的电感器，应检测电感线圈引出端与铁芯的绝缘情况，检测方法如图 2-69 所示。线圈与铁芯间的电阻应在兆欧级，即表针应指向表头的"∞"处，否则说明被测电感器的绝缘性能不好。

2.3.2 变压器

变压器是许多电器中不可缺少的一种电子元件，如录音机、电视机、音响、空调、充电器等都要用到变压器。本节在介绍变压器基本知识的同时，重点介绍电源变压器。

（1）主要类型

绕在同一骨架或铁芯上的两个线圈便构成了一个变压器。变压器的种类很多，按用途不同，可分为电源变压器、开关变压器、自耦变压器、音频变压器等；按工作频率不同，可分为高频变压器、中频变压器和低频变压器等；按铁芯使用的材料不同，可分为高频铁氧体变压器、铁氧体变压器及硅钢片变压器等，它们分别用于高频、中频及低频电路中。常用变压器的外形及电路图形符号如图 2-70 所示。

（2）基本结构和工作原理

如图 2-71 所示是变压器结构示意图。无论哪种变压器，它们的基本结构都相同，主要由下列几部分组成。

① 初级和次级线圈是变压器的核心部分，变压器中的电流由它构成回路。初级线圈与次级线圈之间高度绝缘，如果次级线圈有多组，各组线圈之间也高度绝缘。各组线圈与变压器其他部件之间也高度绝缘。

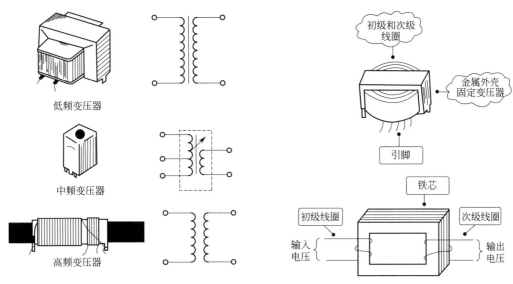

图 2-70　常用变压器的外形及电路图形符号　　　　图 2-71　变压器结构示意图

② 骨架。线圈绕在骨架上，一个变压器中只有一个骨架，初级和次级线圈均绕在同一个骨架上。骨架用绝缘材料制成，骨架套在铁芯或磁芯上。

③ 铁芯或磁芯用来构成磁路。铁芯或磁芯用导磁材料制成，其磁阻很小。铁芯大多采用硅钢材料制成。有的变压器没有铁芯或磁芯，这并不妨碍变压器的工作，因为各种用途的变压器对铁芯或磁芯有不同的要求。

④ 外壳用来包住铁芯或磁芯，同时具有磁屏蔽和固定变压器的作用，外壳用金属材料制作，有的变压器没有外壳。

⑤ 引脚是变压器内部初级、次级线圈引出线，用来与外电路相连接。

变压器的工作原理可以用结构示意图来说明。如图 2-71 所示，左侧是初级线圈，右侧是次级线圈，初级和次级线圈均绕在铁芯上。

交流电压加到初级线圈的两端，次级线圈两端输出交流电压，变压器中只能输入交流电压。变压器初级线圈用来输入交流电压，次级线圈用来输出交流电压。

由线圈在交变磁场中的特性可知，给初级线圈输入交流电压后，初级线圈中有交流电流流动，初级线圈由电产生交变磁场，磁场的磁感线绝大多数由铁芯或磁芯构成回路。

次级线圈绕在铁芯或磁芯上，这样次级线圈切割磁感线而产生感应电动势，在次级线圈两端产生感应电压。次级线圈所产生的电压，除大小与输入电压不同外，其频率和变化规律与交流输入电压一样。

综上所述，给变压器初级线圈通入交流电压，其次级线圈两端输出交流电压，这是变压器的基本工作原理。

（3）主要参数

不同类型的变压器有相应的参数要求，对电源变压器来说，主要参数有额定功率、额定电压、电压比、效率、频率特性、绝缘电阻、漏感、温升等。

① 额定功率　指在规定频率和电压下变压器能长期工作而不超过规定温升的输出功率。额定功率中会有部分无功功率，故容量单位用伏安（V·A）表示。

② 额定电压　额定电压是指变压器工作时，初级线圈上允许施加的电压不应超过这个额定值。例如额定电压为 220V，则工作时施加的电压就不应超过 220V，220V 即为该线圈的额定电压。

③ 电压比　对于一个理想的变压器（无能量损耗）来说，初级线圈和次级线圈电压之比等于初级线圈和次级线圈的匝数之比，这个比值就叫做变压器的电压比，即：

$$U_2/U_1 = N_2/N_1 = n$$
$$i_2/i_1 = U_1/U_2 = N_1/N_2 = 1/n$$

式中，i_1、i_2，U_1、U_2，N_1、N_2 分别为变压器初、次级电流，初、次级电压和初、次级绕组匝数；n 为初、次级绕组的匝数比。

④ 效率　在负载一定的条件下，变压器的输出功率 P_o 与输入功率 P_i 之比，就称为变压器的效率。变压器的效率通常用 η 表示，即：

$$\eta = (P_o/P_i) \times 100\%$$

变压器存在损耗的主要原因有：

a. 铜耗：绕组电阻引起的热损耗，这是因为电阻是耗能元件。

b. 铁（磁）芯的磁滞损耗：铁磁材料在交变磁化过程中，由于磁畴翻转是一个不可逆过程，磁感应强度的变化总是滞后于磁场强度的变化，这种磁滞现象在铁（磁）芯中形成的损耗，就称为铁（磁）芯的磁滞损耗。

c. 铁（磁）芯的涡流损耗：当绕组线圈中通有交流电时，在线圈周围就会产生交变的磁场，从而在铁（磁）芯中就会产生感应电动势和感应电流，这种感应电流就称为涡流，涡流在铁（磁）芯中流动所产生的电阻耗能就称为铁（磁）芯的涡流损耗。

⑤ 频率特性　频率特性是指变压器有一定的工作频率范围，不同工作频率范围的变压器，一般不能互换使用。因为变压器在其频率范围以外工作时，会出现工作时温度升高或不能正常工作等现象。

⑥ 绝缘电阻　绝缘电阻是指变压器各线圈间以及各线圈与铁芯（外壳）间的电阻。其大小与变压器所加电压的大小和时间、其本身温度高低以及绝缘材料的潮湿程度有关系。理想变压器的绝缘电阻应为无穷大，但实际变压器材料本身的绝缘性能不可能十分理想，因此，其绝缘电阻不可能为无穷大。绝缘电阻是施加试验电压与产生的漏电流之比：

$$绝缘电阻 = \frac{施加电压(V)}{产生漏电流(\mu A)}(M\Omega)$$

绝缘电阻是衡量变压器绝缘性能好坏的一个参数。如果电源变压器的绝缘电阻过低，就可能出现初、次级间短路或铁芯外壳短路，造成电气设备损坏或面临机壳带电的危险。一般情况下，电源变压器初、次级线圈之间，及它们与铁芯之间，应具有承受 1000V 交流电压在 1min 内不至于被击穿的绝缘性能。用 1kV 兆欧表测试时，绝缘电阻应在 10MΩ 以上。

⑦ 漏感　变压器初级线圈中由电流产生的磁通并不是全部通过次级线圈，不通过次级线圈的这部分磁通叫漏磁通，由漏磁通产生的电感称为漏感。漏感的存在不仅影响变压器的效率及其他性能，也会影响变压器周围的电路工作，因此变压器的漏感越小越好。

⑧ 温升　变压器的温升主要是对电源变压器而言。它是指变压器通电工作后，其温度上升至稳定值时，变压器温度高出周围环境温度的数值。变压器的温升愈小愈好。但应指出，有时参数中用最高工作温度代替温升。

（4）标识方法

变压器的型号共由三部分组成：

第一部分是主称，用字母表示；

第二部分是额定功率，用字母表示，单位是 W；

第三部分是序号，用字母表示。

表 2-14 所示是主称字母的具体含义。

表 2-14　变压器主称字母的具体含义

字母	含义	字母	含义
DB	电源变压器	GB	音频变压器
CB	音频输出变压器	SB 或 ZB	音频(定阻式)输出变压器
RB	音频输入变压器	SB 或 EB	音频(定压式)输出变压器

变压器的参数表示通常用直标法，各种用途变压器标识的具体内容不相同，无统一的格式，下面举几例加以说明。

① 某音频输出变压器次级线圈引脚处标出 8Ω。说明这一变压器的次级线圈负载阻抗应为 8Ω，即只能接阻抗为 8Ω 的负载。

② 某电源变压器上标识出 DB-50-2。DB 表示电源变压器；50 表示额定功率为 50V·A；2 表示产品的序号。

③ 有的电源变压器在外壳上标出变压器电路符号（各线圈的结构），然后在各线圈符号上标出电压数值，说明各线圈的输出电压。

（5）电源变压器简介

① 电源变压器的基本知识　电源变压器是根据互感原理制成的一种常用电子器件。其作用是把市电 220V 交流电变换成适合需要的高低不同的交流电压供有关仪器设备使用。电子设备中的电源变压器通常为小功率变压器，其功率为几十伏安至数百伏安。

电源变压器的种类很多，图 2-72 是几种常见电源变压器的外形。电源变压器的文字符号是 T，电路符号如图 2-72 所示。电源变压器主要由铁芯、线圈（绕组）、线圈骨架、静电屏蔽层以及固定支架等构成。

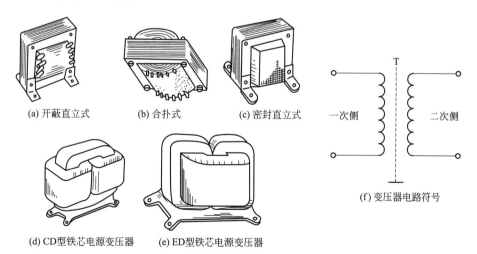

(a) 开蔽直立式　　(b) 合扑式　　(c) 密封直立式

(d) CD型铁芯电源变压器　　(e) ED型铁芯电源变压器

(f) 变压器电路符号

图 2-72　电源变压器的外形与电路符号

铁芯是电源变压器的基本构件，大多采用硅钢材料制成。根据其制作工艺不同，可分为冷轧硅钢板和热轧硅钢板两类。用前者制作的变压器的效率要高于用后者制作的变压器。常见的铁芯有 E 形、口形和 C 形等。口形铁芯适于用来制作较大功率的变压器；C 形铁芯采用新材料制成，具有体积小、重量轻、效率高等优点，但制作工艺要求高；E 形铁芯是使用最多的一种铁芯，自制变压器一般多采用此种铁芯。

电源变压器的线圈又称为绕组。绕组通常由一个初级绕组和几组次级绕组组成。工作时，初级绕组与输入电源相接，次级绕组与负载相接。绕组一般均绕在绝缘骨架上，在初、次级绕组间加有静电屏蔽层。

电源变压器有以下几个主要参数。

a. 额定功率 P　指变压器所能提供的所有次级最大输出功率之和，单位：W（常用 V·A 表示）。电源变压器的铁芯截面积 S 越大，其额定功率 P 越大。应选用额定功率 P 大于电路要求的变压器，并留有 20% 以上的裕量。

b. 次级电压 U_2　指变压器次级所提供的一个或者几个交流电压数值。在我国，电源变压器初级一般固定为 220V，选用变压器时，只要根据需要选择次级电压即可。

c. 次级电流 I_2　指变压器各个次级分别所能提供的最大电流。电源变压器如有几个次级，其各个次级所能提供的最大电流不一定相同。在额定功率的范围内，I_2 主要与次级线圈所用漆包线的线径有关，线径越粗，可供电流 I_2 越大。使用中应使变压器次级电流 I_2 大于电路要求。

② 电源变压器的设计制作　在进行电子制作时，购买的市售成品变压器使用虽然很方便，但有时成品变压器不一定能完全符合电路要求，这时就需要自行制作电源变压器，下面简单介绍小型电源变压器的设计制作方法。

a. 制作电源变压器的材料

（a）硅钢片　做变压器的铁芯用。

自行制作电源变压器时，常常使用旧铁芯，所以，使用前应对硅钢片进行必要的检查，做到择优选用。硅钢片的尺寸应准确，将 E 形片和 I 形片在平面上放齐，相对拼好，两者对接处必须要严密无缝，如对接处有较大缝隙，会使变压器的磁阻增加；硅钢片表面的绝缘层应完好无损，如绝缘层有脱落或磨损，应视情况补涂绝缘漆；要检查硅钢片的含硅量，一般来讲，硅钢片含硅量越高，磁特性就越好，但含硅量过高，不但磁特性没有更大的改善，而且硅钢片会变脆，容易折断，使力学性能达不到要求。

（b）导线　绕制变压器各级绕组用。

常用的导线有漆包线、纱包线等。绕制前应对所用漆包线进行检查，要求漆包线的漆皮外表应光滑平整，没有裂纹、皱纹等毛病，更不得有损伤和脱漆现象。

（c）胶木板　做线圈骨架用。

有的变压器也可用弹性纸做骨架。

（d）绝缘纸　做层间绝缘和绕组间绝缘材料用。

常用的绝缘纸有电缆纸、黄蜡绸、牛皮纸和聚酯薄膜等。一般选用层间绝缘纸的厚度可视导线直径的大小而定。例如导线直径为 0.06～0.14mm 时，层间绝缘纸的厚度可选在 0.03mm 左右，导线直径为 1.6～2.4mm 时，绝缘纸的厚度可选在 0.17mm 左右。

b. 设计计算

（a）计算次级输出总功率 P_2

$$P_2 = U_{21}I_{21} + U_{22}I_{22} + \cdots + U_{2n}I_{2n}$$

式中，U_{21}，U_{22}，…，U_{2n} 分别为各次级绕组的电压值；I_{21}，I_{22}，…，I_{2n} 分别为各次级绕组的电流值。

对于用作整流电路的次级绕组，其交流电压、电流、功率在计算时应根据整流电路的形式和负载的性质进行必要的换算。具体方法是：

设整流器输出的直流电压为 U_o，电流为 I_o，功率为 P_o，则变压器次级线圈的交流电压

$$U_2 = K_{2U}U_o$$

交流电流

$$I_2 = K_{2I}I_o$$

交流功率

$$P_B = K_p P_o$$

式中，系数 K_{2U}、K_{2I} 和 K_p 可从表 2-15 查出。

表 2-15 K_{2U}、K_{2I}、K_p 和电路负载的关系

系数	负载性质	单相半波	单相全波	单相桥式	三相桥式
K_{2U}	电阻性	2.22	1.11	1.11	0.43
	电感性	2.22	1.11	1.11	0.43
K_{2I}	电阻性	1.57	0.79	1.11	0.82
	电感性	0.71	0.71	1	0.82
K_p	电阻性	3.09	1.48	1.23	1.05
	电感性	1.34	1.34	1.11	1.05

（b）计算初级的输入功率 P_1 及电流 I_1

$$P_1 = P_2/\eta,\ I_1 = P_1/U_1$$

式中，η 为效率，可根据变压器的功率从表 2-16 中查出。

表 2-16 变压器功率与效率的关系

功率/(V·A)	<10	10~30	35~50	50~100	100~200	>200
效率	0.6~0.7	0.7~0.8	0.8~0.85	0.85~0.9	0.9~0.95	>0.95

（c）计算铁芯截面积 S

$$S = K\sqrt{P_o}$$

式中，$P_o = (P_1 + P_2)/2$。

S 的单位为 cm^2，P 的单位为 V·A，K 为系数，此系数应根据所选用的硅钢片的质量优劣而定，一般型号为 D42、D43 等。硅钢片的磁感应强度 B 为 1~1.2T，K 取 1.25；若硅钢片的质量较好，如 D310 型硅钢片，B 为 1.2~1.4T，则 K 可取小一些；质量较差的硅钢片，如 D21、D22 等，B 仅为 0.5~0.7T，系数 K 须取 2。

（d）选择铁芯规格并计算其叠厚 b　在算出了所需的铁芯截面积之后，便可选择具体使用的铁芯的规格，并算出其叠厚 b。计算公式如下：

$$b = S/a$$

式中，b 为叠厚；S 为所需的铁芯面积；a 为铁芯的舌宽。铁芯规格选定之后，a 便确定下来，并可算出铁芯的叠厚 b，每片硅钢片的厚度（一般为 0.35~0.5mm）选好以后，就可以计算出片数。

（e）计算初级绕组每伏匝数 N_0 和次级绕组每伏匝数 N_0' 以及次级各绕组的匝数 N_n
对于 50Hz 的电源变压器来说，初级绕组每伏匝数计算公式如下：

$$N_0 = \frac{4.5 \times 10^5}{B \times S}$$

式中，B 的单位为特斯拉，T；S 的单位为厘米^2，cm^2。

为了补偿铁芯和铜线中的功率损耗，次级各绕组的实际匝数应比计算值增加 5% 左右，即次级各绕组的每伏匝数：$N_0' = 1.05N_0$。

因此各次级绕组的匝数： $N_n = N'_0 U_n = 1.05 N_0 U_n$

(f) 计算各绕组的导线直径 d

$$d = 1.13 \sqrt{\frac{I}{J}}$$

式中，d 的单位为 mm；电流强度 I 的单位为 A；电流密度 J 的单位为 A/mm^2。J 的取值与变压器的使用条件、功率大小有关。一般 100V·A 以下连续工作的变压器，J 取 2.5A/mm^2，而 100V·A 以上的变压器，则 J 取 2A/mm^2。

(g) 核算铁芯窗口能否容纳所有绕组　计算出铁芯窗口面积 S_0

$$S_0 = hc$$

式中，S_0 为窗口面积；h 为窗口高度；c 为窗口宽度。

计算出全部绕组穿过铁芯窗口所占的总面积 S'_0

$$S'_0 = \frac{g_1 N_1 + g_{21} N_{21} + g_{22} N_{22} + \cdots + g_{2n} N_{2n}}{(0.3 \sim 0.5) \times 100}$$

式中，g 为导线截面积，$g = (\pi d^2)/4$，mm^2；N 为绕组的匝数；100 为 cm^2 和 mm^2 单位的换算系数；$0.3 \sim 0.5$ 为铜线占积率（由于导线是圆形截面而占正方形面积以及层间组间绝缘纸均占一部分窗口面积，所以引入此参数。经验证明，当设计的变压器功率较大、使用较厚绝缘材料时，此值宜选 0.3，反之可选 0.5，一般情况下可取 0.4）。

计算结果，若 $S'_0 < S_0$ 就说明铁芯窗口可以容纳下所有绕组。否则，说明不能容纳下全部绕组，应重新选择铁芯规格进行设计计算。

c. 绕制方法

(a) 制作线圈骨架和木芯　线圈骨架除了起支撑线圈作用外，还能起到绝缘的作用。骨架一般可用胶木板或弹性纸制作，也可根据铁芯尺寸，选择合适的现成塑料骨架或尼龙骨架使用。带边框的骨架的长度应比铁芯的窗高 h 小约 1.5mm。

木芯的作用是在绕制线圈时用来支撑绕组骨架。木芯的截面积应比变压器铁芯截面积稍大一些，插硅钢片时不损坏绕好的线包，木芯的长度应比铁芯窗口高度长一些，其中心孔可用电钻钻成，要求必须钻得正直。

(b) 绕制线包　在业余条件下，一般均使用手摇绕线机绕制线包。先按需要的尺寸剪裁好绝缘纸。纸的宽度应等于线圈骨架的长度，而纸的长度应大于线圈骨架的周长。开始绕线前，要在套好木芯的线圈骨架上衬垫两层 0.05mm 厚的聚酯薄膜和一层 0.05mm 厚的牛皮纸，并用胶水粘牢。然后将木芯中心孔穿入绕线机轴，并用螺母固定牢靠。绕制线圈时，在导线的起绕头和结束时的线尾处压入一条 10mm 宽的黄蜡布折条，并将折条抽紧以防止起始线头或结束时的线尾松脱。在绕线的过程中，漆包线应一圈挨紧一圈地整齐排列，排满一层后，垫上一层绝缘纸后再绕下一层，直至绕足所需的匝数为止。绕组的初、次级之间及各次级绕组之间必须绝缘良好，可多垫几层绝缘纸。静电屏蔽层要夹绕在初、次级之间。所有线圈绕完以后，在最外层要视情况包上较厚的绝缘纸，以加强线包的强度以及与铁芯之间的绝缘性能。

(c) 插装铁芯　当变压器的各绕组均绕成以后，便可插入硅钢片。插片方法如下：把硅钢片分为两片一组，交叉地插入线圈骨架，硅钢片一定要插紧，最后几片比较难插入时，可用木槌敲入，操作时一定要用力适度，以防骨架损坏，导致线包断裂或短路。插片完成后，要用木槌将铁芯敲打平整，并使硅钢片两片对接处接触严密，不得留有空隙。

(d) 烘干和浸漆处理　为了防潮和保证绝缘性能，制作好的电源变压器应进行烘干，将变压器放入烘箱内，用 120℃ 的温度烘烤 12h 左右。经烘干后的电源变压器应马上浸入绝缘漆中，经数小时后，将其取出烘干或晾干即可。

（6）检测方法

无论是从市场上购到的变压器还是自行绕制的变压器或者是经过修理的旧变压器，为了保证各项性能满足指标要求，都需要进行必要的检查测试。下面主要介绍在业余条件下检测变压器的一些实用方法。

① 外观检查　外观检查就是通过观看变压器的外貌有无异常情况来判断其性能的好坏。如观察变压器线圈引线是否断开、脱焊等，如果是这样，此变压器就需要维修后才能使用；根据外层绝缘材料颜色是否变黑、有无烧焦痕迹，则可推断出变压器有无击穿或短路故障。另外，还可以发现硅钢片是否生锈、绕组线圈是否外露以及铁芯插装是否牢固等。

② 检测绕组通断　检测变压器绕组通断的测试方法如图2-73所示（仅以测试一次绕组为例）。将万用表置于 $R\times1$ 挡（或 $R\times10$ 挡），分别测量变压器一次、二次各绕组线圈的电阻值。一般一次绕组电阻值应为几十至几百欧，变压器功率越小（通常相对体积也小），则一次绕组的电阻值越大。二次绕组的电阻值一般为几至几十欧，电压较高的二次绕组电阻值相对大些。在测试过程中，若发现某个绕组的电阻值为无穷大，则说明此绕组有断路故障。若测得的阻值远小于其正常值或近似为零，则说明该组线圈内部有短路故障。

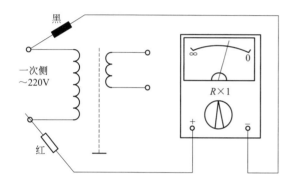

图2-73　检测变压器绕组的通断

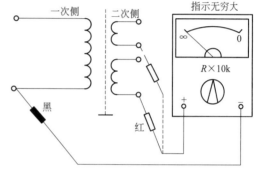

图2-74　测试变压器的绝缘性能

③ 绝缘性能测试　变压器各线圈之间以及各线圈与铁芯（外壳）之间应该有良好的绝缘性。可以通过测量变压器绝缘电阻来判断变压器的绝缘性，测试的方法有两种，第一种（最简单的）方法是用万用表欧姆挡的 $R\times10k$ 挡，分别测试初级端和次级端、初级端和外壳、次级端和外壳的电阻，根据测量得到的阻值进行判断（其测试方法如图2-74所示）。

a. 若 $R\approx0$，则说明该变压器存在短路故障；

b. 若 R 为无穷大，则说明该变压器的性能正常；

c. 若 R 指示一定的值，则说明该变压器有漏电故障。

第二种方法是用500V（或1000V）兆欧表测试初级端和次级端、初级端和外壳、次级端和外壳的电阻，直接得到绝缘电阻的大小。

变压器绝缘电阻为多少时变压器才能正常工作呢？一般认为，常温下，变压器绝缘电阻应大于100MΩ。变压器的功率越大、工作电压越高，其对绝缘电阻值的要求也就越高；反之，对绝缘电阻值的要求可低一些。通常，测出的各绕组之间、各绕组与铁芯间的绝缘电阻只要有一处低于10MΩ，就表明变压器的绝缘性能不良。当测得的绝缘电阻值小于千欧级时，表明被测变压器已经出现绕组间或铁芯与绕组间严重短路的故障。有绝缘性能不良故障的变压器，绝对不能再继续使用。否则，轻者会影响电路的正常工作，并出现温升偏高的现象，重者将导致变压器线包烧毁甚至使电路中的相关元器件损坏。

④ 检测空载电压　将电源变压器的初级绕组接220V市电，用万用表交流电压挡依次测出的次级各绕组的空载电压值应符合要求值，允许偏差范围一般为：高压绕组≤±10%，低

压绕组≤±5%，带中心抽头的两组对称绕组的电压差≤±2%。测空载电压时需要注意的是，初级输入电压应确实为220V，不能过高或过低。因为初级输入电压的大小将直接影响到次级输出的电压。若初级加入的220V电压偏差太大，将使次级电压偏离正常值，容易造成误判。

⑤ 一次绕组、二次绕组的判别　正规厂家生产的变压器，其一次绕组引脚和二次绕组引脚都分别从两侧引出，并且都标出其额定电压值。判别一次、二次绕组时，可根据这些标记进行识别。但有的变压器没有任何标记或者标记符号已经模糊不清。这时便需要将一次和二次绕组加以正确区分。

通常，高压绕组线圈漆包线的横截面积比较细且匝数较多，而低压绕组线圈（相对于高压绕组线圈来说）漆包线的横截面积相对来说比较粗且匝数较少。因此，高压绕组线圈的直流电阻值比低压绕组线圈的要大。这样可以用万用表的欧姆挡来测量变压器各绕组电阻值的大小，从而区分出变压器的高压绕组线圈（对降压变压器来说，它是初级绕组；但对升压变压器来说，它是次级绕组）和低压绕组线圈（对降压变压器来说，它是次级绕组；但对升压变压器来说，它是初级绕组）。

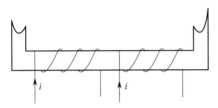

图2-75　绕组绕向已知的同名端判断

⑥ 检测判别各绕组的同名端　变压器同名端的标记原则：当两个线圈的电流同时由同名端流进（或流出）时，两个电流所产生的磁通是相互增强的，通常用小圆点（●）或星号（*）来表示同名端。若两个绕组的具体绕向已知，则根据两个线圈的绕向和电流的方向，按右手螺旋法则进行判断，如图2-75所示。若无法辨认两个绕组的具体绕向，则可以用以下两种方法来判别。

下面介绍两种检测判别电源变压器各绕组同名端的实用方法。

a. 外加电池测试法　测试电路如图2-76所示。这里仅以测试二次绕组A为例加以叙述。图中，E为1.5V干电池，S为测试开关。将万用表置于直流2.5V挡（或直流50μA挡）。假定电池E正极接变压器一次绕组a端，负极接b端，万用表的红表笔接c端，黑表笔接d端。当开关S接通的瞬间，变压器一次绕组的电流变化，将引起铁芯的磁通量发生变化。根据电磁感应原理，二次绕组将产生感应电压。此感应电压使接在二次绕组两端的万用表的指针迅速摆动后又返回零位。因此，观察万用表指针的摆动方向，就能判别出变压器各绕组的同名端。若指针向右摆，说明a与c为同名端，b与d也是同名端。反之，若万用表指针向左摆，则说明a与d是同名端，b与c也是同名端。用此法可依次将其他各绕组的同名端准确地判别出来。

检测判别时需要注意以下几点：

(a) 在测试各次级绕组的整个操作过程中，干电池E的正、负极与二次绕组的连接应始终保持同一种接法，即不能在测试二次绕组A时将一次绕组的a端接电池E的正极，b端接电池的负极，而测试二次绕组B时，又将一次绕组的a端接电池E的负极，b端接电池E的正极。正确的操作方法是，无论测试哪一个二次绕组，一次绕组和电池的接法不变。否则，将会产生误判。

(b) 接通电源的瞬间，由于自感的作用，万用表指针要向某一方向偏转，但在断开电源的瞬间，同样由于自感作用指针会向相反的方向偏转。在测试操作的过程中，如果接通和断开电源的间隔时间太短，则有时很可能只观察到断开电源时指针的偏转方向，而观察不到接通电源时指针的摆动方向，这样就会将测试结果搞错，产生误判。所以，测试时一定要掌握正确的操作方法，即在接通电源后间隔数秒钟再做断开动作。此外，为了保证判别结果的准确性，要多做几次测试。

（c）若待测变压器为升压变压器，通常是把电池 E 接在二次绕组上，而把万用表接在一次绕组上进行检测，这样万用表指针的摆动幅度较大，便于准确判明其摆动方向。

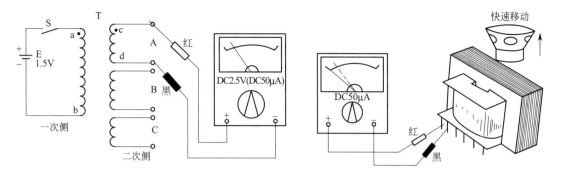

图 2-76　外加电池法判别变压器的同名端　　　图 2-77　外加磁铁法测试变压器的同名端

b. 外加磁铁测试法　测试方法如图 2-77 所示。使用一台收音机的扬声器，将其磁铁吸在变压器铁芯上部，并将万用表拨至直流 $50\mu A$ 挡，两支表笔接在待测绕组两端。然后快速将扬声器移开变压器铁芯，此时，万用表指针必然要向某一方向偏转（向左或向右）。假设万用表指针是向右偏转，此时将黑表笔所接绕组的一端做个标记。用同样的方法逐个去测试其他各绕组，记下万用表指针向右摆动时黑表笔所接绕组的引脚。由此即可判明，万用表相同颜色表笔所接各绕组的引脚便是同名端。

测试时应注意两点：

（a）测试时，如先将万用表两表笔接在被测变压器的相关引脚上，当扬声器磁铁与变压器铁芯吸合的瞬间，万用表指针也会向某个方向偏转。为了不造成误判，应先将磁铁吸在变压器的铁芯上，然后接入万用表。或者在扬声器磁铁吸在变压器铁芯上几秒钟以后再做移开的动作，且移开磁铁的动作要迅速，这样才能使万用表指针摆动较为明显，便于观察。

（b）在测试同一变压器的各绕组的整个操作过程中，扬声器磁铁要吸在变压器铁芯的同一部位上，而不能测某一个绕组时将扬声器磁铁吸在变压器铁芯的上部，当测试另外一个绕组时又将扬声器磁铁吸在变压器铁芯的下部，这样会引起误判。

在实际应用中，若几个绕组需要串联或并联，则判断它们绕组的同名端很重要。如果连接错误，绕组中产生的感应电动势就会相互抵消，电路中将会流过很大的电流，从而把变压器烧坏。因此，几个绕组串联时，应该把异名端相连；并联时，应该把同名端相连。

2.3.3　互感器

互感器是一种专供测量仪表、控制设备和保护设备使用的变压器。在高电压、大电流的系统和装置中，为了测量和使用上的方便和安全，需要用互感器把电压、电流降低，用于电压变换的叫电压互感器，用于电流变换的叫电流互感器。

（1）电压互感器

电压互感器是降压变压器。其原边匝数多，并联接于被测高压线路；副边匝数少，一些测量仪表，如电压表和功率表的电压线圈作为负载并联接于副边两端。由于电压表的阻抗很大，因此电压互感器的工作情况与普通变压器的空载运行相似，即 $U_1/U_2＝N_1/N_2＝n$。式中，n 为电压互感器的变比，且 $n＞1$。为使仪表标准化，副边的额定电压均为标准值 100V。对不同额定电压等级的高压线路可选用各相应变比的电压互感器，如 6000V/100V、

10000V/100V 等不同型号的电压互感器。

使用时，电压互感器的高压绕组跨接在需要测量的供电线路上，低压绕组则与电压表相连，如图 2-78 所示。

高压线路的电压 U_1 等于所测量电压 U_2 和变压比 n 的乘积，即 $U_1 = nU_2$。

电压互感器的副边不能短路，否则会因短路电流过大而烧毁；其次，其铁芯、金属外壳和副边的一端必须可靠接地，以防止绝缘损坏时，副边出现高电压而危及人身安全。

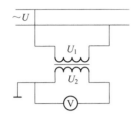

图 2-78　电压互感器电路

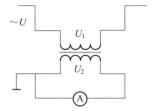

图 2-79　电流互感器电路

（2）电流互感器

电流互感器用于将大电流变换为小电流，所以原边匝数少，副边匝数多。由于电流互感器是测量电流的，所以其原边应串接于被测线路中，副边与电流表和功率表的电流线圈等负载串接使用时，电流互感器的初级绕组与待测电流的负载相串联，次级绕组则与电流表串联成闭合回路，如图 2-79 所示。

由于电流表等负载的阻抗都很小，因此电流互感器的工作情况相当于副边短路运行的普通变压器，即 $\dot{I}_1 N_1 + \dot{I}_2 N_2 = \dot{I}_o N_1$，若忽略 $\dot{I}_o N_1$，则

$$\dot{I}_1 N_1 \approx -\dot{I}_2 N_2$$
$$I_1 / I_2 \approx N_2 / N_1 = 1/n = n_i$$

式中，n 为电流互感器的变比；n_i 为变流比，且 $n_i > 1$。

电流互感器的副边额定电流通常设计成标准值 5A，如 30A/5A、75A/5A、100A/5A 等不同型号的电流互感器。选用时，应使互感器的原边额定电流与被测电路的最大工作电流相一致。

通过负载的电流等于所测电流和变压比倒数的乘积。

使用电流互感器时应注意。

① 不能让电流互感器的次级开路，否则易造成危险。因原边串联在被测回路中，所以原边电流的大小是由被测回路中的用电负荷所决定的，原边电流通常很大，原边磁通势 $\dot{I}_1 N_1$ 也就很大。正常工作时，$\dot{I}_2 N_2$ 与 $\dot{I}_1 N_1$ 相位相反，起去磁作用。当副边开路时，副边电流及其去磁磁通势 $\dot{I}_2 N_2$ 立即为零，由式 $\dot{I}_1 N_1 + \dot{I}_2 N_2 = \dot{I}_o N_1$ 和式 $\dot{I}_1 N_1 \approx -\dot{I}_2 N_2$ 可知，此时的 $\dot{I}_1 N_1$ 远大于正常运行时的 $\dot{I}_o N_1$，这就使铁芯的磁通远大于正常运行时的磁通，使铁芯迅速饱和，造成铁芯和绕组过热，使互感器烧损。另外，电流互感器副边开路时，可在副边感应出很高的电压，不仅能使绝缘损坏，还危及人身安全。

② 铁芯和次级绕组一端均应可靠接地。在测量电路中，使用电流互感器的作用主要有以下三点：将测量仪表与高电压隔离；扩大仪表测量范围；减少测量中的能耗。

常用的钳形电流表也是一种电流互感器。它由一个电流表接成闭合回路的次级绕组和一个铁芯构成。其铁芯可开、可合。测量时，把待测电流的一根导线放入钳口中，在电流表上可直接读出被测电流的大小，如图 2-80 所示。

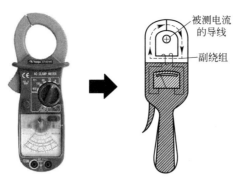

被测电流的导线

副绕组

图 2-80　钳形电流表工作示意图

习题与思考题

1. 固定电阻器是如何进行型号命名的？其主要参数有哪些？

2. 固定电阻器的标识方法有哪几种？请举例说明。

3. 某色环电阻从第一色环到第五色环的排列依次为红、白、蓝、橙、绿，此电阻器的标称值是多少？允许误差是多少？

4. 电位器的作用是什么？按制作材料分为哪几类？

5. 简述电位器的检测方法。

6. 常见的敏感电阻器有哪几种？简述其检测方法。

7. 简述电容器的主要作用。

8. 常见的固定电容器有哪几种？各有什么特点？

9. 简述电容器的主要技术参数及其各自的含义。

10. 如何检测电解电容器？

11. 简述电感器的主要技术参数及其各自的含义。

12. 简述常见的几种色码电感器的主要性能及其特点。

13. 简述电感器的检测方法。

14. 变压器的主要技术参数有哪些？

15. 简述变压器一次绕组、二次绕组的判别方法。

16. 简述变压器各绕组同名端的判别方法。

第3章
常用电力电子器件

在电气设备或电力系统中，直接承担电能变换或控制任务的电路称为主电路（Power Circuit）。电力电子器件（Power Electronic Device）是指可直接用于处理电能的主电路中，实现电能变换或控制的电子器件。电力电子器件往往专指电力半导体器件，与普通半导体器件一样，目前电力半导体器件所采用的主要材料仍然是硅。由于电力电子器件直接用于处理电能的主电路，因而同处理信息的电子器件相比，它一般具有如下的特征。

① 电力电子器件所能处理电功率的大小，即承受电压和电流的能力是最重要的参数。其处理电功率的能力小至毫瓦级，大至兆瓦级，一般都远大于处理信息的电子器件。

② 因为处理的电功率较大，所以为了减小本身的损耗，提高效率，电力电子器件一般都工作在开关状态。导通时（通态）其阻抗较小，接近于短路，管压降接近于零，而电流由外电路决定；阻断时（断态）其阻抗较大，接近于断路，电流几乎为零，而管子两端电压由外电路决定。开关状态就像普通晶体管的饱和与截止状态一样。

③ 在实际应用中，电力电子器件往往需要由信息电子电路来控制。由于电力电子器件所处理的电功率较大，因此普通的信息电子电路信号一般不能直接控制其导通或关断，需要一定的中间电路对这些信号进行适当放大，这就是电力电子器件驱动电路。

④ 尽管电力电子器件通常工作在开关状态，但是其自身的功率损耗仍远大于信息电子器件，因而为了保证不至于因损耗散发的热量导致器件温度过高而损坏，不仅在器件封装上比较讲究散热设计，而且在其工作时，一般还需要安装散热器。

按照电力电子器件能够被控制电路信号所控制的程度不同，通常将电力电子器件分为以下三种类型。

① 通过控制信号可控制其导通，而不能控制其关断的电力电子器件称为半控型器件，这类器件主要是指晶闸管（Thyristor）及其大部分派生器件，器件的关断完全是由其在主电路中承受的电压和电流决定的。

② 通过控制信号既可以控制其导通，又可以控制其关断的电力电子器件称为全控型器件，与半控型器件相比，由于可以由控制信号控制其关断，因此又称其为自关断器件。这类器件品种很多，目前较常用的全控型器件有电力晶体管（Giant Transistor，GTR）、功率场效应晶体管（Power Mental Oxide Semiconductor Field Effect Transistor，Power MOSFET）和绝缘栅双极晶体管（Insulated-Gate Bipolar Transistor，IGBT）等。

③ 也有不能用控制信号来控制其通断的电力电子器件，这类器件也就不需要驱动电路，这就是电力二极管（Power Diode），电力二极管又被称为不可控功率器件。这种器件只有两个端子，其基本特性与信息电子电路中的普通二极管一样，器件的导通和关断完全是由其在主电路中承受的电压和电流决定的。

电力电子器件是电力电子电路的基础，掌握好常用电力电子器件的工作原理和正确使用方法是我们学好开关电源技术的前提。本章将重点介绍现代开关电源中要经常用到的电力电子器件（如电力二极管、电力晶体管、功率场效应晶体管和绝缘栅双极晶体管）的工作原理、基本特性、主要参数以及选择与使用过程中应注意的问题。

3.1 电力二极管

电力二极管（Power Diode）自 20 世纪 50 年代初期就获得了应用，当时也被称为半导体整流器（Semiconductor Rectifier，SR），并开始逐步取代以前的汞弧整流器。它虽然是不可控器件，但其结构和原理简单，工作可靠。所以，直到现在电力二极管仍然大量应用于许多电气设备中，特别是快恢复二极管和肖特基二极管，仍分别在中高频整流和逆变以及低压高频整流的场合具有不可替代的地位。

3.1.1 工作原理

电力二极管的基本结构和工作原理与信息电子电路中的二极管是一样的，都是以半导体 PN 结为基础。电力二极管实际上是由一个面积较大的 PN 结和两根引线封装组成的。图 3-1（a）～（c）所示分别为电力二极管的外形、结构和电气图形符号。二极管有两个极分别称为阳极（或正极）A 和阴极（或负极）K。

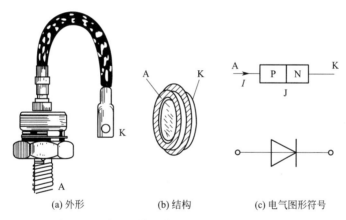

(a) 外形　　　　(b) 结构　　　　(c) 电气图形符号

图 3-1　电力二极管的外形、结构和电气图形符号

在电力电子器件中，半导体材料用得最多的是硅和锗。纯净的硅和锗称为本征半导体，其导电性能很不好。如果给本征半导体掺入 3 价的杂质（如硼或铟），就会在半导体中产生大量的带正电荷的空穴，其导电能力则会大大增强，这种半导体称为 P 型半导体。如果给本征半导体掺入 5 价的杂质（如磷或砷），就会在半导体中产生大量的带负电荷的电子，其导电能力也会大大增强，这种半导体称为 N 型半导体。在 P 型半导体中，有大量的带正电的空穴，称为多数载流子，带负电的自由电子称为少数载流子。在 N 型半导体中有大量的带负电的自由电子，称为多数载流子，带正电的空穴称为少数载流子。

将一块 N 型半导体和一块 P 型半导体接触，就会在接触面上产生一个带电区域，如图 3-2（a）所示，它是由空穴和电子扩散而形成的。P 型半导体区域（简称 P 区）的多数载流子（空穴）会扩散到 N 型半导体区域（简称 N 区），N 区的多数载流子（电子）会扩散到 P 区（扩散运动是由浓度高的地方向浓度低的地方运动），这样，在 P 型半导体和 N 型半导体接触面上形成了一个带电区域，我们称其为 PN 结或阻挡层。PN

结内电场由 N 区指向 P 区，扩散运动并不能无休止地进行，PN 结形成的电场（也叫内电场）对扩散运动形成了阻力，所以扩散到一定的程度，就会达到电场力的平衡，扩散运动就会停止。

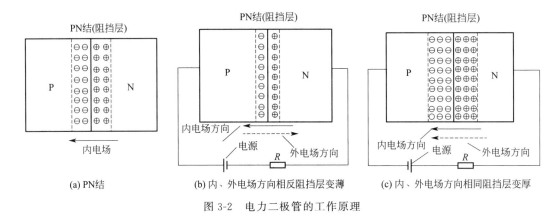

图 3-2　电力二极管的工作原理

将一直流电源接到 PN 结的两端，如图 3-2（b）所示，P 区接电源的正极，N 区接电源的负极，即所加的外电场方向与 PN 结的内电场方向相反，使 PN 结的内电场变弱，阻挡层变薄，多数载流子进行扩散运动，电流大增，我们称之为正向导通。

如果将直流电源反接，如图 3-2（c）所示，P 区接电源的负极，N 区接电源的正极。此时内电场方向和外电场方向一致，相当于 PN 结（阻挡层）变厚，多数载流子的扩散运动无法进行，使其无法通过 PN 结，电流几乎等于 0，我们称之为反向截止。

由以上可以看出，PN 结加正向电压［如图 3-2（b）所示］会产生较大电流，相当于 PN 结电阻很小，PN 结加反向电压［如图 3-2（c）所示］产生的电流很小，相当于 PN 结电阻很大。这种正向导通、反向截止的导电现象称为 PN 结的单向导电性。电力二极管的内部就是由一个 PN 结所构成的。

3.1.2　伏安特性

电力二极管的主要特性是单向导电特性，即元件的阳极、阴极两端加正向电压时，便有电流通过，相当于短路；反之，其两端加反向电压，便没有电流通过，相当于开路。其伏安特性如图 3-3 所示。当电力二极管承受的正向电压大到一定值（门槛电压 U_{TO}），正向电流才开始明显增加，处于稳定导通状态。与正向电流 I_F 对应的电力二极管两端的电压 U_F 即为其正向电压降。当电力二极管承受反向电压时，只有微小且数值恒定的反向漏电流。当外加反向电压增加到某一电压时（常称击穿电压），反向电流突然增大，这种现象称为反向击穿，此时对应的电压称为反向击穿电压。

3.1.3　主要参数

（1）正向平均电流 $I_{F(AV)}$ 与浪涌电流 I_{FSM}

正向平均电流 $I_{F(AV)}$ 是指电力二极管长期运行时，在指定的管壳温度和散热条件下，其允许流过的最大工频正弦半波电流的平均值。在此电流下，因管子的正向压降引起的损耗造成的结温升高不会超过所允许的最高工作结温。这也是标称其额定电流的参数。而浪涌电流 I_{FSM} 是指电力二极管所能承受的最大连续一个或几个工频周期的过电流。

（2）正向压降 U_F

正向压降 U_F 是指电力二极管在指定温度下，流过某一指定的稳态正向电流时对应的正向压降。有时其参数表中也给出在指定温度下流过某一瞬态正向大电流时电力二极管的最大瞬时正向压降。

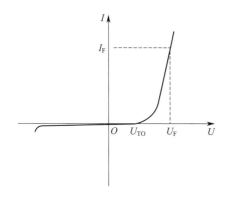

图 3-3　电力二极管的伏安特性

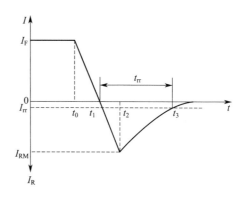

图 3-4　二极管反向恢复时间示意图

（3）反向重复峰值电压 U_{RRM}

反向重复峰值电压 U_{RRM} 是指对电力二极管所能重复施加的反向最高峰值电压，通常是其雪崩击穿电压 U_B 的 2/3。使用时应注意不要超过此值，否则将导致元件损坏。

（4）最高工作结温 T_{JM}

结温是指管芯 PN 结的平均温度，用 T_J 表示。最高工作结温是指在 PN 结不至于损坏的前提下所能承受的最高平均温度，用 T_{JM} 表示。T_{JM} 通常在 125~175℃ 范围内。

（5）反向恢复时间 t_{rr}

电流流过零点由正向转换成反向，再由反向到规定的反向恢复电流 I_{rr} 所需的时间，称为反向恢复时间（t_{rr}），如图 3-4 所示，I_F 为正向电流，I_{RM} 为最大反向恢复电流。通常规定 $I_{rr}=0.1I_{RM}$，当 $t=t_0$ 时，由于加在二极管上的正向电压突然变成反向电压，因此正向电流突然降低，并在 $t=t_1$ 时，$I=0$。然后二极管上流过反向电流 I_R，I_R 逐渐增大，在 $t=t_2$ 时，达到最大反向恢复电流 I_{RM}。此后二极管受正电压的作用，反向电流逐渐减小。在 $t=t_3$ 时，$I_R=I_{rr}$，由 t_1~t_3 所用的时间即为二极管的反向恢复时间。

3.1.4　主要类型

电力二极管在电力电子电路中有着广泛的应用。电力二极管可在交流-直流变换电路中作整流元件，也可在电感元件的电能需要适当释放的电路中作续流元件，还可在各种变流电路中作电压隔离、钳位或保护元件。在应用过程中，应根据不同场合的不同要求，选择不同类型的电力二极管。下面按照正向压降、反向耐压和反向漏电流等性能，特别是反向恢复特性的不同，介绍几种常用的电力二极管。当然，从根本上讲，性能上的不同都是由半导体物理结构和工艺上的差别造成的，只不过这些结构和工艺差别不是一般工程技术人员所关心的主要问题，有兴趣的读者可参考有关专门论述半导体物理和器件的文献。

（1）普通二极管

普通二极管（General Purpose Diode）又称整流二极管（Rectifier Diode），多用于开关频率不高（1kHz 以下）的整流电路中。其反向恢复时间较长，一般在 5μs 以上，这在开关频率不高时并不重要，在参数表中甚至不列出这一参数。但其正向电流定额和反向电压定额可以达到很高，分别可达数千安和数千伏以上。

（2）快恢复二极管

恢复过程很短，特别是反向恢复过程很短（一般在 5μs 以下）的二极管被称为快恢复二极管（Fast Recovery Diode，FRD），简称快速二极管。工艺上多采用掺金措施，结构上有的采用 PN 结型结构，也有的采用对此加以改进的 PiN 结构。特别是采用外延型 PiN 结构的快恢复外延二极管（Fast Recovery Epitaxial Diode，FRED），其反向恢复时间更短（可低于 50ns），正向压降也很低（0.9V 左右），但其反向耐压多在 1200V 以下。不管是什么结构，快恢复二极管从性能上可分为快恢复和超快恢复两个等级。前者反向恢复时间为数百纳秒或更长，后者则在 100ns 以下，甚至达到 20～30ns。

（3）肖特基二极管

以金属和半导体接触形成的势垒为基础的二极管称为肖特基势垒二极管（Schottky Barrier Diode，SBD），简称为肖特基二极管。肖特基二极管在信息电子电路中早就得到了应用，但是直到 20 世纪 80 年代，由于工艺的发展才得以在电力电子电路中广泛应用。与以 PN 结为基础的电力二极管相比，其优点在于：反向恢复时间短（10～40ns）、效率高。肖特基二极管在正向恢复过程中不会有明显的电压过冲，在反向耐压较低的情况下其正向压降也很小，明显低于快恢复二极管。因此，其开关损耗和正向导通损耗比快速二极管还要小。其弱点在于：当所能承受的反向耐压提高时，其正向压降也会高得不能满足要求，因此多用于 200V 以下的低压场合；反向漏电流较大且对温度敏感，因此其反向稳态损耗不能忽略，而且必须更严格地限制其工作温度。

3.1.5　检测方法

对二极管的检测主要使用万用表，可分为不在路和在路两种检测方法。

（1）不在路检测

不在路检测主要是用万用表欧姆挡（$R \times 1k$ 挡）测量二极管的正、反向电阻来判断其质量好坏，如图 3-5 所示。图 3-5(a) 是测量二极管正向电阻示意图，黑表笔接二极管的正极，红表笔接二极管的负极，此时表内电池给二极管加的是正向偏置电压（万用表内黑表笔接表内电池的正极，黑表笔接正极是给二极管加上正向偏置电压），表针所指示的正向电阻阻值较小，一般为几千欧。若测量二极管的正向电阻值为零说明二极管已短路；若测量的正向电阻值很大（几百千欧），则说明二极管的性能已变差；若测量二极管的正向电阻值为无穷大，则说明二极管开路。如图 3-5（b）所示为测量二极管反向电阻的示意图。在测量二极管反向电阻时，黑表笔接二极管的负极，红表笔接二极管的正极，此时表内电池给二极管加的是反向偏置电压，表针所指示的反向电阻阻值较大，一般为几百千欧以上。若测量的正、反向电阻值均很小，则说明二极管已击穿短路。

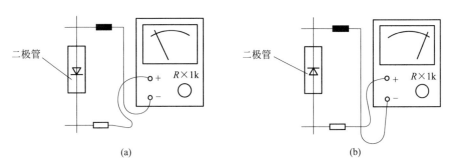

图 3-5　万用表测量二极管示意图

（2）在路检测

① 断电下的检测　此时是测量二极管的正、反向电阻，具体方法同不在路时的方法相同，只是要注意外电路对测量结果的影响，测得的阻值为整个电路的等效电阻，只能供参

考，要根据电路结构和经验来进行二极管的在路检测判断，如果无法判断，只能将二极管焊下，对其进行不在路检测。

② 通电情况下的检测　此时主要是测量二极管的管压降。由二极管特性所知，二极管导通后的管压降是基本不变的，若这一管压降是正常的，便可以说明二极管在电路中工作是基本正常的，依据这一原理可以在通电时测量二极管的好坏，具体方法是：给电路通电，用万用表的直流电压挡，红表笔接二极管的正极，黑表笔接二极管的负极，此时表针所指示的电压值为二极管上的正向电压降。对硅二极管而言，这一压降应该为 $0.6\sim0.7\mathrm{V}$ 左右，否则说明二极管可能出现了故障。若电压降远大于 $0.6\sim0.7\mathrm{V}$，说明二极管已开路。若电压降远小于 $0.6\sim0.7\mathrm{V}$，有可能是二极管击穿，也有可能是其他电路的故障，此时最好改用不在路测量其正、反向电阻，进一步判断其质量优劣。

3.2　电力晶体管 GTR

电力晶体管（Giant Transistor，GTR）按英文直译为巨型晶体管，是一种耐高电压、大电流的双极结型晶体管（Bipolar Junction Transistor，BJT），所以英文有时候也称为 Power BJT。在电力电子技术范围内，GTR 与 BJT 是等效的。自 20 世纪 80 年代以来，在中小功率范围内取代晶闸管的，主要是 GTR。但是目前，其地位已大多被功率 MOSFET 和 IGBT 所取代。

3.2.1　工作原理

GTR 是由三层半导体材料两个 PN 结组成的，三层半导体材料的结构形式可以是 PNP，也可以是 NPN。NPN 型 GTR 的结构剖面示意图如图 3-6(a) 所示，图中掺杂浓度高的 $\mathrm{N^+}$ 区称为 GTR 的发射区，其作用是向基区注入载流子。基区是一个厚度为几微米至几十微米的 P 型半导体薄层，它的任务是传送和控制载流子。集电区 $\mathrm{N^+}$ 是收集载流子的，常在集电区中设置轻掺杂的 $\mathrm{N^-}$ 区以提高器件的耐压能力。不同类型半导体区的交界处则形成 PN 结，发射区与基区交界处的 PN 结 $\mathrm{J_1}$ 称为发射结；集电区与基区交界处的 PN 结 $\mathrm{J_2}$ 称为集电结。两个 PN 结 $\mathrm{J_1}$ 和 $\mathrm{J_2}$ 通过很薄的基区联系起来，为了使发射区向基区注入电子，就要在发射结上加正向偏置电压 V_{EE}（简称正偏电压），要保证注入基区的电子能够经过基区后传输到集电区，就必须在集电结上施加反向偏置电压 V_{CC}（简称反偏电压），如图 3-6(b) 所示。

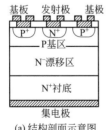
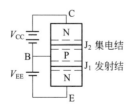

(a) 结构剖面示意图　　　(b) 集电结上施加反向偏置电压 V_{CC}

图 3-6　NPN 型 GTR 结构示意图

图 3-7 为 NPN 型 GTR 电气图形符号及其内部结构示意图。在实际应用中，GTR 一般采用共发射极接法，图 3-7(b) 给出了在此接法下 GTR 内部主要载流子流动情况示意图。集电极电流 i_{c} 与基极电流 i_{b} 之比为

$$\beta = i_{\mathrm{c}} / i_{\mathrm{b}}$$

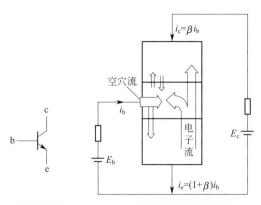

β 称为 GTR 的电流放大系数，它反映了基极电流对集电极电流的控制能力。当考虑到集电极和发射极之间的漏电流 i_{ceo} 时，i_{c} 和 i_{b} 的关系为

$$i_{\mathrm{c}} = \beta i_{\mathrm{b}} + i_{\mathrm{ceo}}$$

GTR 的产品说明书中通常给出的是直流电流增益 h_{FE}，它是在直流工作的情况下，集电极电流与基极电流之比。一般可认为 $\beta \approx h_{\mathrm{FE}}$。单管 GTR 的 β 值比处理信息用的小功率晶体管小得多，通常为 10 左右，采用达林顿接法可以有效地增大电流增益。

(a) 电气图形符号　　(b) 内部载流子的流动情况

图 3-7　NPN 型 GTR 电气图形符号及其内部结构示意图

GTR 大多作功率开关使用，对它的要求也与小信号晶体管不同，主要是有足够的容量（高电压、大电流）、适当的增益、较高的工作速度和较低的功率损耗等。由于 GTR 的功率损耗大、工作电流大，因此其工作状况与小信号晶体管相比出现了一些新的特点和问题，如存在基区大注入效应、基区扩展效应和发射极电流集边效应等。

3.2.2　基本类型

GTR 从结构上可分为单管、达林顿管和模块三大系列。

（1）单管 GTR

NPN 三重扩散台面型结构是单管 GTR 的典型结构，这种结构可靠性高，能改善器件的二次击穿特性，易于提高耐压能力，并且易于耗散内部热量。GTR 是用基极电流控制集电极电流的电流型控制器件，N^- 漂移层的电阻率和厚度决定器件的阻断能力，电阻率高、厚度大则可使阻断能力提高，但却导致导通饱和电阻增大和电流增益降低。一般单管 GTR 的电流增益都很低，约 10～20。

（2）达林顿 GTR

达林顿 GTR 由两个或多个晶体管复合而成，可以是 NPN 型也可以是 PNP 型，其性质由驱动管来决定。图 3-8(a) 为两个 NPN 管组成的达林顿 GTR，其性质是 NPN 型；图 3-8(b) 为由 PNP 和 NPN 晶体管组成的达林顿 GTR，其性质为 PNP 型。图 3-8(c) 为实用的达林顿连接方式。

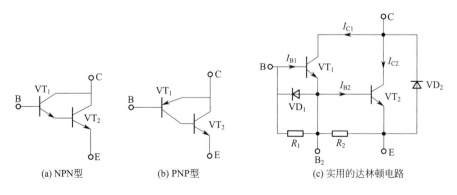

(a) NPN型　　　　　　(b) PNP型　　　　　　(c) 实用的达林顿电路

图 3-8　达林顿 GTR

（3）GTR 模块

目前作为大功率开关应用最多的还是 GTR 模块，它将 GTR 管芯、稳定电阻、加速二极管以及续流二极管等组成一个单元，然后根据不同用途将几个单元电路组装在一个外壳之内构成模块。现在已可将上述单元电路集成制作在同一硅片上，大大提高了器件的集成度，使其小型轻量化，性能价格比大大提高。图 3-9 示出了由两个三级达林顿 GTR 及其辅助元器件构成的单臂桥式电路模块的等效电路。为了便于改善器件的开关过程和并联使用，中间级晶体管的基极均有引线引出，如图中 BC_{11}、BC_{12} 等端子。目前生产的 GTR 模块可将多达 6 个互相绝缘的单元电路做在同一模块内，可很方便地组成三相桥。

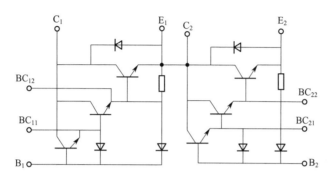

图 3-9 GTR 模块的等效电路

3.2.3 特性参数

GTR 的主要特性包括：静态特性与参数、动态特性与参数、二次击穿特性与安全工作区以及温度特性与散热等。

（1）静态特性与参数

① 共射极电路的输出特性 共射极电路的输出特性是指集电结的电压-电流特性，如图 3-10 所示。图中将 GTR 的工作状态分为 4 个明显不同的区域：阻断区、线性区、准饱和区和深饱和区。阻断区又称为截止区，其特征类似于开关处于断态的情况，该区对应基极电流 I_B 为零的条件，GTR 承受高电压而仅有极小的漏电流存在。在这一区域发射结和集电结均处于反向偏置状态。线性区又称为放大区，晶体管工作在这一区域时，集电极电流与基极电流间呈线性关系，特性曲线近似平直。该区的特点是集电结仍处于反向偏置状态而发射结改为正向偏置状态，对工作于开关状态的GTR 来说，应当尽量避免工作于线性区，否则功耗将会很大。深饱和区的特征类似于开关处于接通

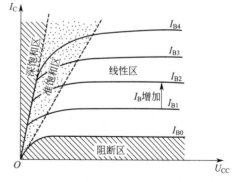

图 3-10 共射极电路的输出特性

的情况，在这一区域中的基极电流变化时集电极电流不再随之变化，电流增益与导通电压均很小。工作于这一区域的 GTR 的发射结和集电结均处于正向偏置状态。准饱和区是指线性区与深饱和区之间的一段区域，即特性曲线明显弯曲的部分，在此区域中随着基极电流的增加开始出现基区宽度调制效应，电流增益开始下降，集电极电流与基极电流之间不再呈线性关系，但仍保持着集电结反向偏置、发射结正向偏置的特点。

② 饱和压降特性 处于深饱和区的 GTR 集电极电压称作饱和压降，用 V_{CES} 表示。此

时的基极电压称作基极正向压降，用 V_{BES} 表示。它们是大功率应用中的两项重要指标，直接关系到器件的导通功率损耗。

饱和压降 V_{CES} 一般随着集电极电流的增加而增加，在 I_C 不变的情况下，V_{CES} 随壳温的增加而增加。

基极正向压降 V_{BES} 也是随着集电极电流的增加而增加，但与温度的关系要复杂一些。在小电流情况下，温度增加时 V_{BES} 减小；在大电流情况下，温度增加时 V_{BES} 增大。

达林顿结构的 GTR 不可能进入深饱和区，因而饱和压降也较大。

③ 共射极电流增益 β 共射极电流增益 β 是指共射极电路中 GTR 集电极电流 I_C 与基极电流 I_B 的比值，它表示 GTR 的电流放大能力。

在正向偏置情况、小电流条件下，β 随集电极电流 I_C 减小而减小；在中间电流范围内，β 值随温度的增加而增加；在大电流情况下 β 值随温度的增加而减小；在管壳温度 T_C 和集电极电流 I_C 相同的条件下，正向电流增益 β 随集电极电压 V_{CE} 的增加而增加。

GTR 在反向接法时，由于把原来的集电区作为发射区使用，其掺杂浓度低，注入能力很小，因此反向电流增益 β 很小。

④ 最大额定值 最大额定值是指允许施加于电力晶体管（GTR）上的电压、电流、耗散功率以及结温等的极限数值。它们是由 GTR 的材料性能、结构方式、设计水平和制造工艺等因素决定的，在使用中绝对不能超越这些参数极限。

a. 最高电压额定值 最高集电极电压额定值是指集电极的击穿电压值，它不仅因器件不同而不同，即使是同一器件，也会由于基极电路条件的不同而不同。

发射极电压最大额定值是指在集电极开路条件下，发射结允许的最高反向偏置电压，通常用 BV_{EBO} 表示。由于发射区掺杂浓度很高，具有很高的注入效率，所以 BV_{EBO} 通常只有几伏，典型值为 8V。

b. 最大电流额定值 集电极电流额定值 I_{CM} 有两种规定方法：一种是以 β 值的下降情况为尺度来确定 I_{CM}；另一种是以结温和耗散功率为尺度来确定 I_{CM}，这主要是考虑 GTR 在低压范围内使用时，饱和压降对功率损耗的影响已不可忽视，在这种情况下以允许耗散功率的大小来确定 I_{CM}。

脉冲电流额定值的依据是引起内部引线熔断的集电极电流，或是引起集电结损坏的集电极电流；或以直流 I_{CM} 的 1.5～3 倍定额脉冲 I_{CM}。

基极电流额定值 I_{BM}，规定为电力晶体管内引线允许流过的最大基极电流，通常取 $I_{BM}≈(1/2～1/6)I_{CM}$，与 I_{CM} 相比通常裕量很大。

c. 最高结温额定值 GTR 的最高结温 T_{JM} 由半导体材料性质、器件钝化工艺、封装质量以及其可靠性要求等因素所决定。一般情况下，塑料封装的硅管结温 T_{JM} 为 125～150℃，金属封装的硅管 T_{JM} 为 150～175℃，高可靠平面管的 T_{JM} 为 175～200℃。

d. 最大功耗额定值 最大功耗额定值是指 GTR 在最高允许结温时所对应的耗散功率，它受结温的限制，其大小主要由集电结工作电压、电流的乘积决定。由于这部分能量将转化为热能并使 GTR 发热，因此 GTR 在使用中的散热条件是十分重要的，如果散热条件不好，器件会因温度过高而损坏。

（2）动态特性与参数

动态特性描述 GTR 开关过程的瞬态特性，又称开关特性。PN 结承受正向偏置时表现为两个电容：势垒电容和扩散电容。在稳态时这些电容对 GTR 的工作特性没有影响；而在瞬态时，由于电容的充放电作用影响 GTR 的开关特性。此外，为了降低导通时的功率损耗，常采用过驱动的方法，使得基区积累了大量的过剩载流子，在关断时这些过剩载流子的消散严重影响关断时间。GTR 是用基极电流来控制集电极电流的，如图 3-11 所示给出了某型号 GTR 开通和关断过程中基极电流和集电极电流波形的关系。

GTR 的整个过程可分为开通过程、导通状态、关断过程、阻断状态 4 个不同阶段。

开通时间 t_{on} 包括延迟时间 t_d 和上升时间 t_r；关断时间 t_{off} 包括存储时间 t_s 和下降时间 t_f。对这些开关时间的定义如下：

① 延迟时间 t_d 从输入基极电流正跳变瞬时开始，到集电极电流 i_c 上升到最大（稳态）值 I_{cs} 的 10% 所需的时间称为延迟时间。它相当于基极电流向发射结电容充电的过程，因而延迟时间 t_d 的大小取决于发射结势垒电容的大小、初始正向驱动电流和上升率以及跳变前反向偏置电压的大小。

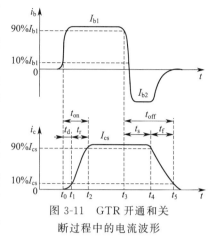

图 3-11 GTR 开通和关断过程中的电流波形

② 上升时间 t_r 集电极电流 i_c 由稳态值 I_{cs} 的 10% 上升到 90% 所需的时间叫做上升时间。它与过驱动系数及稳态电流值有关，过驱动系数越大，则上升时间 t_r 越短；稳态值越小，则上升时间越短。

③ 存储时间 t_s 从撤销正向驱动信号到集电极电流 i_c 下降到其最大（稳态）值 I_{cs} 的 90% 所需的时间称为存储时间。存储时间 t_s 随过驱动系数的增加而增加，随反向驱动电流的增加而减小。存储时间对应着过剩载流子从体内抽走的过程，要想降低存储时间 t_s，就应该使 GTR 工作于准饱和区。

④ 下降时间 t_f 集电极电流 i_c 由其最大值 I_{cs} 的 90% 下降到 10% 所需的时间称为下降时间，它主要取决于结电容和正向集电极电流。

一般开通时间均为纳秒数量级，比关断时间小得多，为了缩短关断时间可采取以下措施：选择电流增益小的器件、防止深饱和、增加反向驱动电流等。

集电极电压上升率 dv/dt 是动态过程中的一个重要参数，dv/dt 产生的过损耗现象严重地威胁着器件和电路的安全。当基极开路时，集射极间承受过高的电压上升率 dv/dt，便会通过集电结的寄生电容流过容性位移电流。由于基极是开路的，该容性位移电流便注入发射结形成基极电流并且被放大 β 倍，形成集电极电流，若 GTR 的 β 值很大，将会迫使 GTR 进入放大区运行，有可能因瞬时电流过大而产生二次击穿导致损坏。另外在 GTR 换流期间，集电结中储存的少数载流子被全部抽走之前，有可能使正在关断的 GTR 重新误导通。在桥式电路中将会出现桥臂直通故障。为了抑制过高的 dv/dt 对 GTR 的危害，一般在集射极间并联一个 RCD 缓冲网络。

（3）二次击穿特性与安全工作区

① 二次击穿特性 最高集射极间电压额定值 BV_{CEO} 又称为一次击穿电压值，发生一次击穿时反向电流急剧增加。如果有外接电阻限制电流的增长，一般不会引起 GTR 特性变坏；但如果对此不加限制，就会发生破坏性的二次击穿。二次击穿是指器件发生一次击穿后，集电极电流继续增加，在某电压电流点产生向低阻抗区高速移动的负阻现象。二次击穿用符号 S/B 表示。二次击穿时间在纳秒至微秒数量级之内，即使在这样短的时间内，它也能使器件内出现明显的电流集中和过热点。因此，一旦发生二次击穿，轻者使 GTR 耐压降低、特性变差，重者使集电结和发射结熔通，使 GTR 永久性损坏。

二次击穿按 GTR 的偏置状态分为两类：基极-发射极正偏，GTR 工作于放大区的二次击穿称正偏二次击穿；基极-发射极反偏，GTR 工作于截止区的二次击穿称为反偏二次击穿。

a. 正偏二次击穿 当 GTR 正向偏置时，由于存在基区电阻，基极与发射极在同一平面上，发射结各点的偏置不尽相同，发射极边缘大而中心小，又由于存在集-射电场，二者合成一个横向电场。此电场将电流集中到发射极边缘下很窄的区域内，造成电流局部集中，电流密度加大，温度升高，严重时造成热点或热斑。热点处的电阻率进一步减小，如不加限制就会因热点的温度过高造成恶性循环导致该局部 PN 结失效，这就是正偏二次击穿。

b. 反偏二次击穿　在 GTR 由导通状态转入截止状态时，发射结反向偏置，由于存储电荷的存在，集电极-发射极仍流过电流。由于基区电阻的存在，在发射极与基极相接的周边反偏电压大，而在其中心反偏很弱甚至可能仍为正偏，这就造成了发射极下基区横向电场由中心指向边缘，形成集电极电流被集中于发射结中心很小局部的不均匀现象。在该局部因电流密度很高形成热点，这样就可能在比正向偏置时要低得多的能量水平下发生二次击穿。

二次击穿最终是由器件芯片局部过热而引起的，而热点的形成需要能量的积累，即需要一定的电压、电流数值和一定的时间。因此，诸如集电极电压、电流、负载特性、导通脉宽、基极电路的配置以及材料、工艺等因素都对二次击穿有一定的影响。

② 安全工作区　GTR 在运行中受到电压、电流、功率损耗以及二次击穿等定额的限制。厂家一般把它们画在双对数坐标上，以安全工作区的综合概念提供给用户。安全工作区简称 SOA，是指 GTR 能够安全运行的范围，又分为正向偏置安全工作区（FBSOA）和反向偏置安全工作区（RBSOA）。GTR 正向偏置安全工作区如图 3-12 所示，是由双对数直角坐标系中 ABCDE 折线所包围的面积。AB 段表示最大集电极电流 I_{CM} 的限制，BC 段表示最大允许功耗 P_{CM} 的限制，CD 段表示正向偏置下二次击穿触发功率 $P_{S/B}$ 的限制，DE 段则为最大耐压 BV_{CEO} 的限制。图中标有 DC 字样的折线是在直流条件下的安全工作区，称为直流安全工作区，它对应于最恶劣的条件，是 GTR 可以安全运行的最小范围。其余折线图形对应于不同导通宽度的脉冲工作方式，随着导通时间的缩短，二次击穿耐量和允许的最大功耗均随之增大，安全工作区向外扩大。当脉宽小于 $1\mu s$ 时，相应的安全工作区变为由 I_{CM} 和 BV_{CEO} 所决定的矩形。

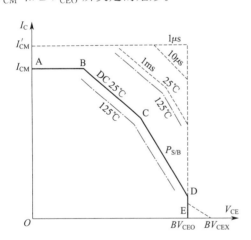

图 3-12　GTR 正向偏置安全工作区

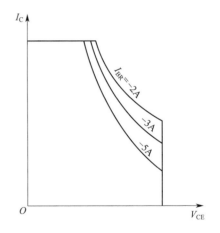

图 3-13　GTR 反向偏置安全工作区

GTR 反向偏置安全工作区如图 3-13 所示，它表示 GTR 在反向偏置下关断的瞬态过程。基极反向关断电流 I_{BR} 越大其安全工作区越小。

安全工作区是在一定的温度条件下得出的，例如环境温度 25℃ 或壳温 75℃ 等，使用时若超过上述指定温度，允许功耗和二次击穿耐量都必须降额。

（4）温度特性与散热

半导体器件的共同缺点是其特性参数受温度影响大，除了前述若干特性随着温度升高而变差外，温度升高将使 V_{CES} 升高，I_C 也将增大，输出功率下降，最大允许功耗和二次击穿触发功率均要下降，结果使 GTR 的安全工作区面积缩小。必须采取有效散热措施，选配适当的散热器，根据容量等级采用自然冷却、风冷或沸腾冷却方式，确保 GTR 不超过规定的结温最大值。

热损坏由结温过高所致，结温升高由发热引起，发热量则由功耗转变而来。因此，若能从根本上减小 GTR 的功耗就可确保其安全可靠地工作。在高频大功率开关条件下工作的 GTR，其功耗由静态导通功耗、动态开关损耗和基极驱动功耗三部分组成。设法降低导通电压、采用各种缓冲电路改变 GTR 的开关轨迹等均可达到减小 GTR 功耗的目的。

3.3 功率场效应晶体管 MOSFET

功率场效应晶体管（Power Mental Oxide Semiconductor Field Effect Transistor，Power MOSFET）是一种多子导电的单极型电压控制器件，它具有开关速度快、高频性能好、输入阻抗高、驱动功率小、热稳定性好、无二次击穿、安全工作区宽等特点，但其电压和电流容量较小，故在各类高频中小功率的电力电子装置中得到广泛应用。

3.3.1 工作原理

功率 MOSFET 也是一种功率集成器件，它由成千上万个小 MOSFET 元胞组成，每个元胞的形状和排列方法，不同的生产厂家采用了不同的设计。图 3-14(a) 所示为 N 沟道 MOSFET 的元胞结构剖面示意图。两个 N^+ 区分别作为该器件的源区和漏区，分别引出源极 S 和漏极 D。夹在两个 N^+（N^-）区之间的 P 区隔着一层 SiO_2 的介质作为栅极。因此栅极与两个 N^+ 区和 P 区均为绝缘结构。因此，MOS 结构的场效应晶体管又称绝缘栅场效应晶体管。

由图 3-14(a) 可知，功率 MOSFET 的基本结构仍为 N^+（N^-）PN^+ 形式，其中掺杂较轻的 N^- 区为漂移区。设置 N^- 区可提高器件的耐压能力。在这种器件中，漏极和源极间有两个背靠背的 PN 结存在，在栅极未加电压信号之前，无论漏极和源极之间加正电压还是负电压，该器件总是处于阻断状态。为使漏极和源极之间流过可控的电流，必须具备可控的导电沟道才能实现。

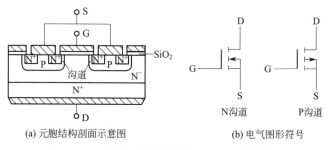

(a) 元胞结构剖面示意图　　　　(b) 电气图形符号

图 3-14　功率 MOSFET 的结构和电气图形符号

MOS 结构的导电沟道是由绝缘栅施加电压之后感应产生的。在如图 3-14(a) 所示的结构中，若在 MOSFET 栅极与源极之间施加一定大小的正电压，这时栅极相对于 P 区则为正电压。由于夹在两者之间的 SiO_2 层不导电，聚集在电极上的正电荷就会在 SiO_2 层下的半导体表面感应出等量的负电荷，从而使 P 型材料变成 N 型材料，进而形成反型层导电沟道。若栅压足够高，由此感应而生的 N 型层同漏与源两个 N^+ 区构成同型接触，使常态中存在的两个背靠背 PN 结不复存在，这就是该器件的导电沟道。由于导电沟道必须与源漏区导电类型一致，所以 N-MOSFET 以 P 型材料为衬底，栅源之间要加正电压；反之，P-MOSFET 以 N 型材料为衬底，栅源之间要加负电压。

根据载流子的类型不同，功率 MOSFET 可分为 N 沟道和 P 沟道两种，应用最多的是绝缘栅 N 沟道增强型。图 3-14（b）所示为功率 MOSFET 的电气图形符号，图形符号中的箭头表示电子在沟道中移动的方向。左图表示 N 沟道，电流的方向是从漏极出发，经过 N 沟道流入 N^+ 区，最后从源极流出；右图表示 P 沟道，电流方向是从源极出发，经过 P 沟道流入 P^+ 区，最后从漏极流出。不论是 N 沟道的 MOSFET 还是 P 沟道的 MOSFET，只有一种载流子导电，故称其为单极型器件。这种器件不存在像双极型器件那样的电导调制效应，也不存在少子复合问题，所以它的开关速度快、安全工作区宽并且不存在二次击穿问题。因为它是电压控制型器件，使用极为方便。此外，功率 MOSFET 的通态电阻具有正温度系数，因此它的漏极电流具有负温度系数，便于并联应用。

功率 MOSFET 需要在 G 极与 S 极之间有一定的电压 V_{GS} 或 $-V_{GS}$，才有相应的漏极电流 I_D 或 $-I_D$。对 N 沟道的导通条件是：$V_G > V_S$，$V_{GS} = 0.45 \sim 3V$。V_{GS} 越大，I_D 越大。对 P 沟道的导通条件是：$V_G < V_S$，即 V_{GS} 是负的，通常用 $-V_{GS}$ 来表示，$-V_{GS} = 0.45 \sim 3V$。$-V_{GS}$ 越大，$-I_D$ 越大。

3.3.2 主要特性

功率 MOSFET 的特性包括静态特性和动态特性，输出特性和转移特性属于静态特性，而开关特性属于动态特性。

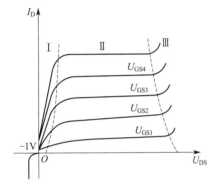

图 3-15 功率 MOSFET 的输出特性

（1）输出特性

输出特性也称漏极伏安特性，它是以栅源电压 U_{GS} 为参变量，反映漏极电流 I_D 与漏源极电压 U_{DS} 间关系的曲线族，如图 3-15 所示。由图可见输出特性分三个区：

① 可调电阻区 I：U_{GS} 一定时，漏极电流 I_D 与漏源极电压 U_{DS} 几乎呈线性关系。当 MOSFET 作为开关器件应用时，工作在此区内。

② 饱和区 II：在该区中，当 U_{GS} 不变时，I_D 几乎不随 U_{DS} 的增加而增大，I_D 近似为一个常数。当 MOSFET 用于线性放大时，则工作在此区内。

③ 雪崩区 III：当漏源电压 U_{DS} 过高时，漏极 PN 结发生雪崩击穿，漏极电流 I_D 会急剧增加。在使用器件时应避免出现这种情况，否则会使器件损坏。

功率 MOSFET 无反向阻断能力，因为当漏源电压 $U_{DS} < 0$ 时，漏区 PN 结为正偏，漏源间流过反向电流。因此，功率 MOSFET 在应用过程中，若必须承受反向电压，则 MOSFET 电路中应串入快速二极管。

（2）转移特性

转移特性是指在一定的漏极与源极电压 U_{DS} 下，功率 MOSFET 的漏极电流 I_D 和栅极电压 U_{GS} 的关系曲线，如图 3-16（a）所示。该特性表征功率 MOSFET 的栅源电压 U_{GS} 对漏极电流 I_D 的控制能力。

由图 3-16（a）可见，只有当漏源电压 $U_{GS} > U_{GS(th)}$ 时，器件才导通，$U_{GS(th)}$ 称为开启电压。图 3-16（b）所示为壳温 T_C 对转移特性的影响。由图可见，在低电流区，功率 MOSFET 具有正电流温度系数，在同一栅压下，I_D 随温度的上升而增大；而在大电流区，功率 MOSFET 具有负电流温度系数，在同一栅压下，I_D 随温度的上升而下降。在电力电子电路中，功率 MOSFET 作为开关元件通常工作于大电流开关状态，因而具有负温度系数。此特性使功率 MOSFET 具有较好的热稳定性，芯片热分布均匀，从而避免了由于热电恶性循环而产生的电流集中效应所导致的二次击穿现象。

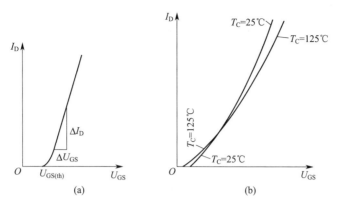

图 3-16　功率 MOSFET 的转移特性

（3）开关特性

功率 MOSFET 是一个近似理想的开关，具有很高的增益和极快的开关速度。这是由于它是单极型器件，依靠多数载流子导电，没有少数载流子的存储效应，故与关断时间相联系的储存时间大大减小。它的开通与关断只受极间电容影响，与极间电容的充放电情况有关。

功率 MOSFET 内寄生着两种类型的电容：一种是与 MOS 结构有关的 MOS 电容，如栅源电容 C_{GS} 和栅漏电容 C_{GD}；另一种是与 PN 结有关的电容，如漏源电容 C_{DS}。功率 MOSFET 极间电容的等效电路如图 3-17 所示。输入电容 C_{iss}、输出电容 C_{oss} 和反馈电容 C_{rss} 是应用中常用的参数，它们与极间电容的关系定义为

$$C_{iss} = C_{GS} + C_{GD} ; C_{oss} = C_{DS} + C_{GD} ; C_{rss} = C_{GD}$$

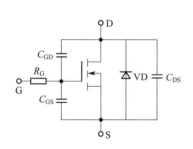

图 3-17　功率 MOSFET 极间电容的等效电路

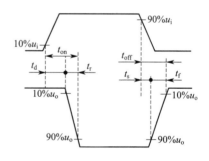

图 3-18　功率 MOSFET 开关过程的电压波形

功率 MOSFET 开关过程的电压波形如图 3-18 所示。开通时间 t_{on} 分为延时时间 t_d 和上升时间 t_r 两部分，t_{on} 与功率 MOSFET 的开启电压 $U_{GS(th)}$ 和输入电容 C_{iss} 有关，并受信号源的上升时间和内阻的影响。关断时间 t_{off} 可分为储存时间 t_s 和下降时间 t_f 两部分，t_{off} 则由功率 MOSFET 漏源间电容 C_{DS} 和负载电阻决定。通常功率 MOSFET 的开关时间为 $10 \sim 100ns$，而双极型器件的开关时间以微秒计，甚至达到几十微秒。

3.3.3　主要参数

（1）通态电阻 R_{on}

通态电阻 R_{on} 是与输出特性密切相关的参数，是指在确定的栅源电压 U_{GS} 下，功率

MOSFET 由可调电阻区进入饱和区时的集射极间的直流电阻。它是影响最大输出功率的重要参数。在开关电路中它决定了输出电压幅度和自身损耗大小。

在相同的条件下，耐压等级愈高的器件，其通态电阻愈大，且器件的通态压降愈大。这也是功率 MOSFET 电压难以提高的原因之一。

由于功率 MOSFET 的通态电阻具有正电阻温度系数，当电流增大时，附加发热使 R_{on} 增大，对电流的增加有抑制作用。

（2）开启电压 $U_{GS(th)}$

开启电压 $U_{GS(th)}$ 为转移特性曲线与横坐标交点处的电压值，又称阈值电压。在实际应用中，通常将漏栅短接条件下的 I_D 等于 1mA 时的栅极电压定义为开启电压 $U_{GS(th)}$，它随结温升高而下降，具有负的温度系数。

（3）跨导 g_m

跨导定义为

$$g_m = \Delta I_D / \Delta U_{GS}$$

即为转移特性的斜率，单位为西门子（S）。g_m 表示功率 MOSFET 的放大能力，故跨导 g_m 的作用与 GTR 中电流增益 β 相似。

（4）漏源击穿电压 BU_{DS}

漏源击穿电压 BU_{DS} 决定了功率 MOSFET 的最高工作电压，它是为了避免器件进入雪崩区而设的极限参数。BU_{DS} 主要取决于漏区外延层的电阻率、厚度及其均匀性。由于电阻率随温度不同而变化，因此当结温升高，BU_{DS} 随之增大，耐压提高。这与双极型器件（如 GTR 和晶闸管等）随结温升高耐压降低的特性恰好相反。

（5）栅源击穿电压 BU_{GS}

栅源击穿电压 BU_{GS} 是为了防止绝缘栅层因栅漏电压过高而发生介电击穿而设定的参数。一般栅源电压的极限值为 ±20V。

（6）最大功耗 P_{DM}

功率 MOSFET 最大功耗为

$$P_{DM} = (T_{JM} - T_C) / R_{TJC}$$

式中，T_{JM} 为额定结温（$T_{JM} = 150℃$）；T_C 为管壳温度；R_{TJC} 为结到壳间的稳态热阻。

由上式可见，器件的最大耗散功率与管壳温度有关。在 T_{JM} 和 R_{TJC} 为定值的条件下，P_{DM} 将随 T_C 的升高而下降，因此，器件在使用中的散热条件是十分重要的。

（7）漏极连续电流 I_D 和漏极峰值电流 I_{DM}

漏极连续电流 I_D 和漏极峰值电流 I_{DM} 表征功率 MOSFET 的电流容量，它们主要受结温的限制。功率 MOSFET 允许的漏极连续电流 I_D 是

$$I_D = \sqrt{P_{DM}/R_{on}} = \sqrt{(T_{JM} - T_C)/R_{on}R_{TJC}}$$

实际上功率 MOSFET 的漏极连续电流 I_D 通常没有直接的用处，仅是作为一个基准。这是因为许多实际应用的 MOSFET 工作在开关状态中，因此在非直流或脉冲工作情况下，其最大漏极电流由额定峰值电流 I_{DM} 定义。只要不超过额定结温，峰值电流 I_{DM} 可以超过连续电流。在 25℃ 时，大多数功率 MOSFET 的 I_{DM} 大约是连续电流额定值的 2～4 倍。

此外值得注意的是：随着结温 T_C 升高，实际允许的 I_D 和 I_{DM} 均会下降。如型号为 IRF330 的功率 MOSFET，当 $T_C = 25℃$ 时，I_D 为 5.5A；当 $T_C = 100℃$ 时，I_D 为 3.3A。所

以在选择器件时必须根据实际工作情况考虑裕量，防止器件在温度升高时，漏极电流降低而损坏。

3.3.4　检测方法

（1）判别引脚

① 判别栅极 G　将万用表置于 $R×1k$ 挡，分别测量 3 个引脚间的电阻，如果测得某引脚与其余两引脚间的电阻值均为无穷大，且对换表笔测量的阻值仍为无穷大，则证明此引脚是栅极 G。因为从结构上看，栅极 G 与其余两引脚是绝缘的。但要注意，此种测量法仅对管内无保护二极管的 VMOS 管适用。

② 判定源极 S 和漏极 D　由 VMOS 管结构可知，在源-漏极之间有一个 PN 结，因此根据 PN 结正、反向电阻存在差异的特点，可准确识别源极 S 和漏极 D。将万用表置于 $R×1k$ 挡，先用一表笔将被测 VMOS 管的 3 个电极短接一下，然后用交换表笔的方法测两次电阻，如果管子是好的，必然会测得阻值为一大一小。其中阻值较大的一次测量中，黑表笔所接的为漏极 D，红表笔所接的为源极 S，而阻值较小的一次测量中，红表笔所接的为漏极 D，黑表笔所接的为源极 S，这种规律还证明，被测管为 N 沟道管。如果被测管子为 P 沟道管，则所测阻值的大小规律正好相反。

（2）好坏的判别

用万用表 $R×1k$ 挡去测量场效应管任意两引脚之间的正、反向电阻值。如果出现两次及两次以上电阻值较小（几乎为 0），则该场效应管损坏；如果仅出现一次电阻值较小（一般为数百欧），其余各次测量电阻值均为无穷大，还需作进一步判断。以 N 沟道管为例，可依次做下述测量，以判定管子是否良好。

① 将万用表置于 $R×1k$ 挡。先将被测 VMOS 管的栅极 G 与源极 S 用镊子短接一下，然后将红表笔接漏极 D，黑表笔接源极 S，所测阻值应为数千欧，如图 3-19 所示。

② 先用导线短接 G 与 S，将万用表置于 $R×10k$ 挡，红表笔接 S，黑表笔接 D，阻值应接近无穷大，否则说明 VMOS 管内部 PN 结的反向特性较差，如图 3-20 所示。

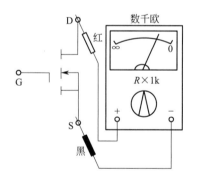
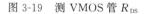

图 3-19　测 VMOS 管 R_{DS}

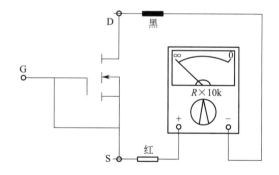

图 3-20　短接 G 与 S，测 VMOS 管 R_{DS}

③ 紧接上述测量，将 G 与 S 间短路线去掉，表笔位置不动，将 D 与 G 短接一下再脱开，相当于给栅极注入了电荷，此时阻值应大幅度减小并且稳定在某一阻值。此阻值越小说明跨导值越高，管子的性能越好。如果万用表指针向右摆幅很小，说明 VMOS 管的跨导值较小。具体测试操作如图 3-21 所示。

④ 紧接上述操作，表笔不动，电阻值维持在某一数值，用镊子等导电物将 G 与 S 短接一下，给栅极放电，万用表指针应立即向左转至无穷大。具体操作如图 3-22 所示。

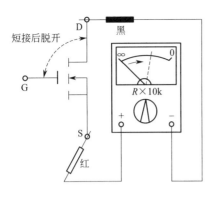

图 3-21 D 与 G 短接，测 VMOS 管 R_{DS}

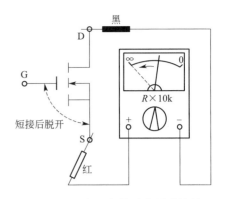

图 3-22 G 与 S 短接时的测试情况

上述测量方法针对 N 沟道 VMOS 场效应管而言，若测量 P 沟道管，则应将万用表两表笔的位置调换。

3.4 绝缘栅双极晶体管 IGBT

绝缘栅双极晶体管（Insulated-Gate Bipolar Transistor，IGBT）是 20 世纪 80 年代发展起来的一种新型复合器件。IGBT 综合了功率 MOSFET 和 GTR 的优点，具有良好的特性，有更广泛的应用领域。目前 IGBT 的电流和电压等级已达 2500A/4500V，关断时间已缩短到 10ns 级，工作频率达 50kHz，擎住现象得到改善，安全工作区（SOA）扩大。这些优越的性能使得 IGBT 成为大功率开关电源、逆变器等电力电子装置的理想功率器件。

3.4.1 工作原理

一种由 N 沟道功率 MOSFET 与电力（双极型）晶体管组合而成的 IGBT 的基本结构如图 3-23(b) 所示。将这个结构与功率 MOSFET 结构相对照，不难发现这两种器件的结构十分相似，不同之处在于 IGBT 比功率 MOSFET 多一层 P^+ 注入区，从而形成一个大面积的 P^+N 结 J_1，这样就使得 IGBT 导通时可由 P^+ 注入区向 N 基区发射少数载流子（即空穴），对漂移区电导率进行调制，因而 IGBT 具有很强的电流控制能力。

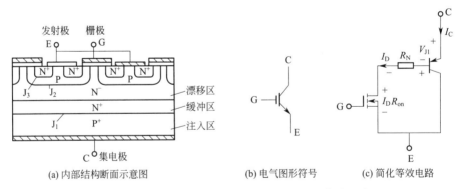

(a) 内部结构断面示意图 (b) 电气图形符号 (c) 简化等效电路

图 3-23 IGBT 的结构、电气图形符号和简化等效电路

介于 P^+ 注入区与 N^- 漂移区之间的 N^+ 层称为缓冲区。有无缓冲区可以获得不同特性的 IGBT。有 N^+ 缓冲区的 IGBT 称为非对称型（也称穿通型）IGBT。它具有正向压降小、关断时间短、关断时尾部电流小等优点，但反向阻断能力相对较弱。无 N^+ 缓冲区的 IGBT

称为对称型（也称非穿通型）IGBT。这种 IGBT 具有较强的正反向阻断能力，但其他特性却不及非对称型 IGBT。目前以上两种结构的 IGBT 均有产品。在图 3-23(a) 中，C 为集电极，E 为发射极，G 为栅极（也称门极）。该器件的电气图形符号如图 3-23(b) 所示，图中所示箭头表示 IGBT 中电流流动的方向（P 沟道 IGBT 的箭头与其相反）。

简单来说，IGBT 相当于一个由 MOSFET 驱动的厚基区 PNP 晶体管。它的简化等效电路如图 3-23(c) 所示，图中 R_N 为 PNP 晶体管基区内的调制电阻。从该等效电路可以清楚地看出，IGBT 是用晶体管和功率 MOSFET 组成的复合器件。因为图中的晶体管为 PNP 型晶体管，MOSFET 为 N 沟道场效应晶体管，所以这种结构的 IGBT 称为 N 沟道 IGBT。类似地还有 P 沟道 IGBT。IGBT 是一种场控器件，它的开通和关断由栅极和发射极间电压 U_{GE} 决定。当栅射极电压 U_{GE} 为正且大于开启电压 $U_{GE(th)}$ 时，MOSFET 内形成沟道并为 PNP 晶体管提供基极电流进而使 IGBT 导通。此时，从 P^+ 区注入 N^- 区的空穴（少数载流子）对 N^- 区进行电导调制，减小 N^- 区的电阻 R_N，使高耐压的 IGBT 也具有很低的通态压降。当栅射极间不加信号或加反向电压时，MOSFET 内的沟道消失，则 PNP 晶体管的基极电流被切断，IGBT 即关断。由此可见，IGBT 的驱动原理与 MOSFET 基本相同。

3.4.2 基本特性

（1）静态特性

IGBT 的静态特性包括转移特性和输出特性。

① 转移特性　IGBT 转移特性描述集电极电流 I_C 与栅射电压 U_{GE} 之间的相互关系，如图 3-24(a) 所示。此特性与功率 MOSFET 的转移特性相似。由图 3-24(a) 可知，I_C 与 U_{GE} 基本呈线性关系，只有当 U_{GE} 在 $U_{GE(th)}$ 附近时才呈非线性关系。当栅射电压 U_{GE} 小于 $U_{GE(th)}$ 时，IGBT 处于关断状态；当 U_{GE} 大于 $U_{GE(th)}$ 时，IGBT 开始导通。由此可知，$U_{GE(th)}$ 是 IGBT 能实现电导调制而且导通的最低栅射电压。$U_{GE(th)}$ 随温度升高略有下降，温度每升高 1℃，其值下降 5mV 左右。在 25℃ 时，IGBT 的开启电压 $U_{GE(th)}$ 一般为 2～6V。

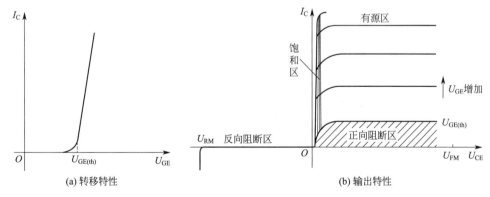

(a) 转移特性　　　　　(b) 输出特性

图 3-24　IGBT 的静态特性

② 输出特性　IGBT 的输出特性也称伏安特性。它描述的是以栅射电压 U_{GE} 为控制变量时集电极电流 I_C 与集射极间电压 U_{CE} 之间的关系，IGBT 的输出特性如图 3-24(b) 所示。此特性与 GTR 的输出特性相似，不同的是控制变量。IGBT 为栅射电压 U_{GE} 而晶体管为基极电流 I_B。IGBT 的输出特性分正向阻断区、有源区和饱和区。当 $U_{GE}<0$ 时，IGBT 为反向阻断工作状态。由图 3-23(a) 可知，此时 P^+N 结（J_1 结）处于反偏状态，因而不管

MOSFET 的沟道体区中有没有形成沟道，均不会有集电极电流出现。由此可见，IGBT 由于比 MOSFET 多了一个 J_1 结而获得反向电压阻断能力，IGBT 能够承受的最高反向阻断电压 U_{RM} 取决于 J_1 结的雪崩击穿电压。当 $U_{CE}>0$ 而且 $U_{GE}<U_{GE(th)}$ 时，IGBT 为正向阻断工作状态。此时 J_2 结处于反偏状态，且 MOSFET 的沟道体区内没有形成沟道，IGBT 的集电极漏电流 I_{CES} 很小。IGBT 能够承受的最高正向阻断电压 U_{FM} 取决于 J_2 结的雪崩击穿电压。如果 $U_{CE}>0$ 而且 $U_{GE}>U_{GE(th)}$，MOSFET 的沟道体区内形成导电沟道，IGBT 进入正向导通状态。此时，由于 J_1 结处于正偏状态，P^+ 区将向 N 基区注入空穴。当正偏压升高时，注入空穴的密度也相应增大，直到超过 N 基区的多数载流子密度为止。在这种状态工作时，随着栅射电压 U_{GE} 的升高，向 N 基区提供电子的导电沟道加宽，集电极电流 I_C 将增大，在正向导通的大部分区域内，I_C 与 U_{GE} 呈线性关系，而与 U_{CE} 无关，这部分区域称为有源区或线性区。IGBT 的这种工作状态称为有源工作状态或线性工作状态。对于工作在开关状态的 IGBT，应尽量避免工作在有源区（线性区），否则 IGBT 的功耗将会很大。饱和区是指输出特性比较明显弯曲的部分，此时集电极电流 I_C 与栅射电压 U_{GE} 不再呈线性关系。在电力电子电路中，IGBT 工作在开关状态，因而 IGBT 在正向阻断区和饱和区之间来回转换。

（2）动态特性

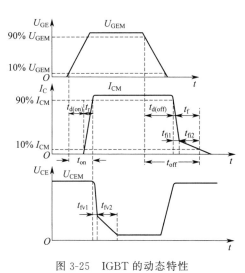

图 3-25 IGBT 的动态特性

图 3-25 给出了 IGBT 开关过程的波形图。IGBT 的开通过程与 MOSFET 的开通过程很相似。这是因为 IGBT 在开通过程中的大部分时间是作为 MOSFET 运行的。开通时间 t_{on} 定义为从驱动电压 U_{GE} 的脉冲前沿上升到 $10\%U_{GEM}$（幅值）处起至集电极电流 I_C 上升到 $90\%I_{CM}$ 处止所需要的时间。开通时间 t_{on} 又可分为开通延迟时间 $t_{d(on)}$ 和电流上升时间 t_r 两部分。$t_{d(on)}$ 定义为从 $10\%U_{GEM}$ 到出现 $10\%I_{CM}$ 所需要的时间；t_r 定义为集电极电流 I_C 从 $10\%I_{CM}$ 上升至 $90\%I_{CM}$ 所需要的时间。集射电压 U_{CE} 的下降过程分成 t_{fv1} 和 t_{fv2} 两段，t_{fv1} 段曲线为 IGBT 中 MOSFET 单独工作的电压下降过程；t_{fv2} 段曲线为 MOSFET 和 PNP 晶体管同时工作的电压下降过程。t_{fv2} 段电压下降变缓的原因有两个：其一是 U_{CE} 电压下降时，IGBT 中 MOSFET 的栅漏电容增加，致使电压下降变缓，这与 MOSFET 相似；其二是 IGBT 的 PNP 晶体管由放大状态转换到饱和状态要有一个过程，下降时间变长，这也会造成电压下降变缓。由此可知 IGBT 只有在 t_{fv2} 结束才完全进入饱和状态。

IGBT 关断时，从驱动电压 U_{GE} 的脉冲后沿下降到 $90\%U_{GEM}$ 处起，至集电极电流下降到 $10\%I_{CM}$ 处止，这段过渡过程所需要的时间称为关断时间 t_{off}。关断时间 t_{off} 包括关断延迟时间 $t_{d(off)}$ 和电流下降时间 t_f 两部分。其中 $t_{d(off)}$ 定义为从 $90\%U_{GEM}$ 处起至集电极电流下降到 $90\%I_{CM}$ 处止的时间间隔；t_f 定义为集电极电流从 $90\%I_{CM}$ 处下降至 $10\%I_{CM}$ 处的时间间隔。电流下降时间 t_f 又可分为 t_{fi1} 和 t_{fi2} 两段，t_{fi1} 对应 IGBT 内部的 MOSFET 的关断过程，t_{fi2} 对应于 IGBT 内部的 PNP 晶体管的关断过程。

IGBT 的击穿电压、通态压降和关断时间都是需要折中的参数。高压器件的 N 基区必须有足够的宽度和较高的电阻率，这会引起通态压降的增大和关断时间的延长。在实际电路应用中，要根据具体情况合理选择器件参数。

3.4.3 擎住效应

为简明起见，我们曾用图 3-23(c) 的简化等效电路说明 IGBT 的工作原理，但是 IGBT 的更实际的工作过程则需用图 3-26 来说明。如图 3-26 所示，IGBT 内还含有一个寄生的 NPN 晶体管，它与作为主开关器件的 PNP 晶体管一起将组成一个寄生晶闸管。

在 NPN 晶体管的基极与发射极之间存在着体区短路电阻 R_{br}。在该电阻上，P 型体区的横向空穴电流会产生一定压降 [参看图 3-23(a)]。对 J_3 结来说，相当于施加一个正偏置电压。在额定的集电极电流范围内，这个正偏压很小，不足以使 J_3 结导通，NPN 晶体管不起作用。如果集电极电流大到一定程度，这个正偏压将上升，致使 NPN 晶体管导通，进而使 NPN 和 PNP 晶体管同时处于饱和状态，造成寄生晶闸管开通，IGBT 栅极失去控制作用，这就是擎住效应（Latch），也称为自锁效应。IGBT 一旦发生擎住效应，器件失控，集电极电流很大，造成过高的功耗，能导致器件损坏。由此可知集电极电流有一个临界值 I_{CM}，大于此值后 IGBT 会产生擎住效应。为此，器件制造厂必须规定集电极电流的最大值 I_{CM} 和相应的栅射电压

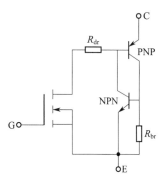

图 3-26 IGBT 实际结构的等效电路

的最大值。集电极通态电流的连续值超过临界值 I_{CM} 时产生的擎住效应称为静态擎住效应。值得指出的是，IGBT 在关断的动态过程中会产生关断擎住效应或称动态擎住效应，这种现象在负载为感性时更容易发生。动态擎住所允许的集电极电流比静态擎住时还要小，因此制造厂所规定的 I_{CM} 值是按动态擎住所允许的最大集电极电流确定的。

IGBT 产生动态擎住现象的主要原因是器件在高速关断时，电流下降太快，集射电压 U_{CE} 突然上升，du_{CE}/dt 很大，在 J_2 结引起较大的位移电流，当该电流流过 R_{br} 时，可产生足以使 NPN 晶体管开通的正向偏置电压，造成寄生晶闸管自锁。为了避免发生动态擎住现象，可适当加大栅极串联电阻 R_{dr}，以延长 IGBT 的关断时间，使电流下降速度变慢，因而使 du_{CE}/dt 减小。

3.4.4 主要参数

（1）集射极击穿电压 BU_{CES}

集射极击穿电压 BU_{CES} 决定了 IGBT 的最高工作电压，它是由器件内部的 PNP 晶体管所能承受的击穿电压确定的，具有正温度系数，其值大约为 0.63V/℃，即 25℃时，具有 600V 击穿电压，在 −55℃ 时，只有 550V 的击穿电压。

（2）开启电压 $U_{GE(th)}$

开启电压 $U_{GE(th)}$ 为转移特性与横坐标交点处的电压值，是 IGBT 导通的最低栅射极电压。$U_{GE(th)}$ 随温度升高而下降，温度每升高 1℃，$U_{GE(th)}$ 值下降 5mV 左右。在 25℃时，IGBT 的开启电压一般为 2～6V。

（3）通态压降 $U_{CE(on)}$

IGBT 的通态压降 $U_{CE(on)}$ [参见图 3-23(c)] 为

$$U_{CE(on)} = V_{J_1} + U_{R_N} + I_D R_{on}$$

式中，V_{J_1} 为 J_1 结的正向压降，约 0.7～1V；U_{R_N} 为 PNP 晶体管基区内的调制电阻 R_N 上的压降；R_{on} 为 MOSFET 的沟道电阻。

通态压降 $U_{CE(on)}$ 决定了通态损耗。通常 IGBT 的 $U_{CE(on)}$ 为 2～3V。

（4）最大栅射极电压 U_{GES}

栅极电压是由栅氧化层的厚度和特性所限制的。虽然栅氧化层介电击穿电压的典型值大约为 80V，但为了限制故障情况下的电流和确保长期使用的可靠性，应将栅极电压限制在 20V 之内，其最佳值一般取 15V 左右。

（5）集电极连续电流 I_C 和峰值电流 I_{CM}

集电极流过的最大连续电流 I_C 即为 IGBT 的额定电流，其表征 IGBT 的电流容量，I_C 主要受结温的限制。

为了避免擎住效应的发生，规定了 IGBT 的最大集电极峰值电流 I_{CM}。由于 IGBT 大多工作在开关状态，因而 I_{CM} 更具有实际意义，只要不超过额定结温（150℃），IGBT 可以工作在比连续电流额定值大的峰值电流 I_{CM} 范围内，通常峰值电流为额定电流的 2 倍左右。

与 MOSFET 相同，参数表中给出的 I_C 为 $T_C=25℃$ 或 $T_C=100℃$ 时的值，在选择 IGBT 的型号时应根据实际工作情况考虑裕量。

3.4.5 安全工作区

IGBT 具有较宽的安全工作区，因 IGBT 常用于开关工作状态。它的安全工作区分为正向偏置安全工作区（Forward Biased Safe Operating Area，FBSOA）和反向偏置安全工作区（Reverse Biased Safe Operating Area，RBSOA）。图 3-27（a）、（b）分别为 IGBT 的正向偏置安全工作区（FBSOA）和反向偏置安全工作区（RBSOA）。

正向偏置安全工作区（FBSOA）是 IGBT 在导通工作状态的参数极限范围。FBSOA 由导通脉宽的最大集电极电流 I_{CM}、最大集射极间电压 U_{CES} 和最大功耗 P_{CM} 三条边界线包围而成。FBSOA 的大小与 IGBT 的导通时间长短有关。导通时间越短，最大功耗耐量越高。图 3-27（a）示出了直流（DC）和脉宽（PW）分别为 100μs、10μs 三种情况的 FBSOA，其中直流的 FBSOA 最小，而脉宽为 10μs 的 FBSOA 最大。反向偏置安全工作区（RBSOA）是 IGBT 在关断工作状态下的参数极限范围。RBSOA 由最大集电极电流 I_{CM}、最大集射极间电压 U_{CES} 和电压上升率 du/dt 三条极限边界线所围而成。如前所述，过高的 du_{CE}/dt 会使 IGBT 产生动态擎住效应。du_{CE}/dt 越大，RBSOA 越小。

IGBT 的最大集电极电流 I_{CM} 是根据避免动态擎住确定的，与此相应确定了最大栅射极间电压 U_{GES}。IGBT 的最大允许集射极间电压 U_{CES} 是由器件内部的 PNP 晶体管所能承受的击穿电压确定的。

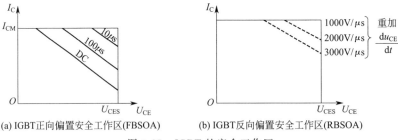

(a) IGBT正向偏置安全工作区(FBSOA)　　(b) IGBT反向偏置安全工作区(RBSOA)

图 3-27　IGBT 的安全工作区

3.4.6 检测方法

（1）判断极性

首先将万用表拨在 $R\times1k$ 挡，用万用表测量时，若某一极与其他两极的阻值均为无穷大，调换表笔后该极与其他两极的阻值仍为无穷大，则可判断此极为栅极（G）。其余两极再用万用表测量，若测得阻值为无穷大，调换表笔后测量阻值较小。在测量阻值较小的一次中，则可判断红表笔接的为集电极（C）；黑表笔接的为发射极（E）。

（2）判断好坏

将万用表拨在 $R \times 10k$ 挡，用黑表笔接 IGBT 的集电极（C），红表笔接 IGBT 的发射极（E），此时万用表的指针在零位。用手指同时触及一下栅极（G）和集电极（C），这时 IGBT 被触发导通，万用表的指针摆向阻值较小的方向，并能指示在某一位置不动。然后用手指同时触及栅极（G）和发射极（E），这时 IGBT 被阻断，万用表的指针回零。此时即可判断 IGBT 是好的。否则，IGBT 有问题。

（3）注意事项

任何指针式万用表皆可用于检测 IGBT。注意判断 IGBT 好坏时，一定要将万用表拨在 $R \times 10k$ 挡，并上好 9V 电池，因 $R \times 1k$ 挡以下各挡万用表内部电池电压太低，检测好坏时不能使 IGBT 导通，而无法判断 IGBT 的好坏。

3.5 电力电子器件的驱动电路

开关变换器中常用的电力电子器件主要有电力晶体管（GTR）、功率场效应晶体管（功率 MOSFET）和绝缘栅双极型晶体管（IGBT）等，其运行状态及安全性直接影响开关变换器性能的优劣，而电力电子器件驱动电路是确保其安全可靠运行的关键。驱动电路是主电路与控制电路间的接口，其主要任务就是要确保电力电子器件工作在较理想的开关状态，缩短开关时间、减小开关损耗，提高开关变换器的运行效率、可靠性与安全性。对器件或整个装置的一些保护措施也往往设计在驱动电路中，或通过驱动电路来实现。

电力电子器件的驱动电路可分为两种类型：一是电流型驱动电路，主要用于驱动 GTR 等电流控制型器件；二是电压型驱动电路，用于驱动功率 MOSFET、IGBT 等电压控制型器件。无论是哪种驱动电路，都必须提供足够的驱动电流或电压（或两者兼有）去控制功率器件的开关过程，以提高开关速度、减小开关损耗。有些驱动电路还具有自动快速保护功能，即在开关变换器出现故障时，快速自动切断控制信号，避免功率器件损坏，确保开关变换器的安全。本节主要讲述 GTR、功率 MOSFET 和 IGBT 典型驱动电路。

3.5.1 驱动电路的要求

（1）电力电子器件对驱动电路的基本要求

无论是电流还是电压控制型电力电子器件，它们对驱动电路的基本要求如下：

① 触发脉冲具有足够快的上升和下降速率及足够大的驱动功率，确保电力电子器件工作在较理想的开关状态，缩短其开关时间、减小开关损耗，提高开关变换器运行效率；

② 对于隔离型开关变换器，电力电子器件的驱动电路，还要求能够实现主电路与控制电路之间的电气隔离；

③ 为确保电力电子器件安全可靠运行，有时还需要电力电子器件驱动电路具有过电压或过电流保护功能；

④ 为防止误触发，要求驱动电路应有较强的抗干扰能力。

（2）各种电力电子器件对驱动电路的特殊要求

① GTR 对驱动电路的特殊要求

a. 为缩短 GTR 的关断时间，驱动电路应使 GTR 在导通期间工作在临界饱和状态，如采用抗饱和措施或采用比例驱动电路等可满足这一要求。

b. 在 GTR 关断时，驱动电路应向基极提供足够大的反相基极电流，加快关断速度，减小关断损耗。

② 功率 MOSFET 对驱动电路的特殊要求　功率 MOSFET 的栅极输入端相当于一个容性网络，它的工作速度与驱动电路输出阻抗有关。由于极间等效电容的存在，静态时栅极驱动电流几乎为零，但在开通和关断时仍需足够大的驱动电流，因此，功率 MOSFET 对驱动电路的特殊要求包括：

a. 开通时以低电阻为栅极电容充电，关断时为栅极提供低电阻放电回路，以提高功率 MOSFET 的开关速度；

b. 功率 MOSFET 是电压型控制器件，为了使功率 MOSFET 可靠触发导通，触发脉冲电压应高于管子的开启电压，通常要求其栅源驱动电压为 $10\sim15\mathrm{V}$；

c. 功率 MOSFET 开关时所需的驱动电流即为栅极电容的充、放电电流，功率 MOSFET 的额定电流越大，其极间电容就越大，要求驱动电路提供的驱动电流也越大。

③ IGBT 对驱动电路的特殊要求　IGBT 存在 PNPN 四层结构，较高的 $\mathrm{d}v/\mathrm{d}t$ 或 $\mathrm{d}i/\mathrm{d}t$ 会诱发擎住效应，一旦发生擎住效应，IGBT 就无法关断，最终导致 IGBT 被烧毁，这实际上限制了 IGBT 的安全工作区。因此，IGBT 对驱动电路的特殊要求包括：

a. IGBT 属于电压控制型器件，其等效输入直流阻抗很高，但 IGBT 的栅极-发射极间存在较大的寄生电容（几千至上万皮法）。在驱动脉冲的上升及下降沿需要提供数安培的充、放电电流，才能满足快速开通与关断的要求，因此，要求其驱动电路也必须提供足够大的峰值电流，这与功率 MOSFET 类似。

b. 要求驱动电路为 IGBT 提供一定幅值的正反向栅极电压 V_{GE}。正向 V_{GE} 越高，IGBT 的导通压降就越低，越有利于降低器件的通态损耗。但为了防止栅源击穿，通常要求 V_{GE} 不超过 20V。关断 IGBT 时，必须为器件提供 $-15\sim-5\mathrm{V}$ 的反向栅极电压，以便尽快抽取器件内部的储存电荷，缩短关断时间，提高 IGBT 的耐压和抗干扰能力。

c. 要求在栅极回路中必须串联合适的栅极电阻 R_{G}，用以控制 V_{GE} 的前后沿陡峭度，进而控制器件的开关损耗。R_{G} 增大，V_{GE} 前后沿变缓，IGBT 开关过程延长，开关损耗增加；R_{G} 减小，V_{GE} 前后沿变陡，器件开关损耗降低，同时集电极电流变化率增大。因此，R_{G} 应根据 IGBT 的电流容量、额定电压及开关频率来选择，一般取几欧姆到几十欧姆。

d. 在过电流或短路关断 IGBT 时，为防止 IGBT 发生擎住效应，要求驱动电路应具有软关断功能。因为过电流或短路时，流过 IGBT 的电流幅度大，若快速关断，必将产生过高的 $\mathrm{d}i/\mathrm{d}t$，在 IGBT 两端会产生很高的尖峰电压，甚至诱发擎住效应，极易损坏 IGBT，因此，要求驱动电路具有"软慢关断"功能。

（3）电力电子器件的常用驱动电路类型

根据驱动电路的输入与输出是否有电气隔离，驱动电路可分为直接（非隔离）驱动电路和隔离驱动电路。直接驱动又分为简单直接驱动和互补直接驱动；隔离驱动又分为变压器隔离驱动和光耦隔离驱动。同时，随着电子技术和半导体工业的发展，出现了多种类型的专用集成驱动电路。

3.5.2　直接（非隔离）驱动电路

（1）简单直接驱动电路

简单直接驱动电路如图 3-28 所示，输入信号经过晶体管放大后，直接与电力电子器件相连。图 3-28 中的开关器件为功率 MOSFET。这种驱动电路的特点是电路结构简单，可以产生足够高的栅压使器件充

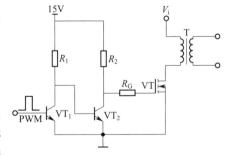

图 3-28　简单直接驱动电路

分导通，并具有较高的关断速度。但由于晶体管集电极上必须要外接限流电阻 R_2，以限制晶体管低电平输出时的功率损耗，因而该类驱动电路的开通速度不够高，故通常用在对驱动功率和开关速度要求不太高的场合。

（2）互补直接驱动电路

互补直接驱动电路如图 3-29 所示，通过由晶体管 VT_1、VT_2 构成的互补驱动电路，可产生足够大的栅极充、放电电流，减少开关的导通与关断时间。

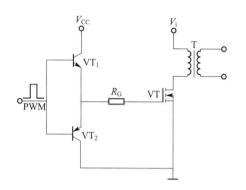
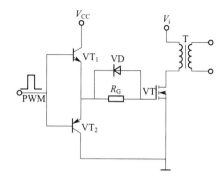

图 3-29　互补直接驱动电路　　　　图 3-30　功率 MOSFET 驱动加速电路

由于功率 MOSFET 的关断时间较开通时间长，因此，为了提高开关速度，需要加快功率 MOSFET 寄生栅源电容的放电，为此可在图 3-29 中的 R_G 上并联一个二极管 VD，如图 3-30 所示。这样在功率 MOSFET 关断时，寄生栅源电容通过 VD 放电，可减少放电时间，提高功率器件的开关频率。

（3）采用开关变换器的 PWM 集成控制器直接驱动

随着集成电路的不断发展，出现了多种类型的 PWM 集成控制器，其内部不仅包含 PWM 脉冲控制，而且其输出具有一定的驱动能力。PWM 控制器主要包括电压模式控制器（如 SG3524、SG3525、TIA94 等）和电流模式控制器（如 UC3842、UC3846 等）。下面以 SG3524 电压型 PWM 控制器为例，说明 PWM 集成控制器内部驱动电路的结构与特点。

SG3524 是针对硬开关变换器推出的一种 PWM 控制器，该控制器最早是由美国硅通用半导体公司（Silicon General）研制生产的，进入中国市场时间较长，并获得了极其广泛的应用。目前，全球许多知名的半导体生产厂商都在生产 SG3524。不同公司在该产品的命名上可能有所不同，但其基本功能是完全相同的，只是在个别电气参数上有些区别。SG3524 的应用领域比较广泛，它既可以在单端 PWM 型变换器中作控制器，也可以作为推挽、半桥、全桥变换器中的控制器。因此，目前它在国内仍被大量使用。

SG3524 系列 PWM 控制器分军品、工业品和民品三个等级，相对应的型号分别为 SG1524、SG2524 和 SG3524。下面以美国德州仪器公司生产的 SG3524 为例，对其特点与引脚功能、工作原理以及典型应用等进行介绍。

① 特点与引脚功能　SG3524 具有以下特点：

a. PWM 控制电路功能完善；

b. 提供推挽和单端两种输出模式；

c. 待机电流低，典型值为 8mA；

d. 具有过电流和过热保护功能。

SG3524 采用 DIP-16 和 SOP-16 封装，其引脚排列如图 3-31 所示。

SG3524 的引脚功能简介如下：

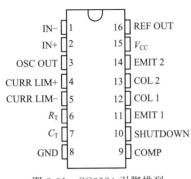

图 3-31　SG3524 引脚排列

◇IN−（引脚 1）：误差放大器反相输入端。在闭环系统中，该端接反馈信号；在开环系统中，该端与补偿信号输入端（引脚 9）相连，可构成跟随器。

◇IN＋（引脚 2）：误差放大器同相输入端。在系统中，该端接给定信号。根据需要，在该端与补偿信号输入端（引脚 9）之间接入不同类型的反馈网络，可以构成比例、比例积分和积分等类型的调节器。

◇OSC OUT（引脚 3）：振荡器输出端。该端输出的方波信号可实现 SG3524 与其他电路的同步功能。

◇CURR LIM＋（引脚 4）：限流比较器同相输入端。

◇CURR LIM−（引脚 5）：限流比较器反相输入端。

◇R_T（引脚 6）：振荡器定时电阻接入端。R_T 的取值范围通常在 1.8Ω～100kΩ。

◇C_T（引脚 7）：振荡器定时电容接入端。C_T 的取值范围通常在 0.001～0.1μF。

◇GND（引脚 8）：信号地。

◇COMP（引脚 9）：补偿信号输入端。该端为内部误差放大器的输出端，在开环系统中，可直接由该端输入给定信号。

◇SHUTDOWN（引脚 10）：外部关断信号输入端。该端可与保护电路相连，以实现故障保护。在该端输入高电平时，SG3524 的输出将被禁止。

◇EMIT 1（引脚 11）：输出晶体管 VT_1 的发射极端。在单端故障模式下，该端可与引脚 14 相连输出 PWM 控制脉冲。在推挽工作模式下，该端直接与信号地（引脚 8）相连。

◇COL 1（引脚 12）：输出晶体管 VT_1 的集电极端。该端为脉冲信号输出端。

◇COL 2（引脚 13）：输出晶体管 VT_2 的集电极端。该端为脉冲信号输出端。

◇EMIT 2（引脚 14）：输出晶体管 VT_2 的发射极端。在单端工作模式下，该端可与引脚 11 相连输出 PWM 控制脉冲。在推挽工作模式下，该端直接与信号地（引脚 8）相连。

◇V_{CC}（引脚 15）：偏置电源接入端。偏置电源的取值范围为 5～40V。

◇REF OUT（引脚 16）：基准电源输出端。该端可输出一温度稳定性极好的基准电压。

② 工作原理　SG3524 内部集成了精密基准电源、误差放大器、可调振荡器、脉冲同步触发器、输出晶体管、高增益比较器、限流检测放大器及关断电路等，其工作原理框图如图 3-32 所示。

SG3524 的工作频率由外接定时电阻 R_T 和定时电容 C_T 决定，其估算公式如下：

$$f_{osc}=1.3/(R_T C_T)$$

式中，f 的单位为 kHz；R_T 的单位为 kΩ；C_T 的单位为 μF。

定时电阻 R_T 向定时电容 C_T 提供恒定的充电电流，C_T 上生成的锯齿波信号与误差放大器输出信号相比较，由高增益比较器输出控制脉冲，实现对输出脉冲宽度的控制。

实际中，C_T 的取值范围通常在 0.001～0.1μF，R_T 的取值范围通常在 1.8Ω～100kΩ。根据上式可知，SG3524 的振荡器频率范围在 130Hz～722kHz。电容 C_T 上的充电电流由 R_T 决定，而 C_T 本身容量的大小决定了输出脉冲的宽度。

输出信号的检测由电阻分压网络完成，放大后的误差信号与 C_T 上的线性电压斜坡信号进行比较，比较器的输出信号脉冲同步触发器驱动相应的输出晶体管。振荡器输出脉冲信号亦可作为消隐脉冲信号，以避免两个输出端同时开通。消隐脉冲宽度由 C_T 的取值决定。C_T 的容量不能取得太小，否则将造成振荡器输出脉冲宽度小于 0.5μs，从而不能保证每一个脉冲都能使触发器翻转。

SG3524 的输出可选用推挽或单端模式。如果采用推挽模式，其输出脉冲的频率将

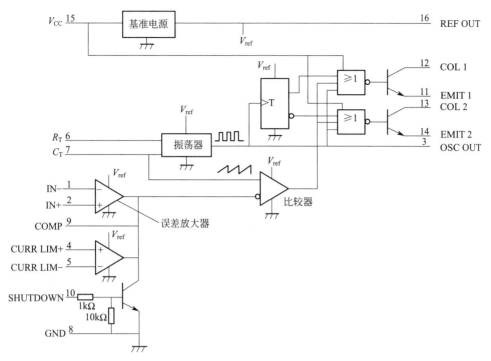

图 3-32　SG3524 工作原理框图

是锯齿波频率的 1/2，而输出脉冲占空比为 $0\%\sim45\%$。如果采用单端模式，两个输出晶体管可以并联使用，此时输出脉冲的频率与锯齿波频率相等，而输出脉冲占空比为 $0\%\sim90\%$。

SG3524 还可以工作在同步模式下。当要求多只 SG3524 同步工作时，首先必须将其中一只 SG3524 作为主控制器，然后将需要同步工作的控制器的 OSC OUT 引脚连接在一起。主控制器的振荡周期应符合设计要求，而从控制器的振荡周期应比主控制器长 10%左右。

当 SG3524 需要外接时钟信号时，外部时钟信号（3V 左右）可直接接到振荡器的输出端上。该端的对地阻抗约为 2kΩ。此时由 R_{T} 和 C_{T} 决定的 SG3524 的内部时钟周期应比外部时钟周期略长。

SG3524 内部的误差放大器是差动输入跨导型放大器，其输出信号可用于直流增益控制或交流相位补偿。引脚 9（COMP）是补偿信号输入端，呈高阻状态，阻抗高达 5MΩ。在COMP 端加入适当的串接 RC 补偿网络，可以有效去除输出滤波器引入的多余极点，从而实现对误差放大器的补偿。另外，通过 COMP 引脚还可以实现 SG3524 的外部关断功能。只要外接电路具有 200μA 的灌电流能力，就能够将 COMP 引脚的电位拉至地电位，从而使SG3524 处于禁止状态。

限流检测放大器的阈值电压为 200mV±25mV，实际应用当中，限流检测放大器的输入端须与地线相连。需要注意的是，该放大器两个输入端电压范围为 $-1\sim1$V，必须确保放大器输入端上的电压都高于 -1V，否则将导致控制器的损坏。实际输出短路状态限流检测电路可以采用如图 3-33 所示的结构。

③ 典型应用　由 SG3524 控制的推挽式变换器如图 3-34 所示。

上述分析可见，PWM 集成控制器内部驱动电路的最大特点是电路结构简单，不需另加驱动电路。其缺点是输出驱动能力不够大，输出峰值电流通常在 1A 以下，只能应用在功率

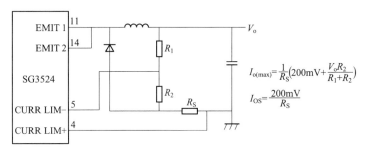

$$I_{o(max)} = \frac{1}{R_S}\left(200\text{mV} + \frac{V_o R_2}{R_1 + R_2}\right)$$

$$I_{OS} = \frac{200\text{mV}}{R_S}$$

图 3-33　实际输出短路状态限流检测电路

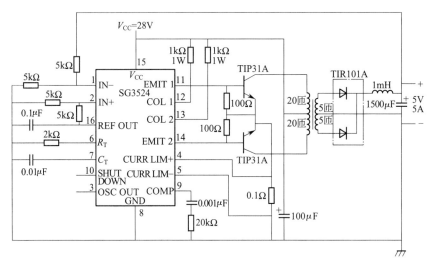

图 3-34　SG3524 控制的推挽式变换器

较小的场合。当开关变换器功率较大，需要采用大功率开关器件时，PWM 集成控制器内部的驱动能力就不能满足要求，必须外加专门的驱动电路。

3.5.3　隔离驱动电路

以上介绍的驱动电路均属于非隔离驱动电路，其主要不足是输入和输出之间不是电气绝缘的，这在某些场合是不允许的，此时，必须采用隔离驱动电路。隔离驱动电路可采用隔离变压器或光电耦合器实现隔离，下面分别进行介绍。

（1）带隔离变压器的互补驱动电路

带隔离变压器的互补驱动电路如图 3-35 所示，其中 VT_1、VT_2 组成互补驱动电路，输入受 PWM 脉冲控制，T 为隔离变压器，稳压管 VS_1 和 VS_2 可限制 MOSFET（VT）栅极上的正反向电压。当 PWM 脉冲为高电平时，VT_1 导通、VT_2 关断，经隔直电容 C，将高电平脉冲加到隔离变压器 T 的一次侧，二次绕组输出的感应正脉冲通过电阻 R_G 加到 MOS-FET 的栅极，使 MOSFET 导通。当 PWM 脉冲为低电平时，VT_2 导通、VT_1 关断，同理可使 MOSFET 关断。该电路优点是：①电路结构简单可靠，具有电气隔离作用，当脉宽变化时，驱动的关断能力不会随着变化；②该电路只需一个电源，即为单电源工作，隔直电容 C 可为关断所驱动的开关管提供一个负电压，从而加速其关断，且有较高的抗干扰能力。但该电路存在一个较大缺点：变压器输出电压的幅值会随占空比的变化而变化。当占空比 d 较小时，负向电压小，该电路的抗干扰性变差，且正向电压较高，应注意使其幅值不超过

MOSFET 栅极的允许电压。当 d 较大时，驱动电路正向电压小于其负向电压，此时应注意使其负向电压值不超过 MOSFET 栅极允许电压。所以，该电路中使用稳压管 VS_1、VS_2，以保证 MOSFET 栅源间的电压稳定并达到限制栅源电压范围的目的。

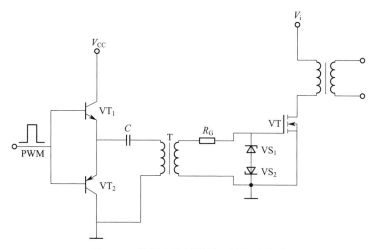

图 3-35　带隔离变压器的互补驱动电路

（2）光电耦合器（简称光耦）隔离驱动电路

　　隔离变压器虽然能使驱动电路的输入和输出实现有效的电气隔离，但体积大且存在噪声干扰。而光电耦合器隔离驱动电路是一种简单、方便的电气隔离方案，并且性价比高。该电路电气隔离可通过隔离元件把噪声干扰切断，从而达到抑制噪声干扰的效果。

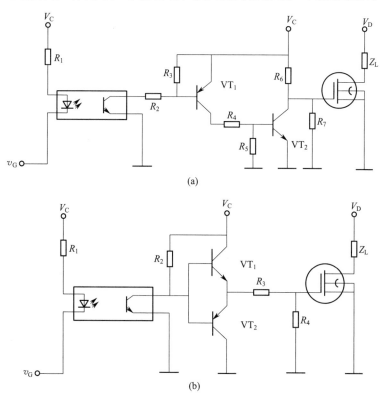

图 3-36　采用光耦隔离的基本驱动电路

① 采用光耦隔离的基本驱动电路　如图3-36所示为采用光电耦合器隔离的基本驱动电路。图3-36(a)中由VT_1和VT_2组成脉冲放大器，其输出阻抗可根据栅极要求进行设计。该电路的缺点是R_6作为VT_2集电极负载电阻，其阻值不能太小，但这将造成对输入电容充电时间过长。图3-36(b)中采用了由VT_1和VT_2组成的推挽电路，VT_1始终不进入饱和状态，因而脉冲的延迟比前者小。

② 555定时器驱动电路　如图3-37(a)所示为用555定时器组成的IGBT驱动电路。555是一种模拟、数字混合式单定时器集成电路，外接适当的电阻和电容就能构成多谐振荡器、单稳态电路和双稳态电路。在IGBT驱动电路中，555的②⑥端子接在一起，组成双稳态电路结构。为了说明其工作原理，现将555的原理框图示于图3-37(b)中。中间由两个或非门组成RS触发器，R端和S端分别与两个电压比较器A_1、A_2的输出相连接，由三个阻值相同的电阻R对电源电压V_S分压后形成比较器的参考电压。输入端TH（端子⑥）接比较器A_1的同相端，当其电平高于反相端电平V_{CO}时，该比较器输出高电平。在CO端（端子⑤）悬空的情况下，$V_{CO}/2 = 2V_S/3$。输入端$\overline{TR}$（端子②）接比较器A_2的反相端，当其电平低于同相输入端电平时，该比较器输出高电平。比较器A_2的同相输入端为$V_{CO}/2$，在CO端悬空时，$V_{CO}/2 = V_S/3$。

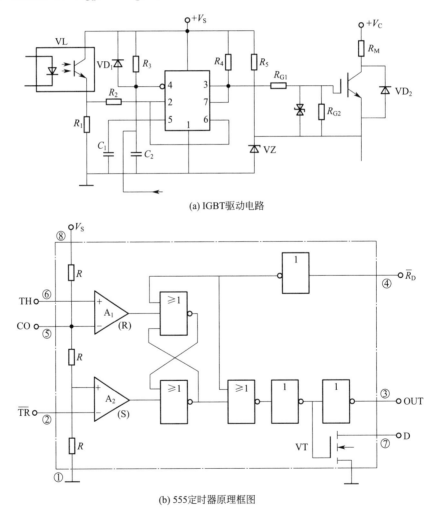

(a) IGBT驱动电路

(b) 555定时器原理框图

图3-37　555定时器组成的IGBT驱动电路及555定时器原理框图

图中 VT 为放电管，在电路输出为 0 时导通，漏极对地近似于短路，在输出为 1 时放电管截止，漏极对地相当于开路。

在图 3-37(a) 的驱动电路中，控制脉冲信号经光耦合器 VL 隔离后将信号经由 R_1、R_2 传送至定时器 555 的②⑥端（即同时送至 $\overline{\text{TR}}$、TH 端）。当信号为高电平时，TH 端失效，使 555 输出端③为低电平；当信号为低电平时，$\overline{\text{TR}}$ 端失效，使 555 输出端为高电平。

③ 专用驱动模块　大多数生产厂家为了解决电力电子器件驱动的可靠性问题，都生产与其相配套的混合集成驱动电路，如日本富士的 EXB 系列、日本东芝的 TK 系列、美国摩托罗拉的 MPD 系列等。这些专用驱动电路抗干扰能力强、集成化程度高、速度快、保护功能完善，可实现对电力电子器件的最优驱动。在这里重点介绍一下应用较为广泛的由光耦器件作为隔离元件的厚膜驱动器，其典型新产品为日本富士公司研制的 EXB840 和 EXB841。EXB840 能驱动 300A、1200V 的 IGBT 器件。其工作电源为 20V，开关频率在 20kHz 以下，信号延迟时间小于 $1.5\mu s$，内有过流检测及过载慢速关栅等控制功能。EXB840 内部结构简图如图 3-38 所示，典型应用电路如图 3-39 所示，各引脚功能见表 3-1。

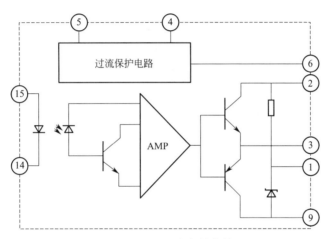

图 3-38　EXB840 内部结构简图

表 3-1　**EXB840 各引脚功能表**

引脚号	功 能 说 明	引脚号	功 能 说 明
1	连接用于反向偏置电源的滤波电容，与 IGBT 的发射极相接	7、8	可不接
		9	电源地端
2	电源正端，一般为 20V		
3	驱动输出，经栅极电阻 R_G 与 IGBT 相连	10、11	可不接
4	外接电容器，防止过流保护环节误动作	12、13	空
5	内设的过流保护输出端	14	驱动输入（－）
6	经快速二极管连到 IGBT 的集电极，监视集电极电源，作为过流信号之一	15	驱动输入（＋）

在图 3-39 中，当 IGBT 出现过流时，6 脚外接二极管导通，5 脚呈现低电平，过流检测光耦导通向控制电路送出过流信号。另外，当 6 脚外接二极管导通后，EXB840 内部立即开始缓降栅压对 IGBT 实行软关断。

除日本富士 EXB840 系列驱动器外，采用光耦隔离元件的集成驱动器还有日本英达 HR065、日本三菱 M57959L～M57962 以及国产的 HL402 等。使用这些驱动器时，读者可查阅有关商家的产品手册，在此不一一介绍。

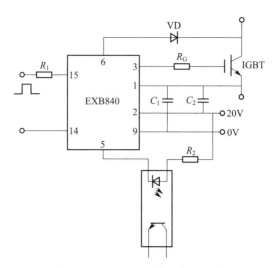

图 3-39   EXB840 的典型应用电路

最后要说明的是，光耦驱动器虽然具有很多优点，但需要较多的电源且信号传输延迟时间较长。采用变压器耦合驱动时可克服光耦驱动器的诸多不足，驱动电路结构简单和工作电源少是其突出优点。但是变压器耦合驱动器不能自动实现过流保护和任意脉宽输出，尤其是很难对 SPWM 信号脉冲的传输实现隔离。美国 Unitrode 公司的 UC3726/3727 就是专为克服不能实现任意脉宽输出而设计的，但其外围电路稍嫌多，因而在目前传输信号频率不太高的场合还是多用光耦器件进行隔离。

 习题与思考题

1. 电力电子器件与处理信息的电子器件相比具有哪些特征？按照电力电子器件能够被控制电路信号所控制的程度不同，电力电子器件可分为哪几种类型？

2. 简述电力二极管的主要类型及其检测方法。

3. 简述电力晶体管（GTR）的基本特性。

4. 简述功率场效应晶体管（MOSFET）的工作原理与主要特性。

5. 简述功率场效应晶体管（MOSFET）的主要性能参数。

6. 简述功率场效应晶体管（MOSFET）的检测方法。

7. 简述绝缘栅双极晶体管（IGBT）的基本工作原理及其检测方法。

8. 简述电力电子器件对驱动电路的基本要求，其驱动电路有哪几种类型，并各举一个例子讲述其工作原理。

第4章
功率变换电路

在高频开关电源设备中，要经常用到以下两种电路：将交流变换为直流的电路——整流电路；对直流电压幅值或极性进行变换的电路——直流-直流变换电路。

整流电路是电力电子电路中出现最早的一种，它将交流变为直流，应用十分广泛，电路形式多样，各具特色。可从多个角度对其进行分类，主要分类方法有：按组成的器件可分为不可控、半控和全控三种；按交流输入相数可分为单相电路和多相电路。随着科学技术的发展，有愈来愈多的用电设备必须以直流电源供电，直流电源已成为一种必不可少的能源形式。而发电厂送出的绝大部分电能为交流电能，于是将交流（AC）电能变换为直流（DC）电能——整流（AC-DC）就成为一种不可缺少的技术。本章将着重讲述目前高频开关电源系统中广泛应用的不可控整流与滤波电路。

开关电源最主要组成部分是直流（DC-DC）变换器。其分类方法有多种：按激励功率开关晶体管的方式来分，可分为自激型和他激型，本书仅介绍他激型（功率开关管的导通和截止由外加驱动脉冲控制）；按控制方式来分，可分为脉宽调制（PWM）、脉频调制（PFM）和混合调制（即脉宽和脉频同时改变），通信用开关电源一般采用脉宽调制；按功率开关电路的结构形式来分，可分为非隔离型（主电路中无高频变压器）、隔离型（主电路中有高频变压器）以及具有软开关特性的谐振型等类型。

4.1 整流与滤波电路

为分析方便起见，除特别注明外，本书讨论整流电路的基本条件是：①整流元件是理想的，即器件处于开关状态，导通时电阻为零，阻断时阻值无限大；②电源是理想的，即交流电网有无限大的能量，可提供理想的正弦交流电；③变压器是理想的，即变压器无漏磁、无损耗、其磁导系数 $\mu \rightarrow \infty$，正弦交流电经变压器后，只改变其幅值；④感性负载时，认为电感是理想的，其内阻为零。本书着重讨论整流电路在稳定工作状态时的原理。

4.1.1 单相不可控整流电路

单相不可控整流电路是指输入为单相交流电，而输出直流电压大小不能控制的整流电路。单相不可控整流电路主要有单相半波、单相全波和单相桥式等几种形式，其中单相半波不可控整流电路最为基本。

4.1.1.1 单相半波不可控整流电路

（1）阻性负载

单相半波电阻性负载整流电路如图 4-1（a）所示。

设变压器次级电压为：

$$u_2 = \sqrt{2} U_2 \sin(\omega t) \tag{4-1}$$

式中，U_2 为变压器次级电压有效值。其余各电量的正方向假定如图 4-1 所示。

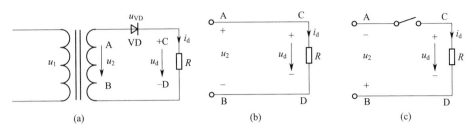

(a)   (b)   (c)

图 4-1 单相半波电阻性负载整流电路

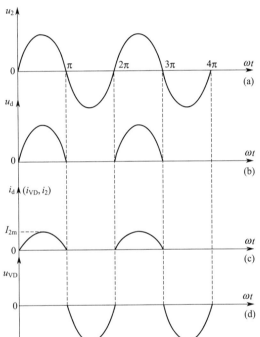

图 4-2 阻性负载单相半波整流电路各点波形

① 工作原理 在电源电压 u_2 的正半周（$0 < \omega t \leqslant \pi$），整流二极管 VD 因承受正向电压导通。VD 导通后相当于短路，此时整流电路可简化为图 4-1（b）所示，电流从 A 点出发，经 VD→R→B→u_2，回到 A 点。此时，输出电压 $u_d = u_2$，$u_{VD} = 0$。

在电源电压 u_2 的负半周（$\pi < \omega t \leqslant 2\pi$），VD 因承受反向电压而截止，VD 截止后相当于开路，此时电路中无电流流过，电路可简化为图 4-1（c）所示。此时，$u_d = 0$，$u_{VD} = u_2$。

以后便重复上述过程。由此可见，利用整流二极管的单向导电性，可以将交流电压转变为单方向脉动的直流电压。

② 电路波形

a. 输出电压 u_d 波形：一个周期内，只有在电源电压 u_2 正半周 VD 才导通，故 u_d 波形为正弦半波，其波形如图 4-2(b) 所示。

b. 输出电流 i_d 波形：由于负载是纯阻性的，$i_d = u_d/R$，因此 i_d 波形的形状与 u_d 波形的形状相同，仍是正弦半波，但幅值不同。其波形如图 4-2(c) 所示。

c. 流过整流二极管 VD 的电流 i_{VD} 的波形：由于 $i_{VD} = i_d$，故 i_{VD} 也是正弦半波。

d. 流过变压器次级的电流 i_2 的波形：由于 $i_2 = i_d$，故 i_2 也是正弦半波。

e. 二极管两端的电压 u_{VD} 的波形：

$0 < \omega t \leqslant \pi$：VD 导通，$u_{VD} = 0$；

$\pi < \omega t \leqslant 2\pi$：VD 截止，$u_{VD} = u_2$，此段 u_2 在负半周，故 u_{VD} 波形是负正弦半波，其波形如图 4-2(d) 所示。

③ 电路参数计算

a. 输出参数的计算 u_d 的波形如图 4-2(b) 所示，故它的平均值为：

$$U_d = \frac{1}{2\pi} \int_0^{2\pi} u_d \mathrm{d}(\omega t) = \frac{1}{2\pi} \int_0^{\pi} U_{2m} \sin(\omega t) \mathrm{d}(\omega t)$$

$$= U_{2m}/\pi = \sqrt{2} U_2/\pi = 0.45 U_2 \tag{4-2}$$

根据欧姆定律，可得：

$$I_d = U_d / R = U_{2m} / \pi R = I_{2m} / \pi \tag{4-3}$$

b. 整流元件参数的计算　根据串联电路中各处电流相等的特点，通过元件的电流平均值为：

$$I_{dVD} = I_d \tag{4-4}$$

流过元件的电流有效值为：

$$I_{VD} = \sqrt{\frac{1}{2\pi} \int_0^{2\pi} i_{VD}^2 \mathrm{d}(\omega t)} = \sqrt{\frac{1}{2\pi} \int_0^{2\pi} \left[\sqrt{2} I_2 \sin(\omega t) \right]^2 \mathrm{d}(\omega t)} = \frac{1}{2} I_{2m} \tag{4-5}$$

将式(4-3) 和式(4-4) 代入式(4-5) 得：

$$I_{VD} = \pi I_d / 2 = 1.57 I_d = 1.57 I_{dVD} \tag{4-6}$$

元件两端承受的最大反向电压：

$$U_{Rm} = U_{2m} = \sqrt{2} U_2 \tag{4-7}$$

c. 变压器次级电流有效值 I_2 的计算　由于通过变压器次级的电流为正弦半波，波形与 i_{VD} 相等。即：

$$I_2 = I_{VD} = 1.57 I_d \tag{4-8}$$

④ 整流元件的选择　整流元件的选择是指如何选择整流元件的型号。元件型号中的主要指标是额定正向平均电流 $I_{F(AV)}$ 和反向重复峰值电压 U_{RRM}。反向重复峰值电压必须合理选择：若选择得过高，则元件价格高，造成浪费；若得过低，则元件容易损坏。一般选择的反向重复峰值电压大于元件实际承受的最大反向峰值电压，为了使元件的耐压有足够的裕量，额定电压应等于最大峰值电压的 2~3 倍，即：

$$U_{RRM} = (2 \sim 3) U_{RM} \tag{4-9}$$

整流元件的额定正向平均电流是指正弦半波电流平均值。元件实际允许通过的电流取决于元件的功率损耗和散热情况，若功率损耗大、散热差，元件温升高，容易造成元件的损坏。而元件的功率损耗主要取决于通过元件的电流有效值。故选择的元件额定电流有效值应大于实际通过元件电流有效值。为了保证元件有足够的裕量，一般取额定电流有效值 I_F 为实际通过元件电流有效值 I_{VD} 的 1.5~2 倍作为安全裕量，即：

$$I_F = (1.5 \sim 2) I_{VD} \tag{4-10}$$

元件的额定电流指的是允许通过的正弦半波电流，它的有效值与平均值的关系与式(4-6) 相同，即：

$$I_F = 1.57 I_{F(AV)}$$

故

$$I_{F(AV)} = I_F / 1.57 = (1.5 \sim 2) I_{VD} / 1.57 \tag{4-11}$$

（2）感性负载

整流电路的负载不一定都是阻性负载。例如，整流电路输出接电机的励磁绕组，这时的负载就是感性负载。有时为了减小电流的脉动而加电感滤波，这时是电感与电阻串联作为负载，为了分析方便起见，常将负载人为地分为一个纯电阻与一个纯电感串联表示，其电路示意图如图 4-3 所示。

电感器的主要特性是：当电流增加时，电感器上的感应电势将要阻止电流增加，其极性如图 4-4(a) 所示；当电流不变时，电感器两端也无感应电势，如图 4-4(b) 所示；而当电流减小时，感应电势的极性也要改变，如图 4-4(c) 所示。

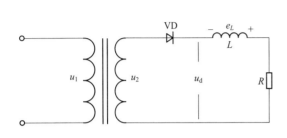

图 4-3　感性负载单相半波整流电路

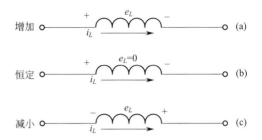

图 4-4　电感器感应电势与电流变化率的关系

在电阻负载情况下，由于没有其他电压存在，整流二极管 VD 导通与否完全决定于 u_2 的极性，因此元件导通角为 180°。但是在电路中加入电感器以后，就要考虑感应电势的作用。当 VD 导通时，负载电流随电源电压 u_2 的上升而增加，电感器产生感应电势 e_L，以阻止电流的增加，使电流增加缓慢，同时将一部分电能转为磁能储存起来，当负载电流减小时，电感器所产生的感应电势 e_L 要阻止电流的减小，电流减小缓慢，同时电感器释放能量。由图 4-5(b) 可见，在电流增大区间，负载电流 i_d 的增加速度比阻性负载时要慢，而且相位也向右移动了一定角度。在电流减小区间，负载电流 i_d 的减小速度也比阻性负载时要慢，电感器产生感应电势 e_L 的极性如图 4-3 所示。对整流管来讲是正向电压，并且 $|e_L| > |u_2|$。因此，在感应电势作用下，即使外加电压为零，甚至在反向情况下，仍能使整流管因承受正向电压而导通，把原来存储在电感中的能量释放出来，一直导通到 $\omega t = \theta_{VD}$ 为止，电流为零。然后其截止状态一直保持到 $\omega t = 2\pi$ 为止。以后重复上述过程。

由上述可见：电感器 L 的影响有以下四点。

① 使整流元件导通角增大。这是因为电感器中感应电势 e_L 维持 VD 导通。

② 流过负载的电流相对平滑。这是因为电感器中感应电势 e_L 能阻止电流变化。

③ u_d 波形中出现负面积图形。这是因为 VD 导通角增大，VD 导通时，整流电压 u_d 总等于 u_2，故 u_d 中出现负值，其波形如图 4-5(c) 所示。

④ VD 承受反向电压的时间缩短。这是因为 VD 导通角增大，本身承受反向电压的时间自然缩短，其波形如图 4-5(d) 所示。

由图 4-5 可以看出：$\omega L/R$ 越大，θ_{VD} 也就越大，i_d 就越平滑，但是 u_d 中出现负值的时间越长，输出电压平均值 U_d 越小。当 $\omega L/R \to \infty$ 时，$\theta_{VD} = 360°$，$U_d \equiv 0$。所以电流平滑与 U_d 减小就成了一对矛盾，为解决这一矛盾，通常在负载两端并联一只二极管 VD_R，这只二极管通常称为续流二极管。

（3）带续流二极管的感性负载

① 电路原理　带续流二极管 VD_R 感性负载的电路如图 4-6 所示。分析该电路时，认为 $\omega L \gg R$，即近似认为流过负载的电流为基本不变的直流。

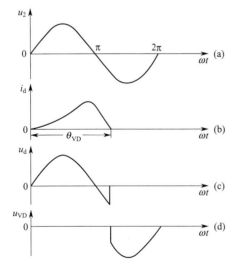

图 4-5　感性负载单相半波整流电路各点波形

在 $0 < \omega t \leqslant \pi$ 区间，$u_2 > 0$，VD 承受正向电压导通，VD_R 承受反向电压截止，电流由 A 端出发，经过 VD→L→R→u_2 回到 A 点，电源向负载提供能量，$u_d = u_2$。

在 $\pi < \omega t \leqslant 2\pi$ 区间，$u_2 < 0$，负载电流 i_d 因 u_2 下降而有下降的趋势，电感 L 上产生感应电势，极性如图 4-6 所示，e_L 力图使 VD 和 VD_R 导通，但当 VD_R 导通后，u_2 便通过 VD_R 加到 VD 两端，因

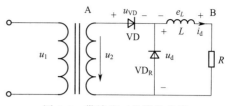

图 4-6　带续流二极管的单相
半波整流电路（感性负载）

u_2 为负，故 VD 因承受反向电压而截止。电路中电流 i_d 由 B 点出发，经过 R→VD_R→L，回到 B 点，L 释放能量。因 $\omega L \gg R$，在 $\pi < \omega t \leqslant 2\pi$ 区间，电感 L 属于自由释放能量，放电时间长短由 L/R 来决定，因为 τ 很大，所以 VD_R 一直导通，L 一直释放能量。各点的波形如图 4-7 所示。

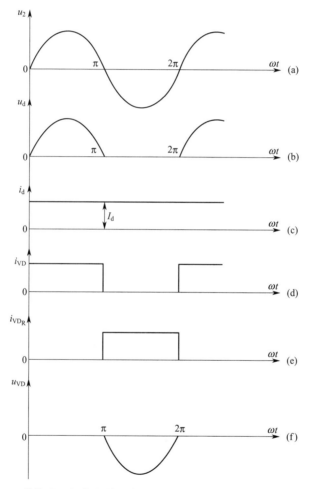

图 4-7　带续流二极管的单相半波整流电路（感性负载）的各点波形

通过图 4-7 所示的波形可以看出：

a. 整流元件 VD 的导通角 $\theta_{VD} = 180°$；

b. 续流二极管 VD_R 的导通角 $\theta_{VD_R} = 180°$；

c. u_d 波形与阻性负载时相同；

d. u_{VD} 波形与阻性负载时相同；

e. 输出电流近似为基本不变的直流电流；

f. i_{VD} 和 i_{VD_R} 均为方波。

由此可见，电感 L 对单相半波带续流二极管整流电路的影响是使输出电流 i_d 平滑。

② 电路参数计算

a. 输出参数的计算　因为 u_d 波形与阻性负载完全相同，因此

$$U_d = 0.45U_2 \tag{4-12}$$

由于电感是理想的，即 $R_L \approx 0$，故：

$$I_d = U_d/R \tag{4-13}$$

b. 整流元件参数的计算　由图 4-7(d) 看出，i_{VD} 是幅值为 I_d、宽度为 π 的矩形方波，其平均值为：

$$I_{dVD} = \frac{1}{2\pi}\int_0^\pi I_d d(\omega t) = \frac{1}{2}I_d \tag{4-14}$$

流过元件的电流有效值为：

$$I_{VD} = \sqrt{\frac{1}{2\pi}\int_0^\pi I_d^2 d(\omega t)} = \frac{\sqrt{2}}{2}I_d \tag{4-15}$$

$$U_{Rm} = \sqrt{2}U_2 \tag{4-16}$$

由图 4-7(e) 看出 i_{VD_R} 与 i_{VD} 的宽度、幅值完全相同，只是相位不同。所以：

$$I_{dVD_R} = \frac{1}{2}I_d \tag{4-17}$$

$$I_{VD_R} = \frac{\sqrt{2}}{2}I_d \tag{4-18}$$

4.1.1.2　单相全波不可控整流电路

(1) 阻性负载

单相全波纯阻性负载不可控整流电路如图 4-8(a) 所示，它由两个单相半波整流电路并联而成。图中 u_{21}、u_{22} 是两个相位互差 π 的交流电压，其表达式为：

$$u_{21} = U_{2m}\sin(\omega t)$$
$$u_{22} = U_{2m}\sin(\omega t + \pi)$$

其波形如图 4-8(b) 所示，设 u_{21} 的正方向由 A 到中性点 0；u_{22} 的正方向由 B 到中性点 0。

① 工作原理　在电源电压正半周（$0 < \omega t \leqslant \pi$），整流元件 VD_1 因承受正向电压而导通，VD_1 导通后相当于短路，VD_2 因承受反向电压而截止，VD_2 截止相当于开路，此时电流路径为：从 A 点出发，经 $VD_1 \rightarrow R \rightarrow u_{21}$，回到 A 点。$u_d = u_{21}$，$u_{VD_1} = 0$，$i_d = u_d/R = u_{21}/R$，$i_{VD_2} = 0$。

在电源电压负半周（$\pi < \omega t \leqslant 2\pi$）时，整流二极管 VD_1 因承受反向电压而截止，VD_1 截止后相当于开路。VD_2 因承受正向电压而导通，VD_2 导通后相当于短路，电流路径为从 B 点出发，经 $VD_2 \rightarrow R \rightarrow u_{22}$，回到 B 点。$u_d = u_{22}$，$u_{VD_1} = u_{21} - u_{22} = 2u_{21}$，$i_d = u_{22}/R = i_{VD_2}$，$i_{VD_1} = 0$。

以后便以 $T = 2\pi/\omega$ 为周期循环往复。

② 电路波形　从以上分析看出以下几点。

a. 由于一个周期内，有两个元件轮流导通，故 u_d 波形包括两个正弦半波。输出电压平均值比单相半波大一倍，即：

$$U_d = 2 \times 0.45U_2 = 0.9U_2 \tag{4-19}$$

b. 输出电流 i_d 一周内有两个波头，输出电流也是单相半波的两倍。

c. 在该电路中，当 VD_1、VD_2 其中之一导通时，把本支路的电压加在另一个不导通支路的元件上，所以 u_{VD} 波形的最大值为单相半波的两倍，即：

$$U_{Rm} = 2\sqrt{2} U_2 \qquad (4\text{-}20)$$

（2）感性负载

单相全波感性负载不可控整流电路如图 4-9（a）所示。图中 $\omega L_d \gg R$，并设电路处于稳定工作状态。

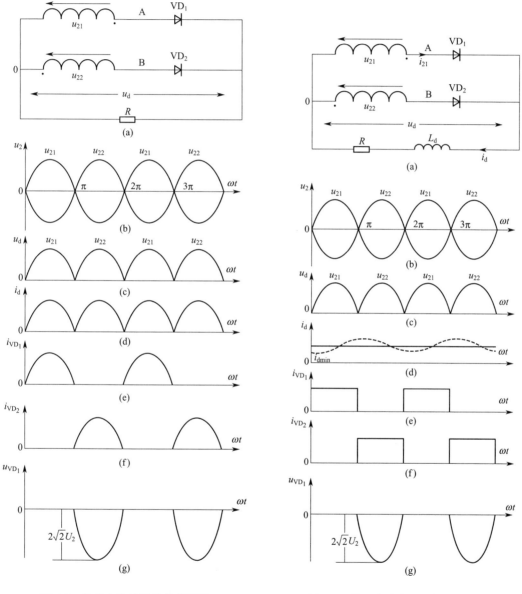

图 4-8 单相全波纯阻性负载不可控整流电路及其各点波形

图 4-9 单相全波感性负载不可控整流电路及其各点波形

① 工作原理及波形　在电源电压正半周（$0 < \omega t \leqslant \pi$），$u_{21} > 0$，$u_{22} < 0$，整流元件 VD_1 因承受正向电压而导通，VD_2 因承受反向电压而截止。此时，电流 i_d 从 A 点出发，经过

$VD_1 \rightarrow L_d \rightarrow R \rightarrow u_{21}$，回到 A 点。$i_d$ 受 L_d 的影响，从最小值 i_{dmin} 逐渐增大，然后又逐渐减小，在电流减小时，L_d 产生感应电势，该电势力图维持 VD_1 导通，也力图使 VD_2 导通。VD_1 和 VD_2 都能导通吗？VD_1 两端电压为 $u_L + u_{21}$；VD_2 两端电压为 $u_L - u_{22}$。由于 $|u_L| < |u_{21}|$，$|u_L| < |u_{22}|$，故 VD_1 承受正向电压继续导通，VD_2 仍承受反向电压而截止，因此仍是 VD_1 导通。

在电源负半周时（$\pi < \omega t \leqslant 2\pi$），$u_{21} < 0$，$u_{22} > 0$，$VD_1$ 因承受反向电压而截止，VD_2 因承受正向电压而导通。电流从 B 点出发，经过 $VD_2 \rightarrow L_d \rightarrow R \rightarrow u_{22}$，回到 B 点。

由图 4-9(d) 看出，当 $\omega L_d \gg R$ 时，i_d 比较平滑，且 L_d 不影响元件的导通角，元件是否导通主要取决于电源电压极性。电路中各点电压、电流波形如图 4-9 所示。

从图中看出：

a. 由于 L_d 不影响元件的导通角，所以元件导通角 $\theta_{VD} = 180°$，且 u_d 波形不会出现负值。

b. i_d 波形由于 L_d 的影响趋于平滑，当 $\omega L_d \gg R$ 时，i_d 近似是一条直线。

c. i_{VD} 波形，由于 i_d 是一条直线，所以 i_{VD} 是幅值为 I_d 而且宽度为 $180°$ 的矩形波。

d. u_{VD} 波形与阻性负载时完全相同。

② 电路参数计算

a. 输出参数的计算　从图 4-9(c) 看出：

$$U_d = 0.9 U_2 \tag{4-21}$$

$$I_d = U_d / R \tag{4-22}$$

b. 整流元件参数的计算

$$I_{dVD} = \frac{1}{2} I_d \tag{4-23}$$

$$I_{VD} = \frac{\sqrt{2}}{2} I_d \tag{4-24}$$

$$U_{Rm} = 2\sqrt{2} U_2 \tag{4-25}$$

单相全波整流电路的优点是使用元件少，输出电压高；其缺点是需要带中心抽头的变压器，所需元件耐压高。

4.1.1.3　单相桥式不可控整流电路

单相桥式不可控整流电路如图 4-10 所示。图中电源变压器没有画出，整流二极管 VD_1 和 VD_2 的阴极接在一起，组成共阴极组，整流二极管 VD_3 和 VD_4 的阳极接在一起，组成共阳极组。假设 $\omega L_d \gg R$，$r_{L_d} = 0$，$u_2 = \sqrt{2} U_2 \sin(\omega t)$，其波形如图 4-11(a) 所示。其正方向规定由 A $\rightarrow$ B。

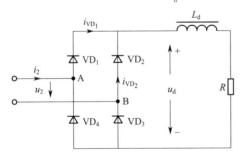

图 4-10　单相桥式不可控整流电路

（1）电路工作原理及波形

$0° < \omega t \leqslant 180°$ 区间，u_2 为上正下负，即 A 点为正，B 点为负，VD_2、VD_4 承受反向电压而截止，VD_1、VD_3 承受正向电压而导通，其电流路径为从 u_2^+ 出发，经 A $\rightarrow VD_1 \rightarrow L_d \rightarrow R \rightarrow VD_3 \rightarrow$ B $\rightarrow u_2^-$。在此区间，$u_d = u_2$，$u_{VD_1} = 0$，$i_{VD_1} = i_{VD_3} = i_2 = i_d$（因为 $\omega L_d \gg R$，所以近似认为 i_d 为基本不变的直流）。各参量的波形如图 4-11 所示。

$180°<\omega t\leqslant360°$区间，$u_2$ 为下正上负，即 A 点为负，B 点为正，该电压对于 VD_1、VD_3 来说是反向电压，所以 VD_1、VD_3 截止，而对 VD_2、VD_4 来说是正向电压，所以 VD_2、VD_4 导通，该区域的电流路径为从 u_2^+ 出发，经 $B\to VD_2\to L_d\to R\to VD_4\to A\to u_2^-$。此时 $u_d=-u_2$，而 u_2 本身为负，所以 u_d 始终在横坐标的上方，即 u_d 恒为正值。$i_{VD_1}=i_{VD_3}=0$，$i_{VD_2}=i_{VD_4}=i_d$，$u_{VD_1}=u_2$，$i_2=-i_{VD_2}$。相关参量波形如图4-11 所示。

通过上述分析看出以下几点。

① 每只元件的导通角为 $\theta_{VD}=180°$。

② 通过整流二极管的电流是幅值为 I_d、宽度为 180°的矩形波。

③ 通过变压器次级的电流为正、负均有的矩形波。所以，变压器的利用率较高。

（2）电路参数计算

① 输出参数的计算　　u_d 波形与全波整流电路的 u_d 波形完全相同。因此

$$U_d=0.9U_2 \tag{4-26}$$

$$I_d=U_d/R \tag{4-27}$$

② 整流元件参数的计算

$$I_{dVD}=I_d/2 \tag{4-28}$$

$$I_{VD}=\sqrt{2}I_d/2 \tag{4-29}$$

$$U_{Rm}=\sqrt{2}U_2 \tag{4-30}$$

③ 变压器次级电流有效值 I_2

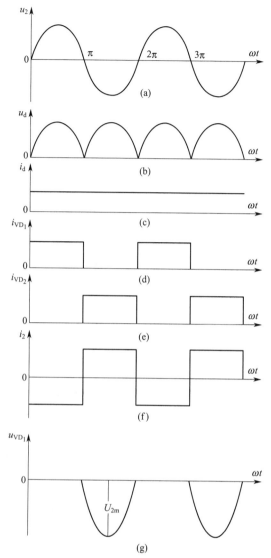

图 4-11　单相桥式不可控整流电路各参量波形

$$I_2=\sqrt{\frac{1}{2\pi}\left[\int_0^\pi I_d{}^2\,\mathrm{d}(\omega t)+\int_\pi^{2\pi}(-I_d)^2\,\mathrm{d}(\omega t)\right]}=I_d \tag{4-31}$$

4.1.2　三相不可控整流电路

单相桥式不可控整流电路具有很多优点，但是输出功率超过 1kW 时，就会造成三相电网不平衡。因此要求输出功率大于 1kW 的整流设备，通常采用三相整流电路。它包含三相半波整流电路、三相桥式整流电路和并联复式整流电路等。本节重点讨论三相半波不可控整流电路和三相桥式不可控整流电路。

4.1.2.1　三相半波不可控整流电路

（1）共阴极型三相半波不可控整流电路

图 4-12 所示的整流电路为共阴极型三相半波不可控整流电路，共阴极型整流电路就是三只整流元件的阴极接在一起，而它们的阳极分别接在变压器次级的首端。图中变压器次级

电压的有效值为 U_2，初级直接由三相电网供电。而次级电压波形如图 4-13 所示，为对称的三相电源，即它们的幅值相同、频率相同、相位互差 $120°$。

其数学表达式为：

A 相，$u_{2a}=\sqrt{2}U_2\sin(\omega t)$

B 相：$u_{2b}=\sqrt{2}U_2\sin(\omega t-120°)$

C 相：$u_{2c}=\sqrt{2}U_2\sin(\omega t+120°)$

在图 4-12 中，$\omega L_d \gg R$，i_d 近似为直线，各参量的规定正方向如图所示。

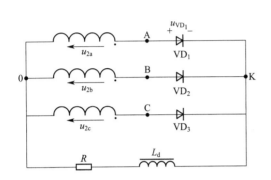

图 4-12 三相半波不可控整流电路（共阴极型）　　图 4-13 变压器次级电压波形

① 导电原则　在单相不可控整流电路中，只要电源电压对整流二极管为正偏，二极管便导通，是很简单的。在三相整流电路中有三相电源，判别元件是否导通，就要比单相复杂得多，需要考虑每相电压之间的相互影响，讨论前设变压器次级的中性点 0 为参考点，即 $\Phi_0=0\text{V}$，则 VD_1 的阳极电位等于 A 相电压，$\Phi_A=u_{2a}$；VD_2 的阳极电位等于 B 相电压，$\Phi_B=u_{2b}$；VD_3 的阳极电位等于 C 相电压，$\Phi_C=u_{2c}$。下面任意假设一点讨论整流二极管的导通原则。

在图 4-13 中，任选一点，如 ωt_1 点，此时所对应的各点电位分别为：$\Phi_A>0$，$\Phi_B>0$，$\Phi_C<0$，且 $\Phi_A>\Phi_B$。按照单相不可控整流电路中的导通原则，由于 $\Phi_C<0$，可以肯定与 C 相电源相连接的 VD_3 是截止的。但是 Φ_A、Φ_B 同时大于零，VD_1 和 VD_2 是否同时导通呢？我们先假设 VD_2 导通，如果忽略整流二极管导通时的管压降，那么 VD_2 的阳极电位 Φ_B 应与其阴极电位 Φ_K 相等，即 $\Phi_B=\Phi_K$。此时，VD_1 的阴极电位就等于 Φ_B，而 VD_1 的阳极电位为 Φ_A，且 $\Phi_A>\Phi_B$，所以 VD_1 正偏导通。当 VD_1 导通后，其阳极电位等于阴极电位，即 $\Phi_A=\Phi_K$，反过来，Φ_K 又对 VD_2 产生影响，使 VD_2 的阴极电位为 Φ_A，这样就使得 VD_2 的阳极电位 Φ_B 低于阴极电位 Φ_A，VD_2 就会因承受反向偏置电压而截止。因此，事先假设 VD_2 导通是不成立的。由此可知：在 ωt_1 时刻，由于元件导通后的相互影响，只有阳极电位最高的整流元件 VD_1 导通。由于 ωt_1 时刻是任意选取的，故不失一般性，因此可得出如下结论：在共阴极型三相半波不可控整流电路中，任何时刻都是阳极正电位最高的整流元件导通。

② 工作原理　如图 4-14 所示。

在 $30°<\omega t\leqslant150°$ 区间：$\Phi_A>\Phi_B$，$\Phi_A>\Phi_C$，根据导电原则可知 VD_1 导通，VD_2、VD_3 截止，其简化电路如图 4-14(b) 所示。电流 i_d 从 A 点出发，经 $VD_1 \to L_d \to R \to u_{2a}$，回到 A 点，此时，$u_d=u_{2a}$，$i_{VD_1}=i_d=i_{2a}$，$u_{VD_1}=0$。

在 $150°<\omega t\leqslant270°$ 区间：$\Phi_B>\Phi_A$，$\Phi_B>\Phi_C$，根据导电原则可知 VD_2 导通，VD_1、

VD_3 截止，其简化电路如图 4-14（c）所示。电流 i_d 从 B 点出发，经 $VD_2 \rightarrow L_d \rightarrow R \rightarrow u_{2b}$，回到 B 点，此时，$u_d = u_{2b}$，$i_{VD_2} = i_d = i_{2b}$，$u_{VD_1} = u_{ab}$。

在 $270° < \omega t \leqslant 390°$ 区间：$\Phi_C > \Phi_A$，$\Phi_C > \Phi_B$，根据导电原则可知 VD_3 导通，VD_1、VD_2 截止，其简化电路如图 4-14（d）所示。电流 i_d 从 C 点出发，经 $VD_3 \rightarrow L_d \rightarrow R \rightarrow u_{2c}$，回到 C 点，此时，$u_d = u_{2c}$，$i_{VD_3} = i_d = i_{2c}$，$u_{VD_1} = u_{ac}$。

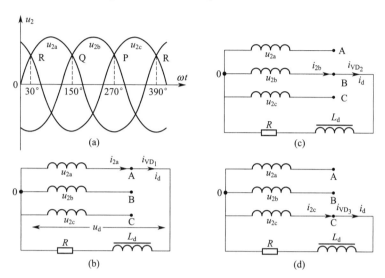

图 4-14　三相半波不可控整流电路简化电路图

通过上述讨论可见以下两点。

a. VD_1 与 VD_2 在 Q 点交换导通；VD_2、VD_3 在 P 点交换导通；VD_3、VD_1 在 R 点交换导通。Q 点、P 点、R 点分别为整流元件的交换导通点，我们将这些点称为自然换流点。

b. VD_1 的导通范围是 $30° \sim 150°$；VD_2 的导通范围是 $150° \sim 270°$；VD_3 的导通范围是 $270° \sim 390°$。因此，每一个元件的导通角是 $120°$。

③ 电路波形

a. u_d 的波形　$30° < \omega t \leqslant 150°$：$VD_1$ 导通，$u_d = u_{2a}$；

$150° < \omega t \leqslant 270°$：$VD_2$ 导通，$u_d = u_{2b}$；

$270° < \omega t \leqslant 390°$：$VD_3$ 导通，$u_d = u_{2c}$。

由此可见，u_d 是变压器次级各相电压的包络线，其波形如图 4-15（b）所示。

b. i_d 的波形　由于 $\omega L_d \gg R$，i_d 是纯直流，故它是一条幅值为 I_d、与横轴平行的直线。其波形如图 4-15（c）所示。

c. i_{VD_1} 的波形　$30° < \omega t \leqslant 150°$：$VD_1$ 导通，$i_{VD_1} = i_d$；

$150° < \omega t \leqslant 270°$：$VD_1$ 截止，$i_{VD_1} = 0$；

$270° < \omega t \leqslant 390°$：$VD_1$ 截止，$i_{VD_1} = 0$。

因此，通过元件的电流波形是幅值为 I_d、宽度为 $120°$ 的矩形方波，如图 4-15（d）～（f）所示。

d. u_{VD_1} 的波形　$30° < \omega t \leqslant 150°$：$VD_1$ 导通，$u_{VD_1} = 0$；

$150° < \omega t \leqslant 270°$：$VD_2$ 导通，$u_{VD_1} = u_{ab}$；

$270° < \omega t \leqslant 390°$：$VD_3$ 导通，$u_{VD_1} = u_{ac}$。

故 u_{VD_1} 由三部分组成，其波形如图 4-15（g）所示。

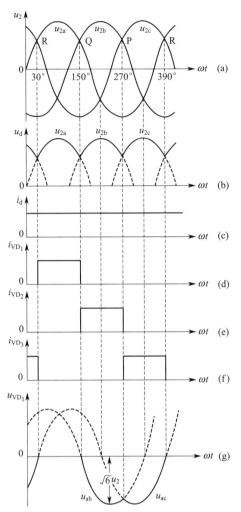

图 4-15　三相半波不可控整流电路各点波形

④ 电路参数计算

a. 输出参数的计算　由图 4-15(b) 可以看出，在一个周期内，u_d 是由三块相同的波形组成的。因此求 U_d 只需在 1/3 周期内进行计算。为便于计算，将坐标原点移到波头最大值处，如图 4-16 所示。

$$U_d = \frac{3}{2\pi} \int_{-\frac{\pi}{3}}^{\frac{\pi}{3}} \sqrt{2} U_2 \cos(\omega t) \mathrm{d}(\omega t) = 1.17 U_2 \qquad (4\text{-}32)$$

$$I_d = U_d / R \qquad (4\text{-}33)$$

b. 整流元件参数的计算　i_{VD} 是幅值为 I_d、宽度为 120°的矩形方波，故：

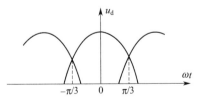

图 4-16　三相半波不可控整流电路计算 U_d 示意图

$$I_{dVD} = \frac{120°}{360°} I_d = \frac{1}{3} I_d \qquad (4\text{-}34)$$

$$I_{VD} = \sqrt{\frac{120°}{360°}} I_d = \frac{\sqrt{3}}{3} I_d \qquad (4\text{-}35)$$

由图 4-15(g) 可以看出，元件承受的最大反向电压为线电压的峰值，即：

$$U_{Rm} = \sqrt{6} U_2 \qquad (4\text{-}36)$$

⑤ 优缺点 三相半波不可控整流电路与单相桥式不可控整流电路相比，具有输出电压脉动小、输出电压比较高的优点；但变压器的利用率低，每一个次级绕组只工作120°。

（2）共阳极型三相半波不可控整流电路

如图4-17(a) 所示，三个整流二极管的阳极接在一起，其阴极分别接在变压器次级三个绕组的首端，这种电路称为共阳极型三相半波不可控整流电路。在这个电路中，任何时刻都是阳极正电位最高的整流元件导通吗？

在图4-17(b) 中，任意选择一点，例如ωt_1，此时，$\Phi_A > 0$，$\Phi_B < 0$，$\Phi_C < 0$，并且$\Phi_B > \Phi_C$。假设VD$_1$导通，VD$_1$导通后，$\Phi_K = \Phi_A$，VD$_2$、VD$_3$因承受正向电压而导通。VD$_3$导通后，$\Phi_K = \Phi_C$，VD$_1$、VD$_2$两端因承受反向电压而截止。由此可见，由于元件间相互影响，在ωt_1瞬间，只有阴极电位最低的整流元件VD$_3$导通。由于ωt_1是任意选取的，故可以得出：在共阳极型三相半波不可控整流电路中，任何时刻都是阴极电位最低的整流元件导通。三相阳极型半波电路的工作过程、相关波形及参数计算请读者自行分析。

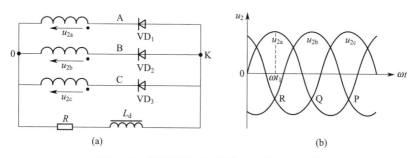

图4-17 共阳极型三相半波不可控整流电路

4.1.2.2 三相桥式不可控整流电路

三相半波整流电路虽不会造成三相电网不平衡，但该电路变压器利用率较低，在一个周期内，只有1/3周期有电流通过变压器绕组。而三相桥式整流电路就可克服上述缺点。

如图4-18(a) 所示是两组三相半波不可控整流电路相串联，它们共用一组三相对称电源。由VD$_1$、VD$_2$、VD$_3$组成三相半波共阴极型不可控整流电路，其输出电压平均值为$U_{d1} = 1.17U_2$，输出平均电流为I_{d1}；由VD$_4$、VD$_5$、VD$_6$组成三相半波共阳极型不可控整流电路，其输出电压平均值$U_{d2} = -1.17U_2$，输出平均电流为I_{d2}。如果它们的负载完全相同，即$R_1 = R_2 = R/2$，$L_1 = L_2 = L/2$，则I_{d1}与I_{d2}大小相同，方向相反，流过中线的电流为零。若将中线切断，则不影响整个电路的正常工作。整理后的电路如图4-18(b) 所示。该电路称为三相桥式不可控整流电路。

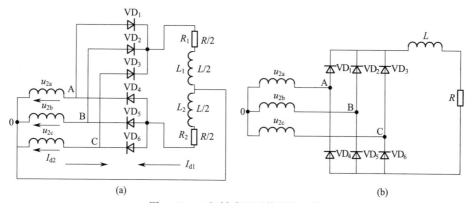

图4-18 三相桥式不可控整流电路

由此可见，三相桥式不可控整流电路由共阴极型与共阳极型三相半波不可控整流电路串联而成。图中 $L=L_1+L_2$，$R=R_1+R_2$。并且 $\omega L \gg R$，$\gamma_L=0$，u_{2a}、u_{2b}、u_{2c} 为对称三相电源，每相对中点 0 的波形为彼此互差 120° 的正弦波，即：

$$u_{2a}=\sqrt{2}\,U_2\sin(\omega t)$$

$$u_{2b}=\sqrt{2}\,U_2\sin(\omega t-120°)$$

$$u_{2c}=\sqrt{2}\,U_2\sin(\omega t+120°)$$

（1）导电原则

三相桥式不可控整流电路由两组三相半波不可控整流电路串联而成。将共阴极型三相半波不可控整流电路称为共阴极组，共阳极型三相半波不可控整流电路称为共阳极组。共阴极组的导电原则与三相半波不可控共阴极型整流电路相同，即任何瞬间阳极正电位最高的整流元件导通。同理，共阳极组的导电原则与三相半波不可控共阳极型整流电路相同，即任何瞬间阴极电位最低的整流元件导通。

（2）工作过程

下面运用导电原则，讨论一个周期内三相桥式不可控整流电路的工作过程。

在图 4-19 中，在 30°<ωt≤90° 区间：$u_{2a}>u_{2c}>u_{2b}$。根据上述导电原则，可以判断出：共阴极组的 VD$_1$ 导通，VD$_2$ 和 VD$_3$ 截止；共阳极组的 VD$_5$ 导通，VD$_4$ 和 VD$_6$ 截止。此时，电路可以简化为图 4-19(c) 所示。电路中电流的流向是由 A 点出发，经 VD$_1$→L→R→VD$_5$→u_{2b}→u_{2a}，最后回到 A 点。$u_d=u_{2a}-u_{2c}=u_{ac}$，$i_d=i_{VD_1}=i_{VD_5}=i_{2a}$，$u_{VD_1}=0$。

在 90°<ωt≤150° 区间：$u_{2a}>u_{2b}>u_{2c}$。根据上述导电原则，可以判断出：共阴极组的 VD$_1$ 导通，VD$_2$、VD$_3$ 截止；共阳极组的 VD$_6$ 导通，VD$_4$、VD$_5$ 截止。此时，电路可简化为图 4-19(d) 所示。电路中电流的流向是由 A 点出发，经 VD$_1$→L→R→VD$_6$→u_{2c}→u_{2a}，最后回到 A 点。$u_d=u_{2a}-u_{2c}=u_{ac}$，$i_d=i_{VD_1}=i_{VD_6}=i_{2a}$，$u_{VD_1}=0$。

在 150°<ωt≤210° 区间：$u_{2b}>u_{2a}>u_{2c}$。根据上述导电原则，可以判断出：共阴极组的 VD$_2$ 导通，VD$_1$、VD$_3$ 截止；共阳极组的 VD$_6$ 导通，VD$_4$、VD$_5$ 截止。此时，电路可简化为图 4-19(e) 所示。电路中电流的流向是由 B 点出发，经 VD$_2$→L→R→VD$_6$→u_{2c}→u_{2b}，最后回到 B 点。$u_d=u_{2b}-u_{2c}=u_{bc}$，$i_d=i_{VD_2}=i_{VD_6}=i_{2b}$，$u_{VD_1}=u_{ab}$。

同理，在 210°<ωt≤270° 区间：由 VD$_2$ 和 VD$_4$、负载（R 和 L）、电源 u_{ba} 组成导电支路工作；在 270°<ωt≤330° 区间，由 VD$_3$ 和 VD$_4$、负载、电源 u_{ca} 组成导电支路工作；在 330°<ωt≤390° 区间，由 VD$_3$ 和 VD$_5$、负载、电源 u_{cb} 组成导电支路工作。

通过上述分析，可以得出以下结论。

a. 整流元件按 1、6、2、4、3、5 的顺序导通。

b. 在一个周期内，每一个元件导通 120°。

c. 在一个周期内，有六条导电支路，每隔 60° 有一个元件换流。任何一条导电支路，都由两个整流元件串联工作。

d. 在一个周期内，变压器每个次级绕组，正负半周各有 120° 导通，从而提高了变压器的利用率。

（3）电路的波形

① u_d 的波形　　u_d 的波形如图 4-20（b）所示。在一个周期内有六个波头。现说明如下。

在 30°<ωt≤90° 区间：整流二极管 VD$_1$、VD$_5$ 导通，$u_d=u_{ab}$。那么线电压 u_{ab} 与相电

压 u_{2a} 之间是什么关系？由图 4-21 可见，$u_{ab}=u_{2a}-u_{2b}$，故 u_{ab} 超前 u_{2a} 30°，$U_{abm}=\sqrt{3}$ U_{2m}。u_{2a} 的最大值为 U_{2m}，并在 90°处。故 u_{ab} 最大值为 $\sqrt{3}U_{2m}$，并在 60°处。

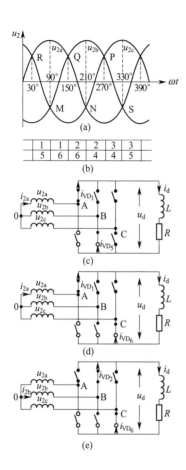

图 4-19 三相桥式不可控整流电路工作原理图

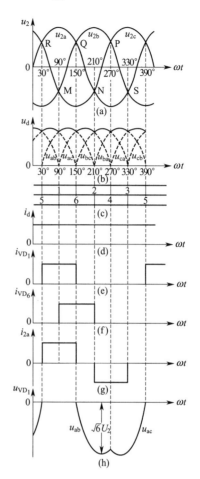

图 4-20 三相桥式不可控整流电路的波形

在 90°$<\omega t \leqslant$150°区间：整流二极管 VD_1、VD_6 导通，$u_d=u_{ac}$。那么线电压 u_{ac} 与相电压 u_{2a} 之间是什么关系？由图 4-21 可见，$u_{ac}=u_{2a}-u_{2c}$，故 u_{ac} 滞后 u_{2a} 30°，$U_{acm}=\sqrt{3}$ U_{2m}，故 u_{ac} 最大值在 120°处。

同理：u_{bc} 最大值在 $\omega t=$180°处；

u_{ba} 最大值在 $\omega t=$240°处；

u_{ca} 最大值在 $\omega t=$300°处；

u_{cb} 最大值在 $\omega t=$360°处。

② i_d 的波形 同三相半波不可控整流电路一样，i_d 的波形是一条幅值为 I_d、与横轴平行的直线。其波形如图 4-20(d) 所示。

③ i_{VD_1} 的波形

30°$<\omega t \leqslant$150°，VD_1 导通，$i_{VD_1}=i_d$。

150°$<\omega t \leqslant$270°，VD_1 截止，$i_{VD_1}=0$。

270°$<\omega t \leqslant$390°，VD_1 截止，$i_{VD_1}=0$。

故 i_{VD_1} 是幅值为 I_d、宽度为 $120°$ 的矩形方波，其波形如图 4-20(e) 所示。

④ u_{VD_1} 的波形

$30° < \omega t \leqslant 150°$，$VD_1$ 导通，$u_{VD_1} = 0$。

$150° < \omega t \leqslant 270°$，$VD_2$ 导通，$u_{VD_1} = u_{ab}$。

$270° < \omega t \leqslant 390°$，$VD_3$ 导通，$u_{VD_1} = u_{ac}$。

故 u_{VD_1} 由三部分组成，其波形如图 4-20(h) 所示。

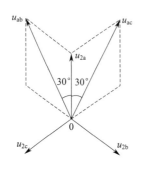

图 4-21 u_{ab}、u_{ac} 相位图

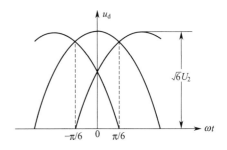

图 4-22 u_d 的幅值图

⑤ i_{2a} 的波形 i_{2a} 的波形如图 4-20(g) 所示，它是幅值为 I_d、宽度为 $120°$ 的正、负矩形方波。这是因为当 VD_1 导通时，电流由 0 点通过变压器流向 A 点，$i_{2a} = i_d$；当 VD_4 导通时，电流由 A 点通过变压器流向 0 点，$i_{2a} = -i_d$。

（4）电路的计算

① 输出参数的计算 由图 4-20(b) 看出，在一个周期内，u_d 由六块相同的波形组成，因此，整流电压的平均值 U_d 只需要在 1/6 周期内进行计算。为了便于计算，将坐标原点移到波头最大值处，如图 4-22 所示，于是：

$$U_d = \frac{6}{2\pi} \int_{-\pi/6}^{\pi/6} \sqrt{6} U_2 \cos(\omega t) \mathrm{d}(\omega t) = 2.34 U_2 \tag{4-37}$$

由于 $\gamma_L = 0$，故

$$I_d = U_d / R \tag{4-38}$$

② 元件参数的计算 与三相半波不可控整流电路相同，i_{VD} 是幅值为 I_d、宽度为 $120°$ 的矩形方波，因此

其平均值为：

$$I_{dVD} = I_d / 3 \tag{4-39}$$

其有效值为：

$$I_{VD} = \sqrt{3} I_d / 3 \tag{4-40}$$

由图 4-20(h) 可以看出，u_{VD_1} 的波形与三相半波不可控整流电路相同，故整流元件承受的最大反向电压：

$$U_{Rm} = \sqrt{6} U_2 \tag{4-41}$$

（5）优缺点

与三相半波不可控整流电路相比较，三相桥式不可控整流电路的优点是：变压器利用率高，变压器每一个次级绕组正负半周均有 $120°$ 导电；输出电压波动小；输出电压高。其缺点是：电路复杂，元件多，元件损耗大，效率低。

4.1.3 滤波电路

　　整流电路虽然解决了电流流动的方向问题，把方向不断变化的交流电变成了单方向流动的直流电，但是在绝大多数情况下，这样得到的直流电还不能直接提供给需要稳定直流供电的电子设备。因为从交流电整流后未经任何处理的直流电，其电压在零到峰值之间不断变化，很不稳定，与（蓄）电池的稳定直流电相差很远。事实上，通过数学分析可以证明，这种脉动的直流电可以分解成一个稳定的直流分量和许多不同频率、不同幅度的交流分量的叠加。脉动越厉害，其中的交流成分越多。不能小看这些交流成分，它们会使收音机发出严重的"嗡嗡"声，使电视图像扭曲。严重时，还会使电子设备不能正常工作，甚至损坏设备。那么，有什么方法能够把这些交流成分"过滤掉"呢？这就是本节要介绍的滤波电路。滤波电路能够有效减小脉动直流电中脉动成分的幅度，使得直流电中的交流成分大大降低，从而使最后得到的直流电基本稳定，满足电子设备的供电需求。

　　理想的滤波电路中允许稳定的直流通过，而阻断其中一切变化的脉动成分。脉动直流电经过理想滤波电路滤波后，所包含的所有交流分量都将被阻隔，只剩下稳定的直流分量可以输出到用电电路。如此处理过的脉动直流电中间就没有交流分量，即输出电压不会再发生波动，跟从（蓄）电池获得的直流电完全一样。当然，实际的滤波电路不可能做到滤除所有的交流成分，但至少能使脉动直流电中的交流成分大幅度下降到足够小的程度，使得输出的直流电不会影响到直流用电设备的正常工作，即基本满足直流用电设备对直流电源的要求。这时直流电源中虽然还有极少量的脉动成分，但从电子设备工作的效果来看，与使用（蓄）电池提供的稳定直流差不多。

　　实际使用的滤波电路有很多种，根本目的都是一致的，那就是想方设法阻碍脉动直流中的交流成分通过，而使稳定直流成分尽量无损失地通过。下面介绍几种常用的、不同种类的滤波电路的电路结构、滤波原理和滤波效果。

4.1.3.1 电容滤波电路

　　电容滤波电路是最常见也是最简单的滤波电路，在整流电路的输出端（即负载电阻两端）并联一个电容即构成电容滤波电路，如图 4-23（a）所示。滤波电容容量较大，因此一般均采用电解电容，在接线时要注意电解电容的正、负极。电容滤波电路利用电容的充、放电作用，使输出电压趋于平滑。

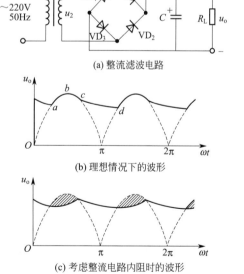

(a) 整流滤波电路

(b) 理想情况下的波形

(c) 考虑整流电路内阻时的波形

图 4-23　单相桥式整流电容滤
波电路及稳态时的波形分析

　　（1）滤波原理

　　当变压器副边电压 u_2 处于正半周并且其数值大于电容两端电压 u_C 时，二极管 VD_1 和 VD_3 导通，电流一路流经负载电阻 R_L，另一路对电容 C 充电。因为在理想情况下，变压器副边无损耗，整流二极管导通电压为零，所以电容两端电压 u_C（u_o）与 u_2 相等，见图 4-23（b）中曲线的 ab 段。当 u_2 上升到峰值后开始下降，电容通过负载电阻 R_L 放电，其电压 u_C 也开始下降，趋势与 u_2 基本相同，见图 4-23（b）中曲线的 bc 段。但是由于电容按指数规律放电，所以当 u_2 下降到一定数值后，u_C 的下降速度小于 u_2 的下降速度，使 u_C

大于 u_2，从而导致 VD$_1$ 和 VD$_3$ 反向偏置而变为截止。此后，电容 C 继续通过 R_L 放电，u_C 按指数规律缓慢下降，见图 4-23（b）中曲线的 cd 段。

当 u_2 的负半周幅值变化到恰好大于 u_C 时，VD$_2$、VD$_4$ 因加正向电压而导通，u_2 再次对电容 C 充电，u_C 上升到 u_2 的峰值后又开始下降，下降到一定数值时 VD$_2$、VD$_4$ 截止，C 对 R_L 放电，u_C 按指数规律下降，放电到一定数值时 VD$_1$、VD$_3$ 导通，以后重复上述过程。

从图 4-23（b）所示波形可以看出，经滤波后的输出电压不仅变得平滑，而且平均值也得到提高。若考虑变压器内阻和二极管的导通电阻，则 u_C 的波形如图 4-23（c）所示，阴影部分为整流电路内阻上的压降。

从以上分析可知，电容充电时，回路电阻为整流电流的内阻，即变压器内阻和二极管的导通电阻，其数值很小，因而时间常数很小。电容放电时，回路电阻为 R_L，放电时间常数为 $R_L C$，通常远大于充电的时间常数。因此，滤波效果取决于放电时间。电容愈大，负载电阻愈大，滤波后输出电压愈平滑，并且其平均值愈大，如图 4-24 所示。换言之，当滤波电容容量一定时，若负载电阻减小（即负载电流增大），则时间常数 $R_L C$ 减小，放电速度加快，输出电压平均值随即下降，且脉动变大。

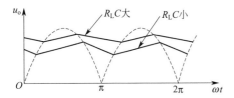

图 4-24　$R_L C$ 不同时 u_o 的波形

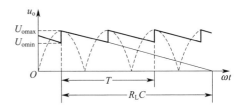

图 4-25　电容滤波电路输出电压平均值的分析

（2）输出电压平均值

滤波电路输出电压波形难于用解析式来描述，近似估算时，可将图 4-23（c）所示波形近似为锯齿波，如图 4-25 所示。图中 T 为电网电压的周期。设整流电路内阻较小而 $R_L C$ 较大，电容每次充电均可达到 u_2 的峰值（即 $U_{omax} = \sqrt{2} U_2$），然后按 $R_L C$ 放电的起始斜率直线下降，经 $R_L C$ 交于横轴，且在 $T/2$ 处的数值为最小值 U_{omin}，则输出电压平均值为

$$U_{o(AV)} = \frac{U_{omax} + U_{omin}}{2} \tag{4-42}$$

同时按相似三角形关系可得

$$\frac{U_{omax} - U_{omin}}{U_{omax}} = \frac{T/2}{R_L C} \tag{4-43}$$

$$U_{o(AV)} = \frac{U_{omax} + U_{omin}}{2} = U_{omax} - \frac{U_{omax} - U_{omin}}{2} = U_{omax} \left(1 - \frac{T}{4 R_L C}\right) \tag{4-44}$$

因而

$$U_{o(AV)} = \sqrt{2} U_2 \left(1 - \frac{T}{4 R_L C}\right) \tag{4-45}$$

式（4-45）表明，当负载开路，即 $R_L = \infty$ 时，$U_{omax} = \sqrt{2} U_2$。当 $R_L C = (3 \sim 5) T/2$ 时

$$U_{o(AV)} \approx 1.2 U_2 \tag{4-46}$$

为了获得较好的滤波效果，在实际电路中，应选择滤波电容的容量满足 $R_L C = (3 \sim 5) T/2$ 的条件的滤波电容。由于采用电解电容，考虑到电网电压的波动范围为 ±10%，电容

的耐压值应大于 $1.1\sqrt{2}U_2$。在半波整流电路中，为获得较好的滤波效果，电容容量应选得更大些。

（3）脉动系数

在图 4-25 所示的近似波形中，交流分量的基波的峰-峰值为 $(U_{omax}-U_{omin})$，根据式（4-44）可得基波峰值为

$$\frac{U_{omax}-U_{omin}}{2}=\frac{T}{4R_LC}U_{omax} \tag{4-47}$$

因此，脉动系数为

$$S=\frac{\dfrac{T}{4R_LC}U_{omax}}{U_{omax}\left(1-\dfrac{T}{4R_LC}\right)}=\frac{T}{4R_LC-T}=\frac{1}{\dfrac{4R_LC}{T}-1} \tag{4-48}$$

应当指出，由于图 4-25 所示锯齿波所含的交流分量大于滤波电路输出电压实际的交流分量，因而根据式（4-48）计算出的脉动系数大于实际数值。

（4）整流二极管的导通角

在未加滤波电容之前，无论是哪种单相不可控整流电路，整流二极管均有半个周期处于导通状态，也称整流二极管的导通角 θ 等于 π。加滤波电容后，只有当电容充电时，整流二极管才会导通，因此，每只整流二极管的导通角都小于 π。而且，R_LC 的值愈大，滤波效果愈好，整流二极管的导通角 θ 将愈小。由于电容滤波后输出平均电流增大，而整流二极管的导通角反而减小，所以整流二极管在短暂的时间内将流过一个很大的冲击电流为电容充电，如图 4-26 所示。这对二极管的寿命很不利，所以必须选用较大容量的整流二极管，通常其最大整流平均电流 $I_{F(AV)}$ 大于负载电流的 2～3 倍。

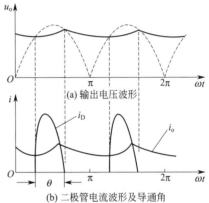

图 4-26　电容滤波电路中二极管的
电流、输出电压波形和导通角

（5）电容滤波电路的输出特性和滤波特性

当滤波电容 C 选定后，输出电压平均值 $U_{o(AV)}$ 和输出电流平均值 $I_{o(AV)}$ 的关系称为电容滤波电路的输出特性，脉动系数 S 和输出电流平均值 $I_{o(AV)}$ 的关系称为电容滤波电路的滤波特性。根据式（4-44）和式（4-48）可画出电容滤波电路的输出特性，如图 4-27（a）所示，滤波特性如图 4-27（b）所示。曲线表明，C 愈大，电路带负载能力愈强，滤波效果愈好；$I_{o(AV)}$ 愈大（即负载电阻 R_L 愈小），$U_{o(AV)}$ 愈低，S 的值愈大。

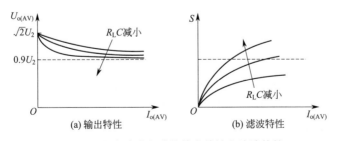

图 4-27　电容滤波电路的输出特性和滤波特性

综上所述，电容滤波电路简单易行，输出电压平均值高，适用于负载电流较小且其变化也较小的场合。

【例】 在图 4-23(a) 所示电路中，要求输出电压平均值 $U_{o(AV)}=15V$，负载电流平均值 $I_{L(AV)}=100mA$，$U_{o(AV)}\approx1.2U_2$。试求：

（1）滤波电容的大小；

（2）考虑到电网电压的波动范围为 ±10%，滤波电容的耐压值的大小。

解：（1）根据 $U_{o(AV)}\approx1.2U_2$ 可知，C 的取值满足 $R_LC=(3\sim5)T/2$ 的条件。

$$R_L=\frac{U_{o(AV)}}{I_{L(AV)}}=\frac{15}{100\times10^{-3}}\Omega=150\Omega$$

电容的容量为

$$C=\left[(3\sim5)\frac{20\times10^{-3}}{2}\times\frac{1}{150}\right]F\approx200\sim333\mu F$$

（2）变压器副边电压有效值为

$$U_2\approx\frac{U_{o(AV)}}{1.2}=\frac{15}{1.2}V=12.5V$$

电容的耐压值为

$$U>1.1\sqrt{2}U_2\approx1.1\sqrt{2}\times12.5V\approx19.5V$$

实际可选取容量为 $300\mu F$、耐压为 25V 的电容做本电路的滤波电容。

（6）倍压整流电路

利用滤波电容的存储作用，多个电容和二极管可以获得几倍于变压器副边电压的输出电压，称为倍压整流电路。倍压整流可以使输出的直流电压成倍地增加。

① 全波二倍压整流电路 图 4-28 为全波二倍压整流电路，假设电路的负载电阻 R_L 比较大。在交流输入电压 u_i 的正半周期，二极管 VD_1 导通，电流的流动方向如图 4-28 中的实线所示。这时电容 C_1 很快被充电到交流输入电压的峰值，即 $\sqrt{2}U_i$。在交流输入电压的负半周期，二极管 VD_1 截止、VD_2 导通，电容 C_2 上也被充电到最大值 $\sqrt{2}U_i$，充电电流方向如图 4-28 中的虚线所示。电路中的这两个电容成串联接法，所以整流电路总的输出电压就是这两个电容上所充的直流电压串联叠加起来，负载电阻就得到接近 $2\sqrt{2}U_i$ 的直流电压。由于负载电阻上的电压等于变压器次级线圈输出交流峰值电压的两倍，故称为二倍压整流电路。

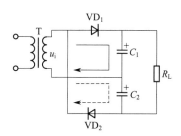

图 4-28　全波二倍压整流电路

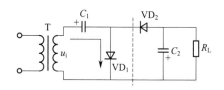

图 4-29　半波二倍压整流电路

② 半波二倍压整流电路 图 4-29 为半波二倍压整流电路，假设电路的负载电阻 R_L 比较大。在交流输入电压 u_i 的正半周期，二极管 VD_1 导通，电路中的电流方向如图 4-29 中的实线所示。这时电容 C_1 很快被充电并上升到峰值 $\sqrt{2}U_i$。在交流输入电压的负半周期，二极管 VD_1 截止、VD_2 导通，电容 C_1 充得的电压 $\sqrt{2}U_i$ 与变压器次级线圈上的电压串联叠加

后，对电容 C_2 进行充电，使得电容 C_2 充电电压正好是 $2\sqrt{2}U_i$，也就是电路负载电阻上得到了 2 倍的峰值电压。

初看起来，这个电路好像与前述全波二倍压整流电路得到的输出电压是相同的。但实际上，在这个电路中，电容 C_2 只在交流输入电压 u_i 的负半周期才被充上电。图中虚线左边的电路可以看成是一个峰值电压为 $2\sqrt{2}U_i$ 的交流电源，虚线右边的电路就是一个半波整流电路，故它的输出电压只是接近半波整流电路的两倍。

③ 三倍压整流电路　图 4-30 为三倍压整流电路，假设电路的负载电阻 R_L 比较大。在交流输入电压 u_i 的第一个正半周期，二极管 VD_1 导通，电容 C_1 很快被充电到峰值 $\sqrt{2}U_i$。在交流输入电压 u_i 接下来的一个负半周期，二极管 VD_2 导通，电容 C_1 的充电峰值电压 $\sqrt{2}U_i$ 与变压器次级线圈输出的交流电压有效值 U_i 叠加后，对电容 C_2 充电到峰值 $2\sqrt{2}U_i$。在交流输入电压 u_i 的第二个正半周期，一方面，交流输入电压 u_i 把电容 C_1 再次充电到峰值 $\sqrt{2}U_i$；另一方面，电容 C_2 上的充电电压峰值 $2\sqrt{2}U_i$ 与变压器次级线圈输出电压有效值 U_i 同极性串联叠加后，经二极管 VD_3 对电容 C_3 充电，充电电压的大小为 $3\sqrt{2}U_i$，经过几个周期以后，电容 C_3 两端的电压基本稳定在 $3\sqrt{2}U_i$。

以此类推，还可以得到四倍压、五倍压、……、n 倍压整流电路。细心的读者可能已经发现，在分析倍压整流电路原理时，都加上了电路负载电阻 R_L 比较大的假设条件。这是因为倍压整流电路之所以能升压，靠的是电容上充电电压的叠加。如果负载电阻很小，那么在电容不充电期间，电容上充得的电压就会因为负载放电很快而迅速下降，也就起不到倍压的效果，故倍压整流电路只能使用在输出电流很小（即负载电阻很大）的场合。

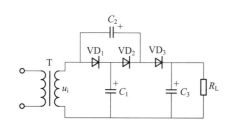 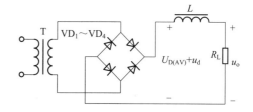

图 4-30　三倍压整流电路　　　　图 4-31　单相桥式整流电感滤波电路

4.1.3.2　电感滤波电路

在大电流负载情况下，由于负载电阻 R_L 很小，若采用电容滤波电路，则电容容量势必很大，而且整流二极管的冲击电流也非常大，这就使得整流管和电容器的选择比较困难，甚至不太可能，在这种情况下应当采用电感滤波。在整流电路与负载电阻之间串联一个电感线圈 L 就构成了电感滤波电路，如图 4-31 所示。由于电感线圈的电感量要足够大，所以一般需要采用带有铁芯的线圈。

电感的基本性质是当通过它的电流变化时，电感线圈中产生的感应电动势将阻止电流的变化。当通过电感线圈的电流增大时，电感线圈产生的自感电动势与电流方向相反，将阻止电流的增加，同时将一部分电能转化成磁场能存储于电感之中；当通过电感线圈的电流减小时，电感线圈中产生的自感电动势与电流方向相同，将阻止电流的减小，同时释放出存储的能量，以补偿电流的减小。因此，经电感滤波后，不但负载电流及电压的脉动减小，波形变得平滑，而且整流二极管的导通角增大。

整流电路输出电压可分为两部分：一部分为直流分量，它就是整流电路输出电压的平均值 $U_{o(AV)}$，对于全波整流电路，其值约为 $0.9U_2$；另一部分为交流分量 u_d，如图 4-31 所标注。电感线圈对直流分量呈现的电抗很小，就是线圈本身的电阻 R；而对交流分量呈现的电抗为 ωL。所以若二极管的导通角近似为 π，则电感滤波后的输出电压平均值

$$U_{o(AV)} = \frac{R_L}{R + R_L} \times U_{D(AV)} \approx \frac{R_L}{R + R_L} \times 0.9U_2 \qquad (4\text{-}49)$$

输出电压的交流分量

$$U_d \approx \frac{R_L}{\sqrt{(\omega L)^2 + R_L^2}} \times u_d \approx \frac{R_L}{\omega L} \times u_d \qquad (4\text{-}50)$$

从式(4-49) 可以看出，电感滤波电路输出电压平均值小于整流电路输出电压平均值，在线圈电阻可忽略的情况下，$U_{o(AV)} \approx 0.9U_2$。从式(4-50) 可以看出，在电感线圈不变的情况下，负载电阻愈小（即负载电流愈大），输出电压的交流分量愈小，脉动愈小。注意，只有在 R_L 远远小于 ωL 时，才能获得较好的滤波效果。显然，L 愈大，滤波效果愈好。

另外，由于滤波电感电动势的作用，二极管的导通角接近 π，减小了二极管的冲击电流，平滑了流过二极管的电流，从而可延长整流二极管的使用寿命。

4.1.3.3 复式滤波电路

当单独使用电容或电感进行滤波，效果仍不理想时，可采用复式滤波电路。电容和电感是基本的滤波元件，利用它们对直流量和交流量呈现不同电抗的特点，只要合理地接入电路都可以达到滤波的目的。

（1）倒 L 形滤波电路

图 4-32(a) 所示为倒 L 形滤波电路，它由一个电感线圈和一个电容构成。因为电感线圈和电容在电路中的接法像一个倒写的大写英文字母"L"，所以称为倒 L 形滤波电路。当直流电中的交流成分通过它时，大部分将降落在这个电感线圈上。经过电感线圈滤波后，残余的少量交流成分再经过后面的电容滤波，将进一步被削弱，从而使负载电阻得到了更加平滑的直流电。倒 L 形滤波电路的滤波性能好坏取决于电感线圈电感量 L 和电容容量 C 的乘积，L、C 的乘积越大，滤波效果越好。因为绕制电感线圈的成本较高，所以在负载电流不大的场合，电感线圈电感量 L 可以用得小一些，而电容容量 C 用得大一点。把多个倒 L 形电路串联起来，可以进一步改善滤波电路的滤波性能。

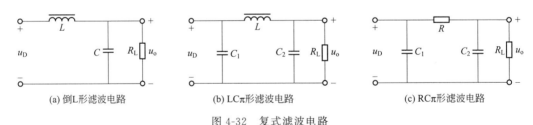

(a) 倒L形滤波电路　　　　　(b) LCπ形滤波电路　　　　　(c) RCπ形滤波电路

图 4-32　复式滤波电路

（2）LCπ 形滤波电路

图 4-32(b) 所示为 LCπ 形滤波电路。LCπ 形滤波电路由两个电容和一个电感线圈构成。它们在电路中的接法像小写的希腊字母"π"，所以称为 LCπ 形滤波电路。这种滤波电路实际上由一个电容滤波电路和一个倒 L 形滤波电路串联而成，其滤波效果取决于电感 L，电容 C_1、C_2 和负载电阻 R_L 的乘积大小。交流电经整流电路整流后得到脉动直流电，先经过一个电容 C_1 组成的滤波电路滤波后，其交流成分已大幅度减小，紧接着经过一个倒 L 形滤波电路滤波，输出到负载电阻上的直流电压将更加平滑。不过，由于 LCπ 形滤波电路也是一种电容输入式滤波电路，因此它也存在开机时有浪涌电流的问题，故电容 C_1 的容量不宜取得太大，以防浪涌电流损害整流二极管。

（3）RCπ形滤波电路

在负载电流要求不是很高的情况下，也可以用一个廉价的电阻 R 来代替贵而笨重的电感线圈 L，组成 RCπ 形滤波电路，如图 4-32(c) 所示。虽然这里的电阻本身不具有滤波作用，但是它后面的电容 C_2 对交流成分的阻抗（几欧姆）远远小于对直流成分的阻抗（接近无穷），所以脉动直流电中的交流成分大部分落在电阻 R 上，只有很少一部分降落在与电容 C_2 并联的负载电阻 R_L 上，也就是说 R_L 上很少有交流纹波，从而起到了滤波作用。增大串联电阻 R 的阻值或者电容 C_2 的容量可以改善总的滤波效果，不过电阻 R 的阻值太大会使输出直流电压降低，所以电阻 R 的阻值不宜选得太大。这种 RCπ 形滤波电路的滤波性能比单用电容滤波好，在一些小功率场合应用较多。

4.1.3.4 晶体管电子滤波电路

尽管 RCπ 形滤波电路具有较好的滤波效果，但是在实际应用电路中，串联电阻 R 不能取得太大，否则难以提供足够大的输出电流；电容 C_2 也不能取得太大，不然体积和成本会增加。为了进一步改善 RCπ 形滤波电路的滤波效果，同时又不影响输出电流的大小和产品的体积，可以采用晶体管电子有源滤波的方式。

图 4-33 就是可供实用的晶体管电子有源滤波电路。在该电路中，电容 C_1、C_2 和电阻 R 仍然构成 RCπ 形滤波电路，不过其负载是三极管 VT 的发射结，而真正流过负载电阻 R_L 的电流，大部分并不通过这个 RC 滤波电路提供，而是由 VT 的发射极电流提供。由于滤波电阻 R 的阻值取得较大，因此尽管电容 C_2 的容量不是特别大，但是电路的滤波效果很好，它使三极管的基极得到了非常平滑的基极电流 I_b（I_b 也通过 R_L）。该电流经过晶体三极管放大后，在发射极得到了大小等于 $(1+\beta)I_b$ 的发射极电流 I_e，这就是负载电流。因为 I_b 非常平滑，所以它被放大了 $(1+\beta)$ 倍后仍然很平滑，起到了很好的滤波效果。

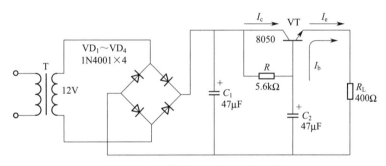

图 4-33　晶体管电子有源滤波电路

这里起到关键作用的是三极管 VT。它具备电流放大作用，使得基极上很大的滤波电阻 R 折合到发射极上相当于只有 $R/(1+\beta)$（忽略晶体管本身的内阻），从而解决了 RCπ 形电路中通过增大 R 提高滤波效果时，输出电流随之降低的问题。从滤波的效果来看，电子滤波器就好像是一个滤波电阻为 $R/(1+\beta)$，第二个滤波电容的容量为 $(1+\beta)C_2$ 的 RCπ 形滤波电路。因为晶体管的电流放大倍数 β 一般有几十到一百多，所以电容 C_2 的容量也就好像被放大了几十到一百多倍，这样大的等效电容接在滤波电路中，其滤波效果是可想而知的。

由于晶体管电子滤波器采用较大阻值的基极滤波电阻，较小电容量的滤波电容，就能取得与用大容量电容时一样好的滤波效果和用小阻值电阻时一样大的输出电流，因此这种电子有源滤波电路在小型电子设备中得到了广泛的应用，也常常出现在稳压电源中。不过用了三极管，就要注意三极管的散热问题，并且不能让输出负载电阻发生短路，以免烧毁三极管。另外，由于电阻 R 的阻值比较大，开机时电容 C_2 需要在一段时间后才能达到正常的电压值，所以输出直流电压会相应延迟一段时间后才能达到正常的输出直流电压值。不过这段时间非常短，通常不会超过 1s，一般情况下不会影响正常的使用。

4.2　非隔离型直流变换电路

　　非隔离型直流变换电路，有 3 种基本的电路拓扑：降压（Buck）式、升压（Boost）式、反相（Buck-Boost 即降压-升压）式。此外还有库克（Cuk）式、Sepic 式和 Zeta 式。本节讲述降压式、升压式和反相式直流变换电路 3 种基本的电路拓扑。

　　降压式、升压式和反相式等非隔离型直流变换电路的基本特征是：用功率开关晶体管把输入直流电压变成脉冲电压（直流斩波），再通过储能电感、续流二极管和输出滤波电容等元件的作用，在输出端得到所需的平滑直流电压，输入与输出之间没有隔离变压器。

　　在分析电路工作原理时，为了便于抓住主要矛盾，掌握基本原理，简化公式推导，将功率开关晶体管和二极管都视为理想器件，可以瞬间导通或截止，导通时压降为零，截止时漏电流为零；将电感和电容都视为理想元件，电感工作在线性区且漏感和线圈电阻都忽略不计，电容的等效串联电阻和等效串联电感都为零。

　　各种直流变换电路都存在电感电流连续模式（Continuous Conduction Mode，CCM）和电感电流不连续模式（Discontinuous Conduction Mode，DCM）两种工作模式，本书着重讲述电感电流连续模式。

4.2.1　降压式直流变换电路

　　（1）工作原理

　　降压（Buck）式直流变换电路（简称降压变换器）的电路图如图 4-34 所示，它由功率开关管 VT（图中为 N 沟道增强型 VMOS 功率场效应晶体管）、储能电感 L、续流二极管 VD、输出滤波电容 C_o 以及控制电路组成，R_L 为负载电阻。输入直流电源电压为 U_i，输出电压瞬时值为 u_o，输出直流电压（即瞬时输出电压 u_o 的平均值）用 U_o 表示，输出直流电流 $I_o = U_o / R_L$。

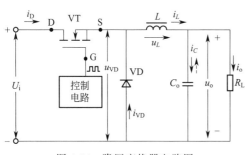

图 4-34　降压变换器电路图

　　功率开关管 VT 的导通与截止受控制电路输出的驱动脉冲控制。如图 4-34 所示，当控制电路有脉冲输出时，VT 导通，续流二极管 VD 反偏截止，VT 的漏极电流 i_D 通过储能电感 L 向负载 R_L 供电，此时 L 中的电流逐渐上升，在 L 两端产生左端正、右端负的自感电势抗拒电流上升，L 将电能转化为磁能储存起来。经过 t_{on} 时间后，控制电路无脉冲输出，使 VT 截止，但 L 中的电流不能突变，这时 L 两端产生右端正、左端负的自感电势抗拒电流下降，使 VD 正向偏置而导通，于是 L 中的电流经 VD 构成回路，其电流值逐渐下降，L 中储存的磁能转化为电能释放出来供给负载 R_L。经过 t_{off} 时间后，控制电路输出脉冲又使 VT 导通，重复上述过程。滤波电容 C_o 是为了降低输出电压 u_o 的脉动而加入的。续流二极管 VD 是必不可少的元件，倘若无此二极管，电路不仅不能正常工作，而且在 VT 由导通变为截止时，L 两端将产生很高的自感电势而使功率开关管击穿损坏。

　　在 L 足够大的条件下，降压变换器工作于电感电流连续模式，假设 C_o 也足够大，则波形图如图 4-35 所示。

　　控制电路输出的驱动脉冲宽度为 t_{on}，无脉冲的持续时间为 t_{off}，开关周期 $T = t_{on} + t_{off}$。栅-源间驱动脉冲 u_{GS} 的波形如图 4-35(a) 所示，功率开关管漏-源间电压 u_{DS} 和续流二极管阴极-阳极两端电压 u_{VD} 的波形分别如图 4-35(b)、(c) 所示。在 t_{on} 期间，VT 导通，$u_{DS}=0$，VD 截止，$u_{VD}=U_i$；在 t_{off} 期间，VT 截止而 VD 导通，$u_{VD}=0$，$u_{DS}=U_i$。

t_{on} 期间 L 两端电压为

$$u_L = L\frac{\mathrm{d}i_L}{\mathrm{d}t} = U_i - u_o$$

其极性是左端正右端负。符合使用要求的直流变换电路在稳态情况下 u_o 波形应相当平滑，即 $u_o \approx U_o$，因此上式可以近似地写成

$$u_L = L\frac{\mathrm{d}i_L}{\mathrm{d}t} = U_i - U_o$$

这期间 L 中的电流 i_L 按线性规律从最小值 $I_{L\min}$ 上升到最大值 $I_{L\max}$，即

$$i_L = \int \frac{U_i - U_o}{L}\mathrm{d}t = \frac{U_i - U_o}{L}t + I_{L\min}$$

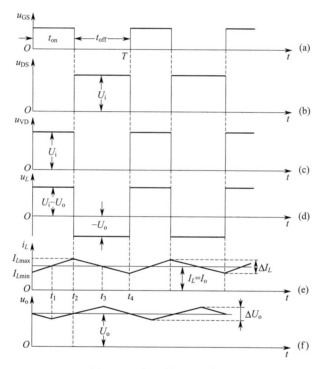

图 4-35　降压变换器波形图

L 中的电流最大值为

$$I_{L\max} = \frac{U_i - U_o}{L}t_{on} + I_{L\min}$$

L 中储存的能量为

$$W = \frac{1}{2}I_{L\max}^2 L$$

t_{off} 期间 L 两端电压为

$$u_L = L\frac{\mathrm{d}i_L}{\mathrm{d}t} = -U_o$$

其极性是右端正、左端负，与正方向相反。从上式可以看出，这时 L 中的电流 i_L 按线

性规律下降，其下降斜率为$-U_o/L$。i_L 按此斜率从最大值 $I_{L\max}$ 下降到最小值 $I_{L\min}$。

L 中的电流最小值为

$$I_{L\min} = I_{L\max} - \frac{U_o}{L}t_{off}$$

通过以上定量分析可以得到一个重要概念：在一段时间内电感两端有一恒定电压时，电感中的电流 i_L 必然按线性规律变化，其斜率为电压值与电感量之比。当电流与电压实际方向相同时，i_L 按线性规律上升；当电流与电压实际方向相反时，i_L 按线性规律下降。

在 VT 周期性地导通、截止过程中，L 中的电流增量（即 t_{on} 期间 i_L 的增加量和 t_{off} 期间 i_L 的减小量）为

$$\Delta I_L = I_{L\max} - I_{L\min} = \frac{U_i - U_o}{L}t_{on} = \frac{U_o}{L}t_{off} \tag{4-51}$$

如上所述，u_L 和 i_L 的波形分别如图 4-35(d)、(e) 所示。从图 4-34 可以看出，储能电感中的电流 i_L 等于流过负载的输出电流 i_o 与滤波电容充放电电流 i_C 的代数和。由于电容不能通过直流电流，其电流平均值为零，因此储能电感的电流平均值 I_L 与输出直流电流 I_o（即 i_o 的平均值）相等，即

$$I_L = (I_{L\max} - I_{L\min})/2 = I_o \tag{4-52}$$

输出电压瞬时值 u_o 也就是滤波电容 C_o 两端的电压瞬时值，它实际上是脉动的，当 C_o 充电时 u_o 升高，在 C_o 放电时 u_o 降低。滤波电容的电流瞬时值为

$$i_C = i_L - i_o$$

其中输出电流瞬时值

$$i_o = u_o/R_L$$

符合使用要求的直流变换电路虽然输出电压 u_o 有脉动，但 u_o 与其平均值 U_o 很接近，即 $u_o \approx U_o$，于是 $i_o \approx I_o$。因此

$$i_C \approx i_L - I_o$$

当 $i_L > I_o$ 时，$i_C > 0$（i_C 为正值），C_o 充电，u_o 升高；当 $i_L < I_o$ 时，$i_C < 0$（i_C 为负值），C_o 放电，u_o 降低。u_o 的波形如图 4-35(f) 所示（为了便于看清 u_o 的变化规律，图中 u_o 的脉动幅度有所夸张，实际上 u_o 的脉动幅度应很小）。

假设电路已经稳定工作，我们来观察 u_o 的具体变化规律：在 $t=0$ 时，VT 受控由截止变导通，但此刻 $i_L = I_{L\min} < I_o$，因此 C_o 继续放电，使 u_o 下降；到 $t=t_1$ 时，i_L 上升到 $i_L = I_o$，C_o 停止放电，u_o 下降到了最小值，此后 $i_L > I_o$，C_o 开始充电，使 u_o 上升；在 $t=t_2$ 时，VT 受控由导通变截止，然而此刻 $i_L = I_{L\max} > I_o$，故 C_o 继续充电，u_o 继续上升；到 $t=t_3$ 时，i_L 下降到 $i_L = I_o$，C_o 停止充电，u_o 上升到了最大值，此后 $i_L < I_o$，C_o 开始放电，使 u_o 下降；在 $t=t_4$ 时又重复 $t=0$ 时的情况。输出脉动电压（即纹波电压）的峰-峰值用 ΔU_o 表示。

（2）输出直流电压 U_o

电感两端直流电压为零（忽略线圈电阻），即电压平均值为零，因此在一个开关周期中 U_L 波形的正向面积必然与负向面积相等。由图 4-35(d) 可得

$$(U_i - U_o)t_{on} = U_o t_{off}$$

由此得到降压变换器在电感电流连续模式时，输出直流电压 U_o 与输入直流电压 U_i 的关系式为

$$U_o = \frac{t_{on}}{t_{on} + t_{off}}U_i = \frac{t_{on}}{T}U_i = DU_i \tag{4-53}$$

式中，t_{on} 为功率开关管导通时间；t_{off} 为功率开关管截止时间；T 为功率开关管开关周期，即

$$T = t_{on} + t_{off} \tag{4-54}$$

D 为开关接通时间占空比，简称占空比，即

$$D = t_{on}/T \tag{4-55}$$

由式(4-53)可知，改变占空比 D，输出直流电压 U_o 也随之改变。因此，当输入电压或负载变化时，可以通过闭环负反馈控制回路自动调节占空比 D 来使输出直流电压 U_o 保持稳定。这种方法称为"时间比率控制"。

改变占空比的方法有下面 3 种：

① 保持开关频率 f 不变（即开关周期 T 不变，$T=1/f$），改变 t_{on}，称为脉冲宽度调制 (Pulse Width Modulation，PWM)，这种方法应用得最多；

② 保持 t_{on} 不变而改变 f，称为脉冲频率调制 (Pulse Frequency Modulation，PFM)；

③ 既改变 t_{on} 也改变 f，称为脉冲宽度频率混合调制。

从式(4-53)还可以看出，由于占空比 D 始终小于 1，必然有 $U_o < U_i$，所以图 4-34 所示电路称为降压式直流变换电路或降压型开关电源。

(3) 元器件参数计算

① 储能电感 L　储能电感的电感量 L 足够大才能使电感电流连续。假如电感量偏小，则功率开关管导通期间电感中储能较少，在功率开关管截止期间的某一时刻，电感储能释放完毕而使电感中的电流、电压都变为零，于是 i_L 波形不连续，相应地，u_{DS}、u_{VD} 波形出现台阶，如图 4-36(a) 所示。由于 i_L 为零期间仅靠 C_o 放电提供负载电流，因此，这种电感电流不连续模式将使直流变换电路带负载能力降低、稳压精度变差和纹波电压增大。若要避免出现这种现象，就要 L 值较大，但 L 值过大会使储能电感的体积和重量过大。通常根据临界电感 L_c 来选取 L 值，即

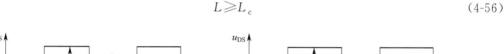

$$L \geqslant L_c \tag{4-56}$$

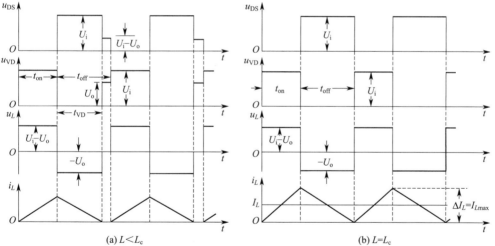

图 4-36　降压变换器 L 值对电压电流波形的影响

临界电感 L_c 是使通过储能电感的电流 i_L 恰好连续而不出现间断所需的最小电感量。当 $L=L_c$ 时，相关电压、电流波形如图 4-36(b) 所示，i_L 在功率开关管截止结束时刚好下降为零。这时 $I_{L\min}=0$，并且

$$\Delta I_L = 2I_L \tag{4-57}$$

由式(4-57)和式(4-51)、式(4-52)，可求得降压变换器的临界电感为

$$L_c = \frac{U_o}{2I_o t_{off}} = \frac{U_o T(1-D)}{2I_o} = \frac{U_o T}{2I_o}\left(1 - \frac{U_o}{U_i}\right) \tag{4-58}$$

上式中，I_o 应取最小值（但输出不能空载，即 $I_o \neq 0$），为了避免电感体积过大，也可以取额定输出电流的 $0.3 \sim 0.5$ 倍；$U_o/U_i = D$ 应取最小值（即 U_i 取最大值），U_o 应取最大值。从式（4-58）可以看出，开关工作频率愈高，即 T 愈小，则所需电感量愈小。

观察图 4-34 可知，忽略 L 中的线圈电阻，降压变换器输出的直流电压 U_o 等于续流二极管 VD 两端瞬时电压 u_{VD} 的平均值。当输入电压 U_i 和占空比 D 不变时，因为 $L < L_c$ 时 u_{VD} 波形中多一个台阶，所以 $L < L_c$（电感电流不连续模式）的 U_o 值大于 $L \geqslant L_c$（电感电流连续模式）的 U_o 值。计算 U_o 的式（4-53）仅适用于 $L \geqslant L_c$ 的情形。

式（4-58）表明，当输入电压 U_i、输出电压 U_o 和开关周期 T 一定时，输出电流 I_o 愈小（即负载愈轻），则临界电感值 L_c 愈大。假如设计直流变换电路时没有按实际的最小 I_o 值来计算 L_c，并取 $L > L_c$，就会出现这样的现象：只有负载较重时，I_o 较大，直流变换电路才工作在 $L \geqslant L_c$ 的状态；而轻载时 I_o 小，直流变换电路变为处于 $L < L_c$ 的状态，这时 $I_{L\max}$ 值较小，电感中储能少，不足以维持 i_L 波形连续，U_o 将比按式（4-53）计算的值大，要使 U_o 不升高，应减小占空比 D。

储能电感的磁芯，通常采用铁氧体，在磁路中加适当长度的气隙；也可采用磁粉芯。由于磁粉芯由铁磁性材料与顺磁性材料的粉末复合而成，相当于在磁芯中加了气隙，因此具有在较高磁场强度下不饱和的特点，不必加气隙；但磁粉芯非线性特性显著，其电感量随工作电流的增加而下降。

② 输出滤波电容 C_o。 从图 4-35（f）看出，降压变换器的输出纹波电压峰-峰值 ΔU_o，等于 $t_1 \sim t_3$ 期间 C_o 上的电压增量，因此

$$\Delta U_o = \frac{\Delta Q}{C_o} = \frac{1}{C_o}\int_{t_1}^{t_3} i_C \, dt$$

虽然在整个 $t_1 \sim t_3$ 期间，$i_C \approx i_L - I_o > 0$，$C_o$ 充电，使 u_o 升高，但其中 $t_1 \sim t_2$ 期间（其持续时间约为 $t_{on}/2$）i_C 值上升，而 $t_2 \sim t_3$ 期间（其持续时间约为 $t_{off}/2$）i_C 值下降，两个期间 i_C 变化规律不同，所以要把积分区间分为两个部分，即

$$\Delta U_o = \frac{1}{C_o}\left(\int_{t_1}^{t_2} i_C \, dt + \int_{t_2}^{t_3} i_C \, dt\right)$$

$$= \frac{1}{C_o}\left[\int_{\frac{t_{on}}{2}}^{t_{on}}\left(\frac{U_i - U_o}{L}t + I_{L\min} - I_o\right)dt + \int_0^{\frac{t_{off}}{2}}\left(I_{L\max} - \frac{U_o}{L}t - I_o\right)dt\right]$$

注：为便于计算，上述第二项积分移动纵坐标使积分下限为坐标原点。

经过数学运算求得

$$\Delta U_o = \frac{U_o T t_{off}}{8LC_o} = \frac{U_o T^2 t_{off}}{8LC_o}\left(1 - \frac{U_o}{U_i}\right)$$

根据允许的输出纹波电压峰-峰值 ΔU_o（或相对纹波 $\Delta U_o/U_o$，通常相对纹波小于 0.5%），可利用上式确定输出滤波电容所需的电容量为

$$C_o \geqslant \frac{U_o T^2}{8L \Delta U_o}\left(1 - \frac{U_o}{U_i}\right) \tag{4-59}$$

从上式可以看出，开关频率愈高，即 T 愈小，则所需电容量 C_o 愈小。

输出滤波电容 C_o 采用高频电解电容器，为使 C_o 有较小的等效串联电阻（ESR）和等效串联电感（ESL），常用多个电容器并联。电容器的额定电压应大于电容器上的直流电压与交流电压峰值之和，电容器允许的纹波电流值应大于实际纹波电流值。电解电容器是有极

性的，使用时正、负极性切不可接反，否则，电容器会因漏电流很大而过热损坏，甚至发生爆炸。

③ 功率开关管 VT（VMOSFET）

a. VMOSFET 的最大漏极电流 I_{Dmax} 与漏极电流有效值 I_{Dx}　降压变换器等非隔离型开关电源。功率开关管导通时，漏极电流 i_D 等于 t_{on} 期间的电感电流 i_L，因此最大漏极电流 I_{Dmax} 与储能电感中的电流最大值 I_{Lmax} 相等。当 $L \geq L_c$ 时

$$I_{Lmax} = I_L + \frac{\Delta I_L}{2} \tag{4-60}$$

在降压变换器中，$I_L = I_o$，将 ΔI_L 用式（4-51）代入，得

$$I_{Lmax} = I_o + \frac{U_o}{2L} t_{off}$$

而 $t_{off} = T - t_{on} = T(1-D) = T(1 - U_o/U_i)$

所以

$$I_{Dmax} = I_{Lmax} = I_o + \frac{U_o T}{2L}\left(1 - \frac{U_o}{U_i}\right) \tag{4-61}$$

漏极电流有效值为

$$I_{Dx} = \sqrt{\frac{\int_0^T i_D^2 dt}{T}} \approx \sqrt{\frac{\int_0^{t_{on}} I_L^2 dt}{T}} = \sqrt{\frac{t_{on}}{T}} I_L = \sqrt{D} I_L \tag{4-62}$$

在降压变换器中

$$I_{Dx} \approx \sqrt{D} I_o \tag{4-63}$$

b. VMOSFET 的最大漏-源电压 U_{DSmax}　功率开关管的漏-源电压 u_{DS} 在它由导通变为截止时最大，在降压变换器中的值为

$$U_{DSmax} = U_i \tag{4-64}$$

c. VMOSFET 的耗散功率 P_D　在前面的讨论中，把功率开关管视为理想器件，既没有考虑它的"上升时间" t_r 和"下降时间" t_f 等动态参数及开关损耗，也没有考虑它的通态损耗。实际上功率开关管在工作过程中是存在功率损耗的，开关工作一周期可分为 4 个时区，即上升时间 t_r、导通时间 t_{on}、下降时间 t_f 和截止时间 t_{off}，除了 t_{off} 期间损耗功率很小外，在 t_r、t_f 和 t_{on} 时间的损耗功率都不能忽略。

深入讨论 t_r 和 t_f 的过程很复杂，为简化分析，将开关工作波形理想化如图 4-37 所示。VMOS 场效应管各时区的损耗功率在一个周期内的平均值分别如下。

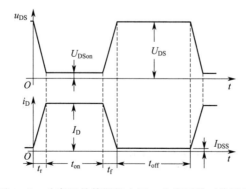

图 4-37　功率开关管漏极电压、电流开关工作波形

上升损耗：

$$P_r = \frac{1}{T}\int_0^{t_r} U_{DS}\left(1-\frac{t}{t_r}\right)I_D\frac{t}{t_r}\mathrm{d}t = \frac{U_{DS}I_D}{6T}t_r$$

通态损耗：

$$P_{on} = U_{DSon}I_D\frac{t_{on}}{T} = U_{DSon}I_D D$$

下降损耗：

$$P_f = \frac{1}{T}\int_0^{t_f} U_{DS}\left(1-\frac{t}{t_f}\right)I_D\frac{t}{t_f}\mathrm{d}t = \frac{U_{DS}I_D}{6T}t_f$$

截止损耗：

$$P_{off} = U_{DS}I_{DSS}\frac{t_{off}}{T} = U_{DS}I_{DSS}(1-D)$$

因此，VMOSFET 的耗散功率为

$$P_D = P_r + P_{on} + P_f + P_{off}$$
$$= \frac{U_{DS}I_D}{6T}(t_r+t_f) + U_{DSon}I_D D + U_{DS}I_{DSS}(1-D) \quad (4\text{-}65)$$

式中，U_{DS} 为 VMOSFET 截止时的 D、S 极间电压；I_D 为 VMOSFET 导通期间的漏极平均电流；T 为开关周期；t_r 为 VMOSFET 的开关参数"上升时间"；t_f 为 VMOSFET 的开关参数"下降时间"；U_{DSon} 为 VMOSFET 的通态压降，$U_{DSon}=I_D R_{on}$（R_{on} 为 VMOSFET 的导通电阻）；I_{DSS} 为 VMOSFET 的零栅压漏极电流，即 VMOSFET 截止时的漏极电流；D 为占空比。

P_r 与 P_f 之和称为开关损耗，P_{on} 与 P_{off} 之和称为稳态损耗。

通常 VMOSFET 的 I_{DSS} 很小，使 P_{off} 可以忽略不计，因此 VMOSFET 的耗散功率可近似为

$$P_D = \frac{U_{DS}I_D}{6T}(t_r+t_f) + U_{DSon}I_D D \quad (4\text{-}66)$$

也就是说，P_D 近似等于开关损耗与通态损耗之和。为了避免开关损耗过大，t_r+t_f 应比 T 小得多。

式（4-66）具有通用性，不仅适用于降压式直流变换电路，而且对其他类型的直流变换电路也适用。需要说明的是，该式仅适用于粗略估算，因为它所依据的是功率开关管的理想开关波形，同实际开关波形有些差别，式中的开关损耗部分有可能出现较大误差（计算开关损耗比较精确的方法是：根据实测的 i_D、u_{DS} 波形，用图解法求出，不过这种方法很复杂）。用该式计算的结果选管时，VMOSFET 允许的耗散功率要有一定裕量。

对降压变换器而言，$U_{DS}=U_i$，$I_D=I_o$，$D=U_o/U_i$，故

$$P_D = \frac{U_i I_o}{6T}(t_r+t_f) + \frac{U_{DSon}I_o U_o}{U_i} \quad (4\text{-}67)$$

选择 VMOSFET 的要求是：漏极脉冲电流额定值 $I_{DM}>I_{Dmax}$，漏极直流电流额定值大于 I_{Dx}，漏-源击穿电压 $V_{(BR)DSS}\geqslant 1.25U_{DSmax}$（考虑 25% 以上的裕量），最大允许耗散功率 $P_{DM}>P_D$，导通电阻 R_{on} 小，开关速度快。

④ 续流二极管 VD　续流二极管 VD 在功率开关管 VT 截止时导通，其电流值等于 t_{off} 期间的 i_L。从图 4-35（e）可以看出，续流二极管中的电流平均值为

$$I_{VD} = \frac{t_{off}}{T}I_L = (1-D)I_L \quad (4\text{-}68)$$

在降压变换器中，由于 $I_L = I_o$，$D = U_o/U_i$，因此

$$I_{VD} = \left(1 - \frac{U_o}{U_i}\right) I_o \tag{4-69}$$

续流二极管承受的反向电压为

$$U_R = U_i \tag{4-70}$$

选择续流二极管的要求是：额定正向平均电流 $I_F \geqslant (1.5 \sim 2) I_{VD}$，反向重复峰值电压 $U_{RRM} \geqslant (1.5 \sim 2) U_R$，正向压降小，反向漏电流小，反向恢复时间短并具有软恢复特性。

上述选择 VMOSFET 和二极管的要求，不仅适用于降压式直流变换电路，对其他直流变换电路也适用。

（4）优缺点

降压变换器的优点：

① 若 L 足够大（$L \geqslant L_c$），则电感电流连续，不论功率开关管导通或截止，负载电流都流经储能电感，因此输出电压脉动较小，并且带负载能力强；

② 对功率开关管和续流二极管的耐压要求较低，它们承受的最大电压为输入最高电源电压。

降压变换器的缺点：

① 当功率开关管截止时，输入电流为零，因此输入电流不连续，是脉冲电流，这对输入电源不利，加重了输入滤波的任务；

② 功率开关管和负载是串联的，如果功率开关管击穿短路，负载两端电压便升高到输入电压 U_i，可能使负载因承受过电压而损坏。

限于篇幅，对后面其他类型的变换器不讲述元器件参数的计算。不同的直流变换电路，虽然元器件参数的计算公式不同，但分析方法相似。对于其他类型的直流变换电路，在掌握其工作原理和波形图的基础上，可借鉴上述方法计算元器件参数。

4.2.2 升压式直流变换电路

（1）工作原理

升压（Boost）式直流变换电路（简称升压变换器）的电路图如图 4-38 所示。当控制电路有驱动脉冲输出时（t_{on} 期间），功率开关管 VT 导通，输入直流电压 U_i 全部加在储能电感 L 两端，其极性为左端正、右端负，续流二极管 VD 反偏截止，电流从电源正端经 L 和 VT 流回电源负端，i_L 按线性规律上升，L 将电能转化为磁能储存起来。经过 t_{on} 时间后，控制电路无脉冲输出（t_{off} 期间），使 VT 截止，L 两端自感电势的极性变为右端正、左端负，使 VD 导通，L 释放储能，i_L 按线性规律下降，这时 U_i 和 L 上的电压 u_L 叠加起来，经 VD 向负载 R_L 供电，同时对滤波电容 C_o 充电。经过 t_{off} 时间后，VT 又受控导通，VD 截止，L 储能，已充电的 C_o 向负载 R_L 放电。经 t_{on} 时间后，VT 受控截止，重复上述过程。开关周期 $T = t_{on} + t_{off}$。

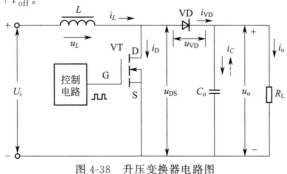

图 4-38 升压变换器电路图

假设 L 和 C_o 都足够大,电路工作于电感电流连续模式,则升压变换器的波形图如图 4-39 所示。在 t_{on} 期间,VT 受控导通,$u_{DS}=0$,VD 截止,其阴极-阳极间电压 $u_{VD}=u_o \approx U_o$,两端电压(极性左端正、右端负)$u_L=U_i$;在 t_{off} 期间,VT 截止,VD 导通,$u_{VD}=0$,$u_{DS}=u_o \approx U_o$,L 两端电压(极性右端正、左端负)$u_L=-(u_o-U_i)$。在 t_{on} 期间,C_o 放电,u_o 有所下降;在 t_{off} 期间,C_o 充电,故 u_o 有所上升(为了便于说明问题,图中 u_o 脉动幅度有所夸张,实际上 u_o 脉动很小)。

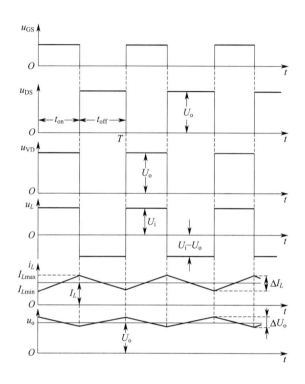

图 4-39　升压变换器波形图

(2)输出直流电压 U_o

电感两端直流电压为零(忽略线圈电阻),即电压平均值为零。据此利用 u_L 波形图可求得升压变换器电感电流连续模式的输出直流电压(即 u_o 的平均值)为

$$U_o = \frac{T}{t_{off}} U_i = \frac{U_i}{1-D} \tag{4-71}$$

由于 $t_{off}<T$,$0<D<1$,因此输出直流电压 U_o 始终大于输入直流电压 U_i,这就是升压式直流变换电路名称的由来。

需要指出的是,在升压变换器中,储能电感 L 的电流平均值 I_L 大于输出直流电流 I_o。与降压变换器不同,L 中的电流就是升压变换器的输入电流。忽略电路中的损耗,输出直流功率与输入直流功率相等,即

$$U_o I_o = U_i I_L$$

因此

$$I_L = \frac{U_o}{U_i} I_o = \frac{I_o}{1-D} \tag{4-72}$$

(3)优缺点

升压变换器的优点:

① 输出电压总是高于输入电压，当功率开关管被击穿短路时，不会出现输出电压过高而损坏负载的现象；

② 输入电流（即 i_L）是连续的，不是脉冲电流，因此对电源的干扰较小，输入滤波器的任务较轻。

升压变换器的缺点：输出侧的电流（指流经 VD 的 i_{VD}）不连续，是脉冲电流，从而加重了输出滤波的任务。

4.2.3　反相式直流变换电路

（1）工作原理

反相（Buck-Boost）式直流变换电路（简称反相变换器）的电路图如图 4-40 所示。与降压变换器相比，电路结构的不同点是储能电感 L 和续流二极管 VD 对调了位置。

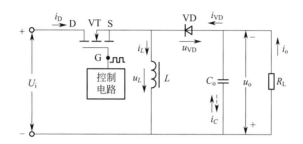

图 4-40　反相变换器电路图

当控制电路有驱动脉冲输出时（t_{on} 期间），功率开关管 VT 导通，输入直流电压 U_i 全部加在储能电感 L 两端，其极性为上端正、下端负，续流二极管 VD 反偏截止，储能电感 L 将电能转化为磁能储存起来，电流从电源正端经 VT 和 L 流回电源负端，i_L 按线性规律上升。经过 t_{on} 时间后，控制电路无脉冲输出（t_{off} 期间），VT 截止，L 两端自感电势的极性变为下端正、上端负，VD 导通，L 所储存的磁能转化为电能释放出来，向负载 R_L 供电，并同时对滤波电容 C_o 充电，i_L 按线性规律下降。经过 t_{off} 时间后，VT 又受控导通，VD截止，L 储能，已充电的 C_o 向负载 R_L 放电。经 t_{on} 时间后，VT 受控截止，重复上述过程。开关周期 $T = t_{on} + t_{off}$。由以上讨论可知，这种电路输出直流电压 U_o 的极性和输入直流电压 U_i 的极性是相反的，故称为反相式直流变换电路。

假设 L 和 C_o 都足够大，电路工作于电感电流连续模式，则反相变换器的波形图如图 4-41 所示。在 t_{on} 期间，VT 受控导通，$u_{DS} = 0$，VD 截止，其阴极-阳极间电压 $u_{VD} = U_i + u_o \approx U_i + U_o$，$L$ 两端电压 $u_L = U_i$（极性上端正下端负）；在 t_{off} 期间，VT 截止，VD 导通，$u_{VD} = 0$，$u_{DS} = U_i + u_o \approx U_i + U_o$，$L$ 两端电压 $u_L = -u_o \approx -U_o$（极性下端正、上端负，与正方向相反）。

L 中的电流平均值为 I_L。根据电荷守恒定律，当电路处于稳态时，储能电感 L 在 t_{off} 期间所释放的电荷总量等于负载 R_L 在一个周期（T）内所获得的电荷总量，即

$$I_L t_{off} = I_o T$$

所以

$$I_L = \frac{T}{t_{off}} I_o = \frac{I_o}{1 - D} \tag{4-73}$$

可见在反相变换器中，$I_L > I_o$。

输出电压瞬时值 u_o 等于滤波电容 C_o 两端的电压瞬时值。在 VT 导通、VD 截止时（即

t_{on} 期间），C_o 放电，u_o 有所下降；在 VT 截止、VD 导通时（即 t_{off} 期间），C_o 充电，u_o 有所上升。因此，u_o 波形如图 4-41 所示（图中 u_o 脉动幅度有所夸张）。

（2）输出直流电压 U_o

利用 u_L 波形图可求得反相变换器电感电流连续模式的输出直流电压为

$$U_o = \frac{t_{on}}{t_{off}}U_i = \frac{D}{1-D}U_i \qquad (4\text{-}74)$$

式中，D 为占空比，$D = t_{on}/T$。

从式（4-74）可知：当 $t_{on} < t_{off}$ 时，$D < 0.5$，$U_o < U_i$，电路属于降压式；当 $t_{on} = t_{off}$ 时，$D = 0.5$，$U_o = U_i$；当 $t_{on} > t_{off}$ 时，$D > 0.5$，$U_o > U_i$，电路属于升压式。

由此可见，这种电路的占空比 D 若能从小于 0.5 变到大于 0.5，输出直流电压 U_o 就能由低于输入直流电压 U_i 变为高于输入直流电压 U_i，所以反相式直流变换电路又称为降压-升压式直流变换电路，使用起来灵活方便。

（3）优缺点

反相变换器的优点：

① 当功率开关管被击穿短路时，不会出现输出电压过高而损坏负载的现象；

② 既可以降压，也可以升压。

反相变换器的缺点。

① 在续流二极管截止期间，负载电流全靠滤波电容 C_o 放电来提供，因此带负载能力较差，稳压精度亦较差。这种电路的输入电流（指 VT 的 i_D）与输出侧的电流（指流经 VD 的 i_{VD}）都是脉冲电流，从而加重了输入滤波和输出滤波的任务。

② 功率开关管或续流二极管截止时承受的反向电压较高，都等于 $U_i + U_o$，因此对器件的耐压要求较高。

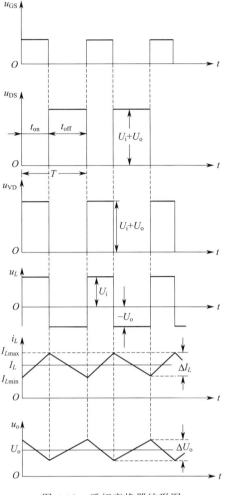

图 4-41 反相变换器波形图

4.3 隔离型直流变换电路

隔离型直流变换电路按其电路结构的不同，可分为单端反激式直流变换电路、单端正激式直流变换电路、推挽式直流变换电路、全桥式直流变换电路和半桥式直流变换电路。每种又有自激型和他激型之分，本节仅讨论他激型。隔离型直流变换电路的基本工作过程是：输入直流电压，先通过功率开关管的通断把直流电压逆变为占空比可调的高频交变方波电压加在变压器初级绕组上，然后经过变压器变压、高频整流和滤波，输出所需直流电压。在这类直流变换电路中均有高频变压器，可实现输出侧与输入侧之间的电气隔离。高频变压器的磁芯通常采用铁氧体或铁基纳米晶合金（超微晶合金）。

4.3.1 单端反激式直流变换电路

（1）工作原理

单端反激（Flyback）式直流变换电路（简称单端反激变换器）的电路图如图 4-42（a）所示，简化电路如图 4-42（b）所示。这种变换器由功率开关管 VT、高频变压器 T、整流二极管 VD 和滤波电容 C_o、负载电阻 R_L 以及控制电路组成。变压器初级绕组为 N_p，次级绕组为 N_s，同名端如图中所示，当 VT 导通时，VD 截止，故称为反激式变换器。在这种电路中，变压器既起变压作用，又起储能电感的作用。所以，人们又把这种电路称为电感储能式变换器。

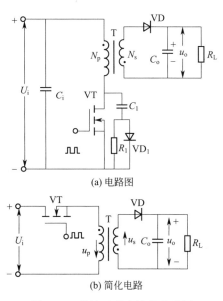

(a) 电路图

(b) 简化电路

图 4-42　单端反激变换器电路图

功率开关管 VT 的导通与截止由加于栅-源极间的驱动脉冲电压（u_{GS}）控制，开关工作周期 $T = t_{on} + t_{off}$。

① t_{on} 期间　VT 受控导通，忽略 VT 的压降，可近似认为输入直流电压 U_i 全部加在变压器初级绕组两端，变压器初级电压 $u_p = U_i$，于是变压器次级电压为

$$u_s = u_p/n = U_i/n$$

式中，$n = u_p/u_s = N_p/N_s$，为变压器的变比，即变压器初、次级绕组匝数比。

如图 4-42 所示，此时变压器初级绕组的电压极性为上端正、下端负，次级绕组的电压极性由同名端决定，为下端正、上端负，故 VD 反向偏置而截止，次级绕组中无电流通过。由于变压器初级电压为

$$u_p = N_p \frac{d\phi}{dt} = L_p \frac{di_p}{dt} = U_i$$

因此变压器初级绕组的电流（即 VT 的漏极电流）为

$$i_p = \int \frac{U_i}{L_p} dt = \frac{U_i}{L_p} t + I_{p0} \tag{4-75}$$

式中，L_p 为变压器初级励磁电感；I_{p0} 为初级绕组的初始电流。

由上式可知，在 t_{on} 期间 i_p 按线性规律上升，L_p 储能。变压器初级绕组中的电流最大值 I_{pm} 出现在 VT 导通结束的 $t = t_{on}$ 时刻，其值为

$$I_{pm} = \frac{U_i}{L_p} t_{on} + I_{p0}$$

L_p 中的储能为

$$W_p = \frac{1}{2} I_{pm}^2 L_p$$

该能量储存在变压器的励磁电感中，即储存在磁芯和气隙的磁场中。

②t_{off} 期间 VT 受控截止，变压器初级电感 L_p 产生感应电势反抗电流减小，使变压器初、次级电压反向（初级绕组电压极性变为下端正、上端负，而次级绕组电压极性变为上端正、下端负），于是 VD 正向偏置而导通，储存在磁场中的能量释放出来，对滤波电容 C_o 充电，并对负载 R_L 供电，输出电压等于滤波电容 C_o 两端电压。假设电路已处于稳态，C_o 足够大，使输出电压瞬时值 u_o 近似等于平均值——输出直流电压 U_o，忽略整流二极管 VD 的正向压降，则 VD 导通期间（t_{VD}）变压器次级电压为

$$u_s = N_s \frac{d\phi}{dt} = L_s \frac{di_s}{dt} = -U_o \tag{4-76}$$

式中，L_s 为变压器次级电感，它是变压器初级电感折算到次级的量。这时变压器次级电压绝对值为 U_o，上式中的负号表示电压方向与次级电压正方向（下端正、上端负）相反。

由上式可解得变压器次级绕组中的电流为

$$i_s = I_{sm} - \frac{U_o}{L_s} t \tag{4-77}$$

当 $t = 0$ 时，$i_s = I_{sm}$。I_{sm} 为变压器次级电流最大值，它出现在 VT 由导通变为截止的时刻，即 VD 由截止变为导通的时刻。由于变压器的磁势 $\sum iN$ 不能突变，因此

$$I_{sm} = n I_{pm}$$

式中，n 是变压器的变比。

设 T 为全耦合变压器［全耦合变压器是指无漏磁通（即无漏感）、无损耗但励磁电感为有限值（不是无穷大）的变压器，它等效为励磁电感与理想变压器并联］，则储能为

$$\frac{1}{2} I_{pm}^2 L_p = \frac{1}{2} I_{sm}^2 L_s$$

用上式求得变压器次级电感 L_s 与变压器初级电感 L_p 的关系为

$$L_s = L_p / n^2 \tag{4-78}$$

由式（4-77）可知，在 t_{off} 期间，i_s 按线性规律下降，其下降速率取决于 U_o / L_s。L_s 小，则 i_s 下降得快，L_s 大，则 i_s 下降得慢，而 L_s 与 L_p 的值是密切关联的。在单端反激变换器中同样存在临界电感：变压器初级的临界电感值为 L_{pc}，对应的变压器次级临界电感值为 L_{sc}（$L_{sc} = L_{pc} / n^2$）。在 $L_p < L_{pc}$（$L_s < L_{sc}$）、$L_p > L_{pc}$（$L_s > L_{sc}$）时，电路的波形图分别如图 4-43（a）、（b）所示。

a. 当 $L_s < L_{sc}$ 时，i_s 下降较快，VT 受控截止尚未结束，变压器的电感储能便释放完毕，使 VD 截止。VD 的导通时间 $t_{VD} < t_{off}$，变压器次级电流最小值 $I_{smin} = 0$，相应地，变压器初级初始电流 $I_{p0} = 0$。从 VD 开始导通到它截止的 t_{VD} 期间，变压器次级电压 $u_s = -U_o$，初级电压 $u_p = nu_s = -nU_o$，VT 的漏-源电压 $u_{DS} = U_i + nU_o$。VD 截止后到 t_{off} 结束期间，变压器次级和初级电压均为零，VT 的漏-源电压 $u_{DS} = U_i$。

b. 当 $L_s > L_{sc}$ 时，i_s 下降较慢。在 t_{off} 期末，即 VT 截止结束时，i_s 按式（4-77）的规律尚未下降到零，i_s 的最小值为

$$I_{smin} = I_{sm} - \frac{U_o}{L_s} t_{off} > 0$$

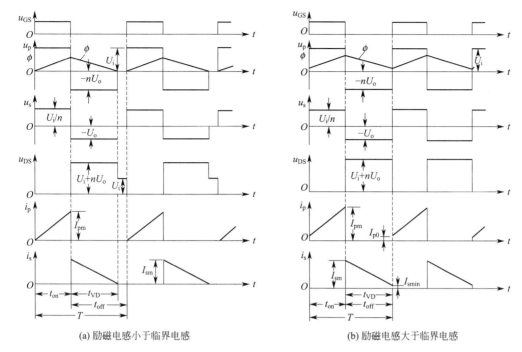

(a) 励磁电感小于临界电感   (b) 励磁电感大于临界电感

图 4-43 单端反激变换器波形图

但此刻 VT 再次受控导通，变压器初、次级电压反向，使 VD 加上反向电压而截止，另一个开关周期开始。因变压器的磁势 $\sum iN$ 不能突变，故在 VD 截止、变压器次级电流由 I_{smin} 突变为零的同时，变压器初级电流由零突变为初始电流，即

$$I_{p0}=I_{smin}/n$$

显然，当 $L_s > L_{sc}$ 时，$t_{VD}=t_{off}$，在整个 t_{off} 期间，$u_s=-U_o$，$u_p=-nU_o$，$u_{DS}=U_i+nU_o$。

c. 当变压器电感为临界电感（$L_p=L_{pc}$、$L_s=L_{sc}$）时，恰好在 t_{off} 结束的时刻 i_s 下降到零，相应地，$I_{p0}=0$。也就是说，这时磁化电流（t_{off} 期间的 i_p 和 t_{off} 期间的 i_s）恰好连续而不间断。t_{off} 期间结束，又转入 t_{on} 期间。在 t_{on} 期间靠 C_o 放电供给负载电流。

由于这种直流变换电路中的功率开关器件 VT 导通时，整流二极管 VD 截止，电源不直接向负载传送能量，而由变压器储能；当 VT 变为截止时，VD 导通，储存在变压器磁场中的能量释放出来供给负载 R_L 和输出滤波电容 C_o，因此称为反激式变换器。

图 4-42（a）中，C_i 用于输入滤波；C_1、R_1、VD_1 组成的电路为关断缓冲电路，用于对功率开关管进行保护，并吸收高频变压器漏感释放储能所引起的尖峰电压。

在 VT 由导通变为截止时，电容 C_1 经二极管 VD_1 充电，C_1 的充电终了电压 $U_{C_1}=U_i+nU_o$。由于电容电压不能突变，VT 的漏-源电压被 C_1 两端电压钳制而有个上升过程，因此不会出现漏-源电压与漏极电流同时达到最大值的情况，从而避免出现最大的瞬时尖峰功耗。C_1 储存的能量为 $C_1U_{C_1}^2/2$。当 VT 由截止变为导通时，C_1 经 VT 和 R_1 放电，其放电电流受 R_1 限制，电容 C_1 储存的能量大部分消耗在电阻 R_1 上。由此可见，在加入关断缓冲电路后，VT 关断时的功率损耗，一部分从 VT 转移至缓冲电路中，VT 承受的电压上升率和关断损耗下降，从而受到保护，但是，总的功耗并未减少。

此外，当 VT 由导通变为截止时，高频变压器漏感中储存的能量，也经 VD_1 向 C_1 充电，使漏感的 di/dt 值减小，因而变压器漏感释放储能所引起的尖峰电压受到一定抑制。

（2）变压器的磁通

由于变压器初级电压

$$u_p = N_p \frac{d\phi}{dt}$$

因此变压器磁芯中的磁通为

$$\phi = \int \frac{u_p}{N_p} dt$$

在 VT 导通的 t_{on} 期间

$$u_p = U_i$$

故

$$\phi = \frac{U_i}{N_p} t + \phi_0$$

式中，ϕ_0 为磁通初始值。

由此可见，在 t_{on} 期间，ϕ 按线性规律上升，最大磁通为

$$\phi_m = \frac{U_i}{N_p} t_{on} + \phi_0$$

磁通增量为正增量

$$\Delta\phi_{(+)} = \frac{U_i}{N_p} \Delta t = \frac{U_i}{N_p} t_{on}$$

在 VD 导通的 t_{VD} 期间

$$u_p = -nU_o$$

此期间 ϕ 按线性规律下降，磁通增量为负增量

$$\Delta\phi_{(-)} = -\frac{nU_o}{N_p} \Delta t = -\frac{nU_o}{N_p} t_{VD}$$

在稳态情况下，一周期内磁通的正增量 $\Delta\phi_{(+)}$ 必须与负增量 $\Delta\phi_{(-)}$ 的绝对值相等，这称为磁通的复位。磁通复位是单端变换器必须遵循的一个原则。在单端变换器中，磁通 ϕ 只工作在磁滞回线的一侧（第一象限），假如每个开关周期结束时 ϕ 没有回到周期开始时的值，则 ϕ 将随周期的重复而渐次增加，导致磁芯饱和，于是 VT 导通时磁化电流很大（即漏极电流 i_D 很大），造成功率开关管损坏。因此，每个开关周期结束时的磁通必须回复到原来的起始值，这就是磁通复位的原则。

（3）输出直流电压 U_o

① 磁化电流连续模式　当 $L_p \geqslant L_{pc}$（$L_s \geqslant L_{sc}$）时，磁化电流连续。忽略变压器线圈电阻，变压器上的直流电压为零，即变压器初级电压 u_p（或次级电压 u_s）的平均值应为零。也就是说，波形图上 u_p 波形在 t_{on} 期间与时间 t 轴所包络的正向面积，应和它在 t_{off} 期间与时间 t 轴所包络的负向面积相等。由图 4-43（b）中 u_p 波形图可得：

$$U_i t_{on} = nU_o t_{off}$$

由上式求得，单端反激变换器磁化电流连续模式的输出直流电压为

$$U_o = \frac{U_i t_{on}}{n t_{off}} = \frac{D U_i}{n(1-D)} \tag{4-79}$$

式中，$D = t_{on}/T$，为占空比。

这时输出直流电压取决于占空比 D、变压器的变比 n 和输入直流电压 U_i，同负载轻重几乎无关。

② 磁化电流不连续模式　当 $L_p < L_{pc}$（$L_s < L_{sc}$）时，磁化电流不连续。整流二极管

VD 的导通时间 $t_{VD} < t_{off}$，因此需要用与上面不同的方法来求得 U_o 值。

功率开关管 VT 导通期间变压器初级电感中储存的能量为

$$W_p = \frac{1}{2} I_{pm}^2 L_p$$

在 $L_p < L_{pc}$ 时，初始电流 $I_{p0} = 0$，故

$$I_{pm} = \frac{U_i}{L_p} t_{on}$$

因此

$$W_p = \frac{U_i^2 t_{on}^2}{2L_p}$$

其功率为

$$P = \frac{W_p}{T} = \frac{U_i^2 t_{on}^2}{2L_p T}$$

负载功率为

$$P_o = U_o^2 / R_L$$

理想情况下，效率为 100%，变压器在功率开关管导通期间所储存的能量，全部转化为供给负载的能量，即

$$P = P_o$$

由此求得单端反激变换器磁化电流不连续模式的输出直流电压为

$$U_o = U_i t_{on} \sqrt{\frac{R_L}{2L_p T}} \tag{4-80}$$

可见在励磁电感小于临界电感的条件下，如果 U_i、t_{on}、T 和 L_p 不变，输出直流电压 U_o 随负载电阻 R_L 增大而增大，当负载开路（$R_L \to \infty$）时，U_o 将会升得很高，功率开关管在截止时，$u_{DS} = U_i + nU_o$ 也将很高，可能击穿损坏。因此在开环情况下，注意不要让负载开路。闭环时（接通负反馈自动控制），如果电路的稳压性能良好，在负载电阻 R_L 增大时，占空比 D 会自动调小，即 t_{on} 减小，从而使 U_o 保持稳定。在输出滤波电容 C_o 两端并联一只约流过 1% 额定输出电流的泄放电阻（死负载），使单端反激式直流变换电路实际上不会空载，可以防止产生过电压。

（4）性能特点

① 利用高频变压器初、次级绕组间电气绝缘的特点，当输入直流电压 U_i 由交流电网电压直接整流滤波获得时，可以方便地实现输出端和电网之间的电气隔离。

② 能方便地实现多路输出。只需在变压器上多绕几组次级绕组，相应地多用几只整流二极管和滤波电容，就能获得不同极性、不同电压值的多路直流输出电压。

③ 保持占空比 D 在最佳范围内的情况下，可适当选择变压器的变比 n，使直流变换电路满足对输入电压变化范围的要求。

【例】某单端反激变换器应用在无工频变压器开关整流器中作辅助电源，用交流市电电压直接整流滤波获得输入直流电压 U_i，允许市电电压变化范围为 $150 \sim 290V$，要求占空比 D 的变化范围在 $0.2 \sim 0.4$，验证能否实现输出电压 $U_o = 18V$ 保持不变。

解：由式（4-79）可得

$$U_i = \frac{n(1-D)}{D} U_o$$

设变压器的变比 $n = N_p / N_s = 5$，并将 $D = 0.2$ 及 $D = 0.4$ 分别代入上式，得

$$U_{i(max)} = \frac{5 \times (1-0.2)}{0.2} \times 18 = 360(V)$$

$$U_{i(min)} = \frac{5 \times (1-0.4)}{0.4} \times 18 = 135(V)$$

单相桥式不可控整流电容滤波电路，其输入直流电压 U_i 与输入交流电压有效值 U_{AC} 之间的关系式为

$$U_i = 1.2 U_{AC}$$

故

$$U_{AC(max)} = U_{i(max)}/1.2 = 360/1.2 = 300(V)$$
$$U_{AC(min)} = U_{i(min)}/1.2 = 135/1.2 = 113(V)$$

由此可见，变比 $n=5$，在 $D=0.2\sim0.4$ 范围内，交流市电电压有效值在 $113\sim300V$ 变化，可以保持输出直流电压 $U_o = 18V$ 不变，所以市电电压变化范围 $150\sim290V$ 完全能够满足 $U_o = 18V$ 不变的要求。

以上①～③是各种隔离型直流变换电路的共同优点，以后不再重述。

④ 抗扰性强。由于 VT 导通时 VD 截止，VT 截止时 VD 导通，能量传递经过磁的转换，因此通过电网窜入的电磁干扰不能直接进入负载。

⑤ 功率开关管在截止期间承受的电压较高。

当 $L_p \geqslant L_{pc}$（$L_s \geqslant L_{sc}$）时，功率开关管 VT 截止期间的漏-源电压为

$$u_{DS} = U_i + n U_o = \frac{U_i}{1-D} \tag{4-81}$$

占空比 D 越大，功率开关管截止期间的 U_{DS} 就越高。在无工频变压器开关电源中，由于我国交流市电电压 U_{AC} 为 220V，因此整流滤波后的直流电压 $U_i = (1.2\sim1.4)U_{AC}$，约 300V。若占空比 $D=0.5$，则 $u_{DS} = 2U_i = 600V$；假如 $D=0.9$，则 $u_{DS} \approx 3000V$。考虑到目前功率开关管大多耐压在 1000V 以下，在设计无工频变压器开关电源中的单端反激变换器时，通常选取占空比 $D<0.5$。

⑥ 单端反激变换器在隔离型直流变换电路中结构最简单，但只能由变压器励磁电感中的储能来供给负载，故常用于输出功率较小的场合，常在开关电源中作辅助电源。

⑦ 单端变换器的变压器中，磁通 ϕ 只工作在磁滞回线的一侧，即第一象限。为防止磁芯饱和，使励磁电感在整个周期中基本不变，应在磁路中加气隙。单端反激变换器的气隙较大，杂散磁场较强，需要加强屏蔽措施，以减小电磁干扰。

4.3.2 单端正激式直流变换电路

单端正激（Forward）式直流变换电路，简称单端正激变换器。它既可采用单个功率晶体管电路，也可采用双功率晶体管电路。

如图 4-44 所示为双晶体管单端正激式直流变换电路，功率开关管 VT_1 和 VT_2 受控同时导通或截止，但两个栅极驱动电路必须彼此绝缘。高频变压器 T 初级绕组 N_p、次级绕组 N_s 的同名端如图中所示，其连接同单端反激变换器相反，当功率开关管 VT_1 和 VT_2 受控导通时，整流二极管 VD_1 也同时导通，电源向负载传送能量，电感 L 储能。当 VT_1 和 VT_2 受控截止时，VD_1 承受反压也截止，续流二极管 VD_2 导通，L 中的储能通过续流二极管 VD_2 向负载释放。输出滤波电容 C_o 用于降低输出电压的脉动。由于这种变换器在功率开关管导通的同时向负载传输能量，因此称为正激式变换器。

当储能电感 L 的电感量足够大，而使电感电流（i_L）连续时，电路相关波形如图 4-45 所示。在 t_{on} 期间，VT_1 和 VT_2 导通，变压器初、次级绕组电压极性均为上端正、下端负，

$u_p = U_i$，$u_s = U_i/n$（n 为变压器变比），整流二极管 VD$_1$ 正向偏置而导通，电源向负载传送能量，储能电感 L 储能，i_L 按线性规律上升，同时高频变压器中励磁电感 L_p 储能。此时，变压器初级绕组电流 i_p 等于磁化电流 i_j 与次级绕组电流 i_s 折算到初级的电流 i'_s 之和，即

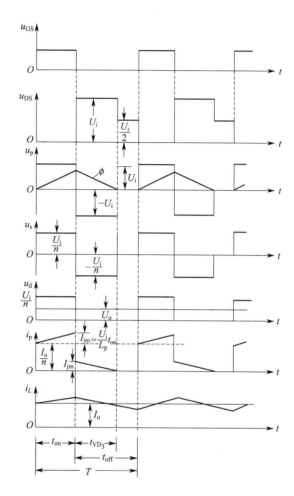

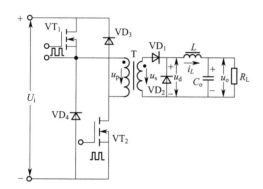

图 4-44　双晶体管单端正激变换器　　　　图 4-45　双晶体管单端正激变换器波形图

$$i_p = i_j + i'_s$$

其中

$$i'_s = i_s/n = i_L/n \approx I_o/n$$

$$i_j = \frac{U_i}{L_p}t$$

磁化电流 i_j 按线性规律上升，其最大值为

$$I_{jm} = \frac{U_i}{L_p}t_{on}$$

在 t_{off} 期间，VT$_1$ 和 VT$_2$ 截止，VD$_1$ 承受反压而截止，续流二极管 VD$_2$ 导通，L 中的储能释放出来供给负载，i_L 按线性规律下降。

VD$_3$ 和 VD$_4$ 用于实现磁通复位，并起钳位作用。在 t_{on} 期间它们承受反压（其值为 U_i）而截止，当 VT$_1$ 和 VT$_2$ 受控由导通变为截止时，变压器初、次级绕组电压极性均变为下端

正、上端负，VD_3 和 VD_4 正向偏置而导通，变压器励磁电感 L_p 中的储能经 VD_3 和 VD_4 回送给电源。变压器初级绕组电流 i_p 的回路为：N_p 下端→VD_3→$U_{i(+)}$ →$U_{i(-)}$ →VD_4→N_p 上端→N_p 下端。忽略 VD_3 和 VD_4 的正向压降，在变压器励磁电感储能释放过程中，$u_p =-U_i$（负号表示电压极性与规定正方向相反），VT_1 和 VT_2 的 $u_{DS}=U_i$，变压器初级绕组 N_p 中的电流 i_p 按线性规律下降。即

$$i_p=I_{jm}-\frac{U_i}{L_p}t=\frac{U_i}{L_p}(t_{on}-t)$$

上式中，当 VT_1 和 VT_2 刚由导通变为截止时，$t=0$，$i_p=I_{jm}$；当变压器励磁电感储能释放完毕时，$i_p=0$，对应地，$t=t_{VD_3}=t_{on}$，即 VD_3 和 VD_4 的导通持续时间 t_{VD_3} 在量值上等于 t_{on}。

为了保证磁通复位，必须满足 $t_{off}\geqslant t_{VD_3}=t_{on}$，也就是说，必须满足占空比 $D\leqslant0.5$。在 t_{VD_3} 结束至 t_{off} 期末这段时间，变压器励磁电感的储能已经释放完毕而 VT_1 和 VT_2 尚未受控导通，变压器初、次级绕组的电压均为零，VT_1 和 VT_2 的 $u_{DS}=U_i/2$。

在单端反激变换器中，t_{on} 期间的变压器初级电流 i_p 就是磁化电流，由于通过 i_p 在 L_p 中的储能来供给负载，因此磁化电流的最大值较大，为了防止变压器磁芯饱和，磁芯中的气隙应较大。而在单端正激变换器中，变压器励磁电感的储能不用于供给负载，故磁化电流应相应小（$I_{jm}\ll I_o/n$），变压器磁芯中的气隙也就较小。

利用 u_d 波形图可求得双功率晶体管单端正激变换器电感电流（i_L）连续模式的输出直流电压为

$$U_o=DU_i/n \tag{4-82}$$

式中，占空比 $D=t_{on}/T$，必须满足 $D\leqslant0.5$。

如前所述，单端正激变换器中的整流二极管 VD_1，在功率开关管导通时导通，功率开关管截止时截止。若把整流二极管 VD_1 看成输出回路中的功率开关，把高频变压器次级绕组电压 $u_s=U_i/n$ 看成输出回路的输入电压，则单端正激变换器的输出回路不仅在电路形式上和降压变换器的主回路一样，而且工作原理也相同。

采用单个晶体管的单端正激变换器电路如图 4-46 所示。图中 N_F 是变压器中的去磁绕组，通常这个绕组和初级绕组的匝数相等，即 $N_F=N_p$，并且保持紧耦合，它和储能反馈二极管 VD_3 用以实现磁通复位（VD_3 在 VT 由导通变截止后导通），N_F 和 VD_3 绝不可少。这种电路的 U_o 仍用式（4-32）计算，同样必须满足 $D\leqslant0.5$。但当功率开关管 VT 截止时，在 VD_3 导通期间，漏-源极间电压 $u_{DS}=2U_i$；VD_3 截止后，$u_{DS}=U_i$。

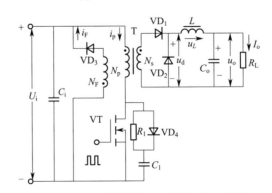

图 4-46 单晶体管单端正激变换器电路图

在实际应用中，单端正激式直流变换电路采用双晶体管电路的比较多。

单端正激式直流变换电路具有类似降压变换器输出电压脉动小、带负载能力强等优点。但高频变压器磁芯仅工作在磁滞回线的第一象限，其利用率较低。

4.3.3　推挽式直流变换电路

单端直流变换电路不论是正激式还是反激式，其共同的缺点是高频变压器的磁芯只工作于磁滞回线的一侧（第一象限），磁芯的利用率较低，且磁芯易于饱和。双端直流变换电路的磁芯在磁滞回线的一、三象限工作，因此磁芯的利用率高。双端直流变换电路有推挽式、全桥式和半桥式三种。

（1）工作原理

推挽（Push-Pull）式直流变换电路，简称推挽变换电路，其电路如图 4-47 所示。VT_1 和 VT_2 为特性一致、受驱动脉冲控制而轮换工作的功率开关管，每管每次导通的时间小于 0.5 周期；T 为高频变压器，初级绕组 $N_{p1}=N_{p2}=N_p$，次级绕组 $N_{s1}=N_{s2}=N_s$；VD_1 和 VD_2 为整流二极管，L 为储能电感，C_o 为输出滤波电容，电路是对称的。

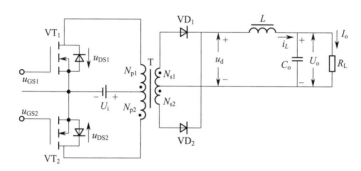

图 4-47　推挽变换电路图

假设功率开关管和整流二极管都为理想器件，L 和 C_o 均为理想元件，高频变压器为紧耦合变压器，储能电感的电感量大于临界电感而使电路工作于电感电流连续模式，则波形如图 4-48 所示。

VT_1 的栅极驱动脉冲电压为 u_{GS1}，VT_2 的栅极驱动脉冲电压为 u_{GS2}，彼此相差半周期，其脉冲宽度 $t_{on1}=t_{on2}=t_{on}$。电路稳定工作后，工作过程及原理如下：

① VT_1 导通、VT_2 截止　在 t_{on1} 期间，VT_1 受控导通，VT_2 截止。输入直流电压 U_i 经 VT_1 加到变压器初级 N_{p1} 绕组两端，VT_1 的 D、S 极间电压 $u_{DS1}=0$，N_{p1} 上的电压 $u_{p1}=U_i$，极性是下端正、上端负。因 $N_{p1}=N_{p2}$，故 N_{p2} 上的电压 $u_{p2}=u_{p1}$，u_{p2} 的极性由同名端判定，也是下端正、上端负。因此变压器初级电压为

$$u_p=u_{p1}=u_{p2}=L_p\frac{\mathrm{d}i}{\mathrm{d}t}=N_p\frac{\mathrm{d}\phi}{\mathrm{d}t}=U_i$$

这时 VT_2 的 D、S 极间电压 $u_{DS2}=2U_i$，即截止管承受两倍的电源电压。

变压器次级绕组 N_{s1} 上的电压为 u_{s1}，N_{s2} 上的电压为 u_{s2}。变压器次级电压为

$$u_s=u_{s1}=u_{s2}=\frac{N_s}{N_p}u_p=\frac{U_i}{n}$$

式中，$n=N_p/N_s$，为变压器的变比，即初、次级匝数比。

由同名端判定，此时 u_{s1} 和 u_{s2} 的极性都是上端正、下端负，因此整流二极管 VD_1 导通，VD_2 截止，它承受的反向电压为 $2U_i/n$。储能电感 L 两端电压 $u_L=U_i/n-U_o$，极性是左端正、右端负，流过电感 L 的电流 i_L（同时也是 N_{s1} 绕组的电流 i_{s1}）按线性规律上升，

L 储能。与此同时，电源向负载传送能量。

t_{on1} 期间变压器中的磁通 ϕ 按线性规律上升，由 $-\phi_m$ 升至 $+\phi_m$，在 $t_{on1}/2$ 处过零点。当 t_{on1} 结束时，N_{p1} 绕组中的磁化电流升至最大值 I_{jm}。

② VT_1 和 VT_2 均截止　在 t_{on1} 结束到 t_{on2} 开始之前，VT_1 和 VT_2 均截止。当 $t=t_{on1}$ 时，VT_1 由导通变为截止，N_{p1} 绕组中的电流由 $i_{p1}=i'_{s1}+I_{jm}$ 变为零（其中 i'_{s1} 是负载电流分量，即变压器次级电流 i_{s1} 折算到初级的电流值，$i'_{s1}=i_L/n$，变压器初级磁化电流的最大值 I_{jm} 通常不超过折算到初级的额定负载电流的 10%）。只要磁化电流最大值小于负载电流分量，则从 t_{on1} 结束到 t_{on2} 开始前，变压器中励磁磁势（安匝）不变，使磁通保持 ϕ_m 不变，即 $\mathrm{d}\phi/\mathrm{d}t=0$，于是变压器各绕组的电压都为零。$VT_1$ 和 VT_2 承受的电压均为电源电压，即 $u_{DS1}=u_{DS2}=U_i$。

在此期间，储能电感 L 向负载释放储能，i_L 按线性规律下降，u_L 的极性变为右端正、左端负，整流二极管 VD_1 和 VD_2 都正向偏置而导通，同时起续流二极管的作用，这时 $u_L=-U_o$。将变压器次级磁化电流最大值记为 I'_{jm}，则流过 VD_1 的电流（即 N_{s1} 中的电流）为

$$i_{VD_1}=i_{s1}=\frac{i_L}{2}-\frac{I'_{jm}}{2}$$

流过 VD_2 的电流（即 N_{s2} 中的电流）为

$$i_{VD_2}=i_{s2}=\frac{i_L}{2}+\frac{I'_{jm}}{2}$$

变压器的磁势为

$$\sum i_s N_s=(i_{s2}-i_{s1})N_s=I'_{jm}N_s$$

在电感电流连续模式，该磁势与 $t=t_{on1}$ 时变压器初级励磁磁势相等，即

$$I'_{jm}N_s=I_{jm}N_p$$

可得变压器次级磁化电流最大值

$$I'_{jm}=\frac{N_p}{N_s}I_{jm}=nI_{jm}$$

由变压器的结构原理可知，在此期间要保持磁通 ϕ_m 不变，必须是 $i_{VD_2}>i_{VD_1}$，并且二者之差等于 I'_{jm}，而 i_{VD_1} 与 i_{VD_2} 之和等于 i_L。

③ VT_2 导通，VT_1 截止　在 t_{on2} 期间，VT_2 受控导通，VT_1 仍然截止。输入电压 U_i 经 VT_2 加到变压器初级 N_{p2} 绕组两端，变压器初级电压极性为上端正、下端负，与 t_{on1} 期间的极性相反。

$$u_p=u_{p2}=u_{p1}=L_p\frac{\mathrm{d}i_j}{\mathrm{d}t}=N_p\frac{\mathrm{d}\phi}{\mathrm{d}t}=-U_i$$

此时 $u_{DS2}=0$，而 $u_{DS1}=2U_i$，变压器次级电压为

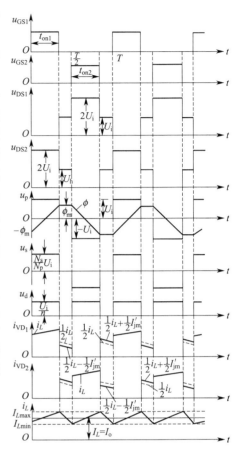

图 4-48　推挽变换电路的理想波形图

$$u_s = u_{s2} = u_{s1} = -U_i/n$$

其极性是下端正、上端负，因此整流二极管 VD_2 导通，VD_1 截止，它承受的反向电压为 $2U_i/n$，$u_L = U_i/n - U_o$，极性又变为左端正、右端负，i_L（同时也是 N_{s2} 绕组的电流 i_{s2}）按线性规律上升，L 储能，同时电源向负载传送能量。

t_{on2} 期间，变压器中磁通 ϕ 按线性规律下降，由 $+\phi_m$ 降至 $-\phi_m$，在 $t_{on2}/2$ 处过零点。当 t_{on2} 结束时，N_{p2} 绕组中的励磁电流为 $-I_{jm}$。

④ VT_2 和 VT_1 均截止　从 t_{on2} 结束至下一个周期 t_{on1} 开始之前，VT_2 和 VT_1 均截止。在 t_{on2} 结束的瞬间，VT_2 由导通变为截止，N_{p2} 绕组中的电流由 $i_{p2} = -(i'_{s2} + I_{jm})$ 变为零。若磁化电流最大值小于负载电流分量，则从 t_{on2} 结束到下个周期开始前，变压器励磁磁势维持不变，使磁通保持 $-\phi_m$ 不变，即 $\mathrm{d}\phi/\mathrm{d}t = 0$，因此变压器各绕组电压都为零，$u_{DS1} = u_{DS2} = U_i$。

在此期间，L 对负载释放储能，i_L 按线性规律下降，VD_1 和 VD_2 都导通，其电流分别为

$$i_{VD_1} = i_{s1} = \frac{i_L}{2} + \frac{I'_{jm}}{2}$$

$$i_{VD_2} = i_{s2} = \frac{i_L}{2} - \frac{I'_{jm}}{2}$$

此时变压器的磁势为

$$\sum i_s N_s = (i_{s2} - i_{s1}) N_s = -I'_{jm} N_s$$

它与 t_{on2} 结束瞬间的变压器初级励磁磁势相等，即

$$-I'_{jm} N_s = -I_{jm} N_p$$

这种电路每周期都按上述四个过程工作，不断循环。滤波前的输出电压瞬时值为 u_d，忽略整流二极管的正向压降，在 t_{on1} 和 t_{on2} 期间，$u_d = U_i/n$，其余时间 $u_d = 0$。

需要指出，如图 4-48 所示的是推挽变换电路的理想波形图，其实际有关电压、电流波形如图 4-49 所示。在开关的暂态过程中，当功率开关管开通时，由于变压器次级在整流二

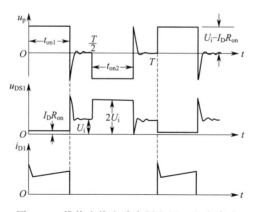

图 4-49　推挽变换电路实际电压、电流波形

极管反向恢复时间内造成短路，漏极电流将出现尖峰；在功率开关管关断时，尽管当负载电流较大时变压器中励磁磁势不变，使主磁通保持 ϕ_m 或 $-\phi_m$ 不变，但高频变压器的漏磁通下降，漏感仍将释放它的储能，在变压器绕组上，相应地在功率开关管漏-源稳态截止电压上，会出现电压尖峰，经衰减振荡变为终值。在功率开关管的 D、S 极间并联 RC 吸收网络（即接上关断缓冲电路），可以减小尖峰电压。

（2）防止"共同导通"

功率开关管有个动态参数叫"存储时间"t_s。对双极型晶体管而言，它是指消散晶体管饱和导通时储存于集电结两侧的过量电荷所需要的时间；对 VMOSFET 而言，则是对应于栅极电容存储电荷的消散过程。由于存储时间的存在，在驱动脉冲结束后，晶体管要延迟一段时间才能关断，使晶体管的导通持续时间大于驱动脉冲宽度 t_{on}。当晶体管的导通宽度超过工作周期的一半时，该晶体管尚未关断而另一个晶体管已经得到驱动脉冲而导通。这样，一对晶体管将在一段时间里共同导通，输入电源将被它们短接，产生很大的电流，从而使晶体管损坏。

在推挽式双端直流变换电路中，为了防止"共同导通"，要求功率开关管的存储时间 t_s 尽可能地小；同时，必须限制驱动脉冲的最大宽度，以保证一对晶体管在开关工作中有共同截止的时间。驱动脉冲宽度在半个周期中达不到的区域称为"死区"。在提供驱动脉冲的控制电路中，必须设置适当宽度的"死区"，驱动脉冲的死区时间要大于功率开关管的"关断时间"t_s+t_f，并有一定的裕量。正因为如此，图 4-47 中 VT_1 和 VT_2 每管每次导通的时间要小于 0.5 周期。

（3）输出直流电压 U_o

如图 4-48 所示，每个功率开关管的工作周期为 T，然而输出回路中滤波前方波脉冲电压 u_d 的重复周期为 $T/2$。输出直流电压 U_o 等于 u_d 的平均值，由 u_d 波形图求得推挽变换电路电感电流连续模式的输出直流电压为

$$U_o = \frac{U_i t_{on}/n}{T/2}$$

每个功率开关管的导通占空比为

$$D = t_{on}/T$$

滤波前输出方波脉冲电压的占空比为

$$D_o = \frac{t_{on}}{T/2} = \frac{2t_{on}}{T} = 2D \tag{4-83}$$

所以

$$U_o = D_o U_i/n = 2DU_i/n \tag{4-84}$$

U_o 的大小通过改变占空比来调节。为了防止"共同导通"，必须满足 $D<0.5$、$D_o<1$。输出直流电流 $I_o = U_o/R_L$，与 i_L 的平均值相等。

（4）优缺点

推挽变换电路的优点：

① 同单端直流变换电路比较，变压器磁芯利用率高，输出功率较大，输出纹波电压较小；

② 两只功率开关管的源极是连在一起的，两组栅极驱动电路有公共端而无须绝缘，因此驱动电路较简单。

推挽变换电路的缺点：

① 高频变压器每一初级绕组仅在半周期以内工作，故变压器绕组利用率低；

② 功率开关管截止时承受 2 倍电源电压，因此对功率开关管的耐压要求高；

③ 存在"单向偏磁"问题，可能导致功率开关管损坏。

尽管选用功率开关管时两管是配对的，但在整个工作温度范围内，两管的导通压降、存储时间等不可能完全一样，这将造成变压器初级电压正负半周波形不对称。例如，两功率开关管导通压降不同将引起正负半周波形幅度不对称，两管存储时间不同将引起正负半周波形宽度不对称。只要变压器的正负半周电压波形稍有不对称（即正负半周"伏秒"积绝对值不

相等），磁芯中便产生"单向偏磁"，形成直流磁通。虽然开始时直流磁通不大，但经过若干周期后，就可能使磁芯进入饱和状态。一旦磁芯饱和，则变压器励磁电感减至很小，从而使功率开关管承受很大的电流电压，耗散功率增大，管温升高，最终导致功率开关管损坏。

解决单向偏磁问题较为简便的措施：一是采用电流型 PWM 集成控制器使两管电流峰值自动均衡；二是在变压器磁芯的磁路中加适当气隙，用以防止磁芯饱和。

推挽式直流变换电路用一对功率开关管就能获得较大的输出功率，适宜在输入电源电压较低的情况下应用。

4.3.4 全桥式直流变换电路

（1）工作原理

全桥（Full-Bridge）式直流变换电路，简称全桥变换电路，其电路图如图 4-50 所示。特性一致的功率开关管 VT_1、VT_2、VT_3 和 VT_4 组成桥的四臂，高频变压器 T 的初级绕组接在它们中间。对角线桥臂上的一对功率开关管 VT_1、VT_4 或 VT_2、VT_3，受栅极驱动脉冲电压的控制而同时导通或截止，驱动脉冲应有死区，每一对功率开关管的导通时间小于 0.5 周期；VT_1、VT_4 和 VT_2、VT_3 轮换通断，彼此间隔半周期。图中 C 为耦合电容，其容量应足够大，它能阻隔直流分量，用以防止变压器产生单向偏磁，提高电路的抗不平衡能力（采用电流型 PWM 集成控制器时可以不接 C）。$VD_1 \sim VD_4$ 对应为 $VT_1 \sim VT_4$ 的寄生二极管。变压器次级输出回路的接法同推挽式直流变换电路完全一样。理想情况下电感电流连续模式的波形如图 4-51 所示。

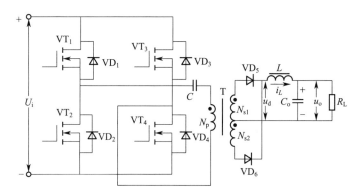

图 4-50　全桥变换电路图

在 t_{on1} 期间，VT_1 和 VT_4 受控同时导通，VT_2 和 VT_3 截止。电流回路为 $U_{i(+)} \rightarrow VT_1 \rightarrow C \rightarrow N_p \rightarrow VT_4 \rightarrow U_{i(-)}$。忽略 VT_1、VT_4 以及 C 上的压降，变压器初级绕组电压 $u_p = U_i$，其极性是上端正、下端负。VT_2 和 VT_3 的 D、S 极间电压等于 U_i。变压器磁通 ϕ 由 $-\phi_m$ 升至 $+\phi_m$，在 $t_{on1}/2$ 处过零点。变压器次级电压的极性由同名端决定，亦上端正、下端负，此时整流二极管 VD_5 导通，VD_6 反偏截止，储能电感 L 储能。

从 t_{on1} 结束到 t_{on2} 开始前，$VT_1 \sim VT_4$ 都截止，$u_p = 0$，每个功率开关管的 D、S 极间电压都为 $U_i/2$。这时 L 释放储能，VD_5 和 VD_6 都导通，同时起续流作用，$\sum i_s N_s = I_{jm} N_p$，维持变压器中磁势不变，使磁通 ϕ_m 保持不变。

在 t_{on2} 期间，VT_2 和 VT_3 受控同时导通，VT_1 和 VT_4 截止。电流回路为 $U_{i(+)} \rightarrow VT_3 \rightarrow N_p \rightarrow C \rightarrow VT_2 \rightarrow U_{i(-)}$。忽略 VT_2、VT_3 以及 C 的压降，$u_p = -U_i$，其极性是下端正、上端负。VT_1 和 VT_4 的 D、S 极间电压等于 U_i。变压器磁通 ϕ 由 $+\phi_m$ 降至 $-\phi_m$，在 $t_{on2}/2$ 处过零点。在变压器次级回路中，VD_6 导通，VD_5 反偏截止，L 又储能。

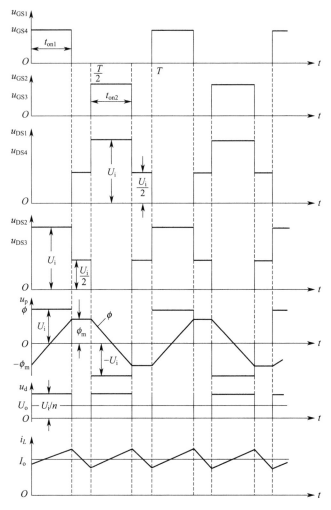

图 4-51 全桥变换电路波形图

从 t_{on2} 结束到下个周期 t_{on1} 开始前，$VT_1 \sim VT_4$ 都截止，$u_p = 0$，每个功率开关管的 D、S 极间电压都为 $U_i/2$。这时 L 释放储能，VD_5 和 VD_6 都导通，同时起续流作用，$\sum i_s N_s = -I_{jm}N_p$，维持变压器中磁势不变，使磁通 $-\phi_m$ 保持不变。

$t_{on1} = t_{on2} = t_{on}$，在变压器初级绕组上形成正负半周对称的方波脉冲电压，它传递到次级，经 VD_5、VD_6 整流后得到滤波前的输出电压 u_d，忽略整流二极管的正向压降，在 t_{on1} 和 t_{on2} 期间 $u_d = U_i/n$，其余时间 $u_d = 0$。u_d 经 L 和 C_o 滤波后，供给负载平滑的直流电。

图 4-50 中与功率开关管反并联的寄生二极管 $VD_1 \sim VD_4$，在换向时起钳位作用：为高频变压器提供能量反馈通路，抑制尖峰电压。例如，当 VT_1、VT_4 由导通变为截止时，尽管高频变压器的主磁通保持不变，但是变压器的漏磁通下降，漏感释放储能，在 N_p 绕组上产生与 VT_1、VT_4 导通时极性相反的感应电压，这个下端正、上端负的感应电压，使 VD_3 和 VD_2 导通，电流回路为 N_p（下）$\rightarrow VD_3 \rightarrow U_{i(+)} \rightarrow U_{i(-)} \rightarrow VD_2 \rightarrow C \rightarrow N_p$（上），漏感储能回送给电源，$u_p$ 被钳制为 $-U_i$，这时 $u_{DS2} \approx 0$，$u_{DS3} \approx 0$，$u_{DS1} \approx U_i$，$u_{DS4} \approx U_i$。当 VT_2、VT_3 由导通变截止时，高频变压器的漏感也要释放储能，在 N_p 绕组上产生与 VT_2、VT_3 导通时极性相反的感应电压，此上端正、下端负的感应电压使 VD_1 和 VD_4 导通，其电流回路为 N_p（上）$\rightarrow C \rightarrow VD_1 \rightarrow U_{i(+)} \rightarrow U_{i(-)} \rightarrow VD_4 \rightarrow N_p$（下），漏感储能又回送给电

源，u_p 被钳制为 U_i，此时 $u_{DS1} \approx 0$，$u_{DS4} \approx 0$，$u_{DS2} \approx U_i$，$u_{DS3} \approx U_i$。寄生二极管的导通持续时间等于漏感放完储能所需时间，这个时间应很短。

此外，如果变换器突然失去负载，在 $VT_1 \sim VT_4$ 都变为截止时，因变压器保持磁势不变的条件（变压器初级磁化电流最大值小于负载电流分量）已经丧失，变压器磁势下降，使主磁通下降，变压器初级绕组将产生与 $VT_1 \sim VT_4$ 都截止前极性相反的感应电压，这时 VD_3、VD_2 或 VD_1、VD_4 导通，把变压器励磁电感中的储能回送给电源，变压器初级绕组的感应电压和功率开关管承受的最大电压都被钳制为 U_i 值，从而达到保护功率开关管的目的。

电路中的有关实际电压、电流波形如图 4-52 所示。其中功率开关管关断时的电压尖峰，是变压器漏感释放储能造成的；功率开关管开通时的电流尖峰是整流二极管反向恢复时间内在变压器次级形成短路电流造成的；u_p 波形顶部略倾斜，主要是受耦合电容 C 压降的影响。

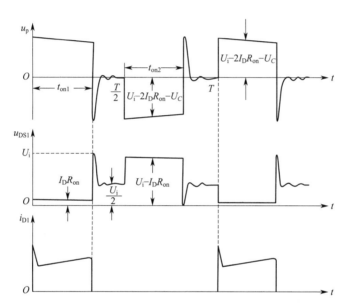

图 4-52 全桥变换电路实际电压、电流波形

（2）输出直流电压 U_o

如图 4-51 所示，全桥变换电路每对功率开关管的工作周期为 T，而滤波前输出电压 u_d 的重复周期为 $T/2$，输出直流电压 U_o 为 u_d 的平均值。U_o 与 U_i 的关系同推挽变换电路一样，即电感电流连续模式的输出直流电压为

$$U_o = D_o U_i / n = 2DU_i / n$$

为防止两对功率开关管"共同导通"，占空比的变化范围必须限制为 $D < 0.5$，$D_o < 1$。

（3）全桥变换电路的优缺点

全桥变换电路的优点：

① 变压器利用率高，输出功率大，输出纹波电压较小；

② 对功率开关管的耐压要求较低，比推挽式变换器低一半。

全桥变换电路的缺点：

① 要用四个功率开关管；

② 需要四组彼此绝缘的栅极驱动电路，驱动电路复杂。

全桥式直流变换电路适宜在输入电源电压高、要求输出功率大的情况下应用。

4.3.5　半桥式直流变换电路

（1）工作原理

半桥（Half-Bridge）式直流变换电路，简称半桥变换电路，其电路如图 4-53 所示。四个桥臂中有两个桥臂采用特性相同的功率开关管 VT_1、VT_2，故称为半桥。另外两个桥臂是电容量和耐压都相同的电容器 C_1、C_2，它们起分压等作用，其电容量应足够大。

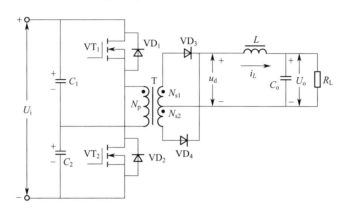

图 4-53　半桥变换电路图

当 VT_1 和 VT_2 尚未开始工作时，电容 C_1 和 C_2 被充电，它们的端电压均等于电源电压的一半，即

$$U_{C_1}=U_{C_2}=U_i/2$$

VT_1 和 VT_2 受栅极驱动脉冲电压的控制而轮换导通，驱动脉冲应有死区，每个功率开关管的导通时间小于 0.5 周期。理想情况下电感电流连续模式的波形如图 4-54 所示。

t_{on1} 期间，VT_1 受控导通，VT_2 截止。电流回路为 $U_{i(+)}\rightarrow VT_1\rightarrow N_p\rightarrow C_2\rightarrow U_{i(-)}$；$C_{1(+)}\rightarrow VT_1\rightarrow N_p\rightarrow C_{1(-)}$。这时 C_1 放电，C_2 充电；U_{C_1} 逐渐下降，U_{C_2} 逐渐上升，保持 $U_{C_1}+U_{C_2}=U_i$。C_1 两端电压 U_{C_1} 经 VT_1 加到高频变压器 T 的初级绕组 N_p 上，忽略 VT_1 压降，变压器初级电压为

$$u_p=U_{C_1}\approx U_i/2$$

其极性是上端正、下端负。VT_2 的 D、S 极间电压 $u_{DS2}=U_i$。

t_{on2} 期间，VT_2 受控导通，VT_1 截止。电流回路为 $U_{i(+)}\rightarrow C_1\rightarrow N_p\rightarrow VT_2\rightarrow U_{i(-)}$；$C_{2(+)}\rightarrow N_p\rightarrow VT_2\rightarrow C_{2(-)}$。此时 C_2 放电，C_1 充电；U_{C_2} 逐渐下降，U_{C_1} 逐渐上升，保持 $U_{C_1}+U_{C_2}=U_i$。C_2 两端电压 U_{C_2} 经 VT_2 加到 N_p 上，忽略 VT_2 的压降，变压器初级电压为

$$u_p=-U_{C_2}\approx -U_i/2$$

其极性是下端正、上端负。VT_1 的 D、S 极间电压 $u_{DS1}=U_i$。

由于 C_1 或 C_2 在放电过程中端电压逐渐下降，因此 u_p 波形的顶部略呈倾斜状。当电路对称时，U_{C_1} 与 U_{C_2} 的平均值为 $U_i/2$。

当 VT_1 和 VT_2 都截止时，只要变压器初级磁化电流最大值小于负载电流分量，则 $u_p=0$，$u_{DS1}=u_{DS2}=U_i/2$。

$t_{on1}=t_{on2}=t_{on}$，在变压器初级绕组上形成正负半周对称的方波脉冲电压。次级绕组 $N_{s1}=N_{s2}=N_s$，每个次级绕组的电压为

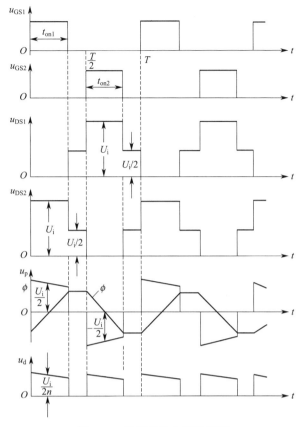

图 4-54 半桥变换电路波形图

$$u_s = \frac{N_s}{N_p} u_p = \frac{u_p}{n}$$

其极性根据同名端来判定。

t_{on1} 期间

$$u_s = U_i/2n$$

t_{on2} 期间

$$u_s = -U_i/2n$$

次级绕组电压经 VD$_3$、VD$_4$ 整流后得 u_d，如果忽略整流二极管的正向压降，在 t_{on1} 和 t_{on2} 期间，$u_d = U_i/2n$，其余时间 $u_d = 0$。

变压器次级输出回路的工作情形，除 u_s 的幅值变为 $U_i/2n$ 外，同推挽式以及全桥式直流变换电路一样。

半桥变换电路自身具有一定的抗不平衡能力。例如，若 VT$_1$ 和 VT$_2$ 的存储时间 t_s 不同，$t_{s1} > t_{s2}$ 使 VT$_1$ 比 VT$_2$ 的导通时间长，则电容 C_1 的放电时间比 C_2 的放电时间长，C_1 放电时两端的平均电压将比 C_2 放电时两端的平均电压低。因此，在 VT$_1$ 导通的正半周，N_p 绕组两端的电压幅值较低而持续时间较长；在 VT$_2$ 导通的负半周，N_p 绕组两端的电压幅值较高而持续时间较短。这样可使 u_p 正负半周的"伏秒"积相等而不产生单向偏磁现象。由于半桥变换电路自身具有一定的抗不平衡能力，因此可以不接与变压器初级绕组串联的耦合电容。有的半桥变换电路仍接耦合电容，是为了进一步提高电路的抗不平衡能力，更好地防止因电路不对称（如两个功率开关管的特性差异）而造成的变压器磁芯饱和。

图 4-53 中的 VD_1、VD_2 分别为 VT_1、VT_2 的寄生二极管，它们在换向时起钳位作用：为高频变压器提供能量反馈通路，抑制尖峰电压。当 VT_1 由导通变截止时，高频变压器的漏感释放储能，在 N_p 绕组上产生与 VT_1 导通时极性相反的感应电压，这个下端正、上端负的感应电压使 VD_2 导通，漏感储能给 C_2 充电并回送给电源，电流回路为 N_p（下）→C_2 →VD_2→N_p（上）；N_p（下）→C_1→$U_{i(+)}$ →$U_{i(-)}$ →VD_2→N_p（上）。这时 $u_p = -U_{C_2} \approx -U_i/2$，$u_{DS2} \approx 0$，$u_{DS1} \approx U_i$。

当 VT_2 由导通变截止时，高频变压器的漏感也要释放储能，在 N_p 绕组上产生与 VT_2 导通时极性相反的感应电压，该上端正、下端负的感应电压使 VD_1 导通，漏感储能给 C_1 充电并回送给电源，电流回路为 N_p（上）→VD_1→C_1→N_p（下）；N_p（上）→VD_1→ $U_{i(+)}$ →$U_{i(-)}$ →C_2→N_p（下）。此时 $u_p = U_{C_1} \approx U_i/2$，$u_{DS1} \approx 0$，$u_{DS2} \approx U_i$。

VD_1 或 VD_2 的导通持续时间等于漏感放完储能所需时间。

电路中的有关实际电压、电流波形如图 4-55 所示。

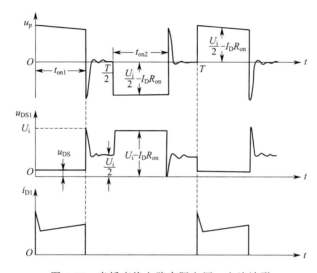

图 4-55　半桥变换电路实际电压、电流波形

（2）输出直流电压 U_o

输出直流电压 U_o 为滤波前输出方波脉冲电压 u_d 的平均值，据图 4-54 中所示 u_d 波形可以求得半桥变换电路电感电流连续模式的输出直流电压为

$$U_o = \frac{D_o U_i}{2n} = \frac{D U_i}{n} \tag{4-85}$$

式中，$n = N_p/N_s$，是变压器的变比；$D = t_{on}/T$，是每个功率开关管的导通占空比；$D_o = 2D$，是滤波前输出方波脉冲电压的占空比。

为了防止"共同导通"，必须满足 $D < 0.5$，$D_o < 1$。

（3）半桥变换电路的优缺点

半桥变换电路的优点：

① 抗不平衡能力强；

② 同推挽式电路比，变压器利用率高，对功率开关管的耐压要求低（低一半）；

③ 同全桥式电路比，少用两只功率开关管，相应的驱动电路也较为简单。

半桥变换电路的缺点：

① 同推挽式电路比，驱动电路较复杂，两组栅极驱动电路必须绝缘；

② 同全桥式及推挽式电路比，获得相同的输出功率，功率开关管的电流要大一倍，若功率开关管的电流相同，则输出功率少一半。

半桥式直流变换电路适宜在输入电源电压高、输出中等功率的情况下应用。

✎ **习题与思考题**

1. 简述整流电路和直流变换电路的种类。

2. 画出单相桥式不可控整流电路（阻性负载）图，并对应地画出输入电压、输入电流及输出电压波形，该电路的输入功率因数为多少？

3. 画出单相桥式不可控整流电路（容性负载）图，并对应地画出输入电压、输入电流及输出电压波形。

4. 画出电感性负载的三相桥式不可控整流电路图和波形图。设电网电压为 $380 \times (1 \pm 20\%)$ V，分别求出对应的输出直流电压值。

5. 画出降压变换器的电路图和电感电流连续模式 $D = 0.5$ 的波形图，简要说明电路工作过程。设 $U_i = 100$V，这时 U_o 等于多少？[5～12 题电路图中均应标出各元器件的符号，输入、输出电压及其极性和电流方向；波形图中均应标出量值关系（不标具体数值），各波形必须对应准确]。

6. 画出升压变换器的电路图和电感电流连续模式 $D = 0.4$ 的波形图，简要说明电路工作过程。设 $U_i = 100$V，这时 U_o 等于多少？

7. 画出反相变换器的电路图和电感电流连续模式 $D = 0.4$ 的波形图，简要说明电路工作过程。设 $U_i = 100$V，这时 U_o 等于多少？功率开关管截止时 U_{DS} 等于多少？

8. 分别画出单端反激变换器和双晶体管单端反激变换器的电路图、磁化电流连续模式 $D = 0.4$ 的波形图，简要说明电路工作过程。设 $U_i = 260 \times (1 \pm 30\%)$ V，要求 $U_o = 20$V，试选定变比 n 并求出占空比 D 的变化范围。

9. 分别画出单端正激变换器和双晶体管单端正激变换器的电路图、电感电流连续模式 $D = 0.4$ 的波形图，简要说明电路工作过程。设 $U_i = 400$V，要求 $U_o = 57$V，试选定变比 n 并求出占空比 D。

10. 画出推挽变换电路的电路图和电感电流连续模式 $D = 0.4$ 的波形图，简要说明电路工作过程，写出输出电压 U_o 的计算公式。

11. 画出全桥变换电路的电路图和电感电流模式 $D = 0.4$ 的波形图，简要说明电路工作过程。设 $U_i = 400$V，要求 $U_o = 57$V，试选定变比 n 并求出占空比 D。

12. 画出半桥变换电路的电路图和电感电流模式 $D = 0.4$ 的波形图，简要说明电路工作过程。设 $U_i = 400$V，要求 $U_o = 57$V，试选定变比 n 并求出占空比 D。

第5章
辅助电路

开关电源的拓扑结构决定了功率变换电路，同时也决定了 PWM 控制器及输出整流滤波电路的类型，这些都是开关电源的主电路，对开关电源的性能起决定性的作用。根据不同的拓扑结构，开关电源还需要一些辅助电路才能正常工作，有些辅助电路可能包含在主要电路环节之中。本章介绍开关电源中常用的辅助电路（辅助电源电路、保护电路、输入软启动电路、尖峰吸收电路和信号采样电路等）的工作原理、特点及应用场所。

5.1 辅助电源电路

PWM 开关电源的控制电路、驱动电路等需要有一个辅助电源。对于大中功率的电源而言，为了电路工作的稳定，通常用直流稳压电源来提供，功率一般为数瓦，输出电压大多数为 5～15V，以便和各种类型的集成单元电路匹配，辅助电源的稳压精度要求一般；在一些中小功率的电源中，为了获得较小的体积和简化电路，通常用不稳压的直流辅助电源。辅助电源提供的方式大致可归纳为下列两种类型。

5.1.1 串联线性调整型稳压电源电路

串联线性调整型稳压电源简称线性电源。这种类型的稳压电源具有稳压性能好、电路简单、技术成熟和纹波小等一系列优点。其缺点是体积大、效率低，但由于中小型开关电源所需辅助电源功率不大，其辅助电源的体积和效率问题并不十分突出，所以在中小型开关电源中采用线性电源作为辅助电源较为普遍。

如图 5-1 所示为晶体管串联式线性稳压电源的原理框图。交流市电先由电源变压器变压，再整流滤波后得到未稳定的直流电压，该电压经过调整管降压调整后便得到所需的直流稳压电源。其调整过程是：先对输出电压的变化进行采样，与基准电压进行比较，再经过放大后去改变串联调整管两端电压，从而实现稳定输出电压的目的。

（1）分立元件组成的线性稳压电路

如图 5-2 所示为分立元件组成的线性稳压电路，其中图 5-2（a）与图 5-2（b）的差别在于前者使用的是运放，而后者是用一只三极管作为放大元件。在图 5-2 中，只要调整 VR 的大小就可改变输出电压的值。

（2）集成稳压器

随着半导体工艺的发展，稳压电路也制成了集成器件。集成稳压器较分立式稳压电路有诸多优点：使用简单方便、故障率低、价格低廉，有些集成稳压器还自带保护功能。正因为如此，集成稳压器获得了极为广泛的应用。集成稳压器根据输出电压是否可调大致分为输出

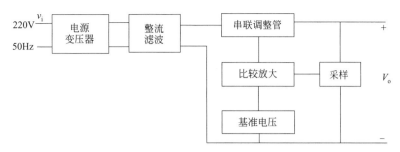

图 5-1　晶体管串联式线性稳压电源原理框图

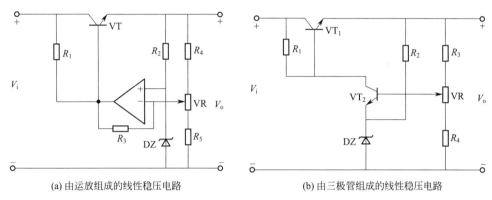

(a) 由运放组成的线性稳压电路　　　　　　(b) 由三极管组成的线性稳压电路

图 5-2　分立元件组成的线性稳压电路

电压可调、输出电压不可调两类。

① 固定输出稳压器　固定输出稳压器通常有两种封装形式：一种是金属封装，另一种是塑料封装。CW7800 系列是三端固定正电压输出的集成稳压器，其输出电压类型分别为：5V、6V、9V、12V、15V、18V 及 24V 等，其标号的后两位即是输出电压值，该系列产品的最大输出电流为 3.0A。与 CW7800 系列对应的负电压输出集成稳压器是 79 系列，79 系列与 78 系列大部分功能、组成相同，不同的是两者输出电压有正负之分。

如图 5-3 所示即为常用的固定输出稳压电路，图（a）为正压输出电路，其中电容 C 对输出电压进行高频滤波；图（b）为正负电源稳压电路，结构同样简单。

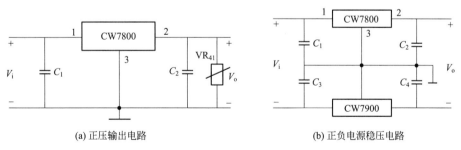

(a) 正压输出电路　　　　　　　　　　(b) 正负电源稳压电路

图 5-3　固定输出稳压电路

② 输出可调式稳压器　可调式集成稳压器的外形、引脚顺序都与固定式稳压器基本相同，常见的可调式正压输出稳压器有 LM317 系列，负压输出的集成稳压器有 LM337 系列。LM317 的输出电压范围为 1.25～37V，具体输出电压可通过调整电位器获得，并且它能提供高达 3.0A 的输出电流。如图 5-4 所示即为 LM317 的典型应用电路。

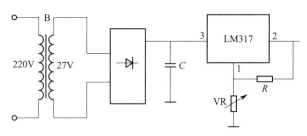

图 5-4　输出可调式稳压电路

5.1.2　小功率开关稳压电源电路

晶体管串联式线性稳压电源虽然有诸多优点，但因效率低、体积大而且笨重，限制了它在许多场合的应用。随着电子工业和电子科学技术的发展，高反压大功率开关晶体管等重要元器件的出现，随之出现了无工频变压器的高频开关电源，其结构如图 5-5 所示。将这种开关型稳压电源作为辅助电源的形式较多，但常见的有三种类型：他激式反激电源、他激式正激电源和具有自身反馈的直流变换器。

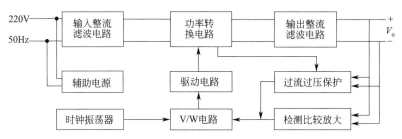

图 5-5　无工频变压器的高频开关电源框图

（1）他激式反激电源电路

如图 5-6 所示即为他激式反激电源的原理电路图，图中高压开关管 VT 在占空比 $\delta = T_{on}/T_s$ 的脉冲驱动下或导通或关断，直流电压 V_i 被变换为高频方波交流电压，经变压器给输出电容 C 和负载提供能量。

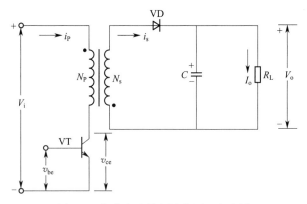

图 5-6　他激式反激电源的原理电路图

由图 5-6 可知，由于开关管的驱动脉冲是由其他电路供给的，故称之为他激式。输出电容器 C 和负载 R_L 在开关管截止时从变压器次级获得能量，因而称之为反激电源。其工作原理可简述如下。

当驱动脉冲为高电平时，开关管 VT 从截止变成导通，变压器的初级线圈 N_p 流过的电流 i_p 线性增加，在 N_p 上产生一极性为上正下负的感应电势，使次级线圈 N_s 产生一极性为上负下正的感应电势，二极管 VD 承受反向偏压而截止，i_s 为零，变压器不能将输入端能量传送到输出端，此时负载电流由电容放电提供，变压器初级线圈储存能量。

当驱动脉冲为低电平时，开关管 VT 从导通变为截止，i_p 趋向于零，变压器初级线圈 N_p 的磁通量变小，使次级线圈 N_s 变为上正下负的感应电势。二极管 VD 导通，给输出电容 C 充电，同时也向负载供电。同普通开关电源一样，其输出电压大小的调整可通过调整驱动脉冲的占空比 $\delta = T_{on}/T_s$ 来实现。

（2）他激式正激电源电路

如图 5-7 所示为他激式正激电源原理图，它与反激式的不同之处在于，开关管 VT 导通期间，输入端电源经变压器 B 向输出电容 C 和负载提供能量。在结构上，变压器 B 增加了一个去磁线圈 N_t。N_t 的匝数一般与 N_p 相同，但也可不同。正激式电源的工作过程与反激式电源基本相似。

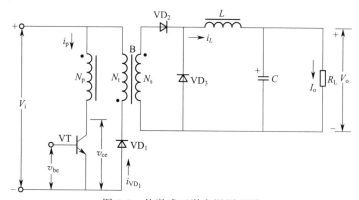

图 5-7　他激式正激电源原理图

当驱动信号为高电平时，VT 从截止变为导通，N_p 线圈流过电流逐渐增大，在 N_p 线圈上产生一上正下负的电动势，同时次级线圈 N_s 也产生一个上正下负的感应电势。二极管 VD_2 导通，输入端能量经变压器 B、二极管 VD_2 提供给电感 L、电容 C 和负载。

当驱动脉冲为低电平时，开关管 VT 从导通变成截止，i_p 趋向于零，感应电动势的方向相反（上负下正），使二极管 VD_2 截止。二极管 VD_3 正向导通，电感 L 向负载提供能量。这时去磁线圈 N_t 的感应电势为上正下负，VD_1 二极管导通，以使 N_t 上存储的能量通过 VD_1 回送到直流输入回路，起到去磁作用。

对于正激式变换器，驱动脉冲的占空比一般不能大于 0.5，若大于 0.5，易使变压器初级绕组中存储的能量在一个周期内无法释放完，在开关管再次导通时，去磁电流不为零，在开关管集电极会引起很大的尖峰电流，使变压器趋于饱和，而导致开关管 VT 损坏。

（3）反馈式辅助电源电路

辅助电源也可以通过高频变压器获得输出后反馈过来提供，此时需要一个启动电路提供瞬时能量，使 PWM 型电源启动，图 5-8 是反馈型辅助电源的一个例子。

这是一个直接从电网整流的正激单端开关型稳压电源，辅助电源 V_V 由起振后高频变压器 T_1 的一组副边输出电压通过二极管 VD_{106} 提供，中间虚线框内是辅助电源的启动电路，在电网合闸时，电容 C_2 通过电阻 R_1 充电，其电压被稳压管 VD_{Z_1} 钳位，C_2 是一个容量较大（如图中为 $600\mu F$）的低压电解电容，用以储能；R_1 阻值较大，以限制稳态时稳压管 VD_{Z_1} 的工作电流。当 C_2 充电完毕后，按下启动按钮开关 K，晶体管 VT_1 通过 R_2 获得偏

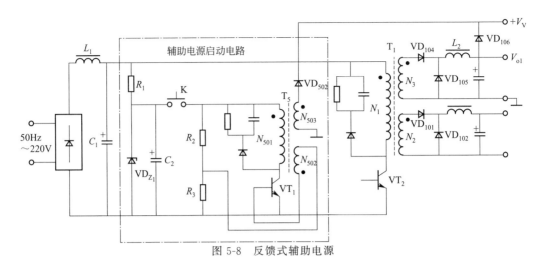

图 5-8 反馈式辅助电源

流而启振，变压器 T_5 副边绕组 N_{503} 的正向电压通过二极管 VD_{502} 馈送给正激单端开关电源的控制电路和驱动电路，高压开关管获得正向基极驱动而导通，高频变压器 T_1 的副边绕组 N_3 获得正向电压，并通过 VD_{106} 作为辅助电源提供，启动电路的作用即告完成。

反馈式辅助电源作为 PWM 型开关电源本身的一组负载，可取代死负载从而可望提高效率，体积也不大，但电路比较复杂。

5.2 保护电路

一台性能优良的开关电源通常应设有过流保护电路、过压保护电路、欠压保护电路以及过热保护电路等，使开关电源不仅具有保护本身的功能，还具有保护负载的功能。

5.2.1 过流保护电路

过流保护电路的作用是当负载发生短路或负载电流超过设定值时，对开关电源本身提供保护。此外，对于由于电路不平衡而引起的高压开关管过电流，还需设置平衡电路或电流监视器以限制电流的最大值，达到限流的目的。

（1）过流保护电路的形式

过电流保护的形式有三。

① 切断式保护 如图 5-9 所示是切断式保护电路原理框图。电流检测电路检测电流信号，经 I/V 变换电路将电流信号转换成电压信号，再经电压比较电路进行比较，当负载电流达到某一设定值时，信号电压大于或等于比较电压，比较电路产生输出触发晶闸管或触发器等能保持状态的元件或电路，使控制电路失效，稳压电源输出被切断，一旦稳压电源输出切断，电源通常不能自行恢复，必须改变状态保持元件或电路的状态，亦即必须重新启动电源才能恢复正常输出。虽然切断式保护电路增加了状态保持元件，但它属于一次性动作，对保护电路中电流检测和电压比较电路的要求较低，容易实现。

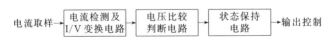

图 5-9 切断式保护电路原理框图

② 限流式保护 如图 5-10 所示是限流式保护电路原理框图，它和切断式保护电路的差别在于：电压比较电路的输出不是使整个控制电路失效，而是使误差放大器去控制 V/W 电

路的输出脉冲宽度。当负载电流达到设定值时，保护电路工作，使 V/W 电路输出脉宽变窄，开关稳压电源输出电压便下降，以维持输出电流在某设定范围内，直到负载短接，V/W 电路将输出最小脉宽，输出电流始终被限制在某一设定值。限流式保护可用于抑制启动时的输出浪涌电流，同时，也可用于稳压电源的电流监视器，限制高压开关管两个半周期不对称时引起的电流不平衡。此外，限流保护方式也是正弦脉宽调制（PWM）型。开关电源实现并联运行，尤其是能够实现无主从并联运行，组成 $N+1$ 直流供电系统。

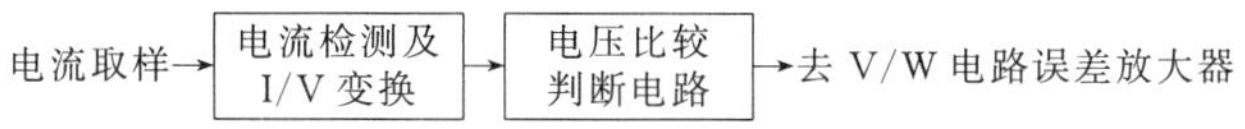

图 5-10　限流式保护电路原理框图

③ 限流-切断式保护　限流-切断式保护电路分两阶段进行，当负载电流达到某设定值时，保护电路动作，输出电压下降，负载电流被限制；如果负载继续增大至第二个设定值或输出电压下降到某设定值，保护电路进一步动作，将电源切断。这是上述两种保护方式相结合的产物。

（2）保护电流的取样

常规稳压电源保护电流的取样，由于功率晶体管串联在负载回路里，因而通常在负载回路里串联一个信号电阻。在 PWM 型稳压电源的早期，因为控制电路和输出端有公共电位，因而有少数电路保护电流的取样亦同样把信号电阻放在输出回路内，这样的取样方式有其固有的缺点：其一，这种取样方式仅对负载电流过载提供保护，高压开关管和高频变压器原边回路出现的过电流没有得到有效保护；其二，如果放大电路用单管，则硅晶体管要有 0.7V 左右的信号电压，锗晶体管也要有 0.3V 左右的信号电压，这样，在大电流输出时，信号电阻上的功耗非常大，从而使电源效率降低，如果采用差分放大器，则需要附加偏压源；其三，PWM 型稳压电源属于恒功率转换，输出电压越低可望输出的电流越大，采用输出回路电流取样将会限制上述特性的发挥。因而，保护电流的取样一般不放在输出回路内。

常用的保护电流取样方式如图 5-11 所示。T_4 是类似于电流互感器作用原理的电流变压器，其原边串联在高频变压器回路内，检测高频变压器原边绕组电流，N_1 实际上仅是用一根导线穿过一个小磁环［如图 5-11（a）所示］，导线内的交变电流在磁芯内产生磁通密度，副边绕组便有感应电势 V_2，随着原边电流的增加，磁芯励磁安匝数亦逐渐增大，因而副边绕组上的感应电势亦增大，利用副边绕组电压随流过原边电流的增减而变化的特点来作为保护电流的取样单元［电流变压器原理及其相关波形如图 5-11（b）、（c）所示］。

（3）过流保护电路举例

如图 5-12 所示电路利用桥式检测原理对电路进行过流保护。图 5-12（a）和图 5-12（b）只是检测电阻 R_S 的位置不同，其工作原理完全是一样的。由 R_1、R_2、R_S 和负载构成桥式电路，反馈放大器的增益较高时，只要输出电流稍过载，输出电压就急剧下降。即使 R_4 为无穷大，$R_3=0$，但工作原理不变，理论上输出电压为零，过流保护工作点也是零。V_{ST} 是启动电压，用于防止电源启动时出现故障。V_{ST} 值的设定要求是启动二极管 VD_2 必须截止，对过流设定值 I_M 没有任何影响，这样启动时不会影响过流保护，如图 5-12（b）所示。启动电压 V_{ST} 的大小决定输出短路时的短路电流 I_S：

$$I_S = \frac{V_{ST}}{V_S} \cdot \left(\frac{R_1}{R_1+R_5} \right)$$

因此，对于过流保护电路桥，只要桥电压改变极性，输出极性也将改变，有可能会发生短路故障。如将两个电源 a 和 b 串联起来，则可避免因桥电压极性改变而发生的故障。

如图 5-13 所示电路就是典型的限流-切断式保护电路。电路中恒压用反馈放大器 A_1 的

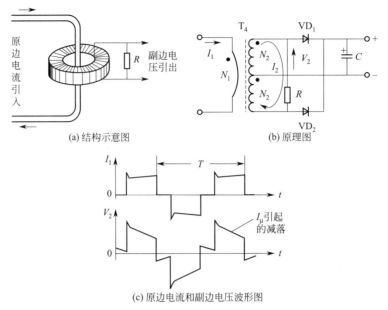

(a) 结构示意图   (b) 原理图

(c) 原边电流和副边电压波形图

图 5-11 电流变压器结构、原理及其相关波形图

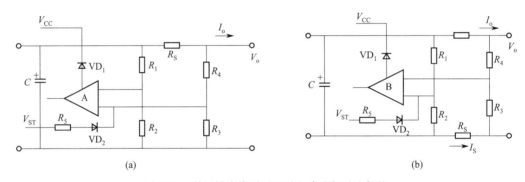

(a)   (b)

图 5-12 利用桥式检测原理对电路进行过流保护

输出电压去控制 PC_{1-2}，使电压保持稳定。放大器 A_2 用来检测电路中电流的情况，其输出驱动电路 PC_{2-1} 的功能是恒流。另外，放大器 A_2 的输出控制着 PC_{1-1}、PC_{1-2}。当 IC_1 的 (16) 脚电平下降时，开关晶体管的驱动脉冲信号消失，达到保护的目的。电路中稳压二极管 VD_{Z_1} 用于防止 PC_{1-2} 误动作。当 VD_{Z_1} 的稳定电压达到稳定值范围后，PC_{1-1} 才能获得足够的导通电压，通过 A_2 电流检测，驱动 PC_{2-1}，执行电路恒流工作。电容 C 是电压负反馈元件。

在图 5-14（a）所示电路中，开关晶体管 VT_1 和 VT_2 的发射极接入电阻 R_S 是用来检测过流信号的。当电路发生过流时，电阻 R_S 上的电压会上升，其结果是 VT_4 导通，VT_3 也同时导通，基准电压信号加到 TL494 的 CON 端，使 CON 端输出截止，从而防止过流现象的发生。TL494 的输出端 Q 断开后，开关晶体管 VT_3、VT_4 相继截止，CON 端返回到正常电平。在此期间，TL494 内的双稳态多谐振荡器也将翻转。这时，CON 端为正常电平，在三角波电压下降前，TL494 的 $\overline{Q}$ 端输出脉冲。从 $\overline{Q}$ 输出到 Q 输出的时间是控制电路的滞后时间，因而空闲时间很短，如图 5-14（b）所示。如果开关晶体管 VT_1 与 VT_2 同时导通，则会使开关管损坏。为了防止这种现象的出现，必须采取一定措施。在图 5-14（b）所示电

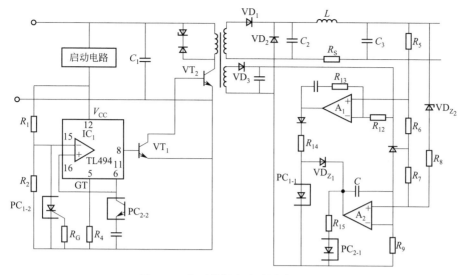

图 5-13 典型的限流-切断式保护电路

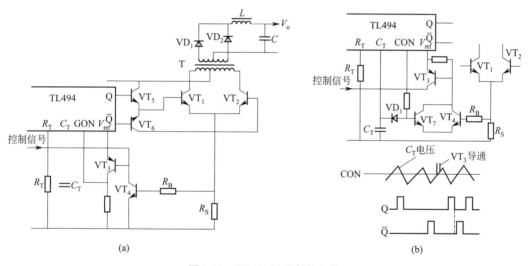

(a)   (b)

图 5-14 TL494 过流保护电路

路中，当 VT_4 导通时，VT_3 与 VT_7 也同时导通，在电阻 R_S 上产生压降，但是 VT_3、VT_4、VT_7 加的是正反馈电压，所以 VT_3 和 VT_7 仍继续导通。在 1 个周期里，CON 端不再返回到正常工作时的电平，这时双稳态多谐振荡器不会发生翻转。如果振荡电容 C_T 放电到放电电压的谷点，VT_7 的导通电流由于 VD_1 的分流而截止，随后 VT_3 也截止，防止了 VT_1 与 VT_2 同时导通而损坏开关晶体管。当 CON 端转为正常电平后，电路进入下一个工作循环周期。

5.2.2 过压保护电路

由于开关电源本身失控或其他原因出现输出电压高于允许额定电压值时，为了不致使负载损坏，开关电源必须设有过压保护电路。

过压保护电路对开关型稳压电源是至关重要的，这完全是由于负载的需要，常规稳压电源尤其是串联开关型稳压电源，一旦串联功率晶体管击穿，全部输入电压立即施加到输出，引起输出过电压。过压保护电路必须在其达到输出电压的危险值以前，迅速将电源切断。显然，过压保护方式不能采用截止功率晶体管的办法，而必须切断输入电压。为了获得较快的保护速度，通常采用晶闸管等器件构成无触点继电保护电路，一旦过压，触发晶闸管导通，将输入电压短路，浪涌电流将串在输入回路内的熔丝熔断。

脉宽调制（PWM）型稳压电源高压开关管损坏时（不论是击穿还是开路），输出电压便下降到零，没有过电压输出；只有在控制电路发生故障，才会输出过电压。因此，相应出现过电压的概率比出现过电流的概率要少，同时，切断电源输出可以采用截止高压开关管的办法，保护电路的实现不仅容易，而且切断速度也可望更高。因此，PWM 型稳压电源能提供更为可靠的输出过电压保护。

开关电源最简单的过压保护措施是在输入电路中并联一只氧化锌压敏电阻。当电网电压出现瞬时尖峰脉冲时，压敏元件可以进行削波钳位。如果过压情况比较严重，压敏电阻则会击穿导通，这时将熔丝烧毁，使开关电源得到保护。只要输入电源电压低于压敏电阻的压敏电压值，压敏电阻则呈现高阻状态。由此可见，压敏电阻的压敏电压值必须高于最高交流输入电压的峰值，并且还应考虑保险系数（$K = 1.2 \sim 1.5$）。对于 220V 的工频输入电压，通常选用压敏电压为 $380 \sim 420V$ 的压敏电阻，大多数选用 420V 的压敏电阻。

还有过压保护采用稳压二极管的，不过要注意的是稳定电压随着稳压二极管电流与温度的变化而变化，所以在选用稳压二极管时，必须选用性能稳定、电压漂移小的产品。采用稳压二极管进行过压保护的最简单形式如图 5-15（a）所示，一种连接方式是稳压管直接和电源输出端相连，当电源输出电压达到稳压管雪崩电压与晶闸管的触发电压之和时，晶闸管被触发导通。该晶闸管可直接并接在电源输出端，它的导通造成输出过电流，从而使过流保护电路动作，切断电源输出，这种方式只能在小电流输出时应用；另一种连接方式是将晶闸管串一红色信号指示灯后，接在控制回路里，一旦发生过电压，晶闸管导通，阳极将输出低电平，从而使 V/W 电路停振或使整个控制电路停止工作，使高压开关管截止，它可以单独进行保护并作过压指示，也可以和过电流保护电路合用晶闸管和指示灯，如图 5-15（b）所示。为减小过压设定点的变化，通常在图 5-15（b）的电路中再增加一个晶体管，构成图 5-15（c）所示的电路。

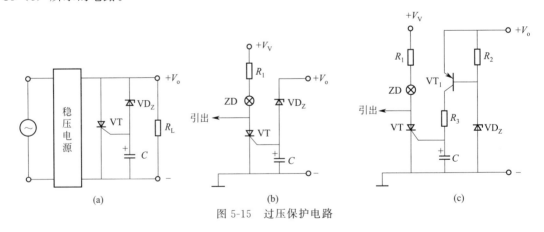

图 5-15　过压保护电路

用光电耦合方式进行过压保护的电路如图 5-16 所示。当输出电压（V_o）由于某种原因急剧升高时，二极管 VD_2 反向击穿，使光电耦合器 P613G 中的发光二极管的电流增大，同时光敏三极管的电流也增大，使可控硅触发而导通。这时供电电压 V_{CC} 由于可控硅的导通而下降。电阻 R_4 使光电耦合器的电流转换为触发电压，电容 C_1 将触发电压微分为尖脉冲，使触发脉冲可靠准确，保证可控硅导通的快速性和准确性。

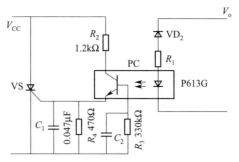

图 5-16　光电耦合方式进行过压保护的电路

当输出电压 V_o 为 5V 时，VD_2 选用 HZ5C3 或者 1N5993B，电阻 R_1 选用 10Ω 电阻；当输出电压为 12V 时，VD_2 选用 1N6002B，电阻 R_1 选用 51Ω 电阻；当输出电压为 24V 时，VD_2 选用 1N6009B，电阻 R_1 选用 10Ω 电阻。

图 5-17 所示电路是用分立元件构成的过压保护电路。两只三极管 VT_1 和 VT_2 分别采用 PNP 和 NPN 不同型号的管子组成复合三极管，对过压起着保护作用。由图 5-17 得知，电路的反馈电压 V_{FB} 经稳压二极管 VD_Z 稳压后，由电阻 R_1 分压，控制 VT_2 的工作状况。当输出电压正常时，V_G 较小，VT_1、VT_2 均截止，此时过压保护电路不工作。当输出电压 V_o 出现过压时，反馈电压 V_{FB} 升高，控制电压 V_G 也升高，使得三极管 VT_2、VT_1 导通，A 点的电压 V_E 下降，控制 UC3842（IC_1）关闭驱动脉冲，振荡器停振，起到保护作用。稳压管 VD_Z 的稳定电压与 VT_2 的发射极电压之和（即 $V_Z + V_{BE2}$）小于反馈电压 V_{FB} 时，进行过压保护。一般 V_{FB} 为 12V 左右（对光电耦合电路而言）。

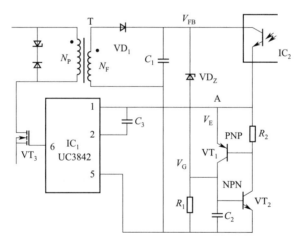

图 5-17　由分立元件构成的过压保护电路

5.2.3　欠压保护电路

欠压保护对于我国目前的电力供应情况来说是非常需要的。往往由于供电电压过低，开关电源无法启动，甚至烧毁，因此必须采取欠压保护措施。如图 5-18 所示是由光电耦合器等组成的欠压保护电路。

当输入市电电压低于下限值时，经过整流桥（图中未画出）整流、电容 C_3 滤波的直流电压 V_1 也较低，经电路电阻 R_1、R_2 分压后的电压 V_B 降低。当 VT_1 的基极电压 V_B 低于 2.1V 时，VT_1、VD_4 均导通，迫使 V_C 下降。当 $V_C < 5.7V$ 时，立即使 IC_1 的（7）脚（比

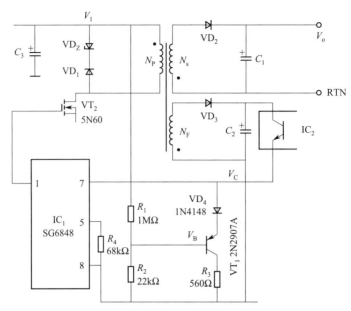

图 5-18　由光电耦合器等组成的欠压保护电路

较器输出端）电压下降到 2.1V（正常值为 3.4V）以下，导致 IC_1 脉宽调制输出高电平，造成 PWM 锁存器复位，立即关闭输出。这就是光电耦合输入欠压保护的工作原理。

设 VT_1 的发射结电压 $V_{BE}=0.65V$，VD_4 的导通压降 $V_{VD_4}=0.65V$，IC_1 的正常工作电压 V_C 的下限电压为 3.1V。显然，当 VT_1 和 VD_4 导通时，VT_1 的基极电压 $V_B=V_C-V_{BE}-V_{VD_4}=3.4-0.65-0.65=2.1$（V），可将 2.1V 作为 VT_1 的欠压阈值。

$$V_B=\frac{R_2}{R_1+R_2}V_1 ; R_2=\frac{V_B}{V_1-V_B}R_1$$

设电源输入最低电压 $V_1=100V$，$R_1=1M\Omega$，$V_B=2.1V$，将其代入上式，可得：

$$R_2=\frac{2.1}{100-2.1}\times 1\times 10^3\approx 21.45(k\Omega)（取 22k\Omega）$$

为了降低保护电路的功耗，反馈电压 V_{FB} 应在 $12\sim 18V$ 范围内取值。如果供电电源突然断电，直流电压 V_1 也随 C_3 的放电而衰减，使输出电压 V_o 降低。一旦 V_o 降到能自动稳压范围之外，电容 C_2 开始放电，使 V_C 电压上升，同样也使 IC_1 的 PWM 信号宽度变宽，使输出电压上升，起到稳压作用，但是这种稳压范围很小。

5.2.4　过热保护电路

开关电源的耐温性能和防火性能不仅直接关系到开关电源的可靠性和使用寿命，而且还直接关系到发生火灾的危险程度，关系到人们的生命财产安全。

开关电源的热源主要是高频变压器、开关功率晶体管、整流输出二极管以及滤波用的电解电容，其中高频变压器、开关功率晶体管及整流输出二极管的温升比较突出。为了防止开关电源因过热而损坏，设计开关电源时不仅要求必须使用高温特性良好的元器件，同时要求电路、印制电路板（PCB）、高频变压器等设计合理、制作工艺先进，并且需要采取过热保护措施，这些都是为保证安全所必须具备的条件。

为了抑制开关功率晶体管的温升，除了选用储存时间短、漏电流小的晶体管（包括 MOSFET）外，最简便的方法是在晶体管表面加装散热片。事实证明，晶体管加装散热片后，电源的稳定性将大大提高，失效率明显降低。电子开关过热保护措施的作用是在开关电源中容易发热的元器件或电源外壳的温度超过规定极限值之前，切断开关电源的输入线，或强制关闭调制脉冲输出，停止高频振荡。

开关电源过热保护的类型可分成以下几类：自动复位型，手动复位型，不可更新、非复位（熔丝）型以及可提供等效过热保护的其他各种类型。

在中国及世界上其他国家，对开关电源的热保护都有明确的规章条例，包括过热保护器与开关电源构成整体、放置位置、接受热源的距离、可更换的难易性等。最基本的放置要求是不能受到机械碰撞，便于拆装；在保护器的功能与极性有关系时，用软线连接，插头不带极性的设备应该在两根引线上都有过热保护器；保护器的线路断开时，不影响开关电源的正常工作，更不能引起火灾或损坏电气设备。通常开关电源的电路板面积和壳体内的空间都比较小，采用过热保护器有一定的难度。如果过热保护器确实难以放下，可以采用温度熔丝或热敏电阻作为过热保护器。将它贴在高频变压器或功率开关管壳体表面上，当温度升高到一定值（一般为 85℃）后，过热保护开关就能自动切断电源。对于独立式开关电源，可以采用过热保护电路。这类保护电路一般利用硅材料 PN 结晶体管（如 3DG42）的发射结或热敏电阻作为温度传感器，各种控制电路在工作原理上大体相同，只是元器件配置不一样。利用热继电器和可控硅元件组成的过热保护器，由于电路比较简单，所用元器件少，在通信高频开关电源中得到广泛应用。

如果开关电源采用了带有过热保护功能的控制及驱动集成电路，这时不需增加任何外围元件或只需增加非常少量的外围元件，就可以起到过热保护的作用。

以 KA7522 为代表的开关电源控制及驱动集成电路没有内置 PN 结温度传感器，只含有过热关断电路。对于这类控制集成电路，只需在它的外部接一个温度传感元件，具体的过热保护电路如图 5-19 所示。

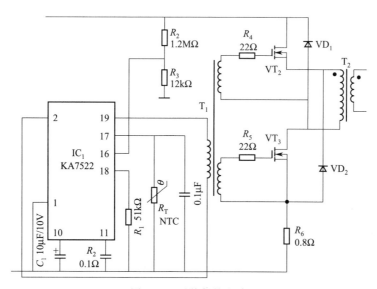

图 5-19　过热保护电路

在图 5-19 中，R_T 是 NTC 热敏电阻，它在电路板上应紧贴易发热的元件，只要发热元件的温度达到或超过 85℃，IC_1 的（17）脚上的电压就会降到 0.85V 以下，IC_1 则关断内部的驱动电路，使其（2）脚及（19）脚输出的电平为低电平，开关电源停止工作。当温度降低到 50℃时，IC_1 利用（18）脚的电压温度滞后特性，将重新启动，调制脉冲重新输出，开关电源开始工作。由此可见，采用具有过热关断电路的控制集成电路，可使开关电源的过热保护变得十分简单，而且集成电路本身的价格也很低，其性价比很高，值得推广。

5.3 其他辅助电路

5.3.1 软启动电路

开关电源的输入整流电路将市电电网的交流电变换为直流电，大都采用二极管整流加上大容量电容滤波的形式。在电源合闸接通交流输入电压瞬间，由于输入电压高、输入电容容量大且电容器上的初始电压为零，会形成非常大的浪涌冲击电流，可达正常工作电流的数十倍甚至上百倍，如此大的冲击电流，往往会导致输入熔断器烧断，烧坏开关触点，空气开关跳闸；在浪涌电流出现时所产生的干扰也会给其他相邻的用电设备带来不利影响；就电容器和整流电路本身而言，多次反复的大电流冲击，性能也将会逐渐劣化，甚至损坏输入整流二极管。总之，合闸浪涌电流会引起一系列可靠性方面的问题，甚至使开关电源无法正常投入运行。为此几乎所有的开关电源在其输入电路上都设置有防止冲击电流的软启动电路，以保证开关电源可靠运行。

输入软启动电路一般应满足消耗功率低、体积重量小、工作可靠等要求。限制合闸浪涌电流的方法就是在输入整流回路中串入限流电阻。显然，限流电阻只有在合闸瞬间才是必要的，一旦电源正常工作，限流电阻上的功耗将无法承受，而且也完全没有必要，因此必须在主回路向负载提供功率前将限流电阻短接。短接限流电阻的方法有无触点和有触点两种类型。常见的软启动电路有以下 6 种。

（1）由功率热敏电阻组成的软启动电路

热敏电阻防冲击电流电路如图 5-20 所示。它利用热敏电阻 R_t 的负温度系数特性，在电源接通瞬间，热敏电阻的阻值很大，达到限制冲击电流的目的；当热敏电阻流过较大电流时，电阻发热而使其阻值变小，最终电路处于正常工作状态。采用热敏电阻防止冲击电流一般适用于小功率开关电源，由于热敏电阻的热惯性，重新恢复高阻状态需要一定的时间，故对于电源断电后又需要很快接通的情况，热敏电阻有时就起不到限流作用。

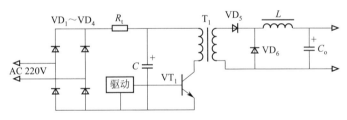

图 5-20　热敏电阻防冲击电流电路

（2）由晶闸管和电阻组成的软启动电路

该电路如图 5-21 所示。在电源接通瞬间，输入电压经整流桥 $VD_1 \sim VD_4$ 和限流电阻 R 对电容器 C 充电。当电容器 C 充电到约 80% 的额定电压时，变换器正常工作，经主变压器辅助绕组产生的晶闸管 SCR 的触发信号，使晶闸管 SCR 导通并短接限流电阻 R，开关电源处于正常运行状态。这种限流电路的缺点是：当电源瞬时断电后，由于电容器 C 上的电压不能突变，其上仍有断电前的充电电压，逆变器可能仍处于工作状态，保持晶闸管继续导通，此时若立即重新接通输入电源，同样起不到防止冲击电流的作用。

（3）由晶闸管和电阻组成的具有断电检测的软启动电路

该电路如图 5-22 所示。它是图 5-21 的改进型电路，VD_5、VD_6、VT_1、R_B、C_B 组成

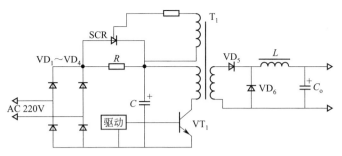

图 5-21 晶闸管和电阻组成的软启动电路

瞬时断电检测电路，时间常数 $R_B C_B$ 的选取应稍大于半个周期，当输入发生瞬间断电时，检测电路得到检测信号，关闭逆变器功率开关管 VT_2 的驱动信号，使逆变器停止工作，同时切断晶闸管 SCR 的门极触发信号，确保电源重新接通时消除冲击电流的影响。

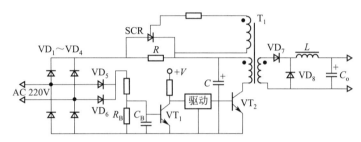

图 5-22 晶闸管和电阻组成的具有断电检测的软启动电路

（4）由继电器和电阻构成的软启动电路

该电路如图 5-23 所示。电源接通时，输入电压经限流电阻 R_1 对滤波电容器 C_4 充电，同时辅助电源 V_{CC} 经电阻 R_2 对并接于继电器 K_1 线包的电容器 C_3 充电，当 C_3 上的充电电压达到继电器的动作电压时，K_1 动作，旁路限流电阻 R_1 起到瞬时防冲击电流的作用。通常在电源接通之后，继电器 K_1 动作延时 $0.5 \sim 1s$，如果延迟时间过长，限流电阻 R_1 可能因通流时间过长而烧坏。

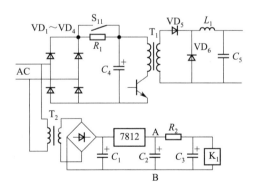

图 5-23 继电器和电阻构成的软启动电路

然而这种简单的 RC 延迟电路在考虑到继电器吸合电压时还必须顾及流过线包的电流，一般电阻的阻值较小而电容的容量较大，延迟时间取决于时间常数 $R_2 C_3$，很难准确控制，这主要由电容容量的误差和漏电流造成，需要仔细地挑选和测试。同时继电器的动作阈值取决于电容器 C_3 上的充电电压，继电器的动作电压会抖动及振荡，造成电源工作不可靠。

如图 5-24 所示是采用继电器的另一种软启动电路。继电器线包直接接在主电路中，合闸时电容 C_1 通过限流电阻 R 充电，充电电流被限制，当电容 C_1 的电压达到继电器 J 的吸合电压时，继电器触点吸合，限流电阻 R 被短接。

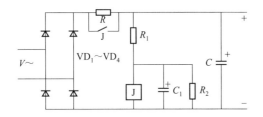 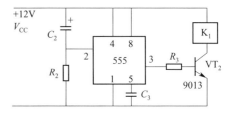

图 5-24　继电器接在主电路中的软启动电路　　图 5-25　定时触发器触发继电器构成的软启动电路

（5）由定时触发器触发继电器构成的软启动电路

该电路如图 5-25 所示（图中仅画出了定时电路，主电路同图 5-23），它是图 5-23 的改进型电路。电源接通时，输入电压经整流桥和限流电阻 R_1 对 C_4 充电（图 5-23），同时定时时基电路 555 的定时电容 C_2 由辅助电源经定时电阻 R_2 开始充电，经 0.3s 后，集成电路 555 的 2 端电压低于 1/2 电源电压，其输出端（3）输出高电平，VT_2（9013）导通，继电器 K_1 得电动作，限流电阻 R_1 被旁路（图 5-23），直流供电电压对 C_1 继续充电达到额定值，逆变器处于正常工作状态。由于该电路在 RC 延迟定时电路与继电器之间插入了单稳态触发器和电流放大器，确保继电器动作干脆、可靠，有效地达到防止冲击电流的效果，而不会像图 5-23 电路那样由于继电器动作的不可靠性烧坏限流电阻及继电器的自身触点。

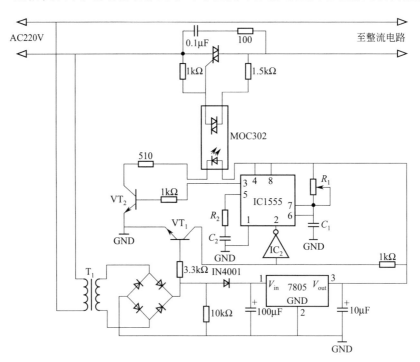

图 5-26　过零触发的光耦可控硅与双向可控硅构成的软启动电路

（6）由过零触发的光耦可控硅与双向可控硅构成的软启动电路

该电路如图 5-26 所示。集成稳压器 7805 输出稳定的 5V 电压，为软启动电路提供电源电压。晶体管 VT_1、反相器 IC_2 构成过零触发电路，IC1555 构成单稳态触发器，$R_1 C_1$ 为定时周期，但因 5 端至 1 端接有延迟电路 R_2、C_2，所以 IC1555 是逐步达到满周期的。当电网电压过零时，晶体管 VT_1 截止，反相器 IC_2 输出低电平，启动定时电路 IC1555 工作，软启动延迟时间由时间常数 $R_1 C_1$ 及 $R_2 C_2$ 共同决定。

5.3.2 尖峰吸收电路

（1）尖峰电压吸收电路

尖峰电压吸收电路是反激式开关电源必需的辅助电路。当开关电源的功率 MOSFET 由导通变成截止时，在高频变压器一次绕组上就会产生尖峰电压和感应电压。其中的尖峰电压是由于高频变压器存在漏感（即漏磁产生的自感）而形成的，这种情况在反激式开关电源中最为常见，它与直流输入电压 U_i 和感应电压 U_{OR} 叠加后施加到 MOSFET 的漏极，很容易损坏开关电源的功率 MOSFET。为此，必须在反激式开关电源中增加漏极或集电极保护电路，对尖峰电压进行钳位或者吸收。因此，尖峰电压吸收电路也叫漏极或集电极保护电路。

尖峰电压吸收电路主要有三种设计方案：① 利用齐纳二极管和超快恢复二极管（FRED）组成齐纳钳位电路；②利用阻容元件和超快恢复二极管组成 RCD 软钳位电路；③由阻容元件构成 RC 缓冲吸收电路。尖峰电压吸收电路的结构如图 5-27 所示。吸收电路可以并联到高频变压器的一次绕组上，也可连接在功率 MOSFET 的漏极与地线之间。

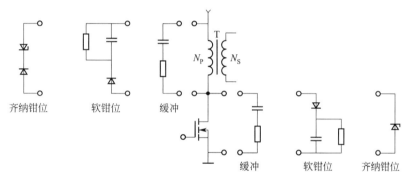

齐纳钳位　软钳位　缓冲　　　　　　　　　　　　　　　缓冲　　软钳位　齐纳钳位

图 5-27　尖峰电压吸收电路的结构

缓冲吸收电路和钳位电路的作用截然不同。如果错误使用，会对开关电源的功率开关管造成较大的损害。缓冲电路用于降低尖峰电压幅度和减小电压波形的变化率，这有利于功率管工作在安全工作区（SOA）。该电路还能降低射频干扰（RFI）辐射的频谱，从而减少射频辐射的能量。钳位电路仅用于降低尖峰电压的幅度，它没有影响电压波形的变化率（du/dt）。因此，它对减少射频干扰的作用不大，钳位电路的作用是防止功率管因电压过高造成雪崩击穿。软钳位电路的参数选择合理时，可以同时起到钳位和缓冲的作用。

双极型功率晶体管会遭遇电流聚集现象，这是一个瞬时的故障形式。在晶体管关断过程中，如果出现大于 75% 额定 U_{CEO} 的尖峰电压，它可能有过大电流聚集的压力。这时电压变化率和尖峰电压的峰值必须同时控制，需要使用缓冲电路，使晶体管处在反向偏置安全工作区（RBSOA）之内。

钳位电路与缓冲电路的效果对比如图 5-28 所示。钳位电路专门对漏极电压进行钳位，可以限制尖峰电压的峰值，但对波形的频率没有任何影响。缓冲电路不但可以限制尖峰电压的峰值，还可以降低尖峰电压的频率。

实际应用时，钳位电路中的齐纳二极管可用瞬态电压抑制器（TVS）代替，这样能充分发挥 TVS 响应速度极快、可承受瞬态高能量脉冲的优势。当开关电源的输出功率较大时，往往同时使用钳位电路和缓冲吸收电路，以便更好地保护功率开关管。通常将钳位电路并联

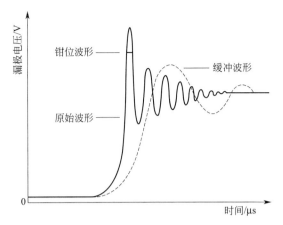

图 5-28　钳位电路与缓冲电路的效果对比

到高频变压器的一次绕组上，将缓冲吸收电路连接在功率 MOSFET 的漏极与地线之间。

钳位电路的能量消耗主要在齐纳二极管或瞬态电压抑制器，软钳位电路和缓冲电路的能量消耗主要是电阻器。承受能量消耗的元件要有足够的功率，以免产生过高的温度，其额定功率应为吸收能量的 2 倍以上。

此外，在功率很大的开关电源、逆变器及 DC-DC 变换器中，功率开关管的连接线电感造成的尖峰电压可能高达数百伏以上，经常造成开关管过压击穿而损坏。这里所说的连接线就是直流高压的正、负极到功率开关管（通常是 IGBT 模块）之间的连接线，通常也称之为电源母线。其正极用"P"表示，负极用"N"表示，连接线的电感通常称为主电路的寄生电感。为了消除寄生电感造成的尖峰电压，通常在 IGBT 模块的相应引脚之间加入缓冲电路。因为缓冲电路实际上是加在电源母线上的，因此又通常称为集中式缓冲电路。常见的集中式缓冲吸收电路如图 5-29 所示。

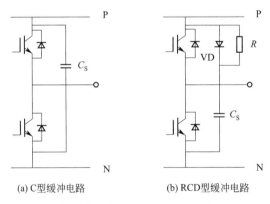

(a) C 型缓冲电路　　　　　　(b) RCD 型缓冲电路

图 5-29　集中式缓冲吸收电路

其中，图 5-29（a）为 C 型缓冲电路，只用一只缓冲电容 C_S。这种电路简单易行，但主电路电感与缓冲电容器容易发生 LC 谐振，造成母线电压产生振荡。图 5-29（b）为 RCD 型缓冲电路，由于缓冲二极管 VD 的单向导电特性以及电阻 R 的阻尼作用，可以消除母线电压振荡，特别是在母线配线较长的情况下效果明显。因此，RCD 型缓冲电路比较常用。

需要说明的是：这里的缓冲电容 C_S 将承受几十乃至几百安培的脉冲电流，必须使用专用的缓冲电容器。图 5-30 给出了几种缓冲电容器的外形，这些电容能够承受数百安培的脉冲电流。有些缓冲电容器的引脚尺寸与 IGBT 模块的引脚尺寸相同，可以直接用螺栓安装在

IGBT 模块上，以便使电容器的引线长度减到最小。缓冲二极管 VD 应为快恢复二极管，其浪涌电流 I_{FSM} 应为 IGBT 模块峰值电流的 $2\sim3$ 倍。阻尼电阻 R 通常为 $10\sim20\Omega$，其功率消耗可达几十瓦以上，也需要安装在散热器上。

图 5-30　几种缓冲电容器的外形

为了便于元件选择，有些半导体器件厂商根据自己的产品特性，给出了集中式缓冲电容量的参考数据。表 5-1 列出了几种 IGBT 模块使用的缓冲电容量数据，供读者参考。

表 5-1　集中式缓冲电容量的参考数据

器件参数		驱动条件		主电路寄生电感/μH	缓冲电容 C_S/μF
U_{CES}/V	I_C/A	$-U_{GE}$/V	R_G/Ω		
600	50	$\leqslant15$	$\geqslant68$		0.47
	75		$\geqslant47$		
	100		$\geqslant33$		
	150		$\geqslant24$	$\leqslant0.2$	1.5
	200		$\geqslant16$	$\leqslant0.16$	2.2
	300		$\geqslant9.1$	$\leqslant0.1$	3.3
	400		$\geqslant6.8$	$\leqslant0.08$	4.7
1200	50	$\leqslant15$	$\geqslant22$	—	0.47
	75		$\geqslant9.1$		
	100		$\geqslant5.6$		
	150		$\geqslant4.7$	$\leqslant0.2$	1.5
	200		$\geqslant3.0$	$\leqslant0.16$	2.2
	300		$\geqslant2.0$	$\leqslant0.1$	3.3

（2）尖峰电流抑制电路

当开关电源的开关频率较高（100kHz 及以上）时，在功率开关管导通时，高频变压器初级的分布电容和次级输出整流二极管的反向恢复过程，都会在功率开关管集电极产生尖峰电流。次级输出整流二极管也会产生反向尖峰电流。尖峰电流可能损坏功率开关管和整流二极管，还会产生开关噪声，增加电磁辐射。

虽然在整流二极管两端并上由阻容元件串联而成的 RC 吸收电路，能对开关噪声起到一定的抑制作用，但效果仍不理想，况且在电阻上还会造成功率损耗。较好解决的办法是在功率开关管的集电极和次级输出整流电路中串联一只磁珠。

磁珠是一种小型的铁氧体或非晶合金磁性材料，其外形呈管状，引线穿心而过。常见磁珠的外形尺寸有 $\phi2.5\times3$（mm）、$\phi2.5\times8$（mm）、$\phi3\times5$（mm）等多种规格。开关电源中使用的磁珠，电感量一般为零点几至几微亨。磁珠的直流电阻非常小，一般为 $0.005\sim$

0.01Ω。通常噪声滤波器只能吸收已产生了的噪声，属于被动抑制型；磁珠的作用则不同，它能抑制尖峰电流的产生，因此属于主动抑制型，这是二者的根本区别。磁珠除可用于高频开关电源外，还可应用于电子测量仪器、录像机以及各种对噪声要求非常严格的电路中。

开关电源中常用的几种磁珠外形如图 5-31 所示。空心的管状磁珠可以直接穿在直插型功率开关管或整流二极管引脚上。

图 5-31　几种磁珠的外形图

5.3.3　信号取样电路

开关电源工作在高频开关状态，工作环境、使用条件、工作过程及干扰等情况均比较复杂，容易发生过流与短路现象，这种现象通常发生在如下几种情况。

① 主变压器磁芯出现饱和形成过流。比如，在最高输入电压时，不能使脉宽及时变窄，同时出现最大电压和最大脉宽的情况，导致磁芯饱和。变压器温升过高，饱和磁通密度 B_S 下降，在大电流磁场作用下易出现饱和。双端桥式变换器由于驱动电路参数不对称、开关器件参数不一致、产生正负脉冲"伏秒积"不相等，形成的直流偏磁现象及接通瞬时的双倍磁通效应都可能引起磁芯饱和。

② 在双端桥式变换器中，因控制失灵或干扰脉冲可能出现同一桥臂接收开通信号，形成短路过流。

③ 在单端双管正激变换器中，去磁二极管短路形成过流。

④ 输出错接或短路形成过流。

对于上述可能发生的情况，如不及时对电流取样进行检测，并通过控制电路予以立即纠正，使其在过流情况下将脉宽变窄，对过流加以限制并使其回到安全工作状态，将会造成器件损坏，甚至导致电源整机崩溃。

（1）电流取样检测的作用

电流取样检测是及时检测开关电源主回路（一次侧或二次侧）的电流，并将其转换成电压信号，其主要作用有以下 3 点。

① 用于提供控制电路的电流反馈环，其电流输出信号与基准电压比较，实现电流调节与恒流。

② 用于输出电流当前指示。

③ 用于电源保护。比如限流保护或关机保护，有关开关电源保护电路的内容已经在前述保护电路一节中详细叙述。

（2）电流取样检测的基本模式

电流取样检测控制应用较为普遍的有两种控制方式，即峰值电流检测控制模式和平均电流检测控制模式。

① 峰值电流检测控制模式　峰值电流检测控制是将电流传感器串联在开关电源变换器的一次或二次侧滤波电感器之前，检测的是峰值电流，将其转换成电压信号与电流设定基准

电压或误差放大器的输出信号进行比较，控制 PWM 的脉冲宽度，使回路电流跟踪设定基准。

峰值电流检测控制的优点是反应速度快、动态响应好，多用于过流和短路保护。其缺点首先是抗干扰性差，通常需要进行斜率补偿，对电流上升率进行适当控制，避免干扰和振荡。补偿的方法一般是利用 PWM 控制器的锯齿波经隔离加至 PWM 控制器的电流检测输入端，以保证控制电路工作的稳定性。其次是峰值电流检测的电流控制精度不高。

② 平均电流检测控制模式　平均电流检测控制模式是将电流传感器串联在滤波电感器之后或输出回路中，检测的是平均电流。同样是将检测的电流值转换成电压信号与电流设定基准比较，调节 PWM 的脉冲宽度，使回路电流跟踪电流基准设定值，使最大电流平均值不超出整定值。

平均电流检测模式的优点是抗干扰性好，电流控制精度高，锯齿波电感电流本身提供了较合适的斜率，不用进行斜率补偿就能保证工作稳定。其缺点是动态响应速度不如峰值电流检测控制模式。电流平均值检测控制主要用于恒流控制和电流指示。

（3）电流取样检测的主要方法

根据使用的电流传感器不同，开关电源电流取样主要方法有：电阻取样、分流器取样、霍尔电流传感器取样和电流互感器取样。其中，分流器取样实际上是电阻取样的一种特例。根据电源的具体情况和使用要求，可以选择不同的电流取样方法。

① 电阻取样　电阻取样是将适当阻值和功率的电阻串联在主回路的电流回路中，阻值与功率应与所检测的电流和控制电路匹配。电流流过取样电阻，电流转换成电压信号送至 PWM 控制器的电流检测端或经放大器放大后再送至控制电路，调节 PWM 的输出驱动脉宽，达到电流控制的目的。电阻电流取样电路如图 5-32 所示，主回路中的电流流过检测电阻 R_{sense}，经放大器 A_1 送至 PWM 的电流检测端。R，C，用于滤除开关电流尖峰及噪声。电阻电流取样只适用于小功率电源的电流检测，电路简单。缺点是产生附加功率损耗。阻值随温度变化及噪声电平使电流检测精度不高，取样与控制电路不隔离易受干扰。

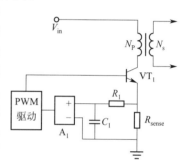

图 5-32　电阻电流取样电路

② 分流器取样　分流器取样实际上是电阻取样特例——阻值极小。比如一只 100A、75mV 的分流器，阻值为 $0.75\text{m}\Omega$。分流器为标准化产品，一般在最大额定电流时，分流器的压降通常为 75mV 或 50mV，也可根据用户需要提供其他规格。分流器取样是将标准规格（按实际电流值）的分流器直接串联在主回路中，通常是串接在输出回路中，在执行电流取样功能的同时，还充当电流排的作用。由于分流器的压降只有几十毫伏，通常需经放大器放大后再与基准电压比较，误差放大器的输出控制 PWM 驱动脉冲的宽度，实现电流控制，或将输出正比于电流的电压信号用于电流指示。分流器取样多用在中大功率开关电源的输出回路，与电阻取样类似，不隔离但简单方便。选用分流器时要求与电流相匹配。比如，输出最大电流为 30A，应选用 30A、75mV 的分流器，而不能选用 100A、75mV 的分流器，同时要求热稳定性好。

③ 霍尔电流传感器取样　霍尔电流传感器的工作原理是利用一次侧（主回路）电流所产生的磁场随时通过一个副线圈所产生的磁场进行补偿，使霍尔器件始终在检测零磁通的条件下工作，其电流检测电路如图 5-33 所示。如果一次侧电流 I_{p} 增大，则 I_{p} 所产生的磁场 H_{p} 增大，霍尔传感器的输出也增大，经放大器放大使 I_{s} 增大，二次侧线圈产生的磁场 H_{s} 增大，最终使 H_{p} 与 H_{s} 平衡，即 $H_{\text{s}}=H_{\text{p}}$。因此只要测得二次侧线圈中的小电流 I_{s}，就能

知道一次侧线圈中的大电流。其工作原理同变压器、电流互感器一样，即保持一、二次侧安匝数相等，即 $N_p I_p = N_s I_s$。图中的 R_m 为外接检测电阻，其阻值应与后续控制电路的电平相匹配，同时要注意到霍尔器件的产品规格及一、二次侧所标示的电流比。霍尔电流传感器可进行交流、直流电流（或电压）的测量。根据不同使用条件，选取不同规格型号的霍尔器件。其优点是电流检测精度高、抗干扰性好，但有微秒级的延迟，且价格较贵。

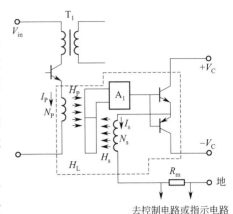

图 5-33　霍尔电流传感器检测电路

④ 电流互感器取样　电流互感器具有功耗小、频带宽、信号还原性好、主回路与控制电路电气上隔离、价格便宜、可自制等优点，成为开关变换器最常用的一种电流取样检测方法。它适用于各种电路形式和功率变换器。在推挽、桥式双端变换器中，一般不会出现直流分量，电流互感器可以得到充分应用，无须另外加磁复位电路。但在单端变换器中，开关器件或变压器流过的是单极性脉冲电流，原边包含的直流分量在二次侧检测的信号中不能反映出来，电流脉冲消失后如果磁芯得不到充分复位，有可能造成磁芯饱和，因此在单端变换器中应用的电流互感器必须有复位措施。

电流互感器磁芯复位有自复位与强迫复位两种方法，自复位是电流互感器一次侧脉冲电流消失后，磁芯依靠励磁电流流过采样电阻 R_S 产生的负伏秒值，实现自复位，如图 5-34 所示。当脉冲占空比 $D>0.5$ 和取样电阻 R_S 很小时，复位时间很短，没有足够的复位伏秒值，这样磁芯中的直流分量增大，有可能造成磁芯逐渐正向偏磁饱和，而在输出取样电阻上形成正、负双向电压，不便于后级检测。为了克服利用取样电阻 R_S 自复位的缺点，在电流互感器二次侧回路中串接一只二极管，实现输出电压 U_{R_S} 的单极性，达到便于检测的目的。电流脉冲消失后，磁芯依靠励磁电流在磁芯等效励磁电感 L_m、二极管结电容 C_D、电流互感器分布电容 C_T 中产生谐振出现的负复位电压值，实现复位。上述两种自复位方法由于复位的负伏秒值都不大，只能应用于电流脉冲占空比 $D<0.5$ 的场合。

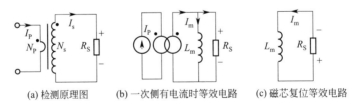

(a) 检测原理图　(b) 一次侧有电流时等效电路　(c) 磁芯复位等效电路

图 5-34　电流互感器常用检测电路

在单端变换器中，自复位方法不能用于检测高占空比的一次侧脉冲电流。因此，必须对磁芯进行强迫复位。如图 5-35 所示，一次侧有电流脉冲时，由于二极管的隔离作用，外加复位电压 V_R 对电流检测无影响，在电流互感器一次侧电流脉冲消失后，二极管 VD 阻断，复位电压 V_R 加在励磁电感 L_m 上，强迫磁芯快速复位。由于复位电压远远大于磁芯的正向电压，因此磁芯能在很短的时间内完成复位，所以强迫复位方法可用于单端变换器检测脉冲电流占空比 $D>0.5$ 的场合。

电流互感器取样检测电流的原理是将主回路需检测的电流母线穿过电流互感器的磁环中心孔（通常采用环形磁芯绕制）。根据电磁感应原理，检测二次侧电流并转换成电压，利用

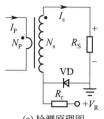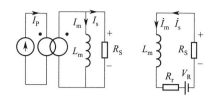

(a) 检测原理图　(b) 一次侧有电流时等效电路　(c) 磁芯复位等效电路

图 5-35　强迫复位电流互感器检测电路

二次侧输出电压随流过一次侧电流大小按匝数比成比例（电流传感器的匝数比为一定值）的特点，作为电流的控制与保护。电流互感器的一次侧匝数 $N_p=1$，二次侧匝数 N_s 根据后续控制电路的匹配需要而定，匝数比就是电流比。图 5-36 示出了电流互感器用于 Buck 电路主回路的峰值电流检测。图 5-37 用于桥式电路中作平均电流检测。

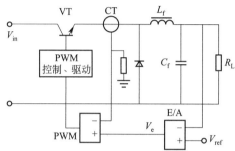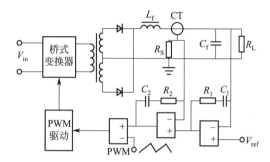

图 5-36　电流互感器峰值电流检测　　　　图 5-37　电流互感器平均电流检测

在图 5-36 峰值电流检测电路中，PWM 脉宽比较器的输入端直接用电流互感器检测的电流信号与误差放大器的输出误差电压 V_e 进行比较，控制脉冲来调节输出电压、电流内环控制电感的平均电流，以适应输入电压和负载的变化，稳定输出。图 5-37 平均值电流检测是电感电流信号跟踪误差放大器的输出误差电压，经比例积分放大器输出后再与锯齿波比较，控制脉宽来实现恒流控制和稳压限流控制。

✎ 习题与思考题

1. 画出串联线性稳压电源结构框图，并简述其工作过程。

2. 简述如图 5-2 所示由分立元件组成的线性稳压电路工作原理。

3. 画出无工频变压器开关电源框图。

4. 简述他激式反激电源电路、他激式正激电源电路以及反馈式辅助电源电路工作过程。

5. 简述过流保护电路的形式及各自特点。

6. 简述如图 5-12 所示利用桥式检测原理对电路进行过流保护以及如图 5-13 所示典型限流-切断式保护电路工作原理。

7. 简述如图 5-16 所示用光电耦合方式进行过压保护电路的工作原理。

8. 简述图 5-17 所示采用分立元件构成的过压保护电路工作原理。

9. 简述如图 5-18 所示由光电耦合器等组成的欠压保护电路工作原理。

10. 简述如图 5-19 所示过热保护电路工作原理。

11. 为什么开关电源需要设计输入软启动电路？常见的输入软启动电路有哪几种？

12. 简述电流取样检测的作用与基本模式。电流取样检测的主要方法有哪些？

第6章
常用 PWM 集成控制器

　　控制电路是变换器的重要组成部分，其设计应围绕选定的直流变换器的主电路及电源的技术指标要求进行，其设计质量直接影响变换器的技术性能。

　　一般来说，控制电路应包括调压控制和保护两部分。控制电路要考虑如下一些基本要求和功能：变换器是一个闭环调节系统，所以要求控制电路应具有足够的回路增益，在允许的输入电网电压、负载及温度变化范围内，输出电压的稳定度能达到规定的精度要求，即达到静态精度指标；与此同时，还必须满足动态品质要求，如稳定性和过渡过程时间等动态响应性能，因此需加适当的校正环节或同时引入电压、电流反馈的多反馈技术；要满足获得额定的输出电压及调节范围的要求；此外，还应具有软启动功能及过流、过压等保护功能，必要时还要求实现控制电路与反馈输入之间的隔离。随着计算机的应用，控制电路还应具有远距离操作功能、程序供电功能、并联运行功能等。

　　控制电路可以采用分立的元器件构成，随着微电子技术的发展，各种集成控制器不断出现，这些集成控制器功能齐全，只需外加少量的元器件就能使电路正常工作。这不仅简化了电路设计，且大幅度减少了元器件的数量，提高了系统可靠性，同时也便于实现模块化、系列化。近年来，采用单片机或数字信号处理器（DSP）的控制技术应用越来越广泛，变换器的控制从模拟控制发展到微处理器数字控制，使得现代先进的控制手段得以实现，同时实现了硬件电路的标准化。随着微处理器的不断进步，从 8～16 位单片机到 16～32 位的 DSP，位数增多，运算速度加快，其控制能力亦不断增强。

　　集成控制芯片种类繁多，但大致可以按以下几种方式分类：

　　① 按照调节时间比例的方式，可以分为 PWM 集成控制芯片和 PFM 集成控制芯片；

　　② 照输出脉冲的路数，可分为单路输出、双路输出和多路输出集成控制芯片；

　　③ PWM 集成控制芯片按照调节脉冲宽度的方式，可以分为电压型 PWM 集成控制芯片和电流型 PWM 集成控制芯片；

　　④ 按照所配合的功率变换方式，可以分为硬开关集成控制芯片和软开关变换集成控制芯片，具体可以分为谐振开关控制 IC 芯片、硬开关 PWM 控制 IC 芯片、双零转换软开关PWM 控制 IC 芯片等。

　　目前，PWM 控制芯片应用最为广泛，本章将在每种控制芯片中，选择代表性的产品进行重点介绍。

6.1 电压型 PWM 集成控制器

6.1.1 基本组成、型号及特点

电压型 PWM 型控制电路的基本结构如图 6-1 所示。时钟振荡器产生的恒定频率的脉冲作为时间比较的基准，"电压-脉宽转换"电路（简称 V/W 电路）将电压信号转换成脉冲宽度信号，V/W 电路的输入控制电压由误差放大电路检测电源输出电压的误差信号并经过比较放大后提供；V/W 电路输出脉冲的频率经同步电路和时钟振荡器同步；V/W 电路输出的一组脉冲序列经分频电路分频变成两列彼此交替出现的脉冲，送至驱动电路以驱动功率开关管，使稳压电源输出电压达到设计要求。

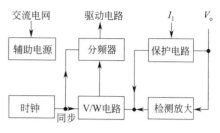

图 6-1　电压型 PWM 型控制电路的基本结构

电压型 PWM 型控制电路的工作方式是：$V_o \uparrow \rightarrow W \downarrow$，$V_o \downarrow \rightarrow W \uparrow$。

电压型 PWM 集成控制（IC）芯片的品种很多，目前比较常用的、典型的芯片有：SG1524、 SG3524，SG3525A、 SG3526、 SG3527A、 TL494、 LM2575、 LM3524A、UCX840， UCX524/A、 UCX525/527A、 UCX525B/527B、 UCX526/A、 UCX823、UCX824、UCX825，UCX823A/B、UCX825A/B、UCX826、UCX827、UCX829 等。以上集成控制芯片中，有的为单路输出，有的为双路输出。

在以上诸多电压型 PWM 控制芯片型号中，字母 "X" 可以分别是 1、2 和 3。1 字开头的芯片是军用品，工作环境温度范围是 $-55 \sim 120℃$；2 字开头的芯片是工业用品，工作环境温度范围是 $-25 \sim 85℃$；3 字开头的芯片是民用品，工作环境温度范围是 $0 \sim 70℃$。其他系列的芯片也是如此。目前较典型的、应用较广泛的电压型硬开关 PWM 变换控制芯片有UCX524、UCX525、UCX527、UCX825 和 TL494 系列。不同厂家生产的芯片，只要型号相同，其结构和基本性能就是相似的。由于 UCX524 是早期设计的第一代集成控制芯片，其输出电流小、非图腾式输出，用它来驱动 VMOSFET 和 IGBT 存在一些问题。其改进型的 SG3525A 适于驱动 N 沟道 MOS 功率管，其改进型的 SG3527A 适于驱动 P 沟道 MOS 功率管，其电路原理是完全相同的，我国国家标准则为 CW3525A 和 CW3527A。TL494 系列有两个相对独立的误差放大器，还有死区时间比较器，可以灵活运用。

电压型 PWM 控制器选用时要注意以下几点。

① 各种集成器件的工作频率的计算公式都不一样，由于器件制造的离散性，有的公式计算出的结果与实际差别很大，设计时最好根据计算得的 RC 参数进行实验修正。

② 多集成芯片都将内部用的电源 V_{CC} 和输出驱动用的电源 V_C 分开，在使用时最好不要公用一路电源，以免驱动输出大的电流峰值影响芯片的正常工作。

③ 要根据产品的性能和使用场合选择集成芯片，这样既可保证质量又可降低成本。

6.1.2 SG3525A PWM 控制器

SG3524 作为第一代 PWM 控制器获得了广泛应用，但随着电能变换技术的发展，功率MOSFET 在开关变换器中的广泛应用，SG3524 的不足开始逐渐显现出来，例如：SG3524的输出功率不够大；不具有欠电压锁定功能；在 C_T 满足工作频率的要求下，不能调节死区时间的长短；对于不同结构的变换器，可增加不同附加电路的灵活性较差等。为此，美国硅通用半导体公司（Silicon General）对 SG3524 进行了改进，推出了 SG3524 的增强版本 SG3525A 和 SG3527A。其中 SG3525A 用于驱动 N 沟道功率 MOSFET，SG3527A 用于驱动 P 沟道功率 MOSFET。SG3525A 一经推出即以其完善的功能获得了广大用户的认可。目前，全球许多知名的半导体生产厂商都在生产 SG3525A。不同公司在该产品的命名上可能有所不同，但其基本功能是完全相同的，只是在个别电气参数上有些区别。

SG3525A 系列 PWM 控制器也分军品、工业品和民品三个等级，相对应的型号分别为 SG1525A、SG2525A 和 SG3525A。下面以美国安森美半导体公司生产的 SG3525A 为例，对其特点与引脚功能、额定参数及推荐工作条件、主要电气参数、工作原理以及典型应用等进行介绍。

（1）特点与引脚说明

① 特点

a. 工作电压范围宽：8～35V。

b. 5.1V（1±1.0%）微调基准电源。

c. 振荡器工作频率范围宽：100Hz～400kHz。

d. 具有振荡器外部同步功能。

e. 死区时间可调。

f. 内置软启动电路。

g. 具有输入欠电压锁定功能。

h. 具有 PWM 锁存功能，禁止多脉冲。

i. 逐个脉冲关断。

j. 双路输出（灌电流/拉电流）：±400mA（峰值）。

② 引脚说明　SG3525A 采用 DIP-16 和 SOP-16 封装，其引脚排列如图 6-2 所示。SG3525A 的引脚功能简介如下。

◇Inv. Input（引脚 1）：误差放大器反相输入端。在闭环系统中，该端接反馈信号。在开环系统中，该端与补偿信号输入端（引脚 9）相连，可构成跟随器。

◇Noninv. Input（引脚 2）：误差放大器的同相输入端。在闭环系统和开环系统中，该端接给定信号。根据需要，在该端与补偿信号输入端（引脚 9）之间可接入不同类型的反馈网络，构成比例、比例积分和积分等类型的调节器。

◇$\overline{\text{Sync}}$（引脚 3）：振荡器外接同步信号输入端。该端接外部同步脉冲信号可实现与外电路的同步。

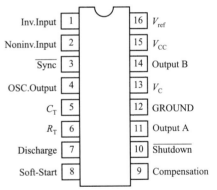

图 6-2　SG3525A 引脚排列

◇OSC. Output（引脚 4）：振荡器输出端。

◇C_T（引脚 5）：振荡器定时电容接入端。

◇R_T（引脚 6）：振荡器定时电阻接入端。

◇Discharge（引脚 7）：振荡器放电端。该端与引脚 5 之间外接一只放电电阻，构成放电回路。

◇Soft-Start（引脚 8）：软启动电容接入端。该端通常接一只 5μF 的软启动电容。

◇Compensation（引脚 9）：PWM 比较器补偿信号输入端。在该端与引脚 1 之间接入不同类型的反馈网络，可以构成比例、比例积分和积分等类型的调节器。

◇$\overline{\text{Shutdown}}$（引脚 10）：外部关断信号输入端。该端接高电平时，控制器输出将被禁止。该端可与保护电路相连，以实现故障保护。

◇Output A（引脚 11）：输出端 A。引脚 11 和引脚 14 是两路互补输出端。

◇GROUND（GND，引脚 12）：信号地。

◇V_C（引脚 13）：输出级偏置电压接入端。

◇Output B（引脚 14）：输出端 B。引脚 14 和引脚 11 是两路互补输出端。

◇V_{CC}（引脚 15）：偏置电源接入端。

◇V_{ref}（引脚 16）：基准电源的输出端。该端可输出一个温度稳定性极好的 5.1V 基准电压。其典型输出电流为 20mA。

（2）额定参数及推荐工作条件

SG3525A 的额定参数及推荐工作条件见表 6-1 和表 6-2。

表 6-1 SG3525A 额定参数

参数	符号	额定值
偏置电压	V_{CC}	40V
集电极输出电压	V_C	40V
逻辑电平输入	—	$-0.3 \sim +5.5$V
模拟信号输入	—	$-0.3 \sim V_{CC}$V
输出电流（灌电流/拉电流）	I_o	± 500mA
基准电源输出电流	I_{ref}	50mA
振荡器充电电流	—	5.0mA
功耗（塑封及陶瓷封装） $T_A = 25℃$（环境温度超过 50℃时,应按 10mW/℃降额使用） $T_C = 25℃$（环境温度超过 25℃时,应按 16mW/℃降额使用）	P_D	1000 mW 2000 mW
热阻	$R_{\theta jA}$ $R_{\theta jC}$	100℃/W 60℃/W
工作结温	T_J	150℃
储存温度范围	T_{stg}	$-55 \sim +125℃$
焊接温度（持续 10s）	—	300℃

表 6-2 SG3525A 推荐工作条件

参数	符号	最小值	最大值	单位
偏置电压	V_{CC}	8.0	35	V
集电极输出电压	V_C	4.5	35	V
输出电流（灌电流/拉电流） 连续状态 峰值状态	I_o	0 0	± 100 ± 400	mA
基准电源输出电流	I_{ref}	0	20	mA
定时电阻	R_T	2.0	150	kΩ
定时电容	C_T	0.001	0.2	μF
振荡频率范围	f_{osc}	0.1	400	kHz
死区时间调节电阻	R_D	0	500	Ω
工作环境温度范围	T_A	0	$+70$	℃

（3）主要电气参数

SG3525A 的主要电气参数见表 6-3。

表 6-3　　SG3525A 主要电气参数

名称	电气参数	符号	最小值	典型值	最大值	单位
基准电源部分	基准电压($T_J=25℃$)	V_{ref}	5.00	5.10	5.20	V
	线电压调整率($V_{CC}=8\sim35V$)	Reg_{line}	—	10	20	mV
	负载调整率($I_L=0\sim20mA$)	Reg_{load}	—	20	50	mV
	短路输出电流($V_{ref}=0,T_J=25℃$)	I_{SC}		80	100	mA
振荡器部分	最低频率($C_T=0.2\mu F,R_T=150k\Omega$)	f_{min}		50		Hz
	最高频率($C_T=1.0nF,R_T=2.0k\Omega$)	f_{max}	400			kHz
	时钟信号幅度		3.0	3.5		V
	时钟信号宽度		0.3	0.5	1.0	μs
	同步信号阈值		1.2	2.0	2.8	V
	同步输入电流(同步电压3.5V)			1.0	2.5	mA
误差放大器部分	输入失调电压	V_{IO}		2.2	10	mV
	输入偏置电流	I_{IB}		1.0	10	μA
	输入失调电流	I_{IO}			1.0	μA
	直流开环增益	A_{VOL}	60	75		dB
	输出电压低电平	V_{OL}		0.2	0.5	V
	输出电压高电平	V_{OH}	3.8	5.6		V
	共模抑制比($V_{CM}=1.5\sim5.2V$)	CMRR	60	75		dB
	电源抑制比($V_{CC}=8\sim35V$)	PSRR	50	60		dB
PWM比较器部分	占空比最小值	D_{min}			0	%
	占空比最大值	D_{max}	45	49		%
	零占空比时的输入阈值电压($f_{osc}=40kHz,C_T=0.01\mu F,R_T=3.6k\Omega,R_D=0\Omega$)	V_{thmin}	0.6	0.9		V
	最大占空比时的输入阈值电压($f_{osc}=40kHz,C_T=0.01\mu F,R_T=3.6k\Omega,R_D=0\Omega$)	V_{thmax}		3.3	3.6	V
软启动电路部分	软启动电流($V_{shutdown}=0V$)		25	50	80	μA
	软启动电压($V_{shutdown}=2V$)			0.4	0.6	V
	关断输入电流($V_{shutdown}=2.5V$)			0.4	1.0	mA
	输出驱动部分(每个输出端,$V_{CC}=20V$) 输出低电平 $I_{SINK}=20mA$	V_{OL}		0.2	0.4	V
	$I_{SINK}=100mA$			1.0	2.0	
	输出高电平 $I_{SOURCE}=20mA$	V_{OH}	18	19		V
	$I_{SOURCE}=100mA$		17	18		
	欠电压锁定电压	V_{UL}	6.0	7.0	8.0	V
	上升时间($C_L=1.0nF,T_J=25℃$)	t_r		100	600	ns
	下降时间($C_L=1.0nF,T_J=25℃$)	t_f		50	300	ns
	偏置电流($V_{CC}=35V$)	I_{CC}		14	20	mA

注:如不特殊说明,测试条件为 $V_{CC}=20V,C_T=0.01\mu F,R_T=3.6k\Omega,R_D=0\Omega,T_A=0\sim70℃$。

（4）工作原理

SG3525A 内部集成了精密基准电源、误差放大器、带同步功能的振荡器、脉冲同步触发器、图腾柱式输出晶体管、PWM 比较器、PWM 锁存器、欠电压锁定电路以及关断电路,其内部原理框图如图 6-3 所示。

① SG3525A 与 SG3524 的主要区别

a. 增加了欠电压锁定电路。当 SG3525A 的输入偏置电压低于 8V 时,为防止电路在欠压状态下工作,有效地使输出保持关断状态,SG3525A 电路中新设置了欠压锁定电路。当偏置电压大于 2.5V 时,欠压锁定电路即开始工作,直到偏置电压达到 8V,电路内部各部分进入正常工作状态。而当电压从 8V 降低至 7.5V 时,欠压锁定电路又开始恢复工作。这

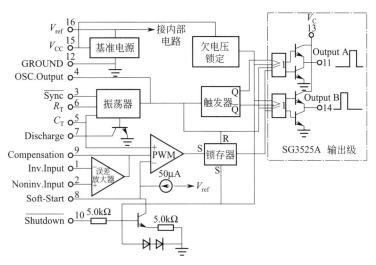

图 6-3　SG3525A 原理框图

里约有 0.5V 的固定滞后电压用以消除钳位电路有阈值电压处的振荡。当控制器内部电路锁定时，除基准电源和一些必要电路之外的所有电路停止工作，此时控制器消耗的电流极小。

b. 增加了软启动电路。引脚 8 为软启动控制端，该端可外接软启动电容。软启动电容由 SG3525A 内部 $50\mu A$ 的恒流源进行充电。

c. 提高了基准电源的精度。SG3525A 中基准电源的精度提高到 1%，而 SG3524 中基准电源的精度只有 8%。

d. 具有输出限流和关断电路。SG3525A 去除了 SG3524 当中的限流比较器，而改由外部关断信号输入端（引脚 10）来实现限流功能，同时还具有逐个脉冲关断和直流输出电流限幅功能。在实际使用中，一般在引脚 10 上接入过电流检测信号，如果过电流检测信号维持时间较长，软启动电容将被放电。

e. PWM 比较器的反相输入端增加至两个。在 SG3524 中，误差放大器输出端、限流比较器输出端和外部关断信号输入电路共用 PWM 比较器的一个反相输入端。在 SG3525A 中对此进行了改进，将误差放大器输出端和外部关断信号输入电路分别送至 PWM 比较器的一个反相输入端。这样做的好处在于避免了误差放大器和外部关断信号输入电路间的相互影响，有利于误差放大器和补偿网络工作精度的提高。

f. 增加了 PWM 锁存器。为了使关断电路更可靠地工作，SG3525A 在其内部增加了 PWM 锁存器。PWM 比较器输出信号首先送至 PWM 锁存器，锁存器由关断电路置位，由振荡器输出的时间脉冲复位。当关断电路工作时，即使过电流信号立即消失，锁存器也可维持一个周期的关断控制，直到下一周期时钟信号使锁存器复位。同时，由于 PWM 锁存器对 PWM 比较器的置位信号进行锁存，误差放大器上的噪声信号、振铃及其他干扰信号在此过程中都被消除。只有在下一个时钟周期才能重新复位，可靠性大大提高。

g. 振荡器增加了同步端和放电端。SG3524 中的振荡器只有 C_T 和 R_T 两个引脚，其充电和放电回路是相同的。而 SG3525A 中的振荡器，除了 C_T 和 R_T 两个引脚外，又增加了一个同步端（引脚 3）和一个放电端（引脚 7）。R_T 的阻值决定了内部恒流源对 C_T 充电电流的大小，而 C_T 的放电则由引脚 5 和引脚 7 间的外接电阻决定。将充电与放电回路分开，有利于通过引脚 5 和引脚 7 间的外接电阻来调节死区时间。SG3525A 的振荡频率可由下式进行计算。

$$f_{\text{osc}} = \frac{1}{C_{\text{T}}(0.7R_{\text{T}} + 3R_{\text{D}})}$$

同步端（引脚 3）主要用于多只 SG3525A 之间的外部同步，同步脉冲的频率应比振荡频率略低一些。

h. 改进了输出级的结构。SG3525A 对 SG3524 输出级进行了改进，以满足功率 MOS-FET 的需要，其末级采用了图腾柱式电路，关断速度更快。

② 工作原理　SG3525A 内置的 5.1V 精密基准电源，微调精度达到±1.0%，在误差放大器共模输入电压范围内，无须外接分压电阻。SG3525A 还增加了同步功能，可以工作在主从模式，也可与外部系统时钟信号同步，为设计提供了极大的灵活性。在 C_{T} 引脚 5 和 Discharge 引脚 7 之间加入一个电阻就可实现对死区时间的调节功能。由于 SG3525A 内部集成了软启动电路，因此只需外接一个定时电容。

振荡器通过外接时基电容和电阻产生锯齿波振荡，同时产生时钟脉冲信号，该信号的脉冲宽度与锯齿波的下降沿相对应。时钟脉冲作为由 T 触发器组成的分相器的触发信号，用来产生相位相差 180°的一对方波信号，即 U_{TQ} 和 $U_{\text{T}\bar{\text{Q}}}$，误差放大器是一个双级差分放大器，经差分放大的信号 U_1 与振荡器输出的锯齿波电压 U_5 加至 PWM 比较器的负、正输入端，比较器输出的调制信号经锁存后作为或非门电路的输入信号 U_{p}，或非门电路在正常情况下具有三路输入：分相器的输出信号和 U_{TQ} 或 $U_{\text{T}\bar{\text{Q}}}$，PWM 调制信号 U_{p} 和时钟信号 U_{C}。或非门电路的输出 U_{o1} 和 U_{o2} 即为图腾柱电路的驱动信号。相关各点的波形如图 6-4 所示。

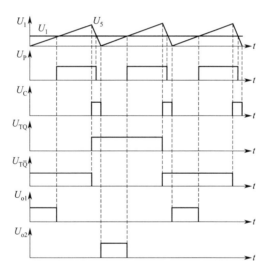

图 6-4　SG3525A 相关各点波形

SG3525A 的软启动电容接入端（引脚 8）上通常接一个 $5\mu\text{F}$ 左右的软启动电容。上电过程中，由于电容两端的电压不能突变，因此与软启动电容接入端相连的 PWM 比较器反相输入端处于低电平，PWM 比较器输出为高电平。此时，PWM 锁存器的输出也为高电平，该高电平通过两个或非门加到输出晶体管上，使之无法导通。只有软启动电容充电至其上的电压使引脚 8 处于高电平时，SG3525A 才能开始工作。在实际电路中，基准电压通常接在误差放大器的同相输入端上，而输出电压的采样电压则加在误差放大器的反相输入端上。当输出电压因输入电压的升高或负载的变化而升高时，误差放大器的输出将减小，这将导致 PWM 比较器输出的为正的时间变长，PWM 锁存器输出高电平的时间也变长，因此输出晶体管的导通时间将缩短，从而使输出电压回落到额定值，实现稳压。反之亦然。

外接关断信号对输出级和软启动电路都起作用。当 $\overline{\text{Shutdown}}$（引脚 10）上的信号为高电平时，PWM 锁存器将立即动作，禁止 SG3525A 输出，同时，软启动电容将开始放电。如果该高电平持续，软启动电容将充分放电，直到关断信号结束，才重新进入软启动过程。注意，$\overline{\text{Shutdown}}$ 引脚不能悬空，应通过接地电阻可靠接地，以防止外部干扰信号耦合而影响 SG3525A 的正常工作。

欠电压锁定功能同样作用于输出级和软启动电路。如果输入电压过低，在 SG3525A 的输出被关断的同时，软启动电容将开始放电。

此外，SG3525A 还具有以下功能，即无论什么原因造成 PWM 脉冲中止，输出都将被中止，直到下一个时钟信号到来，PWM 锁存器才被复位。

SG3525A 的输出级采用图腾柱式结构，其灌电流/拉电流超过 200mA。

（5）典型应用

① 接单端变换器　在单端变换器应用中，SG3525A 的两个输出端应接地，如图 6-5 所示。当输出晶体管开通时，R_1 上会有电流流过，R_1 上的压降将使 VT_1 导通。因此 VT_1 是在 SG3525A 内部的输出晶体管导通时间内导通的，其开关频率等于 SG3525A 内部振荡器的频率。

② 推挽式输出　采用推挽式输出驱动功率晶体管的电路结构如图 6-6 所示。VT_1 和 VT_2 分别由 SG3525A 的输出端 A 和输出端 B 输出的正向驱动电流驱动。电阻 R_2 和 R_3 是限流电阻，是为了防止注入 VT_1 和 VT_2 的正向基极电流超出控制器所允许的输出电流。C_1 和 C_2 是加速电容，起到加速 VT_1 和 VT_2 导通的作用。

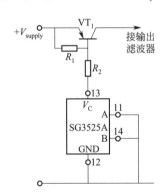

图 6-5　SG3525A 单端输出结构示意图　　　图 6-6　SG3525A 推挽式输出结构示意图

③ 直接驱动 MOSFET　由于 SG3525A 的输出驱动电路是低阻抗的，而功率 MOSFET 的输入阻抗很高，因此输出端 A 和输出端 B 与 VT_1 和 VT_2 栅极之间无须串接限流电阻和加速电容就可以直接推动功率 MOSFET，其电路结构如图 6-7 所示。

④ 隔离驱动 MOSFET　另外，在半桥变换器的应用中，SG3525A 可用于上下桥臂功率 MOSFET 的隔离驱动，如图 6-8 所示。如果变压器一次绕组的两端分别接到 SG3525A 的两个输出端上，则在死区时间内可以实现驱动变压器磁芯的自动复位。

6.1.3　TL494 PWM 控制器

TL494 是由美国德州仪器公司（Texas Instruments Incorporated）最先生产的一种性能优良的电压型脉宽调制控制器，进入中国市场已有近 30 年的历史，直到现在仍被广泛采用。目前，全球知名的半导体生产厂商，如美国德州仪器公司、美国安森美半导体公司（ON

Semiconductor)、美国飞兆半导体公司（Fairchild Semiconductor Corporation）等一直在批量生产 TL494。现在，我国市场上销售的 TL494 版本较多，国内外兼而有之，不同版本的 TL494 虽略有差异，但基本功能完全相同。TL494 广泛应用于开关电源、直流调速、逆变器和感应加热等领域。下面以美国安森美半导体公司生产的 TL494 为例对其特点与引脚功能、额定参数及推荐工作条件、主要性能参数、工作原理以及典型应用等进行介绍。

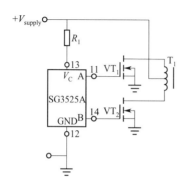

图 6-7　SG3525A 直接驱动 MOSFET

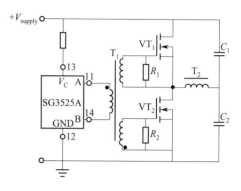

图 6-8　SG3525A 隔离驱动 MOSFET

（1）特点与引脚功能

① 特点　TL494 具有以下特点：

a. PWM 控制电路功能完善；

b. 内置可调振荡器可以工作在主从模式下；

c. 内置误差放大器和精密基准电源；

d. 死区时间可调；

e. 提供推挽和单端两种输出模式；

f. 具有欠电压锁定功能。

② 引脚说明　TL494 采用 DIP-16（Double In-line Package，双列直插式封装）和 SOP-16（Small Out-line Package，小外形封装）两种封装形式，其引脚排列如图 6-9 所示。

TL494 的引脚功能简介如下。

◇1IN＋（引脚 1）：误差放大器 1 的同相输入端。在闭环系统中，被控制量的给定信号将通过该引脚输入误差放大器；而在开环系统中，该引脚需接地或悬空。

◇1IN－（引脚 2）：误差放大器 1 的反相输入端。在闭环系统中，被控制量的反馈信号可通过该引脚输入误差放大器，此时还需要在该引脚与引脚 3 之间接入反馈网络；而在开环系统中，该引脚需接地或悬空。

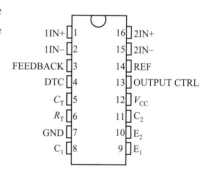

图 6-9　TL494 引脚排列

◇FEEDBACK（COMP，引脚 3）：反馈/PWM 比较器输入端。在闭环系统中，可以根据需要在该引脚与引脚 2 之间接入不同类型的反馈网络，构成比例、比例积分和积分等各种类型的调节器，以满足不同用户需求。

◇DTC（引脚 4）：死区时间控制比较器输入端。该端用于设置 TL494 死区时间的取值。该引脚接地时，死区时间最小，可获得最大占空比。

◇C_T（引脚 5）：振荡器定时电容接入端。C_T 的取值范围通常在 $0.001 \sim 0.1 \mu F$。

◇R_T（引脚 6）：振荡器定时电阻接入端。R_T 的取值范围通常在 5～100kΩ。

◇GND（引脚 7）：信号地（芯片工作参考地）。

◇C_1（引脚 8）：输出晶体管 VT_1 的集电极端，该端为正向脉冲输出端。在推挽工作模式下，该端输出正向脉冲信号，引脚 11 输出负向脉冲信号，两者在相位上相差 180°，经隔离放大后分别去驱动开关管。在单端工作模式下，该端可以与引脚 11 并联在一起，以提高脉宽调制控制器 TL494 的输出能力。

◇E_1（引脚 9）：输出晶体管 VT_1 的发射极端，该端为引脚 8 输出脉冲信号的参考地端，一般与引脚 7 直接相连。

◇E_2（引脚 10）：输出晶体管 VT_2 的发射极端，该端为引脚 11 输出脉冲信号的参考地端，一般与引脚 7 直接相连。

◇C_2（引脚 11）：输出晶体管 VT_2 的集电极端，该端为反向脉冲输出端。在推挽工作模式下，该端输出反向脉冲信号，引脚 8 输出正向脉冲信号，两者在相位上相差 180°，经隔离放大后分别去驱动开关管。在单端工作模式下，该端可以与引脚 8 并联在一起，以提高脉宽调制控制器 TL494 的输出能力。

◇V_{CC}（引脚 12）：偏置电源（芯片工作电源）接入端。应用时该端必须外接一个容量在 0.1μF 以上的滤波电容到公共接地端。

◇OUTPUT CTRL（OC，引脚 13）：输出工作模式控制端。通过该引脚可选择推挽或单端输出模式。当该端接高电平时，TL494 将工作在推挽工作模式下，此时最大占空比可达 48%。当该端接低电平时，两路输出脉冲完全相同，最大占空比可达到 96%。

◇REF（引脚 14）：基准电源输出端，其输出电流可达 10mA。

◇2IN−（引脚 15）：误差放大器 2 的反相输入端。该端可以接入保护电路的反馈信号，用以实现过电流、过电压等故障保护。

◇2IN+（引脚 16）：误差放大器 2 的同相输入端。该端为保护阈值电压（流）设定端，用以实现过电流、过电压等故障保护。

（2）额定参数及推荐工作条件

TL494 PWM 控制器的额定参数和推荐工作条件分别见表 6-4、表 6-5。

表 6-4　TL494 额定参数

参数	符号	额定值
偏置电压	V_{CC}	42V
集电极输出电压	V_{C1}、V_{C2}	42V
集电极输出电流	I_{C1}、I_{C2}	500mA
放大器输入电压范围	V_{IN}	−0.3～+42V
功耗（$T_A \leqslant 45℃$）	P_D	1000 mW
热阻	$R_{\theta jA}$	80℃/W
工作结温	T_J	125℃
储存温度范围	T_{stg}	−55～+125℃
工作环境温度范围 TL494B/TL494C/TL494I	T_A	−40～+125℃/0～+70℃/−40～+85℃
降额环境温度	T_A	45℃

表 6-5　TL494 推荐工作条件

参数	符号	最小值	典型值	最大值	单位
偏置电压	V_{CC}	7.0	15	40	V
集电极输出电压	V_{C1}、V_{C2}	—	30	40	V
集电极输出电流	I_{C1}、I_{C2}	—	—	200	mA
放大器输入电压	V_{IN}	−0.3	—	$V_{CC}-2.0$	V

参数	符号	最小值	典型值	最大值	单位
反馈端电流	I_{FB}	—	—	0.3	mA
基准电源输出电流	I_{ref}	—	—	10	mA
定时电阻	R_T	1.8	30	500	kΩ
定时电容	C_T	0.0047	0.001	10	μF
振荡频率	f_{osc}	1.0	40	200	kHz

（3）主要电气参数

TL494 PWM 控制器的主要电气参数见表 6-6。

表 6-6 TL494 主要电气参数

名称	电气参数	符号	最小值	典型值	最大值	单位
基准电源部分	基准电压($I_0=1.0$mA)	V_{ref}	4.75	5.0	5.25	V
	线电压调整率($V_{CC}=7.0\sim40$V)	Reg_{line}	—	2.0	25	mV
	负载调整率($I_0=1.0\sim10$mA)	Reg_{load}	—	3.0	15	mV
	短路输出电流($V_{ref}=0$)	I_{SC}	15	35	75	mA
输出部分	集电极截止电流($V_{CC}=40$V,$V_{CE}=40$V)	$I_{C(off)}$	—	2.0	100	μA
	发射极截止电流($V_{CC}=40$V,$V_C=40$V,$V_E=0$V)	$I_{E(off)}$	—	—	−100	μA
	集-射饱和电压					V
	共发射极($V_E=0$V,$I_C=200$mA)	$V_{sat(C)}$	—	1.1	1.3	
	射极跟随器($V_C=15$V,$I_E=-200$mA)	$V_{sat(E)}$	—	1.5	2.5	
	输出控制端(引脚13)电流					
	低电平状态($V_{CC}\leqslant0.4$V)	I_{OCL}	—	10	—	μA
	高电平状态($V_{CC}=V_{ref}$)	I_{OCH}	—	0.2	3.5	mA
	输出电压上升时间	t_r				ns
	共发射极		—	100	200	
	射极跟随器		—	100	200	
	输出电压下降时间	t_f				ns
	共发射极		—	25	100	
	射极跟随器		—	40	100	
误差放大器部分	输入失调电压[$V_{0(引脚3)}=2.5$V]	V_{IO}	—	2.0	10	mV
	输入失调电流[$V_{0(引脚3)}=2.5$V]	I_{IO}	—	5.0	250	nA
	输入偏置电流[$V_{0(引脚3)}=2.5$V]	I_{IB}	—	−0.1	−0.1	μA
	输入共模电压范围($V_{CC}=40$V,$T_A=25$℃)	V_{ICR}		$-0.3\sim V_{CC}-2.0$		V
	开环电压增益($\Delta V_0=3.0$V,$V_0=0.5\sim3.5$V,$R_L=2.0$kΩ)	A_{VOL}	70	95	—	dB
	单位增益截止频率($V_0=0.5\sim3.5$V,$R_L=2.0$kΩ)	f_{C^-}	—	350	—	kHz
	单位增益下的相位裕量($V_0=0.5\sim3.5$V,$R_L=2.0$kΩ)	ϕ_m	—	65	—	(°)
	共模抑制比($V_{CC}=40$V)	CMRR	65	90	—	dB
	电源抑制比($\Delta V_{CC}=33$V,$V_0=2.5$V,$R_L=2.0$kΩ)	PSRR	—	100	—	dB
	输出灌电流[$V_{0(引脚3)}=0.7$V]	I_{0-}	0.3	0.7	—	mA
	输出拉电流[$V_{0(引脚3)}=3.5$V]	I_{0+}	2.0	−4.0	—	mA
比较器部分	输入阈值电压(零占空比)	V_{th}	—	2.5	4.5	V
	输入灌电流[$V_{(引脚3)}=0.7$V]	I_{1-}	0.3	0.7	—	mA

名称	电气参数	符号	最小值	典型值	最大值	单位
死区 时间 控制 部分	输入偏置电流(引脚 4)	$I_{\rm IB(DT)}$	—	−2.0	−10	μA
	最大占空比,每个输入端,推挽模式					%
	($V_{引脚4}=0$V,$C_{\rm T}=0.01\mu$F,$R_{\rm T}=12$kΩ)	$D_{\max}$	45	48	50	
	($V_{引脚4}=0$V,$C_{\rm T}=0.001\mu$F,$R_{\rm T}=30$kΩ)		—	45	50	
	输入阈值电压(引脚 4)	$V_{\rm th}$				V
	零占空比		—	2.8	3.3	
	最大占空比		0	—	—	
振荡器 部分	频率($C_{\rm T}=0.001\mu$F,$R_{\rm T}=30$kΩ)	$f_{\rm osc}$	—	40	—	kHz
	频率标准偏差($C_{\rm T}=0.001\mu$F,$R_{\rm T}=30$kΩ)	$\delta f_{\rm osc}$	—	3.0	—	%
	频率随电压变化率($V_{\rm CC}=7.0\sim40$V,$T_{\rm A}=25$℃)	$\Delta f_{\rm osc}$ (ΔV)	—	0.1	—	%
	频率随温度变化率($\Delta T_{\rm A}=T_{\rm low}-T_{\rm high}$)($C_{\rm T}=0.01\mu$F,$R_{\rm T}=12k\Omega$)	$\Delta f_{\rm osc}$ (ΔT)	—	—	12	%
欠压锁 定部分	开通阈值($V_{\rm CC}$ 上升,$I_{\rm ref}=1.0$mA)	$V_{\rm th}$	5.5	6.43	7.0	V
其他	待机供电电流(引脚 6 接 $V_{\rm ref}$,其余各端开路)	$I_{\rm CC}$				mA
	$V_{\rm CC}=15$V		—	5.5	10	
	$V_{\rm CC}=40$V		—	7.0	15	
	平均供电电流($C_{\rm T}=0.01\mu$F,$R_{\rm T}=12$kΩ, $V_{引脚4}=2.0$V,$V_{\rm CC}=15$V)		—	7.0	—	mA

（4）工作原理

TL494 内部集成了两个独立的误差放大器、一个频率可调的振荡器、一个死区时间控制比较器、一个欠电压锁定比较器、一个脉冲同步触发器、一个 5V 精密基准电源以及输出控制电路等,其内部原理框图如图 6-10 所示。

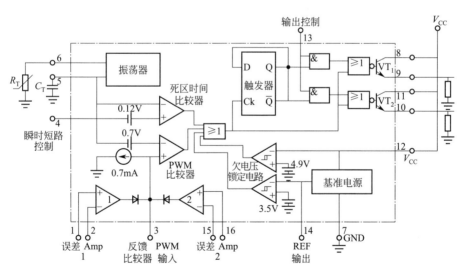

图 6-10　TL494 原理框图

TL494 内置振荡器的工作频率由 $C_{\rm T}$ 和 $R_{\rm T}$ 引脚上的外接定时电容和定时电阻决定,振荡器工作频率的估算公式为

$$f_{\rm osc}=1.1/(R_{\rm T}C_{\rm T})$$

对输出脉冲宽度的调节主要通过将定时电容 $C_{\rm T}$ 上的正向锯齿波信号与另外两个控制信号相比较而实现的。只有当锯齿波电压信号大于引脚 3 和引脚 4 上输入的控制信号时,触发

器输入的时钟脉冲信号才处于低电平。因此随着控制信号幅度的增加，输出脉冲的宽度将减小，如图 6-11 所示。

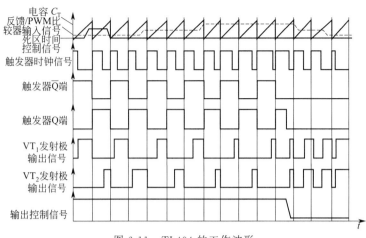

图 6-11　TL494 的工作波形

外加的控制信号通过死区时间控制端（引脚 4）、误差放大器的输入端（引脚 1、2 和引脚 15、16）或反馈信号输入端（引脚 3）输入。由于死区时间比较器的输入端有 120mV 的失调电压，限制了输出最小死区时间，其大小约占锯齿波一个周期的 4%，这就意味着当输出模式控制端（引脚 13）接地时，最大占空比只能达到 96%。当输出模式控制端（引脚 13）与基准电压相连时，即推挽工作模式下，最大占空比将为 48%。在引脚 4 上施加不同的电压即可实现对死区时间的调节。死区时间控制端外加电压和输出脉冲占空比百分率的关系曲线如图 6-12 所示。该曲线是在输出模式控制端上接基准电压时测出的。

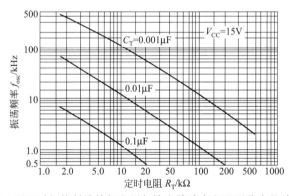

图 6-12　死区时间控制端外加电压与输出脉冲占空比百分率的关系曲线

当反馈/PWM 比较器输入端（引脚 3）上的电压由 0.3V 升至 3.5V 时，PWM 比较器的输出信号将使输出脉冲的占空比由死区时间控制输入端确定的最大百分率下降至零。两个误差放大器的开环电压增益为 95dB，其允许的共模输入范围为 $-0.3V$ 到 $(V_{CC}-2V)$，可用来检测变换器的输出电压和输出电流。两个误差放大器的高电平输出以"或"的关系同时加到 PWM 比较器的同相输入端上。

当定时电容 C_T 放电时，死区时间比较器的输出端将输出正向脉冲，作为触发器的同步时钟脉冲，其上升沿使触发器动作。该正向脉冲信号同时加到两个或非门的输入端，使输出晶体管 VT_1 和 VT_2 关断。当输出模式控制端（引脚 13）与基准电压相连时，触发器的输出将与同步时钟信号一起加到或非门上，使两只输出晶体管轮流导通和截止，即使其工作在推挽模式下。此时，晶体管输出方波的频率为锯齿波振荡器频率的 1/2。如果其驱动电流不需要很大，且占空比小于 50%，可采用单端工作模式。如果需要较大的驱动电流，可以将两个晶体管并联起来使用。并联后输出驱动电流将增大一倍，集电极输出电流最大可达 500mA。注意，在这种工作模式下，引脚 13 必须接地，使触发器的输出不起作用。此时，输出方波的频率等于锯齿波振荡器的频率。

TL494 内置的 5V 基准电源能够向外部偏置电路提供最大 10mA 的电流。该基准电源的精度为 ±5%，温漂低于 50mV。

当输出电压为正向电压时，误差放大器的接法如图 6-13（a）所示；当输出电压为反向电压时，误差放大器的接法如图 6-13（b）所示。

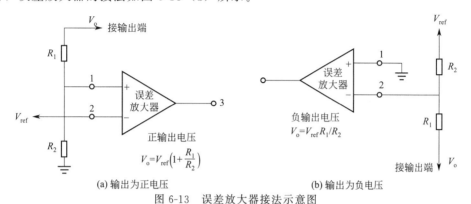

(a) 输出为正电压 $V_o = V_{ref}\left(1+\dfrac{R_1}{R_2}\right)$ (b) 输出为负电压 $V_o = V_{ref}R_1/R_2$

图 6-13 误差放大器接法示意图

死区时间控制电路和软启动电路的接法分别如图 6-14 和图 6-15 所示。

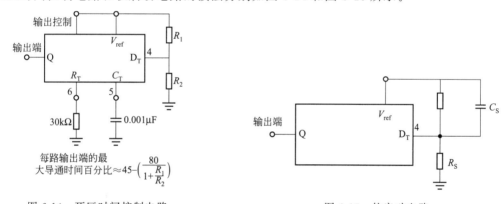

图 6-14 死区时间控制电路

每路输出端的最大导通时间百分比 $\approx 45 - \left(\dfrac{80}{1+\dfrac{R_1}{R_2}}\right)$

图 6-15 软启动电路

单端和推挽模式下输出端的连接方法如图 6-16（a）和图 6-16（b）所示。

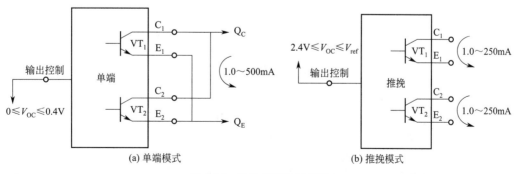

(a) 单端模式 (b) 推挽模式

图 6-16 输出端接法示意图

（5）典型应用

由 TL494 控制的小功率推挽变换器和降压变换器分别如图 6-17 和图 6-18 所示。

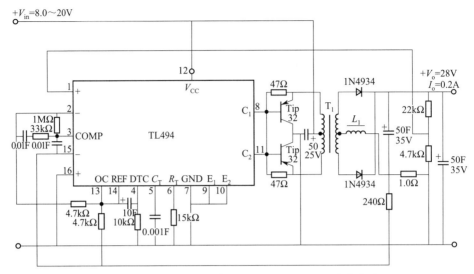

图 6-17　TL494 控制的小功率推挽变换器（注：电容单位为 μF）

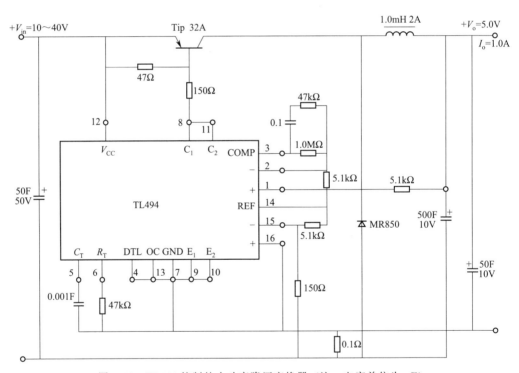

图 6-18　TL494 控制的小功率降压变换器（注：电容单位为 μF）

如图 6-17 所示的小功率推挽变换器的效率大约为 72%。由于该变换器工作在推挽模式下，其输出模式控制端（引脚 13）不能接地，应与基准电源输出端（引脚 14）相连。该电路的死区时间控制端（引脚 4）通过接地电阻接地，并通过一只电容与引脚 14 相连，该电容和电阻构成了软启动电路。当系统上电时由于软启动电容两端的电压不能突变，因此引脚 14 输出的 5V 基准电压全部加在软启动电阻上，使死区时间控制端（引脚 4）处于高电平，死区时间比较器输出也是高电平，因此输出晶体管处于截止状态，变换器不工作。随着软启动电容充电的进行，其两端电压逐渐升高，而软启动电容两端的电压则逐渐降低，输出晶体管逐渐开通。在变换器正常工作过程中，软启动电阻两端的电压近似为零。

如图 6-18 所示的小功率单端变换器的变换效率大约为 71%。TL494 中误差放大器 1 的同相输入端（引脚 1）通过一只 5.1kΩ 的电阻与输出端相连，其反向输入端则通过一只 5.1kΩ 的电阻与 TL494 内部基准电源输出端（引脚 14）相连，因此其输出电压为 5V。当输出电压超过 5V 基准电压时，误差放大器 1 的输出正向脉冲增加，输出晶体管的导通时间变短，从而使输出电压下降，保持输出电压稳定，反之亦然。

6.2 电流型 PWM 集成控制器

6.2.1 工作原理、型号及特点

（1）工作原理

电流控制 PWM 技术可以用不同线路方案来实现，但都有一个共同特点：通过检测电感电流直接反馈去控制功率开关的占空比，使功率开关的峰值电流直接随电压反馈回路中误差放大器输出的信号变化而变化。

电流控制常用的几种方案的原理框图如图 6-19～图 6-21 所示。开关或电源电流的最大值是由误差放大器的输出电压 V_o 所设置的，这里 V_o 可看成电流给定信号。设 i_L 为电感电流，i_{sw} 为功率开关电流，当电流检测元件上的电压 Ri_L（或 Ri_{sw}）超过 V_o 时，功率开关管关断，i_L 下降。其中的功率开关在下列情况下重新被导通。

① 在电感中产生一个固定的电流减小量 ΔI 以后，功率开关导通，由图 6-19 所示的迟滞比较器来实现，即由恒定迟滞环宽电流控制来实现。

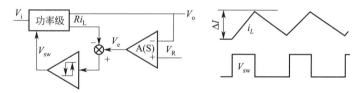

图 6-19　恒定迟滞环宽电流控制原理框图

② 经过一个固定的时间间隔后导通，由图 6-20 所示的单稳态触发器来实现，即由恒定关断时间电流控制来实现。

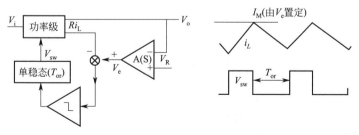

图 6-20　恒定关断时间电流控制原理框图

③ 由一个固定频率的时钟信号控制 RS 触发器进而控制功率开关导通，如图 6-21 所示，即进行恒定频率控制。其中，电压闭环的误差放大器与常规的 PWM 控制中的误差放大器完全相同，但这里可采用高增益的放大器，如图 6-22 所示。

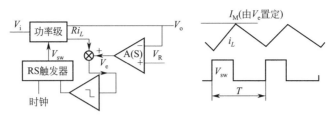

图 6-21　恒定频率电流控制原理框图

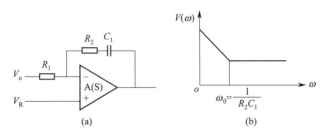

图 6-22　误差放大器及其幅频特性

（2）特点

电流控制 PWM 系统与电压反馈的 PWM 系统比较，从电路结构上看，增加了一个电感电流反馈，且此电流反馈作为 PWM 的斜坡函数，不再需要锯齿波（或三角波）发生器。更重要的是，电感电流反馈使系统性能具有明显的优越性。由以上分析可知，反馈的电感电流，其变化率 $\mathrm{d}i_L/\mathrm{d}t$ 直接跟随输入电压和输出电压的变化而变化，电感电流的平均值正比于负载电流。电压反馈回路中误差放大器的输出作为电流给定信号，与反馈的电感电流比较，直接去控制功率开关通断的占空比，使功率开关的峰值电流受电流给定信号控制。具有电流控制的变换器工作原理框图如图 6-23 所示。

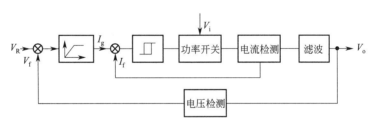

图 6-23　电流控制 PWM 变换器工作原理框图

电流控制的变换器系统具有如下特性。

① 快速的瞬态响应及高度的稳定性　由前所述的电路工作原理可以看出电流内环的调节作用。不管是输入电压变化，还是由负载变化引起的输出电压变化，都将引起电感电流变化率的改变，使功率开关的转换时刻发生变化，从而控制功率开关的占空比。这对输入电压的变化而言，实质上是起了前馈控制作用，即输入电压变化尚未导致输出电压变化，就由内环产生调节作用。由于电流内环具有快速的响应特性，从分析整个系统的瞬态响应可看出，对于电压反馈外环，电流内环相当于一个受控放大器，外环的瞬态响应速度仅取决于滤波电容 C 和负载的性质，所以整个系统具有快速的瞬态响应。

由图 6-19～图 6-21 可定性看出，当 Ri_L 小于 V_o 时，开关管导通；当 Ri_L 超过 V_o 时，开关管关断。所以，电流内环是一个稳定的自激振荡系统，具有高度的稳定性。对整个系统来说，滤波器（LC）对稳定性影响最小，二阶环节的输出滤波器（LC）降低为一阶环节。

也就是说，对整个系统，除内环外，只有一个与滤波电容有关的比例积分环节和一个与负载有关的一阶或二阶环节，使得整个系统具有高度的稳定性。

② 很高的输出电压精度　由于系统内在的快速响应及高的稳定性，所以反馈回路的增益可比一般 PWM 系统的回路增益高得多，而不至于造成稳定性与回路增益之间的矛盾，从而使输出电压具有很高的静态精度。

③ 对功率开关电流的控制及限流能力　如图 6-19～图 6-21 所示，电感电流的峰值（也就是流过功率开关的峰值电流）直接受误差放大器输出的电流给定信号控制，所以在任何输入电压和负载的瞬态条件下，功率开关的峰值电流被控制在一定的给定值。由于误差放大器具有限幅特性，所以对功率开关电流具有限流能力。最大电流正比于限幅放大器的限幅值，只要改变限幅值就可改变所限制的最大电流，使功率开关在输出过载甚至短路时得到保护。

④ 良好的并联运行能力　能很方便地并联工作，而不需要外加均流措施。其电流控制功能使系统的内环如同良好的受控电流放大器，可获得电流的比例分配，所以采用电流控制的变换器可方便地并联工作。只需将各变换器的输出端联结在一起，采用其中一个误差放大器，将其输出的电流给定信号加至每个变换器中电流内环比较器的输入端，就可实现并联，而不需其他均流措施。

（3）主要类型

电流型 PWM 集成控制芯片分为单端输出型和双端输出型两种。单端输出电流型 PWM 集成控制器常用于单端变换电路中，其主要型号有 UCX842～UCX845、UCCX800～UC-CX805、UCCX807、UCCX809、UCCX810、UCCX813 等；双端输出电流型 PWM 控制芯片主要有 UCX846、UCX847、UCCX806、UCCX808 等。

6.2.2　UC3842 PWM 控制器

前面介绍了几种高性能、能够满足各种工业要求的 16 引脚 PWM 控制器，如 TL494、SG3524 和 SG3525A 等。这些控制器在具体应用中存在外接元件多、接线复杂等缺点，对要求不高、开关功率较小的应用场合不太适合。针对这种情况，各种 8 引脚的 PWM 控制器开始进入市场，UC3842 系列 PWM 控制器是一种具有代表性的、高性价比的 PWM 控制器。它具有外接元件少、接线简单、可靠性高、成本低等特点，一经推出即在小功率离线式变换器和电流模式 DC-DC 变换器领域获得广泛应用。

UC3842 系列 PWM 控制器，包括 UC3842/UC3843/UC3844/UC3845 四种型号，最早是由美国尤尼创公司（Unitrode Corporation）推出的。该系列 PWM 控制器不同型号之间在功能上完全相同，仅在欠电压锁定阈值和最大占空比取值上有所区别。UC3842A 系列 PWM 控制器，包括 UC3842A/UC3843A/UC3844A/UC3845A 四种型号，是 UC3842 系列 PWM 控制器的增强版本。UC3842 系列和 UC3842A 系列 PWM 控制器进入中国市场较早，并获得了广泛的应用，目前市场需求依然强烈。UC3842 系列和 UC3842A 系列 PWM 控制器分军品、工业品和民品三个等级，相对应的型号分别为 UC1842/UC1842A、UC2842/UC2842A 和 UC3842/UC3842A。下面以美国德州仪器公司生产的 UC3842 系列和 UC3842A 系列 PWM 控制器为例，对其特点和引脚说明、额定参数、主要电气参数、工作原理以及典型应用分别进行介绍。

（1）特点和引脚说明

① 特点　为便于对比，现将美国德州仪器公司生产的 UC3842 系列和 UC3842A 系列 PWM 控制器的特点列于表 6-7。

表 6-7	UC3842 系列和 UC3842A 系列 PWM 控制器特点对比	
UC3842/UC3843/UC3844/UC3845		UC3842A/UC3843A/UC3844A/UC3845A
适用于离线式及 DC-DC 变换器		针对离线式及 DC-DC 变换器作了进一步优化
启动电流＜1mA		启动电流＜0.5mA
	自动前馈补偿	
	逐个脉冲限流功能	
	负载响应特性好	
	带滞回电压的欠电压锁定功能	
	双脉冲抑制功能	
	大电流图腾柱式输出	
	内置可微调的精密带隙基准电源	
	工作频率高达 500kHz	
	误差放大器输出阻抗低	
	振荡器放电电流可调	

② 引脚说明　UC3842/UC3843/UC3844/UC3845 采用 8 引脚（DIL-8、SOIC8）、14 引脚（SOIC-14）和 20 引脚（PLCC-20）三种封装形式。本节主要介绍 DIL-8（Dual in line，即双列直插）封装形式，其引脚排列如图 6-24 所示。

UC3842/UC3843/UC3844/UC3845 的引脚功能简介如下。

◇COMP（引脚 1）：误差放大器输出端。在闭环系统中，根据需要，可在该端与引脚 2 之间接入不同功能的反馈网络，构成比例、积分、比例积分等类型的闭环调节器；在开环系统中，该端直接接给定信号。

◇V_{FB}（引脚 2）：误差放大器反相输入端。该端用于施加输出电压控制信号。在闭环系统中，该端接输出电压反馈信号。

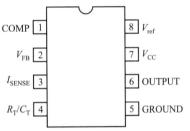

图 6-24　UC3842/UC3843/UC3844/UC3845 引脚排列

◇I_{SENSE}（引脚 3）：电流检测比较器输入端。该端接电流或电压检测信号，以实现过电流和过电压保护；也可接闭环调节器的给定信号。

◇R_T/C_T（引脚 4）：振荡器定时元件接入端。

◇GROUND（引脚 5）：信号地。使用中，该端与供电电源地端相连。

◇OUTPUT（引脚 6）：输出端。该端通过一外接电阻与功率 MOSFET 的栅极相连，直接驱动功率 MOSFET。

◇V_{CC}（引脚 7）：偏置电源接入端。该端通过一外接电阻接主回路整流电源输出正端。

◇V_{ref}（引脚 8）：基准电源输出端。该端可提供温度稳定性极好的基准电压。

UC3842A/UC3843A/UC3844A/UC3845A 采用 8 引脚、14 引脚、16 引脚和 20 引脚四种封装形式，本节主要介绍 DIP-8 封装，其引脚排列和功能与 UC3842/UC3843/UC3844/UC3845 完全相同，此处不再赘述。

（2）额定参数

UC3842/UC3843/UC3844/UC3845 的额定参数见表 6-8。

表 6-8	UC3842/UC3843/UC3844/UC3845 的额定参数		
参数	符号	额定值	单位
偏置电压（低阻抗）	V_{CC}	30	V
偏置电压（I_{CC}＜30mA）	V_{CC}	由控制器自身决定	V
输出电流	I_{OUT}	±1	A

参数	符号	额定值	单位
输出能量(容性负载)	—	5	μJ
模拟信号输入(引脚2、引脚3)	—	$-0.3\sim+6.3$	V
误差放大器输出端灌电流	—	10	mA
功耗($T_A \leqslant 25℃$)	—	1	W
储存温度	T_{stg}	$-65\sim+150$	℃
焊接温度(持续10s)	—	300	℃

注：UC3842A/UC3843A/UC3844A/UC3845A 的额定参数与 UC3842/UC3843/UC3844/UC3845 完全相同。

（3）主要电气参数

UC3842/UC3843/UC3844/UC3845 的主要电气参数见表6-9。

表6-9 UC3842系列PWM控制器的主要电气参数

名称	电气参数	最小值	典型值	最大值	单位
基准电源部分	输出电压($T_J=25℃$,$I_o=1mA$)	4.90	5.00	5.10	V
	线电压调整率($V_{CC}=12\sim25V$)	—	6	20	mV
	负载调整率($I_o=1\sim20mA$)	—	6	25	mV
	短路输出电流	-30	-100	180	mA
振荡器部分	电压稳定性($V_{CC}=12\sim25V$)		0.2	1	%
	温度稳定性($T_A=T_{min}\sim T_{max}$)		5		%
	幅度(V_{PIN4}峰-峰值)		1.7		V
误差放大器部分	输入电压($V_{PIN1}=2.5V$)	2.42	2.50	2.58	V
	单位增益带宽($T_J=25℃$)	0.7	1		MHz
	输出灌电流($V_{PIN2}=2.7V$,$V_{PIN1}=1.1V$)	2	6		mA
	输出拉电流($V_{PIN2}=2.3V$,$V_{PIN1}=5V$)	-0.5	-0.8		mA
	输出高电平($V_{PIN2}=2.3V$,$R_L=15k\Omega$接地)	5	6		V
	输出低电平($V_{PIN2}=2.7V$,$R_L=15k\Omega$接地)		0.7	1.1	V
电流检测比较器部分	输入信号最大值($V_{PIN1}=5V$)	0.9	1	1.1	V
	输出延迟时间($V_{PIN3}=0\sim2V$)		150	300	ns
输出部分	输出低电平($I_{SINK}=20mA$)		0.1	0.4	V
	输出低电平($I_{SINK}=200mA$)		1.5	2.2	V
	输出高电平($I_{SOURCE}=20mA$)	13	13.5		V
	输出高电平($I_{SOURCE}=200mA$)	12	13.5		V
	上升时间($C_L=1.0nF$,$T_J=25℃$)		50	150	ns
	下降时间($C_L=1.0nF$,$T_J=25℃$)		50	150	ns
欠电压锁定部分	启动阈值				
	UC3842(A)/UC3844(A)	14.5	16	17.5	V
	UC3843(A)/UC3845(A)	7.8	8.4	9.0	V
	启动后的最低工作电压				
	UC3842(A)/UC3844(A)	8.5	10	11.5	V
	UC3843(A)/UC3845(A)	7	7.6	8.2	V
PWM电路部分	最大占空比				
	UC3842(A)/UC3843(A)	95	97	100	%
	UC3844(A)/UC3845(A)	47	48	50	%
	最小占空比			0	%
待机总电流	启动电流		0.5	1	mA
	工作电流($V_{PIN1}=V_{PIN2}=0V$)		11	17	mA
	V_{CC}齐纳二极管电压($I_{CC}=25mA$)	30	34		V

注：如不特别注明，测试条件为 $V_{CC}=15V$,$C_T=3.3\mu F$,$R_T=10k\Omega$；$T_A=T_J=0\sim70℃$。

（4）工作原理

UC3842系列PWM控制器是一种单端控制器，只需很少的元件就可实现对离线式或

DC-DC 电流模式变换器的控制。UC3842/UC3843/UC3844/UC3845 内部集成了可微调的精密带隙基准电源、欠电压锁定比较器、高频振荡器、低阻抗误差放大器、电流检测比较器、PWM 锁存器以及大电流图腾柱式输出电路，其内部原理框图如图 6-25 所示。注意，原理框图的引脚标号中，斜线左侧的标号对应的是 DIL-8 封装，斜线右侧的标号对应的是 SOIC-14 封装。从图中可以看出，虽然 UC3842 系列 PWM 控制器只有 8 个引脚，但仍然能够利用内置的误差放大器构成电压闭环，利用电流检测电路和电流检测比较器构成电流闭环。由于误差放大器控制电感峰值电流，因此能够实现电流模式控制。

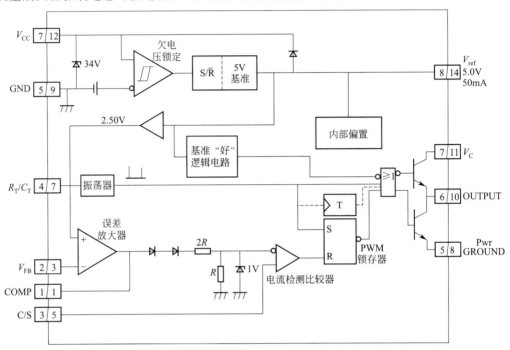

注：1. $\boxed{A/B}$ A=DIL-8引脚排列，B=SO-14或CFP-14引脚排列。
    2. 仅在1844和1845中包含T触发器。

图 6-25   UC3842/UC3843/UC3844/UC3845 内部原理框图

UC3842 系列 PWM 控制器在欠电压锁定阈值和最大占空比取值方面是有所差异的，见表 6-10。从表中可以看出，UC3842/UC3843 和 UC3844/UC3845 在最大占空比上是不同的，因此其应用场合也有所不同。UC3842/UC3843 的输出频率即为振荡频率，最大占空比可达 100%，通常用于单端反激式变换器，输出功率限于 100W 以下。UC3844/UC3845 的输出频率为振荡频率的 1/2，最大占空比为 50%，多用于单端正激式变换器，输出功率范围在 100～2000W。

表 6-10   UC3842/UC3843/UC3844/UC3845 的差异

型号	欠电压锁定开启阈值/V	欠电压锁定关断阈值/V	最大占空比/%
UC3842	16	10	100
UC3843	8.4	7.6	100
UC3844	16	10	50
UC3845	8.4	7.6	50

UC3842A 系列 PWM 控制器是 UC3842 系列 PWM 控制器的增强版本，与 UC3842 系列控制器相比，UC3842A 系列控制器在以下方面进行了改进：首先，UC3842A 系列控制器的启动电流降至 0.5mA 以下；其次，UC3842A 系列控制器中振荡器的放电电流可微调至

8.3mA；最后，在欠电压锁定过程中，输出级的灌电流能力超过 10mA。UC3842A 系列控制器的内部原理框图与 UC3842 系列控制器完全相同，如图 6-25 所示。UC3842A 系列 PWM 控制器在欠电压锁定阈值和最大占空比取值方面也是有所差异的，见表 6-11。

表 6-11　UC3842A/UC3843A/UC3844A/UC3845A 差异

型号	欠电压锁定开启阈值/V	欠电压锁定关断阈值/V	最大占空比/%
UC3842A	16	10	100
UC3843A	8.5	7.9	100
UC3844A	16	10	50
UC3845A	8.5	7.9	50

欠电压锁定电路的作用主要是保证变换器在开始输出功率之前，PWM 控制器能够正常工作。偏置电源通常都是由辅助绕组构成的，欠电压锁定电路 6V 的滞回电压可以有效避免偏置电压在系统上电过程中发生振荡。

在确定振荡器定时电容和定时电阻的取值之前，首先应当估算出死区时间的大小，然后根据死区时间和定时电容的关系确定定时电容的大小。定时电容的取值确定后，利用下式即可计算出定时电阻的阻值。

$$f_{osc}(kHz) = \frac{1.72}{R_T(k\Omega)C_T(\mu F)}$$

注意，UC3842/UC3842A 和 UC3843/UC3843A 的输出频率等于振荡器的振荡频率。对于 UC3844/UC3844A 和 UC3845/UC3845A，由于其内部集成了一个二分频触发器，因此其输出频率只有振荡频率的一半。换句话说，采用 UC3842/UC3842A 和 UC3843/UC3843A 时，变换器的工作频率与 UC3842/UC3842A 和 UC3843/UC3843A 的振荡频率相等。而采用 UC3844/UC3844A 和 UC3845/UC3845A 时，振荡频率则是变换器工作频率的两倍。在实际应用中，UC3842 系列控制器的工作频率最高可达到 500kHz。然而在实际使用过程中，为了使变换器稳定工作，如果驱动的是功率 MOSFET，工作频率最好不高于 250kHz，如果驱动的是双极型晶体管，工作频率最好降至 40kHz 以下。

UC3842/UC3842A 和 UC3843/UC3843A 的最大占空比可达 100%，而 UC3844/UC3844A 和 UC3845/UC3845A 的最大占空比则只能达到 50%。在实际应用过程中，死区时间不应超过振荡器时钟周期的 15%。在死区时间内，也就是放电过程中，内部时钟信号将封锁输出端。

电流检测比较器输入端的接法如图 6-26 所示。接地电阻 R_S 将电流检测信号转化为电压信号后输入电流检测放大器。在正常工作状态下，误差放大器将按照下式所表达的关系对 R_S 上的峰值电压信号进行控制。

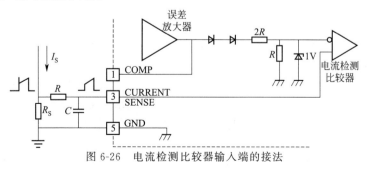

图 6-26　电流检测比较器输入端的接法

$$I_P = \frac{V_C - 1.4V}{3R_S}$$

式中，V_C 为控制电压，即误差放大器的输出电压。

R_S 可以直接与功率电路相连，或通过电流互感器与功率电路相连，如图 6-27 所示。在两种连接方法中，直接与功率电路相连比较简单，但其最大的缺点是功耗较大。而采用电流互感器连接，则能够有效减小 R_S 上的功耗，减小基极电流导致的误差。另外，采用这种方法，还能够实现电平移位，以消除地电位为基准进行检测的不利影响。V_C 和功率电路峰值电流的关系式如下。

$$I_{PK} = \frac{V_{R_S(PK)}}{R_S} = \frac{N}{3R_S}(V_C - 1.4V)$$

式中，N 为变压器匝比，如果不用电流互感器，$N=1$。

如果电流互感器的检测绕组与开关管串接在一起（见图 6-27），电流波形的上升沿上将产生很大的电流尖峰，这通常是由整流二极管的反向恢复或变压器内部寄生电容造成的。如果不采取措施对产生的电流尖峰信号进行抑制，将可能使控制器的输出脉冲意外中止。为了对电流脉冲进行衰减，可增加一个 RC 滤波网络（见图 6-27），其时间常数应与电流尖峰持续的时间（通常为几百纳秒）大致相等。

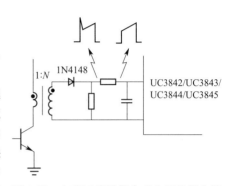

图 6-27 电流互感器耦合式电流检测电路

在 UC3842 系列控制器的内部，电流检测比较器的反向输入端被内置的齐纳二极管钳位在 1V 左右。如果引脚 3 上的电压达到了 1V 的阈值，电流限幅电路将开始工作。这样，限流阈值将由下式决定：

$$i_{max} = N/R_S(A)$$

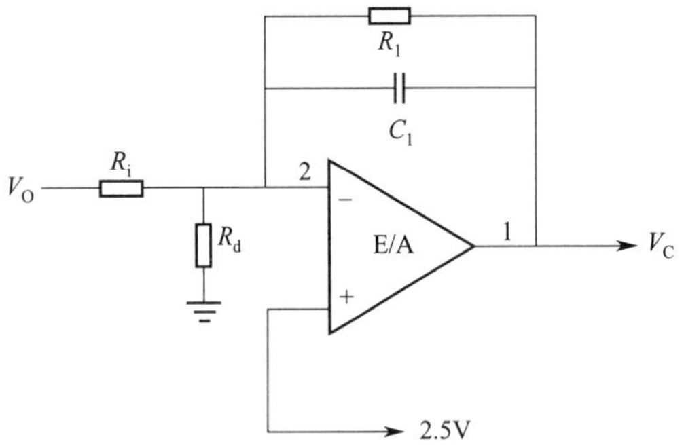

误差放大器的同相输入端没有引出，而是与控制器内部 2.5V 偏置电源相连。误差放大器的输出端同时也是外部补偿信号输入端。用户可通过该引脚实现对变换器闭环频率响应进行控制。误差放大器的外接补偿电路能够使系统保持稳定，如图 6-28 所示。

UC3842 系列控制器的单路图腾柱式输出级可以直接驱动功率 MOSFET 和双极型晶体管。为了限制流过控制器的峰值电流的大小，应在输出端和 MOSFET 栅极之间加入一只电阻。另外，在控制器输出端与信号地之间增加

图 6-28 误差放大器补偿电路

一只肖特基二极管将有助于控制器稳定工作，从而大大提高系统性能。图 6-29 所示为三种不同驱动电路的示意图。

要使控制器输出关闭，有两种方法：①使引脚 1 上的电压降至 1V 以下；②使引脚 3 上的电压升至 1V 以上。上述两种方法都会导致电流检测比较器输出高电平，PWM 锁存器复位，控制器输出端关闭，直到下一个时钟脉冲将 PWM 锁存器置位为止。利用上述特性，可以接入各种必要的保护电路。

UC3842 系列 PWM 控制器还具有同步功能，如图 6-30 所示。从图中可以看出，在同步

各种模式下，定时电容 C_T 并不是直接接地，而是串接了一只小电阻。外部同步电流信号正是施加在这只小电阻上，从而使 C_T 上的电压超过控制器内部振荡器的上限阈值。另外，还可以通过外接时钟信号源实现同步。

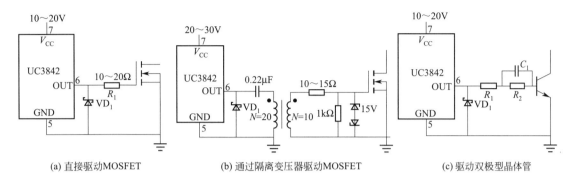

(a) 直接驱动MOSFET   (b) 通过隔离变压器驱动MOSFET   (c) 驱动双极型晶体管

图 6-29   三种不同的驱动电路

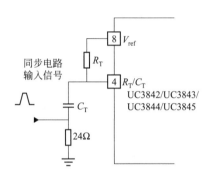

图 6-30   同步电路

在正常模式下，定时电容 C_T 在内置比较器上限和下限阈值之间进行充放电。当 C_T 开始充电时，PWM 输出信号开始输出。C_T 继续充电，直到 C_T 上的电压达到上限阈值。一旦比较器动作，放电电路将被激活，C_T 开始放电，直到 C_T 上的电压降至比较器的下限阈值。在 C_T 放电过程中，PWM 输出信号被禁止。

（5）典型应用

由 UC3842 控制的 500W 推挽式 DC-DC 变换器如图 6-31 所示。其规格见表 6-12。

表 6-12   **UC3842 控制的 500W 推挽式 DC-DC 变换器规格**

参数	规格
输入电压	$-48V\pm8V$
输出电压	$+5V$
输出电流	$25\sim100A$
振荡频率	200kHz
线电压调节率	1%
效率：$I_o=25A$	75%
$I_o=50A$	80%
输出纹波电压（峰-峰值）	200mV

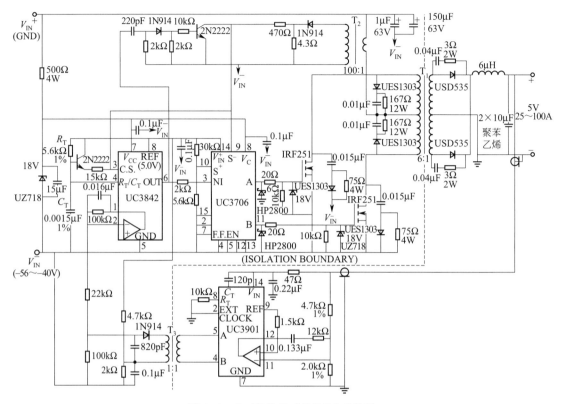

图 6-31　500W 推挽式 DC-DC 变换器

6.2.3　UC3846/UC3847 PWM 控制器

通常，PWM 控制器都是采用电压模式控制，即根据反馈电压来调节输出脉冲宽度，而电流模式 PWM 控制器则是根据反馈电流来调节输出脉冲宽度的。电流型 PWM 控制器在输入端直接用输出电感上的电流信号与误差放大器输出信号相比较，从而调节占空比使输出的电感峰值电流跟随误差电压的变化而变化。由于存在电压环和电流环双环系统，因此变换器的线电压调整率、负载调整率以及瞬态响应特性都有所提高。

UC3846/UC3847 PWM 控制器采用电流模式控制，最早是由美国尤尼创公司（Unitrode Corporation）推出的。UC3846/UC3847 都是 16 引脚 PWM 控制器，其主要区别在于：在关断状态下，UC3846 输出低电平，而 UC3847 则输出高电平。

UC3846/UC3847 系列电流模式 PWM 控制器也分军品、工业品和民品三个等级，相对应的型号分别为 UC1846/UC1847、UC2846/UC2847 和 UC3846/UC3847。下面以美国德州仪器公司生产的 UC3846/UC3847 电流模式 PWM 控制器为例，对其特点与引脚说明、额定参数、主要电气参数、工作原理以及典型应用分别进行介绍。

（1）特点与引脚说明

① 特点

a. 自动前馈补偿。

b. 可编程控制的逐个脉冲限流功能。

c. 推挽输出结构下自动对称校正。

d. 负载响应特性好。

e. 可并联运行，适用于模块系统。

f. 双脉冲抑制功能。

g. 大电流图腾柱式输出,输出峰值电流达 500mA;精密带隙基准电源,精度为±1%。

h. 内置差动电流检测放大器、欠电压锁定电路和软启动电路。

i. 具有外部关断功能。

j. 工作频率高达 500kHz。

② 引脚说明　UC3846/UC3847 采用 16 引脚(DIL-16、SOIC-16)和 20 引脚(PLCC-20、LCC-20)两种封装形式。下面以 DIL-16 封装为例进行介绍,其引脚排列如图 6-32 所示。

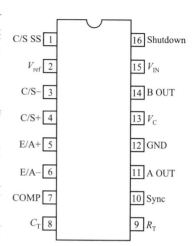

图 6-32　UC3846/UC3847 引脚排列

UC3846/UC3847 的引脚功能简介如下。

◇C/S SS(引脚 1):限流信号/软启动输入端。该端可接给定信号。

◇V_{ref}(引脚 2):基准电源输出端。该端输出一温度特性极佳的基准电压。

◇C/S−(引脚 3):电流检测比较器反相输入端。该端接电流检测信号。

◇C/S+(引脚 4):电流检测比较器同相输入端。该端接给定信号。

◇E/A+(引脚 5):误差放大器同相输入端。在系统中,该端均接给定信号。

◇E/A−(引脚 6):误差放大器反相输入端。在闭环系统中,该端接输出反馈信号,根据需要,可在该端与引脚 7 之间接入不同功能的反馈网络,构成比例、积分、比例积分等类型的闭环调节器。在开环系统中,该端直接与引脚 7 相连,构成跟随器。

◇COMP(引脚 7):误差放大器输出端。在闭环系统中,根据需要,可在该端与引脚 6之间接入不同功能的反馈网络,构成比例、积分、比例积分等类型的闭环调节器。在开环系统中,该端可直接与引脚 6 相连,构成跟随器。

◇C_T(引脚 8):振荡器定时电容接入端。

◇R_T(引脚 9):振荡器定时电阻接入端。

◇Sync(引脚 10):同步信号输入端。在该端输入一方波信号可实现控制器的外同步。该端亦可作为同步脉冲信号输出端,向外电路输出同步脉冲信号。

◇A OUT(引脚 11):输出端 A。引脚 11 和引脚 14 是两路互补输出端。

◇GND(引脚 12):信号地。

◇V_C(引脚 13):输出级偏置电压接入端。

◇B OUT(引脚 14):输出端 B。引脚 14 和引脚 11 是两路互补输出端。

◇V_{IN}(引脚 15):偏置电源接入端。

◇Shutdown(SH-DN,引脚 16):外部关断信号输入端。

(2)额定参数

UC3846/UC3847 的额定参数见表 6-13。

表 6-13　UC3846/UC3847 额定参数

参数	符号	额定值	单位
偏置电压(引脚 15)	V_{IN}	+40	V
集电极偏置电压(引脚 13)	V_C	+40	V
输出电流,灌电流/拉电流(引脚 11、14)	—	500	mA

参数	符号	额定值	单位
模拟信号输入(引脚 3、4、5、6、16)	—	$-0.3 \sim V_{IN}$	V
基准电源输出电流(引脚 2)	—	-30	mA
同步端输出电流(引脚 10)	—	-5	mA
误差放大器输出电流(引脚 7)	—	-5	mA
软启动端灌电流(引脚 1)	—	50	mA
振荡器充电电流(引脚 9)	—	5	mA
功耗($T_A = 25℃$)	—	1000	mW
功耗($T_C = 25℃$)	—	2000	mW
储存温度范围	T_{stg}	$-65 \sim +150$	℃
焊接温度(持续 10s)	—	300	℃

（3）主要电气参数

UC3846/UC3847 的主要电气参数见表 6-14。

表 6-14　UC3846/UC3847 PWM 控制器的主要电气参数

名称	电气参数	最小值	典型值	最大值	单位
基准 电源 部分	输出电压($T_J = 25℃$，$I_o = 1mA$)	5.00	5.10	5.20	V
	线电压调整率($V_{CC} = 8 \sim 40V$)	—	5	20	mV
	负载调整率($I_o = 1 \sim 10mA$)	—	3	15	mV
	短路输出电流($V_{ref} = 0V$)	-10	-45		mA
振荡器部分	电压稳定性($V_{CC} = 8 \sim 40V$)		-1	2	%
	温度稳定性($T_A = T_{min} \sim T_{max}$)		-1		%
	同步信号输出高电平	3.9	4.35		V
	同步信号输出低电平		2.3	2.5	V
	同步信号输入高电平($V_{PIN8} = 0V$)	3.9			V
	同步信号输入低电平($V_{PIN8} = 0V$)			2.5	V
	同步信号输入电流($V_{Sync} = 3.9V$，$V_{PIN8} = 0V$)		1.3	1.5	mA
误差 放大器 部分	单位增益带宽($T_J = 25℃$)	0.7	1.0		MHz
	CMRR($V_{CM} = 0 \sim 38V$，$V_{IN} = 40V$)	75	100		dB
	PSRR($V_{IN} = 8 \sim 40V$)	80	105		dB
	输出灌电流($V_{ID} = -15mV \sim -5V$，$V_{PIN7} = 1.2V$)	2	6		mA
	输出拉电流($V_{ID} = 15mV \sim 5V$，$V_{PIN7} = 2.5V$)	-0.4	-0.5		mA
	输出高电平($R_L = 15k\Omega$)	4.3	4.6		V
	输出低电平($R_L = 15k\Omega$)		0.7	1	V
电流检测 放大器部分	放大器增益($V_{PIN3} = 0V$，引脚 1 开路)	2.5	2.75	3.2	V
	最大差动输入信号 $V_{PIN4} - V_{PIN3}$(引脚 1 开路，$R_L = 15k\Omega$)	1.1	1.2		V
	输入失调电压(引脚 1 开路，$R_L = 15k\Omega$)		5	25	mV
	CMRR($V_{CM} = 1 \sim 12V$，$V_{IN} = 40V$)	60	83		dB
	PSRR($V_{IN} = 8 \sim 40V$)	60	84		dB
	输入共模范围	0		$V_{IN} - 3$	V
	输出延迟时间($T_J = 25℃$)		200	500	ns
关断信号 输入端	阈值电压	250	350	400	mV
	输入电压范围	0		V_{IN}	V
	输出延迟时间($T_J = 25℃$)		300	600	ns
输出部分	集-射电压	40			V
	输出低电平($I_{SINK} = 20mA$)		0.1	0.4	V
	输出低电平($I_{SINK} = 100mA$)		0.4	2.1	V
	输出高电平($I_{SOURCE} = 20mA$)	13	13.5		V
	输出高电平($I_{SOURCE} = 100mA$)	12	13.5		V
	上升时间($C_L = 1.0nF$，$T_J = 25℃$)		50	300	ns
	下降时间($C_L = 1.0nF$，$T_J = 25℃$)		50	300	ns

名称	电气参数	最小值	典型值	最大值	单位
欠电压	启动阈值		7.7	8.0	V
锁定部分	滞回电压		0.75		V
待机总电流	偏置电流		17	21	mA

注：如不特别注明,测试条件均为 $V_{IN}=15V,C_T=4.7\mu F,R_T=10k\Omega,T_A=T_J=0\sim70℃$。

（4）工作原理

UC3846/UC3847 采用电流模式控制，改善了系统的线电压调节率和负载响应特性，简化了控制环路的设计。其内置有精密带隙可调基准电压、高频振荡器、误差放大器、差动电流检测放大器、欠电压锁定电路以及软启动电路等，具有推挽变换自动对称校正、并联运行、外部关断、双脉冲抑制以及死区时间调节等功能。其内部原理框图如图 6-33 所示。

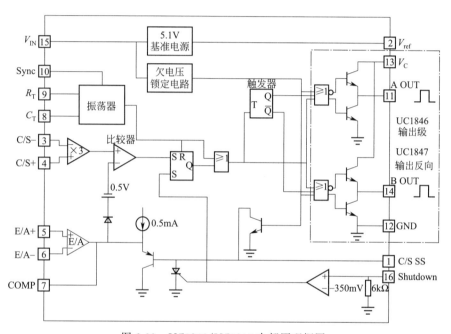

图 6-33　UC3846/UC3847 内部原理框图

通过电流检测放大器实现峰值开关电流检测的方法主要有两种：①采用外接检测电阻，如图 6-34（a）、图 6-34（b）所示；②采用变压器耦合，如图 6-34（c）所示。上述两种方法中，采用外接检测电阻最为简单，但是需要考虑检测电阻上的功耗问题。而采用变压器耦合虽然结构上比较复杂，但既能起到隔离作用，又能提高效率，是比较理想的选择。无论采用何种方法，都必须尽量降低最大检测电压条件下的功耗。另外，如果采用检测电阻直接检测开关电流，为防止因开关集电极寄生电容放电而引入大的电流尖峰，有必要增加一个 RC 滤波网络，如图 6-35 所示。

UC3846/UC3847 的振荡频率由下式决定：

$$f_{osc}=2.2/(R_T C_T)$$

在上式中，R_T 的取值范围为 $1\sim500k\Omega$，C_T 的取值应大于 $100pF$。R_T 和 C_T 的关系曲线如图 6-36 所示。为了防止开关管直通，在实际过程中，UC3846/UC3847 内部的振荡器将生成特定的输出"死区"时钟信号。该信号将使两个输出端处于禁止状态，从而避免直通现象的发生。输出"死区"时间的大小由振荡器的下降时间决定，是定时电容 C_T 的函数。

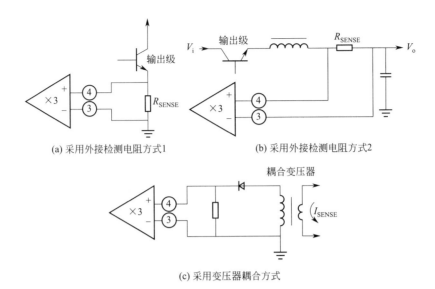

(a) 采用外接检测电阻方式1   (b) 采用外接检测电阻方式2

(c) 采用变压器耦合方式

图 6-34 峰值开关电流检测方法

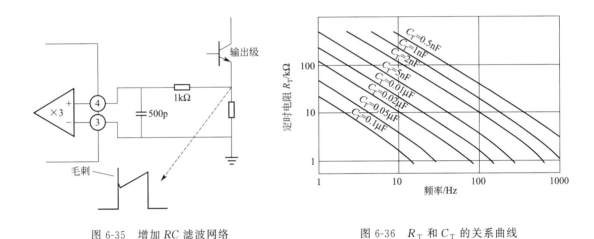

图 6-35 增加 RC 滤波网络   图 6-36 R_T 和 C_T 的关系曲线

$$t_d = 145 C_T \frac{12}{12 - 3.6/R_T(\mathrm{k\Omega})}$$

  实际中，R_T 的取值都比较大。此时，上式可简化为：$t_d = 145 C_T$。另外，为了尽量减小噪声对振荡频率的影响，根据实际经验，C_T 的取值最好在 1000pF 以上。

  UC3846/UC3847 的同步功能是通过 Sync 引脚实现的。要实现其同步功能，首先应使所有在控制器上的定时电容 C_T 接地，这样可以使 UC3846/UC3847 内部的振荡器失效。然后，在 Sync 引脚上施加外部同步信号。外部同步脉冲信号可以来自外部时基，也可以由主控制器的 Sync 引脚发出。借助外接分压网络，UC3846/UC3847 可以实现逐个脉冲峰值电流限幅功能，如图 6-37 所示。

  当限流信号输入端（引脚 1）上的电压低于 0.5V 时，UC3846/UC3847 的两个输出端都将被关断。利用该端的这一特性可以非常方便地实现关断和软启动功能。UC3846/UC3847 内部的欠电压锁定电路和关断电路均与限流信号输入端接在一起。当输入电压超过欠电压锁定阈值时，限流信号输入端的外接软启动电容将开始充电，同时 PWM 占空比逐渐增大至其工作点。而当关断放大器输出关断脉冲信号时，晶闸管开通，软启动电容将开始放电，进入新的软启动周期。上述过程如图 6-38 所示。

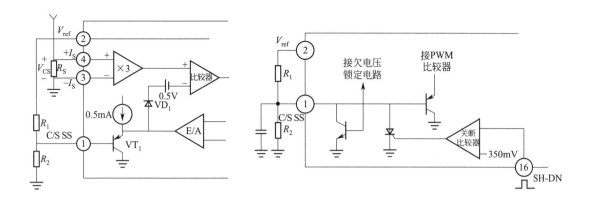

图 6-37　峰值电流限幅　　　　　　　　图 6-38　利用欠电压锁定和关断电路实现软启动
　　　　　　　　　　　　　　　　　　　　　　　的初始化

　　UC3846/UC3847 内部的关断电路可外接各种保护电路，也可实现远程关断。需要注意的是，加在外部关断信号输入端上的远程关断信号必须大于 350mV。如图 6-39 所示为非锁定模式关断电路，该电路将提供过电流故障保护。如果变换器的输出端短路，输出电感中的电流将急剧上升。由于逐个脉冲限流功能有一定的延迟，不能马上发挥作用，通常无法及时将急剧上升的电流降至正常水平。此时，就需采用外部关断电路对变换器提供相应保护。如果电流检测信号超过 R_3 和 R_4 设定的过电流阈值，该电路将关断控制器的输出，并使其进入新的软启动周期。另外，过电流阈值应高于 R_1 和 R_2 设定的峰值电流限幅阈值。

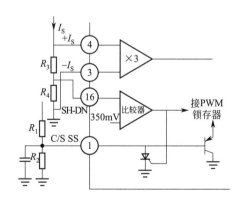

图 6-39　非锁定模式关断电路

　　上述过电流保护功能也被称作"打嗝模式"。在"打嗝模式"中，输出级的功率和峰值电流均被限制，直到故障被排除。

　　（5）典型应用
　　由 UC3846 控制的推挽正激变换器如图 6-40 所示。

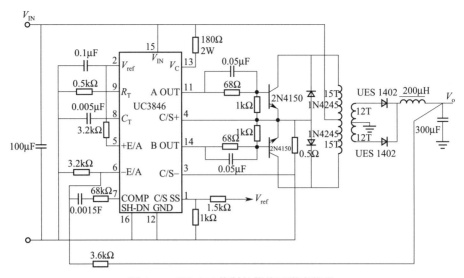

图 6-40　UC3846 控制的推挽正激变换器

6.3　移相式全桥 PWM 集成控制器

6.3.1　型号及其特点

移相式全桥 PWM 集成控制芯片主要有 UCX875～UCX879，UCX875～UCX878 除了供电电压欠压锁定和延时设定不同外，其他部分都相同。UCX879 是在 UCX875～UCX878 基础上的一种改进型。

UCX875～UCX879 的供电电压欠压锁定值和输出脉冲延时设置情况是不同的，其对比情况如表 6-15 所示。

表 6-15　UCX875～UCX879 性能对比

型号	UVLO 开	UVLO 关	延时设置
UCX875	10.75V	9.25V	可设置
UCX876	15.25V	9.25V	可设置
UCX877	10.75V	9.25V	固定
UCX878	5.25V	9.25V	固定
UCX879	5.25V	10.75V	可设置

UCX876～UCX878 的主要特点如下：

0～100%占空比，可编程控制输出导通延迟，电压或电流型拓扑相兼容，开关工作频率为 1MHz，4 个 2A 图腾柱输出，10MHz 误差放大器，欠压锁定（UVLO），低的软启动电流（150μA），在 UVLO 期间输出低电平，具有软启动控制，有全周再启动过流门限及可调基准等。

UC3875 集成控制器由一个半桥支路对另一个半桥支路的移相开关实行全桥功率级的控制，使得固定频率脉宽调制与谐振零电压开关相结合，在高频条件下具有较高的效率。提供电压或电流型控制，并具有用于快速故障保护的各自的过流关断。在每个输出级开启时插入死区时间，它为谐振开关工作提供了延迟时间。每个输出延迟（A，B）和（C，D）可以分别控制。振荡器能工作在约 2MHz 的频率下，实际应用的开关频率为 1MHz。

保护特性包括欠压锁定，保护所有输出为有效的低态直到电源达到 10.75V 的门限为止。为了可靠建立 1.25V 滞后，芯片电源提供过流保护并且在 70ns 以内故障在导通状态下封锁输出。

其他的特性包括误差放大器具有超过 7MHz 带宽，5V 基准，提供软启动及灵活斜面的产生电路和斜度补偿电路。

为了解决全桥式电路的偏磁失控问题，UCX879 在 UCX875～UCX878 的基础上增加了限流功能，当电流（斜坡）信号 CS 到达 2.0V 以后，直接参与移相控制，与 RAMP 输入端等效，限制电流的进一步增加，从而可以抑制全桥电路不平衡而引起的偏磁和单向饱和。但 UCX879 输出能力小（100mA），工作频率不太高（300kHz），并且误差放大器同向输入端固定为 2.5V，有时会使应用不太方便。

6.3.2 UC3875 移相式集成控制器

（1）内部结构及工作原理

UC3875 芯片内部结构如图 6-41 所示。

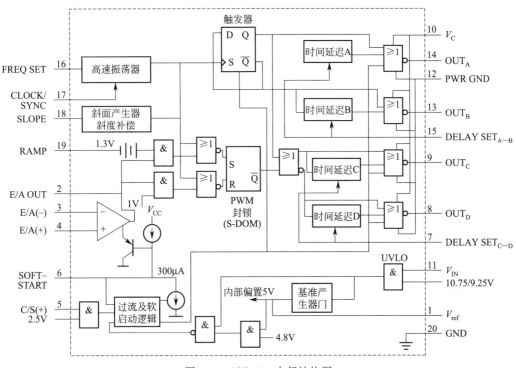

图 6-41 UC3875 内部结构图

① 工作电源 UC3875 的工作电源分为两个：V_{IN}（11 脚）和 V_C（10 脚）。其中，V_{IN} 是供给内部逻辑电路用的，它相对于信号地 GND（20 脚）；V_C 供输出级用，它对电源地 PWR GND（12 脚）。这两个工作电源应分别外接相应的高频滤波电容，而且 GND 和 PWR GND 应该相连于一点，以减小噪声干扰和直流压降。

V_{IN} 设有欠压锁定输出功能（UVLO），当 V_{IN} 低于 UVLO 阈值电压时，输出级信号全部为低电平，当 V_{IN} 高于 UVLO 阈值电压时，输出级才会开启，UC3875 的 UVLO 阈值电压为 10.75V。一般而言，V_{IN} 最好高于 12V，这样才能保证芯片更好地工作。V_C 一般在 3V 以上就能正常工作，在 12V 以上性能会更好。因此，一般可以把 V_{IN} 端和 V_C 端接到同一个 12V 的电压源上。

② 基准电源 UC3875 在 1 脚提供一个 5V 的精密基准电压源 V_{ref}，它可以为外部电路提供大约 60mA 的电流，其内部设有短路保护电路。同时，V_{ref} 也有 UVLO 功能，只有当

V_{ref} 达到 4.75V 时，芯片才能正常工作。V_{ref} 最好外接一个 $0.1\mu\text{F}$、ESR 和 ESL 都很小的滤波电容。

③ 振荡器　芯片内有一个高速振荡器，在频率设置 FREQ SET（16 脚）与信号地 GND 之间接一个电容和一个电阻就可以设置振荡频率，从而设置输出级的开关频率。

为了能让多个芯片并联工作，UC3875 提供了时钟/同步功能脚 CLOCK/SYNC（17 脚）。虽然每个芯片自身的振荡频率不同，但只要将它们连接起来，则所有芯片都会同步于最快的芯片，即所有芯片的振荡频率都变为最高的振荡频率。芯片也可同步于外部时钟信号，只要 CLOCK/SYNC 接一振荡频率高于芯片的外部时钟信号。如果 CLOCK/SYNC 作为输出用，则它为外部电路提供一个时钟信号。

④ 锯齿波　在斜率设置 SLOPE（18 脚）与某一个电源 V_X 之间接一个电阻 R_{SLOPE}，即可为锯齿波脚 RAMP（19 脚）提供一个电流为 V_X/R_{SLOPE} 的恒流源。在 RAMP 与信号 GND 之间接一个电容 C_{RAMP}，就决定了锯齿波的斜率 $dV/dt = V_X/(R_{\text{SLOPE}}C_{\text{RAMP}})$，选定了 R_{SLOPE} 和 C_{RAMP}，就确定了锯齿波的幅值。如果 V_X 接整流后直流电压的采样电压，就可实现输入电压前馈。一般在电压型调节方式中，V_X 直接接 1 脚的 5V 基准电压。

PWM 比较器的一个输入端是 RAMP，另一个输入端是误差放大器的输出端。在 RAMP 与 PWM 的比较器的输入端之间有一个 1.3V 的偏置，因此适当选择 R_{SLOPE} 和 C_{RAMP} 的值，就可使误差放大器的输出电压不超过锯齿波的幅值，从而实现最大占空比限制。

⑤ 误差放大器和软启动　误差放大器实际上是一个运算放大器，在电压型调节方式中，其同相端 E/A（＋）（4 脚）一般接基准电压，反相端 E/A（－）（3 脚）一般接输出反馈电压，反相端 E/A（－）与输出端 E/A OUT（2 脚）之间接一个补偿网络，E/A OUT 接到 PWM 比较器的一端。

在软启动 SOFT-START（6 脚）与信号地 GND 之间接一个电容 C_{SS}，当 SOFT-START 正常工作时，芯片内有一个 $9\mu\text{A}$ 的恒流源给电容 C_{SS} 充电，SOFT-START 的电压线性升高，最后达到 4.8V。SOFT-START 在芯片内与误差放大器的输出相接，当误差放大器的输出电压低于 SOFT-START 的电压时，误差放大器的输出电压被钳在 SOFT-START 的电压值。因此，SOFT-START 工作时，输出级的移相角从 0° 逐渐增加，使全桥变换器的脉宽从 0 开始慢慢增大，直到稳定工作为止，这样可以减小主功率开关管的开机冲击。当 V_{IN} 低于 UVLO 门限电压时，或电流检测端 C/S（＋）（5 脚）电压高于 2.5V 时，SOFT-START 的电压被拉到 0V。当上述两种情况均不存在时，SOFT-START 恢复正常工作。

⑥ 移相控制信号发生电路　移相控制信号发生电路是 UC3875 控制器的核心部分。振荡器产生的时钟信号经过 D 触发器（Toggle FF）2 分频后，从 D 触发器的 Q 和 $\bar{Q}$ 得到两个 180° 互补的方波信号。这两个方波信号分别从 OUT_A 和 OUT_B 输出，延时电路为这两个方波信号设置死区。OUT_A 和 OUT_B 与振荡时钟信号同步。

PWM 比较器将锯齿波和误差放大器的信号比较后，输出一个方波信号，这个信号与时钟信号经过与非门后送到 RS 触发器，RS 触发器的输出 $\bar{Q}$ 和 D 触发器的 Q 运算后，得到 180° 互补的方波信号。这两个方波信号分别从 OUT_C 和 OUT_D 输出，延时电路为这两个方波信号设置死区。OUT_C 和 OUT_D 分别领先于 OUT_B 和 OUT_A，之间相差一个移相角，移相角的大小取决于误差放大器的输出与锯齿波的交截点。

⑦ 过流保护　在芯片内有一个电流比较器，其同相端接电流检测器 C/S（＋）（5 脚），反相端在内部接了一个 2.5V 电压。当 C/S（＋）电压超过 2.5V 时，电流比较器输出高电

平，输出级全部为低电平，同时，将软启动脚的电压拉到 0V。当 C/S（+）电压低于 2.5V后，电流比较器输出低电平，软启动电路工作，输出级的移相角从 0°慢慢增大。实际上，也可以把 C/S（+）用作一个故障保护电路，例如，在输出过压、输出欠压、输入过压、输入欠压等故障发生时，通过将一定的电路转换成高于 2.5V 的电压，接到 C/S（+）端，就可以对电路实现保护。

⑧ 死区时间设置　防止同一个桥臂的两个开关管同时导通，同时给开关管提供软开关的时间，两个开关管的驱动信号之间应该设置一个死区时间。芯片为用户提供了两个脚：A—B 死区设置脚 DELAY SET$_{A-B}$（15 脚）和 C—D 死区设置脚 DELAY SET$_{C-D}$（7脚）。在死区设置脚与信号地 GND 之间并接一个电阻和一个电容，就可以分别为两对互补的输出信号 A—B、C—D 设置死区时间。选择不同的电阻和电容，就可以设置不同的死区时间。

⑨ 输出级　UC3875 最终的输出就是四个驱动信号：OUT$_A$（14 脚），OUT$_B$（13 脚），OUT$_C$（9 脚）和 OUT$_D$（8 脚），它们用于驱动全桥变换器的四个开关管。这四个输出均为图腾柱驱动方式，都可以提供 2A 的驱动峰值电流，因此它们可以直接用于驱动 MOSFET或经过隔离变压器来驱动 MOSFET。UC3875 输出时序如图 6-42 所示。

（2）引脚排列及功能介绍

UC3875 系列器件有 20 脚 DIL 封装、28 脚 SOIC 封装和 28 脚 PLCC 塑封等多种封装形式，其中，20 脚 DIL 封装的引脚排列如图 6-43 所示。

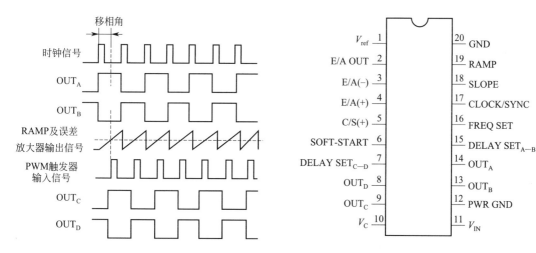

图 6-42　UC3875 输出时序　　　　　图 6-43　UC3875 引脚排列

UC3875 各个引脚的使用说明如下。

20 脚（GND）：信号地。所有电压都是对 GND 而言的，接在 FREQ SET 端的定时电容，接在 V_{ref} 端的旁路电容，接在 V_{IN} 端的旁路电容以及接在 RAMP 端的斜坡电容的另一端都应直接接到信号地端。

12 脚（PWR GND）：功率地。功率地和信号地可以在某一点连接在一起，以使噪声抑制最佳，并使直流压降尽可能小。

10 脚（V_C）：输出功率开关管的电源电压端。它为输出功率开关管及有关的偏置电路的电源电压。连接 V_C 到 3V 以上稳压源，最好工作在 12V 以上，该脚与 PWR GND 之间应接一个滤波电容。

11 脚（V_{IN}）：芯片电源电压端。该脚为集成电路内部的逻辑和模拟电路的电源电压。

正常工作时，V_{IN} 应高于 12V。当 V_{IN} 低于欠压锁定门限值时，芯片内的电路将不工作。该脚与 GND（信号地）之间应接一滤波电容。

16 脚（FREQ SET）：振荡器频率设置端。该脚与地之间接有设置频率的电阻和电容，根据下列关系式调整振荡器的频率：

$$f = \frac{4}{R_{FREQ}C_{FREQ}}$$

17 脚（CLOCK/SYNC）：时钟端/同步端。该端是双向的，作为输出，该端提供时钟信号，同时该脚又可作为外同步信号的输入端。在此端需要接入一个电阻，以减小时钟脉冲宽度。

18 脚（SLOPE）：设定斜坡斜率及斜率补偿端。从此端到 V_{CC} 端之间接一电阻，该电阻确定产生斜坡电压的电流。

19 脚（RAMP）：斜坡电压端。该脚与 GND 之间接入一只电容器，斜坡电压的斜率为

$$\frac{dv}{dt} = \frac{V_{取样}}{R_{SLOPE}C_{RAMP}}$$

该脚为 PWM 比较器的输入端。由于斜坡输入与 PWM 比较器之间存在 1.3V 的偏移，因此，误差放大器输出电压不能超过斜坡峰值电压。用合适的 R_{SLOPE} 和 C_{RAMP} 值可以实现占空比的钳位。

2 脚（E/A OUT）：误差放大器输出端。误差放大器输出电压低于 1V 时为 0°相移。该误差放大器输出驱动电流较小，驱动低阻抗源时可能过载。

3 脚［E/A（－）］：误差放大器反相输入端。该端通常接到电源输出电压的电阻分压器上。

4 脚［E/A（＋）］：误差放大器同相输入端。该端通常接到基准电压上，与 E/A（－）端的取样电源输出电压相比较。

6 脚（SOFT-START）：软启动设置端。当 V_{IN} 低于 UVLO 阈值时，软启动将维持低电位。当 V_{IN} 正常时，通过内部 9μA 电流源对电容充电，该脚电压上升到 4.8V 左右。在发生电流过流时［C/S（＋）端电压超过 2.5V］，软启动端将降到低电位。

5 脚［C/S（＋）］：电流取样端。过流比较器的同相输入端。过流比较器的反相输入端接内部的 2.5V 固定电压（从 V_{ref} 分压得到），当 C/S（＋）端电压超过 2.5V 时，过流锁存器置位，所有输出关断，并且软启动过程开始。

14 脚、13 脚、9 脚和 8 脚（OUT$_A$～OUT$_D$）：输出端 OUT$_A$～OUT$_D$。四个输出端分两组交替输出信号，OUT$_A$ 和 OUT$_B$ 用于驱动外部功率级一个半桥支路，并用时钟波形同步。OUT$_C$ 和 OUT$_D$ 用于驱动与 OUT$_A$、OUT$_B$ 具有一定相移的另一个半桥。四个输出端能提供 2A 的推拉输出电流。

7 脚、15 脚（DELAY SET$_{C-D}$、DELAY SET$_{A-B}$）：输出延迟控制端。调整该脚到地的电流值，可以设定输出级导通延迟时间。这个时间处在同一支桥中一个开关关断和另一个开关导通之间，通常称为死区。死区时间提供外接功率开关发生谐振所需的时间，对两个半桥提供各自的延迟来适应谐振电容器充电电流的差别。

1 脚（V_{ref}）：电压基准。该脚提供内部准确的 5V 基准电压，可以给外部电路提供 60mA 的电流，并且有短路电流保护。

6.3.3 UC3879 移相式集成控制器

（1）引脚排列及功能

UC3879 移相谐振控制器采用 DIL-20、SOIC-20 及 CLCC-28 三种封装形式。下面以 DIL-20 为例进行介绍，其引脚排列如图 6-44 所示。

UC3879 移相谐振控制器引脚功能简介如下。

1 脚（V_{ref}）：精密 5V 基准电压输出端。其具有短路电流限幅功能。当 V_{IN} 上的电压低于欠压锁定阈值时，控制器被禁止，直到 V_{ref} 输出的电压达到 4.75V 为止。在实际应用过程中，该端与 GND 引脚之间应接旁路电容。该电容的 ESR 和 ESL 应尽可能低，电容的取值为 $0.1\mu F$ 较合适。

2 脚（COMP）：误差放大器输出端。当误差放大器输出电压低于 0.9V 时，相移为零。

3 脚［E/A（－）］：误差放大器反相输入端。该端接电阻分压器，对变换器的输出电压进行检测。另外，在该端与 COMP 之间接环路补偿元件。

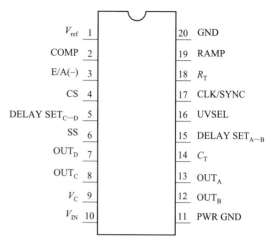

图 6-44　UC3879 引脚排列

4 脚（CS）：电流检测信号输入端。该端为电流故障比较器的同相输入端。电流故障比较器的反相输入端接 2.0～2.5V 的基准电压。当该端上的电压检测信号超过 2.0V，且误差放大器的输出电压信号超过 RAMP 上的电压信号时，移相限流比较器将对相移逐周进行限制。当该端上的电压检测信号超过 2.5V 时，电流故障锁存器置位，控制器的输出端被强制关断，然后控制器进入软启动工作周期。如果该端上的电压固定为 2.5V，控制器的输出端将停止输出并保持为低电平。在新的软启动工作周期以内，当 CS 引脚上的电压降至 2.5V 以下时，在 SS 上的电压开始上升以前，输出端将从 0°相移开始工作，但只有控制器进入稳定工作状态以后，才会向负载传输功率。

15 脚和 5 脚（DELAY SET$_{A-B}$ 和 DELAY SET$_{C-D}$）：OUT$_A$～OUT$_D$ 的延迟控制信号输入端。延迟时间应在同一桥臂中一只开关管关断以后，另一只开关管开通之前加入，为谐振创造条件。由于谐振电容的充电电流在不同半桥的开关工作中是不同的，因此相对应的延迟时间也是不同的。

6 脚（SS）：软启动信号输入端。该端与 GND 之间接软启动电容，用于设置软启动时间。只要 V_{IN} 上的电压低于欠压锁定阈值，则该端电压将维持在 0V 左右。当 V_{IN} 和 V_{ref} 上的电压处于正常范围内时，该端电压将在内部 $9\mu A$ 电流源的作用下升至 4.8V。万一出现过流故障，如 CS 上的电压超过 2.5V，该端上的电压将被下拉至低电位，然后由零缓慢上升至 4.8V。如果故障发生在软启动周期内，输出端将立刻被禁止，而且在故障锁存器复位之前，软启动电容必须被充满。当多只控制器并联运行时，可以共用一只软启动电容，但软启动电容的充电电流需要相应增加。

13 脚、12 脚、8 脚和 7 脚（OUT$_A$～OUT$_D$）：图腾柱式驱动输出端。该端最大驱动电流为 100mA，可以驱动功率 MOSFET。输出对占空比的典型值为 50%。OUT$_A$、OUT$_B$ 用于驱动一侧半桥，并且与时钟信号同步；OUT$_C$、OUT$_D$ 用于驱动另一侧半桥，其相位相对于 OUT$_A$、OUT$_B$ 而言产生了移动。

9 脚（V_C）：输出电路的电源输入端。向输出级及相关偏置电路供电。

10 脚（V_{IN}）：控制器偏置电源输入端。该端主要向控制器内部的逻辑电路和模拟电路供电。偏置电压应在 12V 以上。为了保证控制器可靠工作，只有在 V_{IN} 上的电压超过欠电压锁定上限阈值时，控制器才开始工作。该端与 GND 之间应接低 ESR 和低 ESL 的旁路电容。

11 脚（PWR GND）：功率地。该端与 V_C 之间接陶瓷旁路电容。为了抑制噪声，并最大限度地减小直流电压的跌落，功率地与信号地应单点相连。

14 脚（C_T）：振荡器频率设置端。线性占空比取值范围的上限值由定时电阻 R_T 决定。定时电容 C_T 应采用低 ESL 和低 ESR 的高品质瓷片电容，其最小取值为 $200\mu F$。

16 脚（UVSEL）：欠压锁定阈值设置端。当该端与 V_{IN} 相连时，欠电压锁定阈值为 10.75V，滞回电压为 1.5V。当该端悬空时，欠电压锁定阈值为 15.25V，滞回电压为 6.0V。

17 脚（CLK/SYNC）：时钟信号输出端/同步信号输入端。该端是双向的，作为输出端时，该端可以输出时钟信号。作为输入端时，该端可以输入外部同步信号，可实现多只控制器同步工作。外部同步信号的频率应高于控制器的振荡频率。当多只控制器通过 CLK/SYNC 相连时，将自动与振荡频率最高的控制器同步。另外，为了提高该端驱动容性负载的能力，可以增加接地电阻。

18 脚（R_T）：时钟信号/同步信号占空比设置端。UC3879 的振荡器生成锯齿波，锯齿波的上升沿由定时电阻 R_T 和定时电容 C_T 组成的定时网络决定。在锯齿波上升沿过程中，调节器对占空比进行线性控制。当 COMP 上的电压超过振荡器的峰值电压时，占空比将跃升为 100%，R_T 的取值范围应在 $2.5\sim100k\Omega$。

19 脚（RAMP）：斜坡电压信号输入端。该端为 PWM 比较器的输入端，该端与 C_T 相连可实现电压模式控制。要实现电流模式控制，该端需与 CS 端及电流检测互感器相连。由 C_T 向该端输入一定的斜坡电压信号可实现斜率补偿。

20 脚（GND）：信号地。布线时，定时电容、V_{ref} 和 V_{IN} 的旁路电容都应尽可能安排在该端旁边。

（2）特点

① 输出导通电压延迟时间编程可控，可以实现零延迟时间；
② 电压模式控制或电流模式控制；
③ 实际开关频率可达 300kHz；
④ 图腾柱式驱动输出电路，最大驱动电流为 100mA；
⑤ 内置 10MHz 误差放大器；
⑥ 欠压电压锁定功能编程可控；
⑦ 启动电流低，仅为 $150\mu A$；
⑧ 具有软启动控制功能；
⑨ 欠压锁定过程中，输出端保持低电平。

6.3.4 UC3879 与 UC3875 的比较

UC3879 作为 UC3875 的改进型，其工作原理和基本结构与 UC3875 是相同的，但在一些功能上进行了改进。二者的主要区别如表 6-16 所示。

表 6-16 UC3879 与 UC3875 的主要区别

功能特点	UC3879	UC3875
欠电压锁定阈值	可选	固定（15.25V/10.75V）
偏置电流	27mA（典型值）	45mA（典型值）
振荡器工作频率	最高至 600kHz	最高至 2MHz
误差放大器	同相输入端内接 2.5V 基准电源	同相输入端外接给定信号
逐周电流限幅	提供	未提供
延迟电路	可实现零延迟	最小延迟 60ns
输出驱动电路	4 路 100mA 图腾柱式输出驱动电路	4 路 2A 图腾柱式输出驱动电路

UC3875 系列控制器的欠电压锁定阈值是固定的，对于不同的欠电压锁定阈值，用户需要选用不同型号的控制器，灵活性较差。UC3879 对此进行了改进，增加了欠电压锁定阈值设置端，无须增加外接元件即可实现对欠电压锁定阈值的设定，灵活性大大提高。

与 UC3875 控制器相比，UC3879 控制器的偏置电流明显降低，由 45mA 降至 27mA。这样，控制器的最高工作频率得以降低，同时栅极驱动电路的结构也得到了调整。UC3879 减小了输出驱动电流，因此只能通过外接大电流驱动器对开关管进行驱动，不再具有直接驱动开关管的能力。

UC3879 的振荡器电路部分进行了全新的设计，其噪声抑制能力、温度稳定性及线性度大大提高。由于定时电容的充电电流是固定的，因此振荡器锯齿波上升斜率的线性度非常好。为了提供电压模式控制所需的斜坡信号，需要对定时电容上的电压进行控制。另外，在峰值电流模式控制下，不能通过定时电容上的电压信号实现斜率补偿。

UC3879 和 UC3875 中误差放大器的带宽都是 10MHz。在 UC3879 中，误差放大器的同相输入端与控制器内部的 2.5V 基准电压相连；而在 UC3875 中，该端则需要外接给定信号。如果变换器的输出电压固定，使用 UC3879 就比较方便，原因是无须增加外接元件生成外界给定信号。相反，如果要求变换器的输出电压可变，则必须考虑采用专门的方法及更多的元件才能生成反馈变压器所需的基准信号。

在 UC3879 中新增了逐周电流限幅功能，UC3875 不具备此项功能。这样，在过载状态下，UC3879 能够对一侧开关管提供准确的逐周电流保护。一旦电流检测信号超过 2V 的基准电压值，逐周电流限幅电路中的快速比较器将中止驱动输出脉冲信号。该保护称为第一级过载保护，主要是对功率级的最大输出功率进行限制。

习题与思考题

1. 电力电子变换器控制系统的基本功能是什么？
2. 集成控制芯片种类繁多，但大致可以分为哪几类？
3. PWM 集成控制芯片一般由哪几部分组成？
4. 简述电压型 PWM 控制的主要优点。
5. 简述电流型 PWM 控制的主要优点。
6. 简述移相型 PWM 控制的主要优点。
7. 简述 UC3842 PWM 控制器的基本工作原理。
8. 采用 SG3525A PWM 集成控制器作为单端反激式直流变换器的控制电路，画出该变换器的总电路图。

第7章
开关电源关键技术及应用

社会需求是科技发展的原动力，开关电源技术的发展过程也清楚地表明了这一点。在开关电源发展初期，只是在线性电源的基础上改变了功率管的工作状态，使其按开关方式工作。但随着开关电源的逐步应用，人们逐步发现了一些制约开关电源发展的技术问题。例如，要通过进一步提高开关频率来减小体积和重量，既要受制于功率器件的性能又要受制于功率器件在高电压及大电流条件下通断的工作模式，要进一步提高开关频率必须在这两方面进行改进；开关电源在工作时会在交流输入侧产生谐波电流，造成系统功率因数降低并对电力网造成污染；还有电磁噪声抑制、模块化过程中的并联均流等。针对这一系列技术问题，人们开展了不懈的探索与研究，取得了诸多技术成果，推动了开关电源的发展进程。这些在近期所取得的技术成果往往被称为开关电源新技术或开关电源关键技术。

7.1 功率因数校正技术及应用

市电电网在理想情况下应提供幅值和频率恒定的正弦波电压，并且电网电流应与电压同相位，这样，在电网一侧具有单位功率因数（功率因数为1）。由于电力电子器件的高速发展和电力电子设备的普及，市电电网的谐波污染日趋严重。这是因为电力电子设备在从电网吸收有功功率和无功功率的同时，也向电网注入谐波电流，在电网阻抗上产生谐波压降，造成电网电压的畸变，导致电网的供电质量严重下降，并对同一电网上的其他电力电子设备的运行造成不良影响。为了保证电网的供电质量，世界各国都制定了相应的标准来限制谐波源注入电网的谐波电流，以此将电网的谐波电压控制在允许的范围内。国家标准 GB/T 14549《电能质量公用电网谐波》对注入电网公共连接点的谐波电流分量（均方根值）允许值和由此产生的电网谐波电压（相电压）限值作了明确的规定。

在以交流电网电压作为输入的电力电子设备中，交流输入电压整流后接一个大的滤波电容器，虽然输入电压是正弦波，但由于电路是非线性元件和储能元件的组合，所以其交流输入电流不是正弦波，而是脉冲波形。脉冲状的输入电流含有大量的谐波分量，其无功分量基本上为高次谐波，例如，对于单相不可控整流电路来说，3 次谐波幅度约为基波幅度的95%，5 次谐波约为70%，7 次谐波约为45%，9 次谐波约为25%等。高次谐波的产生会大大降低输入交流侧的功率因数。

大量电流谐波分量倒流入电网，造成电网谐波污染。谐波电流流过线路阻抗产生谐波压降，使原来是正弦波的电网输入电压的波形发生畸变，称为"二次效应"。另外，谐波也可能使电路产生故障甚至损坏。例如，谐波会造成配电变压器和其流经的导线过热，三相电路中的中线因 3 次谐波的叠加也会产生过热现象，引起电网 LC 谐振等。

在电力电子设备中，整流器占有较大比例，并且整流器是主要的谐波源之一，抑制整流器产生谐波是减轻电网谐波污染的重要途径。这要求降低整流器输出中的谐波分量，提高电网侧的功率因数。

7.1.1 功率因数的定义

在电工原理中，线性电路的功率因数（Power Factor，PF）习惯定义为 $\cos\varphi$，φ 是正弦电压和正弦电流间的相角差。但在各种整流滤波电路中，由于整流器件的非线性和电容的储能作用，即使输入电压为正弦，电流也会发生严重畸变。此时，功率因数的定义为：

$$PF=有功功率/视在功率$$

在上式中，通常将有功功率等于瞬时功率的平均值，视在功率定义为电压有效值和电流有效值的乘积。

在整流电路中，略去谐波电流的二次效应，可以认为输入电压为正弦，输入电流为非正弦，这里电流的有效值为：

$$I_{\text{rms}}=\sqrt{\sum_{n=1}^{\infty}I_{\text{rms}}{}^2(n)}$$

式中，$I_{\text{rms}}(n)$ 是第 n 次谐波的有效值。

设基波电流滞后于输入电压的角度为 θ，则电路的 PF 为：

$$PF=\frac{V_{\text{rms}}I_{\text{rms}}(1)\cos\theta}{V_{\text{rms}}I_{\text{rms}}}=\frac{I_{\text{rms}}(1)}{I_{\text{rms}}}\cos\theta=K_dK_\theta$$

式中，$K_d=I_{\text{rms}}(1)/I_{\text{rms}}$，$K_d$ 称为电流波形畸变因子；$K_\theta=\cos\theta$，K_θ 称为相移因子，即功率因数为电流波形畸变因子与相移因子之积。

总谐波畸变（THD）的定义为：

$$THD=\frac{\sqrt{\sum_{n=2}^{\infty}I_{\text{rms}}^2(n)}}{I_{\text{rms}}(1)}\times100\%$$

电流波形畸变因子 K_d 与 THD 的关系如下：

$$K_d=1/\sqrt{1+(THD)^2}$$

7.1.2 传统开关电源所存在的问题

开关电源因省去了笨重的工频变压器和低频滤波电感线圈，从而具有体积小、重量轻和效率高等主要优点，但传统的开关电源一般都采用市电不可控整流和大电容滤波得到较为平滑的直流电，整流二极管的非线性和滤波电容的储能作用，使得输入电流为一个时间很短、峰值很高的周期性尖峰电流，如图 7-1 所示。

对这种畸变的输入电流进行傅里叶分析可知，它除了含有基波外，还含有丰富的高次谐波分量，特别是其中的三次谐波尤为突出，这不仅给公共电网带来很多危害，而且也给用电单位增加了很多基础投资，主要归纳有以下四点：

① 谐波严重污染公共电网，干扰其他用电设备；

② 谐波会增大输入电流在传输线上的衰耗；

③ 增加了前级设备的功率容量，如 UPS、发电机组等，从而增加了基建投资；

④ 当采用三相四线制供电时，三次谐波在中线中是同相位，合成后中线电流很大，有可能超过相线电流，而中线配置一般小于相线线径，因此会造成中线严重过载，而且按安全规定，中线无保护装置，这将造成中线过热，严重时会引起火灾事故。

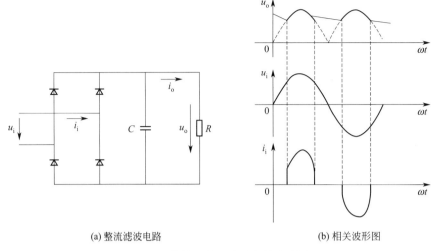

(a) 整流滤波电路   (b) 相关波形图

图 7-1 传统整流电路及相关波形图

由此可见，传统的开关电源网侧功率因数低，输入电流谐波严重，不仅对公共电网有严重影响，而且对用户也将增加投资费用。随着高频开关电源的普及应用，有关部门作出了相应规定，限制设备对公用电网污染的程度。国际电工委员会也制定了如 IEC 555-2 等法规对用电设备的波形失真作出了具体规定，我国电信部门对开关电源也有具体要求，为此，需要采取措施提高网侧功率因数，减小输入电流的谐波含量。

7.1.3 功率因数校正方法

通常采用的方法有以下几种。

① 在整流电路中增置无源滤波器　无源功率因数校正电路是利用电感和电容等元器件组成的滤波器，将输入电流波形进行相移和整形，采用这种方法可以使功率因数提高至 0.9 以上，其优点是电路简单，成本低，维护方便；缺点是电路体积较大，并且可能在某些频率点产生谐振而损坏用电设备。无源功率因数校正电路主要适用于小功率应用场合。

② 采用多相整流技术　多相整流是采用增加整流相数来减小输入/输出电流中谐波的方法，但是多相整流，如 12 脉波整流器在直流侧会产生 $12n$ 次谐波，必须采用其他的滤波方法来滤除谐波。另外，多相整流的价格高、体积大，也影响了它的应用。

③ 有源功率因数校正技术（Active Power Factor Correction，APFC）　有源功率因数校正电路是在整流器和滤波电容之间增加一个 DC-DC 开关变换器。其主要思想如下：选择输入电压为一个参考信号，使输入电流跟踪参考信号，实现输入电流的低频分量与输入电压为一近似同频同相的波形，以提高功率因数和抑制谐波，同时采用电压反馈，使输出电压为近似平滑的直流输出电压。有源功率因数校正的主要优点是：可得到较高的功率因数、总谐波畸变低、可在较宽的输入电压范围内工作、体积小、重量轻、输出电压恒定。

④ PWM 整流技术　PWM 整流技术可得到同相的电网电压和电流，电流的波形近似正弦波，是一种单位功率因数变流器。

（1）无源功率因数校正

无源功率因数校正有两种比较基本的方法：在整流器与滤波电容之间串入无源电感 L；采用电容和二极管网络构成填谷式无源校正。

如图 7-2（a）所示，无源电感 L 把整流器与直流电容 C 隔开，因此整流器和电感 L 间的电压可随输入电压而变动，整流二极管的导通角变大，使输入电流波形得到改善。

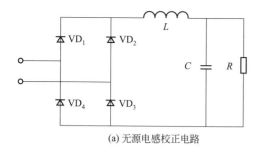

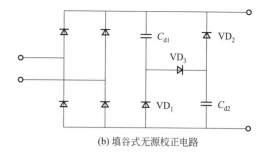

(a) 无源电感校正电路　　　　　　　　　　　　　　(b) 填谷式无源校正电路

图 7-2　无源功率因数校正电路示意图

填谷式无源校正的基本思想是采用两个串联电容作为滤波电容，选配几只二极管，使两个直流电容能够串联充电、并联放电，以增加二极管的导通角，改善输入侧功率因数。其电路如图 7-2（b）所示，其基本原理为：当输入电压瞬时值上升到 1/2 峰值以上时，即高于直流滤波电容 C_{d1} 和 C_{d2} 上的直流电压时，二极管 VD_3 导通，VD_1 和 VD_2 因反偏而截止，两个直流滤波电容 C_{d1} 和 C_{d2} 处于串联充电状态；当输入电压瞬时值降低到 1/2 峰值以下时，即低于直流滤波电容 C_{d1} 和 C_{d2} 上的直流电压时，二极管 VD_3 截止，VD_1 和 VD_2 导通，两个直流滤波电容 C_{d1} 和 C_{d2} 处于并联放电状态；直流滤波电容 C_{d1} 和 C_{d2} 充电和放电的临界点在输入电压的 1/2 峰值处，$\arcsin (1/2) = 30°$，所以理论上整流二极管的导通角不小于 $180°-30°×2=120°$，比采用一个直流滤波电容时的导通角明显增大。

（2）有源功率因数校正

① 有源功率因数校正的主电路结构　　有源功率因数校正电路的主电路通常采用 DC-DC 开关变换器，其中输出升压型（Boost）变换器具有电感电流连续的特点，储能电感也可用作滤波电感来抑制 EMI 噪声。此外，该变换器还具有电流畸变小、输出功率大和驱动电路简单等优点，所以使用极为广泛。除采用升压输出变换器外，Buck-Boost、Flyback、Cuk 变换器都可作为有源功率校正的主电路。

② 有源功率因数校正的控制方法　　有源功率因数校正技术的思路是，控制已整流后的电流，使之在对滤波大电容充电之前能与整流后的电压波形相同，从而避免形成电流脉冲，达到改善功率因数的目的。常用的 APFC 的控制方法有三种：电流峰值控制法、电流迟滞环控制法和平均电流控制法。

a. 电流峰值控制法　　电流峰值控制升压式（Boost）APFC 电路原理图如图 7-3 所示。在该电路中，被控制的电流是功率开关管 VT 的开关电流 I_S。输出电压 U_o 经除法器（分压器）1/H 传输到电压误差放大器 VA 的输入端与参考电压 U_{ref} 相比较，VA 的输出作为乘法器 M 的一个输入 x。M 的另一个输入 y 是桥式整流器的输出电压 U_D 经除法器 1/K 而得到的，U_D 是输入正弦电压 $u\sim$ 的全波整流值。M 的输出 $z=xy$ 作为电流基准传输到电流比较器 CA。CA 的另外两个信号分别是 $I_S R_i$ 和斜率补偿信号。电流基准的波形为双半波正弦波形，因此，受电流比较器 CA 输出信号 U_g 的控制，在功率开关管 VT 导通和关断交替进行的过程中，电感电流 I_L 的峰值包络线跟踪电压 U_D 的波形。这也就保证了有较高的输入侧功率因数。

电流峰值控制时，在半个工频周期内电感电流 I_L 的波形如图 7-4 所示。图中的虚线为每个开关周期内电感电流 I_L 的峰值包络线 I_{L_p}。当开关频率比较高时，电感电流 I_L 的纹波很小，电感电流的峰值 I_{L_p} 与平均电流 I_m 很接近。

功率开关管 VT 的栅极驱动信号 U_g 控制着电感电流 I_L 的高频调制。当 VT 导通时，

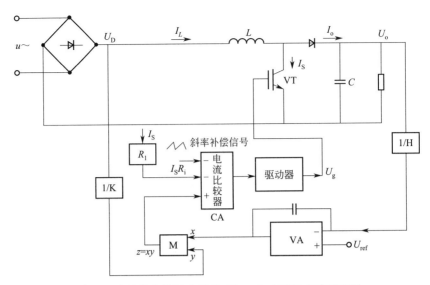

图 7-3　电流峰值控制升压式（Boost）APFC 电路原理图

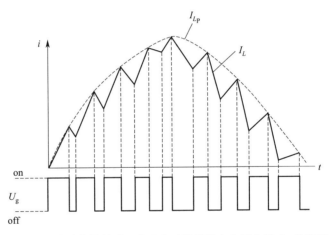

图 7-4　电流峰值控制时，在半个工频周期内电感电流 I_L 的波形

I_L 上升，当其达到峰值（由电流基准控制）I_{L_p} 时，CA 的输出信号经驱动器将 VT 关断，I_L 下降。在下一个开关周期到来时，VT 再次导通，I_L 再次上升达到峰值 I_{L_p}，如此按开关频率周期性变化。在这种控制方法中，开关频率是固定的。

从图 7-4 可以看出，当电感电流峰值 I_{L_p} 按工频变化，从 0 变化到最大值时，栅极驱动信号 U_g 的占空比 D 逐渐由大到小；当 I_{L_p} 由最大值变化到零时，D 逐渐由小到大。在半个工频周期内占空比 D 经历由大到小，再由小到大的过程。在此变化过程中，有可能产生次谐波振荡。为了防止次谐波振荡的出现，在 CA 的一个输入端加入斜率补偿信号，如图 7-3 所示。这样，在占空比变化时，可以保证电路能稳定工作。

b. 电流迟滞环控制法　电流迟滞环控制升压式（Boost）APFC 电路原理图如图 7-5 所示。在该电路中，被检测的电流是电感电流 I_L。与前述的电流峰值控制法不同之处在于：电流峰值控制法只有一个电流基准，而电流迟滞环控制法有两个电流基准。这两个电流基准分别为电流基准上限值 I_{max} 和电流基准下限值 I_{min}。电感电流 I_L 与两个电流基准相比较，当 I_L 达到电流基准下限值 I_{min} 时，功率开关管 VT 导通，I_L 上升；当电感电流 I_L 达到电

流基准上限值 I_{max} 时，功率开关管 VT 关断，I_L 下降。当采用电流迟滞环控制时，在半个工频周期内电感电流 I_L 的波形如图 7-6 所示。图中，电感电流 I_L 随功率开关管 VT 的导通和关断，呈现上升和下降的现象，I_L 在 I_{max} 和 I_{min} 之间变化，I_m 为其平均值。I_{max} 和 I_{min} 之间呈现一个环带，称为电流迟滞环。电流迟滞环的宽度决定了电感电流 I_L 纹波的大小。电流迟滞环的宽度可以是固定值，也可以跟踪瞬时平均电流，与瞬时平均电流成正比。

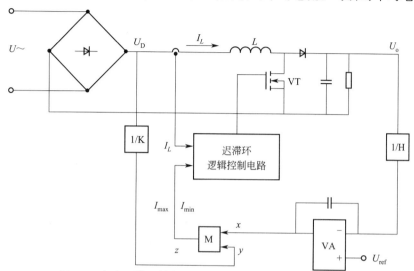

图 7-5 电流迟滞环控制升压式（Boost）APFC 电路原理图

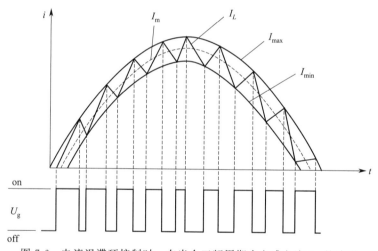

图 7-6 电流迟滞环控制时，在半个工频周期内电感电流 I_L 的波形

将图 7-5 与图 7-3 相比较，可以看出，电流迟滞环控制法比电流峰值控制法多用了一个迟滞环逻辑控制电路。迟滞环控制电路的示意图如图 7-7 所示。在该控制电路中，有三个比较器。图中上面的两个比较器用来形成电流迟滞环带，两个比较器后续的逻辑电路给功率开关管 VT 提供导通和关断的驱动信号。最下面的一个比较器用来在工频整流电压的半波正弦开始和结束时，使功率开关管 VT 处于关断状态。

电流迟滞环控制法的缺点是负载对开关频率的影响较大，所以电流迟滞环控制法是变频的。由于开关频率变化较大，在设计直流侧滤波器时，只能按最低开关频率来考虑，所以滤波器的体积大、重量重。

c. 平均电流控制法 平均电流控制升压式（Boost）APFC 电路原理图如图 7-8 所示。

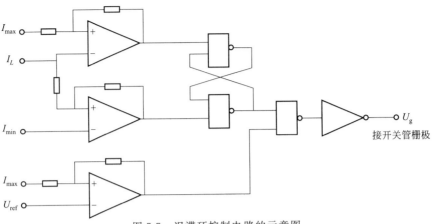

图 7-7 迟滞环控制电路的示意图

在该电路中，被检测的是电感电流 I_L。输出电压 U_o 经分压器（1/H），再经电压误差放大器 VA 后，其输出电压 x 传送到乘法器 M 的一个输入端。DC-DC 变换器的输入电压 U_D 经分压器（1/K）作为乘法器 M 的另一个输入信号 y。x 与 y 在 M 中相乘，得到 M 的输出电压 $z=xy$ 作为电流基准。电感电流 I_L 检出后与电流基准在电流误差放大器 CA 中进行比较，其高频分量（开关频率）变化在 CA 中被平均化处理。平均电流误差经 CA 放大后，与给定的锯齿波斜坡在 PWM 中比较，提供某一数值的占空比信号，经驱动器输出驱动信号 U_g，驱动功率开关管 VT，这就形成了电流环，电流误差能被迅速而精确地校正。由于电流环具有较高的增益和带宽，跟踪电流误差产生的畸变小于 1%，容易实现功率因数接近于 1。

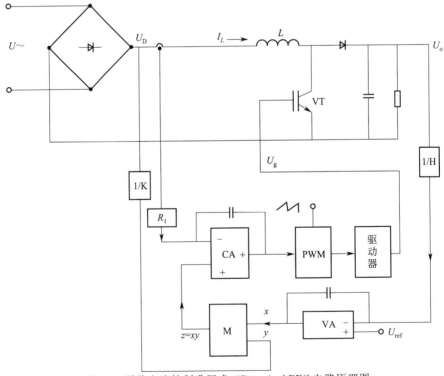

图 7-8 平均电流控制升压式（Boost）APFC 电路原理图

平均电流控制时，在半个工频周期内电感电流 I_L 的波形如图 7-9 所示。图中的实线为

电感电流 I_L，虚线为平均电流 I_m。从图中可以看出，I_m 的波形近似于工频电流的半个周期，工频电流的峰值为此时刻的高频电流的平均值。所以可以认定高频电流的峰值高于工频电流的峰值。平均电流控制法的 THD 很小，对噪声不敏感，电感电流的峰值与平均值之间误差很小，原则上可以检测任意拓扑、任意支路的电流。所以平均电流控制法在要求很高的场合获得了广泛的应用。表 7-1 给出了三种 APFC 控制方法的异同点。

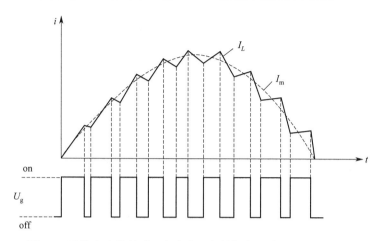

图 7-9　平均电流控制时，在半个工频周期内电感电流 I_L 的波形

表 7-1　三种 APFC 控制方法的比较

控制方法	检测电流	开关频率	工作模式	对噪声	适应拓扑	备注
电流峰值	开关电流	固定	CCM	敏感	Boost	需斜率补偿
电流迟滞环	电感电流	变化	CCM	敏感	Boost	需逻辑控制
平均电流	电感电流	固定	任意	不敏感	任意	需电流误差放大

除上述三种常见的 APFC 控制方法以外，还有其他控制方法，如单周期控制（One-cycle control）（也称积分复位控制）、滑模变结构控制（Variable structure sliding-mode control）、空间矢量调制（Space Vector Modulation，SVM）、无差拍控制（Deadbeat control）、占空比控制（Duty cycle control）、预测电流控制（Predictive current control）、极点配置控制（Pole-placement control）以及非线性载波控制（nonlinear carrier control）等。

7.1.4　功率因数控制器举例

功率因数校正集成控制器的种类很多，限于篇幅，不可能一一罗列。目前，较常用的功率因数校正集成控制器有：UC3854/UC3854A/UC3854B、UC3855A/UC3855B、MC34262/MC33262 等。另外，还有一些 PWM + PFC 集成控制器，较常用的有：FAN4803、ML4824、UCC38502 以及 UCC38503 等。本节主要对 UC3854/UC3854A/UC3854B 有源功率因数校正集成控制器的内部框图及其组成、引脚功能以及典型应用等作简要介绍。

UC3854 是一种有源功率因数校正专用控制电路。它可以完成升压变换器校正功率因数所需的全部控制功能，使功率因数达到 0.99 以上，输入电流波形失真小于 5%。该控制器采用平均电流控制法，控制精度很高，开关噪声较低。采用 UC3854 功率因数校正电路后，不仅可以校正功率因数，而且可以保持输出电压稳定不变（当输入电压在 80～260V 变化时），因此也可作为 AC-DC 稳压电源。UC3854 采用推拉输出级，其输出电流可达到 1A 以上，因此输出的固定 PWM 脉冲可驱动大功率 MOSFET。

（1）内部框图及其组成

UC3854 的内部框图如图 7-10 所示，它由以下几部分组成。

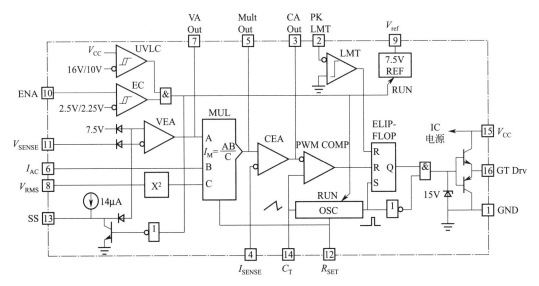

图 7-10　UC3854 内部框图

① 欠压封锁比较器（UVLC）。当电源电压 V_{CC} 高于 16V 时，基准电压建立，振荡器开始振荡，输出级输出 PWM 脉冲。当电源电压 V_{CC} 低于 10V 时，基准电压中断，振荡器停止振荡，输出级被封锁。

② 使能比较器（EC）。使能脚（引脚 10）输出电压高于 2.5V 时，输出级输出驱动脉冲；使能脚输出电压低于 2.25V 时，输出级关断。

UVLC 与 EC 输出分别接到与门输入端，只有在两个比较器都输出高电平时，才能建立基准电压，器件才输出脉冲。

③ 电压误差放大器（VEA）。功率因数校正电路的输出电压经电阻分压电路后，加到电压误差放大器（VEA）的反相输入端，与 7.5V 基准电压比较后，其差值经放大后加到乘法器的一个输入端（A）。

④ 乘法器（MUL）。乘法器输入信号除了误差电压外，还有与已整流交流电压成正比的电流 I_{AC}（B 端）和前馈电压 V_{RMS}（C 端）。

⑤ 电流误差放大器（CEA）。乘法器输出的基准电流 I_{MO} 在电阻 R_{MO} 两端产生基准电压。检测电阻 R_S 两端压降与 R_{MO} 两端电压相减后产生的电流取样信号，加到电流误差放大器的输入端，该误差信号经电流误差放大器（CEA）放大后，加到 PWM 比较器输入端，与振荡器的锯齿波电压比较，调整输出脉冲的宽度。

⑥ 振荡器（OSC）。振荡器的振荡频率由引脚 14 的外接电容 C_T 和引脚 12 的外接电阻 R_{SET} 决定，只有建立基准电压后，振荡器才开始振荡。

⑦ PWM 比较器（PWM COMP）。电流误差放大器（CEA）输出信号与振荡器的锯齿波电压经比较后，产生脉宽调制信号，该信号加到触发器（FLIP-FLOP）。

⑧ 触发器（FLIP-FLOP）。振荡器（OSC）和 PWM 比较器（PWM COMP）的输出信号分别加到触发器（FLIP-FLOP）的 R、S 端，控制触发器的输出脉冲，该脉冲经与门电路和推拉输出级后，驱动外接的功率 MOSFET。

⑨ 基准电源（REF）。基准电压 REF 受欠压封锁比较器（UVLC）和使能比较器（EC）的控制，当这两个比较器都输出高电平时，引脚 9 可输出 7.5V 基准电压。

⑩ 峰值电流限值比较器（LMT）。电流取样信号加到该比较器的输入端，输出电流达到一定数值后，该比较器通过触发器关断输出脉冲。

⑪ 软启动电路（SS）。当基准电压建立后，$14\mu A$ 电流对引脚 SS（引脚 13）外接电容 C_{SS} 充电，刚开始充电时，引脚 13 的电压为零，接在引脚 13 内的隔离二极管导通，电压误差放大器（VEA）的基准电压为零，UC3854 无输出脉冲。当 C_{SS} 充足电后，隔离二极管关断，软启动电容与电压误差放大器隔离，软启动过程结束，UC3854 正常输出脉冲。当发生欠压封锁或使能关断时，与门输出信号除了关断输出外，还使并联在 C_{SS} 两端的内部晶体管导通，从而使 C_{SS} 放电，以保证下次启动时，C_{SS} 从零开始充电。

（2）引脚功能

UC3854 有多种封装形式（DIL-16、SOIC-16、PL-CC-20 和 LCC-20 等），但常用的是 DIL-16 封装形式，这种封装形式的引脚排列如图 7-11 所示。

① GND（引脚 1）接地端：所有电压的测试基准点。振荡器定时电容的放电电流也由该引脚返回。因此，定时电容到该引脚的距离应尽可能短。

② PKLMT（引脚 2）峰值限流端：峰值限流门限值为 0V。该引脚应接入电流取样电阻的负电压。为了使电流取样电压上升到地电位，该引脚与基准电压引脚 V_{ref}（引脚 9）之间应接入一个电阻。

③ CA Out（引脚 3）电流放大器输出端：该引脚是电流误差放大器的输出端，该放大器检测并放大电网输入电流，控制脉宽调制器，强制校正电网输入电流。

④ I_{SENSE}（引脚 4）电流取样电压负极：该引脚为电流放大器反相端。

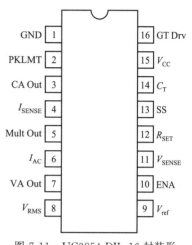

图 7-11　UC3854 DIL-16 封装形式引脚排列图

⑤ Mult Out（引脚 5）模拟乘法器的输出端和电流取样电压的正极：模拟乘法器的输出直接接到电流放大器的同相输入端。

⑥ I_{AC}（引脚 6）输入交流电流取样信号：I_{AC} 从该引脚加到模拟乘法器上。

⑦ VA Out（引脚 7）电压放大器的输出端：该引脚电压可调整输出电压。

⑧ V_{RMS}（引脚 8）有效值电压输入端：整流桥输出电压分压加到该引脚，为了实现最佳控制，该引脚电压应在 1.5～3.5V。

⑨ V_{ref}（引脚 9）基准电压输出端：该引脚输出 7.5V 的基准电压，最大输出电流为 10mA，并且内部可以限流，当 V_{CC} 较低或使能脚 ENA 为低电平，该引脚电压为零，该引脚到地应接入一个容量为 $0.1\mu F$ 的电容。

⑩ ENA（引脚 10）使能控制端：使 UC3854 输出 PWM 驱动电压的逻辑控制信号。该信号还控制基准电压、振荡器和软启动电路。不需要使能控制时，该引脚应接 5V 电源或通过 $100k\Omega$ 电阻接 V_{CC} 引脚。

⑪ V_{SENSE}（引脚 11）电压放大器反相输入端：功率因数校正电路的输出电压经分压后加到该引脚。该引脚与电压放大器输出端（引脚 7）间还应加入 RC 补偿网路。

⑫ R_{SET}（引脚 12）振荡器定时电容充电电流和乘法器最大输出电流设定电阻的接入端。该引脚与地之间接入一个电阻，即可设定定时电容的充电电流和乘法器的最大输出电流。乘法器的最大输出电流为 $3.75V/R_{SET}$。

⑬ SS（引脚 13）软启动端：UC3854 停止工作或 V_{CC} 过低时，该引脚电压为零。开始工作后，$14\mu A$ 的电流对外接电容充电，该引脚电压逐渐上升到 7.5V，PWM 脉冲占空比逐

渐增大，输出电压逐渐升高。

⑭ C_T（引脚 14）振荡器定时电容接入端：该引脚到地之间接入定时电容 C_T，可按下式设定振荡器的工作频率：

$$f=1.25/(R_{SET}C_T)$$

⑮ V_{CC}（引脚 15）正电源电压：为了保证正常工作，该引脚电压应高于 17V，为了吸收外接 MOSFET 栅极电容充电时产生的电流尖峰，该引脚与地间应接入旁路电容。

⑯ GT Drv（引脚 16）栅极驱动电压输出端：该引脚输出电压驱动外接的 MOSFET。该引脚内部接有钳位电路，可将输出脉冲幅值钳位在 15V，因此，当 V_{CC} 高达 35V 时，该器件仍可正常工作。实际使用中，该引脚与 MOSFET 的栅极之间应串入一只大于 5Ω 的电阻，以免驱动电容负载时，发生电流过冲现象。

（3）典型应用

由 UC3854 组成的 250W 功率因数校正电路，如图 7-12 所示。该电路输入电压范围为 85～265V，功率因数可达 0.99 以上。

① 电路的基本组成　该电路是以 UC3854 为核心的控制电路和升压变换器电路。升压变换器电路由 1mH 升压电感、功率 MOSFET（APT5052）、隔离二极管（UHV806）和 450μF 滤波电容组成。升压电感工作于电流连续状态。在这种工作状态下，脉冲占空比决定于输入与输出电压之比，输入电流的纹波很小，因此电网噪声比较小。此外，升压变换器的输出电压必须高于电网输出电压的峰值。

控制电路由 UC3854 及其外接元件组成。引脚 GT Drv 输出的 PWM 脉冲加到功率 MOSFET 的栅极。脉冲驱动的占空比同时受到以下 4 个输入信号的控制。

a. V_{SENSE}（引脚 11）：直接输入电压取样信号。

b. I_{AC}（引脚 6）：电网电压波形取样信号。

c. I_{SENSE}/Mult Out（引脚 4/引脚 5）：电网电流取样信号。

d. V_{RMS}（引脚 8）：电网电压有效值取样信号。

② 保护输入的设计

a. ENA（使能）：该引脚电压达到 2.5V 后，基准电压和驱动电压（GT Drv）才能建立。接通电源并经过一定延时后，才能输出驱动信号，如果不用此功能，该引脚应通过 100kΩ 电阻接到 V_{CC} 脚。

b. SS（软启动）：该引脚电压可降低电压误差放大器的基准电压，以便调整功率因数校正电路的直流输出电压。该引脚可输出 14μA 电流，对 0.01μF 软启动电容充电，使该电容两端电压从 0V 上升到 7.5V。

c. PKLMT（峰值电流限制）：该引脚输入信号可限制功率 MOSFET 的最大电流。采用如图 7-12 所示的分压电阻时，当 0.25Ω 电流取样电阻两端电压为 (7.5V×2kΩ)/10kΩ＝1.5V 时，最大电流为 6A（6A×0.25Ω＝1.5V），此时，引脚 PKLMT 的电压为 0V，输出电流大于 6A 时，将开始限流。为了滤除高频噪声，该引脚到地之间应接入 470pF 旁路电容。

③ 控制输入的设计

a. V_{SENSE}（输入电压取样信号）：V_{SENSE} 的输入门限电压为 7.5V，输入偏置电流为 50μA。输出端分压电阻值应保证该引脚输入电压不高于 7.5V，例如：

$$385V \times \frac{10k\Omega}{51k\Omega+10k\Omega}＝7.4V$$

图 7-12 中的 180kΩ 电阻和 47nF 电容组成电压放大器补偿网路。

b. I_{AC}（电网电压波形取样信号）：为强制电网输入电流的波形与输入电压的波形相同，必须在引脚 I_{AC} 加入电网电压波形取样信号。该信号（I_{AC}）与电压误差放大器的输出信号

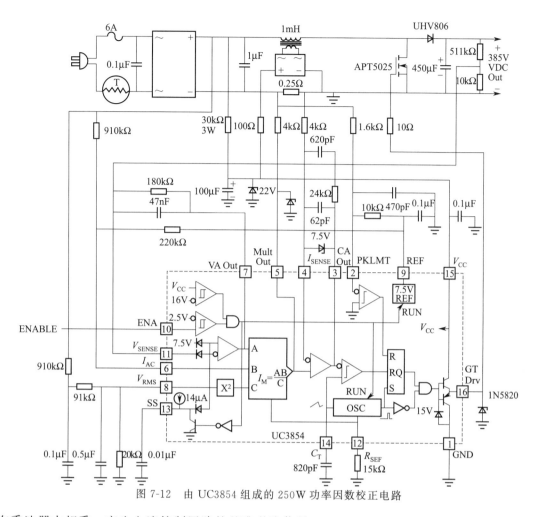

图 7-12 由 UC3854 组成的 250W 功率因数校正电路

在乘法器中相乘，产生电流控制回路的基准电流信号。

当电网输入电压过零时，引脚 I_{AC} 的电流为零，当电网输入电压达到峰值时，引脚 I_{AC} 的电流应为 $400\mu A$，因此 R_{AC} 可以按下式计算：

$$R_{AC} = V_{PK}/I_{AC} = \sqrt{2} \times 260V/400\mu A = 910k\Omega$$

引脚 I_{AC} 与引脚基准电压（V_{ref}）之间的电阻 R_{ref} 应为：

$$R_{ref} = R_{AC}/4 = 910k\Omega/4 \approx 228k\Omega$$

c. I_{SENSE}/Mult Out（电网电流取样信号）：0.25Ω 电流取样电阻两端的压降加到引脚 4 和引脚 5（即电流放大器的两输入端）之间。620pF 电容与 24kΩ 电阻组成电流放大器的补偿网络。电流放大器具有很宽的带宽，从而可使电网电流随电压变化。

d. V_{RMS}（电网电压有效值取样信号）：该电路交流输入电压可在 85～260V 范围变化，采用电网电压有效值前馈电路，可保证当输入电压变化时输入功率不变（假设负载功率不变），为此，在乘法器中，电网电流必须除以电网电压有效值的平方。加到引脚 8（V_{RMS}）的电压正比于已整流电网电压的平均值（也正比于有效值）。该电压在芯片内平方后作为乘法器的除数。乘法器的输出电流 I_{MO}（引脚 5）与引脚 6 的输入电流 I_{AC} 和引脚 7（电压放大器输出）的电压成正比，与引脚 8 的 V_{RMS} 电压的平方成反比，即

$$I_{MO} = \frac{K_M \times (V_{EA} - 1)}{V_{RMS}^2}$$

④ PWM 频率的设定　在该电路中，振荡器的工作频率为 100kHz，该频率由引脚 14 外接电容 C_T 和引脚 12 外接电阻 R_{SET} 决定。设计电路时，应首先确定 R_{SET}，因为该电阻值影响乘法器的最大输出电流 $I_{MULT(Max)}$：

$$I_{MULT(Max)} = -3.75V/R_{SET}$$

R_{SET} 选用 15kΩ 电阻时，

$$I_{MULT(Max)} = -3.75V/R_{SET} = -250\mu A$$

当乘法器输出端（引脚 5）与 0.25Ω 取样电阻之间接入 4kΩ 电阻时，电流取样电阻中的最大电流为：

$$I_{Max} = \frac{-I_{MULT(Max)} \times 4k\Omega}{0.25\Omega} = -4A$$

R_{SET} 确定后，可根据所需的开关频率 f，计算定时电容 C_T 的容量。

7.2 软开关技术及应用

在前面介绍了直流变换电路，由其工作原理可知，基本的功率变换电路中的开关器件的开通关断过程中并没有受到特别的干预。开关器件开通前往往承受着一定的电压，关断前往往承受着负载电流。分析其原理时开关器件被假设成为理想器件，开通和关断的过程忽略不计。然而，实际的器件并不是理想器件，特别是器件的结电容、线路中的杂散电感的存在，使其开通关断过程需要一定的时间。在开通关断过程中，没有被干预的器件的开关过程被称为"硬开关"。例如在感性负载下，器件将在满压下开通，又在满载下关断，这种在大电流高电压条件下的开关操作必然产生很大的能耗，影响了开关电源的诸多性能。因而在 20 世纪 90 年代初期，电力电子领域中出现了软开关（soft switching）技术。由于能够解决传统硬开关存在的固有缺陷，在电力电子器件性能难以大幅度提高的情况下，软开关技术迅速成为研究热点，并成功应用于开关电源领域。

7.2.1 脉冲频率调制型软开关变换器

脉冲频率调制型软开关变换器主要包括准谐振变换器和多谐振变换器。谐振开关型软开关变换电路，就是用谐振开关取代硬开关变换电路中的开关器件，使开关器件具有零电流和零电压开关环境的变换电路。为了实现零电压或零电流开关，必须保证一个完整的谐振过程。开关的开通或者关断时间受到谐振频率的限制，因而输出电压的调节必须通过调整开关频率的方式来实现，因而称之为脉冲频率调制型软开关。这种类型的变换电路很多，限于篇幅所限，本书只重点阐述几个典型电路，读者可以举一反三。

（1）零电流开关准谐振变换器

在零电流谐振开关变换电路中，为实现电力电子开关器件的零电流开关（Zero Current Switching，ZCS）条件，谐振电感与开关器件是串联的，电感和电容的谐振是靠开关器件的开通来激励的，现举 Buck 型 DC-DC 变换电路为例给予说明。

如图 7-13 所示为 ZCS 谐振软开关的 Buck 型 DC-DC 变换电路及其各工作阶段波形。如图 7-13（a）所示为一般硬开关直流变换电路，加上谐振电感 L_r 以及谐振电容 C_r 后即变成了如图 7-13（b）所示的零电流谐振软开关变换电路。由 LC 谐振回路产生的谐振电流流经电路开关，则可产生零电流开通和关断的条件。假设滤波电感 L_r 的电感量足够大，输出电流 i_o 则可视为恒定值 I_o。稳态运行时的电路开关电流 i_s 以及电容电压 u_C 的波形如图 7-13（c）所示。电路运行过程中各阶段的等效电路由图 7-13（d）给出。

在开关导通前，输出电流 I_o 经二极管 VD 续流，电容 C_r 上的电压等于输入电压 U_{in}。

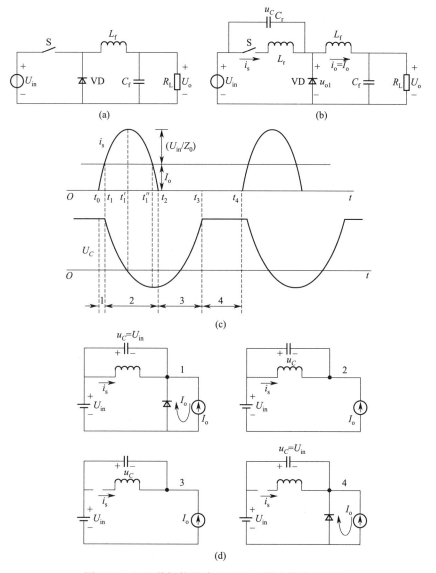

图 7-13 ZCS 谐振软开关 DC-DC 变换电路及其波形

在 t_0 处开关在零电流条件下开通，当 i_s 小于 I_o 时，二极管 VD 一直导通，$u_C = U_{in}$。当 i_s 以线性速度上升到 i_s 等于 I_o 时（$t = t_1$），二极管 VD 停止导通。L_r 和 C_r 形成并联谐振电路开始谐振。在 t_1' 处，i_s 峰值电流为 $I_o + U_{in}/Z_0$（Z_0 指的是谐振的特征阻抗：$\sqrt{L_r/C_r}$），而且 $u_C = 0$。在 t_1'' 处，电容电压 u_C 达到负的最大值，$i_s = I_o$。在 t_2 处，i_s 下降为零，且 i_s 不能反向流通，因此，开关自然关断。在 t_2 时刻后，开关的触发脉冲已撤销，开关处于关断状态。电流 I_o 经电容 C_r 流通，电容电压以线性速度充电。在 t_3 处，$u_C = U_{in}$，二极管 VD 开始导通。在 t_4 处电路开关再次开通，电路进入下一周期工作。

由波形图可以看出，开关上的电压只限于 U_{in}，二极管上的瞬时电压 $U_o = U_{in} - u_C$，波形如图 7-14 所示。通过控制关断时间 $t_3 \sim t_4$，或者说控制运行开关频率，即可控制二极管 VD 上的平均电压，进而控制输出的平均功率。因此，在给定负载电流 I_o 时可调整输出电压 U_o。

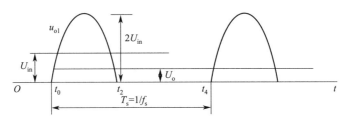

图 7-14　ZCS 谐振开关电路中二极管上的电压波形

由图 7-13（c）可以看出，如果 $I_o > U_{in}/Z_0$（Z_0 为谐振电路的特征频率，$Z_0 = \sqrt{L_r/C_r}$），开关电流 i_s 不能自然下降为零，电路开关必须强迫关断，于是就存在关断损耗。

图 7-15（a）中给出了另一种零电流开关的谐振电路。在此电路中，谐振电容 C_r 与二极管 VD 并联。在高频谐振周期内，当电感足够大时，电流 $i_o = I_o$。

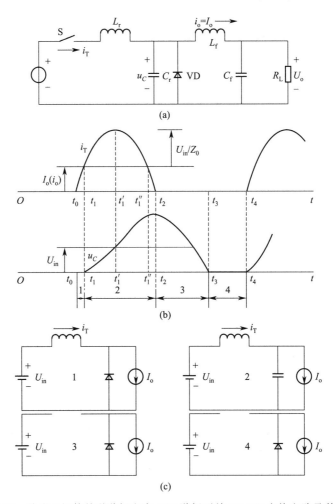

图 7-15　续流二极管并联谐振电容 ZCS 谐振开关 DC-DC 变换电路及其波形

在电路初始状态中假定电容 C_r 上的电压和流过电感 L_r 的电流为零，负载电流 I_o 则经二极管 VD 续流。电路的波形以及各段时间的等效电路如图 7-15（b）和图 7-15（c）所示。

其开关过程分阶段描述如下。

① 模态 1（$t_0 \sim t_1$）区间　开关在 $t = t_0$ 时开通，因为 I_o 经二极管 VD 续流，使电路短

路，全部输入电压 U_{in} 加在电感 L_r 上。开关电流 i_T 以线性速度在 $t=t_1$ 时增至 I_o 值。此后，二极管 VD 关断，电容开始上升。

② 模态 2 ($t_1 \sim t_2$) 区间　在 t_1 后，i_T 大于 i_o，两者之差流经 C_r，在 t_1' 处，i_T 达最大值，u_C 等于 U_{in}。在 t_1'' 处，开关电流 i_T 从最大值下降至 i_o，电容电压达到 $2U_o$。开关电流在 t_2 处下降为零，而且此电流不能反向流通。如果电路采用 GTR 或 MOSFET 作为开关，为防止反向电压和电流应串入一个二极管。在 t_2 处电路开关自然关断，其触发信号也被撤除。

③ 模态 3 ($t_2 \sim t_3$) 区间　当 t 大于 t_2 之后，开关处于关断状态，电容电压向负载放电，并以线性速度在 $t=t_3$ 时下降为零。

④ 模态 4 ($t_3 \sim t_4$) 区间　在 t 大于 t_3，而 t 等于 t_4 之前，负载电流经二极管续流。开关在 t_4 处再次开通，电路开始下半周运行。为了调整输出电压，可控制 ($t_3 \sim t_4$) 这段时间的长短。

稳态运行时，滤波电感 L_f 上的平均电压为零，在一个开关周期内电容 C_r 上的电压平均值等于输出电压 U_o，通过控制续流时间 ($t_3 \sim t_4$)，即控制运行开关频率，就可以调整输出电压 U_o。

由图 7-15 (b) 所示波形可以总结出此电路的如下特性。

① 电感 L_r 和电容 C_r 决定自然谐振频率，适当选择 L_r 和 C_r 可使谐振频率达到兆赫级。开关在零电流条件下开通和关断，则减小了开关损耗。值得注意的是，开通时，开关上的电压为 U_{in}，这将产生一定损耗。

② 负载电流 I_o 必须小于 U_{in}/Z_0 值，此值由电路参数决定。否则，电路开关必须在非零电流条件下进行关断。

③ 在给定运行开关频率时，随着负载的增加，输出电压 U_{in} 下降，因此，为了调整输出电压 U_o，必须要增加开关频率。负载减小时，情况与之相反。

④ 电路开关两端若反并联一个二极管，电感上可以流通反向电流，轻载时谐振电路储存的能量可以送至电源，因此可以减小负载变化时对输出电压 U_o 的影响。

综上所述，由于开关损耗和电磁干扰减小，电路的开关频率可以大大提高。这种变换器的主要缺点是，电路开关的峰值电流定额比负载电流大很多，这意味着开关的通态损耗比一般的开关电路要大。

(2) 零电压开关准谐振变换器

在零电压谐振开关变换电路中，为实现电力电子开关器件的零电压开关（Zero Voltage Switching，ZVS）条件，谐振电容与开关器件是并联的，电感和电容的谐振是靠开关器件的关断激励的，下面以零电压开关准谐振降压变换器为例说明。

ZVS 谐振开关 DC-DC 降压变换电路如图 7-16 (a) 所示。由前述可知，功率开关器件与谐振电容并联，谐振电容两端电压为开关器件创造了零电压开通和关断条件。在高频谐振周期内，滤波电感足够大，可假定输出电流 i_o 为恒定值 I_o。

电路初始状态为：开关电流 $i_L = I_o$，电容 C_r 上电压 $u_C = 0$。电路波形以及各段时间的运行状态的等效电路如图 7-16 (b) 和图 7-16 (c) 所示。具体分析如下。

① 模态 1 ($t_0 \sim t_1$) 区间　当 $t = t_0$ 时，开关关断，由于电容 C_r 的存在，开关上承受的电压缓慢地从零上升至 U_{in} ($t = t_1$)，由此看出，开关具有零电压关断条件。

② 模态 2 ($t_1 \sim t_2$) 区间　在 t_1 之后，因为 $u_C > U_{in}$，二极管 VD 正向偏置，L_r 和 C_r 产生串联谐振。在 t_1' 处，$i_L = 0$，u_C 达到最大值 $U_{in} + Z_0 I_o$。在 t_1'' 处，$u_C = U_{in}$，$i_L = -I_o$。当 $t = t_2$ 时，电容电压下降为零，由于二极管 VD_r 开始导通，电容 C_r 上无反向电压。

应该注意的是，负载电流 I_o 应该足够大，以便使 $Z_0 I_o > U_{in}$。否则，开关电压将不能

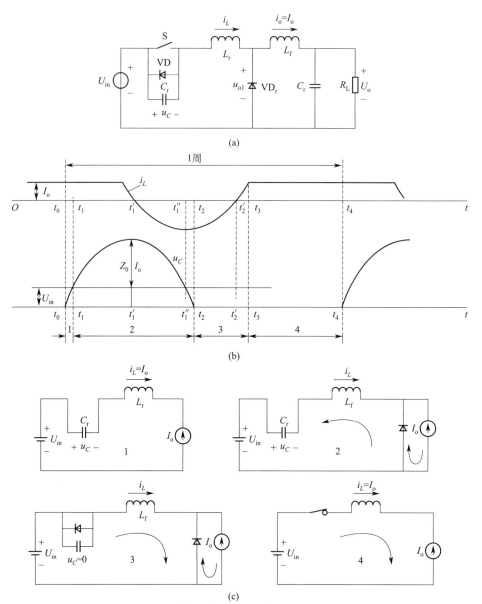

图 7-16 ZVS 谐振开关 DC-DC 降压变换电路及其波形

自然下降为零，下次开关开通时即不为零电压条件，电容 C_r 储存的能量将消耗在开关上，因此必然会引起一定的开通损耗。

③ 模态 3 ($t_2 \sim t_3$) 区间 在 t_2 之后，负载电流 i_L 经二极管流通，电容电压被 VD_r 钳位至零。反并联二极管 VD_r 一旦导通，导通信号即可加在电路开关上。现在电流 i_L 以线性速度增加且在 t_2' 处为零，此时电流 i_L 经过开关流通。因此，开关在零电流和零电压条件下开通，当 $t = t_3$ 时，$i_L = I_o$。

④ 模态 4 ($t_3 \sim t_4$) 区间 在 t_3 处 $i_L = I_o$ 后，续流二极管 VD 关断。因为 VD 关断时承受的 $-di/dt$ 较小，所以对二极管 VD 的反向恢复特性无特殊要求。在 $t = t_4$ 之前，开关电流一直为 I_o。在 t_4 处，开关被关断，下周期开始工作。为了调整输出电压，可控制 ($t_3 \sim t_4$) 区间的长短。

综上所述，ZVS 谐振开关 DC-DC 变换电路的开关电流限至 I_o。输出二极管 VD 的电压

u_{o1} 的波形如图 7-17 所示。二极管电压 u_{o1} 及输出级的平均功率可以通过控制（$t_3 \sim t_4$）区间的大小来实现，在给定负载电流 I_o 时可调整输出电压 U_o。

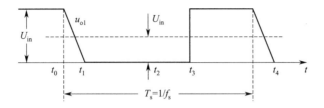

图 7-17　二极管的电压波形

（3）零电压开关多谐振变换器

由上面的分析可知，零电压准谐振变换器对负载电流的大小有限制。在负载电流变化范围较宽时，开关会承受很高的电压。为克服这种电路的局限性，人们又研究了零电压多谐振技术。零电压开关多谐振 DC-DC 降压变换电路如图 7-18（a）所示。

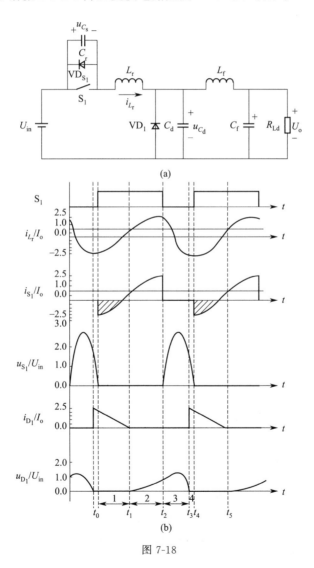

图 7-18

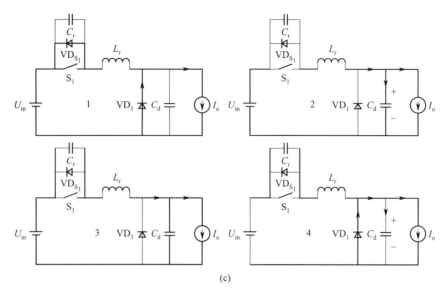

(c)

图 7-18　零电压开关多谐振变换器电路拓扑及主要波形

电路初始状态为：开关电流 $i_{L_0}=I_o$，电容 C_r 上的电压 $u_{C_s}=0$。电路波形以及各段时间的运行状态的等效电路如图 7-18（b）和图 7-18（c）所示。具体分析如下。

① 模态 1（$t_0 \sim t_1$）区间　当 $t=t_0$ 时，开关管开通，此时谐振电感电流流经主管的反并联二极管，主管两端电压为零，因而实现零电压开通。在此区间，谐振电感电流小于输出电流 I_o，其差值由续流二极管补偿。至 $t=t_1$ 处，谐振电感电流增加到负载电流值，续流二极管自然关断。

② 模态 2（$t_1 \sim t_2$）区间　在此区间，谐振电感 L_r 和谐振电容 C_r 谐振工作，为下一步谐振提供条件。

③ 模态 3（$t_2 \sim t_3$）区间　在 t_2 时刻，主开关管关断，谐振电容 C_r 也参与谐振工作，与谐振电感 L_r、输出滤波电容 C_d 共同谐振。由于并联谐振电容的存在，主开关管两端电压缓慢上升，实现零电压关断。到 t_3 时刻，谐振电容电压下降到零，续流二极管开通。

④ 模态 4（$t_3 \sim t_4$）区间　在此区间，谐振电感 L_r 与谐振电容 C_r 谐振工作。至 t_4 时刻，谐振电容电压下降到零，主开关管的反并联二极管导通，为主管的零电压开通提供条件。

从上面的分析可知，在一个开关周期中，变换器有三个谐振过程，每个谐振过程参与谐振的元件不同，每个谐振过程的谐振频率也不同，因而这类变换器被称作多谐振变换器。

（4）零电压和零电流谐振变换器的比较

零电压开关准谐振变换器和零电流开关准谐振变换器之间存在对偶关系，例如，零电压 Buck 准谐振变换器就是零电流 Boost 准谐振变换器的对偶电路。其中零电流准谐振变换器的主管开通时间是恒定的，零电压准谐振变换器的主管关断时间是恒定的。两者均是通过改变开关频率来调整输出电压的，时间比率控制方式智能采用脉冲频率调制方式（PFM）。零电流谐振变换器电压传输比的提高需要提高开关频率，零电压谐振变换器需要降低开关频率。零电流谐振变换器的开关管电压波形为准方波，电流波形为准正弦波；零电压谐振变换器正好相反，其开关管电流波形为准方波，电压波形为准正弦波。

在 ZCS 结构中，开关器件通过的峰值电流（$I_o + U_{in}/Z_0$）比负载电流 I_o 增加了 U_{in}/Z_0 部分。为了实现开关的零电流自然关断，负载电流 I_o 必须小于等于 U_{in}/Z_0，为此，负载电阻有一定限制。在电路开关两端反并联一个二极管后，负载变化对输出电压的影响可减小。

在 ZVS 电路结构中，电路开关承受的正向电压为 $(U_{in} + Z_0 I_o)$，它比电源电压 U_o 增加了 $Z_0 I_o$。为了实现开关的零电流开通，负载电流 I_o 必须大于 U_{in}/Z_0。在负载电流变化范围较宽时，开关会承受很高的电压。因此，这种电路只适用于恒定负载情况。为克服这种电路的局限性，人们又研究了零电压多谐振技术。

一般来说，开关频率较高时，ZVS 比 ZCS 更适用，这是由电路开关内部结间电容引起的损耗所致的。图 7-19 给出了 MOSFET 元件结间电容的示意图。当开关在零电流但非零电压条件开通时，结间电容储存的电荷能量在开关中耗散。开关闭率很高时，这部分损耗已不可忽视。但是，在零电压条件下开通时，开关内部电容无充电电荷，因而也无这部分开通损耗。

应该指出，变换电路中变压器的漏感以及开关器件的结间电容在硬性开关变换电路中是一种不被希望存在的寄生参数，但在谐振开关变换电路中可作为谐振电感和谐振电容的一部分加以利用。

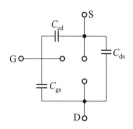

图 7-19 MOSFET 元件
结间电容示意图

7.2.2 脉冲宽度调制型软开关变换器

准谐振和多谐振变换器虽然实现了功率开关器件的零电压或零电流开关，但是输出电压的调节需要通过改变开关频率的方式来实现。在输入电压范围或负载变换范围较宽的场合，开关频率的工作范围也很宽，对变压器、电感、电容等磁性元件及储能元件的优化设计、主开关的选型等带来诸多不便。而脉冲宽度调制（PWM）方式由于开关频率固定，在电力电子变换领域的应用最为广泛。故将 PWM 技术应用于谐振变换器，形成了脉冲宽度调制型软开关变换器。

（1）零电压开关 PWM 变换器

为了实现恒频控制，给降压型零电压准谐振变换器增加一个辅助开关管，对谐振过程加以控制，构成降压型零电压开关 PWM 变换器，其拓扑如图 7-20 所示。和零电压准谐振变换器相比，给谐振电感增加了辅助开关 VT_a 和辅助二极管 VD_{Ta}。图 7-21 是其主要波形图。

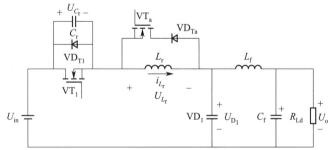

图 7-20 降压型零电压开关 PWM 变换器电路拓扑

分析其工作原理之前，假设滤波电感 L_f 足够大，将输出等效为恒流源 I_o。各个开关模态的状态和等效电路如图 7-22 所示。

① 模态 1（$t_0 \sim t_1$）区间 在 t_0 时刻以前，主管 VT_1 和辅助开关管 VT_a 均处于导通状态，续流二极管 VD_1 处于关断状态，谐振电容电压为零，谐振电感电流为负载电流 I_o。在 t_0 时刻，主管 VT_1 关断，其电流转移到谐振电容上为其充电，谐振电容电压线性上升，从而帮助主管 VT_1 实现零电压关断。在 t_1 时刻，谐振电容电压上升到输入电压 U_{in}，续流二极管导通。

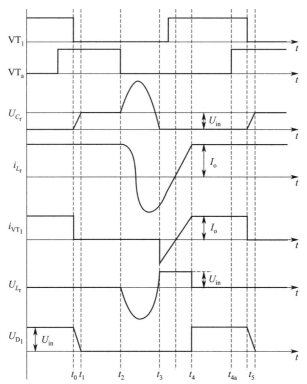

图 7-21　降压型零电压开关 PWM 变换器主要波形

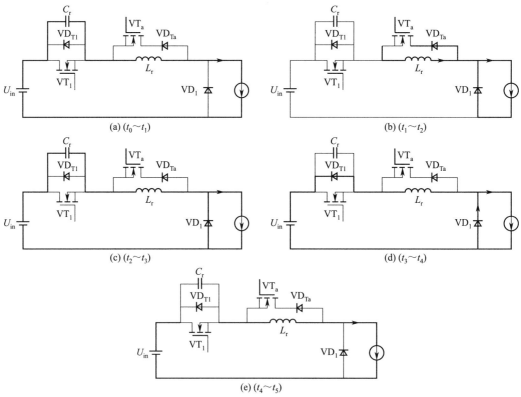

图 7-22　降压型零电压开关 PWM 变换器各开关模态的状态和等效电路

② 模态 2 （$t_1 \sim t_2$）区间　在此开关模态中，谐振电感电流通过辅助开关管 VT_a 续流，负载电流通过续流二极管 VD_1 续流。

③ 模态 3 （$t_2 \sim t_3$）区间　在 t_2 时刻，辅助开关管 VT_a 关断，谐振电感 L_r 和谐振电容 C_r 谐振，由于谐振电容的钳位作用，辅助开关管是零电压关断的。在 t_3 时刻，谐振电容电压下降到零，主管 VT_1 的反并联二极管 VD_{T1} 导通，为其实现零电压开通提供条件。

④ 模态 4 （$t_3 \sim t_4$）区间　在此模态中，主管 VT_1 处于开通状态，负载电流通过续流二极管续流，输入电压 U_{in} 加在谐振电感上，谐振电感电流线性增加。在 t_4 时刻，谐振电感电流上升到负载电流 I_o，续流二极管自然关断。

⑤ 模态 4 （$t_4 \sim t_5$）区间　在此开关模态中，主管 VT_1 处于开通状态，VD_1 处于关断状态，谐振电感电流保持为输出电流。辅助开关管 VT_a 在主管 VT_1 之前开通（t_{4a}），由于谐振电感的存在，VT_a 实现零电流开通。t_5 时刻，VT_1 零电压关断，变换器开始下一个周期。

从上面的分析可知，给准谐振零电压变换器引入一个辅助开关后，谐振过程可以人为参与控制，谐振元件并不像准谐振变换器那样全程参与谐振工作，从而给变换器增加了一个自然续流阶段，为实现 PWM 控制提供了条件。

（2）零电流开关 PWM 变换器

图 7-23 给出了降压型零电流开关 PWM 变换器电路拓扑图。和传统的零电流准谐振变换器相比，给谐振电容串联了一个辅助开关管 VT_a 和反并联二极管 VD_{Ta}。

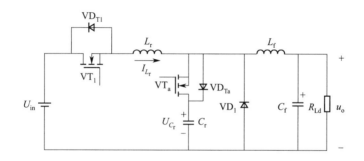

图 7-23　降压型零电流开关 PWM 变换器电路拓扑

与上节类似，分析其工作过程之前，假设输出滤波电感 L_f 足够大，输出回路可以简化等效为一个恒流源 I_o。图 7-24 和图 7-25 分别给出了电路的主要波形和工作模态等效电路。

① 模态 1 （$t_0 \sim t_1$）区间　在 t_0 时刻之前，主管 VT_1 和辅助开关管 VT_a 均处于关断状态，负载通过续流二极管 VD_1 续流。谐振电容电压及谐振电感电流均为零。在 t_0 时刻，主管 VT_1 开通，输入电压 U_{in} 加在谐振电感 L_r 上，其电流线性上升，同时主管 VT_1 实现零电流开通，续流二极管 VD_1 中的电流线性下降。在 t_1 时刻，谐振电感电流上升到负载电流 I_o，续流二极管 VD_1 自然关断。

② 模态 2 （$t_1 \sim t_2$）区间　在 t_1 时刻，辅助二极管 VD_{Ta} 导通，谐振电感 L_r 和谐振电容 C_r 开始谐振。到 t_2 时刻，谐振电感电流下降到负载电流 I_o，谐振电容电压上升到最大值 $2U_{in}$。

③ 模态 3 （$t_2 \sim t_3$）区间　在此模态中，辅助二极管 VD_{Ta} 自然关断，谐振电容无法放电，其电压保持在 $2U_{in}$。谐振电感电流保持不变，为负载电流 I_o。

④ 模态 4 （$t_3 \sim t_4$）区间　在 t_3 时刻，辅助开关管 VT_a 开通，VT_a 实现零电流开通。

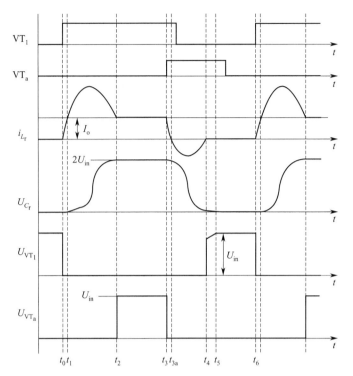

图 7-24　降压型零电流开关 PWM 变换器主要波形

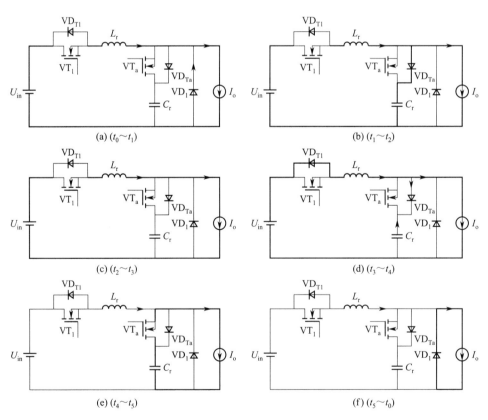

(a) $(t_0 \sim t_1)$　　　　　　　　　　　　(b) $(t_1 \sim t_2)$

(c) $(t_2 \sim t_3)$　　　　　　　　　　　　(d) $(t_3 \sim t_4)$

(e) $(t_4 \sim t_5)$　　　　　　　　　　　　(f) $(t_5 \sim t_0)$

图 7-25　降压型零电流开关 PWM 变换器工作模态等效电路

谐振电感 L_r 和谐振电容 C_r 开始谐振，C_r 通过 VT_a 放电。到 t_{3a} 时刻，谐振电感电流减小到零。此后至 t_4 时刻，谐振电感电流流经 VT_1 的反并联二极管，可以零电流关断 VT_1。

⑤ 模态 5（$t_4 \sim t_5$）区间　在此开关模态中，由于谐振电感电流为零，负载电流 I_o 流过谐振电容，谐振电容放电至 t_5 时刻，电容电压下降到零。

⑥ 模态 6（$t_5 \sim t_6$）区间　在此开关模态中，负载电流 I_o 经过续流二极管 VD_1 续流，辅助开关管 VT_a 零电流关断。至 t_6 时刻，零电流开通 VT_1，变换器进入下一个周期。

（3）零电压转换 PWM 变换器

前面介绍的零电压和零电流开关 PWM 变换器实现了 PWM 方式下的软开关，相对于准谐振变换器，零电压和零电流开关 PWM 变换器实现了恒频控制。然而，谐振元件虽然并不全程参与工作，但谐振电感串联在功率传输回路中，造成较大的损耗；此外，功率开关器件的电压、电流应力较大。为了解决这些问题，零电压和零电流转换 PWM 变换器应运而生。

图 7-26 给出了升压型零电压转换 PWM 变换器的电路拓扑，可以发现，和基本的升压变换器相比，零电压转换 PWM 变换器增加了由辅助开关管 VT_a、辅助二极管 VD_a、辅助谐振电感 L_a 组成的辅助网络。

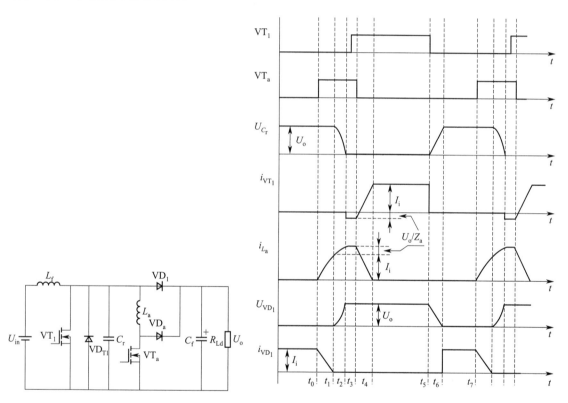

图 7-26　升压型零电压转换 PWM 变换器拓扑图　图 7-27　升压型零电压转换 PWM 变换器主要工作波形

图 7-27 给出了电路工作过程的主要波形，图 7-28 给出了不同的开关模态等效电路。在分析其工作过程之前，依然假设输入电感 L_f 和输出滤波电容 C_f 足够大，流过电感的电流 I_i 和电容电压 U_o 在一个开关周期中保持不变。

① 模态 1（$t_0 \sim t_1$）区间　在 t_0 时刻以前，主管 VT_1 和辅助开关管 VT_a 均处于关断状态，升压二极管 VD_1 开通。在 t_0 时刻，辅助开关管 VT_a 开通，辅助谐振电感电流线性上升，同时二极管 VD_1 电流线性下降。在 t_1 时刻，辅助电感电流上升到输入电流 I_i，二极管 VD_1 自然关断。

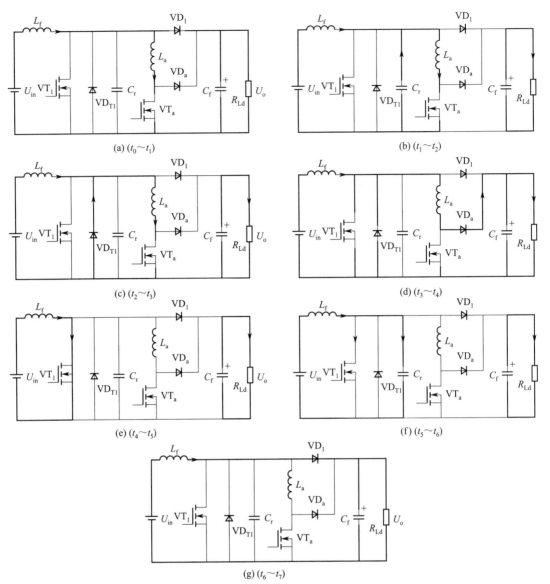

图 7-28　零电压转换 PWM 变换器开关模态等效电路

② 模态 2（$t_1 \sim t_2$）区间　在此开关模态中，辅助谐振电感 L_a 与电容 C_r 谐振，其电流继续上升，而电容电压开始下降。当其电压下降到零时，主管 VT_1 的反并联二极管 VD_{T1} 导通，为主管零电压开通提供条件。

③ 模态 3（$t_2 \sim t_3$）区间　在此模态中，VD_{T1} 开通，辅助电感电流通过 VD_{T1} 续流，此时开通 VT_1 就是开通零电压，主开关管 VT_1 的开通时刻应该滞后于辅助开关管 VT_a 的开通时刻。

④ 模态 4（$t_3 \sim t_4$）区间　在 t_3 时刻，关断 VT_a，加在 L_a 两端的电压为输出电压 U_o，L_a 上的能量转移到负载中去，其电流线性下降。在 t_4 时刻，L_a 上的电流下降到零。

⑤ 模态 5（$t_4 \sim t_5$）区间　在此开关模态中，主管 VT_1 导通，升压二极管 VD_1 关断。升压电感电流流过 VT_1，输出滤波电容 C_f 给负载供电。

⑥ 模态 6（$t_5 \sim t_6$）区间　在 t_5 时刻，升压电感给 C_r 充电，其电压线性上升，为主管的零电压关断提供条件。在 t_6 时刻，C_r 上的电压上升到输出电压 U_o，二极管 VD_1 自然关断。

⑦ 模态 7（$t_6 \sim t_7$）区间　在此模态中，输入电源与升压电感一起为负载供电，同时给输出滤波电容充电。至 t_7 时刻，辅助开关管 VT_a 开通，电路进入下一个周期。

从上面的分析可以发现：零电压转换 PWM 变换器实现了主管 VT_1 和升压二极管 VD_1 的软开关，且主管和二极管的电压/电流应力并没有增加，不像零电压开关 PWM 变换器，为了实现零电压/零电流，谐振过程使得电压/电流应力增加。此外辅助电路工作时间比较短，损耗比较小，且软开关的实现对负载和输入电源没有范围要求。但是，该电路中的辅助开关管并没有实现软开关，其开通损耗较大。为此，改进型的零电压转换 PWM 变换器应运而生，能够有效解决辅助开关损耗大的问题。限于篇幅，本书不做介绍，感兴趣的读者可参考相关文献。

（4）零电流转换 PWM 变换器

升压型零电流转换 PWM 变换器电路拓扑如图 7-29 所示。可以发现，和基本的升压变换器相比，零电流转换 PWM 变换器增加了由辅助开关管 VT_a、辅助二极管 VD_a、辅助谐振电感 L_a 和辅助谐振电容 C_a 组成的辅助网络。

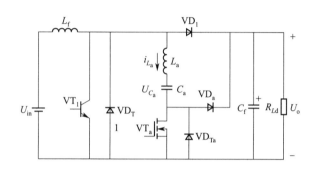

图 7-29　升压式零电流转换 PWM 变换器电路拓扑图

图 7-30 给出了电路工作过程的主要波形，图 7-31 给出了不同的开关模态等效电路。在分析其工作过程之前，依然假设输入电感 L_f 和输出滤波电容 C_f 足够大，流过电感的电流 I_i 和电容电压 U_o 在一个开关周期中保持不变。

① 模态 1（$t_0 \sim t_1$）区间　在 t_0 之前，主管 VT_1 导通，升压二极管 VD_1 关断。升压电感电流流过 VT_1，输出滤波电容 C_f 给负载供电。此时辅助谐振电感电流为零，辅助谐振电容电压为 $-U_{C_{amax}}$。

在 t_0 时刻，开通辅助开关管 VT_a，辅助谐振电感 L_a 和辅助谐振电容 C_a 谐振工作，电感电流线性上升，电容被反向放电，同时主管电流下降。至 t_1 时刻，谐振电感电流上升到升压电感电流，主管电流下降到零。

② 模态 2（$t_1 \sim t_3$）区间　在（$t_1 \sim t_2$）阶段，辅助谐振电感 L_a 与电容 C_r 继续谐振，电感电流继续上升，电容继续反向放电，主管 VT_1 的反并联二极管 VD_{T1} 导通。至 t_2 时刻，辅助谐振电容电压下降到零，辅助谐振电感电流上升到最大值（$U_{C_{amax}}/Z_a$，$Z_a = \sqrt{L_a/C_a}$）。

在（$t_2 \sim t_3$）阶段，辅助谐振电感 L_a 与电容 C_r 继续谐振，电感电流开始减小，电容被正向充电，电压开始上升，主管的反并联二极管继续开通。至 t_3 时刻，辅助谐振电感电流减小到输入电流 I_i。

③ 模态 3（$t_3 \sim t_4$）区间　在此开关模态中，由于 VT_1 是关断的，升压电感电流流过升压二极管，输入电源和升压电感为负载供电。在 t_3 时刻关断 VT_a，辅助电感电流通过辅

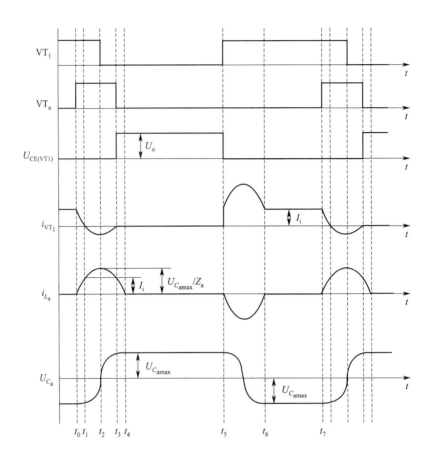

图 7-30　升压式零电流转换 PWM 变换器主要工作波形

助二极管 VD_a 给负载供电，由于 VD_1 和 VD_a 同时导通，L_a 和 C_a 支路上的电压依然为零，L_a 和 C_a 继续谐振工作，L_a 的电流继续减小，C_a 的电压继续上升。至 t_4 时刻，辅助谐振电容电压上升到最大值 $U_{C_{amax}}$。

④ 模态 4（$t_4 \sim t_5$）区间　在此开关模态中，输入电源与升压电感一起为负载供电，同时给输出滤波电容充电。

⑤ 模态 5（$t_5 \sim t_6$）区间　在 t_5 时刻，主开关管 VT_1 开通，VD_1 截止，输入电流流过 VT_1，负载由输出滤波电容提供能量。辅助电路的电感电容通过主管 VT_1 和辅助开关的反并联二极管 VD_{Ta} 谐振。至 t_6 时刻，谐振电感电流下降到零，谐振电容电压被反向充到最大值（$-U_{C_{amax}}$）。

⑥ 模态 6（$t_6 \sim t_7$）区间　在此模态中，升压电感电流流经主管 VT_1，负载由输出滤波电容供电。至 t_7 时刻，辅助开关管 VT_a 开通，电路进入下一个周期。

7.2.3　移相控制软开关变换器

全桥功率变换电路由于功率开关管电流/电压应力相对较小、变压器利用率高、输出功率相对较大，因而在大功率开关电源领域应用非常广泛。本书在前述章节介绍了全桥功率变换器的拓扑结构和工作原理，为便于对比理解，此处再次给出电压型全桥变换器电路拓扑结构，如图 7-32 所示。

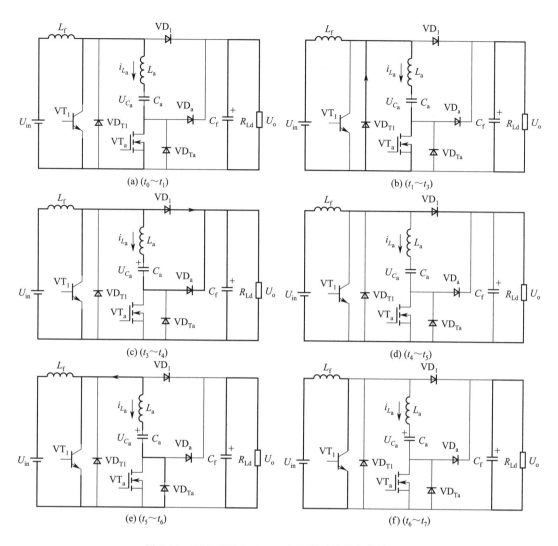

图 7-31 零电流转换 PWM 变换器开关模态等效电路

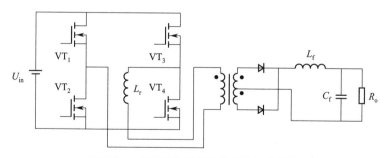

图 7-32 电压型全桥变换器电路拓扑结构

母线电压 U_{in} 经过由 VT_1、VT_2、VT_3、VT_4 组成的全桥开关变换器，在变压器初级得到交流方波电压，经变压器升压或降压，再由输出整流桥变换成直流方波，最后通过由电感 L_f、电容 C_f 组成的滤波器，在 C_f 上得到平直的直流电压。常用的全桥变换器的控制一般有两种，如图 7-33 所示。图 7-33（a）所示为全桥变换器的双极性控制方式。开关管 VT_1

和 VT_4、VT_2 和 VT_3 同时开通和关断，其开通时间不超过半个开关周期，它们的开通角小于 $180°$。图 7-33（b）所示为移相控制方式。每个桥臂的两个开关管互补导通，两个桥臂的导通角之间相差一个相位，即移相角。VT_1 和 VT_2 的驱动信号分别领先于 VT_3 和 VT_4 的驱动信号，可以定义 VT_1 和 VT_2 组成的桥臂为超前（领先）桥臂，VT_3 和 VT_4 组成的桥臂为滞后桥臂。

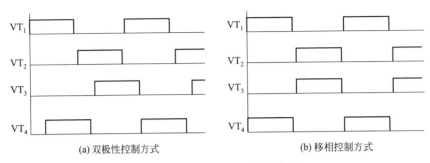

(a) 双极性控制方式   (b) 移相控制方式

图 7-33　全桥变换器的控制方式

运用不同的控制方式，全桥变换器工作情况有很大的差别，双极性控制方式是全桥变换电路最基本的控制方式，它工作在硬开关状态，开关管的电流和电压尖峰很高，需要很大的安全工作区，且开关管的开关损耗很大，限制了开关频率的提高。移相控制方式的拓扑结构简洁，控制方式简单，有很多优点：①开关频率恒定，利于滤波器的优化设计；②实现了开关管的零电压开关，减小了开关损耗，从而可以提高开关频率；③器件的电压和电流应力小。电压应力为电源电压 U_{in}，电流应力与传统的全桥电路一样，等于折算到初级的负载电流。因而移相控制方式是中、大功率应用场合的理想控制方式，而从实现开关管的软开关角度来讲，移相控制方式具有更多的优越性。

（1）移相全桥零电压变换器

移相控制零电压开关 PWM 变换器（Phase Shifted-Zero Voltage Switching PWM Converter，PS-ZVS-PWM Converter）的主电路结构如图 7-34 所示，它利用变压器的漏感或原边串联电感和功率管的寄生电容或外接电容来实现零电压开关。

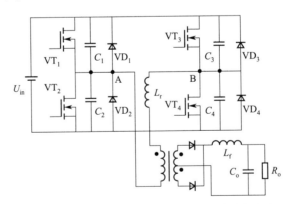

图 7-34　移相全桥零电压开关 PWM 变换器主电路

在图 7-34 中，$VD_1 \sim VD_4$ 分别是 $VT_1 \sim VT_4$ 的内部寄生二极管，$C_1 \sim C_4$ 分别是 $VT_1 \sim VT_4$ 的寄生电容或外接电容。L_r 是谐振电感，它包括了变压器的漏感。每个桥臂的两个功率管成 $180°$ 互补导通，两个桥臂的导通角相差一个相位，即移相角，通过调节移相角的大小来调节输出电压。VT_1 和 VT_2 分别超前于 VT_3 和 VT_4 一个相位，称 VT_1 和 VT_2

组成的桥臂为超前桥臂，VT_3 和 VT_4 组成的桥臂为滞后桥臂。

① 工作过程分析　在一个开关周期中，移相控制 ZVS-PWM-DC-DC 全桥变换器共有 12 种开关状态。为便于分析，作出如下假设：所有开关管、二极管均为理想器件；所有电感、电容和变压器均为理想元件；$C_1 = C_2 = C_{\text{lead}}$，$C_3 = C_4 = C_{\text{lag}}$；$n^2 L_f \gg L_r$，$n$ 是变压器原副边匝比。

图 7-35 给出了该变换器在不同开关模态下的等效电路。图 7-36 给出了工作波形，各开关状态的工作情况描述如下。

a. 开关模态 0　在 t_0 时刻，对应于图 7-35（a）。VT_1 和 VT_4 导通。原边电流由电源正经 VT_1、谐振电感 L_r、变压器原边绕组以及 VT_4，最后回到电源负端。副边电流回路是：副边下半绕组的正端，经下整流管、输出滤波电感 L_f、输出滤波电容 C_o 与负载 R_o，回到下半绕组的负端。

b. 开关模态 1　$[t_0 \sim t_1]$，对应于图 7-35（b）。在 t_0 时刻关断 VT_1，原边电流从 VT_1 中转移到 C_2 和 C_1 支路中，给 C_1 充电，同时给 C_2 放电。由于 C_2 和 C_1 的钳位作用，VT_1 是零电压关断。在这个时段里，谐振电感 L_r 和滤波电感 L_f 是串联的，而且 L_f 很大，因此可以认为原边电流 i_p 近似不变，类似于一个恒流源。这样原边电流 i_p 和电容 C_1、C_2 的电压为：

$$i_p = i_p(t_0) = I_1 \tag{7-1}$$

$$u_{C_1}(t) = I_1 t / 2C_{\text{lead}} \tag{7-2}$$

$$u_{C_3}(t) = U_{\text{in}} - I_1 t / 2C_{\text{lead}} \tag{7-3}$$

在 t_1 时刻，C_2 的电压下降到零，VT_2 的反并联二极管自然导通，从而结束此开关模态。该模态的时间为：

$$t_{01} = 2C_{\text{lead}} U_{\text{in}} / I_1 \tag{7-4}$$

c. 开关模态 2　$[t_1 \sim t_2]$，对应于图 7-35（c）。VD_2 导通后，开通 VT_2，虽然这时候 VT_2 被开通，但 VT_2 并没有电流流过，原边电流由 VD_2 流通。由于是在 VD_2 导通时开通 VT_2，所以 VT_2 是零电压开通。VT_1 和 VT_2 驱动信号之间的死区时间 $t_{d(\text{lead})} > t_{01}$，即：

$$t_{d(\text{lead})} > 2C_{\text{lead}} U_{\text{in}} / I_1 \tag{7-5}$$

在 t_2 时刻，原边电流下降到 I_2。

d. 开关模态 3　$[t_2 \sim t_3]$，对应于图 7-35（d）。在 t_2 时刻关断 VT_4，原边电流 i_p 由 C_3 和 C_4 两条路径提供。也就是说，原边电流 i_p 用来抽走 C_3 上的电荷，同时又给 C_4 充电。由于 C_3 和 C_4 的存在，VT_4 是零电压关断。此时 $U_{AB} = U_{C_4}$，U_{AB} 极性变为负，变压器副边绕组电势上正下负，上整流二极管正偏导通，副边上半绕组开始流过电流。两整流管同时导通，将变压器副边绕组短接，这样变压器副边绕组电压为零，原边绕组电压也为零，U_{AB} 直接加在谐振电感 L_r 上。因此在这段时间里谐振电感和 C_3、C_4 在谐振工作，原边电流 i_p 和电容 C_3、C_4 电压分别为：

$$i_p = I_2 \cos[\omega(t - t_2)] \tag{7-6}$$

$$u_{C_4} = Z_p I_2 \sin[\omega(t - t_2)] \tag{7-7}$$

$$u_{C_2} = U_{\text{in}} - Z_p I_2 \sin[\omega(t - t_2)] \tag{7-8}$$

式中：$Z_p = \sqrt{L_r / 2C_{\text{lag}}}$，$\omega = \dfrac{1}{\sqrt{2L_r C_{\text{lag}}}}$。

在 t_3 时刻，当 C_4 的电压上升到 U_{in}，VD_3 自然导通，此开关模态结束。其持续时间为：

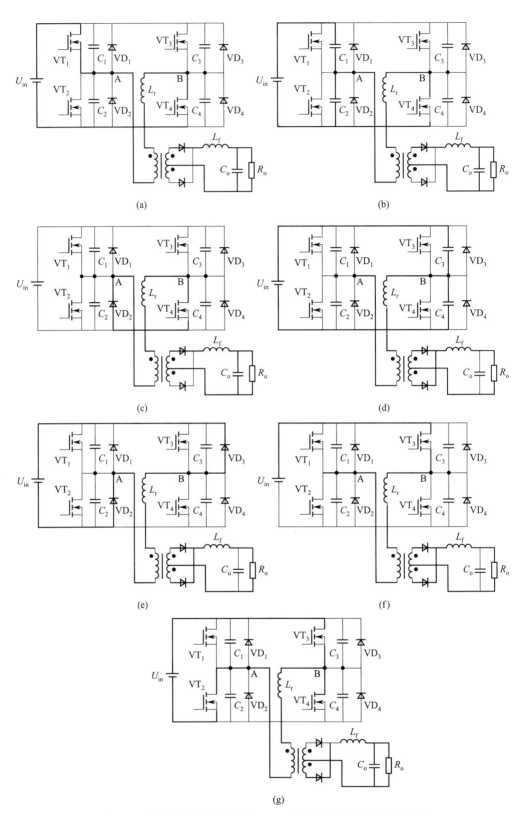

图 7-35 移相全桥零电压开关 PWM 变换器各种模态下的等效图

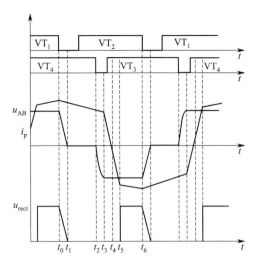

图 7-36　移相全桥零电压开关 PWM 变换器主要波形图

$$t_{23} = \frac{1}{\omega}\arcsin\frac{U_{in}}{Z_p I_2} \tag{7-9}$$

e. 开关模态 4　$[t_3 \sim t_4]$，对应于图 7-35（e）。在 t_3 时刻，VD_3 自然导通，将 VT_3 的电压钳位为零，此时就可以开通 VT_3，VT_3 为零电压开通。VT_3 和 VT_4 驱动信号之间的死区时间 $t_{d(lag)}$，即：

$$t_d = \frac{1}{\omega}\arcsin\frac{U_{in}}{Z_p I_2} \tag{7-10}$$

虽然此时 VT_3 已开通，但它不流过电流，原边电流由 VD_3 流通。原边谐振电感的储能回馈给输入电源。由于副边两个整流管同时导通，因此变压器副边绕组电压为零，原边绕组电压也为零，这样电源电压 U_{in} 加在谐振电感两端，原边电流线性下降：

$$i_p(t) = I_p(t_3) - \frac{U_{in}}{L_r}(t - t_3) \tag{7-11}$$

到 t_4 时刻，原边电流从 I_p（t_3）下降到零，二极管 VD_3 和 VD_2 自然关断，VT_2 和 VT_3 中将流过电流。开关模态 4 的持续时间为：

$$t_{34} = L_r I_p / U_{in} \tag{7-12}$$

f. 开关模态 5　$[t_4 \sim t_5]$，对应于图 7-35（f）。在 t_4 时刻，原边电流由正值过零，并且向负方向增加，此时 VT_2 和 VT_3 为原边电流提供通路。由于原边电流仍不足以提供负载电流，负载电流由两个整流管提供回路，因此原边绕组电压仍然为零，加在谐振电感两端的电压是电源电压 U_{in}，原边电流反方向增加。其值为：

$$i_p(t) = -\frac{U_{in}}{L_r}(t - t_4) \tag{7-13}$$

到 t_5 时刻，原边电流达到折算到原边的负载电流值，该开关模态结束。此时，下整流管关断，上整流管流过全部负载电流。开关模态 5 的持续时间为：

$$t_{45} = \frac{L_r I_{L_f}(t_5)/n}{U_{in}} \tag{7-14}$$

g. 开关模态 6　$[t_5 \sim t_6]$，对应于图 7-35（g）。在这段时间里，电源给负载输出功率，原边电流为：

$$i_p(t) = -\frac{U_{in} - nU_o}{L_r + n^2 L_f} \tag{7-15}$$

因为 $L_r \ll n^2 L_f$，上式可简化为：

$$i_p(t) = -\frac{U_{in}/n - U_o}{nL_f}(t - t_5) \tag{7-16}$$

在 t_6 时刻，VT_2 关断，变换器开始另一个半周期的工作，其工作情况类似于上述的半个周期。

② 参数分析　从上面的分析可知，要实现开关管的零电压开通，必须有足够的能量来抽走将要开通的开关管结电容（或外部附加电容）上的电荷，并同时给同一桥臂将要关断的开关管结电容（或外部附加电容）充电。同时，考虑到变压器的原边绕组电容，还要一部分能量来抽走变压器原边绕组寄生电容 C_{TR} 上的电荷。即满足下式：

$$E > C_i U_{in}^2 + \frac{1}{2} C_{TR} U_{in}^2 \tag{7-17}$$

如果开关管是 MOSFET，而且 MOSFET 不并联外接电容，只是利用自身的结电容来实现 ZVS，那么上式可变为：

$$E > \frac{4}{3} C_{MOS} U_{in}^2 + \frac{1}{2} C_{TR} U_{in}^2 \tag{7-18}$$

之所以将 $C_i U_{in}^2$ 改为 $4 C_{MOS} U_{in}^2 / 3$，这是因为 MOSFET 的结电容是一个非线性电容，其容值是反比于其两端电压的平方根的。

超前桥臂容易实现 ZVS。这是因为超前桥臂开关过程中，输出滤波电感 L_f 是与谐振电感 L_r 串联的，此时用来实现 ZVS 的能量是 L_r 和 L_f 中的能量。一般来说，L_f 很大，在超前桥臂开关过程中，其电流近似不变，类似于一个恒流源。这个能量很容易满足上述条件。

滞后桥臂实现 ZVS 比较困难。这是因为在滞后桥臂开关过程中，变压器副边是短路的，此时整个变换器被分为两部分：一部分是原边电流逐渐改变流通方向，其流通路径由逆变桥提供；另一部分是负载电流由整流桥提供续流回路，负载侧与变压器原边没有关系。此时用来实现 ZVS 的能量是谐振电感中的能量，要实现 ZVS，必须满足下式：

$$\frac{1}{2} L_r I_2^2 > C_i U_{in}^2 + \frac{1}{2} C_{TR} U_{in}^2 \tag{7-19}$$

由于输出滤波电感 L_f 不参与滞后桥臂 ZVS 的实现，较超前桥臂而言，滞后桥臂实现 ZVS 就要困难得多，因为谐振电感比输出滤波电感要小得多。要在较宽范围内实现 ZVS，必须增大励磁电流或增大谐振电感。利用增大励磁电流的方法来实现 ZVS 有其缺陷，因为励磁电流的增大使通态损耗增大，也就使得总的损耗增大；而增大谐振电感，就会使移相全桥变换器的一个特有的缺点变得更加严重，即副边占空比的丢失更加严重。

所谓副边占空比丢失，就是指副边的占空比 D_{sec} 小于原边的占空比 D_p，其差值就是副边占空比丢失 D_{loss}：

$$D_{loss} = D_p - D_{sec} \tag{7-20}$$

副边占空比丢失的原因是：存在原边电流从正向（或负向）变化到负向（或正向）负载电流的时间，即图 7-36 中的 $[t_2 \sim t_5]$ 时段。在这段时间里，虽然原边有正电压方波（或负电压方波），但原边不足以提供负载电流，副边整流桥的所有二极管导通，负载处于续流状态，其两端电压为零。这样副边就丢失了 $[t_2 \sim t_5]$ 这部分电压方波。

$$D_{loss} = \frac{t_{25}}{T_s/2} \tag{7-21}$$

而

$$t_{25} = \frac{L_r[I_2 - I_{L_f}(t_5)]/n}{U_{in}} \tag{7-22}$$

那么，有

$$D_{loss} = \frac{2L_r[I_2 - I_{L_f}(t_5)]/n}{U_{in}} \tag{7-23}$$

从上式中可知：L_r 越大，D_{loss} 越大；负载越大，D_{loss} 越大；U_{in} 越低，D_{loss} 越大。D_{loss} 的产生使 D_{sec} 减小，为了在负载上得到所要求的输出电压，就必须减小原副边的匝比。而匝比的减小，又带来别的问题：原边的电流增加，开关管的电流峰值要增加，通态损耗加大；副边整流桥的耐压值要增加。为了减小 D_{loss}、提高 D_{sec}，可以采用饱和电感的办法，就是将谐振电感 L_r 改为饱和电感，但还是存在 D_{loss}，而且饱和电感的散热问题得不到很好的解决。

PS-ZVS-PWM 变换器参数的设计主要是谐振电感值的优化设计，首先明确输入电压变化范围、变换器负载情况，根据这两个条件，选择比较合适的电感值，达到在能保证最小输入电压、合理的负载条件刚好能够实现 ZVS 时，将副边占空比的丢失减到最小。

假设 U_{in} 是输入电压变化范围内的最小值，要求在输出电流 I_o 的负载条件下实现 ZVS，那么，在明确了所选用开关管的结电容 C_1 后，根据下式可选择一个最小的谐振电感值，使占空比丢失最小：

$$L_r > 2(C_1 U_{in}^2 + \frac{1}{2} C_{TR} U_{in}^2)/I_2^2 \tag{7-24}$$

为实现开关管的零电压开通，在同一桥臂的一个开关管关断之后，必须留有一定的时间来使另一个开关管的并联电容充分放电，这一段时间即为死区时间 t_d。从上面的分析可以看出：只要满足 $t_{01} \leqslant t_d \leqslant t_{01} + t_{12}$ 即可。在此范围内，t_d 越小越好，因为 t_d 越小，能够满足软开关的输入电压条件就会越宽。

③ 仿真结果　为验证上述分析过程的正确性，对 PS-ZVS-PWM 全桥变换器进行了仿真分析，仿真所用的主要数据为：

- 输入直流电压 $U_{in} = 310V$；
- 输出直流电压 $U_o = 48V$；
- 输出电流 $I_o = 20A$；
- 谐振电感 $L_r = 40\mu H$；
- 变压器原副边匝比 $n = 4/1$；
- 开关管 IRFP450；
- 输出滤波电感 $L_f = 180\mu H$；
- 输出滤波电容 $C_o = 13200\mu F$；
- 开关频率 $f_s = 100kHz$。

图 7-37 是输出 20A/48V 时的仿真波形。

图 7-37（a）和图 7-37（b）分别是超前桥臂和滞后桥臂开关管的驱动脉冲和两端电压波形，从波形上可以看出，在驱动脉冲上升沿来临之前，开关管两端电压已经降为零；在驱动脉冲下降为零后，电压才上升，实现了零电压开关。

图 7-37（c）是死区时间选择过长时的驱动脉冲和两端电压波形图，从中可以看出：由于死区时间过长，开关管内部的反并联二极管导通时没有及时开通开关管，致使初级电流又重新给寄生电容充电，从而失去软开关条件。

图 7-37（d）是变压器原边和副边电压比较波形，从图中可以看出：副边存在占空比丢失现象。副边由于整流二极管的反向恢复特性问题，存在少许振荡。图 7-37（e）是两个桥

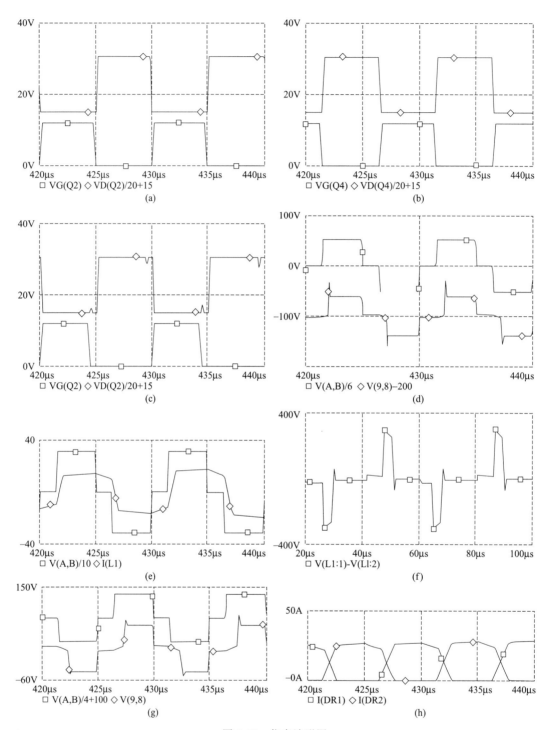

图 7-37　仿真波形图

臂中点电压和初级电流波形，从波形可以看出，仿真波形验证了理论分析的正确性。图 7-37（f）是谐振电感两端电压，这部分电压就是占空比的丢失原因。

图 7-37（g）是输入电压为额定电压一半、输出半载时的变压器原边和副边电压波形，和图 7-37（e）相比，占空比丢失明显增大。图 7-37（h）是整流二极管的电流波形，图中两只二极管同时导通时，占空比丢失。

（2）带辅助支路的移相全桥零电压变换器

PS-ZVS-PWM 变换器存在副边占空比丢失现象，影响了变换器效率的进一步提高。为了减小占空比的丢失，谐振电感量往往取得很小，而这又会使滞后桥臂的 ZVS 范围受到较大影响。如何在较小的谐振电感量的情况下得到较大的滞后桥臂 ZVS 范围，加入辅助支路成为一种解决方案。

① 工作过程分析　图 7-38 为带辅助支路的移相控制全桥变换器主电路。VT_1 和 VT_2 构成超前桥臂，VT_3 和 VT_4 构成滞后桥臂，L_r 是变压器漏感，相对于不带辅助支路的移相全桥变换器，它的电感量大大减小。L_a、C_{a1}、C_{a2}、VD_{a1}、VD_{a2} 共同构成辅助支路。

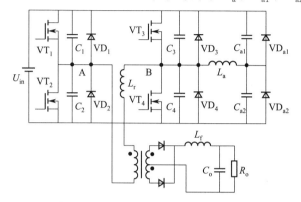

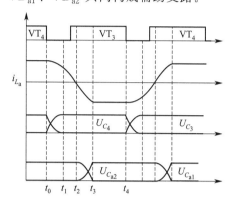

图 7-38　带辅助支路的移相控制全桥变换器主电路　　图 7-39　滞后桥臂和辅助支路主要波形图

在分析之前，作如下假设：所有开关管、二极管均为理想器件；电容、电感均为理想元件；$C_3 = C_4 = C_{MOS}$，$C_{a1} = C_{a2} = C_a$。

由于辅助支路只与滞后桥臂的工作状态有关，在分析过程中，略去超前桥臂的工作状态，滞后桥臂和辅助支路的主要波形如图 7-39 所示，在一个开关周期中，辅助支路共有 8 种工作模态，如图 7-40 所示。

a. 开关模态 0　在 t_0 时刻，对应于图 7-40（a）。t_0 时刻前，VT_4 处于导通状态，辅助电感处于续流状态，它流过 VT_4 和 VD_{a2}，电流值为：

$$I_a = \frac{U_{in}}{\sqrt{L_a/2C_a}} \tag{7-25}$$

b. 开关模态 1　$[t_0 \sim t_1]$，对应于图 7-40（b）。在 t_0 时刻，VT_4 关断，变压器漏感 L_r 和辅助电感电流 i_{L_a} 及 i_p 同时给 C_4 充电，给 C_3 放电，原边电流下降，由于 L_r 较小，原边电流下降较快。L_a 与 C_3、C_4 谐振工作。各电容电压、电感电流为：

$$U_{C_4}(t) = Z_{a1} I_a \sin[\omega_a(t - t_0)] \tag{7-26}$$

$$U_{C_3}(t) = U_{in} - Z_{a1} I_a \sin[\omega_a(t - t_0)] \tag{7-27}$$

$$i_{L_a}(t) = I_a \cos[\omega_a(t - t_0)] \tag{7-28}$$

式中，$Z_{a1} = \sqrt{L_a/2C_{MOS}}$，$\omega_a = \dfrac{1}{\sqrt{2L_a C_{MOS}}}$。

在 t_1 时刻，C_4 电压上升到 U_{in}，C_3 电压下降到零，VD_3 自然导通，将 VT_3 的电压钳在零位，开关模态 1 结束。

c. 开关模态 2　$[t_1 \sim t_2]$，对应于图 7-40（c）。在这段时间里，由于 VD_3 导通，VT_3 零电压开通。$U_{AB} = -U_{in}$，L_a 和 L_r 两端电压均为 $-U_{in}$，其电流均线性下降，由于 L_r 较小，原边电流下降较快。

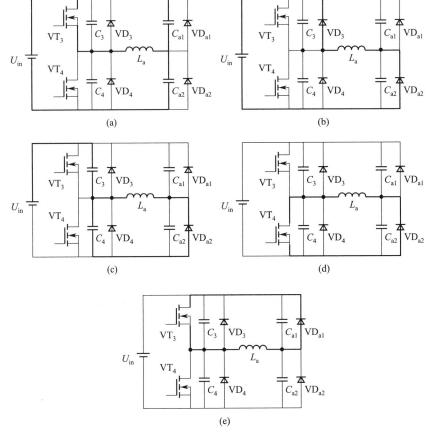

图 7-40 带辅助支路的移相控制全桥变换器开关模态

$$i_{L_a}(t) = i_{L_a}(t_1) - \frac{U_{in}}{L_a}(t - t_1) \tag{7-29}$$

在 t_2 时刻，i_{L_a} 下降到零，开关模态 2 结束。

d. 开关模态 3 $[t_2 \sim t_3]$，对应于图 7-40 （d）。在此开关模态中，变压器漏感 L_r、电感 L_a 和辅助电容 C_{a1}、C_{a2} 谐振工作，i_{L_a} 反向增加，给 C_{a2} 充电，给 C_{a1} 放电。

$$i_{L_a}(t) = -U_{in} \sin[\omega_{a2}(t - t_2)]/Z_{a2} \tag{7-30}$$

$$U_{C_{a1}}(t) = U_{in} \cos[\omega_{a2}(t - t_2)] \tag{7-31}$$

$$U_{C_{a2}}(t) = U_{in}\{1 - \cos[\omega_{a2}(t - t_2)]\} \tag{7-32}$$

式中，$Z_{a2} = \sqrt{L_a/2C_{MOS}}$，$\omega_a = \dfrac{1}{\sqrt{2L_a C_{MOS}}}$。

在 t_3 时刻，C_{a2} 的电压上升到输入电源电压 U_{in}，C_{a1} 的电压下降到零，此时 VD_{a1} 导通。开关模态 3 结束。在这段时间里，VT_3 和 VT_2 导通，$U_{AB} = -U_{in}$，主回路给负载供电，与辅助支路无关。此模态持续的时间为 t_{23}：

$$t_{23} = \frac{\pi}{2}\sqrt{2L_a C_a} \tag{7-33}$$

$$I_{L_a}(t_3) = -U_{in}/Z_{a2} \tag{7-34}$$

e. 开关模态 4 $[t_3 \sim t_4]$，对应于图 7-40 （e）。在此模态中，VT_3 和 VD_{a1} 导通，把辅助电感两端电压钳在零，i_{L_a} 处于续流状态，电流值为 $-I_a$。在 t_4 时刻，VT_3 关断，开始工作周期的另一个半周。工作情况与此半周类似。

从上面的分析中可以看出：辅助电感电流的最大值 I_a 只与输入电源电压和辅助支路的特征阻抗 Z_{a2} 有关；辅助二极管的电压应力和辅助电容的电压应力为输入电源电压 U_{in}，其电流应力为 I_a；当 VT_4 关断时，辅助电感电流 i_{L_a} 是以最大电流 I_a 流入节点 B 的，而当 VT_3 关断时，辅助电感电流 i_{L_a} 是以最大电流 I_a 流出节点 B 的。从而"帮助"主功率回路实现滞后桥臂的零电压开通。

② 参数分析　从上面的分析来看，要实现滞后桥臂的软开关，要满足两个条件。

a. 开关模态 1 结束时，电容 C_3 要放电为零，能够使 VD_3 自然导通，从而为 VT_3 创造零电压开通条件。即：

$$U_{C_3}(t_1)=U_{in}-Z_1 I_a \sin(\omega_1 t_1)=0 \tag{7-35}$$

式中，$Z_1=\sqrt{L_e/2C_{MOS}}$，$\omega_1=1/\sqrt{L_e/2C_{MOS}}$，$L_e$ 是 L_r 和 L_a 的并联值，即

$$L_e=\frac{L_r L_a}{L_r+L_a} \tag{7-36}$$

b. 开关模态 1 结束时，辅助电感电流不能改变方向，否则模态 1 不能成立。即：

$$I_{L_a}(t_1)=\frac{L_e}{L_a}I_a(\cos\omega_1 -1)+I_a \geqslant 0 \tag{7-37}$$

由以上两个条件，再在已知条件 U_{in}、t_1 和 I_0 的前提下求出关键参数：L_a、C_a 和 L_r。

$$Z_2=\sqrt{L_a/2C_a}=U_{in}/I_a \tag{7-38}$$

同时对辅助支路的谐振周期作出限制。假设要求 L_a 的电流从 0 上升到 I_a 的时间 $\frac{\pi}{2}\sqrt{L_a/2C_a}$ 为半个开关周期的 $1/n$，从实现软开关的范围来说，n 值越大越好（能在移相角很小时依然实现软开关），但 n 太大，就不能满足式（7-37），因此先确定 n 值，可得：

$$\frac{\pi}{2}\sqrt{L_a/2C_a}=\frac{T_s}{2n} \tag{7-39}$$

就可以由式（7-38）和式（7-39）来确定 L_a、C_a 的值。

L_a、C_a 确定以后，代入式（7-35），求出 Z_1 的值，根据 Z_1 的值确定出 L_r 的值之后，将 L_r、L_a 的值代入式（7-37）可进行验证，若远远满足，增大 n 再次验证，若不能满足，则减小 n，如此进行多次验证，直到刚好能满足为止。

③ 仿真结果　为验证上述分析过程的正确性，对 PS-ZVS-PWM 全桥变换器做了仿真分析，仿真所用的主要数据为：

· 输入直流电压 $U_{in}=310V$；
· 输出直流电压 $U_o=48V$；
· 输出电流 $I_o=20A$；
· 变压器原副边匝比 $n=4/1$；
· 变压器漏感 $L_r=10\mu H$；
· 辅助电感 $L_a=200\mu H$；
· 辅助电容 $C_a=2.2\mu F$；
· 输出滤波电感 $L_o=180\mu H$；
· 输出滤波电容 $C_o=13200\mu F$；
· 开关频率 $f_s=100kHz$。

图 7-41 给出了仿真波形图，其中图 7-41（a）、图 7-41（b）分别是超前桥臂和滞后桥臂开关管的驱动脉冲和两端电压波形，从波形上可以看出，在驱动脉冲上升沿来临之前，开关

管两端电压已经降为零；在驱动脉冲下降为零后，电压才开始上升，实现了零电压开关。和基本的 PS-ZVS-PWM 变换器相比，谐振电感减小很多的情况下依然实现软开关。

图 7-41（c）是变压器原边和副边电压比较波形，从图中可以看出：副边占空比丢失很小。副边由于整流二极管的反向恢复特性问题，存在少许振荡。图 7-41（d）是谐振电感两端电压，和基本的 PS-ZVS-PWM 变换器相比，其电压大大减小。

图 7-41（e）是两个桥臂中点电压和初级电流波形，可以看出：初级电流由正变为负或由负变为正的过程持续时间很短，因而占空比丢失很小。图 7-41（f）是辅助电感电压和电流波形图，从图中可以看出：辅助电感电压应力为输入电压，电流应力很小，只有不到 1A。

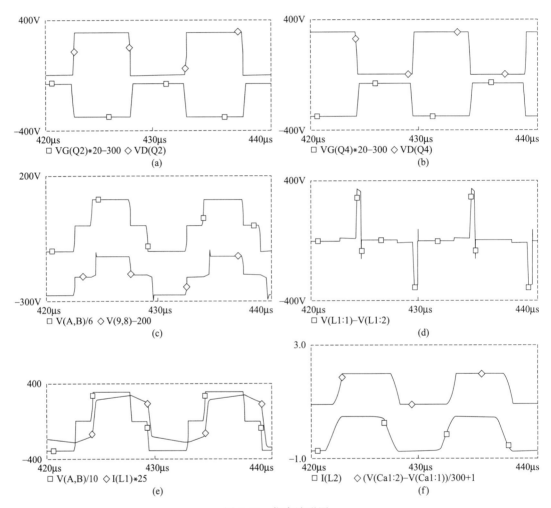

图 7-41　仿真波形图

（3）带饱和电感移相全桥零电压零电流变换器

近年来，作为新型电力电子开关器件的绝缘栅双极晶体管 IGBT 得到了迅速的发展及越来越广泛的应用。IGBT 主要的缺点是具有较大的开关损耗，尤其是由于 IGBT 的"拖尾电流"的特性，即使它工作在零电压情况下，关断损耗仍然较大。

移相全桥零电压零电流 PWM 变换器（Phase Shifted-Zero Voltage Zero Current Switching-PWM Converter，PS-ZVZCS-PWM Converter）比较适合 IGBT。因为在 IGBT 关断前流过它的电流已经降为零，因而关断损耗将大大减小。ZVZCS，就是超前桥臂开关管实现

零电压（ZVS）导通和关断，与零电压全桥 PWM 变换器的工作原理相同，而滞后桥臂开关管实现零电流（ZCS）导通和关断，从而解决了基本的 PS-ZVS-PWM 变换器中滞后桥臂开关管轻载情况下零电压开关困难的问题。

图 7-42 是原边加隔直电容和饱和电感的全桥 ZVZCS-PWM 变换器的基本原理图，它在基本的全桥移相式 ZVS-PWM 变换器的基础上增加了一个饱和电感 L_s，并在主回路上增加了一个阻断电容 C_b。滞后桥臂的开关管 VT_3、VT_4 实现零电流（ZCS）导通与关断，因此不再并联电容，以避免开通时电容释放能量而加大开通损耗；超前桥臂仍和以前一样，利用开关管 VT_1、VT_2 上并联电容的方法实现零电压开关（ZVS）。主回路四个开关管的控制信号与全桥移相 ZVS-PWM 变换器的控制方案完全一致，通过移相方式控制主回路的有效占空比。阻断电容 C_b 与饱和电感 L_s 适当配合，能使变换器滞后桥臂上的主开关管 VT_3、VT_4 实现零电流开关（ZCS）。其主要波形如图 7-43 所示。

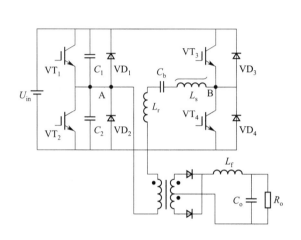

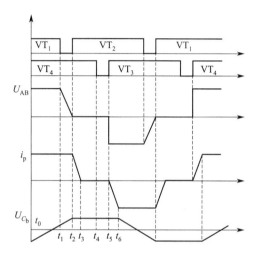

图 7-42 全桥 ZVZCS-PWM 变换器的基本原理图　　图 7-43 全桥 ZVZCS-PWM 变换器主要波形图

① 工作过程分析　在分析之前，作如下几点假定：所有开关管、二极管均为理想器件；饱和电感饱和时电感量为零，不饱和时电感量为无穷大；输出滤波电感足够大，在一个开关过程中可以等效为一个恒流源；阻断电容足够大，在电流复位过程中可被等效为一个恒压源。

图 7-44 给出了半个工作周期的六种工作模态的等效电路。

a. 模态 1　$[t_0 \sim t_1]$，对应于图 7-44（a）。在这个时间段，主功率开关管 VT_1 和 VT_4 导通，原边电流 i_p 从电源正极经 VT_1、变压器原边绕组、阻断电容 C_b、VT_4 回到电源负极。i_p 一方面通过变压器原边向负载传输功率，另一方面给阻断电容 C_b 充电。在这个时间段内，饱和电感一直处于饱和状态，原边电流 $i_p = I_p = nI_o$ 恒定不变。阻断电容 C_b 上的电压为：

$$u_{C_b} = nI_o/C_b - U_{C_{bp}} \tag{7-40}$$

式中，n 为变压器变比；I_o 为输出电流；$U_{C_{bp}}$ 为 C_b 在 t_0 时刻电压值。

b. 模态 2　$[t_1 \sim t_2]$，对应于图 7-44（b）。在 t_1 时刻，开关管 VT_1 关断，原边电流给 C_1 充电，给 C_2 放电。VT_1 在 C_1、C_2 钳位作用下零电压关断。由于输出滤波电感很大，负载被等效为一个恒流源，故可以认为在此时间段内原边电流 $i_p = I_p = nI_o$ 近似不变，类似为一个恒流源。因此电容电压 U_{C_2} 在此电流作用下线性下降，即：

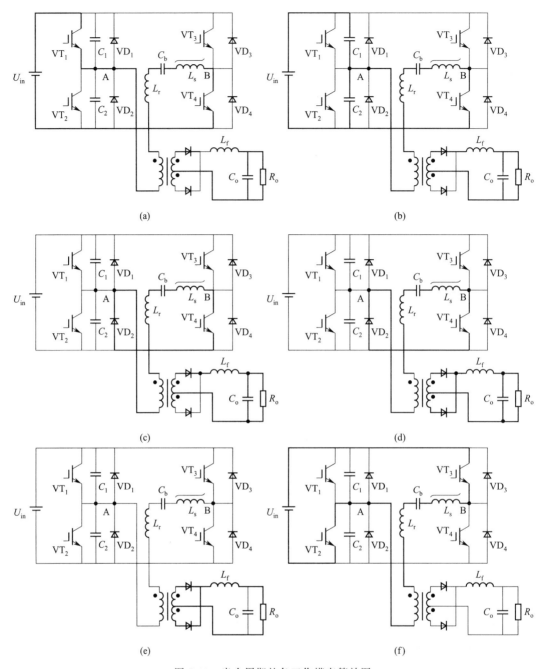

图 7-44 半个周期的各工作模态等效图

$$U_{C_2} = U_{in} - \frac{nI_o}{C}t \tag{7-41}$$

式中，$C = C_1 + C_2$。

在 t_2 时刻，C_2 上的电压下降到零，开关管 VT_2 的反并联二极管 VD_2 自然导通，这个时间段结束。其持续时间为：

$$t_{12} = CU_{in}/(nI_o) \tag{7-42}$$

c. 模态 3 $[t_2 \sim t_3]$，对应于图 7-44 （c）。在 t_2 时刻，U_{C_2} 下降到零，VD_2 导通，开

关管 VT_2 可以在零电压下完成开通，原边电流通过 VT_4 和 VD_2 续流，将电压 U_{AB} 钳位在零，阻断电容 C_b 上的电压 U_{C_b} 上升到等于 $U_{C_{bp}}$。在这个时间段，饱和电感仍将处于饱和状态。在阻断电容电压 U_{C_b} 的作用下，原边电流将迅速下降，并导致副边电流迅速下降。输出电流通过副边整流器续流，从而将变压器副边及原边短路。由于 C_b 足够大，因此在这个时间段其上电压 $U_{C_b} = U_{C_{bp}}$ 近似不变，且全部加在漏感上，这时有：

$$i_p = nI_o - \frac{U_{C_{bp}}}{L_s}t \tag{7-43}$$

在 t_3 时刻，原边电流 i_p 衰减到零，模态3结束。该工作模态的持续时间为：

$$t_{23} = nI_oL_s/U_{C_{bp}} \tag{7-44}$$

d. 模态4 $[t_3 \sim t_4]$，对应于图7-44（d）。在 t_3 时刻，原边电流 i_p 衰减到零。之后，在阻断电容电压 U_{C_b} 的作用下 i_p 将试图向反方向变化，但这时饱和电感 L_s 已退出饱和状态，呈现出很大的电感量，阻止了 i_p 的进一步变化。在这个时间段，阻断电容上的电压保持不变，开关管 VT_4 仍处于导通状态，但已没有电流流过。

e. 模态5 $[t_4 \sim t_5]$，对应于图7-44（e）。在 t_4 时刻，开关管 VT_4 在零电压、零电流状态下关断。在这个时间段阻断电容上的电压继续维持不变。

f. 模态6 $[t_5 \sim t_6]$，对应于图7-44（f）。在 t_5 时刻，开关管 VT_3 导通，由于此时饱和电感 L_s 尚未进入饱和，原边电流 i_p 不能突变，需经过一定的滞后才能迅速上升，因此 VT_3 的导通为零电流导通过程。VT_3 导通后，在阻断电容电压和输入电压的共同作用下饱和电感很快又进入饱和区。由于漏感很小，因此原边电流 i_p 在这两个电压的作用下迅速线性上升。这时有：

$$i_p(t) = \frac{U_{in} + U_{C_{bp}}}{L_s}t \tag{7-45}$$

在 t_6 时刻，i_p 上升到等于输出电流反射值 nI_o，输出电流全部通过变压器副边，电源在此向负载输出功率。之后，阻断电容 C_b 上的电压 U_{C_b} 将由正向负逐渐减小，开始下半个周期。此模态持续时间为：

$$t_{56} = \frac{nI_oL_s}{U_{in} + U_{C_{bp}}} \tag{7-46}$$

② 参数分析 超前桥臂开关管零电压开关的实现与 PS-ZVS-PWM 变换器完全一样，对滞后桥臂来说，从上节分析得知：原边电流必须在滞后桥臂开通之前从负载电流减小到零。从上面的分析可以看出，原边电流 i_p 从负载电流减小到零的时间为：

$$t_{23} = nI_oL_s/U_{C_{bp}} \tag{7-47}$$
$$U_{C_{bp}} = I_oDT_s \tag{7-48}$$

故：

$$t_{23} = nL_s/DT_s \tag{7-49}$$

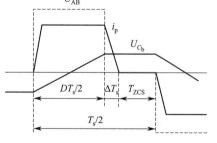

图7-45 原边电压、电路简化波形图

从上式可以看出：t_{23} 与负载电流无关，与占空比成反比。也就是说可以在任意负载和输入电压变化范围内实现滞后桥臂的零电流开关。

从图7-45可以知道，本变换器的最大占空比 D_{max} 由下式决定：

$$D_{max} = 1 - \frac{t_{12} + T_{ZCS}}{T_s/2} \tag{7-50}$$

式中，T_{ZCS} 是实现滞后桥臂 ZCS 的时间，它取决于开关管的关断特性。

阻断电容的选择受到两个因素制约：从最大占空比的公式可以得知，为了提高 D_{max}，C_b 应当尽量小；但 C_b 的减小又要受到滞后桥臂的电压应力的限制，因为 C_b 越小，C_b 上的电压峰值越高，因此要权衡选择 C_b，一般在输出满载时阻断电容的电压峰值 $U_{C_{bp}} = 20\% U_{in}$。

③ 仿真结果（如图 7-46 所示）　为了验证本电路的工作原理，对电路做了仿真分析，仿真所用的主要参数为：

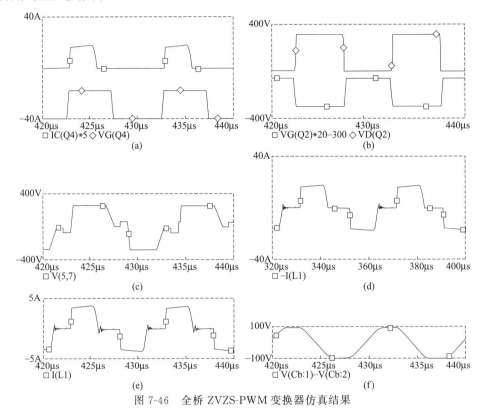

图 7-46　全桥 ZVZS-PWM 变换器仿真结果

- 输入直流电压 $U_{in} = 310V$；
- 输出直流电压 $U_o = 48V$；
- 变压器匝比 $n = 5/1$；
- 变压器原边漏感 $L_{lk} = 6\mu H$；
- 饱和电感 $L_s = 4mH$；
- 阻断电容 $C_b = 2.2\mu F$；
- 输出滤波电感 $L_f = 100\mu H$；
- 输出滤波电容 $C_o = 10000\mu F$；
- 开关管 IGBT，IXGH40N60。

如图 7-46（a）所示是滞后桥臂开关管的驱动脉冲和流过开关管的电流波形。从波形上可以看出：驱动脉冲上升沿来以后，流过开关管的电流才上升；而当电流降为零以后，驱动脉冲下降沿才来。因此，开关管实现零电流开关。如图 7-46（b）所示是超前桥臂开关管的电压和驱动波形，该图说明超前桥臂是零电压开关的。如图 7-46（c）所示是两只桥臂中点电压，如图 7-46（d）所示是原边电流波形，如图 7-46（e）所示是变压器副边电流波形。如图 7-46（f）所示是阻断电容电压波形，当原边电流正向流动时，阻断电容电压是增加的；

而当原边电流反向流动时，阻断电容电压是减小的。

（4）串联二极管阻断移相全桥零电压零电流变换器

上面介绍的带饱和电感和阻断电容的全桥零电压零电流变换器能够有效实现零电压零电流开关。但是，该拓扑的缺点是饱和电感的损耗比较大，饱和电感磁芯的散热成为问题，从而影响了整个系统的效率；变换器原边零电流开通的时刻饱和电感的限制比较严格，饱和电感的绕制较困难。本节介绍另外一种移相全桥零电压零电流变换器，其拓扑如图 7-47 所示。在此，和前面全桥变换器不同，变压器副边采用桥式整流。和基本全桥拓扑相比，滞后桥臂增加了串联的二极管。通过滞后桥臂串接二极管单向导通和阻断电容的作用，使原边电流下降到零，从而实现滞后桥臂的 ZCS。该电路辅助器件少，电路构造简单，不含耗能元件和有源开关，不产生大的环流，负载范围比较宽。

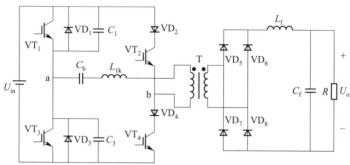

图 7-47　串联二极管阻断移相全桥零电压零电流变换器

下面对串联二极管阻断移相全桥零电压零电流变换器的工作过程展开分析，由于本章最后一节以该拓扑为例给出了应用实例，因而此处不详细介绍参数分析并不给出仿真结果。

串联二极管移相全桥零电压零电流变换器的主要波形如图 7-48 所示。在一个开关周期中，变换器共有 10 种开关模式，图 7-49 给出了正半周的 6 种开关模式的等效电路。在分析之前作如下假设：阻断电容 C_b 足够大；$C_1 = C_3 = C_r$；$K_2 L_f \geqslant L_{lk}$，K 为变压器初、次级绕组匝数比；所有开关管、二极管都为理想器件，电容、电感为理想元件。

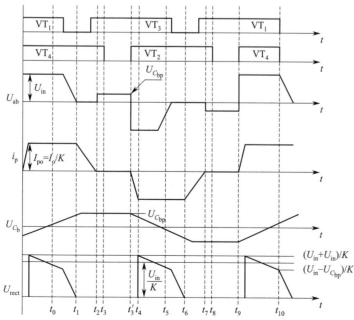

图 7-48　串联二极管移相全桥零电压零电流交换器的主要波形图

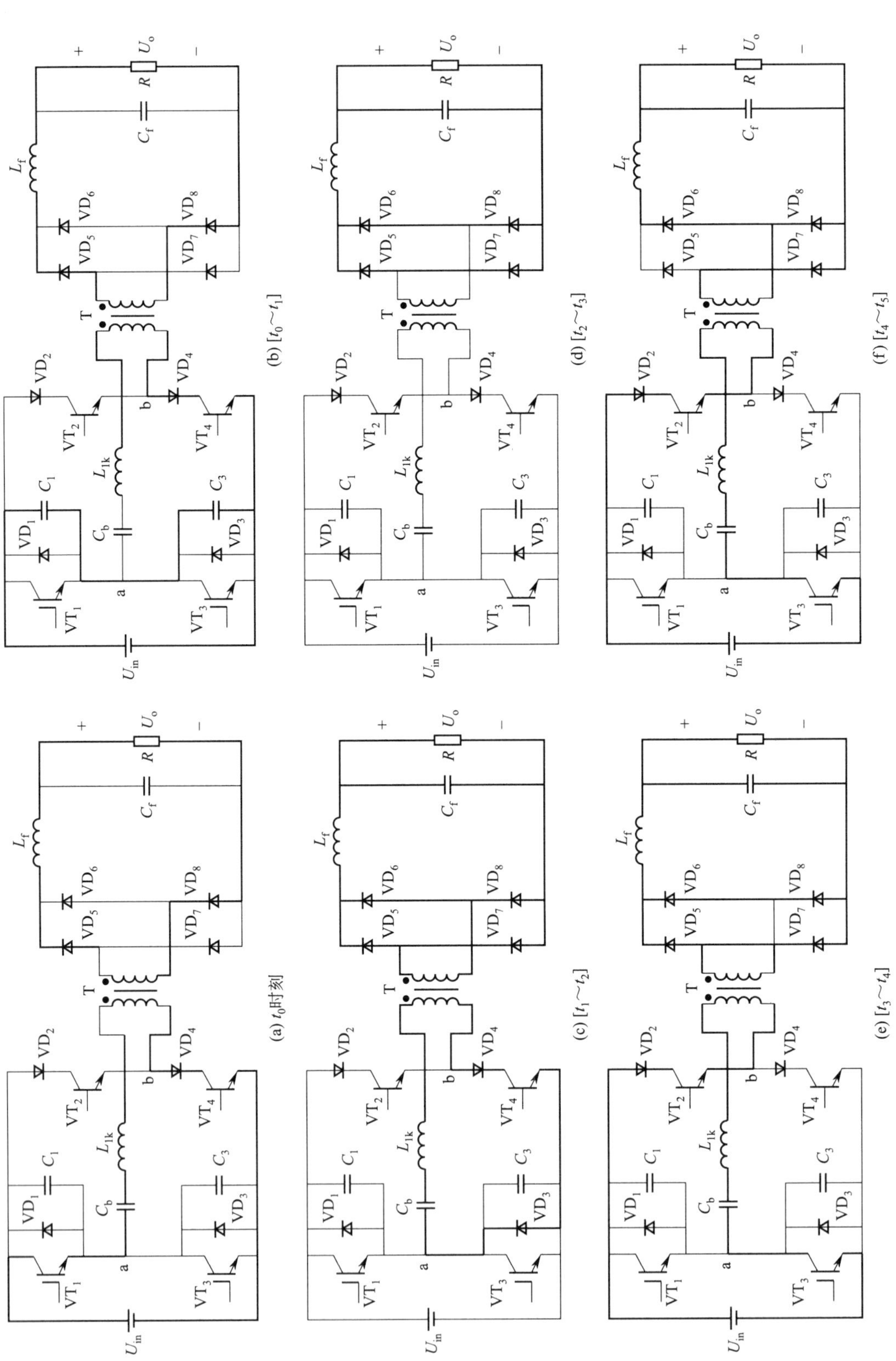

图 7-49 正半周的 6 种开关模式的等效电路

a. 开关模式 0　$[t_0$ 时刻$]$，在 t_0 时刻，VT_1 和 VT_4 导通，变压器初级电流 i_p 给阻断电容 C_b 充电。变压器初级侧电流 $i_p = I_o / K$，阻断电容 C_b 的电压为 $U_{C_b}(t_0)$。

b. 开关模式 1　$[t_0 \sim t_1]$，在 t_0 时刻，关断 VT_1，i_p 从 VT_1 转移到 C_1 和 C_3，给 C_1 充电，C_3 放电。在这个时段，L_{1k} 和 L_f 是串联的，且 L_f 很大，可认为 i_p 近似不变，类似于恒流源，且 $I_{po} = I_o / K$。变压器初级侧电流 i_p 继续给 C_b 充电，C_1 的电压开始从零线性上升，C_3 的电压开始从 U_{in} 线性下降，VT_1 为零电压关断。

$$U_{C_b}(t) = U_{C_b}(t_0) + \frac{I_{po}}{C_b}(t - t_0) \tag{7-51}$$

$$U_{C_1}(t) = \frac{I_{po}}{2C_r}(t - t_0) \tag{7-52}$$

$$U_{C_3}(t) = U_{in} - \frac{I_{po}}{2C_r}(t - t_0) \tag{7-53}$$

在 t_1 时刻，C_3 的电压下降到零，VT_3 的反并联二极管 VD_3 自然导通，C_b 上的电压为：

$$U_{C_b}(t_1) = U_{C_b}(t_0) + \frac{2C_r U_{in}}{C_b} \tag{7-54}$$

c. 开关模式 2　$[t_1 \sim t_2]$，VD_3 导通后，VT_3 零电压开通。VT_1 与 VT_3 之间的死区时间为：

$$t_{d(lead)} > \frac{2C_r U_{in}}{I_{po}} \tag{7-55}$$

因 VD_3 和 VT_4 导通，$U_{ab} = 0$。VD_5 和 VD_8 同时导通，变压器初、次级绕组电压均为零。因为漏感较小，而阻断电容较大，可认为在此开关模式中，阻断电容电压基本不变，即

$$U_{C_b} = U_{C_b}(t_1) \equiv U_{C_{bp}} \tag{7-56}$$

初级侧电流基本是线性减小，在 t_2 时刻，初级电流下降到零。此时，由于 VD_4 的阻断作用，电容 C_b 不能通过 VT_3、VT_4、VD_4 进行放电，C_b 两端电压维持不变。该开关模式的持续时间为：

$$t_{12} = \frac{L_{1k} I_{po}}{U_{C_{bp}}} \tag{7-57}$$

d. 开关模式 3　$[t_2 \sim t_3]$，初级侧电流 $i_p = 0$，a 点对地电压 $u_a = 0$，b 点对地电压 $u_b = -U_{C_{bp}}$。次级侧整流管全部导通，均分负载电流。

e. 开关模式 4　$[t_3 \sim t_4]$，在 t_3 时刻，关断 VT_4，此时 VT_4 中没有电流流过，VT_4 是零电流关断。在很小的延时 t_3' 后，VT_2 开通，由于漏感的存在，初级侧电流不能突变，VT_2 是零电流开通。由于初级侧电流不足以提供负载电流，次级整流桥依然同时导通，变压器的初、次级绕组被钳位在零电压。此时加在漏感两端的电压为 $-(U_{in} + U_{C_{bp}})$，初级侧电流从零开始反方向线性增加，即

$$i_p(t) = -\frac{(U_{in} + U_{C_{bp}})}{L_{1k}}(t - t_3') \tag{7-58}$$

在 t_4 时刻，初级侧电流反方向增加到负载电流。

f. 开关模式 5　$[t_4 \sim t_5]$，从 t_4 时刻开始，初级侧一方面为负载提供能量，另一方面给阻断电容反向充电。所有负载电流流过 VD_6、VD_7。

$$U_{C_b}(t) = U_{C_{bp}} - \frac{I_{po}}{C_b}(t - t_4) \tag{7-59}$$

阻断电容上的电压为下一次 VT_4 零电流开通和 VT_2 零电流关断做准备，在 t_5 时刻关断 VT_3，开始另一个半周期。

7.3 同步整流技术及其应用

同步整流技术是用通态电阻（几毫欧到十几毫欧）极低的 MOSFET 替代输出二极管的一种技术。在用功率 MOSFET 替代输出二极管时，栅极电压必须与变压器二次电压的相位保持同步才能完成整流功能，故称之为同步整流。它在电路中也作为一种开关器件，但与开关二极管不同的是必须要在其栅极具有一定电压时才能允许电流通过。但这种复杂的控制却得到了极小的电流损耗。

在实际应用中，如果选择的 MOSFET 的通态电阻为 $10m\Omega$，则在通过 $20\sim30A$ 电流时只有 $0.2\sim0.3V$ 的压降损耗。在采用 MOSFET 做同步整流时，MOSFET 的压降和恒定压降的肖特基管不同，电流越小，压降越低。这个特性对于改善轻载时的效率尤为有效。

同步整流技术是为了减少输出二极管的导通损耗，提高变换器效率。不管采用哪种同步整流技术，都是通过使用低通态电阻的 MOSFET 替代输出侧的二极管，以最大限度地降低输出损耗，从而提高开关变换器的整体效率。

MOSFET 的主要损耗为：

① MOSFET 开关损耗，开关损耗的来源主要为寄生电容充放电所造成的损耗 P_C；

② MOSFET 的导通损耗

$$P_t = I_o^2 R_{DS}$$

式中，I_o 为输出负载电流；R_{DS} 为通态电阻，$R_{DS} = R_{CH} + R_D$，其中 R_{CH} 为 MOSFET 的导通沟道和表面电荷积累层形成的电阻，R_D 是 MOSFET 的 JFET 区和高阻外延层形成的电阻。

寄生电容造成的开关损耗与频率相关，在低频率时较小。MOSFET 的损耗主要由导通损耗决定。因此，可利用 MOSFET 的自动均流特性将多个 MOSFET 并联，以降低 MOS-FET 的通态电阻。同步整流技术按其驱动信号类型的不同，可分为电压型驱动和电流型驱动。而电压型驱动的同步整流电路按驱动方式又分为自驱动和外驱动两种。

7.3.1 自驱动同步整流技术

自驱动电压型同步整流技术是由变换器中的变压器二次电压直接驱动相应的绝缘栅场效应晶体管 MOSFET，如图 7-50 所示。这是一种传统的同步整流技术，其优点是不需要附加的驱动电路，结构简单。缺点是两个 MOSFET 不能在整个周期内代替二极管，使得负载电流流过寄生二极管，造成了较大的损耗，限制了效率的提高。

图 7-50 所示为自驱动同步整流电路，当变压器一次侧流过正向电流时，变压器二次侧出现上正下负的电压。用此电压作为 VT_2 的驱动电压，使 VT_2 导通，而 VT_1 的栅极因受到变压器反偏电压的作用而截止。此时，变压器二次侧通过电感 L 和 VT_2 为负载提供能量。当变压器的一次侧流过反向电流时，变压器的二次侧出现上负下正的电压。同样，此电压为 VT_1 提供了驱动电压，使 VT_1 导通，而 VT_2 的栅极因受到变压器反偏电压的作用而截止。此时，变压器二次侧通过电感 L 和 VT_1 为负载提供能量。

在使用自驱动同步整流时，变压器二次绕组的电压须大于一定值以能够可靠驱动绝缘栅场效应晶体管。对于过高的输出电压，则必须在 MOSFET 的驱动端加上驱动保护电路，以防栅极电压过高损坏 MOSFET。

在反激、正激、推挽、桥式变换器中均可采用自驱动同步整流电路。如图 7-51 所示为自驱动同步整流电路在反激、正激、推挽变换器中的应用。

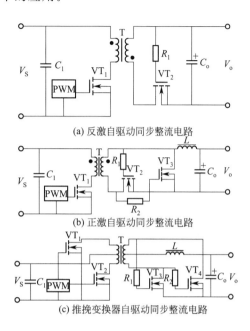

(a) 反激自驱动同步整流电路

(b) 正激自驱动同步整流电路

(c) 推挽变换器自驱动同步整流电路

图 7-51　自驱动同步整流电路的应用

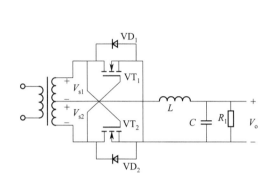

图 7-50　自驱动同步整流电路

7.3.2　辅助绕组驱动同步整流技术

辅助绕组驱动同步整流电路是对自驱动同步整流电路的改进。为了防止在输入电压很高时引起变压器二次绕组电压过高，使得同步整流的 MOSFET 栅极上的电压过高损坏 MOSFET 的现象发生，在变压器二次绕组中增加了驱动绕组。这样就可有效调节驱动同步整流的 MOSFET 的栅压，使其在 MOSFET 栅压的合理区域，从而达到保护 MOSFET 的目的，提高了电源的可靠性。同时，也将本来只能使用在低输出电压场合的同步整流电路应用到高输出电压场合。其工作原理如图 7-52 所示。

从图 7-52（a）可以看出，为了驱动输出同步整流 MOSFET，在变压器的二次绕组上加绕了一个辅助绕组。此绕组上产生的电压就是同步整流 MOSFET 的驱动电压。

7.3.3　有源钳位同步整流技术

针对自驱动、辅助绕组驱动同步整流器的不足，在开关变换器一次侧采用有源钳位同步整流技术，电路如图 7-53 所示。电容 C_a 以及辅助开关 VT_3 组成了有源钳位电路。有源钳位开关变换器的两个整流 MOSFET 轮流导通，减少了同步整流时负载电流流过寄生二极管所造成的损耗。

从图 7-54 所示波形可以看出，在整个开关管关断期间，变压器磁芯会复位。而复位时是依靠电容 C_a 和变压器的励磁电感完成开关管的零电流、零电压开关的。由于电容 C_a 和变压器励磁电感在谐振时会在变压器的二次侧形成一个电压，而此电压正好可作为同步整流 MOSFET 的驱动电压。这个同步整流的驱动电压会与变压器的输出电压严格同步。这样 MOSFET 的体二极管流过的电流时间就会变得很短，也就降低了同步整流的损耗。

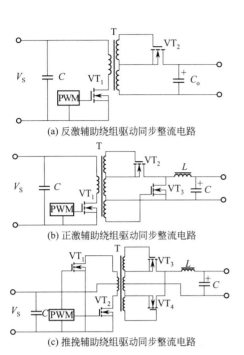

(a) 反激辅助绕组驱动同步整流电路

(b) 正激辅助绕组驱动同步整流电路

(c) 推挽辅助绕组驱动同步整流电路

图 7-52　辅助绕组驱动同步整流电路的应用

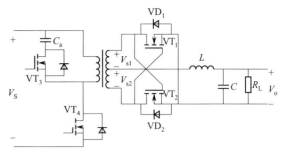

图 7-53　有源钳位同步整流电路

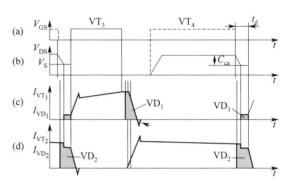

图 7-54　有源钳位同步整流波形

7.3.4　电压外驱动同步整流技术

电压外驱动同步整流技术中 MOSFET 的驱动信号需从附加的外驱动电路获得。为了实现驱动同步，附加驱动电路必须由变换器主开关管的驱动信号控制，电路如图 7-55 所示。为了尽量缩短负载电流流过寄生二极管的时间，二次侧的两个 MOSFET 要能在一周期内均衡地能流导通，即两个 MOSFET 驱动信号的占空比为 50％ 的互补驱动波形。外驱动电路可提供精确的时序，以达到上述要求。但为了避免两个 MOSFET 同时导通而引起二次侧短路，应留有一定的死区时间。虽然外驱动同步整流电路比起传统的自驱动同步整流电路效率更高，但它却要求附加复杂的驱动电路，从而会带来驱动损耗。特别在开关频率较高时，驱动电路的复杂程度和成本都较高，因此外驱动同步整流技术并不适用于开关频率较高的变换器。

为了提高同步整流的效率，现在设计了各种同步整流控制驱动 IC。它可将同步整流 MOSFET 的栅压调校至最合适的状态，同时也提高了开启关断时序的准确度。但其主要缺点在于 MOSFET 的驱动脉冲由控制 IC 给出，同步整流 MOSFET 的开通、关断时间会与一次侧的主开关管有时间差，因而会出现 MOSFET 体二极管先导通，MOSFET 再导通的情况。通常 MOSFET 为硬开关，因而，这时对于采用同步整流的高频开关变换器的工作频率不能选得太高。太高会造成同步整流管的开关损耗，反而会降低开关变换器的整体效率。

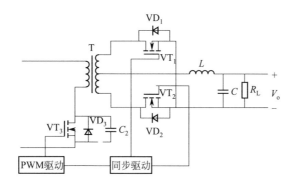

图 7-55　电压外驱动同步整流电路

7.3.5　应用谐振技术的软开关同步整流技术

使用方波电压驱动 MOSFET 时，由于 MOSFET 的寄生电容充放电造成的损耗与频率成正比，因此在高频情况下，如 $f_s > 1\text{MHz}$，这一损耗将不可忽视。使用传统的自驱动同步整流技术，寄生电容引起的损耗将会很大。而使用谐振技术，使同步整流 MOSFET 两端的电压呈正弦波，则可大大减少整流 MOSFET 的开关损耗。采用谐振技术的软开关同步整流电路如图 7-56 所示。由于谐振电容 C_s 的加入，VT_1 的寄生电容在整个周期内与 C_s 并联，VT_2 也是如此。于是，VT_1、VT_2 所有寄生电容均在一周期内与 C_s 并联，即寄生电容的能量被全部吸收进谐振电容 C_s。变压器二次侧会产生一正弦波电压，而此正弦波电压使同步整流 MOSFET 两端的电压也是正弦波，从而减少了同步整流器的损耗。

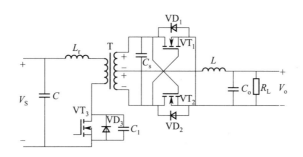

图 7-56　采用谐振技术的软开关同步整流电路

7.3.6　正激有源钳位电路的外驱动软开关同步整流技术

对正激有源钳位电路，还可用外部驱动方式来实现同步整流 MOSFET 的软开关。控制信号可来自二次侧也可来自一次侧，电路如图 7-57 所示，VT_2 为整流 MOSFET，VT_3 为续流 MOSFET。IC_2 控制同步整流，而 IC_1 为一次侧控制集成电路，将驱动信号传递至同步整流控制 IC_2 中，由 IC_2 通过信号变压器同步驱动脉冲送至同步整流驱动电路。驱动整流 MOSFET 的同步脉冲延迟一点时间，这段时间内让整流 MOSFET 的体二极管先行导通。而当驱动脉冲到达 MOSFET 栅极时，其源极、漏极电压已达 1V，可认为是零电压导通。当然 MOSFET 体二极管导通时间越短越好。等到二次绕组反向后，关断整流 MOSFET，从而消除体二极管反向恢复时间造成的损耗。续流 MOSFET 的导通采用与整流 MOSFET

相同的办法，即将驱动脉冲信号延迟，也令 MOSFET 在源极、漏极电压为 1V 时导通。而关断则采用从续流 MOSFET 源漏极采样的方法，当认为其电流已为 0 时，将续流 MOSFET 关断，所以其为零电流关断。此外，为了减小续流 MOSFET 的体二极管的导通时间，在整个续流时段内都给出驱动脉冲。采用这样的方法处理后，开关损耗降低了，效率也有很大提高。特别是同步整流 MOSFET 的体二极管，如果是快速恢复型的则效果更佳。美国凌特公司（Linear Technology Corporation，也有译为线性技术公司）的 LTC3900、美国美信公司的 MAX5058 及 MAX5059 都是较新的控制 IC 产品。图 7-58 所示为其各个开关器件的驱动波形，要注意其时间顺序。

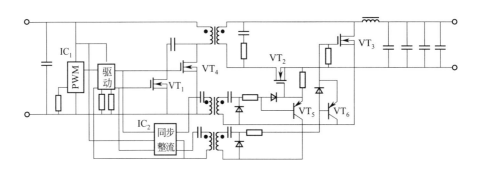

图 7-57　正激有源钳位电路的外驱动软开关同步整流电路

图 7-58　正激有源钳位电路的外驱动软开关同步整流电路各开关器件的驱动波形

7.4　并联均流技术及其应用

较早的供电系统采用的是集中式供电方式。集中式供电电源系统是指通过单个开关变换器，直接将输入电压变换成一个给定输出电压提供给负载的电源系统，如图 7-59 所示。由图可见，该开关变换器输出功率较大、电流也较大，受到大功率开关器件开关速度的限制，其工作频率也不可能很高，因此其体积也较大、生产成本较高，且一旦发生故障，就不可能向负载正常供电，因此，其可靠性也较低。

典型分布式供电电源系统的原理框图如图 7-60 所示。该分布式供电系统将若干个 DC-DC 开关变换器模块并联组成分布式供电电源系统。交流输入电压通过 EMI 滤波器和整流滤波器后转换为平滑的直流电压 V_i，然后经 DC-DC 开关变换器将 V_i 转换成输出直流电压 V_o，多个 DC-DC 开关变换器模块的输出连接到输出母线上，再接到负载或用户系统。

电源供电系统采用多个模块并联结构，还可实现 $n+m$（m 表示电源系统冗余度）冗余功能。$n+m$ 冗余系统，是指 $n+m$ 个功率为 P 的开关变换器模块并联工作，供给负载的功

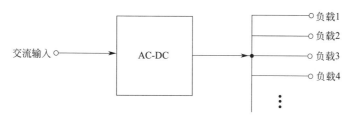

图 7-59　集中式供电电源系统

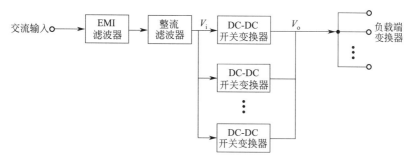

图 7-60　典型分布式供电电源系统原理框图

率为 nP，冗余（备用）功率为 mP。正常工作时，如果每个开关变换器提供的功率相等，则单个变换器模块所承担的功率为其容量的 $n/(n+m)$，当其中一个或几个（不超过 m 个）变换器模块出现故障时，故障模块立即被切除，而其余模块正常运行，供电电源系统仍能保证提供 100% 的负载功率。采用冗余技术，除了能使系统增加容错冗余功率外，还可实现热更换（热插拔），即在保证系统不间断供电的情况下，更换系统中的失效模块。

为了提高开关变换器模块并联供电电源系统的可靠性，一方面要求各模块能平均输出电流，另一方面要求并联工作的模块要有功率冗余。开关变换器模块并联的具体要求为：①开关变换器模块并联后，系统的源效应、负载效应、瞬态响应等都应满足系统所要求的技术指标；②采用冗余技术，$n+m$ 个开关变换器模块并联后，其中某模块单元发生故障时，不影响整个系统的正常工作；③确保每个模块均匀分担负载电流，即通过并联均流（Current Sharing）技术使各模块提供的电流大小尽可能相等，因此，要求各模块单元具有输出自动均流功能。

在并联系统中采用均流技术，可保证各模块间的电流应力和热应力均匀分配，防止一台或多台模块工作在电流极限值（限流）状态。如果不采取均流技术，则可能由于并联工作的各个模块的特性不一致，输出电压较高的模块将承担更多的电流甚至过载，从而使某些外特性较差的模块工作于轻载，甚至空载运行，其后果必然是分担电流多的模块热应力大，其使用寿命必然下降，从而降低了系统的可靠性。

实现均流的方法很多，如无源均流法（或称串接均流电阻法）、有源均流法（如主从均流法、平均电流自动均流法、最大电流自动均流法等）。下面将对这些均流方法的组成、工作原理、特点及应用分别进行讨论。

7.4.1　串接均流电阻法

串接均流电阻法是通过在各模块的输出与负载之间串接均流电阻来实现均流的方法，该均流方式也叫无源均流法、输出阻抗法、输出电压倾斜法和下垂法等。

采用串接均流电阻法均流的 n 个 DC-DC 开关变换器模块并联的示意图如图 7-61 所示。图 7-61 中的 $R_1 \sim R_n$（$R_1 = R_2 = \cdots = R_n$）是均流电阻，同时也可作为电流检测电阻，每个

DC-DC 开关变换器内部使用相同的参考电压。当流过某个开关变换器（如第 k 个）的电流相对较大时，则对应电阻 R_k 上的压降也会变大，使得该模块的输出电压下降，流过其中的电流将自动减小，即等效于该模块的输出阻抗增大，输出曲线向下倾斜，而使其他模块的电流相对增大，从而达到并联均流的目的。

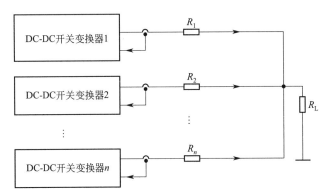

图 7-61　串接均流电阻均流法示意图

　　显然，这种均流方法属于开环控制，是一种近似的均流方法，实际上各个开关变换器的输出电流并不是完全均衡的，尤其在小电流时，电流的分配特性更差。而且为了达到均流的目的，每个模块需要个别调整，而这种调整是以牺牲开关变换器的电压调整率为代价的。所以这一方法基本不用在对电压调整率要求较高的电源系统中。

　　下面以两个相同容量的开关变换器模块并联工作为例来说明均流电阻对均流效果的影响。两个开关变换器模块并联示意图如图 7-62 所示，设两个模块的最大输出电压（即空载电压）分别为 V_{o1m} 和 V_{o2m}，其均流电阻均为 R，则由图 7-62 可知：

$$I_{o1} = (V_{o1m} - V_o)R \tag{7-60}$$

$$I_{o2} = (V_{o2m} - V_o)R \tag{7-61}$$

$$I_o = V_o/R_L = I_{o1} + I_{o2} \tag{7-62}$$

式中，I_{o1} 和 I_{o2} 分别为两个模块的输出电流；R_L 为并联系统的负载电阻。

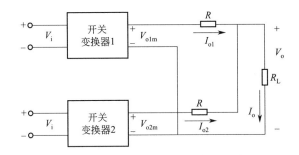

图 7-62　两个开关变换器模块并联示意图

流过两模块的电流差值为

$$\Delta I = I_{o1} - I_{o2} = (V_{o1m} - V_{o2m})/R \tag{7-63}$$

由式（7-60）～式（7-63）可得

$$I_{o1} = \frac{1}{2}\left(I_o + \frac{V_{o1m} - V_{o2m}}{R}\right) \tag{7-64}$$

$$I_{o2} = \frac{1}{2}\left(I_o - \frac{V_{o1m} - V_{o2m}}{R}\right) \tag{7-65}$$

从式（7-63）可以看出，在模块的输出与负载之间串联均流电阻 R 可以实现均流调节的功能，而且均流电阻 R 越大，两模块的电流差值越小，即其均流效果越好；从式（7-64）和式（7-65）可以看出，当两模块的最大输出电压确定时，对于给定均流电阻 R，输出电流越大，两模块的电流差值越小，即在重载时均流效果较好。串接均流电阻法的缺点是串联电阻会消耗额外电能，较为经济的办法是串联热敏电阻，其阻值随在电阻上消耗的热能变化而改变，同样能达到近似均流的目的。

从串接均流电阻法均流的原理可知，人为地增加模块输出与负载连接的电缆电阻，也可达到均流的目的。所以，有时候通过正确地配置电缆电阻，也可使均流的性能得到改善，从而提高整个电源系统的可靠性。

串接均流电阻法是实现均流最简单的方法，属于开环控制，均流性能较差，在小电流时性能更差，重载时均流性能要好一些。其主要缺点是：串联电阻会产生额外损耗，也会使电压调整率下降；对于额定功率不同的并联模块，难以实现均流。串接均流电阻法通常应用于对均流精度要求不高及功率不太大的场合。

7.4.2 主从均流法

有源均流法可克服无源均流法的缺点，其特征是并联系统中的每一模块单元均需要引入均流控制电路，并采用互联通信线（也称均流母线——CSB）连接所有的并联模块，用于提供共同的电流参考信号。一般并联开关变换器采用电流型控制，即电流内环和电压外环双环控制。如果把开关变换器的功率变换部分和电流内环作为开关变换器的基本单元，则根据基本单元外所设置的均流控制电路与均流母线的连接方式，又可将有源均流法划分为主从均流法、平均电流自动均流法及最大电流自动均流法等。

主从均流法是指在并联电源系统中，任意指定一个模块为主模块，直接连接到均流母线上，其余的模块则为从模块。主从均流法中各并联模块单元的输出与均流母线的连接关系如图 7-63 所示，显然，图中的模块"1"为主模块。

主从均流法适用于采用电流型控制的并联电源系统，是一个具有电压、电流反馈的双闭环系统。图 7-64 给出了 n 个开关变换器模块并联的主从均流法控制的原理图。图中设模块 1 为主模块，按电压、电流反馈控制的双闭环系统工作，其余的 $n-1$ 个模块按电流型控制方式工作。V_r 为主模块的基准电压，V_f 为模块单元的输出电压反馈信号。经过电压误差放大器，得到误差放大电压信号 V_e，将 V_e 作为主模块的电流

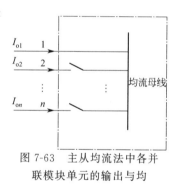

图 7-63 主从均流法中各并联模块单元的输出与均流母线的连接关系

基准，与 V_{i1}（与主模块电流大小成比例的反馈电压信号）比较后，产生的控制电压 V_{c1} 控制 PWM 和驱动器工作，于是主模块电流将按电流基准 V_e 调制，即该模块电流近似与 V_e 成正比。其他各个从模块的电压误差放大器接成跟随器的形式，主模块的误差放大电压信号 V_e 输入到各跟随器，于是跟随器输出也均为 V_e，它即是各从模块的电流基准，因此各个从模块的电流都按同一 V_e 值进行调制，与主模块电流基本一致，从而达到并联均流的目的。

采用主从均流法，均流精度高、控制结构简单。其缺点是：主从模块的控制电路之间必须要有信号联系，使模块间连线复杂化；而且，一旦主模块出现故障，整个系统将完全瘫痪；与此同时，电压回路的频带宽，容易产生噪声干扰。

7.4.3 平均电流自动均流法

平均电流自动均流法中各并联模块单元的输出与均流母线的连接关系如图 7-65 所示，

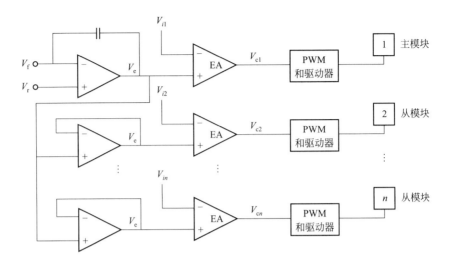

图 7-64　主从均流法控制的原理图

各并联模块单元的电流放大器输出通过相同的电阻 R（$R_1 = R_2 = \cdots = R_n = R$）连接到均流母线，均流母线上的电压反映了所有模块电流的平均值 V_b（即代表电源系统的平均电流）。

平均电流自动均流法控制电路如图 7-66 所示。在图 7-66 中，V_r 是基准电压；V_i 为电流放大器的输出信号，与模块的输出电流成比例；V_b 为均流母线上的电压。V_i 与 V_b 经均流放大器比较放大后，产生均流控制电压 V_c，参考电压 V_r 和 V_c 进行综合后形成电压误差放大器的基准电压 V_r'，V_r' 与 V_f 进行比较放大后，产生误差放大电压 V_e 来控制 PWM 控制器。功率级的开关管按照 PWM 控制器的信号开通和关断，从而调节输出电流，使得各模块的输出电流接近相等，达到并联均流的目的。

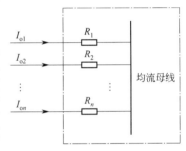

图 7-65　平均电流均流法
各并联模块单元的输
出与均流母线的连接关系

现以两个开关变换器模块并联（$n = 2$）的情况，说明平均电流自动均流法控制的具体原理，其均流控制电路如图 7-67 所示。

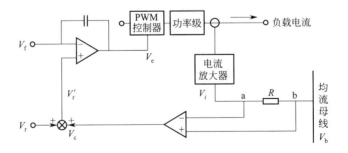

图 7-66　平均电流自动均流法控制电路

在图 7-67 中，V_{i1} 及 V_{i2} 分别为模块 1 和模块 2 的电流信号，经过电阻 R 接到均流母线，当流入母线的电流为零时，可得

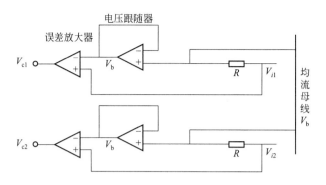

图 7-67　两个模块的并联均流的控制电路

$$(V_{i1}-V_b)/R=0 \tag{7-66}$$
$$(V_{i2}-V_b)/R=0 \tag{7-67}$$

由式（7-66）和式（7-67）可得

$$(V_{i1}+V_{i2})/2=V_b \tag{7-68}$$

即母线电压 V_b 是 V_{i1} 和 V_{i2} 的平均值，也代表了模块 1、模块 2 输出平均电流值。V_i 与 V_b 之差代表均流误差，当 $V_i \neq V_b$ 时，通过均流控制电路对开关变换器的输出电流进行调节，最终使得 $V_i=V_b$，电阻 R 上的电压为零，表明系统实现了均流。

平均电流自动均流法可以精确地实现均流，但具体应用时会出现一些特殊问题，如当均流母线发生短路或接在母线上的任一开关变换器模块单元不工作时，将会引起均流母线电压下降，使得各开关变换器模块输出电压下调，甚至达到下限值，引起电源系统故障。解决该问题的办法是自动将故障模块从均流母线上切除。

具体措施如图 7-68 所示，每一模块不是直接接到均流母线，而是通过一开关连接到均流母线。如果第 k 个模块失效，则第 k 个均流控制器的开关 S_k 断开，第 k 个均流控制电路从均流母线上撤出，这时 V_b 代表剩下的 $n-1$ 个模块的平均电流。根据上述原理，同样可以实现 $n-1$ 个并联模块的均流。采用平均电流自动均流法实现均流，可将各并联模块的电流不均匀度（即均流误差）控制在 5% 以内。

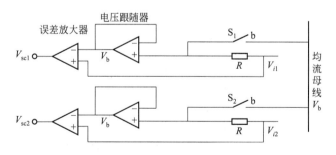

图 7-68　改进后的均流控制电路

7.4.4　最大电流自动均流法

最大电流自动均流法是指在并联电源系统中，各并联模块单元的输出通过一只二极管连接到均流母线，如图 7-69 所示。只有电流最大的模块对应的二极管才能导通，因此，均流母线上代表的是最大电流信号，其余模块分别比较各自电流反馈信号与均流母线之间的电压差异，通过误差放大器输出来调整各自输出电流，从而达到均流。最大电流自动均流法又称为自动主从设定法或民主（Democratic）均流法。

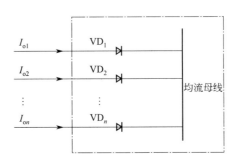

图 7-69　最大电流自动均流法各并联模块单元的输出与均流母线的连接关系

最大电流自动均流法的控制原理如图 7-70 所示，最大电流自动均流法是一种自动设定主从模块的方法。与图 7-66 所示的平均电流自动均流法控制电路相比，最大电流自动均流法的差别在于将连接在电流放大器输出与均流母线之间的电阻换成了二极管（a 点接二极管的阳极，b 点接二极管的阴极）。由于二极管具有单向导电性，只有电流最大模块的二极管导通，a 点才能与均流母线相连。因此在 n 个模块并联的电源系统中，输出电流最大的模块将自动成为主模块，而其余的模块则为从模块，它们的电压误差依次被整定，以校正负载电流分配的不平衡，所以，最大电流自动均流法又称为自动主从控制法。

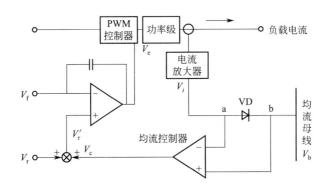

图 7-70　最大电流自动均流法控制原理

在最大电流自动均流法中，均流母线上的电压 V_b 反映的是并联各模块中的最大 V_i 值。如果在各模块电流分配均衡的情况下，其中某个模块的电流突然增大，成为 n 个模块中电流最大的一个，于是 V_i 上升，该模块自动成为主模块，其他各模块为从模块，这时 $V_b = V_{i\max}$，而各从模块的 V_i 与 V_b（即 $V_{i\max}$）进行比较，通过对均流控制器的输出与参考电压 V_r 进行综合，改变电压误差放大器的基准电压 V_r'，从而自动实现均流。

最大电流自动均流法的特点是：①任一时刻只有主模块参与调节工作，且主模块是随机的；②由于二极管存在正向压降，因此主模块的均流会有误差；③在最大电流自动均流法中，主、从模块不断交替，各模块输出电流存在低频振荡。

7.4.5　热应力自动均流法

热应力自动均流法，也是一种按平均值自动均流的方法。热应力自动均流法是按照每个模块的电流和温度（即热应力）自动均流。如图 7-71 所示是热应力自动均流控制电路原理图。每个模块的负载电流和温度经过检测放大后，输出一个电压 V_i：

$$V_i = KIT^\alpha \tag{7-69}$$

式中，K、α 为常数；T 为模块温度；I 为模块的平均输出电流。

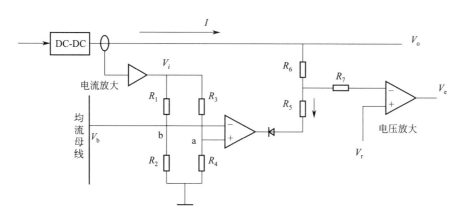

图 7-71　热应力自动均流控制电路原理图

因此，每个模块的电流和温度决定了模块间的电流分配。电压 V_i 与模块的输出电流成正比，加到一个电阻电桥的输入端，电桥的输出（a、b 两点）接比较器的输入端，同时 b 点接均流母线。电阻 R_1、R_2 在这里起加法电路和平均电路的作用。因此，母线电压 V_b 与 n 个模块的平均电压信号成正比

$$V_b \propto (V_{i1} + V_{i2} + \cdots + V_{in})/n \tag{7-70}$$

每个模块的 V_i 值经过 R_3、R_4 分压电路，在相应的均流控制器的 a 点产生电压 V_a，这个电压反映了该模块的 IT^α 值。V_a 与 V_b 经过比较器比较，若 $V_a < V_b$，则 R_5 中的电流增大，误差放大器的输出电压 V_e 也发生变化，模块的输出电压上升，输出电流增大，使 V_a 接近于 V_b。当均流母线有故障时，电阻 R_5 限制了 V_a 偏离 V_b 的最大偏差，以保持系统的正常工作。

并联系统中各模块所处的位置不同，热对流情况和散热条件也不同，结果有的模块温度高，有的模块温度低。但按热应力自动均流可在设计电源柜时，不必考虑各模块的布置。此外，由于回路频带窄，对噪声不敏感，设计时也无须考虑电源对噪声的屏蔽。

习题与思考题

1. 简述功率因数和总谐波畸变（THD）的定义。
2. 简述传统开关电源存在的问题。
3. 通常采用哪几种方法降低整流器输出中的谐波分量，提高电网侧的功率因数？
4. 简述无源功率因数校正的基本方法。
5. 常用的 APFC 的控制方法有哪几种？
6. 简述 UC3854 有源功率因数校正集成控制器的特点、引脚功能和工作原理。
7. 简述 ZCS 谐振软开关的 Buck 型 DC-DC 变换电路工作过程。
8. 简述 ZVS 谐振开关 DC-DC 降压变换电路工作过程。
9. 简述零电压开关多谐振 DC-DC 降压变换电路工作过程。
10. 简述零电压和零电流谐振变换器的优缺点。
11. 简述零电压开关 PWM 变换器工作过程。
12. 简述零电流开关 PWM 变换器工作过程。
13. 简述零电压转换 PWM 变换器工作过程。

14. 简述零电流转换 PWM 变换器工作过程。

15. 简述移相控制零电压开关 PWM 变换器工作过程。

16. 简述带辅助支路的移相控制全桥变换器工作过程。

17. 简述原边加隔直电容和饱和电感的全桥 ZVZCS-PWM 变换器工作过程。

18. 简述二极管阻断移相全桥零电压零电流变换器工作过程。

19. 简述同步整流技术的定义及其分类。

20. 简述并联均流技术的定义及其分类。

第8章
开关电源实例剖析

虽然开关电源都是把交流或直流电能转换为稳定直流输出的稳压装置，但在不同应用场合，电路结构、控制方式、器件和集成芯片选择、参数设计和调试方式会有显著的差别，本章结合当前较常用、实用的应用案例，主要剖析了较为基础的48V/5A开关稳压电源、较为前沿的原边反馈和同步整流反激电源、带PFC功能的软开关通信用的高频开关电源和模块化直流操作电源四种实例，有的侧重讲解其电路组成、工作原理与常见故障检修，有的则侧重讲解其电路设计、参数计算及其调试步骤，以满足不同层次读者的需求。

8.1　48V/5A开关电源实例剖析

8.1.1　电路组成

48V/5A开关稳压电源主要由主电路、辅助电源、检测电路和控制电路四大部分组成。其电路原理如图8-1所示。

8.1.2　工作原理

下面对主电路、辅助电源、检测电路和控制电路的工作原理逐一介绍。

（1）主电路

主电路主要包括交流输入、整流与滤波、逆变电路以及输出整流与滤波等部分。

① 交流输入部分　由输入滤波器Z_1、电源开关K_1，熔丝F_1、功率电阻R_{21}、双向晶闸管Q_4、压敏电阻R_{15}、电阻R_1和指示灯L_1构成。

输入滤波器Z_1的作用是抑制市电中的高频干扰串入开关电源，同时也抑制开关电源对交流电网的反干扰。当开关K_1合上时，电阻R_1和指示灯L_1与市电构成交流回路，指示灯L_1亮，提示交流电已加上。双向晶闸管Q_4和电阻R_{21}构成输入软启动电路，在开关K_1合闸时，电阻R_{21}作为限流电阻，将合闸时的浪涌电流限制在设定范围内，正常工作时，双向晶闸管Q_4导通，将电阻R_{21}短接，以降低开关电源的损耗。

② 整流与滤波部分　由整流桥B_2，电容C_{24}、C_{25}、C_{26}，电阻R_{33}，发光二极管LED_3构成。

整流桥B_2的作用是将交流电全桥整流变为脉动直流电。电容C_{24}、C_{25}、C_{26}构成滤波电路，其作用是将整流后的脉动直流电变换为较平滑的直流电，供下一级变换。电阻R_{33}和发光二极管LED_3构成直流部分指示电路，当整流滤波部分正常输出直流电时，LED_3亮。

③ 逆变电路　由MOSFET功率开关Q_2、Q_3、Q_6、Q_7，电阻R_{31}，电容C_{23}、C_{22}和

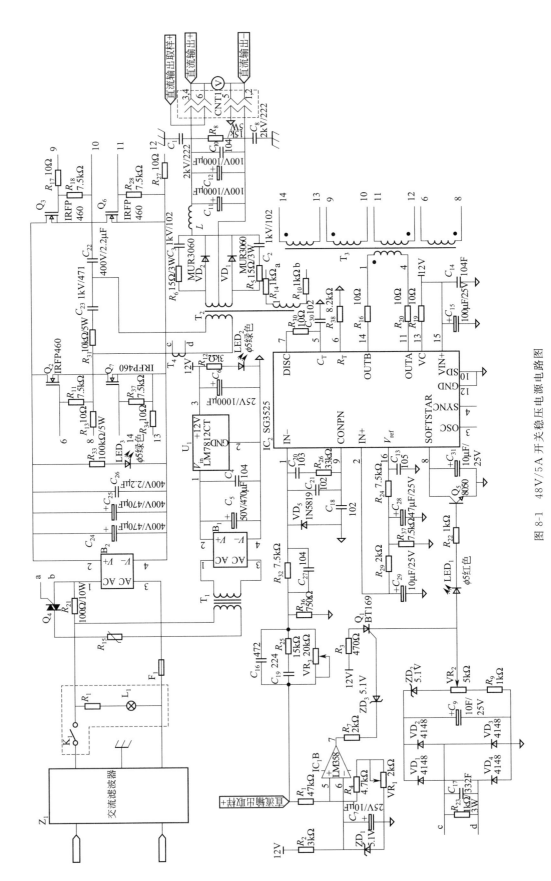

图 8-1 48V/5A 开关稳压电源电路图

输出变压器 T_2 构成。MOSFET 功率开关 Q_2、Q_3、Q_6、Q_7 构成全桥逆变电路，将前级输入的直流电变换为高频的交流电，并经高频变压器 T_2 进行变换后送入输出整流电路。电阻 R_{31} 和电容 C_{23} 串联后并接在变压器 T_2 初级端，构成吸收电路，防止变压器初级端的电压尖峰将功率开关击穿。电容 C_{22} 的作用是防止逆变桥的不平衡。

④ 输出整流与滤波　由整流二极管 VD_1、VD_2，电阻 R_5、R_6、R_8，电容 C_1、C_2、C_3、C_8、C_{10}、C_{11}、C_{12} 和电感 L 构成。

二极管 VD_1 和 VD_2 构成单相全波整流电路，将高频变压器 T_2 次级输出的高频交流电整流为脉动直流电。电感 L，电容 C_1、C_8、C_{10}、C_{11} 和 C_{12} 构成输出滤波电路，将 VD_1、VD_2 整流后的高频脉动直流电转换为稳定的直流电。电容 C_2 和电阻 R_5，电容 C_3 和电阻 R_6 构成 RC 吸收电路，对整流二极管 VD_1 和 VD_2 提供保护。电阻 R_8 为输出端假负载，在开关电源关机后，将滤波电容 C_{11}、C_{12} 上储存的能量消耗掉，防止下次开机时对负载造成冲击。电容 C_1 和 C_8 用于改善开关电源的电磁兼容性。

（2）辅助电源

辅助电源由工频变压器 T_1，整流桥 B_1，电容 C_4、C_5、C_6，三端稳压器 U_1，电阻 R_{12} 和发光二极管 LED_2 构成。

输入的市电经交流滤波器 Z_1 滤波后，经开关 K_1 接到工频变压器 T_1 的初级端，降压后加到整流桥 B_1 上，进行单相全波整流。整流桥 B_1 输出脉动的直流电，经电容 C_4、C_5 滤波后变为比较平滑的直流电，加在三端稳压器 U_1 的输入端，U_1 输出稳定的 12V 直流电，作为整个开关电源的辅助电源。电容 C_6 同样是作为滤波电容，用以保持 12V 辅助电源的稳定。电阻 R_{12} 和发光二极管 LED_2 构成辅助电源指示电路，当辅助电源正常时，发光二极管 LED_2 亮，指示辅助电源回路工作正常。

（3）检测电路

检测电路由输出电压检测电路和电流检测电路两部分组成。

① 输出电压检测电路

a. 输出过电压保护电路的检测　由电阻 R_1、R_4 和可调电阻 VR_1 构成，调节 VR_1 即可调节输出电压过压保护点。

b. 输出电压调节电路的检测　由电阻 R_{25}、R_{32}、R_{36}，可调电阻 VR_3，电容 C_{16}、C_{19}、C_{27} 构成。其中，可调电阻 VR_3 和电阻 R_{36} 构成分压电路，调节 VR_3 即调节采样电压的大小，从而调节输出电压。电容 C_{16}、C_{19} 和电阻 R_{25} 用以改善系统环路的频率特性。

② 电流检测电路　电流检测电路完成对逆变主电路电流的检测，为过流保护电路提供取样信号。电流检测电路由电流互感器 T_4，电阻 R_{23}，电容 C_{17}、C_9，二极管 VD_1、VD_2、VD_3、VD_4 组成。

电流互感器 T_4 检测逆变主电路的电流，其输出经电阻 R_{23} 转变为交流电压信号，经电容 C_{17} 滤波后，通过二极管 $VD_1 \sim VD_4$ 进行单相桥式不可控整流，变为直流电压信号。电容 C_9 将整流后的脉动直流电变换为比较平滑的直流电，完成滤波功能。

（4）控制电路

控制电路的功能主要由芯片 SG3525 完成，集成控制器 SG3525 在前面已经详述过，在此仅对 48V/5A 开关电源控制电路各部分的工作原理进行分析。

① 误差放大电路及 PWM 调节原理　由 SG3525 内置的误差放大器、给定基准电压信号和电压检测信号构成。误差放大器的同相端（SG3525 "2" 脚）接给定基准电压信号，由 SG3525 "16" 脚输出的参考电压经电阻分压后得到。电容 C_{13}、C_{28}、C_{29} 完成滤波功能，用于保持给定电压的稳定，电阻 R_{29}、R_{37} 构成分压电路，电阻 R_{24} 用于限制流入运放的电流。由于 SG3525A 的参考电压为 5.1V，因此 "2" 脚的给定电压为 2.55V。输出电压检测

信号经电阻 R_{32} 和电容 C_{27} 后，接在误差放大器的反相端（SG3525 "1" 脚）。电容 C_{20}、C_{21}、电阻 R_{26} 与误差放大器一起构成比例积分（PI）调节电路，实现对误差信号的放大，并对输出电压调节进行频率补偿。电容 C_{18} 接在误差放大器的输出端（SG3525 "9" 脚），用于滤除纹波干扰。

由于基准电压信号接在误差放大器的同相端，输出电压的采样信号接在误差放大器的反相端，因此当输出电压升高时，误差放大器的输出将降低，导致 SG3525 内置的 PWM 比较器输出高电平的时间变长，PWM 锁存器输出高电平的时间也变长，通过或非门后，使 SG3525 输出晶体管导通时间变短，即输出脉宽变窄，最终使输出电压下降；反之，当输出电压降低时，误差放大器的输出将升高，使 SG3525 内置的 PWM 比较器输出高电平的时间变短，PWM 锁存器输出高电平的时间相应变短，通过或非门后，使 SG3525 输出晶体管导通的时间相对变长，即输出脉宽变宽，最终使输出电压升高。

② 输出软启动电路　由 PWM 集成控制器 SG3525 的软启动引脚（"8" 脚）和电容 C_{31} 构成。开关电源上电后，由于电容 C_{31} 两端电压不能突变，因此与软启动电容接入端连接的 PWM 比较器反相输入端为低电平，其输出端为高电平，关闭输出脉冲。SG3525 内置的 $50\mu A$ 恒流源对 C_{31} 进行充电，当 "8" 脚上的电压处于高电平时，SG3525 才开始正常工作。

③ 过电流保护电路　由电流检测电路，稳压管 ZD_2，电阻 R_9、R_{22}，可调电阻 VR_2，发光二极管 LED_1，三极管 Q_5 和 SG3525 的 "8" 脚组成。

电流检测电路输出的电压信号经稳压管 ZD_2、可调电阻 VR_2 和电阻 R_9 分压后，从可调电阻 VR_2 的中心抽头经发光二极管 LED_1、电阻 R_{22} 接到三极管 Q_5 的基极端。当逆变主电路电流达到过流值时，VR_2 中心抽头的电压使 Q_5 导通，软启动电容 C_{31} 通过 Q_5 迅速放电，使 PWM 集成控制器 SG3525 的 "8" 脚为低电平，关闭输出脉冲，从而关断主开关管，达到过流保护的目的。同时，发光二极管 LED_1 亮，指示电源故障。若过流情况消失，VR_2 中心抽头的电压下降，不能使三极管 Q_5 导通，PWM 集成控制器 SG3525 内置的 $50\mu A$ 恒流源重新对 C_{31} 进行充电，当 "8" 脚上的电压处于高电平时，SG3525 恢复输出。因此，过流保护属自恢复型保护。调节可调电阻 VR_2，即可调节过流保护值。

④ 过电压保护电路　由输出电压检测电路，电阻 R_2、R_3、R_7、R_{22}，稳压管 ZD_1、ZD_3，电容 C_7，运放 IC_1B，晶闸管 Q_1，发光二极管 LED_1，三极管 Q_5 和 SG3525 的 "8" 脚等组成。

输出电压检测信号接在运放 IC_1B 的同相端（"5" 脚）。运放 IC_1B 的反相端（"6" 脚）接基准信号，由直流 12V 电压经电阻 R_2、稳压管 ZD_1 稳压后提供。电容 C_7 的作用是保持基准信号的稳定。当输出电压超过设定值时，运算放大器 IC_1B 同相端电压高于反相端电压，其输出端（"7" 脚）输出高电平，通过电阻 R_7，击穿稳压管 ZD_3，加在晶闸管 Q_1 门极上，使晶闸管 Q_1 导通。12V 电压通过电阻 R_3、晶闸管 Q_1、发光二极管 LED_1、电阻 R_{22} 使三极管 Q_5 导通，软启动电容 C_{31} 通过 Q_5 迅速放电，使 SG3525 "8" 脚为低电平，关闭输出脉冲，从而关断主开关管，达到过压保护的目的。同时，发光二极管 LED_1 亮，指示电源故障。若过压情况消失，IC_1B 输出低电平，但由于晶闸管为半控型器件，仍然保持导通，使 SG3525 的输出脉冲关闭，必须关机后再次开机，开关电源才能正常输出。因此，过电压保护属截止式一次性保护。调节可调电阻 VR_1，即可调节过电压保护值。

⑤ 驱动电路　由 SG3525 的输出端（"11" 和 "14" 脚），电阻 R_{11}、R_{13}、R_{16}、R_{17}、R_{18}、R_{20}、R_{27}、R_{28}、R_{34}、R_{37} 和脉冲变压器 T_3 构成。

脉冲变压器 T_3 的作用是实现四组驱动脉冲的隔离，并升高 SG3525 输出脉冲的幅度。电阻 R_{11}、R_{13}、R_{17}、R_{18}、R_{27}、R_{28}、R_{34} 和 R_{37} 的作用是防止功率 MOSFET 振荡。由

于 SG3525 的 "11" 脚和 "14" 脚输出脉冲是互补的，根据脉冲变压器的同名端关系，功率开关 Q_3、Q_7 的驱动信号相同，Q_2、Q_4 的驱动信号相同，同时它们之间也是互补关系。

⑥ 振荡电路　由 SG3525 的 "5" 脚、"6" 脚、"7" 脚，电阻 R_{38} 和电容 C_{30} 构成。

8.1.3　常见故障检修

(1) 电力电子电源设备检修的基本原则

① 先主电路后其他电路　在检修的时候，应该首先检修主电路的故障情况，判断主电路是否有故障后再去检修辅助电源电路及控制电路的故障。

② 先直流后交流　先判断电力电子电源设备中直流输出点的电压或波形情况，然后去判断交流输入电压或波形情况。

③ 先静态后动态　首先静态检测电路的开路或短路情况，然后加电动态检测各个测点的电压或波形。

④ 先空载后加载　先空载检测电力电子电源设备各项性能指标，待空载各项性能指标都正常后再加载判断设备是否有故障。

(2) 电力电子电源设备常用检修方法

在对电力电子电源设备进行检修时，首先应熟悉设备工作原理、组成及线路连接关系，然后掌握设备的各项性能指标和各级电路上元器件的电压数值和电阻值以及关键点处的波形，最后选择合适的检修方法。常用的检修方法如下：

① 局部观察法　打开机壳后，从外部通过眼睛看：外部接线、元器件等有无松脱现象。手摸：主要发热器件散热器的温升是否过高或其他器件的温升是否正常（确保设备不带电）。嗅：有无烧焦的气味。听：设备运行的时候电路中是否有不正常的声音。

② 仪表检查法　电阻法：用万用表电阻挡测量元器件的电阻值，判断元件的好坏及线路的通断。用万用表电阻挡测量元器件电阻值时，被测元器件一定要与其他电路断开（如电阻、二极管、电容等应用电烙铁从电路中焊脱一端），否则测量结果不准确甚至有可能导致错判。

电压法：用万用表相应电压挡测量各主要元器件的电压值，使其与正常电压值相比较，判断电路工作情况是否正常。

③ 波形法　用示波器观察各级波形，判断故障所在位置。当设备不加电的时候，可以通过测量电阻法判断电路的好坏。加电的时候，通过测量各级主要元器件的电压值来判断电路的好坏，压缩故障的位置，也可以通过测量主要测点的波形来判断故障所在的位置。

④ 对比检查法　把故障时各主要元器件上的电阻、电压值与正常时候的电阻、电压值进行比较来判断故障元器件的好坏以及故障的位置。

⑤ 部分分割压缩法　即把整个设备或某个组件中相对独立工作的部分区别开来，分别判断其好坏，确定故障所在部位。

分割法的关键是选好分割点，选得恰当就能够很快确定故障所在的位置。比如：在检修 48V/5A 开关电源的时候，可以把它分为主电路、辅助电源、控制电路等几部分来检测。而对于主电路、辅助电源、控制电路又可以继续分割压缩。

⑥ 外接电源法　就是通过外加电源，检测各个测点的电压或波形来判断故障的位置。

⑦ 故障排除法　设备在运行的时候，如果某一个元器件出现两种相反的故障状态，会使得设备出现两种不同的故障现象。比如保护电路三极管的开短路情况就可能引起两种不同的故障现象。开路会使得设备过压不保护，短路会使得开机立即保护即开机无输出。这个时候，我们就可以通过人为地对其进行开短路来判断故障的位置。

总之，检修电力电子电源设备的方法很多，在检修设备故障时，要根据实际情况灵活运用。有时采用一种检修方法就可排除故障，有时要多法并举才能达到目的。

（3）48V/5A 开关电源故障检修

对于 48V/5A 开关电源，可以分为主电路、辅助电源电路、控制与保护电路三大部分，因此，在下面章节中对故障的检修也按照这三大部分来分别讲解。然后讲综合故障的检修。在讲各部分故障检修的时候，都假定其余部分是正常的。

① 主电路故障检修　主电路主要分为输入电路、整流电路、变换电路、输出电路四大部分，下面就根据前面所讲述的原理来逐一分析这四部分的故障情况。

a. 输入电路故障检修　如图 8-2 所示，输入电路主要由输入交流滤波器（EMI）、开关 K_1、电源指示灯 L_1、电阻 R_1、熔丝 F_1、压敏电阻 R_{15}、软启动电路电阻 R_{21}、双向可控硅 Q_4 组成。这一部分的故障可以分为交流输入线路故障、熔丝故障以及软启动电路故障等。

在检修这一部分电路的时候，可以通过静态检测输入端到整流桥 B_2 输入端的电阻来判断线路的通断情况，也可以在加电的情况下通过检测电阻 R_{15} 上的电压以及整流桥 B_2 的输入端电压来判断和压缩故障的位置，从而达到快速检修的目的。

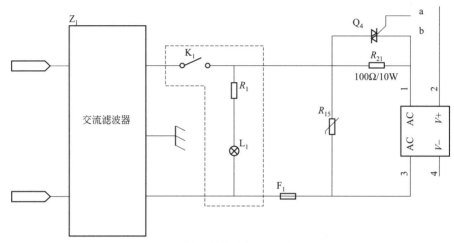

图 8-2　输入电路结构图

例如，我们用万用表的 250V 交流挡去检测 B_2 的输入端电压，如果为 220V，则这部分线路没故障，如果没有而指示灯 L_1 又是亮的，那说明 F_1 前端电路没有故障，这时候先在动态下用万用表 250V 交流挡去检测 R_{15} 两端的电压；如果有，则断掉电源后，用万用表的 $R \times 1k$ 挡去检测 R_{21} 两端到整流桥 B_2 的输入端电阻，正常情况下一端检测值为零，另一端大约为 100Ω，通过检测到的电阻值大小就可以判断故障所在。如果测得 R_{15} 两端电压为零，则故障在 R_{15} 和 L_1、R_1 与 F_1 间，可能为熔丝 F_1 故障，也可能为线路上的开路故障，用万用表电阻挡去检测电路的电阻值就可以判断故障所在。如果前面指示灯 L_1 都没亮，则可以判断出故障在输入接头到指示灯这一段线路上，用万用表的 $R \times 1k$ 电阻挡去检测线路的通断情况即可判断故障所在。

b. 整流电路故障检修　整流电路主要由整流桥 B_2，滤波电容 C_{24}、C_{25}、C_{26}，电阻 R_{33} 以及指示灯 LED_3 等组成，如图 8-3 所示。各元器件的参数如图中所示。

在检修这部分电路的时候，由于元器件少，连接关系简单，因此很好判断故障情况。例如，如果这部分电路中的指示灯 LED_3 亮，则表示这部分电路正常，如果不亮，用万用表的直流电压 500V 挡去测 C_{24}、C_{25}、C_{26} 两端电压，如果有，则是指示灯支路故障，如果没有则可能是整流桥 B_2 的故障，也有可能是连线被开路。这时候关断电源，用万用表的电阻挡

去检测整流桥 B_2 的输出到指示灯支路的通断情况，如果电阻为零，则是整流桥 B_2 的问题，如果电阻无穷大，则是中间有开路情况，仔细检查即可。

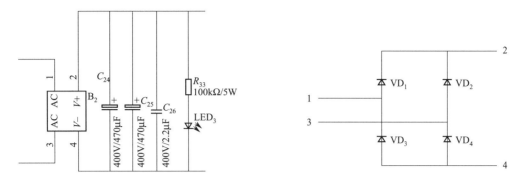

图 8-3　整流电路结构图　　　　　　　图 8-4　整流桥电路原理图

下面讲讲如何判断整流桥的好坏。整流桥原理电路如图 8-4 所示。其中 1 端、3 端为输入端；2 端、4 端为输出端，2 端为输出正端，4 端为输出负端。从原理图上我们可以看出，1 端与 2 端、3 端与 2 端、4 端与 1 端、4 端与 3 端间均是一个二极管，其中，1、3 端与 2 端的二极管，1、3 端为二极管的正极，2 端为二极管的负极；4 端与 1、3 端中的二极管，其中，4 端为二极管的正极，1、3 端为二极管的负极。因此，我们可以用万用表来判断整流桥的好坏。如果整流桥是正常的，则用万用表的黑表笔接 1 端或 3 端，红表笔接 2 端或者黑表笔接 4 端，红表笔接 1、3 端的时候，电阻应很小。反过来检测的时候电阻应接近无穷大，如果测量情况不符合上述的情况，则可判断整流桥已坏。但是当整流桥处于电路中的时候，由于和外部电路有连接关系，因此，应该通过具体的电路分析，从而作出正确的判断。

c. 变换电路故障检修　本机的变换电路属于桥式逆变电路，如图 8-5 所示，主要由 MOS 管 Q_2、Q_3、Q_6、Q_7 及其外围电路 R_{11}、R_{13}、R_{17}、R_{18}、R_{27}、R_{28}、R_{31}、R_{34}、R_{37} 组成。其中，Q_2、Q_3 的漏极连在一起，接到输入直流电压的正端，Q_7、Q_6 的源极接在一起，连到了前端直流电压的负端。根据前面所讲述的工作原理可知，任意一个 MOS 开关管坏掉后，设备都将没有输出。因此，正确判断 MOS 开关管的状态，对本设备的正常工作特别重要。这一部分的故障检修的主要落脚点也是去正确判断 MOS 开关管的状态。通常都是通过静态检测电阻的方法来判断 MOS 开关管的好坏。静态情况下，用万用表的红表笔接 MOS 开关管的漏极，黑表笔接 MOS 开关管的源极，这时候如果开关管是好的，应该有一定的电阻，如果此时检测结果为开路或者短路状态，那么可以断定该 MOS 开关管已坏。当然，在判断这一部分故障的时候，还可通过对比检测的方法来判断，即在电路中，由于这四路 MOS 开关管及其外围电路结构完全一样，当我们怀疑某一个 MOS 开关管有问题的时候，可通过检测其余 MOS 开关管的情况来对比判断，如果检测结果一致，则 MOS 开关管正常，如果检测结果不一致，那么有特殊检测结果的那个 MOS 开关管存在故障。

d. 输出电路故障检修　48V/5A 开关电源的输出电路主要由输出变压器 T_2 以及由二极管 VD_1、VD_2 共同构成的全波整流电路及其外围辅助电路构成。电路结构如图 8-6 所示。对这部分电路进行故障检修时，主要是检测输出整流电路中二极管的状态以及电路中线路的通断情况。当我们判断出故障出在输出电路部分时，通常以变压器 T_2 为界，先检测 T_2 的次级，如果 T_2 的次级有电压而输出没有电压，则可判断出故障出在后面的整流滤波电路部分。这时候切断电源，用万用表电阻挡去检测变压器次级到输出之间的电阻就可以判断出故障位置。如果检测到 T_2 的次级没有电压，则这时候可以判断故障出在变压器前端电路或者是变压器本身。

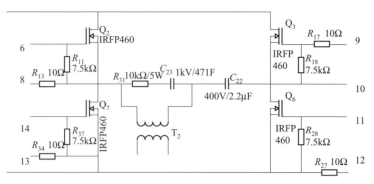

图 8-5 变换电路结构图

e. 主电路综合故障检修　前面我们分述了主电路各部分的故障情况，下面以一个例子来讲解如何去正确判断和检修主电路故障。在讲述主电路故障之前，我们假定其余电路都处于正常状态，只有主电路有故障。主电路的检修主要根据指示灯 LED_3 的状态来检修。

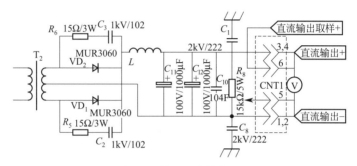

图 8-6 输出电路结构图

下面，先讲述开机后 LED_3 处于亮的状态，而设备没输出这种情况。

开机，LED_3 指示灯亮，这时候表明故障出现在后面的变换电路部分和输出电路部分。这部分的检修，主要依照下面的步骤进行。

用万用表的交流电压挡去检测输出变压器 T_2 的次级电压，如果有，则说明逆变电路工作正常，故障出在输出电路部分，这时候只要按照前面所讲的检修输出电路的方法去检测和判断，就可以确定故障的正确位置。如果检测到 T_2 的次级没有电压，那么可以肯定故障出在逆变电路到变压器 T_2 之间（包含 T_2），这时候，只要按照前面检修变换电路的方法去检测就可以正确判断故障在什么位置。

如果说，开机后，LED_3 指示灯不亮，则可以按照下面的检修步骤进行检修。

首先用万用表 500V 直流挡去检测整流桥 B_2 的输出电压，如果为 310V 左右，则说明故障出在整流桥 B_2 和 LED_3 指示电路之间，这时需切断电源，用万用表电阻挡去检测线路通断情况，就可正确判断故障位置。如果测得整流桥 B_2 没有输出电压，则故障出在整流桥 B_2 的前面部分（包含 B_2）。这时候，我们再用万用表的 250V 交流挡去检测 R_{15} 两端电压，如果有，则故障出在 R_{15} 和整流桥 B_2 之间的线路和元器件上，可能的故障原因是连线开路、R_{21} 开路或者整流桥 B_2 损坏，这时候，只需要用万用表的电阻挡仔细检测，就可正确判断出故障的位置。如果测得 R_{15} 两端没有电压，那么故障就出在 R_{15} 和输入交流电之间的线路上，可能的故障原因为开关 K_1 坏、中间连线开路以及熔丝 F_1 坏等。用万用表的电阻挡去仔细检测线路的通断和器件的好坏就可正确判断故障位置。

f. 故障示例

故障示例一：熔丝开路　开机后，电压表无指示，LED₃不亮。用万用表直流电压 500V 挡去检测 B₂ 的 4 端、2 端，这时候检测结果应该是 0V。然后用万用表的交流电压 250V 挡去检测 B₂ 的 1 端、3 端，检测结果应该是 0V，这说明是交流输入没有过来，然后用万用表的交流电压 250V 挡测 R₁₅ 的两端电压，检测的电压结果是 0V，然后去检测滤波器的输出端交流电压，这时候检测电压应该为 220V，然后用万用表的电阻挡去检测熔丝支路，即可检测出熔丝支路故障——熔丝开路。

故障示例二：R₂₁ 开路　开机后，电压表无指示，指示灯 LED₃ 不亮。用万用表直流电压 500V 挡去检测 B₂ 的 4 端、2 端，检测结果为 0V。然后将万用表打到交流电压 250V 挡去检测 B₂ 的 1 端、3 端，这时候结果应该为零。然后用万用表交流电压 250V 挡去检测 R₁₅ 两端的电压，检测结果应该为 220V，这时候再把万用表调到电阻 R×1k 挡去检测 R₂₁ 两端电阻，应该远远大于 100Ω，这时候即可判断是 R₂₁ 开路。

故障示例三：LED₃ 开路　开机后，电压表无指示，LED₃ 不亮。首先用万用表直流电压 500V 挡去检测 B₂ 的 4 端、2 端，这时候检测结果应该是 310V 左右。此时再关机，把万用表调到电阻（R×1k）挡，检测 R₃₃ 两端电阻，其值应为 100kΩ。然后用万用表电阻（R×1k）挡检测 LED₃ 的阻值，其正反方向的阻值均很大，即可判断 LED₃ 开路。

故障示例四：整流桥 B₂ 坏　开机后，电压表无指示，LED₃ 不亮。用万用表直流电压 500V 挡去检测 B₂ 的 4 端、2 端，这时候检测结果应该是 0V。然后用万用表的交流电压 250V 挡去检测 B₂ 的 1 端、3 端，检测结果应该是 220V，这说明是整流桥 B₂ 损坏，损坏的原因可能是某一个引脚开路或 B₂ 整个坏掉。

对于这部分的故障元件和其对应的故障现象、检修方法还有很多，由于篇幅所限，在这里就不一一列举，有兴趣的读者可自己设置故障点进行思考。

② 辅助电源电路故障检修　48V/5A 开关稳压电源的辅助电源部分主要由变压器 T₁、整流桥 B₁ 以及集成稳压器 LM7812CT 和外围电路组成。电路如图 8-7 所示。由于这部分电路比较简单，因此检修起来也比较容易。一般来说，检修这部分电路的时候，按照下面的步骤进行。

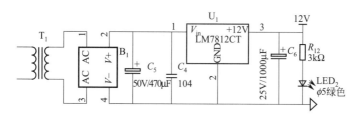

图 8-7　辅助电源电路结构图

首先看指示灯 LED₂ 是否处于亮的状态，如果指示灯 LED₂ 亮，则表示辅助电源电路工作正常，如果指示灯 LED₂ 不亮，则用万用表的 50V 挡去检测 LM7812CT 的输出端，如果有 12V 直流，则说明故障在 LM7812CT 到指示灯 LED₂ 之间。用万用表的 R×1 电阻挡去检测线路的通断，仔细检查就可以正确判断故障的位置。如果 LM7812CT 的输出没有 12V 电压，则下一步用万用表的直流电压 50V 挡去检测整流桥 B₁ 的输出端电压（2、4 脚之间的电压），如果为 20V 左右，则表示故障在 B₁ 的输出到 LM7812CT 之间，包含 LM7812CT 内部故障，由于这部分都是线路连接，因此，只要用万用表 R×1 电阻挡去检测线路通断就可判断出故障的正确位置。如果测得 B₁ 的输出端没有电压，则再用万用表的交流 50V 挡去检测 T₁ 的次级电压，如果为 30V 左右，则故障在 T₁ 次级和 B₁ 之间，包含 B₁ 内部故障，这部分电路也是线路连接，因此，也只需检测电路的通断就可以判断故障的位置，对于整流桥

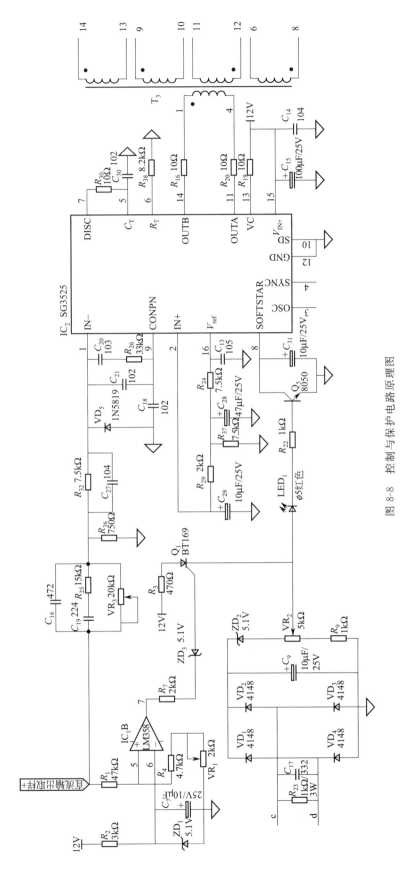

图 8-8 控制与保护电路原理图

B_1 的判断，在前面已经讲过，在这里就不再赘述。如果测得 T_1 的次级没有电压，则故障就在变压器 T_1，仔细检查 T_1 的初级和次级的连接情况，当不难判断出故障的位置。

下面，对于这部分电路举个具体的例子来加以讲解。

变压器 T_1 次级开路：当变压器 T_1 次级开路以后，可以看出，电压表无指示，指示灯 LED_2 不亮，我们先用万用表的直流 50V 挡去检测 LM7812CT 的 2 脚和 3 脚之间的电压，其中，红表笔接 3 脚，黑表笔接 2 脚，测得的结果应该是零，再去检测整流桥 B_1 的 2 脚、4 脚之间的直流电压，得出的结果仍然是零。我们用万用表的交流 50V 挡去检测变压器 T_1 的次级，应该有电压，然后去检测整流桥 B_1 的 1 脚、3 脚的电压，应该是 0V，那么可以判断出故障在 T_1 次级到 B_1 输入端之间的线路上，然后将万用表打到 $R×1$ 电阻挡，去检查线路的通断就可以判断出故障所在。

对于这部分内容，还有的故障点就是整流桥 B_1 坏、三端集成稳压器 LM7812CT 坏，或者中间线路开路，无论哪种现象，只要按照上述方法检修判断，就可得出正确结论。

③ 控制与保护电路故障检修　本设备的控制与保护电路属于最难检修的一部分电路，元器件多，电路复杂，因此，在检修这部分电路时，应熟悉电路的工作原理以及元器件的位置与连接关系，才能进行正确的检修。控制与保护电路如图 8-8 所示。

对这部分电路，我们可分成下面几部分来讲解。

a. 控制电路的检修　控制电路如图 8-8 所示。在检修这部分电路的时候，首先应该去检测脉冲变压器 T_3 的初级，用万用表的直流电压 10V 挡去检测。注意，在检测的时候，是红表笔接 T_3 初级的任意一端，黑表笔接电源的工作地（LM7812CT 的 2 脚），如果测得的电压为 5.4V 左右，则说明故障在脉冲变压器 T_3 的次级电路到各个 MOS 开关管的栅极之间，用万用表的电阻挡仔细检测各个支路的通断就可判断故障所在。如果脉冲变压器 T_3 的初级没有电压，则用万用表的直流电压 10V 挡去测 SG3525 的 11 脚对地、14 脚对地的电压是否为 5.4V，如果是，则故障就在 11 脚、14 脚和 T_3 的初级连线之间，故障有可能是 R_{16}、R_{20} 开路或中间连线开路。用万用表的电阻挡去仔细检测就可判断故障位置。

当我们检测到 SG3525 的 11 脚、14 脚没有 5.4V 直流电压时，可以判断出故障在 SG3525 及其外围电路。对这一部分电路故障检修，一般按照下面步骤进行。下面的检修步骤都是在上一步已经正常的情况下进行的。

第一步：判断工作电压是否正常。即首先用万用表的直流电压 50V 挡去检测 SG3525 的 13 脚、15 脚对地的电压，看是否为 12V，如果不是，则故障在辅助电源的输出到 SG3525 的 12V 工作电源之间的连线上。用万用表仔细去检测和判断，即可找到故障点。

第二步：检测 SG3525 的 8 脚电压。在正常情况下，SG3525 的 8 脚电压应该为 4.8V 左右，如果检测出 8 脚为低电平，且指示灯 LED_1 又没有处于亮的状态，则故障就在三极管 Q_5 或电容 C_{31} 上，可能原因是 Q_5 的 C、E 脚短路或 C_{31} 短路。

第三步：检测 SG3525 的 5 脚、6 脚、7 脚的状态。通过前述工作原理可知 SG3525 的 5 脚、6 脚、7 脚及其电阻 R_{38}、R_{30} 和 C_{30} 共同构成了 SG3525 的锯齿波形成电路。在检修时，可用万用表的电阻挡去检测它们之间的连接是否正确，比如 7 脚和 5 脚之间的电阻，5 脚和地之间的电容以及 6 脚和地之间的电阻连接是否正确，是否处于开路状态等。

第四步：检测 SG3525 的 1 脚、2 脚和 9 脚构成的误差比例放大电路是否正常。首先检测 2 脚的基准电压。通常情况下，2 脚的基准电压为 2.5V 左右。如果没有，则去检测 C_{29} 和 16 脚之间的连线有没有开路，如没有，就去仔细检查 R_{24}、R_{29}、R_{37}、C_{29}、C_{28}、C_{13} 等的通断状态。因为如果 2 脚的 2.5V 基准电压没有，而 16 脚的 5V 电压又是加上的，那么故障就只有可能是这几个元件以及连线的故障。可能原因是几个电容短路，R_{24}、R_{29} 或者中间的连线被开路，仔细检查就可判断。如果 2 脚的 2.5V 基准电压正常，则故障就有可能在 1 脚和 9 脚及其外围组件 R_{26}、R_{32}、R_{36}、R_{25}、VR_3、C_{20}、C_{21}、C_{18}、C_{27}、C_{16}、C_{19} 上。这时需要仔细检测各个元器件之间的连接关系，即可判断故障的正确位置。

b. 保护电路的检修 48V/5A 开关稳压电源的保护电路主要由 PWM 集成控制器 SG3525 的 8 脚及其外部连接电路组成。其电路如图 8-9 所示。这一部分电路的故障现象主要是过流不保护、过压不保护或者是开机就立即（过压、过流）保护等。对这部分故障检修可分为两部分来讨论，即过压保护电路和过流保护电路。这部分故障主要是根据指示灯 LED_1 的状态来区别。其故障检修过程将在综合故障检修里具体讲解。

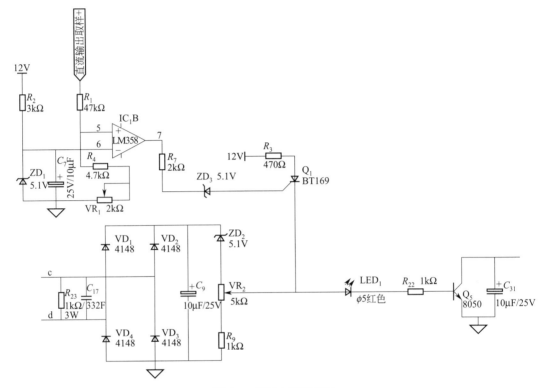

图 8-9 保护电路结构图

c. 故障示例

故障示例一：电阻 R_{16} 或 R_{20} 其中一个被开路 可根据前面讲的知识排除是主电路和辅助电源电路故障，然后进入控制电路的检修。首先把万用表打到直流 50V 挡，检查 SG3525 15 端的 12V 工作电源，应该正常。其次把万用表打到直流 10V 挡，将红表笔接到 SG3525 的 14 端或 11 端，黑表笔接到电源负端，这时应检测出 5.4V 左右的直流电压，再次去检测脉冲变压器 T_3 的初级，这时候应该检测不到 5.4V 的直流电压。我们即可判断出是 SG3525 和脉冲变压器 T_3 的初级之间的连线或电阻开路，最后把万用表打到电阻挡，去检测 SG3525 的 14 端或 11 端与脉冲变压器 T_3 的初级之间的电阻就可找出故障点。

由电阻 R_{16} 或 R_{20} 其中一个被开路这类的故障，可以联想到许多相类似的故障，比如说 SG3525 的 14 端或 11 端开路，脉冲变压器 T_3 的初级开路等，都可以用上面这个例子的方法去检修和判断。

故障示例二：R_{24}、R_{29} 开路或 R_{37}、C_{28}、C_{13}、C_{29} 短路 这几个元件都属于 SG3525 2 脚所连接的元器件。当 SG3525 正常工作时，2 脚的电压应为 2.5V 左右。当这几个元件出现上述故障后，可把万用表打到直流 10V 挡，红表笔接 SG3525 的 2 脚，黑表笔接电源的负极，测得的电压应为零。然后去检测 SG3525 的 16 脚对地的电压，如果为零则是 C_{13} 被短路，如果为 5V，则去检测 R_{24}、R_{29} 之间连线对地的电压，如果为零，则是 R_{37}、C_{28} 其中一个被短路或 R_{24} 开路。如果正常，则可能是 C_{29} 短路，R_{29} 或中间连线被开路，仔细检查即可判断。

故障示例三：R_{36} 短路或 R_{32} 开路　这两个元器件属于 SG3525 1 脚的外围电路，如果我们判断出 SG3525 其余的引脚及其外围电路都正常，这时候把万用表打到电阻挡，去仔细检测这一段线路或元器件的电阻值，就可以判断出开、短路情况。

故障示例四：VR_3 的中心抽头开路　出现这一故障后，输出电压不可调。这时候，把万用表打到电阻挡后，直接去检测 VR_3 的阻值有无变化就可正确判断故障点。

故障示例五：三极管 Q_5 的 C、E 极短路或 C_{31} 短路　这时故障现象是电压表输出无指示。把万用表打到直流 10V 挡，去检测 8 脚电压，应该为零，说明 SG3525 处于保护状态。这时候 LED_1 又没有亮，说明就是 Q_5 或 C_{31} 出现了故障。把万用表打到电阻挡后，直接去检测三极管 Q_5 的 C、E 极或 C_{31} 电阻就可正确判断故障所在。

故障示例六：晶闸管 Q_1 的阳极与阴极短路　开机后，稳压电源无电压输出，指示灯 LED_1 处于亮的状态，先把万用表打到直流 10V 挡，去检测 LM358 的 7 脚对地的电压，测得的值应该为零。然后断电后，把万用表打到电阻挡，去检测晶闸管 Q_1 的阳极和阴极，这时候测出的电阻应该为零，即可判断晶闸管 Q_1 的阳极与阴极短路。

同样的道理，对于晶闸管 Q_1 的开路情况，我们一样可以判断，只不过判断的指标正好和上面的相反，故障现象是输出过压不保护。

④ 综合故障检修　48V/5A 开关电源的故障主要有四种故障现象：输出电压无指示、开机过压不保护、开机立即（过压、过流）保护及输出电压不可调。下面分别讲述这四种故障的检修方法。

a. 输出电压无指示

故障现象：开机后，输出电压表指示为 0。

检修过程分为以下几步。

第一步：检查输出电压表支路。用万用表直流电压 250V 挡去检测输出端直流电压，如果有，而电压表无指示，则是电压表支路故障。

第二步：检测整流桥 B_2 输出端直流电压。用万用表直流电压 500V 挡检测整流桥 B_2 的输出端电压，如果有，则跳到第三步，如果没有，则按照主电路故障检修方法检修。

第三步：检测 PWM 集成控制器 SG3525 的 11 脚、14 脚对地的直流电压是否正常。用万用表的直流电压 10V 挡去检测 SG3525 的 11 脚、14 脚对地电压，如果在 6.8V 以内，则可判断故障在变换电路和脉冲输出电路，按照前面讲述的检修变换电路和脉冲控制电路的方法检修。如果无，则进入第四步。

第四步：根据检修控制电路的方法检修。如果检测的 PWM 集成控制器 SG3525 的 11 脚和 14 脚对地电压不正常，立即检测 PWM 集成控制器 SG3525 的 15 脚对地工作电压，如果正常，则转入第五步，如果没有，则转入第六步。

第五步：根据检修控制电路的方法逐步检修 SG3525 及其外围电路。

第六步：根据检修辅助电源电路的方法检修。

b. 开机过压不保护

故障现象：电压表指针满偏或超过 51V 设备不保护。

这部分故障主要发生在 SG3525 的 8 脚及其外围电路。其电路结构如图 8-9 所示，在检修这部分电路故障时，主要按照下面的方法进行检修。

首先检测 LM358 的 7 脚对地电压，如果为低电平，则故障在前面的取样电路以及

LM358 的外围器件上，此时，首先检查 LM358 集成芯片 6 端的基准电压，如果没有，则仔细检查 6 端的线路连接情况以及电阻 R_2、稳压管 ZD_1 和电容 C_7。如果 6 端的基准电压为 5V，则去检测 5 端取样电路的情况，包括 R_1、R_4、VR_1 的阻值大小，中间连线的通断情况。如果检测出 LM358 的 7 脚为高电平，则故障出在 7 脚后面的电路。故障有可能是 R_7、ZD_3、Q_1、R_3、LED_1、R_{22} 及中间连线。首先检测 Q_1 阳极和阴极间的电压，如果为零，说明这时 SCR 处于导通状态，故障在后级电路（包括 LED_1、R_{22}、Q_5、SG3525 的 8 脚及中间连线）；如果有一定的电压，则故障可能出在 R_7、ZD_3、Q_1、R_3 及其连线或者是 12V 电压没有加到 R_3 上，只要仔细检测，就不难判断出故障点。

c. 开机立即（过压、过流）保护　这部分也是属于保护电路的内容，分为开机立即过压保护和开机立即过流保护。在检修这类故障时，首先检查指示灯 LED_1 的状态。

故障一：开机立即过压保护。开机后，如果 LED_1 灯亮，电压表没有指示，则表示这个时候是属于开机立即保护。但到底是立即过压保护还是立即过流保护呢？这时候通过检查晶闸管 Q_1 阳极与阴极的状态就可判断。如果是开机立即过压保护，则此时晶闸管 Q_1 处于导通状态，用万用表的电压挡去检测晶闸管 Q_1 的阳极和阴极，其电压接近于 0。判断出是立即过压保护后，断开 Q_1 的阴极，去检测 LM358 的 7 脚的状态，如果为高电平，则是 LM358 的 5 端、6 端和由 R_1、R_4、R_2、VR_1、ZD_1 等元器件组成的外围电路的故障。只要仔细检测 LM358 的 5 端、6 端的状态将不难判断出故障所在。如果检测得出 LM358 的 7 端为低电平，则需要判断晶闸管 Q_1 的好坏。这时候故障原因可能就是晶闸管 Q_1 的阳极和阴极短路造成的。断电，用万用表电阻挡检测晶闸管 Q_1 阳极与阴极间电阻就可判断。

故障二：开机立即过流保护。通过判断晶闸管 Q_1 的状态，得出是过流保护电路故障后，可通过检测由 VD_1、VD_2、VD_3、VD_4 以及 ZD_2、VR_2、R_9、R_{23} 等元件构成的过流检测电路，判断这几个元器件的状态，就可以判断出故障所在。

d. 输出电压不可调　输出电压不可调一般是 VR_3 中心抽头开路所致。这时候把万用表打到电阻挡后，直接去检测 VR_3 的阻值有无变化就可正确判断故障点。

8.2　反激式同步整流 5V/3A 适配器实例剖析

近年来，反激式开关电源出现了一些新的控制技术。其中一种是原边取样的反馈控制技术，原边反馈是从变压器初级获取输出电压信息并用于反馈调整，相比典型的光耦反馈方式，可以节约至少两个分压电阻、一个 TL431 和一个光耦器件，能够减少外围器件数量，提高电源可靠性。另一种是同步整流控制技术，由于反激变压器的储能特性，传统反激变换器的效率不高（通常最高也只能略高于 80%），采用导通压降更低的 MOSFET 取代次级的整流二极管，可以提高反激变换电源效率，特别是在低压大电流输出应用场合，同步整流技术已成为提高系统效率的关键技术。

8.2.1　常用原边反馈控制芯片

（1）原边反馈原理

原边反馈通常用于临界或断续模式反激变换器中，反馈方式有两种：一种是由辅助绕组反馈；另一种是直接由 V_{ds} 反馈。断续模式下反激变换器次级电流、原边侧 V_{ds}、次级变压器波形和 PWM 波形如图 8-10 所示，在 T_1 段，开关管导通，初级储能，$V_{ds}=0$；在 T_2 段，开关管关断，次级二极管导通，由于次级电流逐渐下降，考虑二极管压降和线路阻抗的影响，此时 V_{ds} 呈下降趋势，当电流下降为 0 时，二极管正向压降 $V_f=0$，开关管电压：

$$V_{ds} = (V_o + V_f) \times \frac{N_p}{N_s}$$

式中，V_o 为输出电压；V_f 为二极管压降；N_p 和 N_s 分别为初次级绕组匝数。

二极管正向压降 V_f 与流过电流相关，且受温度影响，为了使 V_f 对反馈控制影响最小，提高控制精度，选择在电流过零时刻取样，此时取出的 V_{ds} 电压是输出电压乘以变压器匝比，在匝比固定的前提下，使用 V_{ds} 来反馈是合理的。

（2）常用控制芯片

原边反馈控制的芯片有很多：iW1706、LNK312P、FAN100、LT3748、CH8272 等，这里选择具有代表性的其中两种进行介绍。

① 辅助绕组反馈控制芯片 FAN100　FAN100 通过第三方辅助绕组反馈，具备 CV 和 CC 调整能力，其内部结构如图 8-11 所示。

FAN100 内部有两个误差放大器，EA_I 用于电流的误差放大，EA_V 用于电压的误差放大，内部基准为 2.5V，具备过压保护、过温保护和逐周期限流保护功能，适用于 LED 驱动和恒压限流充电应用场合。

FAN100 的典型应用电路如图 8-12 所示，电流取样由与初级 MOSFET 串联的电阻 R_{cs} 取样送入芯片的 1 脚 CS 端，电压取样

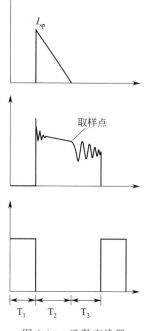

图 8-10　反激变换器的典型波形

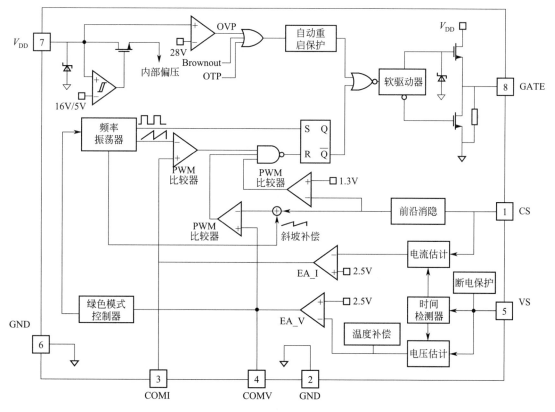

图 8-11　FAN100 的内部框图

由绕组 N_A 提供并送入芯片的 5 脚 VS 端，3、4 脚外接的 R、C 用于电流误差放大器和电压误差放大器的频率补偿，7 脚为芯片的供电端子，典型值为 16V，最大电压不超过 28V。

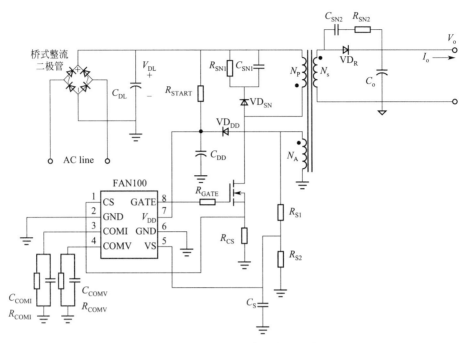

图 8-12　FAN100 的典型应用电路

② 初级直接反馈控制芯片 LT3748　LT3748 是一款专为隔离型反激式拓扑结构而设计的开关稳压器控制器，能够提供高功率输出，入口电压最大为直流 100V。它由内部稳定的 7V 电源来驱动低端外部 N 沟道功率 MOSFET。由于该器件直接从主端反激波形来检测隔离输出电压，因此无须借助第三绕组或光耦隔离器来实现稳压。其内部框图及应用原理图如图 8-13 所示，反馈由初级变压器的同名端处取出，经反馈电阻 R_{FB} 送到芯片 16 脚，最后经 R_{REF} 到地，R_{REF} 电阻值固定为 6.04kΩ，R_{REF} 的大小决定了输出电压大小，内部基准为 1.223V，输出电压：

$$V_o = 1.223 \times \frac{R_{FB}}{R_{REF} \times N_{ps}}$$

式中，N_{ps} 为变压器初次级匝比，根据此式调整反馈电阻以得到合适的输出电压。

LT3748 具备温度补偿、欠压锁定、逐个周期限流功能，主要引脚功能描述如下。

V_{IN}（1 脚）：输入电压。该引脚提供内部启动电路充电电流，并作为与 R_{FB} 引脚相连的反馈电路的参考电压，在 1 脚附近需要一个旁路电容。

EN/UVLO（3 脚）：使能/欠压锁定引脚。在 V_{IN} 上使用分压电阻网络设定 LT3748 最小输入电压。低于 0.5V 时，该部分静态吸电流低于 1μA，在 0.5～1.223V 时，该部分吸收电流，但内部电源 INTV$_{CC}$ 和驱动电路都没有工作，只有在 1.223V 以上时，所有内部电路启动，SS 引脚输出 5μA 电流。当该脚电压从 1.223V 以上下降时，可编程滞环欠压锁定功能开启，此时典型电流是 2.4μA。

INTV$_{CC}$（5 脚）：门极驱动的偏置电压。提供内部门极驱动电路所需电流，在该脚尽可能近的位置放置一个旁路电容。如果 V_{IN} 低于 20V 并且没有使用第三方绕组提供的驱动电源，可以直接连接该引脚到 V_{IN}。如果使用了第三方绕组，INTV$_{CC}$ 必须低于输入电压。

GATE（6 脚）：外部 MOSFET 的 PWM 驱动引脚，高低电压为 GND 和 INTV$_{CC}$。

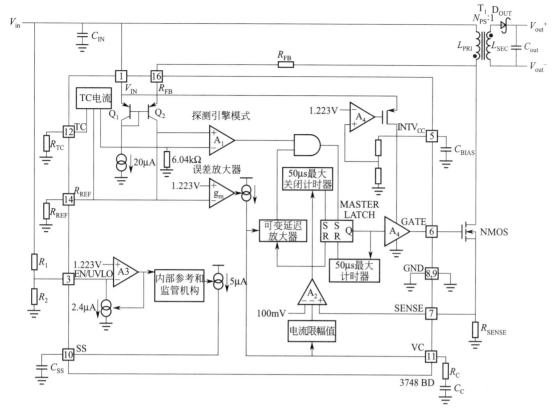

图 8-13　LT3748 的内部框图及典型应用原理图

SENSE（7 脚）：控制环路的电流取样输入。布线时，该引脚与 MOSFET 源极相连的开关电流取样电阻 R_{SENSE} 使用开尔文连接方式，以减小取样的开关电流误差，电阻的另一端连接到靠近 IC 的地线敷铜区。

SS（10 脚）：软启动端。起到缓启动和 V_C 电压钳位功能，由此脚外接的电容大小设定软启动时间，在 V_{SS} 达到 0.65V 时开始有脉冲输出。

VC（11 脚）：内部误差放大器的补偿。连接 R、C 到地来实现频率补偿，并联 100pF 电容可以减小噪声干扰。

TC（12 脚）：输出电压温度补偿。连接电阻到地，补偿电流大小 $I_{\text{TC}} = 0.55\text{V}/R_{\text{TC}}$，用于对 R_{REF} 引脚进行补偿。

R_{REF}（14 脚）：固定为 6.04kΩ，为了便于选择合适的分压比，也可适当放宽至 5.76～6.34kΩ。特别需要注意的是，该电阻离 LT3748 应尽可能近。

R_{FB}（16 脚）：反馈电阻，连接到 MOSFET 的漏极，与 R_{REF} 共同决定分压比。该引脚也应靠近 IC。

8.2.2　常用同步整流控制器

（1）同步整流原理

同步整流（Synchronous Rectification，SR）是采用通态电阻极低的专用功率 MOSFET 管，来取代整流二极管以降低整流损耗的一项新技术。二极管导通压降在 0.3～1V，在大电流应用场合，损耗较大，显著影响变换器的效率，制约其功率密度。同步整流的实现是在与 MOSFET 等效的二极管应该导通时给 MOSFET 发高的控制信号，在其应当关断时提供低的控制信号，使 MOSFET 取代二极管并保持开通关断时序不变。它能大幅提高变换器的效率，并且 MOSFET 开通和关断时间更快，高频整流二极管的反向恢复问题得到很好解决。取决于 MOSFET 的驱动方式，同步整流有两种形式：外部同步信号驱动和内部同步信号自驱动。外部同步信号驱动方式是由主控制器在输出主 PWM 同时，产生一组时序相关的 SR 管驱动 PWM；内部同步信号自驱动是根据相关信息（电流值、线路压降等）自行检测并生成控制 PWM。对于变压器隔离型同步整流变换器，SR 管为次级整流或续流管，外部驱动方式下驱动信号是由原边侧提供的；自驱动方式下驱动信号由次级检测并生成。这里分别介绍正、反激变换电路中两种典型控制芯片：LTC3900 和 LT8309。

（2）外部驱动同步整流控制器 LTC3900

LTC3900 是针对隔离型正激电路的次级侧同步整流驱动器，能够同时整流和续流用的 N 沟道 MOSFET 管，它通过脉冲变压器接收来自原边侧的脉冲同步信号，其典型应用电路如图 8-14 所示。

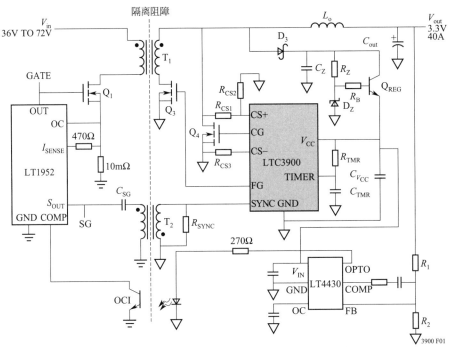

图 8-14　同步整流驱动器 LTC3900 典型应用电路

LTC3900 的主要引脚功能。

CS＋、CS－（1、2 脚）：电流差分取样输入。CS＋通过串联电阻连接到外部续流二极管 Q_4 的漏极，CS－连接到源极。当检测出 CS＋比 CS－电压高出 10.5mV 时，LTC3900 将 CG 引脚拉低。

CG（3 脚）：续流 MOSFET 的门极驱动。

V_{CC}（4 脚）：主电源输入。给驱动和其他内部电路供电，使用 4.7μF 电容旁路到地，电容离芯片尽量近。

FG（5 脚）：整流 MOSFET 的门极驱动。

GND（6 脚）：V_{CC} 旁路电容的负端直接连接到此脚。

TIMER（7 脚）：时钟输入。连接的 RC 网络用于设定延时周期，芯片在 SYNC 输入负向转换时重置计数器。如果 SYNC 信号丢失或不正确，一旦 TIMER 引脚电压高出相应门限值，芯片同时拉低 CG 和 FG 信号。

SYNC（8 脚）：驱动同步输入信号。此引脚检测信号的边沿，下降沿导致 FG 为高、CG 拉低。上升沿电压导致 FG 拉低、CG 为高。SYNC 的输入既可以是脉冲信号，也可以是方波信号。

LTC3900 的主要波形时序如图 8-15 所示，变压器 T_2 次级检测驱动脉冲并传递同步信号，SYNC 输入决定 CG 与 FG 信号高低转换，以驱动整流管和续流管按正常时序交替通断。

（3）自驱动同步整流控制器 LT8309

LT8309 是次级侧自驱动同步整流驱动器，使用外部 N 沟道 MOSFET 替代二极管，IC 检测 MOSFET 的 DS 电压来判断电流的方向。LT8309 的开通关断时间较短，能够增强对噪声干扰的免疫能力。LT8309 工作在断续模式或临界导通模式下，外围电路引脚数量少，抗干扰能力强，布线也更为容易。其主要引脚功能如下。

GATE（1 脚）：外部 N 沟道 MOSFET 的驱动。驱动高低电平分别为 $INTV_{CC}$ 和 GND。

GND（2 脚）：地线引脚。

$INTV_{CC}$（3 脚）：内部稳压电源，提供

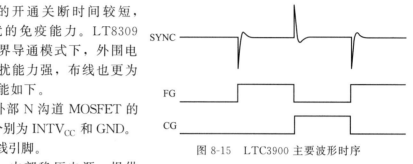

图 8-15　LTC3900 主要波形时序

门极的驱动电压。该脚由 V_{CC} 供电，稳压典型值是 7V，在靠近该引脚位置使用 $4.7\mu F$ 电容旁路到地。

V_{CC}（4 脚）：输入电源。由该脚提供内部启动电路和 $INTV_{CC}$ 的电源输入，该脚附近需要一个旁路电容。

DRAIN（5 脚）：电流取样引脚。取样外部 MOSFET 的漏源极电压降。该脚串联电阻设定偏置电压，串联电阻必须大于 800Ω。

芯片内部结构框图如图 8-16 所示，内部主要由三部分组成：LDO（低压差线性电源）产生稳定的 7V 内部电源 $INTV_{CC}$；$10\mu A$ 电流源、MOSFET 和比较器构成电流方向检测和

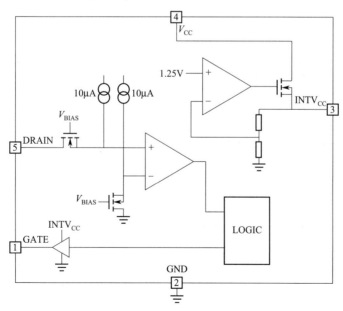

图 8-16　LT8309 芯片内部结构框图

驱动信号生成单元；逻辑单元实现 PWM 输出和欠压锁定等功能。LT8309 芯片的典型应用电路如图 8-17 所示。

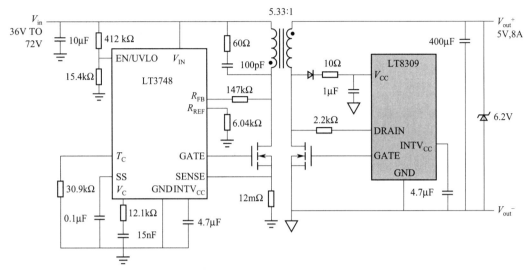

图 8-17　LT8309 典型应用电路

当主开关管导通时，初级电感储能，此时次级绕组感应电压为上负下正，$V_s = V_{in}/N_{ps}$，次级的 MOSFET 关断，此时体二极管承受的反向电压为 $V_o + V_{in}/N_{ps}$；当初级开关管关断时，变压器绕组电压反向，在正向电压作用下，次级 MOSFET 的体二极管首先导通并流过电流，由于整流用 MOSFET 源极接地，在其漏极取出的电压为负，LT8309 检测出该电压低于 V_{offset} 大约 74mV 时，经过 t_D（ON）的延时时间，输出高的脉冲信号，为了减小开通关断时振铃造成的检测误差，芯片的逻辑单元设定了一个最小导通时间 $t_{MIN(ON)}$，典型值为 400ns，直到检测漏极电压超过所设定的 V_{offset} 时，在 GATE 引脚经过一个极短的延迟时间 t_D(OFF) 输出低电平信号，此后 MOSFET 关断，体二极管开通，直到流过的电流降到 0A，一直要等到 V_{DS} 上升到高于 1.21V 并等待 $t_{MIN(OFF)}$ 时间后比较器才会被重新使能，准备下一次的检测。V_{offset} 与 DRAIN 引脚串联的电阻值相关，对应关系为：

$$V_{offset} = 20mV - 10\mu A \cdot R_{DRAIN}$$

在大多应用场合，V_{offset} 设定在 $-5mV$。MOSFET 的通态等效电阻 $R_{DS(ON)}$ 越大，V_{offset} 也根据情况设定得越负，以防止 DS 电流反向，检测和控制时序如图 8-18 所示。

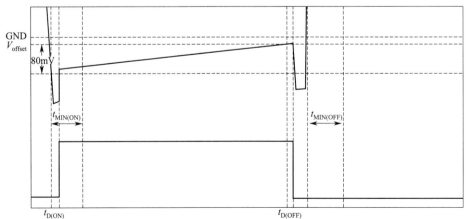

图 8-18　同步整流检测和控制时序

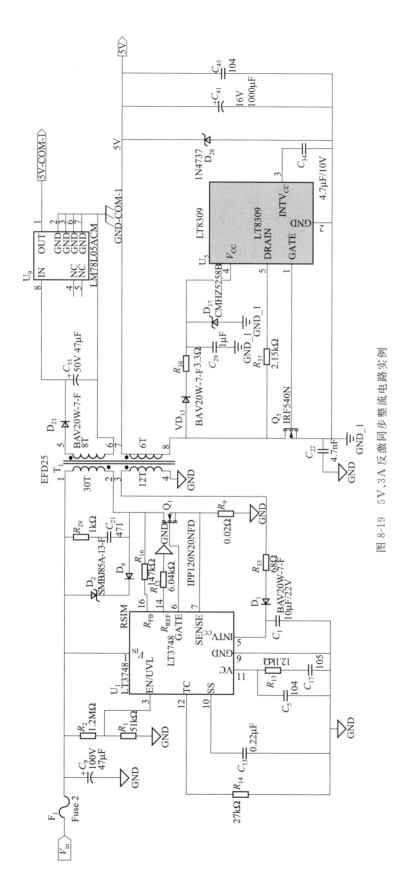

图 8-19 5V、3A 反激同步整流电路实例

8.2.3 设计调试与典型波形

基于 LT3748 和 LT8309 芯片，设计了一款通信系统用的 5V、3A 适配器电源，输入电压范围为 36~72V 直流，主要电路图如图 8-19 所示。设计过程如下：

（1）变压器变比选择

输入输出电压确定后，变压器变比直接决定了初、次级 MOSFET 的额定电压等级、占空比范围、输出功率和效率大小。变压器变比的选定要综合考虑这些因素，通过迭代方式确定最优值。主要计算公式有以下几个。

变压器初次级变比：$N_{ps} = N_p / N_s$

初级 MOSFET 的漏源电压：$V_{DS(MAX)} \geqslant V_{IN(MAX)} + V_{out} \cdot N_{ps}$

整流管反向电压：$V_{R(MAX)} \geqslant V_{IN(MAX)} / N_{ps} + V_{out}$

输出电流最大值取决于初级的限流值 I_{LIM} 大小，假设系统效率为 85%，输出电流最大平均值为：

$$I_{out(MAX)} \approx 0.85 \cdot (1-D) \cdot N_{ps} \cdot I_{LIM} / 2$$

占空比：

$$D = (V_{out} + V_F) \cdot N_{ps} / [V_{IN} + (V_{out} + V_F) \cdot N_{ps}]$$

式中，V_F 为次级整流管的压降，计算时设定为 0.3V。

在迭代择优时，建议使用 Excel 或 MathCAD 等计算机工具软件，可以省去重复的烦琐计算，设定不同的变比，得到相应的几种情况，如表 8-1 所示。

表 8-1　不同变比情况下的参数对比

N_{ps}	$V_{DS(MAX)}/V$	$V_{R(MAX)}/V$	D_{MIN}	D_{MAX}	I_{LIM}/A	I_{DRMS}/A
1	77	77	0.069	0.128	8.09	4.36
2	82	41	0.128	0.227	6.09	6.18
3	87	29	0.241	0.306	4.52	6.52
4	92	23	0.298	0.371	3.74	6.85
5	97	19.4	0.346	0.424	3.27	7.16

综合考虑初、次级 MOSFET 耐压等级、占空比范围，选择 $N_{ps} = 5$。此时，$I_{LIM} = 3.27A$，那么和初级 MOSFET 串联的电流取样电阻：

$$R_{SENSE} = \frac{100mV}{3.27A} = 0.03\Omega$$

（2）初级电感的确定

反激变压器的初、次级电感是一项关键的指标，励磁电感的主要计算公式是 $L di/dt = V$，对于临界导通模式变换器，在一个周期的占空比时间里，初级电感在输入电压的激励下，电流由 0 上升到 I_{LIM}，那么初级电感的最大值：

$$L_{PRIMAX} = \frac{V_{in(MIN)} \times D}{I_{LIM} \times f_{s(MIN)}}$$

$f_{s(MIN)}$ 为最小开关频率，大小为 80kHz，计算出 $L_{PRIMAX} = 137\mu H$。

LT3748 的取样信息从 MOSFET 的漏极电压获取，当 MOSFET 关断后，取样电路需要至少 400ns 来保持和取样，因此需满足：

$$L_{PRI} \geqslant \frac{V_{OR} \times t_s}{I_s}$$

V_{OR} 为变压器初级的反射电压，大小为 $(V_{out} + V_F) \cdot N_{ps}$，也是取样时刻获取的电压值，$I_s$ 为取样的最小电流值：

$$I_{s} = \frac{V_{SENSE(MIN)}}{R_{SENSE}}$$

$V_{SENSE(MIN)} = 15\mathrm{mV}$，$t_{s} = 400\mathrm{ns}$，计算出：

$$L_{PRI} \geqslant 21\mu\mathrm{H}$$

另外，LT3748 的内部电路限制其脉冲输出最小导通时间 $t_{ON(MIN)} \geqslant 250\mathrm{ns}$，这就产生了电感选择的第三个约束条件：

$$L_{PRI} \geqslant \frac{V_{IN(MAX)} \times t_{ON(MIN)}}{I_{s}} = 36\mu\mathrm{H}$$

（3）MOSFET 的选择

表 8-1 是不考虑漏感因素，理想情况下的计算结果，主开关管在变压器漏感与 MOS-FET 结电容振荡的情况下最大电压达到 2 倍，因此选择 200V 的 MOSFET，为了减小损耗提升效率，应选择 $R_{DS(ON)}$ 小的器件。

（4）整流 MOSFET 的选择

整流 MOSFET 管的选择首要考虑的是额定电压和电流，考虑漏感因素，选择耐压值 60V 以上的 MOSFET，另外 MOSFET 的导通电阻 $R_{DS(ON)}$ 也比较关键：一方面，导通电阻越小，同步整流后的效率提升越明显；另一方面，导通电阻大小直接影响同步整流是否能够实现。当初级的 MOS 管关断后，变压器次级绕组电压反向，此时次级的等效电路如图 8-20 所示。变压器初级漏感和初级 MOSFET 的结电容引起的振荡波形经变压器降压耦合到次级，叠加在整流管 Q_{1} 的结电容 C_{1} 上，表现为首先出现一个很负的电压，然后是数个周期的振荡电压波形，负电压抽走 C_{1} 的电荷，LT8309 检测到比 V_{offset} 低 74mV 的负电压后立即输出高的 PWM 信号驱动 Q_{1} 导通，此时 $R_{DS(ON)}$ 两端电压为 $V_{s} - V_{o}$，如果 Q_{1} 的 $R_{DS(ON)}$ 较小，其电压降越小，叠加的周期振荡波形越接近 0V 附近，在 PWM 信号产生

图 8-20　初级 MOS 管关断时次级等效电路

400ns 后，LT8309 会检测 Q_{1} 的漏极电压，如果达到 V_{offset} 则关闭 PWM 脉冲。

从图 8-21 所示可以看出，选用 $R_{DS(ON)} = 4.5\mathrm{m}\Omega$ 的低功耗 MOSFET，当 PWM 产生 400ns 后，DS 两端的振荡电压波形超出了 0V，此时造成 LT8309 的误检测，关断了输出 PWM 信号，接下来是由 Q_{1} 的体二极管 VD_{1} 充当整流管的角色，没有实现真正的同步整流，对同样的电路和负载情况，选用 $R_{DS(ON)} = 40\mathrm{m}\Omega$ 的功率 MOSFET，其 V_{DS} 和驱动脉冲波形如图 8-22 所示，DS 两端的振荡电压波形的中心基值相比图 8-21 中更负，在检测点其电压低于设定的 V_{offset}，因此实现了全周期的同步整流。

由此可见，漏感引起的振荡会造成同步整流误检测，应尽可能控制变压器漏感在较小范围内，在无法得到很好控制时，$R_{DS(ON)}$ 的大小对同步整流的实现具有直接影响作用，要实现 LT8309 的精准检测和全范围同步整流，需要折中选取合适 $R_{DS(ON)}$ 的功率 MOSFET，在能实现同步整流的前提下，该参数越小越好。

（5）输出电容选择

输出电容大小的选择综合考虑纹波和体积，输出电压纹波计算式为：

$$\Delta V_{MAX} = \frac{L_{PRI} \times I_{LIM}^{2}}{2 \times C_{out} \times V_{out}}$$

（6）钳位和吸收电路设计

反激变换器中，初级漏感引起的电压尖峰是不能忽视的问题，负载越重，初级电流峰值越大，在开光管关断时，尖峰问题越严重，对 MOSFET 的耐压值选择也提出更高的要求。

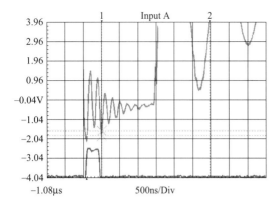

图 8-21 $R_{\text{DS(ON)}} = 4.5\,\text{m}\Omega$ 时 V_{DS} 和驱动脉冲波形

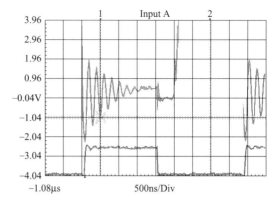

图 8-22 $R_{\text{DS(ON)}} = 40\,\text{m}\Omega$ 时 V_{DS} 和驱动脉冲波形

通常，使用稳压管和二极管反向串联构成钳位电路，限制 MOSFET 漏极电压最高值，如图 8-23 所示，DZ 和 VD_1 串联构成钳位电路，Q_2 关断瞬间漏感存储的能量无法通过变压器耦合到次级，钳位电路提供了漏感能量的泄放路径，变压器电感中存储的部分能量也会经过钳位电路损耗掉，DZ 的稳压值 V_{z} 应介于 V_{OR} 和 $V_{\text{DS(MAX)}} - V_{\text{in}}$ 之间，且比 V_{OR} 高许多，V_{z} 过低则钳位电路会成为励磁电流的优先路径，造成损耗过高、效率降低；同时 V_{z} 也应比 $V_{\text{DS(MAX)}} - V_{\text{in}}$ 低许多，过高则 Q_2 电压等级裕量不充分，容易造成 MOSFET 器件工作时长期承受大的电压应力，影响使用寿命，甚至造成击穿损坏。

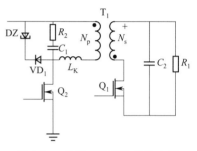

图 8-23 反激变换器的钳位电路

最常见的缓冲电路由 R、C 串联组成，并联在变压器初级或 MOSFET 的 DS 两端，这里给出 RC 参数计算和选择的典型过程：

首先，用示波器测试不加 RC 吸收电路情况下漏极对地电压波形，记录下谐振频率 ω_1；

然后，在变压器初级并联电容 C，从数百皮法往上选择，观察有吸收电容情况下的谐振频率 ω_2，直到 $\omega_2 = 0.5\omega_1$，此时并联电容值为 C_{p}。

接着，根据公式计算：

$$\frac{\omega_1}{\omega_2} = \frac{1/\sqrt{L_{\text{K}} \times C_{\text{s}}}}{1/\sqrt{L_{\text{K}} \times (C_{\text{s}} + C_{\text{p}})}} = 2$$

其中，L_{K} 为谐振电感，C_{s} 为寄生的谐振电容，C_{p} 为外部并联的吸收电容，得到 $C_{\text{p}} = 3C_{\text{s}}$，那么：

$$L_{\text{K}} = \frac{1}{{\omega_1}^2 \times C_{\text{s}}} = \frac{t_1^2}{4\pi^2 \times C_{\text{s}}}$$

t_1 为无吸收 RC 情况下的谐振周期，计算出 L_{K} 后，吸收电阻可由下式计算得出：

$$R_{\text{s}} = \sqrt{L_{\text{K}}/C_{\text{s}}}$$

从图 8-24 可以看出加入电容吸收电路后，谐振频率降低，使用 RC 吸收电路后谐振幅度大幅降低，这对原边反馈型稳压电路尤其重要，实验测试发现无 RC 吸收电路时，输出电压波动较大，且随负载电流增加而下降，加上 RC 吸收电路后，具有较好的稳压精度，其原因正是在吸收电路作用下，取样点时刻谐振过程已经结束，避免了取样的纹波误差。

（7）主要波形

如图 8-25～图 8-27 所示为不同负载情况下初级开关管的 V_{DS} 波形，开关频率随着负载

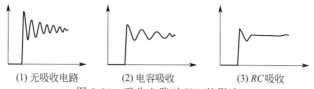

图 8-24 吸收电路对 V_{DS} 的影响

加重而增加, 轻载时, 变换器仍然工作在断续模式下, 当负载加到一定程度后, LT3748 始终工作在图 8-26 所示的临界导通模式下。图 8-28 为未实现同步整流情况下的 V_{DS} 和 V_{GS} 波形, GS 脉冲宽度为 LT8309 的最小脉冲输出 400ns, 此时依靠次级 MOSFET 的体二极管实现整流。图 8-29 为同步整流情况下的 V_{DS} 和 V_{GS} 波形, GS 脉冲宽度接近整个次级导通最长时间, 保证了次级效率的提升。

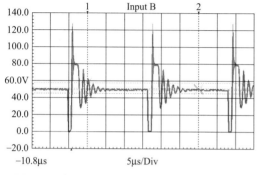

图 8-25 负载为 0.3A 时初级开关管 V_{DS} 波形

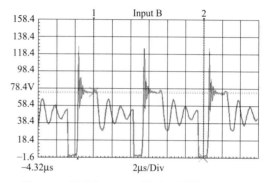

图 8-26 负载为 0.6A 时初级开关管 V_{DS} 波形

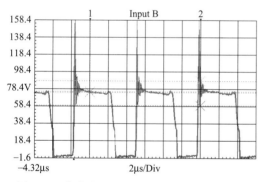

图 8-27 负载为 2.8A 时初级开关管 V_{DS} 波形

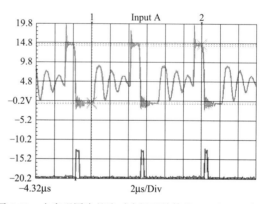

图 8-28 未实现同步整流时次级开关管的 V_{DS} 和 V_{GS} 波形

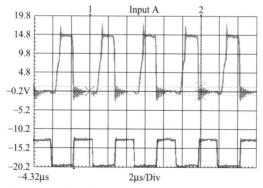

图 8-29 同步整流时次级开关管的 V_{DS} 和 V_{GS} 波形

8.3 48V/20A 通信用开关电源实例剖析

通信设备大多使用－48V 供电，通信设备对供电的敏感性要求是通信用电源必须具有较高的稳压精度、良好的电源调整率和负载调整率、足够好的动态响应。1000W 以上开关电源由于满载时输入电流较大，为了抑制输入谐波，减小对电网和其他设备的干扰，要求具备功率因数校正环节。在传统开关电源中通常使用全桥变换电路拓扑，工作在硬开关模式下。硬开关工作方式开关损耗大，电源效率的提升受到制约，也限制了电源的小型化。在中、大功率应用场合已被移相全桥（Phase Shift Full Bridge，PSFB）变换电路代替，实现功率开关器件的零电压或零电流开通关断，大幅提高变换效率。随着技术的发展，各种软开关集成控制芯片种类越来越多，应用比例也大幅提高，为通信开关电源功率密度提升做出了极大的贡献。本节以 48V/20A 通信用零电压高效开关电源实例剖析其原理与设计过程，其结构框图如图 8-30 所示。由 PFC 和 DC-DC 变换两部分构成，PFC 电路使用 UCC28070 作为控制芯片，DC-DC 变换器控制芯片为 UCC3895。

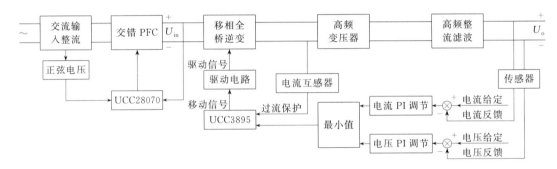

图 8-30　48V/20A 开关电源结构框图

8.3.1 交错 PFC 原理及控制芯片

如图 8-31 所示，交错 PFC 使用了两组电感 L_1、L_2，开关管 M_1、M_2，二极管 VD_1 和 VD_2 构成 Boost 变换器，通过将功率分布到两个单元上，减小了单个单元的电压/电流应力，同时，两个单元并非相位一致的并联关系，M_1、M_2 交错方式开通关断，这样纹波电流相互抵消，电感、电容的体积更小，能够提升功率密度。

使用了 UCC28070 作为主控制器，它是业界率先推出的单芯片交错式功率因数校正（PFC）控制芯片。它能够简化电源设计，提高系统可靠性，实现更高的功率因数与额定效率，应用范围从多千瓦通信、服务器和工业系统，到数字电视以及 PC。其主要特性：

交错平均电流模式 PWM 控制；

具有出众的效率、精确的电流感应和高功率因数的高级电流合成器；

具有为接近单位功率因数提供校正的内部电压前馈的高线性乘法器输出；

可编程开关频率（30～300kHz）；

用于降低 EMI 的可选频率抖动；

用于高效轻载操作的相位管理。

UCC28070 是一款先进的 PFC 控制 IC。其内部集成了两相脉宽调制器，以 180°的相位差工作，其有效改善的乘法器设计提供给两相独立电流放大器均流的基准，确保了两个PWM 输出在平均电流工作模式下的匹配和稳定，形成低畸变的正弦输入电流。UCC28070包含多种保护，包括输出过电压检测、峰值电流限制、冲击浪涌电流检测、欠压保护及反馈

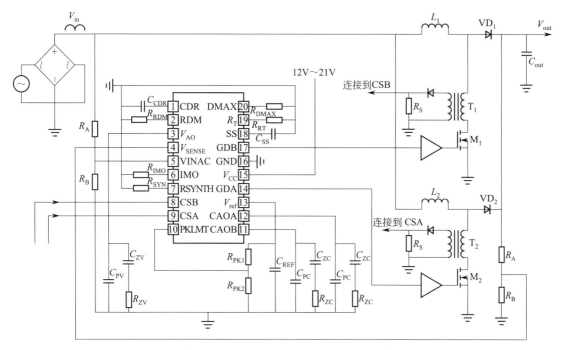

图 8-31　基于 UCC28070 的交错 PFC 电路

开环保护等。除此之外还有最新的电流合成和频率抖动功能以实现较低的电磁干扰。现将其分为几个模块结合引脚功能进行介绍。其内部等效电路如图 8-32 所示。

（1）电压外环

VSENSE（4 脚）通过外部分压网络采集输出电压，与内部的 3V 基准电压比较后由内部跨导型误差放大器 VA 输出一个误差放大信号到 VAO（3 脚），3 脚外接电压调节环补偿网络到 GND，在内部电压环误差放大输出连接到乘法器的输入端。VINAC（5 脚）为交流电压波形取样引脚，内部连在乘法器的另一输入端，并由内部电压前馈模块得到除法因子VFFk 输入乘法器的负端，这与传统 PFC 控制芯片 UC3854 相比不需要专门对前馈环进行配置，简化了使用和调试难度，乘法器的输出（6 脚）作为电流环的基准信号，IMO 引脚外接一个电阻到 GND 用来设置乘法器的增益。

（2）电流内环

由电流传感器 T_1，T_2 采集的两路开关管电流信号经过 CSA、CSB（9、8 脚）外部网络形成电流环反馈电压送入内部的两个电流放大器 CA_1、CA_2 的反相输入端；同时，由乘法器输出的基准信号分别送入电流放大器的同相输入端。CA_1 和 CA_2 的输出分别是 CAOA（12 脚）和 CAOB（11 脚），在这两个引脚到 GND 间连接阻容网络作为电流环频率补偿。之后，电流环的输出送入两路 PWM 比较器的反相输入端作为调制信号，这两路 PWM 载波信号是交互相差 180° 的，其频率由内部振荡器的频率决定。PWM 的输出与时钟信号一起连入 RS 触发器，最后经一个驱动输出，将比较出来的调制脉冲钳制在 13.5V，从 GDA、GDB 两个引脚输出，这两路输出的脉冲在相位上也是交互相差 180° 的。

（3）电流合成

UCC28070 设计中最突出的创新就是电流合成取样电路，由于使用了两个电流互感器串联在开关管上取样，在开关导通时，取出的电流就是电感的上升电流，但开关关断后，该支路无电流流过，是无法取样到电感电流下降时的波形的。在芯片内部具备下降斜率重构电

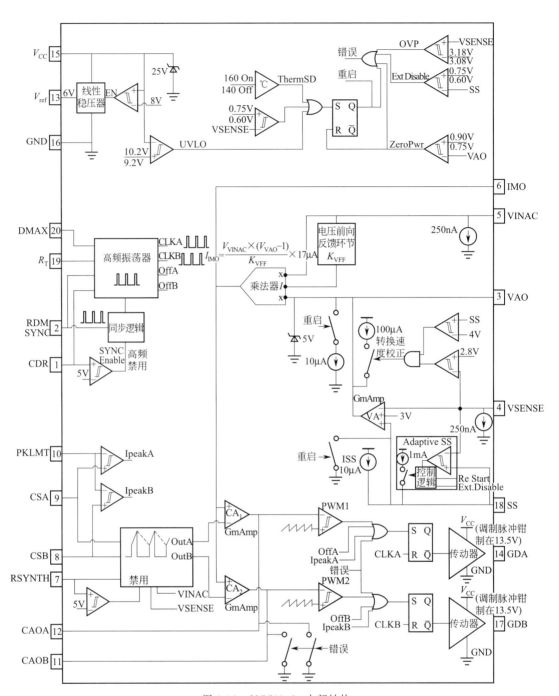

图 8-32　UCC28070 内部结构

路，它在每相开关管关断之后重新再造一个同步下降斜率的波形，与 CSA、CSB 上的波形合成出电感电流的全貌，这样取样方式更为灵活。

（4）频率抖动

频率抖动（1 脚）用于调制开关频率用以减弱 EMI 噪声，提高线路滤波器的能力。UCC28070 采用三角波调制的方法，使得在相同时间内在每个点延开关频率抖动，最低频率到最高频率的差值定义为抖动幅度，中心点即为正常开关频率 f_{PWM}。f_{PWM} 的变换从两个调制抖动幅度间折返一次的速率定义为抖动幅度速率。频率抖动幅度通过引脚 RDM 到 GND 的电阻设置，抖动幅度速率由 CDR 到 GND 的电容设置决定。频率抖动可以由强制 $V_{CDR}>5V$ 来禁止，或将其接到 V_{ref}（6V）端的内部基准电压源，将 RDM 接到 GND，如果需要外部频率源同步 PWMf 同时还要求频率抖动，则其需要提供抖动幅度及其速率，以便于禁止内部抖动电路，防止不必要的同步性能。

另外，需要指明，PWM 由内部振荡器决定，选择 R_T 引脚外部到 GND 的外接电阻 R_{RT} 可直接设置 PWM 频率。其应有的最大占空比也可由 DMAX 端的电阻 R_{DMAX} 设置。

（5）软启动

UCC28070 具备自适应的软启动功能。在初始启动时，一旦 V_{SENSE} 超过 0.75V 的使能阈值（V_{EN}），SS 端的内部下拉功能即释放，1mA 的自适应软启动电源就被激活，它立刻将 SS 端拉到 0.75V，一旦 SS 端达到 V_{SENSE} 端电压，$10\mu A$ 的软启动电流 I_{SS} 就开始工作，通过选择软启动电容，可以调整软启动时间，计算公式如下：

$$t_{SS}=C_{SS}\times(2.25V/10\mu A)$$

通常也会遇到 PFC 预调节器的重启，Restart 信号使 SS 引脚置 0，此时，如果输出没有完全放电，V_{SENSE} 端仍有一定电压，此时芯片会使用 1mA 而不是 $10\mu A$ 的内部电流源对软启动电容预先充到 V_{SENSE}，之后，$10\mu A$ 电流源控制软启动斜率，此时，软启动时间估算为：

$$t_{SS}=C_{SS}\times[(3V-V_{SENSE0})/10\mu A]$$

式中，V_{SENSE0} 是重启时的 V_{SENSE} 端电压。

（6）PFC 使能和禁止

UCC28070 包含两个用于禁止 GDX 输出的独立电路，其一是 V_{SENSE} 端，在 V_{SENSE} 电压达到 0.75V 之前，几乎所有的内部电路都被禁止，一旦其达到 0.75V 且 $V_{AO}<7.5V$，则振荡器、乘法器、电流合成器都使能，SS 电路开始充电。另外是 SS 端，其提供一个外部接口，与整个电压环无关，一旦其电压被拉到 0.6V 以下，内部直接将电流基准输出拉至 GND 从而禁止 GDX 的输出并保持低电平。

（7）过压保护

由于输出电容有一定范围，所以过压保护是该芯片所必备的功能，在 V_{SENSE} 端内部有一个滞环比较器，当 V_{SENSE} 电压高于 3.18V（即超出规定的 106%）时，电流环基准输出即被拉低，禁止了 GDX 的输出，禁止后，一旦电压跌到 3.08V，又恢复正常工作。

（8）峰值电流检测

为防止开关管峰值电流过大，在 PKLMT 端设计了峰值电流保护电路，其基准比较电压值由端口外部从 V_{ref}（6V）端引入的分压网络决定。一旦电流超出峰值限制，内部即禁止 PWM 比较器的输出，从而禁止 GDX 的输出。

（9）零功率检测

在电压误差放大器的输出端内部有一个滞环比较器用来检测电路是否工作在空载或接近空载状况，当 V_{AO} 电压低于 0.75V 时，其输出 GDA、GDB 被封锁。滞环比较器宽度为 150mV，当 V_{AO} 电压重新回升到 0.9V 时，才解除输出的禁止状态。

（10）过热关断

为保护芯片，当芯片温度超过 160℃时，温度检测比较器即输出保护，关闭全部电路，当温度降到 140℃时，器件再通过软启动恢复工作。

8.3.2 ZVS 移相全桥变换器原理及控制芯片

DC-DC 变换电路由 ZVS 移相全桥软开关拓扑构成，这种结构充分利用了电路本身的寄生参数，使开关管工作在软开关状态，降低了开关损耗，提高了变换器的效率。与谐振软开关技术相比，移相 PWM 变换技术具有开关频率恒定、开关管电压和电流应力低、不需要辅助器件以及结构简单等优点。

（1）ZVS 移相全桥变换器的电路拓扑

ZVS 移相全桥变换器的基本拓扑结构如图 8-33 所示。其中 $C_1 \sim C_4$ 为寄生电容或外接电容，$VD_1 \sim VD_4$ 为内部寄生二极管，L_r 为谐振电感。VD_5、VD_6 是整流二极管，L_f 为滤波电感，C_f 为滤波电容。T_1、T_2 构成超前桥臂，T_3、T_4 构成滞后桥臂，T_1 和 T_2 的相位分别超前于 T_4 和 T_3。每个桥臂的两个开关管互补导通，两个桥臂的导通角相差一个移相角，移相全桥通过改变移相角的大小来调整输出电压。

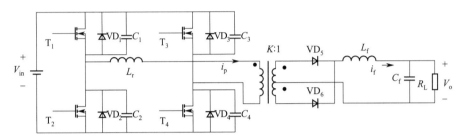

图 8-33　ZVS 移相全桥变换器的基本拓扑结构

ZVS 移相全桥变换器主要通过变压器的漏感或原边的串联电感以及开关管的寄生电容或外接并联电容之间的谐振来实现四个开关管的零电压开关，最大优点是无须额外的谐振回路，不需要其他额外的元件就可以实现软开关，器件应力小，可以明显减小开关损耗，非常适合采用 MOS 管作为开关元件的电路。ZVS 移相全桥 PWM DC-DC 变换器主要工作波形如图 8-34 所示。图中 t_δ 为移相时间，t_d 为死区时间，i_p 为变压器原边电流。

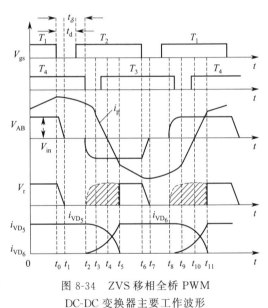

图 8-34　ZVS 移相全桥 PWM
DC-DC 变换器主要工作波形

（2）实现 ZVS 条件

要实现开关管零电压开通，需要有足够的能量（E）将开关管结电容（或外接电容）上的电荷抽走，同时给同桥臂上关断的开关管的结电容（或外接电容）充电，此外还要抽走变压器初级绕组的寄生电容 C_{TR} 上的电荷，即必须满足如下关系式：

$$E > \frac{1}{2} C_i V_{in}^2 + \frac{1}{2} C_i V_{in}^2 + \frac{1}{2} C_{TR} V_{in}^2 = C_i V_{in}^2 + \frac{1}{2} C_{TR} V_{in}^2 \, (i = \text{lead}, \text{lag})$$

超前桥臂实现 ZVS。在超前桥臂开关过程中，滤波电感与谐振电感是串联的，实现 ZVS 的能量是由滤波电感提供的。通常情况下，滤波电感 L_f 都比较大，其电流近似不变，等效于一个恒流源。这个能量完全能够满足上式，很容易实现 ZVS。

滞后桥臂实现 ZVS。在滞后桥臂开关过程中，变压器的次级是短路的，移相全桥变换器分成两部分：一部分是初级电流由逆变桥提供流通回路，逐渐改变流通方向；另一部分是负载电流由整流桥提供续流回路，与变压器的初级侧没有关系。实现 ZVS 能量只由谐振电感提供，必须满足如下关系式：

$$\frac{1}{2}L_rI_2^2>C_{\text{lag}}V_{\text{in}}^2+\frac{1}{2}C_{TR}V_{\text{in}}^2$$

滞后桥臂的 ZVS 实现没有输出滤波电感的参与，由于谐振电感通常很小，因此滞后桥臂实现 ZVS 比较困难。

（3）ZVS 移相全桥存在的问题

ZVS 移相全桥变换器由于其利用变压器的漏感和开关管的结电容实现 ZVS，具有电压应力低、磁性元件利用率高的优点，近年来已广泛应用于高频、大功率电源设备的设计之中。采用 ZVS 移相全桥 PWM 技术，可以较为方便地实现软开关。但存在以下缺点。一是轻载时难于实现 ZVS。超前桥臂通过输出滤波电感的能量来实现 ZVS，通常输出滤波电感较大，因此超前桥臂实现 ZVS 较容易；而滞后桥臂是通过变压器的漏感来实现 ZVS 的，但由于漏感一般很小，轻载时 I_2 较小，因此滞后桥臂实现 ZVS 较困难。二是占空比丢失。由于 ZVS 移相全桥工作过程中，变压器的初级占空比和次级占空比是不一样的。初级电压的占空比由两桥臂开关管驱动信号之间的移相角确定，而在 $t_2\sim t_5$，$t_8\sim t_{11}$ 时间段内，次级整流二极管 VD_5、VD_6 同时导通，次级电压被钳位为零，于是出现了占空比丢失。在这两个时间段内，初级电流可近似看作以斜率 V_{in}/L_r 线性变化。斜率越大，这两个时间段越短，占空比丢失越小。而当输入电压低和负载电流较大时，占空比丢失就很严重。

ZVS 全桥变换器虽然存在上述问题，但由于在几乎不增加元器件的基础上实现了主功率器件的零电压开关，有效降低了开关损耗，因而得到比较广泛的应用，特别适用于中小容量且功率器件为 MOSFET 的场合。

（4）控制芯片

实现全桥变换器的移相 PWM 控制方法很多，比如：采用分立器件进行逻辑组合，采用专用的集成控制芯片，采用 DSP 或 CPLD 数字实现等。第一种方法较为复杂，不利于工业应用，第三种方法的成本相对较高，而采用专用的集成控制器是电源应用较多的方法。UCC3895 芯片是专门用于 PWM 移相全桥变换器的新型控制芯片，是 UC3875（79）的改进型，增加了 PWM 软关断能力和自适应死区设置功能。UCC3895 与 UC3875、UC3879 等传统的移相控制芯片的参数比较如表 8-2 所示。从表中可看出 UCC3895 的功耗明显减小，响应速度最快，但是驱动能力相对 UC3875 而言较小。

表 8-2　移相控制芯片参数对比

参数	UC3875	UC3879	UCC3895
启动电流	$150\mu A$	$150\mu A$	$150\mu A$
工作电流	30mA	23mA	5mA
电流检测延时	85ns	160ns	75ns
输出驱动电流	200mA	100mA	100mA
延时调节范围	150～400ns	300～600ns	450～600ns

UCC3895 内部结构框图如图 8-35 所示。其主要引脚功能如下。

EAN（引脚 1）：误差放大器反相输入端。

EAOUT（引脚 2）：误差放大器输出端。

RAMP（引脚 3）：PWM 比较器的反相输入端。在电压模式或平均电流模式下，该端接 C_T（引脚 7）上的锯齿波信号；而在峰值电流模式下，该端接电流信号。RAMP 内接放电晶体管，该晶体管在振荡器死区时间内触发。

REF（引脚 4）：精密 5V 基准电压输出端。

GND（引脚 5）：信号地。

SYNC（引脚 6）：振荡器同步信号输出端。

C_T（引脚 7）：振荡器定时电容接入端。

R_T（引脚 8）：振荡器定时电阻接入端。

DELAB（引脚 9）/DELCD（引脚 10）：输出端 A-D 延迟控制信号输入端。

ADS（引脚 11）：延迟时间设置端。当 ADS 引脚直接与 CS 引脚相连时，输出延迟死区时间为零。当 ADS 引脚接地时，输出延迟时间最长。

OUTA/OUTB/OUTC/OUTD（引脚 18/引脚 17/引脚 14/引脚 13）：驱动输出端。

V_{DD}（引脚 15）：偏置电源输入端。

PGND（引脚 16）：功率地。

SS/DISB（引脚 19）：软启动/禁止端。通过该端可以实现软启动和控制器快速禁止两项独立的功能。

EAP（引脚 20）：误差放大器的非反相输入端。

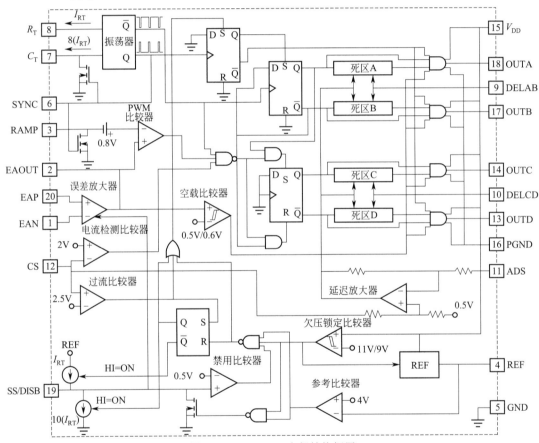

图 8-35　UCC3895 内部结构框图

关键引脚配置方式如下。

CS：电流检测比较器的反相输入端。CS 主要用来实现过流保护，关闭输出脉冲。CS 端的电压应限制在 2.5V 以下。

ADS：ADS 是自适应死区时间设置引脚，可设置最大和最小输出死区时间之比值，是 UCC3895 新增的控制引脚。ADS 脚通过改变 DELAB 和 DELCD 上的输出电压 V_{DEL}，从而改变输出死区。

$$V_{DEL} = 0.75 \times (V_{CS} - V_{ADS}) + 0.5$$

式中，V_{DEL} 为脚 DELAB 和 DELCD 上的电压；V_{CS} 为脚 CS 上取样电流的电压；V_{ADS} 为脚 ADS 上所施加的设定电压。V_{ADS} 必须限制在 $0\sim2.5V$ 且必须小于等于 V_{CS}。

R_T 和 C_T：R_T 外接振荡定时电阻 R_T，C_T 接振荡定时电容 C_T。R_T 的阻值范围一般为 $40\sim120k\Omega$，C_T 取值一般为 $100\sim880pF$。振荡周期计算式为：

$$T_{osc}=\frac{5R_TC_T}{48}+120ns$$

DELAB 和 DELCD：两引脚分别为两路互补输出端之间的死区时间设置。两半桥可以设置不同的死区时间，从而适应不同的谐振电容充电电流。死区时间由下式决定：

$$t_{DELAY}=\frac{25\times10^{-12}R_{DEL}}{V_{DEL}}+25ns$$

SS/DISB：软启动/禁止端。在外部强制 SS/DISB 低于 0.5V、V_{DD} 低到 UNLO 设定值之下、REF 低于 4V 或发生过流故障（CS$\geq$2.5V）时，禁止模式启动，并关闭芯片输出脉冲。

OUTA，OUTB，OUTC，OUTD：4 个互补输出驱动信号，驱动电流为 100mA，其中 OUTA 和 OUTB 互补，OUTC 和 OUTD 互补，分别驱动电路的一个半桥功率开关。

8.3.3 电路设计

包括交错 PFC 和 ZVS 两级电路的主电路、控制保护电路设计。

（1）交错 PFC 电路设计

主电路由输入滤波、工频整流、Boost 电路构成，输入滤波和整流电路如图 8-36 所示。

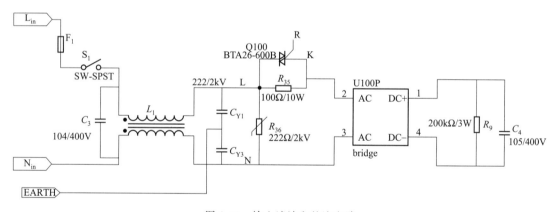

图 8-36 输入滤波和整流电路

LC 构成输入滤波电路，R_{36} 为压敏电阻，对输入电压起到过压保护作用，整流桥实现交流电压到正弦双半波的转换，在整流桥后无大电解电容滤波，只是使用了一个 $1\mu F$、400V 的薄膜电容实现高频滤波。R_{35} 和双向晶闸管 Q_{100} 构成输入软启动电路，检测电路连接到输出电压上，当检测到输出高于 200V 时才控制 Q_{100} 导通，在双向晶闸管导通前，电阻起到限流作用，减小上电时电路的电流冲击。

正弦半波电压送到交错 Boost 的输入端，其电路图如图 8-37 所示。图中使用两个电流互感器 TAK17-02 取样开关电流，其初次级匝比为 1：200，二极管 VD_{107P}、VD_{113P} 在这里主要起隔离作用，以第一个单元为例，当开关电流上升时，次级电流经二极管 VD_{107P}、R_{109P} 形成取样电压 I1sam，送到控制芯片中；当开关关断后，开关管中无电流流过，此时 VD_{107P} 阻断，互感器次级由 R_{105P} 和 C_{110P} 复位。轻载情况下，电感电流断续，Boost 电感与 MOSFET 的寄生电容振荡，会在互感器上流过反向的电流，造成电流取样信号误差。为了提高极轻负载情况下的抗噪声干扰能力，在电流取样信号上使用有直流偏置的 PWM 斜率补偿，抬高电流信号波形，G_1 为对应单元的 PWM 信号，经 R_{106P}、VD_{109P} 叠加到 I1sam 上，同时 R_{104P} 和 R_{109P} 提供一个直流偏置。

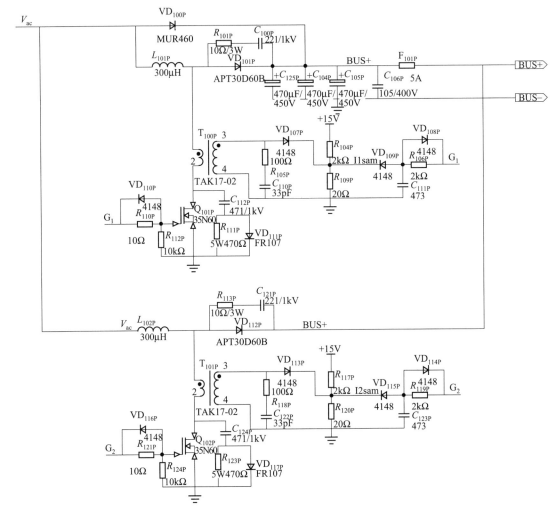

图 8-37　交错 Boost PFC 电路

主控制电路如图 8-38 所示，跳线可选择是否允许频率抖动功能，如果 6V 基准电压连接到芯片的 CDR 引脚，频率抖动功能被禁止。芯片的 14、17 脚为 PWM 输出引脚，输出连续高信号时最大电流为 0.25A，输出脉冲信号时最大电流为 0.75A。在 PFC 应用场合，脉冲输出为 SPWM，在市电过零点处，脉冲宽度接近为 1，因此驱动能力充足是保障驱动可靠、Boost 电路正常工作的前提，使用集成驱动芯片 IXDN609CI 对驱动信号进行功率增强，然后驱动相应的 MOSFET 器件。

（2）ZVS 移相全桥电路设计

图 8-39 为通信电源移相全桥主电路，由四个 MOSFET 构成全桥电路拓扑，将直流电压逆变为高频交流电，变压器降压后由双半波整流电路高频整流、LC 滤波后得到直流输出电压。移相全桥相比普通全桥电路，在主电路上区别不大，主要是多了谐振电感，以帮助实现滞后桥臂的零电压开关，主要区别体现在控制电路送出的 PWM 信号上。对于图中的全桥电

路，四个开关管的脉冲信号占空比固定且接近 0.5，它是通过控制移相角改变变压器的有效值电压来调整输出电压的。

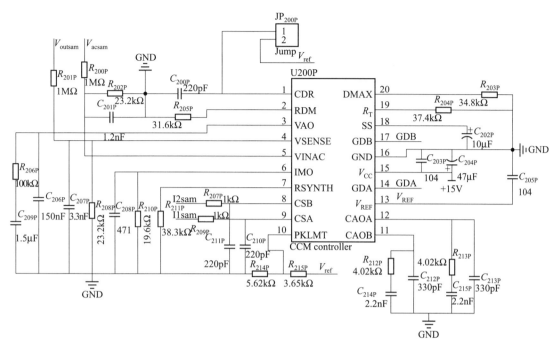

图 8-38　交错 PFC 主控制电路

C_1、C_2 为串联在桥臂与变压器初级绕组之间的隔直电容，其电位浮动，防止两个桥臂由于元器件参数不一致、线路阻抗和驱动脉冲差异等造成变压器偏磁。T_1 为电流互感器，用于检测变压器初级电流大小，实现过流保护功能。

图 8-40 为 UCC3895 主控制器及外围电路，输出电压经电阻分压取样后，接入相应的反馈支路，取样得到的电压由二极管 VD_{421} 和 R_{444} 送入控制芯片 UCC3895 的 1 脚。

主电路负母线上接有电流互感器，电流的取样信号 $I_{\_fdb}$ 经 R_{425}、C_{423} 滤波，ZD_{402} 限幅，然后由电阻 R_{426} 送入误差放大器 U403A 反相端，同相端为电流设定信号 $I_{\_set}$ 经跟随器后送入，既可由电阻分压预设定，也可由单片机软件自动设定充电的恒流值，U403A 是电流误差放大器，其输出经二极管 VD_{422} 和 R_{444} 送入控制芯片 UCC3895 的 1 脚。

通信用开关电源通常也作为后备电池的充电管理电源，要求能够对电流值精确控制。电压取样信号大小和电流误差放大器输出电压大小决定了环路的连接方式，当电压取样信号高于误差放大器输出时，控制部分处于稳压模式，反之，则处于恒流模式。在充电起始阶段，充电电流较大，反馈信号 $I_{\_fdb}$ 较小，U403A 输出电压较高，系统处于恒流模式，通过改变 $I_{\_set}$ 大小可以设定恒流值；充电后期，随着电池电压的升高，充电器输出电压也逐渐升高，电压跟随器 U403B 输出电压随之升高，系统进入恒压模式。

由于工作电源为 15V，UCC3895 输出脉冲为 0 和 15V 的高低脉冲信号，需要经驱动电路增强并隔离后才能驱动全桥开关管，驱动电路如图 8-41 所示。由 IXDN602PI 增强驱动能力，C_{301}、C_{304}、C_{305}、C_{306} 为隔直电容，脉冲信号在隔直电容两端的电压为 7.5V，那么变压器初级得到 ±7.5V 的交流电压，驱动变压器变比为 1：2，在次级上输出 ±15V 驱动电压，稳压管为两组反串的 18V 稳压二极管，钳位驱动脉冲最大电压，防止由于振荡造成的尖峰损坏 MOSFET。

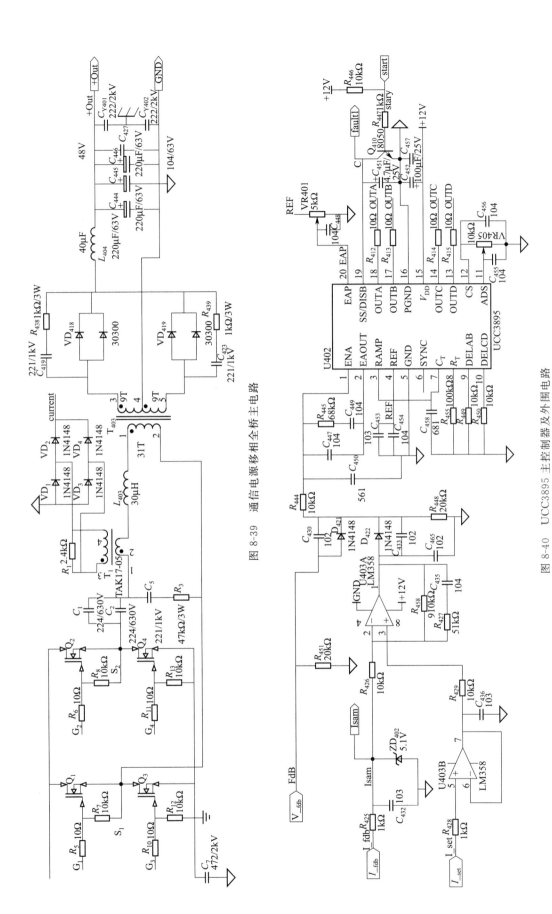

图 8-39 通信电源移相全桥主电路

图 8-40 UCC3895 主控制器及外围电路

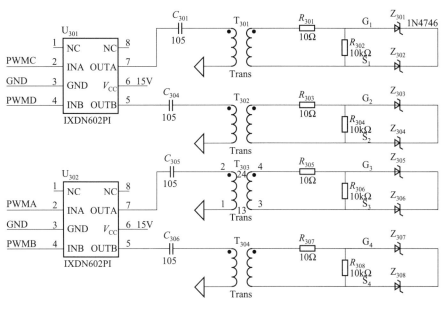

图 8-41 驱动电路

8.3.4 参数计算

指标要求如下。

输入电压（整流后直流电压）：最小值 $V_{\text{inmin}}=150\text{V}$，$V_{\text{intyp}}=220\text{V}$，$V_{\text{inmax}}=285\text{V}$。

PFC 输出电压：380V。

DC-DC 输出电压：直流 43～58V 范围可调。

输出电流额定值：$I_{\text{out}}=20\text{A}$。

额定输出功率：$P_{\text{out}}=960\text{W}$　最大输出功率 $P_{\text{max}}=1120\text{W}$。

开关频率：$f=65\text{kHz}$。

8.3.4.1 PFC 电路参数设计

（1）升压电感选择

根据芯片应用资料说明，电感的选择主要建立在最大可允许的输入纹波电流大小上，引入输入电流纹波与单个电感纹波电流之比 K，K 是与占空比相关的，其比例关系：

$$K(D)=\Delta I_{\text{in}}/\Delta I_{L_1}$$

当占空比 $D=0.5$ 时，$K=0$；

当 $D<0.5$ 时，$K(D)=(1-2D)/(1-D)$；

当 $D>0.5$ 时，$K(D)=(2D-1)/D$。

最低输入电压时对应占空比为：

$$D_{\text{PLL}}=\frac{380-\sqrt{2}\times150}{380}=0.44$$

$$K(D_{\text{PLL}})=(1-0.88)/(1-0.44)=0.21$$

最大输入纹波电流设为 30% 的总输入电流，输入电流为正弦，其峰值为有效值的 $\sqrt{2}$ 倍，考虑 90% 的效率因素，在 PFC 输出最大功率 1200W 情况下，电感纹波电流：

$$\Delta I_L=\frac{P_{\text{out}}\times\sqrt{2}\times0.3}{V_{\text{in\_MIN}}\times0.9\times0.21}=18\text{A}$$

电感值：
$$L_1 = L_2 = \frac{V_{in\_MIN} \times \sqrt{2} \times 0.21}{18 \times 65(kHz)} = 38\mu H$$

在 220V 额定电压时，利用上述公式计算出 $L_1 = L_2 = 305\mu H$，取平均值得到电感量为 $172\mu H$。

（2）输出电容选择

输出电压为 380V 时选择额定电压为 450V 的电解电容。电容量大小计算公式：
$$C = \frac{2Pt}{V_o^2 - V_{omin}^2}$$

通过上式也可推算出输出每瓦功率需要输出电容为 $1\sim2\mu F$，选择 2 个 $470\mu F$ 电解电容。输出电容越大，其向后级直流变换器可供电时间越长。

（3）功率半导体开关选择

功率开关器件主要与功率输出大小密切相关，下式用于计算开关的峰值电流时考虑了 1.2 倍的裕量：
$$I_{PEAK} = \left(\frac{P_{out} \times \sqrt{2}}{2 \times V_{in\_MIN} \times \eta} + \frac{\Delta I_L}{2} \right) \times 1.2 = \left(\frac{1200 \times \sqrt{2}}{2 \times 150 \times 0.9} + 9 \right) \times 1.2 = 18(A)$$

单个 MOS 管的有效值计算为：
$$I_{DS} = \frac{P_{out}/\eta}{2 \times \sqrt{2} \times V_{in\_MIN}} \sqrt{2 - \frac{16 \times \sqrt{2} \times V_{in\_MIN}}{3 \times \pi \times V_{out}}} = 3.1A$$

Boost 电路输出二极管的平均值为：
$$I_D = \frac{P_{out}}{2 \times V_{out}} = 1.58A$$

可以看出，交错运行方式下，功率开关器件的电流应力也缩小一半，无论是器件的选择还是散热措施都变得更为容易。

（4）电流传感器计算

电流传感变压器在取最大电流时要求次级低于 100mA，那么变压器匝比：
$$N_{CT} = \frac{N_s}{N_p} \geqslant \frac{I_{PEAK}}{I_{RS}} = \frac{18}{0.1} = 180$$

选择 1∶200 的成品互感器 TAK17-02。

8.3.4.2 DC-DC 变换器参数设计

（1）功率开关管的选择

由于 PFC 稳压输出送入移相全桥变换器输入端，考虑纹波因素，变换器原边电压最大值 $V_{DC\_MAX} = 400V$，考虑到要有足够的裕量，选择耐压值为 600V 的功率 MOSFET。原边电流平均值 $I_p = 3A$，考虑开关管的裕量、散热问题以及开关频率，最终选取仙童公司生产的型号为 FQA24N60 的 MOSFET，其耐压值为 600V，工作电流为 24A，通态电阻为 0.24Ω。

（2）超前桥臂开关管并联电容的计算

超前桥臂开关管的并联电容是实现超前桥臂 ZVS 的关键，当变压器工作在额定功率时，输入电压 $U_{in} = 380V$，设变换效率为 90%，最大占空比为 0.7，则输入电流为：
$$I_{in} = \frac{P_o}{U_{in} \eta D_{max}} = \frac{1200}{380 \times 0.9 \times 0.7} = 5(A)$$

在死区时间内，开关管电容上的电荷要被完全抽净，由于开关频率 $f = 65kHz$，周期为

$15\mu s$，设原边最大占空比为 0.9，则死区时间为 $1.5\mu s$，设变换器在额定功率下经过 $\Delta t = 0.5\mu s$ 实现 ZVS，则并联电容至少为：

$$\frac{I_{in} \times \Delta t}{2U_{in}} = \frac{5 \times 0.5 \times 10^{-6}}{2 \times 380} = 3.28(nF)$$

（3）变压器的设计

高频变压器的设计比较复杂，实际设计中需要考虑很多的问题，各种问题的解决方案往往充满矛盾。一方面，在传递额定功率的情况下，只有提高工作的频率，才能减小变压器的体积。但频率的提高会导致损耗增加，变压器需要良好的散热设计，这样又需要增加变压器的体积，而且过高的频率也会使变压器难以承受，因此要选择适当的工作频率。另一方面，性能优良的磁性材料可以有效地提高功率传输性能，从而实现变压器的小型化，但这样会增加变压器设计的成本。因此，在传递额定功率的前提下，要在磁性材料的性能和成本之间进行折中选择。

① 磁芯选择　本系统中高频变压器的设计，采用较为简洁的面积乘积法（AP）进行设计，根据如下公式选取合适的磁芯：

$$A_p = \frac{P_T \times 10^6}{2\eta f B_m \delta K_m K_c} = \frac{1200 \times 10^6}{2 \times 0.9 \times 65 \times 10^3 \times 1000 \times 2 \times 0.5 \times 1} = 10.2$$

式中，A_p 为铁芯面积乘积；P_T 为变压器标称功率；η 为变换器效率；f 为开关频率；B_m 为最大工作磁通密度，单位为 T；δ 为电流密度，取 $\delta = 2A/mm^2$；K_m 为窗口的铜填充系数，取值为 0.5；K_c 为磁芯填充系数，取值为 1。要求：

$$A_e \times A_w \geqslant A_p$$

A_w 为磁芯窗口面积，A_e 为磁芯有效截面积。

根据计算结果，铁芯型号选择 EE55 的磁芯。

② 原、副边匝数比　为了提高高频变压器利用率，减小开关管的电流，降低输出整流二极管的反向电流，从而减小损耗和降低成本，高频变压器原副边变比应尽可能大一些。要求在最低输入电压时能满功率输出，考虑占空比丢失，选择副边最大占空比为 0.7，副边电压：

$$V_{smax} = (V_{outmax} + 1.5 \times 2 + 0.5) \div 0.8 = 354.3(V)$$

$$V_{sec\_min} = \frac{V_{omax} + V_D + V_L}{D} = \frac{58 + 1.5 + 0.5}{0.7} = 85.7(V)$$

式中，V_{omax} 是最大输出电压；V_L 是滤波电感的直流压降；D 是副边最大占空比；V_D 是整流二极管的通态压降。

由于工作时上下开关管存在死区，原边最大占空比取 0.9，则变压器原边最低电压：

$$V_p = V_{in} \times 0.9 = 360 \times 0.9 = 324(V)$$

因此，变压器变比为：

$$K = \frac{V_p}{V_{sec\_min}} = 3.78$$

③ 原、副边匝数计算　副边绕组匝数：

$$N_s = \frac{V_{sec\_min} \times D_{sec\_max}}{4f \times A_e \times B_m} = \frac{85.7 \times 0.7 \times 10^8}{4 \times 65000 \times 3.28 \times 1000} = 7$$

变压器原边绕组匝数：

$$N_p = N_s \times K = \frac{85.7 \times 0.7 \times 10^8 \times 3.78}{4 \times 65000 \times 3.28 \times 1000} = 26$$

④ 导线选择　变压器的原边绕组电流值为：

$$I_p = 4.7A$$

选取导线电流密度 $I = 4\mathrm{A/mm^2}$，则原边导线的截面积为：

$$S_p = \frac{I_p}{J} = 1.17\mathrm{mm^2}$$

副边由双半波整流，每组副边绕组最大电流有效值为 $20/\sqrt{2} = 14.1$（A）

副边导线的总截面积为：

$$S_s = \frac{14.1}{4} = 3.5(\mathrm{mm^2})$$

（4）谐振电感参数设计

谐振电感主要用于实现滞后桥臂的零电压开关，其相对超前桥臂实现起来更为困难，必须由电感来提供足够的能量。通常考虑在 1/3 满负载条件以上时，滞后桥臂应当实现零电压开关，负载电流在 1A 时临界连续，那么关断时原边电流：

$$I_p = \frac{I_{out} \div 3 + dI \div 2}{K} = \frac{20 \div 3 + 1}{3.78} = 2.02(\mathrm{A})$$

实现零电压开关的条件是：

$$\frac{1}{2} \times L_r \times I^2 = \frac{4}{3} \times C_{MOS} \times V_{in}^2$$

谐振电容 $C_p = 3.28\mathrm{nF}$，谐振电感计算式为：

$$L_r = \frac{\frac{4}{3} \times C_p \times V_{inmax}^2 \times 2}{I_p^2} = 35\mu\mathrm{H}$$

谐振电感与变压器串联，最大电流值按照变压器初级绕组最大值计算，使用 4 根直径为 0.33mm 的铜线并绕。

8.3.5 调试步骤与典型波形

（1）PFC 电路调试

PFC 电路的输出接近 400V，如果具备高压直流负载设备调试时更加方便，在不具备条件情况下可以使用白炽灯、电阻丝等串并联，得到合适的负载。在 PFC 电路的初始调试阶段，先设置较低的输出电压，并把输入电压降低，尽量在低压输入/输出和小功率情况下测试功率因数校正功能是否实现、输出是否稳压，然后逐步增加电压和功率，待带载功能、软启动功能等测试完成后再试验突加市电、突加负载等情况。

如图 8-42 所示为整流后正弦和 VDS 典型波形，在高频开关调制作用下，整流后正弦电压叠加了高频纹波，VDS 波形放大后可以看出其宽度按 SPWM 规律变化，两边较窄，中间最宽，对应的驱动波形正好相反，两边最宽，中间最窄，通过观察宽度变化规律也能判断出

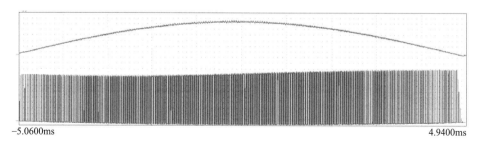

-5.0600ms   4.9400ms

图 8-42　整流后正弦和 VDS 典型波形

PFC 功能是否正常实现。MOSFET 的 VDS 波形峰值不是固定不变的，而是有一定波动，它反映的是输出电容上的纹波大小。如图 8-43 所示为使用电能质量分析仪记录的交流输入电压和输入电流波形。

（2）ZVS 全桥电路调试

对于电路功能单元多、规模较大的部分，进行电路调试时，通常是逐个单元验证，正常工作后才与其他单元联调。在调试时遵循先控制电路后主电路、先弱电后强电、先小功率后大功率的原则。主要步骤如下。

① 控制电路调试

a. 移相脉冲检查　给控制电路输入 15V 辅助电源，用示波器观察四路脉冲输出是否正常，主要是看上下桥臂脉冲相位是否相反，脉冲移相的软启动时间是否足够。

b. 驱动电路检查　将四路脉冲连接到驱动电路，并驱动相应的 MOSFET，看驱动波形是否陡峭判断驱动能力是否足够，观察驱动波形的正负幅值。

② 主电路调试

a. 断电检查　静态观察，看极性电容、芯片、传感器等器件引脚焊接有无错误，用万用表测试 MOSFET 与散热器是否良好绝缘，测输入/输出看有无短路现象。

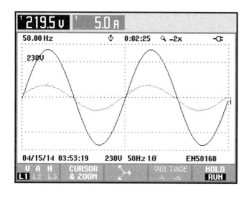

图 8-43　交流输入电压和输入电流波形

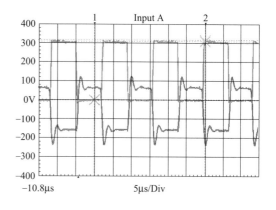

图 8-44　ZVS 电路中 MOS 管 DS 的典型电压波形

b. 逐步加电　调压器是电源调试中不可缺少的"利器"，接入几伏到数十伏的低压交流电，此时输出电压已经建立，虽然数值很小，但从此时的功率管、MOSFET、输出等波形可以基本判断主电路是否正常，若正常，继续慢慢加电，当输出电压上升到接近设定的稳压值时，注意观察 MOS 管的 DS 或变压器初次级波形，看此时是否有进入闭环的一个明显的"收脉冲"过程。图 8-44 为 ZVS 电路中 MOS 管 DS 的典型电压波形，接近理想的方波波形，且没有明显尖峰和振荡现象。

图 8-45 为稳压情况下处于对角位置的两个开关管的驱动电压波形，驱动为高对应开关管的导通区域，驱动波形为高的段重合区域越多，变换器所输出的能量也就越大。

c. 加载调试　稳压后，逐渐增加负载，观测不同负载情况下输出的稳压精度和调整率是否满足要求，是否有振荡现象。移相全桥是靠调整移相角控制输出电压的，如果闭环不稳定，表现为 VDS 波形左右晃动，此时需要调

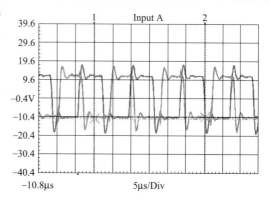

图 8-45　对角位置的两个开关管的驱动电压波形

整误差放大器外围 RC 参数，适配其频率补偿特性。如果 VDS 上下波动，说明直流母线不稳定，需要加大滤波电容。

通常，电源的调试一定会经历计算、调试、试错和不断优化的过程，电源的设计与调试从来都不是能够一蹴而就的，特别是宽范围高性能电源，需要对多种工作情况与参数进行试验、优化，需要调整反馈环参数，得到较好的稳态与动态性能。

d. 特殊功能调试　各项电气功能指标调试完成后，还需要对特殊功能进行调试。例如：过压、过流、过温保护调试，需要人为地制造保护条件，看电源保护功能是否具备和及时；老化功能测试、高低温、振动测试等。

8.4 模块化直流操作电源实例剖析

变电所中为二次设备供电的电源，称为操作电源。操作电源是功率较大的一种辅助电源，其对供电质量要求较高，操作电源有直流和交流两种，交流操作电源通常由互感器取电，在小型变配电所应用。随着智能电网的发展，新型配网设备得到广泛应用，自动分合闸、微机继电保护、远程监控等都对供电电源提出了更高的要求。直流操作电源是新一代的直流不间断电源设备，主要应用于小型变电站和用户终端，为二次控制线路提供稳定的不间断工作电源，同时还可为符合功率要求的一次开关设备（弹簧机构真空断路器、永磁机构真空断路器、电动负荷开关等）提供智能电源。新型直流操作电源采用智能高频开关电源技术，输出电压在较宽的范围内可设定，具备智能化电池管理功能和完善的监测、保护功能。使用模块化并联的工作方式，可以在单个模块功率有限的情况下通过组合得到需要的功率输出大小，并联后具备冗余功能，可靠性也得到提高。本节以 600W 直流操作电源模块为例，介绍其电路原理和调试实例。

8.4.1 主电路结构与原理

主电路由交流输入整流滤波、全桥高频逆变和输出整流滤波电路组成。

（1）输入整流滤波电路

市电的火线 L 串联熔丝 F_1，C_1、L_1 和 C_2 构成 π 型滤波器，B_1 为 1000V、35A 整流桥，将交流输入整流成直流电压，C_5 为 400V、220μF 电容，用于整流后电压的稳定滤波。在整流桥和滤波电容中间串联了继电器 K_1，K_1 的机械开关与 7W、510Ω 电阻串联，构成输入软启动电路。当模块上电时，K_1 尚未开通，此时由 R_1 对 C_5 限流充电，延时一段时间后 K_1 开通将 R_1 短接，以提高软启动完成后的整机效率。软启动电路既可以放在图 8-46 所示位置也可以放

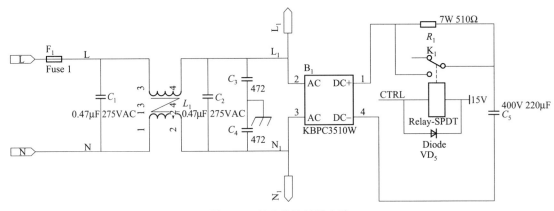

图 8-46　输入整流滤波电路

在整流桥 B_1 前端。软启动延时控制电路如图 8-47 所示，15V 来自辅助电源，辅助电源建立后，R_3 分得电压为 7.5V，由 $R_2 C_{11}$ 时间常数决定延时时间，当 C_{11} 两端电压上升到高于 5.1V 后，VD6 击穿，Q5 导通，继电器上电，输入软启动过程完成。输入软启动时间为辅助电源上电时间加上 $R_2 C_{11}$ 时间常数，调整 RC 参数可以调整软启动时间。

（2）全桥高频逆变电路

由 Q_1、Q_2、Q_3、Q_4 组成全桥高频逆变电路（如图 8-48 所示），由四组 PWM 脉冲信号控制其开通关断。VA、VB 为桥臂中点，连接高频变压器的初级，在四个高频开关作用下，把直流电压逆变为高频交流电压并送入高频变压器。

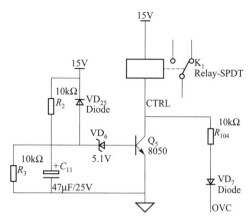

图 8-47　软启动延时控制电路

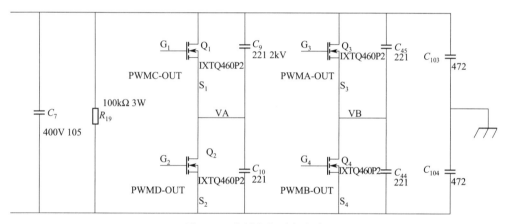

图 8-48　全桥高频逆变电路

（3）输出整流滤波电路

图 8-49 为输出整流滤波电路，L_2 为串联谐振电感，主要用于实现逆变桥的零电压开关，C_{12} 为隔直电容，CT_1 为电流互感器，用于实现过流保护。变压器 T_2 的次级由四个软恢复二极管 DSEP12-12A 桥式整流，每个二极管并联 RC 吸收电路，L_3 和后级的电容实现滤波稳定，VD_7 主要用于多模块并联时的隔离，防止模块间出现环流。

8.4.2　控制和保护电路

（1）控制电路

图 8-50 为主控制电路，核心是移相控制芯片 UC3875 及其外围电路，UC3875 为移相控制芯片，其原理和 UCC3895 近似，这里不再给出详细说明，请参阅相关 datasheet。芯片由 15V 供电，主要外围电路功能如下。

芯片的 2、3、4 脚对应其内部误差放大器的输出、反相输入和同相输入端，反相端与输出连接在一起构成跟随器，内部误差放大器不起作用，主要是通过外部运放实现误差放大的，原因是芯片内部只有一个误差放大器，无法满足电压和电流同时调整的目标要求。

CS（5 脚）为过流保护引脚。

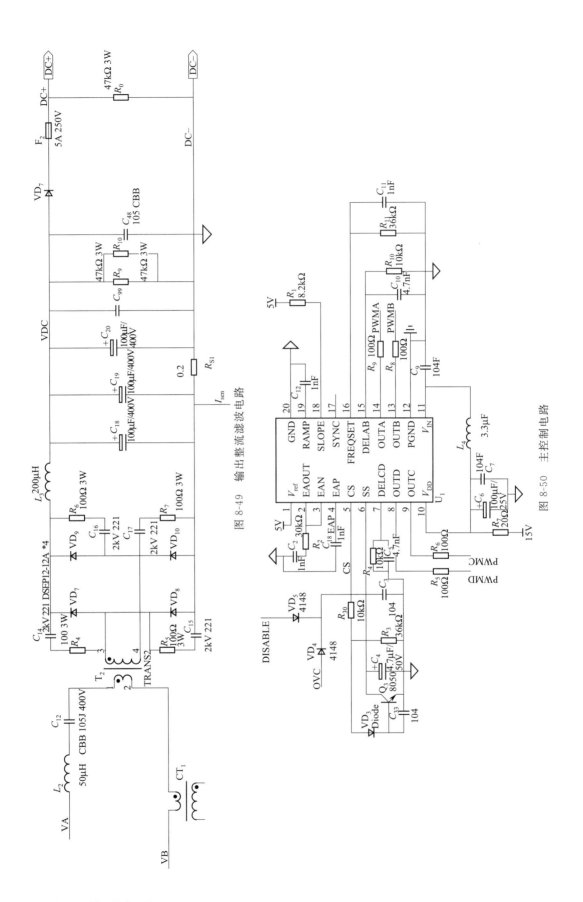

图 8-49 输出整流滤波电路

图 8-50 主控制电路

DELAYAB 用于调整 AB 脉冲之间的死区时间。

DELAYCD 用于调整 CD 脉冲之间的死区时间。

SS（6 脚）为软启动引脚，用于控制输出软启动和过流保护功能。软启动时间由电容 C_4 大小决定，在 C_4 两端并联三极管 Q_3，用于过流保护及使能控制。

OUTA、OUTB、OUTC、OUTD 为移相脉冲的输出引脚。

如图 8-51 所示为误差放大电路，主要由 LM358 及其外围电路组成，U_{2A} 为电压误差放大器，U_{2B} 为电流误差放大器，V_{set} 为输出电压电阻分压取样，送入 U_{2A} 的反相端 2 脚，3 脚为同相端基准电压，基准电压由 R_{17}、R_{18}、R_{19}、R_{20}、R_{36} 共同决定，V_{set} 来自控制单片机的 DA 输出，用于调整主电路的输出电压，使其在直流 $180 \sim 280V$ 的范围内可设定，本模块输出电流与整个模块并联系统的平均电流误差运算并放大，得到成比例的电压信号 I_{avs}，用于对运放同相端的基准电压进行微调，从而实现均流功能。U_{2A} 的输出引脚经 R_{26}、VD_2 连接到 U_{2B} 运放的输出，U_{2B} 的同相端和反相端分别是与本模块电流取样、恒流值设定相关的电压量，用于实现恒流控制，且恒流值可由单片机智能控制。误差放大电路稳压的实现过程是：当主电路输出电压上升后，V_{set} 增加，此时 U_{2A} 的 1 脚输出电压下降，UC3875 内部跟随器的输出端 EAOUT 随着下降，移相角减小，输出电压下降，实现反方向调节，反之亦然。恒流的调整过程是：在图 8-51 中，输出电流由 R_{s1} 取样，电流越大，取样电压 I_{set} 越负，U_{2B} 的 7 脚输出电压也就越小，进一步影响 EAP 引脚，并使 EAOUT 减小，移相角减小，输出电压下降，使电流保持恒定。

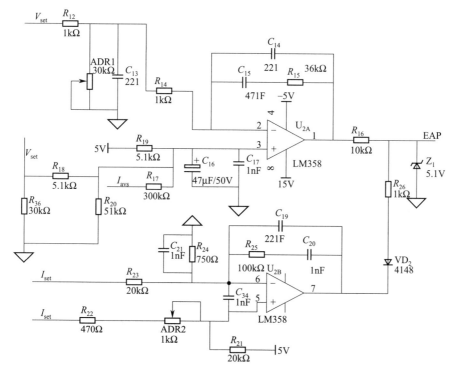

图 8-51　误差放大电路

（2）保护电路

如图 8-52 所示为其保护电路，包括过流、过压和过温保护电路，互感器 CT_1 取样高频变压器初级电流，由 VD_{13}、VD_{14}、VD_{15}、VD_{16} 整流送入比较器 U_{3A} 的同相端，反相端为稳压管提供 5.1V 基准的电压，电流过大，U_{3A} 输出高；电阻 R_{12}、R_{11} 把输出电压分压取

样送到 U_{3B} 上，与基准 5.1V 比较，若过压则 U_{3B} 输出高；JP_2 为外接的 65° 常闭型温度开关，如果过温，温度开关转为常开，15V 电压经 R_{30}、VD_8 使 OVC 变高。VD_3、VD_5、VD_8 阴极相连，只要电流、电压、温度任何一项超标，OVC 立即被拉高，使 UC3875 芯片停止工作，起到保护功能。

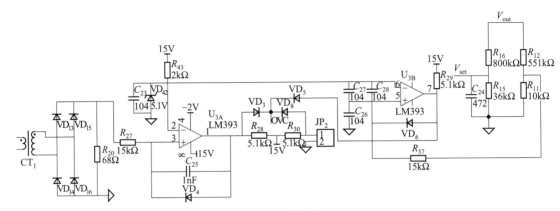

图 8-52　保护电路

8.4.3　电路参数设计

本例中相关指标如下。

输入电压（整流后直流电压）：最小值 $V_{inmin}=250\text{V}$，$V_{intyp}=300\text{V}$，$V_{inmax}=360\text{V}$；

输出电压：直流 180～280V 范围可调；

输出电流额定值：$I_{out}(280\text{V})=2\text{A}$，$I_{out}(180\text{V})=4\text{A}$；

额定输出功率：$P_{out}=560\text{W}$，最大功率 $P_{max}=600\text{W}$；

开关频率：$f=65\text{kHz}$。

（1）变压器参数设计

变压器参数的计算与设计是开关电源设计过程中非常关键的一环，变压器对绕组匝数、初次级匝比、窗口及截面积大小、磁性材料材质的要求非常严格，任何一个环节如果不能满足要求，就会造成无法输出足够功率、不能在指定的输入电压范围内稳定输出、变压器饱和或温升过高造成可靠性下降等一系列问题。

第一步是根据指标选择合适尺寸的磁芯、骨架，在选择时结合电源的结构尺寸、绕线空间、裕量大小等因素。通常是根据 AP 法选择磁芯和配套骨架尺寸：

$$A_p=\frac{P_{out}\times 10^6}{2\eta f B_m \delta K_m K_c}=\frac{600\times 10^6}{2\times 0.9\times 100\times 10^3\times 1000\times 2\times 0.5\times 1}=3.33$$

查阅相关表格可知 EE41 骨架 $A_p=2.7$，EE42 骨架 $A_p=4.7$，选用 EE42 以上尺寸的估计磁芯已经能够满足要求。这里选用了 EE55 骨架和磁芯，其中芯柱截面积 $A_e=3.52\text{cm}^2$，窗口面积 $A_w=3.55\text{cm}^2$，$A_p=A_e\times A_w=13.59$，具有足够裕量。之所以选用具有更充分裕量的 EE55，主要原因是考虑磁损耗及温升的影响，窗口面积越大，可以选用更大截面积的导线绕组，降低铜损；磁芯截面积越大，在工作时越不容易接近饱和区，其铁损更小，具有更高的可靠性。

第二步是计算初、次级匝数，初级匝数：

$$N_p=\frac{V_{intyp}\times 10^8}{4\times f\times B_m\times A_e}=32.78$$

磁芯为 PC40 材质，其饱和磁密 $B_s = 500\text{mT}$，在最大占空比 $D = 0.5$ 的励磁时间里，其 $\Delta B = 2B_s = 1000$。变压器次级绕组上最大电压为：

$$V_{smax} = (V_{outmax} + 1.5 \times 2 + 0.5) \div 0.8 = 354.3(\text{V})$$

V_{outmax} 为最大输出电压 280V，1.5V 为二极管和线路压降，由于输出使用桥式整流，因此应乘以 2，0.5V 为电感器件压降，0.8 为考虑占空比丢失情况下的最大有效总占空比。要求在最低输入电压情况下，输出电压仍能稳定在最大 280V，那么变比：

$$n = \frac{V_{inmin}}{V_{smax}} = 0.705$$

次级绕组匝数：

$$N_s = \frac{N_p}{0.75} = 46.5$$

选择整数匝，初级为 34 匝，次级 47 匝。

第三步是计算变压器的绕线型号及根数，使用直径为 0.38mm 的铜线绕制，其截面积为 0.454mm^2，按照每平方毫米 4A 估算，考虑较富裕的窗口面积，初次级电流以最大值 4A 计算，其根数：

$$N = \frac{4}{0.454} \approx 9$$

变压器参数计算与设计是一个需多次迭代和优化的过程，在实际调试过程中还受到 PCB 布线、电路压降、温升、效率等因素影响，需要将计算方法与测试结果结合起来并针对具体情况作相应调整，以得到最佳的设计参数。

（2）输出滤波电感设计

正向转换器中，滤波电感的设计要求电感电流在某一个最小电流值时保持连续，通常要求输出滤波电感电流脉动值为最大输出电流的 20%，在满载电流 10% 条件下就是这个最小电流值，根据下式：

$$L_f = \frac{V_{outmin}}{2 \times 2f_s \times 0.1I_{omax}} \left(1 - \frac{V_{outmin}}{\dfrac{V_{inmax}}{n} - V_{L_f} - V_D} \right)$$

计算出滤波电感大小为 1.1mH。

（3）谐振电感参数设计

谐振电感主要用于实现滞后桥臂的零电压开关，其相对超前桥臂实现起来更为困难，必须由电感来提供足够的能量。通常考虑在 1/3 满负载条件以上时，滞后桥臂应当实现零电压开关，关断时原边电流：

$$I_p = \frac{\dfrac{I_{OUT}}{3} + \dfrac{dI}{2}}{n} = \frac{\dfrac{4}{3} + 0.2}{0.705} = 2.175(\text{A})$$

实现零电压开关的条件是：

$$\frac{1}{2} \times L_T \times I^2 = \frac{4}{3} \times C_{MOS} \times V_{in}^2$$

开关管选用的是 IXYS 公司 IXTQ460（500V，24A），其寄生电容充当谐振电容，$C_p = 280\text{pF}$，谐振电感计算式为：

$$L_r = \frac{\dfrac{4}{3} \times C_p \times V_{inmax}^2 \times 2}{I_p^2} = 20\mu\text{H}$$

谐振电感与变压器串联，最大电流值按照变压器初级绕组最大值计算，使用 9 根直径为 0.33mm 的铜线并绕，使用立式 EC35 骨架加 PC40 磁芯，垫气隙得到相应电感量。

8.4.4　并联均流电路设计

如果两个模块特性完全一致，无器件参数的离散差异，控制信号相位、电压参考基准等完全相同，那么直接并联是可以实现均分电流的。但这种理想情况不可能存在，且不说器件制造上其参数固有的允许误差，甚至每一次加电模块上电先后顺序也会对均流程度造成影响。在不加均流措施情况下试验，两个模块并接在一起，微调其中一台模块的电压基准给定，使两个模块输出电流一致，断掉交流输入，在同样的条件下重新开机，发现两个模块的输出电流相差较大。实际上，均流控制就是不断检测模块电流与期望平均电流的差异，然后对基准电压进行微量修正来实现的。

常见的均流方法有：串接均流电阻法、主从均流法、平均电流自动均流法、最大电流自动均流法和热应力自动均流法。这里使用平均电流法实现自动均流控制。设计的均流控制电路如图 8-53 所示，单模块电流 I_o 经电阻取样得到 I_{set}，再由运放 U_{2A} 放大 10 倍后送入 U_{2B} 的反相端，同相端 SW 连接了均流母线，图中对应的比例关系是：

$$I_{set} = -0.2 \times I_o$$

运放 U_{2A} 的输出：

$$U_1 = -10 \times I_{set} = 2I_o$$

均流实现时，$U_1 = U_{sw}$，电阻 R_{34} 上压降为 0。

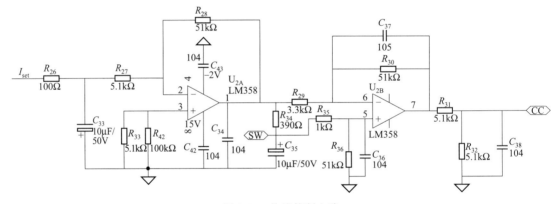

图 8-53　均流控制电路

8.4.5　热插拔和故障退出电路

为了便于不停机增、减模块的数量，通常要求开关电源的模块具备带电热插拔功能，并联模块发生故障时，要及时地关闭并从均流母线上退出，以免干扰并降低其他模块均流值大小，将热插拔与故障退出功能集中在一起，构成如图 8-54 所示的电路，图中核心部分是连接流母线的继电器，单模块接入并上电后，OVC 初始为高，Q_7 导通，Q_6 截止，继电器没有吸合，此时该模块尚未连接到均流母线上，不参与均流控制；只有在软启动过程完成后，OVC 变为低，此时 Q_7 截止、Q_6 导通，继电器吸合，模块才参与均流，确保模块启动完成后再投入均流，保证了正常的时序。在模块正常运行过程中，如果发生了故障，OVC 变高，此时继电器断开，将该模块从均流母线上切断，保证不会对其他模块造成影响。本设计实例中的操作电源主电路也是基于软开关移相的全桥电路，调试过程和方法请参阅 8.3.5 节。

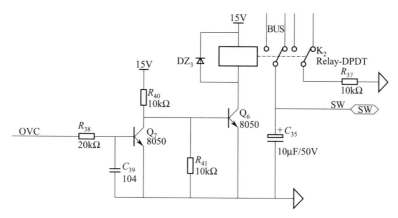

图 8-54　热插拔与故障退出电路

习题与思考题

1. 分别简述 48V/5A 开关电源的输入软启动和输出软启动电路的工作原理。

2. 简述 48V/5A 开关电源过流保护电路的工作原理。

3. 简述 48V/5A 开关电源过压保护电路的工作原理。

4. 简述 48V/5A 开关电源的输出电压调节原理。

5. 若指示灯 LED_1 亮，48V/5A 开关电源可能会处于什么工作状态？

6. 48V/5A 开关电源的辅助电源是如何工作的？

7. 简述检修开关电源的一般原则。

8. 简述检修开关电源的基本方法。

9. 简述 48V/5A 开关电源主电路中输入电路的检修过程。

10. 简述 48V/5A 开关电源主电路中变换电路的检修过程。

11. 简述 48V/5A 开关电源辅助电源电路的检修过程。

12. 简述 48V/5A 开关电源主电路综合故障检修过程。

13. 写出 48V/5A 开关电源输出电压表没有指示这一故障现象的检修过程，并分析每一步的可能原因。

14. 写出 48V/5A 开关电源中电阻 R_{21} 开路后的故障现象及其检修方法。

15. 写出 48V/5A 开关电源中电阻 R_{38} 开路后的故障现象及其检修方法。

16. 写出 48V/5A 开关电源中电阻 R_{29} 开路后的故障现象及其检修方法。

17. 写出 48V/5A 开关电源中电阻 R_{22} 开路后的故障现象及其检修方法。

18. 写出 48V/5A 开关电源中 Q_5 的 C、E 极短路后的故障现象及其检修方法。

19. 分析 48V/5A 开关电源开机后立即保护的原因，并对每一原因作出检修说明。

20. 简述反激式同步整流 5V/3A 适配器的设计过程。

21. 画出 48V/20A 通信用开关电源结构框图。

22. UCC28070 控制芯片包括输出过电压检测、峰值电流限制、冲击浪涌电流检测、欠压保护及反馈开环保护等，简述其工作原理。

23. 简述 48V/20A 通信用开关电源 PFC 电路参数设计过程。

24. 简述 48V/20A 通信用开关电源 DC-DC 变换器参数设计过程。

25. 简述模块化直流操作电源主电路结构与原理。

26. 简述模块化直流操作电源控制电路工作原理。

27. 简述模块化直流操作电源保护电路工作原理。

28. 简述模块化直流操作电源热插拔和故障退出电路工作原理。

第9章

典型高频开关电源系统

目前，全国各通信局（站）实际运行的高频开关电源系统主要包括中兴、中达、艾默生、河北亚澳、北京动力源等品牌，每个品牌有多种型号，但不管哪种品牌与型号，其基本组成、工作原理、操作使用以及维护保养方法基本相同。下面以中兴 ZXDU68 S601/T601 高频开关系统为例进行详细讲述，该型号高频开关电源系统是中兴通讯股份有限公司研制的一48V/50A 系列通信电源产品。交流输入相电压为 220V，满配置下可安装 12 个 ZXD2400（V4.0）或 ZXD2400（V4.1）开关整流器（简称 ZXD2400 整流器），组成最大输出为 600A 的电源系统。该系统采用了国际上先进的整流器变换技术，且具有集中监控、电池维护和管理的功能，满足智能无人值守的要求，能够充分满足接入网设备、远端交换局、移动通信设备、传输设备、卫星地面站和微波通信设备的供电需求。

9.1 系统概述

9.1.1 外形结构

ZXDU68 S601 与 ZXDU68 T601 系统属于同一系列组合电源，ZXDU68 S601 开关电源的外形结构如图 9-1 所示。两者的区别在于：①S601 系统采用 2m 高的机柜，T601 系统采用 1.6m 高的机柜；②S601 系统下方的空余空间较大，可安装逆变器或蓄电池。两种系统除了机柜结构有区别外，其他方面（例如：配置、功能和安装等）完全一样。本章在结构方面的说明以 ZXDU68 S601 系统为例。

机柜底部有 4 个地脚，地脚的高度可调且可拆卸；机柜的前门可从左侧拉开，前门的上方有 2 个醒目的指示灯，系统面板指示灯的指示含义见表 9-1；ZXDU68 S601/T601 系统由交流配电单元、整流器组、监控单元和直流配电单元组成。出厂前，可根据用户需要交换交流配电单元和直流配电单元的位置。

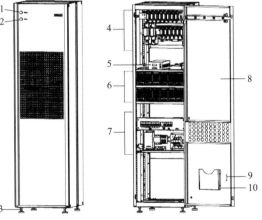

图 9-1　ZXDU68 S601 系统外形结构图

1—电源指示灯；2—告警指示灯；3—地脚；4—直流配电单元；5—监控单元；6—整流器组；7—交流配电单元；8—前门；9—熔断器起拔器放置座；10—资料盒

表 9-1　ZXDU68 型开关电源系统面板指示灯含义

名称	颜色	状态	含义
电源指示灯	绿	长亮	系统已通电
		长灭	系统未通电
告警指示灯	红	长亮	系统有故障
		长灭	系统无故障

9.1.2　系统配置

ZXDU68 型开关电源系统配置主要包括交流配电单元、直流配电电源、开关整流器单元、监控单元、防雷器、电源后台监控软件以及机柜等部分，如表 9-2 所示。

表 9-2　ZXDU68 型开关电源系统主要配置

部件名称		标准配置	可选配置
交流配电	交流输入	单路单断路器（3 极空开，容量 100A）输入	1. 两路双断路器（2 个 3 极断路器，容量 100A）输入 2. 两路双接触器输入
	交流备用输出	2 路，其中 1 路为单相三孔 16 维修插座；另 1 路为三相 32A 交流备用输出	可以增加选择配置 6P 断路器，容量 6～63A
	滤波器	无	根据用户市电电网情况，选择配置
直流配电	直流输出	一次下电负载 4 路；二次下电负载 2 路	1. 最多可配置 22 路 160A 以下的熔断器输出，其中一次下电负载 12 路，二次下电负载 10 路。1 路熔断器输出可更换为 2 路小型断路器输出 2. 可根据用户需要灵活配置一、二次下电负载的路数
	蓄电池	2 路电池输入，400A 熔断器	3 路电池输入，400A 熔断器
	应急照明	无	1 路，32A 断路器
整流器		12 台	2～12 台
监控单元		1 套	—
防雷器		C 级防雷器、D 级防雷器（或 D 级防雷盒）、直流防雷盒	B 级防雷器（在交流市电引入电源系统前安装该防雷器）
电源后台监控软件		无	提供 RS232/RS485 接口或 Modem 等远程通信手段与计算机相连，通过电源后台监控软件实现后台监控

9.1.3　主要特点

（1）整流器特点

① 整流模块采用有源功率因数补偿技术，输入功率因数大于 0.99。

② 整流模块采用软开关技术，额定效率大于 90%。

③ 整流模块结构紧凑。在 220V AC 电网制式供电时，功率密度高达 $854mW/cm^3$。

④ 整流模块超低辐射。其电磁兼容性满足 IEN 61000、YD/T 983 等国内外标准的要求。其传导骚扰和辐射骚扰均满足 EN 55022A 级的要求。

⑤ 整流模块的安全规范满足 GB 4943—2001 标准的要求。

⑥ 整流模块具有交流输入过压保护、交流输入欠压保护、PFC 输出过压保护、PFC 输出欠压保护、直流输出过压保护、直流输出过流保护、过温保护功能。

⑦ 采用抽屉式结构，便于运输、安装和维护。

（2）电力管理特点

① 可采用三相或单相交流输入，具有极宽的输入电压范围（相电压在80～300V范围内均能正常工作），适用于电力不稳定的地区。

② 完善的电池管理功能。自动管理电池的容量、充电方式、充电电压、充电电流和充电时间，具有可靠的充放电控制功能，延长了电池的使用寿命。

③ 提供二次下电功能，具有手动和自动两种下电控制转换装置。用户可根据实际情况，进行有针对性的二次下电配置与管理。

④ 系统采用外置B级、C级、直流防雷等多级浪涌防护技术，各级间具有可靠的通流量、限电压和退耦配合功能，充分发挥了各级防护能力，有效地保障系统和负载的安全可靠运行。

⑤ 提供交流辅助输出功能，并在交流停电时提供直流应急照明功能（选择配置）。

⑥ 具有上出线或下出线两种配电方式。

（3）系统特点

① 采用模块化设计和自动均流技术，使系统容量可按 $N+1$ 备份，方便扩容。配置灵活，最多可配置12个整流模块。整流模块采用无损伤热插拔技术，支持即插即用。

② 全智能设计，配置集中监控单元，具有"三遥"功能，实现计算机管理。可通过与远端监控中心通信，实现无人值守，符合现代通信技术发展的要求。

③ 电源控制技术与计算机技术有机结合，实时对整流器和交直流配电的各种参数和状态进行自动监测和控制。

④ 完善的前台监控管理功能。可查阅系统实时信息、实时告警信息、历史告警信息、历史操作信息、放电记录、极值记录。可设置电源运行参数、蓄电池管理参数、通信参数、输出干接点设置参数、告警阈值设置参数、检测值调整参数、系统信息参数、口令设置参数。可控制整流器开/关和蓄电池工作状态。

⑤ 具有坐地和底座2种安装方式。

⑥ 系统具有很高的可靠性，MTBF≥$2.2×10^5$h。

9.2　工作原理

9.2.1　系统原理框图

ZXDU68型开关电源系统的原理框图如图9-2所示。交流电能首先进入交流配电单元，经整流器组、直流配电单元后变成直流电能供给相应负载，并在市电正常情况下给蓄电池充电。其中交流配电单元完成交流电的接入、防护与分配，整流器组完成交流到直流的变换，直流配电单元完成直流电源的输出、蓄电池的接入和负载保护，监控单元进行信号采样，信息采集和判断，提供信号转接和告警功能等。

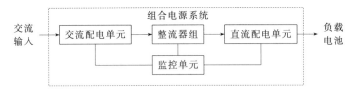

图9-2　ZXDU68型开关电源系统原理框图

9.2.2　交流配电单元

ZXDU68型开关电源系统的交流配电单元位于机柜下部，其结构如图9-3所示。图9-3中的标注说明见表9-3。

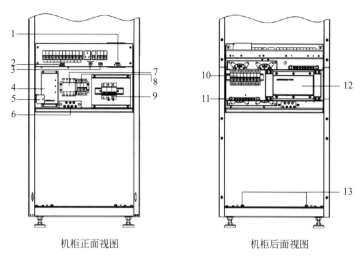

机柜正面视图　　　　　　　　　　机柜后面视图

图 9-3　交流配电单元结构图

表 9-3　**交流配电单元结构图标注说明一览表**

标注号	名称	说明
1	交流变送器	将检测到的交流电输入信息传送给监控单元
2	整流器断路器	控制各整流模块的接通与断开
3	交流备用输出	标准配置时,提供 2 组交流备用输出。其中,备用输出 1 为 1 路交流备用输出(三孔单相维修插座),备用输出 2 为 2 路交流备用输出
4	D 级防雷盒(器)	提供系统 D 级防雷保护功能
5	零线接线端子	系统的交流零线接线端子
6	保护地接地铜排	系统的保护地线接线铜排,与机房的地线汇接排连接
7	C 级防雷器	1. 提供系统的 C 级防雷保护功能 2. 正常状态时,防雷器窗口显示为绿色;当防雷器因为雷击损坏时,窗口显示为红色;更换防雷器件时无须停电,可直接插拔
8	C 级防雷断路器	控制 C 级防雷器的接通和断开(选择配置)
9	交流输入断路器	1. 标准配置时,采用单断路器输入模式,输入 1 路市电 2. 可选择配置双断路器输入或双交流接触器输入,输入为 1 路市电 1 路油机或 2 路市电,2 路输入之间可手动或自动切换
10	扩展交流备用输出断路器	根据用户需要,可灵活选择配置
11	扩展交流备用输出零线铜排	根据用户需要,可灵活选择配置
12	滤波器	滤除电源系统的市电干扰,提高系统的可靠性(选择配置)
13	保护地螺栓	联合接地时,与机房的地线汇流排连接

　　以 2 路交流输入为例,交流配电单元工作原理框图如图 9-4 所示。交流输入(2 路)经交流输入切换单元切换后,经整流器组提供交流电源。1 路交流输入时,无须配置交流输入单元。切换单元可以根据交流输入状态将交流输入切换为市电或油机,由交流变送器将检测到的交流电输入信息传送给监控单元,用于监测交流输入状态,并决定是否提供保护;防雷单元能够在一定程度上对输入浪涌电压进行保护;整流器断路器负责控制各整流器的接通与断开;此外,交流配电单元还能够提供交流备用输出。

9.2.3　直流配电单元

　　ZXDU68 型开关电源系统的直流配电单元位于机柜上方,其结构图如图 9-5 所示。图 9-5 中的标注说明见表 9-4。

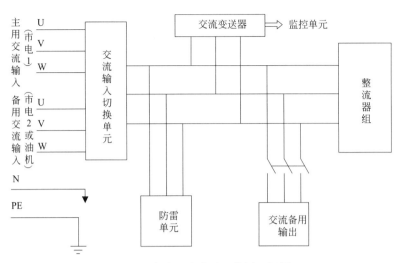

图 9-4　交流配电单元工作原理框图

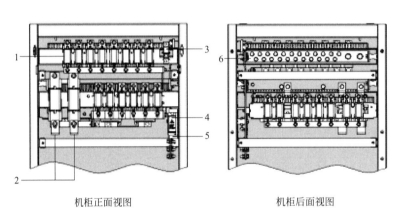

机柜正面视图　　　　　　　　机柜后面视图

图 9-5　直流配电单元结构图

表 9-4　直流配电单元结构图标注说明一览表

标注号	名称	说明
1	直流输出熔断器	控制各路负载输出的接通和断开,并提供熔断保护功能;可以选择配置直流输出断路器
2	电池熔断器	控制各路电池组的接通和断开,并提供熔断保护功能
3	应急照明断路器	控制应急照明输出的接通和断开
4	下电控制装置	用于选择下电控制方式(手动方式或自动方式,默认设置为自动方式)。手动方式是通过断路器手动控制下电的方式,自动方式是通过监控软件自动控制下电的方式
5	直流防雷盒	提供系统的直流防雷保护功能
6	工作地线铜排	提供系统的工作地线接线铜排(-48V)

　　直流配电单元的工作原理框图如图 9-6 所示。整流器组采用并联方式输出后,经汇流铜排进入直流配电单元。然后,在负载和电池回路上分别接有分流器,用于检测负载总电流和电池组的充放电电流。同时,在负载输出端和电池输入端均有熔断器或断路器作为过流保护和短路保护,保证系统在异常情况下的安全。直流配电单元还设有二次下电保护功能。如果电池组放电时间过长而未采取应急措施,电池电压下降到所设置的下电保护值时,系统将自

动分级切除全部负载（一次、二次直流接触器断开），避免电池组因为过度放电而损坏，同时提供直流防雷保护功能。

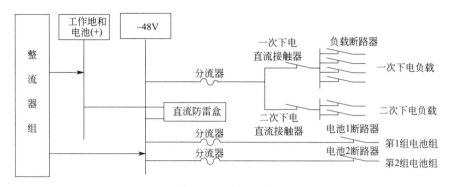

图 9-6　直流配电单元工作原理框图

9.2.4　整流器单元

（1）整流器面板结构

ZXDU68 型开关电源系统整流器组位于机柜中部，如图 9-1 所示。机柜有 12 个整流模块槽位，最多可安装 12 个整流模块，组成最大输出电流为 600A 的电源系统。ZXD2400（V4.0）整流器的前面板和后面板如图 9-7 所示。

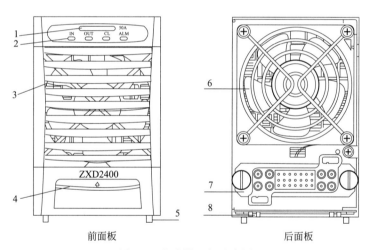

前面板　　　　　　　　　　　　　　　　后面板

图 9-7　整流器面板示意图

1—输出电流段码显示灯；2—指示灯；3—百叶窗；4—扣手；5—限位销；6—风机；7—输入-输出插座；8—导轨

① 前面板　整流器的前面板包括段码显示灯（显示器）、指示灯、插拔整流模块的扣手、安装整流模块的限位销以及为风扇提供通风通道的百叶窗灯等。输出电流段码显示灯指示输出电流的大小，指示灯指示整流器的工作状态（如图 9-8 所示）。输出电流段码显示灯由 10 个绿色的段码灯组成，用于指示整流器的输出电流的大小，所指示的电流范围是 0～50A。每个段码灯代表 5A 的输出电流。当整流器的输出电流达到或接近某段电流的高点时，该段电流所对应的段码灯才会发亮。当整流器的输出电流为 10A 时，最左边的 2 个段码灯发亮。当输出电流为 15A 时，最左边的 3 个段码灯发亮，依次类推。当整流器输出电流为 14A 时，最左边的 2 个段码灯亮，而第 3 个段码灯不亮或亮度很暗。

整流器有 4 个指示灯，指示灯用来指示整流器的运行状态。正常情况下（交流输入和直

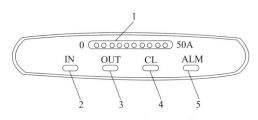

图 9-8　段码灯和指示灯示意图

1—段码灯；2—输入指示灯；3—输出指示灯；4—限流指示灯；5—告警指示灯

流输出正常），只有输入指示灯和输出指示灯亮（绿灯）；当输出出现限流时，限流指示灯（黄灯）亮；当有告警发生时，告警指示灯（红灯）亮。

ZXD2400（V4.0）50A 整流器的型号含义：ZX——中兴通讯；D——电源模块；2400——额定输出功率（W）；V4.0——版本号；50A——额定输出电流。

② 后面板　整流器的后面板包括了风机、输入-输出插座和导轨等。整流器的输入-输出一体化插座接口的排列如图 9-9 所示，引脚定义见表 9-5。整流器通过该插座接口完成与通信电源系统的电气连接，无须另外连线。

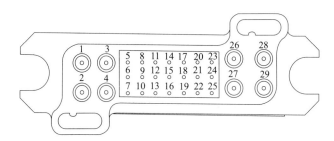

图 9-9　输入-输出一体化插座接口排列示意图

表 9-5　输入-输出一体化插座的引脚定义列表

针号	信号定义	说明
1、2	输出 48V+	48V+输出端，对应 MAIN 板——XJ4
3、4	输出 48V−	48V−输出端，对应 MAIN 板——XJ5
11	REMOTE	关机信号，主要用于系统对整流器进行开/关机控制。当输入高电平时，关闭整流器（幅度为 5V）；当输入低电平或高阻时，启动整流器
12	ALARM	当整流器工作正常时，该信号为高阻状态；当整流器工作异常时，该信号为低阻状态
13	COM	监控系统控制地（控制信号的公共端）
14	ON-LINE	整流器在位信号；在 MAIN 板上，该信号与 COM 信号直接相连
15	PWM	输入信号；要求输入一个幅度为 5V 的脉冲信号
16	SHARE-BUS	均流母线；双向信号
17	FOUT	输出频率信号：2.5kHz 对应 25A，通过该信号折算出输出电流的大小。输出频率与输出电流满足如下的关系：$f_{out} = (2.5kHz/25A)I_{out}$ 其中 f_{out} 为输出频率，单位为 kHz；I_{out} 为输出电流，单位为 A
26	交流输入 PE	保护地；通过导线直接接到机壳
27	交流输入 N	交流输入零线；对应 MAIN 板——XJ2
28	交流输入 L	交流输入火线；对应 MAIN 板——XJ1

（2）整流器工作原理

整流器具体完成交流电到直流电的变换，并实现输入与输出之间的电气隔离；此外整流器还具有功率因数校正、自动均流等作用，是开关电源系统的核心，其变换技术也是开关电源系统的核心技术，而且其性能指标决定了开关电源系统的大多数关键指标。

整流器的原理框图如图 9-10 所示。整流器主要由主电路和控制电路组成，控制电路控制主电路完成电能的变换，同时完成保护、显示等功能。

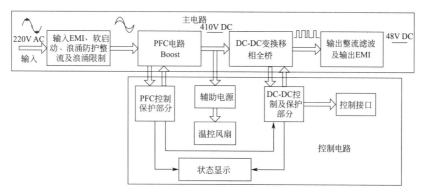

图 9-10　ZXD2400 整流器原理框图

① 主电路　主电路主要由交流输入整流滤波电路、PFC 电路、DC-DC 变换移相全桥电路和输出滤波及输出 EMI 电路组成。其工作过程为：具有谐波的 220V 交流电经输入 EMI 滤波、软启动、浪涌防护整流及输入浪涌电流限制电路等环节，使系统具有较小的开机浪涌电流和较好的电磁兼容性。输入交流电经整流后直接进入前级功率因数校正（PFC）环节。前级功率因数校正电路为 Boost 变换电路，该电路采用平均电流控制方式，以保证其输入功率因数接近 1，谐波电流小于 10%。前级功率因数校正电路的另一个功能是对输入电压进行预调整，输出一个稳定的 410V 直流电压给后级 DC-DC 变换电路，后级 DC-DC 变换电路通过移相全桥控制策略变换为直流脉冲，经输出滤波后输出平滑 48V 直流电。DC-DC 移相全桥变换电路实现了功率器件的软开关，有效提高了开关电源系统的变换效率。

a. 交流输入整流滤波电路　交流输入整流滤波电路主要电路结构如图 9-11 所示，一方面控制交流电网中的谐波成分侵扰整流器内部单元，另一方面防止整流器产生的干扰反串回电网。

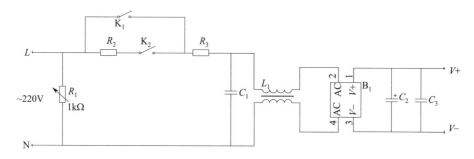

图 9-11　交流输入整流滤波电路主要电路结构

由继电器 K_1 和 K_2 及其外围电路构成交流输入软启动电路，电容 C_1、共模滤波电感 L_1 一起构成交流输入滤波电路。防止电网中的干扰影响整流模块的运行，同时也防止浪涌冲击电流和尖峰电压对整流模块的损害。整流桥 B_1 和电容 C_2、C_3 一起构成输入整流滤波电路，该电路将 220V 交流电经过桥式整流滤波以后变成 310V 左右平滑的直流电，供给后续的 Boost 型功率因数校正（PFC）电路。

b. Boost 型 PFC 电路　在现代开关电源中，为了提高开关电源效率、减少电网污染，PFC 电路得到了广泛的应用。在 ZXDU68 型开关电源系统中，为了保证开关电源系统具有低污染、高效率、低输出纹波等优点，除了采用前述的 EMI 及浪涌吸收滤波电路外，还采用了 Boost 型有源功率因数校正电路。其电路结构如图 9-12 所示。

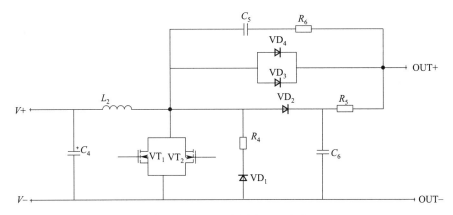

图 9-12　Boost 型有源 PFC 电路

Boost 型有源功率因数校正电路主要由 C_4、L_2、MOSFET、VT_1 和 VT_2、VD_3 和 VD_4、C_5 和 R_6、VD_1 和 R_4、C_6 和 R_5 等元器件组成，Boost 型拓扑结构的功率因数校正电路工作在连续电流模式时，利用输入电容 C_4 可减少切换时所造成的杂信号回流至交流电源，此外，在 Boost 型电路中，电感 L_2 只储存一小部分能量，保证交流电源在电感去磁期间，功率 MOSFET 仍旧能够有能量提供。在该整流模块中，利用 Boost 型电路作为主电路，并且采用两个功率 MOSFET 并联使用，作为主开关管，用 UC3854 功率因数校正集成电路控制 VT_1、VT_2 的工作，使交流输入电流正弦化，提高输入侧的功率因数，同时还起着升压和稳压作用，将整流后的直流电压变换成稳定的高压直流，有利于后级变换电路的优化设计。

c. DC-DC 变换移相全桥电路　ZXDU68 系列开关电源的整流模块，功率变换电路采用的是移相控制零电压开关 PWM 变换电路（PS-ZVS-PWM Converter）。该变换电路主要是利用变压器的漏感或原边串联电感和功率管的寄生电容或外接电容来实现零电压开关的，其电路结构如图 9-13 所示。

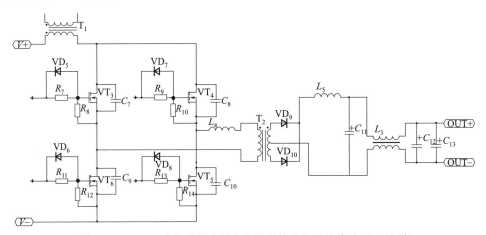

图 9-13　DC-DC 变换移相全桥电路以及输出整流滤波及 EMI 电路

在该电路中，VT_3～VT_6 是四个功率 MOSFET 管，作为主电路的开关管，C_7～C_{10} 分别是四个外接电容，L_4 是谐振电感。工作时，C_7～C_{10} 和开关管 VT_3～VT_6 内部的寄生电容一起构成谐振电容，L_4 和变压器的漏感一起作用。其中，VT_3、VT_5 和 VT_4、VT_6 成

180°互补导通，两个桥臂的导通角相差一个移相角，通过调节移相角的大小来调节输出电压。其 PWM 脉冲控制电路主要由 UC3895 及其外围电路来完成。

d. 输出整流滤波及 EMI 电路　整流模块输出整流滤波及 EMI 电路如图 9-13 所示，由输出高频变压器 T_2、全波整流二极管 VD_9、VD_{10} 构成整流滤波电路，将逆变电路输出的高频交流整流成合乎要求的直流电，同时，利用 L_5、C_{11}、L_3、C_{12}、C_{13} 等构成 EMI 滤波电路，滤除干扰，以便输出高质量的直流电供给通信设备使用。

② 控制电路　控制电路主要包括 Boost PFC 变换及移相全桥 DC-DC 变换电路（功率开关器件控制脉冲的产生、驱动），系统保护功能的实现电路以及辅助电源、状态显示和与监控单元连接的控制接口等。保护电路一方面对前级功率因数校正（PFC）电路提供 PFC 控制与保护，另一方面还对后级 DC-DC 变换电路提供 DC-DC 控制与保护。控制接口把 ZXD2400 整流器的工作状态和告警信息上报给监控系统。监控系统可通过控制接口调整 ZXD2400 整流器的输出电压，完成对整流器的开、关机控制，实现"三遥"功能。

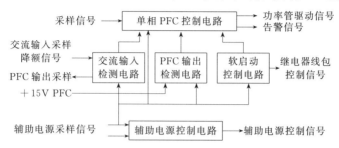

图 9-14　PFC 控制检测电路框图

a. PFC 控制检测电路　PFC 控制检测电路框图如图 9-14 所示，主要由单相 PFC 控制电路、PFC 输出检测电路、交流输入检测电路、软启动控制电路和辅助电源控制电路等构成。其中，单相 PFC 控制电路主要由 UC3854 集成控制电路及外围电路构成，交流输入检测电路由四个比较器加上外围电路构成，主要完成交流输入过、欠压的比较和判断。软启动控制电路主要是防止整流器上电后产生很大的给 PFC 输出电容充电的冲击电流，通过串接一个缓冲电阻来完成。

b. 直流控制检测电路　直流控制检测电路原理框图如图 9-15 所示，主要由 DC-DC 控制和故障处理电路、PWM 调压电路、限流电路、均流电路和过压过流保护电路等构成。在正常情况下，PWM 调压电路通过监控发出频率恒定为 1kHz、脉宽可调的 PWM 波来调节整流器的输出电压，来完成均/浮充转换、电池温度补偿、电池充电限流、整机自测等功能。它本身具备保护的功能，利用与非门构成的单稳态触发器来完成，在没有监控或监控失效的情况下，整流器最大电流限制在一定数值，单稳电路不工作，使得直流变换控制电路中的继电器不吸合，此电路不起作用，不影响整流器的正常工作。

电路实现整流器输出电流采样信号的放大和输出电流均流的功能，放大后的输出电流信号用于均流、限流和过流保护，均流采用的是平均电流均流法，通过对外围继电器的控制来实现在 DC-DC 软启动结束后闭合均流总线。

③ 辅助电源电路　辅助电源电路如图 9-16 所示，该电路采用了电路结构简单、适宜多路输出的他激式反激电路，功率开关管 VT_7 采用电流

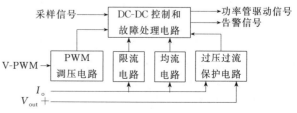

图 9-15　直流控制检测电路原理框图

型控制芯片 UC3844 及其外围电路控制。辅助电源提供 4 路电源输出供控制电路及风扇使用。

图中功率开关管 VT_7 在占空比为 $\delta = T_{on}/T_s$ 的脉冲驱动下或导通或关断,由于功率开关管的驱动脉冲由其他电路供给,故称之为他激式。输出电容器（C_{15} 和 C_{16} 等）和负载在功率开关管截止时从变压器次级获得能量,因而称之为反激电源。其工作原理可简述如下（共 4 路电源输出,以第 1 路为例,其他 3 路电源同理）。

当驱动脉冲为高电平时,功率开关管 VT_7 从截止变为导通,变压器初级线圈 N_p 流过的电流 i_p 线性增加,在初级线圈 N_p 上产生一极性为上正下负的感应电势,使次级线圈 N_{s1} 产生一极性为上负下正的感应电势,二极管 VD_{12} 承受反向偏压而截止,此时变压器次级线圈 N_{s1} 上流过的电流 i_s 为零,变压器不能将输入端能量传送到输出端,负载电流由电容（C_{15} 和 C_{16}）放电提供,变压器初级线圈电感储存能量。

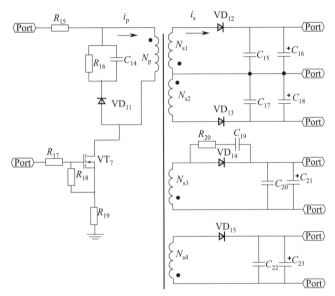

图 9-16　辅助电源电路

当驱动脉冲为低电平时,功率开关管 VT_7 从导通变为截止,变压器初级线圈 N_p 流过的电流 i_p 趋近于零,其磁通量变小,使次级线圈 N_s 产生一个极性为上正下负的感应电势,二极管 VD_{12} 导通,给输出电容（C_{15} 和 C_{16}）充电,同时也向负载供电。同普通开关电源一样,其输出电压大小的调整可通过调整驱动脉冲的占空比 $\delta = T_{on}/T_s$ 来实现。

9.2.5　监控单元

（1）结构介绍

监控单元负责对电源系统的交流配电单元、直流配电单元、整流器组以及蓄电池进行综合管理。监控单元提供 ZXDU68 S601/T601 系统的信息查询、系统控制、告警、历史记录以及远端监控功能。

监控单元位于机柜的中上部,如图 9-1 所示。其结构图和单板分布示意图如图 9-17 所示。其中,电源系统管理单元提供除整流器外各个单元信号的采样、系统输出控制、通信、显示等功能,同时负责给监控单元供电。该板输入、输出信号由信号转接板接入;整流器信号板负责整流器单元信号的检测,分成两块单板,每块负责 6 个整流器,可灵活配置;信号转接板负责检测信号的转接;液晶显示板提供液晶显示接口和键盘操作按键;Modem 电源板负责给 Modem 提供电源；环境监控板负责环境量的检测信号输入，可检测的环境量包括环境温湿度、水淹信号、红外信号、门磁信号、烟雾信号和玻璃碎信号；电池下电控制板提供电池下电控制功能；继电器输出板提供 8 路扩展的干接点输出信号。前四项属于标准配置，后四项属于可选配置，用户根据需要选择相应的功能板。

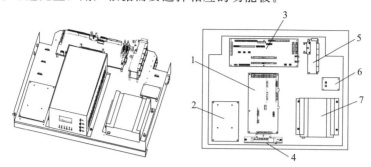

图 9-17　监控单元结构图和单板分布示意图

1—电源系统管理单元（PSU）；2—电池下电控制板（SDCB）和继电器（RLY）输出板；3—信号转接板（SCB）；
4—液晶显示板（LDB）；5—整流器信号板（RSB）；6—Modem 电源板（MPB）；7—调制解调器（Modem）

（2）接口定义

干接点输入接口定义见表 9-6；干接点输出接口定义见表 9-7；与外部设备通信接口定义见表 9-8。

表 9-6　干接点输入接口定义

序号	信号名称	引线序号及对应的信号		
		A 端（SCB）	B 端	信号定义
1	干接点输入 1	X22-1	外部干接点信号	干接点信号 RLY1
		X22-2	外部干接点信号	内部参考地 GND
2	干接点输入 2	X22-3	外部干接点信号	干接点信号 RLY2
		X22-4	外部干接点信号	内部参考地 GND
3	干接点输入 3	X23-1	外部干接点信号	干接点信号 RLY3
		X23-2	外部干接点信号	内部参考地 GND
4	干接点输入 4	X23-3	外部干接点信号	干接点信号 RLY4
		X23-4	外部干接点信号	内部参考地 GND

表 9-7　干接点输出接口定义

序号	信号名称	引线序号及对应的信号			备注
		A 端（SCB）	B 端	信号定义	
1	备用 1 路干接点	X24-13	外部设备	公共触点	1. 通过软件设置输出干接点时，A1 对应备用 1 路干接点，A2 对应备用 2 路干接点，B1~B8 对应继电器输出板（RLY）的 8 路干接点。
		X24-14	外部设备	常闭触点	
		X24-15	外部设备	常开触点	
2	备用 2 路干接点	X21-1	外部设备	公共触点	
		X21-2	外部设备	常闭触点	
		X21-3	外部设备	常开触点	2. 继电器输出板（RLY）通过 SCB 的 X20 与 SCB 连接，备用 3 路干接点为监控单元故障输出端口
3	备用 3 路干接点	X21-4	外部设备	公共触点	
		X21-5	外部设备	常闭触点	
		X21-6	外部设备	常开触点	

表 9-8　与外部设备通信接口定义

序号	信号名称	引线序号及对应的信号			备注
		A 端（SCB）	B 端	信号定义	
1	RS485 接口 1	SCB X11-1	外部设备	A：Data+	标准 RS485 信号
		SCB X11-2	外部设备	B：Data−	

序号	信号名称	引线序号及对应的信号			备注
		A 端（SCB）	B 端	信号定义	
2	RS485 接口 2	SCB X12-1	外部设备	A：Data＋	标准 RS485 信号
		SCB X12-2	外部设备	B：Data－	
3	RS232 通信接口	SCB X16	外部设备	DB9 标准	标准 RS232 信号

（3）操作界面

监控单元的操作界面主要由 LCD（液晶显示屏）、指示灯、复位孔、按键组成，如图 9-18 所示。其中 LCD 显示开关电源系统的实时数据、历史数据、监控信息、告警信息。指示灯指示系统的工作状态，状态含义见表 9-9。当系统有故障发生时，蜂鸣器发出告警声，同时故障灯（ALM）点亮，并且在 LCD 上显示有告警信息。按键的名称与功能参见 9.3.2 节。按下复位孔，可使监控单元复位。

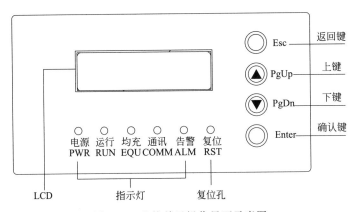

图 9-18　监控单元操作界面示意图

表 9-9　监控单元指示灯状态含义

标识	指示灯	含义
PWR	电源灯	绿灯亮，表示监控单元已通电
RUN	运行灯	绿灯闪烁，表示程序运行正常
EQU	均充灯	绿灯亮，表示系统正在进行均充
COMM	通讯灯	黄灯闪烁，表示监控单元正在与后台计算机通信中
ALM	告警灯	红灯亮，表示系统发生故障，比如交流停电、整流器故障等

（4）原理与功能

监控单元能够检测系统的工作状态，并对数据进行分析和处理，自动控制整个电源系统的运行。同时，通过通信接口将数据传送到近端的监控 PC 或远端的监控中心，实现无人值守。监控单元原理框图如图 9-19 所示。

① 数据采集及处理（数据采集的对象和对应的数据采集及处理见表 9-10）。

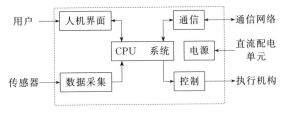

图 9-19　监控单元原理框图

表 9-10　数据采集及处理

对象	对应的数据采集及处理
交流配电单元	交流电压、交流电流、交流输入断路器的状态、C 级防雷器和 D 级防雷器（或 D 级防雷盒）的状态

对象	对应的数据采集及处理
直流配电单元	直流输出电压、电池电压、电池电流、负载总电流、负载输出熔断器或断路器的状态、2路直流接触器的状态、直流防雷盒的状态
整流模块	整流器的开/关机控制、充电状态控制以及在位和故障检测

② 人机交互界面　由 LCD 和按键构成人机交互界面,操作人员可通过人机交互界面在前台设定系统运行的参数,查询系统及模块的运行数据,操作简便、可靠。

③ 通信功能　监控单元提供了 RS232、RS485、Modem 等多种通信接口,可通过 Modem 或其他方式实现集中监控。

④ 告警管理和保护功能　监控单元可根据用户的设定值处理实时数据。当有故障发生时,主动向后台计算机告警,并对当前的故障情况予以记录和保存,也可以直接在监控单元上查询当前发生的告警信息。具体说明见表 9-11。

表 9-11　告警管理和保护功能项目及其说明

项目	说明
告警设置	可根据现场实际情况设置电源系统各部分检测数据的告警上限和下限
告警管理	系统具备完善的告警判断条件,既能够保证告警判断的可靠性,同时又能保证告警的实时性
告警方式	监控单元发出告警信息提示维护人员,同时通过通信接口将告警信息送给后台计算机。声音告警时,可按下监控单元上的任意按键使其声音消失,但故障灯(ALM)依然指示告警状态。只有故障完全排除后,故障灯才熄灭

⑤ 电池管理功能

a. 电池充电管理功能　监控单元按照"周期性均充""停电后来电均充"和"浮充"三种方式对电池进行充电管理。"周期性均充"是指系统根据用户设定的均充周期自动定期地对电池进行均充。"停电后来电均充"是指在交流停电的情况下,当电池放电到设定值后,市电恢复正常时,此时系统自动对电池进行充电。"浮充"是指当电池处于充满状态时,系统不会停止充电,仍会提供恒定的浮充电压和很小的浮充电流给电池。

b. 电池保护功能　当市电断电时,负载由电池供电。当电池电压下降到设定值时发出告警。当电池电压低于设定值时,如果系统无二次下电功能,则切断所有负载。如果系统配有二次下电功能,当电池电压下降到一次下电的保护电压时,先切断次要负载;电池进一步放电达到二次下电的保护电压时,再切断重要负载,避免电池因过放电而损坏。这样一方面可以保证在停电后维持重要负载有较长的备用时间,另一方面可以保护电池不至于过放电而损坏。为了保证电池的充电安全,可限制最大充电电流。由于最大充电电流＝电池限电流×电池组容量,因此设置电池限电流大小可限制最大充电电流。

⑥控制功能　可通过前台的人机交互操作或后台计算机的控制指令,控制整流器开/关机、均充/浮充等动作,也可按照用户要求调节整流器的输出电压(42～58V连续可调)。

9.3　操作使用

开关电源系统安装和调试完毕后,设备一般处于停机待用状态。在需要的时候,只要做简单的开机操作就能使设备投入正常运行。ZXDU68 型开关电源系统的操作使用主要是基于监控单元人机界面上的各种操作,包括开关机步骤、运行信息查阅、系统参数设置以及整流器和蓄电池组的日常操作等。

9.3.1 开关机步骤

（1）电源开关说明

ZXDU68 S601/T601 系统的开/关机操作按钮可分为三类（见表 9-12）。

表 9-12 ZXDU68 S601/T601 系统的开/关机操作按钮种类

开关类型	说明
机柜外的交流保护开关	设在机房的交流输入配电柜内，与 ZXDU68 S601/T601 系统的交流输入端连接，控制 ZXDU68 S601/T601 系统交流输入电源的通断
ZXDU68 S601/T601 系统机柜上的交流配电开关	包括交流输入断路器、交流备用输出断路器、整流器断路器，这些开关分布在机柜的前部，如图 9-20 所示，开关的特性说明见表 9-13
ZXDU68 S601/T601 系统机柜上的直流配电开关	包括直流输出熔断器、电池熔断器，这些开关分布如图 9-21 所示，开关的特性说明见表 9-14

表 9-13 交流配电开关特性说明表

序号	电源开关	说明
1	交流输入断路器	标准配置时，采用单断路器输入模式，输入 1 路市电 可选择配置双断路器输入或双交流接触器输入，输入为 1 路市电 1 路油机或 2 路市电，2 路输入之间可手动或自动切换
2	整流器断路器	配置 1～12 个整流器断路器，控制各路整流器输入电源的接通和断开
3	交流备用输出断路器	提供 2 组交流备用输出；其中，备用输出 1 为第 1 路交流备用输出（三孔单相维修插座），备用输出 2 为第 2 路交流备用输出

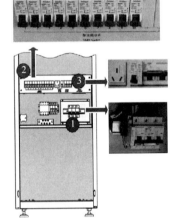

图 9-20 交流配电开关分布图

1—交流输入断路器；2—整流器断路器；
3—交流备用输出断路器

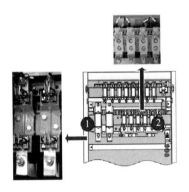

图 9-21 直流配电开关分布图

1—电池熔断器；2—直流输出熔断器

表 9-14 直流配电开关特性说明表

序号	电源开关	说明
1	电池熔断器	控制各路电池组的接通和断开，并提供熔断保护功能
2	直流输出熔断器	控制各路直流输出的接通和断开，并提供熔断保护功能，可选配置直流输出断路器

（2）系统开机

请严格按照下列步骤开机，以确保系统顺利地启动和运行。

① 断开直流输出熔断器（或断路器）和电池熔断器（或断路器），使系统在空载情况下启动。

② 合上（ON）系统外部的交流保护断路器。

③ 引入交流电。由于输入模式的不同，所以存在以下两种交流输入情况。

情况1：输入模式是双接触器输入时，如市电电压在电源系统工作范围内（80～300V），接触器自动合上；如市电电压不在电源系统工作范围内，则接触器不吸合（接触器的吸合点电压为154V AC）。

情况2：输入模式是单断路器输入或双断路器输入时，合上（ON）交流输入开关，用万用表测量交流输入电压是否正常。

④ 分别合上整流器断路器，整流器开始工作。在启动整流器后，监控单元的指示灯开始闪烁，进入自检状态，经过约10s的间隔，监控单元开始正常工作。

⑤ 合上（ON）交流备用输出断路器。

⑥ 系统工作稳定后，合上电池熔断器（或断路器）和直流输出熔断器（或断路器）。至此，完成系统的开机。

（3）系统关机

请严格按照下列步骤关机，以确保下一次系统顺利地启动和运行。①断开直流输出熔断器（或断路器）和电池熔断器（或断路器），使系统空载。②分别断开各路整流器断路器。③断开交流备用输出断路器。④断开交流输入断路器。⑤断开系统外部的交流保护断路器。至此，完成系统的关机。

9.3.2　操作菜单介绍

监控单元操作界面如图9-18所示。除了LCD、指示灯和复位孔外，操作界面上还有四个按键。用户可以通过按键操作，查看系统的实时运行数据、历史数据、告警信息以及修改系统工作参数等。四个按键的功能如表9-15所示。

表9-15　监控单元操作界面按键功能

类别	标识	名称	功能
单键	▲	上键	将光标向左移动,或者向上切换界面
	▼	下键	将光标向右移动,或者向下切换界面
	Esc	返回键	退出当前菜单并返回上一级菜单
	Enter	确认键	确认当前菜单项,或者保存当前参数值
组合键	▲＋▼	快捷键	进入快捷菜单
	▲＋Enter	帮助键	显示帮助信息
	▼＋Enter	调测键	显示调测信息

监控单元开机后，经过自检和初始化，LCD依次显示初始界面，如图9-22所示。初始界面显示完毕，LCD将弹出主菜单界面，如图9-23所示。信息主菜单用于查询实时的系统运行数据；告警主菜单用于查询实时的故障信息；控制主菜单用于设置系统参数、操作维护管理（包括控制整流器和控制放电状态）、删除历史记录、恢复厂家设置和下载程序；记录主菜单用于浏览历史告警记录、放电记录和极值记录。监控单元的主界面有4个主菜单，各个主菜单下有若干子菜单。通过如图9-24所示的菜单目录结构图可以很方便地定位所需的子菜单项。

中兴通讯
ZTE CORPORATION

ZTE中兴

图 9-22　初始界面

图 9-23　主菜单界面

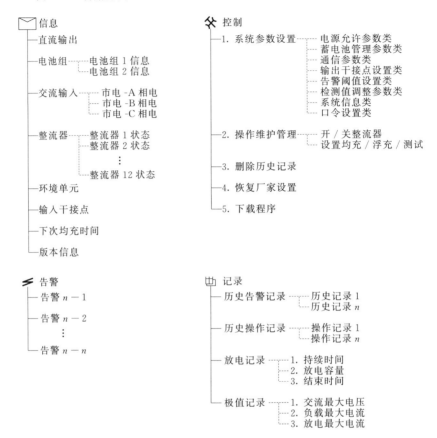

图 9-24　菜单目录结构图

9.3.3　运行信息查阅

　　信息查阅是开关电源系统用户必须掌握的操作技能,通过查阅监控界面,可了解开关电源系统的实时运行信息、告警信息、历史告警记录、历史操作记录、放电记录以及极值记录等。

　　(1) 系统实时信息查阅

　　用户通过查阅系统实时信息,可了解系统实时运行情况。

　　① 查阅步骤 (见表 9-16)

表 9-16　系统实时信息查阅步骤

步骤	操作	界面
1	在主菜单界面中,选中[信息]主菜单项	 信息 告警 控制 记录
2	按<Enter>键,弹出[直流输出]界面	 直流输出　　53.5V　0A

步骤	操作	界面
3	按<▲>或<▼>键,上下切换界面,浏览其他实时运行信息。例如,浏览交流输入信息,如右图所示。	交流输入 ▶ 224V
4	在右上角显示"▶"标识的实时运行信息界面(右上图)中,按<Enter>键,弹出该界面的下一层菜单界面(右下图)	电池组 ▶ 53.5V -4A No.1 电池组 ◀ 53.5V -0A
5	按<▲>或<▼>键,上下切换界面,浏览下一层菜单界面	No.1 电池组 ◀ 31℃ 浮充
6	浏览完毕,按<Esc>键,返回上一层菜单	—

② 界面介绍（见表 9-17）

表 9-17 界面介绍

序号	界面	说明
1	直流输出 ⌐ 56.4V 0A	①右上角的图标表示当前供电方式。其中"1"表示由主用交流输入供电;"2"表示由备用交流输入供电;"⊣⊢"表示由蓄电池组供电 ②实时显示直流输出的电压、电流
2	电池组 ▶ 56.4V -1.2A	①右上角的图标"▶"表示本界面存在下一层菜单界面 ②实时显示当前电池组的电压、电流(各组电池电流的代数和) ③本系统标准配置为两组电池
	No.1 电池组 ◀ 56.4V -0.9A No.1 电池组 ◀ 31℃ 浮充 No.2 电池组 ◀ 56.4V -0.3A No.2 电池组 ◀ 25℃ 浮充	①右上角的图标"◀"表示本界面为下一层菜单界面,即这四个界面为[电池组]界面的下一层菜单界面 ②分别显示每一组电池的工作状态(均充、浮充、测试、放电)、环境温度、电压及电流 ③当电池组处于浮充/均充状态时,此时电压为电池的充电电压,电流为电池的充电电流;当电池组处于放电状态时,此时的电压为电池的放电电压,电流为电池的放电电流
3	交流输入 ▶ 224V	①右上角的图标"▶"表示本界面存在下一层菜单界面 ②实时显示交流输入电压(A 相电压值)
	市电-A相 ◀ 224V 市电-B相 ◀ 224V 市电-C相 ◀ 225V	①右上角的图标"◀"表示本界面为下一层菜单界面,即这三个界面为[交流输入]界面的下一层菜单界面 ②分别显示 A、B、C 三相的输入电压
4	整流器 ▶ □□□■□□□□□□□	①右上角的图标"▶"表示本界面存在下一层菜单界面 ②实时显示整流器的状态。界面中的符号从左到右依次表示 12 个整流器。不同的符号表示整流器的不同状态,如下: (a)□表示该整流器没有在位 (b)⊠表示该整流器在位,但存在故障 (c)■表示该整流器在位,但关机(软件关机) (d)▮表示该整流器在位,开机、正常工作

序号	界面	说明
4	No.1 整流器 ◀ 0.2A No.2 整流器 ◀ 0.2A ⋮ No.12 整流器 ◀ 0A	①右上角的图标"◀"表示本界面为下一层菜单界面,即这 12 个界面为[整流器]界面的下一层菜单界面 ②分别显示 12 个整流器的状态和输出电流
5	环境单元 没有配置 环境单元 30℃	系统未配置环境监控板(EMB)时,显示"没有配置" 系统配置环境监控板(EMB)时,显示"环境温度"
6	输入干接点 ⚷ ⚷ ⚷ ⚷	输入干接点的状态。"⚷"表示断开,"⚷"表示闭合
7	下次均充时间 2006-10-10	提示用户下次均充时间
8	ZXDU68(V4.0) 2004-09-18 V4.0	显示软件版本信息。随着软件的升级,该信息将会改变

(2) 实时告警信息查阅

用户通过查阅实时告警信息,可了解系统当前存在哪些故障。实时告警信息的查阅步骤如表 9-18 所示。ZXDU68 S601/T601 系统支持 30 种故障类型的检测,每种故障类型的详细说明见表 9-19。

表 9-18　实时告警信息查阅步骤

步骤	操作	界面
1	在主菜单界面中,选中[告警]主菜单项	✉ ⚡ ✂ ▯ 信息 告警 控制 记录
2	按<Enter>键,弹出最近一条实时告警信息(右图界面显示:系统共检测到 3 个告警信息,当前显示的是第一个告警信息,故障类型为交流辅助输出断)	告警3-1　⚡ 交流辅助输出断
3	按<▲>或<▼>键,上下切换界面,浏览其他告警信息	告警3-2　⚡ 交流主空开断
4	浏览完毕,按<Esc>键,返回上一层菜单	—

表 9-19　故障类型一览表

序号	故障类型	默认告警级别	说明
1	交流辅助输出断	次要告警	交流辅助输出断路器被断开(OFF)
2	交流主断路器断	严重告警	交流输入断路器被断开(OFF)
3	交流停电	严重告警	市电停电且无备用交流输入
4	C 级防雷回路异常	次要告警	C 级防雷器回路有故障
5	D 级防雷回路异常	次要告警	D 级防雷器(或 D 级防雷盒)回路有故障
6	交流欠压	次要告警	交流输入的 A 相电压低于交流欠压告警值
7	交流过压	次要告警	交流输入的 A 相电压高于交流过压告警值
8	交流缺相	次要告警	交流输入缺 A/B/C 相
9	输入电流高	次要告警	交流输入的电流高于交流过流告警值
10	整流器 n 故障	次要告警	第 n 个整流器发生故障;一个整流器发生故障默认为次要告警;两个及以上整流器发生故障默认为严重告警
		严重告警	
11	直流输出电压低	次要告警	直流输出的电压低于直流欠压告警值
12	直流输出电压高	次要告警	直流输出的电压高于直流过压告警值
13	负载 n 回路断	次要告警	第 n 路直流输出分路被断开
14	电池 n 回路断	次要告警	第 n 路电池分路被断开

序号	故障类型	默认告警级别	说明
15	电池 n 电压低	严重告警	第 n 组电池的电压低于电池欠压告警
16	电池 n 温度高	次要告警	第 n 组电池的工作温度超过电池过温告警值
17	一次下电	严重告警	电池组电压低于一次下电电压,次要负载被切断
18	二次下电	严重告警	电池组电压低于二次下电电压,所有负载被切断
19	直流防雷器异常	次要告警	直流防雷器有故障
20	负载断路器 n 异常	次要告警	第 n 路直流分路的直流接触器有故障
21	环境温度低	次要告警	环境温度低于温度告警下限告警值
22	环境温度高	次要告警	环境温度高于温度告警上限告警值
23	环境湿度低	次要告警	环境湿度低于相对湿度告警下限告警值
24	环境湿度高	次要告警	环境湿度高于相对湿度告警上限告警值
25	烟雾告警	次要告警	传感器监测到烟雾
26	水淹告警	次要告警	传感器监测到有水进入
27	门禁告警	次要告警	传感器监测到有物体闯入
28	门磁告警	次要告警	装有门磁的房门被打开
29	玻璃碎告警	次要告警	传感器监测到有玻璃破碎
30	环境单元通信断	次要告警	监控单元与环境监控板(EMB)通信中断

(3) 历史告警信息查阅

用户通过查阅历史告警信息,可了解系统存在哪些历史故障。

① 查阅步骤(见表 9-20)

表 9-20　历史告警信息查阅步骤

步骤	操作	界面
1	在主菜单界面中,选中[记录]主菜单项	信息告警控制记录
2	按<Enter>键,弹出[1.历史告警记录]界面	1.历史告警记录　条数:2,浏览
3	按<Enter>键,弹出最近一条历史告警信息	06-02-20 17:34:48　06-02-20 17:35:16　整流器2故障
4	按<▲>或<▼>键,上下切换界面,浏览其他历史告警信息	06-02-20 17:34:35　06-02-20 17:34:35　直流避雷器异常
5	浏览完毕,按<Esc>键,返回上一层菜单	—

② 界面介绍

历史告警信息界面如图 9-25 所示。

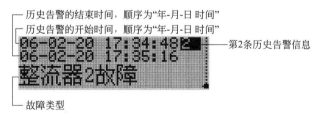

图 9-25　历史告警信息界面介绍

(4) 历史操作记录查阅

用户通过查阅历史操作记录,可了解系统存在哪些历史操作记录。

① 查阅步骤(见表 9-21)

② 界面介绍　历史操作记录界面如图 9-26 所示。

表 9-21 历史操作记录查阅步骤

步骤	操作	界面
1	在主菜单界面中,选中[记录]主菜单项	✉ ⚡ ✕ 📖 信息 告警 控制 记录
2	按<Enter>键,弹出[1. 历史告警记录]界面	1.历史告警记录 条数:2, 浏览
3	按<▼>键,向下切换界面,弹出[2. 历史操作记录]界面	2.历史操作记录 条数:2, 浏览
4	按<Enter>键,弹出最近一条历史操作信息	06-02-20 17:36 ✉ 设置浮充
5	按<▲>或<▼>键,上下切换界面,浏览其他历史操作信息	07-12-20 17:30 ✉ 恢复厂家设置
6	浏览完毕,按<Esc>键,返回上一层菜单	—

历史操作发生时间,顺序为"年-月-日 时刻"
第2条历史操作信息
06-02-20 17:36
设置浮充
历史操作内容

图 9-26　历史操作记录界面介绍

（5）放电记录查阅

用户通过查阅放电记录,可了解蓄电池放电的持续时间、已放出容量和结束时间。查阅步骤如表 9-22 所示。

表 9-22 放电记录查阅步骤

步骤	操作	界面
1	在主菜单界面中,选中[记录]主菜单项	✉ ⚡ ✕ 📖 信息 告警 控制 记录
2	按<Enter>键,弹出[1. 历史告警记录]界面	1.历史告警记录 条数:2, 浏览
3	按<▼>键,向下切换界面,弹出[3. 测试放电记录]界面	3.测试放电记录 浏览
4	按<Enter>键,弹出[1. 持续时间]界面。显示蓄电池放电的持续时间,单位为"M",即分钟	1.持续时间(M) 0
5	按<▼>键,向下切换界面,弹出[2. 放出容量]界面。显示蓄电池已放出的容量,单位为"A·h",即安时	2.放出容量(Ah) 0
6	按<▼>键,向下切换界面,弹出[3. 结束时间]界面。显示蓄电池放电的结束时间,顺序为"年-月-日 时刻"	3.结束时间 2007-12-20 17:30
7	浏览完毕,按<Esc>键,返回上一层菜单	—

（6）极值记录查阅

用户通过查阅极值记录,可了解系统交流最大电压、负载最大电流、放电最大电流的大小和出现时间。查阅步骤如表 9-23 所示。

表 9-23 极值记录查阅步骤

步骤	操作	界面
1	在主菜单界面中,选中[记录]主菜单项	✉ ⚡ ✕ 📖 信息 告警 控制 记录

步骤	操作	界面
2	按<Enter>键,弹出[1.历史告警记录]界面	1.历史告警记录 条数:2, 浏览
3	按<▼>键,向下切换界面,弹出[4.极值记录]界面	4.极值记录 浏览
4	按<Enter>键,弹出[1.交流最大电压]界面。显示交流最大输入电压值(单位为"V",即伏特)和该电压值出现的时间(顺序为"年-月-日时刻")	1.交流最大电压(V) 228 2006-02-20 17:30:49
5	按<▼>键,向下切换界面,弹出[2.负载最大电流]界面。显示直流输出电流的最大值(单位为"A",即安培)和该电流值出现的时间(顺序为"年-月-日时刻")	2.负载最大电流(A) 0 2006-02-20 17:30:24
6	按<▼>键,向下切换界面,弹出[3.放电最大电流]界面。显示电池放电最大电流值(单位为"A",即安培)和该电流值出现的时间(顺序为"年-月-日时刻")	3.放电最大电流(A) -1 2006-02-20 17:34:45
7	浏览完毕,按<Esc>键,返回上一层菜单	—

9.3.4 系统参数设置

（1）系统参数设置步骤（见表 9-24）

表 9-24 系统参数设置步骤

步骤	操作	界面
1	在主菜单界面中,选中[控制]主菜单项	✉ ⚡ ✖ 🗋 信息 告警 控制 记录
2	按<Enter>键,弹出口令验证界面	⌐ 口令: 0000_
3	按<▲>或<▼>键左右移动光标,按<Enter>键修改数值	⌐ 口令: 0050_
4	完成修改后,按<▼>键将光标移动到最右侧,按<Enter>键确认,弹出控制菜单界面	⌐ 口令: 0060▮
5	按<▲>或<▼>键,上下切换界面,选中[1.系统参数设置]界面	1.系统参数设置▸ 进入
6	按<Enter>键,弹出系统参数项界面,按<▲>或<▼>键,上下切换界面,选中需要修改的参数项界面,例如,选中[1.浮充电压值]界面	1.浮充电压值 53.5 V
7	按<Enter>键,进入数值修改界面,按<▲>或<▼>键修改参数值	输入:53.5 V
8	完成修改后,按<Enter>键确认保存	—
9	浏览完毕,按<Esc>键,返回上一层菜单	—

（2）电池管理类参数含义、类型和选值

① 电池容量类参数含义、类型和选值（见表 9-25）

表 9-25 电池容量类参数含义、类型和选值

序号	界面	说明
1	4.电池1容量 300 Ah	【参数含义】电池组 1 的容量 【参数类型】基本参数(系统参数分为基本参数和隐含参数两类,不同级别的用户,可设置的参数类型不同,用户级仅可设置基本参数,初始口令为 0000;管理员级除可设置基本参数外,还可设置隐含参数) 【取值范围】0～9990A·h,默认值为 300A·h 【设置要求】按照电池的实际配置进行设置,否则无法进行电池管理

序号	界面	说明
2	5.电池2容量 300 Ah	【参数含义】电池组 2 的容量 【参数类型】基本参数 【取值范围】0～9990A·h,默认值为 300A·h 【设置要求】按照电池的实际配置进行设置,否则无法进行电池管理
3	6.电池3容量 0 Ah	【参数含义】电池组 3 的容量 【参数类型】基本参数 【取值范围】0～9990A·h,默认值为 0A·h 【设置要求】按照电池的实际配置进行设置,否则无法进行电池管理

② 电池充电类参数含义、类型和选值(见表 9-26)

表 9-26　电池充电类参数含义、类型和选值

序号	界面	说明
1	1.浮充电压值 53.5 V	【参数含义】浮充状态下的输出电压值 【参数类型】基本参数 【取值范围】42.0～58.0V,默认值为 53.5V 【设置要求】浮充电压值≤均充电压值;浮充电压值≥电池欠压值＋1V;浮充电压值≥直流欠压值＋1V 根据蓄电池充电特性设置。例如所配置蓄电池额定浮充电压为 2.23V/节,24 节蓄电池的浮充电压为 2.23V×24≈53.5V,则应将本界面参数值设置为"53.5V"
2	2.均充电压值 56.4 V	【参数含义】均充状态下的输出电压值 【参数类型】基本参数 【取值范围】42.0～58.0V,默认值为 56.4V 【设置要求】均充电压值≥浮充电压值,均充电压值≤直流过压值－1V 根据蓄电池充电特性设置。例如所配置蓄电池额定均充电压为 2.35V/节,24 节蓄电池的均充电压为 2.35V×24＝56.4V,则应将本界面参数值设置为"56.4V"
3	7.电池限电流 0.15 C	【参数含义】电池限电流决定电池的最大充电电流,该参数值与电池组容量的乘积为最大充电电流。设置该参数可以限制充电电流 【参数类型】基本参数 【取值范围】0.01～0.40C,默认值为 0.15C 【设置要求】根据电池的充电特性设置。折算后的电流应小于电池熔断器(或断路器)的最大通过电流。例如:系统只配置一组 300A·h 的蓄电池,推荐使用的电池限电流为 0.15C,则该参数应设置为"0.15C",此时,系统的最大均充或浮充电流(I):$I＝300A·h×0.15A/A·h＝300×0.15A＝45A$
4	8.均充功能 允许	【参数含义】均充功能选择。当使用免均充维护性能的蓄电池时,由于不需要对蓄电池进行均充维护,可将[均充功能]设置为"禁止" 【参数类型】基本参数 【取值范围】允许或禁止,默认值为允许
5	9.均充周期 180 天	【参数含义】均充的周期时间(天)。当市电长期不停电时,为了保证电池的有效性,需定期对电池进行均充 【参数类型】基本参数 【取值范围】15～365 天,默认值为 180 天
6	35.均充最长时间 24 H	【参数含义】为了避免过度充电池损坏,当该次均充时间达到设定值时,必须结束均充,转为浮充 【参数类型】隐含参数 【取值范围】0～48h,默认值为 24h 【设置要求】均充最长时间≥均充最短时间
7	36.均充最短时间 3 H	【参数含义】均充时间必须达到[均充最短时间],才能结束均充,转为浮充 【参数类型】隐含参数 【取值范围】0～48h,默认值为 3h 【设置要求】均充最短时间≤均充最长时间,均充最短时间≥均充维持时间

序号	界面	说明
8	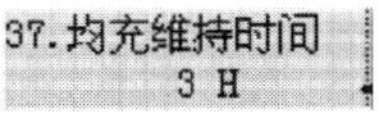 37.均充维持时间 3 H	【参数含义】在均充的末期,均充要求的维持时间 【参数类型】隐含参数 【取值范围】0~10h,默认值为3h 【设置要求】均充维持时间≤均充最短时间
9	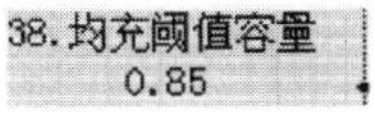 38.均充阈值容量 0.85	【参数含义】停电后若电池的剩余容量与电池额定容量的比值小于该参数,一旦市电来电,系统将对电池进行均充。例如:系统只配置一组300A·h的蓄电池,[均充阈值容量]设置为0.85,当市电停电后再来电时,若蓄电池剩余容量小于300A·h×0.85(即255A·h),系统自动进入均充状态 【参数类型】隐含参数 【取值范围】0.50~1.00,默认值为0.85
10	 39.均充阈值电压 48 V	【参数含义】停电后再来电时,若电池组电压低于设定值,则进入均充 【参数类型】隐含参数 【取值范围】46.0~50.0V,默认值为48V
11	 40.均充末期电流率 0.015	【参数含义】均充末期电流=[均充末期电流率]×电池容量。当均充电流不大于均充末期电流时,表明电池组处于均充末期 【参数类型】隐含参数 【取值范围】0.001~0.050,默认值为0.015

③ 电池测试类参数含义、类型和选值（见表 9-27）

表 9-27 电池测试类参数含义、类型和选值

序号	界面	说明
1	 3.测试电压值 46 V	【参数含义】为了测试蓄电池的性能,调低系统的输出电压,使得系统由市电供电转为电池组供电。当电池组输出电压等于该设定值时,测试结束,由测试状态转入均充状态 【参数类型】基本参数 【取值范围】42.0~48.0V,默认值为46.0V 【设置要求】测试电压>二次下电电压,一般取默认值即可
2	 46.测试最长时间 8 H	【参数含义】为避免电池组过度放电,可设置[测试最长时间],达到设定的时间后,自动结束测试,转为均充 【参数类型】隐含参数 【取值范围】0~24h,默认值为8h

④ 温度补偿系数

【参数含义】每节电池的温度补偿系数。界面如图 9-27 所示。

图 9-27　温度补偿系数界面

系统在对电池进行均充或浮充时，根据电池温度的变化调节充电电压，防止对电池过充电或充电不足。通常所说的电池的充电电压是指在 25℃ 环境下的充电电压值。

参数值代表每节电池的温度补偿系数。如果温度补偿系数设置为"3mV/℃"，表示温度每变化 1℃，每一节蓄电池的电压变化值为 3mV。温度升高时充电电压降低，温度降低时充电电压升高。

【参数类型】隐含参数。

【取值范围】0~6mV/(℃·节)，默认值为 3mV/(℃·节)。

例如，系统配备一组 300A·h 的蓄电池，输出为 -48V，共 24 节（通信电源使用的蓄电池通常为 2V/节），温度补偿系数设置为"3mV/℃"。电池组的温度为 30℃，进行温度补偿的基础温度为 25℃。此时，充电电压经过温度补偿将会下降。电压下降值计算如下：

$$\Delta V = (30℃ - 25℃) \times 3mV/℃ \times 24 = 5℃ \times 3mV/℃ \times 24 = 360mV$$

若此时电池处于浮充状态，所设置的浮充电压为53.5V，则系统输出的电压经补偿下降为：53.5V－0.36V＝53.14V。

（3）告警类参数

① 告警功能设置（见表9-28）

表 9-28　告警功能设置

序号	界面	说明
1	告警声音开关 开	【参数含义】蜂鸣器使能开关。使能蜂鸣器在系统发生告警时发出告警声音 【参数类型】基本参数 【取值范围】开或关,默认值为开
2	主动告警使能 禁止	【参数含义】在系统运行中,整流器被拔出时是否需要告警 【参数类型】基本参数 【取值范围】允许或禁止,默认值为禁止

② 告警阈值类参数含义、类型和选值（见表9-29）

表 9-29　告警阈值类参数含义、类型和选值

序号	界面	说明
1	10.电池欠压值 47　V	【参数含义】电池欠压的告警阈值。当电池组的电压降至该参数值时,监控单元将发出告警信号,产生"电池欠压"告警 【参数类型】基本参数 【取值范围】39.0～52.0V,默认值为47.0V 【设置要求】电池欠压值≤浮充电压值－1V,电池欠压值≥一次下电电压值＋1V
2	11.一次下电电压 46　V	【参数含义】负载一次下电的电压值。当电池组的电压低于该参数值时,系统产生"一次下电"告警,切断次要负载 【参数类型】基本参数 【取值范围】38.0～51.0V,默认值为46.0V 【设置要求】一次下电电压值≤电池欠压值－1V,一次下电电压值≥二次下电电压值
3	12.二次下电电压 45　V	【参数含义】负载二次下电的电压值。当电池组的电压低于该参数时,系统产生"二次下电"告警,切断全部负载 【参数类型】基本参数 【参数范围】38.0～51.0V,默认值为45.0V 【设置要求】二次下电电压值≤一次下电电压值
4	22.熔丝告警阈值 0.5　V	【参数含义】负载电压和电池电压的压差。通过软件检测熔丝的通断状态,当测量值大于设定值时,该熔丝处于断开状态;当测量值小于设定值时,该熔丝处于导通状态 【参数类型】隐含参数 【取值范围】0.1～0.8V,默认值为0.5V
5	41.交流过压值 286　V	【参数含义】交流输入的电压告警上限。当市电电压升至该参数值时,监控单元将发出告警信号,产生"交流过压"告警 【参数类型】隐含参数 【取值范围】240～300V,默认值为286V
6	42.交流欠压值 154　V	【参数含义】交流输入的电压告警下限。当市电电压降至该参数值时,监控单元将发出告警信号,产生"交流欠压"告警 【参数类型】隐含参数 【取值范围】80～200V,默认值为154V
7	43.直流过压值 58　V	【参数含义】直流输出的电压告警上限。当蓄电池组的电压升至该参数值时,监控单元将发出告警信号,产生"直流过压"告警 【参数类型】隐含参数 【取值范围】57.0～59.0V,默认值为58.0V 【设置要求】直流过压值≥均充电压值＋1V

序号	界面	说明
8	 **44.直流欠压值** 48 V	【参数含义】直流输出的电压告警下限。当蓄电池组的电压降至该参数值时,监控单元将发出告警信号,产生"直流欠压"告警 【参数类型】隐含参数 【取值范围】41.0～52.0V,默认值为48.0V 【设置要求】直流欠压值≤浮充电压值−1V
9	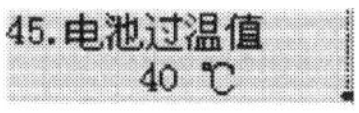 **45.电池过温值** 40 ℃	【参数含义】电池温度告警上限。当电池的工作温度升至该参数值时,监控单元将发出告警信号,产生"电池过温"告警 【参数类型】隐含参数 【取值范围】30～60℃,默认值为40℃
10	 **环境高温度值** 40℃	【参数含义】环境温度告警上限。当环境温度升至该参数值时,监控单元将发出告警信号,产生"环境温度高"告警 【参数类型】隐含参数 【取值范围】30～75℃,默认值为40℃
11	 **环境低温度值** −5℃	【参数含义】环境温度告警下限。当环境温度低至该参数值时,监控单元将发出告警信号,产生"环境温度低"告警 【参数类型】隐含参数 【取值范围】−30～20℃,默认值为−5℃
12	 **环境高湿度值** 90%	【参数含义】环境湿度告警上限。当环境湿度升至该参数值时,监控单元将发出告警信号,产生"环境湿度高"告警 【参数类型】隐含参数 【取值范围】70%～100%,默认值为90%
13	 **环境低湿度值** 20%	【参数含义】环境湿度告警下限。当环境湿度低至该参数值时,监控单元将发出告警信号,产生"环境湿度低"告警 【参数类型】隐含参数 【取值范围】10%～50%,默认值为20%

③ 设置输出干接点

【参数含义】[设置输出干接点] 子菜单用于指定输出类型(包括故障类型、油机启动和总告警)对应的输出干接点位。[设置输出干接点] 子菜单界面如图 9-28 所示。

【参数类型】基本参数。

【取值范围】[设置输出干接点] 的下一层菜单界面如图 9-29 所示。干接点输出类型(包括故障类型、油机启动和总告警)见表 9-30。

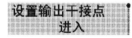

图 9-28 [设置输出干接点] 子菜单界面 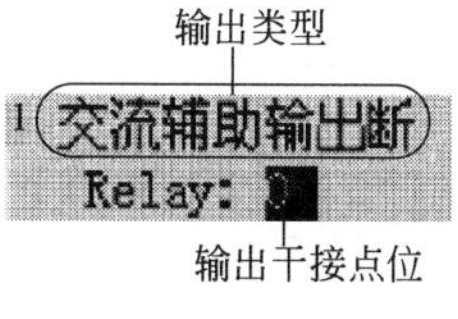　　　　图 9-29 输出干接点设置界面介绍

表 9-30 干接点输出类型一览表

序号	类型	序号	类型
1	交流辅助输出断	9	输入电流高
2	交流主断路器断	10	整流器故障
3	交流停电	11	直流输出电压低
4	C级避雷回路异常	12	直流输出电压高
5	D级防雷回路异常	13	负载回路断
6	交流欠压	14	电池回路断
7	交流过压	15	电池电压低
8	交流缺相	16	电池温度高

序号	类型	序号	类型
17	一次下电	25	烟雾告警
18	二次下电	26	水淹告警
19	直流防雷器异常	27	门禁告警
20	负载断路器异常	28	门磁告警
21	环境温度低	29	玻璃碎告警
22	环境温度高	30	环境单元通信断
23	环境湿度低	31	油机启动
24	环境湿度高	32	总告警

a. 油机启动：表示油机已启动。

b. 总告警：系统所有告警，假设"总告警"的输出干接点位设置为"B1"，那么只要中兴 ZXDU68 S601/T601 开关电源系统产生任意一个告警，B1 所对应的输出干接点将发出干接点告警信号。

c. 可供选择的输出干接点位有 A1、A2、B1～B8。若选择"0"，表示不提供输出干接点。输出干接点位与硬件输出干接点的对应关系见表 9-31。

表 9-31 输出干接点位与硬件输出干接点的对应关系

序号	输出干接点位	对应的输出干接点
1	A1	备用 1 路输出干接点
2	A2	备用 2 路输出干接点
3	B1	RLY 板中的 K1
4	B2	RLY 板中的 K2
5	B3	RLY 板中的 K3
6	B4	RLY 板中的 K4
7	B5	RLY 板中的 K5
8	B6	RLY 板中的 K6
9	B7	RLY 板中的 K7
10	B8	RLY 板中的 K8

（4）通信类参数含义、类型和选值（见表 9-32）

表 9-32 通信类参数含义、类型和选值

序号	界面	说明
1	13.RS232波速 9600	【参数含义】RS232 接口的通信速率。需按照实际配置进行设置,必须将通道两端设备的通信速率设置一致,否则将导致无法通信 【参数类型】基本参数 【取值范围】1200 波特、2400 波特、4800 波特、9600 波特,默认值为 9600 波特
2	14.RS485波速 9600	【参数含义】RS485 接口的通信速率。需按照实际配置进行设置,必须将通道两端设备的通信速率设置一致,否则将导致无法通信 【参数类型】基本参数 【取值范围】1200 波特、2400 波特、4800 波特、9600 波特,默认值为 9600 波特
3	15.设备地址 1	【参数含义】系统的设备地址号。对于由同一个后台监控的不同设备,地址号必须不同,否则将导致通信错误 【参数类型】基本参数 【取值范围】1～254,默认值为 1

（5）系统配置类参数

系统配置类参数的含义、类型和取值说明见表 9-33。

表 9-33 系统配置类参数介绍表

序号	界面	说明
1	19.环境单元配置 无	【参数含义】用于确定系统是否配置环境单元 【参数类型】基本参数 【取值范围】有或无,默认为无 【设置要求】根据系统配置的实际情况选择。配置环境单元(EMB)时,选择"有";未配置环境单元(EMB)时,选择"无"
2	辅助空开配置 有	【参数含义】用于确定系统是否配置辅助断路器(即交流备用输出断路器) 【参数类型】基本参数 【取值范围】有或无,默认为无 【设置要求】根据系统配置的实际情况选择。系统配置有辅助断路器时选择"有",否则选择"无"
3	23.负载1路数 1	【参数含义】第1组负载的路数 【参数类型】隐含参数 【取值范围】0~15,默认值为1 【设置要求】与实际配置的一次下电负载路数一致(负载1路数≤15-负载2路数)
4	24.负载2路数 1	【参数含义】第2组负载的路数 【参数类型】隐含参数 【取值范围】0~15,默认值为1 【设置要求】与实际配置的二次下电负载路数一致(负载2路数≤15-负载1路数)
5	一次下电控制 允许	【参数含义】是否使能一次下电控制功能 【参数类型】隐含参数 【取值范围】禁止或允许,默认值为"允许" 【设置要求】根据系统配置实际情况选择,一般情况下保留默认设置即可
6	二次下电控制 允许	【参数含义】是否使能二次下电控制功能 【参数类型】隐含参数 【取值范围】禁止或允许,默认值为"允许" 【设置要求】根据系统配置实际情况选择,一般情况下保留默认设置即可
7	最小开机数 允许	【参数含义】使能最小开机数控制功能,用于限制整流器关机。设置为"允许"后,通过监控软件(前台或后台)关闭整流器时,可关闭的整流器数量将受到限制——处于开机状态的整流器数量不能低于最小开机数 【参数类型】隐含参数 【取值范围】允许或禁止,默认为允许 【设置要求】保留默认设置即可 最小开机数的数值计算公式如下: $$最小开机数 = \frac{负载总电流 + 蓄电池容量 \times 电流限流值}{整流器额定输出电流 \times 0.7} + 1$$ 【例如】负载的总电流为90A,蓄电池总配置为300A·h,电池限电流为0.15C。最小开机数为: $$最小开机数 = (90 + 300 \times 0.15)/(50 \times 0.7) + 1 = 4.85 \approx 5$$ 在这情况下,若最小开机数菜单设置为允许后,当系统配备12个整流器时,可以通过软件关闭7个整流器,在关闭第8个整流器时,命令将失效

（6）检测值调整类参数

检测值调整类参数用于将监控单元的检测值与实际值之间的偏差调至最小。检测值调整类参数的含义、类型和取值说明参见表 9-34。检测值调整类参数根据实际需要设置,一般情况下保留默认值即可。

表 9-34　检测值调整类参数介绍表

序号	界面	说明
1	交流电流斜率 1.00	【参数含义】调整交流输入电流检测的斜率,将测量值与实际值之间的偏差调至最小 【参数类型】隐含参数 【取值范围】0.1～10.0,默认值为1.00
2	直流电压零点 0 V	【参数含义】调整输出电压检测的零点,将测量值与实际值之间的偏差调至最小 【参数类型】隐含参数 【取值范围】-1.0～1.0V,默认值为0V
3	输出电流零点 0 A	【参数含义】调整输出电流检测的零点,将测量值与实际值之间的偏差调至最小 【参数类型】隐含参数 【取值范围】-50.0～50.0A,默认值为0A
4	输出电流斜率 1.00	【参数含义】调整输出电流检测的斜率,将测量值与实际值之间的偏差调至最小 【参数类型】隐含参数 【取值范围】0～10.0,默认值为1.00
5	电池1电压零点 0 V	【参数含义】调整第1组电池电压检测的零点,将测量值与实际值之间的偏差调至最小 【参数类型】隐含参数 【取值范围】-1.0～1.0V,默认值为0V
6	电池2电压零点 0 V	【参数含义】调整第2组电池电压检测的零点,将测量值与实际值之间的偏差调至最小 【参数类型】隐含参数 【取值范围】-1.0～1.0V,默认值为0V
7	电池3电压零点 0 V	【参数含义】调整第3组电池电压检测的零点,将测量值与实际值之间的偏差调至最小 【参数类型】隐含参数 【取值范围】-1.0～1.0V,默认值为0V
8	电池1电流零点 0 A	【参数含义】调整第1组电池电流检测的零点,将测量值与实际值之间的偏差调至最小 【参数类型】隐含参数 【取值范围】-50.0～50.0A,默认值为0A
9	电池2电流零点 0 A	【参数含义】调整第2组电池电流检测的零点,将测量值与实际值之间的偏差调至最小 【参数类型】隐含参数 【取值范围】-50.0～50.0A,默认值为0A
10	电池3电流零点 0 A	【参数含义】调整第3组电池电流检测的零点,将测量值与实际值之间的偏差调至最小 【参数类型】隐含参数 【取值范围】-50.0～50.0A,默认值为0A
11	电池1电流斜率 1.00	【参数含义】调整第1组电池电流检测的斜率,将测量值与实际值之间的偏差调至最小 【参数类型】隐含参数 【取值范围】0～10.0,默认值为1.00
12	电池2电流斜率 1.00	【参数含义】调整第2组电池电流检测的斜率,将测量值与实际值之间的偏差调至最小 【参数类型】隐含参数 【取值范围】0～10.0,默认值为1.00
13	电池3电流斜率 1	【参数含义】调整第3组电池电流检测的斜率,将测量值与实际值之间的偏差调至最小 【参数类型】隐含参数 【取值范围】0～10.0,默认值为1
14	电池1温度零点 0 ℃	【参数含义】调整第1组电池温度检测的零点,将测量值与实际值之间的偏差调至最小 【参数类型】隐含参数 【取值范围】-10～10℃,默认值为0℃
15	电池2温度零点 0 ℃	【参数含义】调整第2组电池温度检测的零点,将测量值与实际值之间的偏差调至最小 【参数类型】隐含参数 【取值范围】-10～10℃,默认值为0℃
16	电池3温度零点 0 ℃	【参数含义】调整第3组电池温度检测的零点,将测量值与实际值之间的偏差调至最小 【参数类型】隐含参数 【取值范围】-10～10℃,默认值为0℃

（7）口令、语言和时间参数

口令、语言和时间参数的含义、类型和取值说明见表9-35。

表 9-35 口令、语言和时间参数含义、类型和选值

序号	界面	说明
1	16.设置口令 0000	【参数含义】设置系统口令(一般用户级别的系统口令) 【参数类型】基本参数 【取值范围】0000~9999,默认值为0000
2	18.语言选择 中文	【参数含义】界面显示的语言环境 【参数类型】基本参数 【取值范围】中文或英文,默认为中文
3	20.当前日期 2006-04-13	【参数含义】系统日期,格式为"年-月-日" 【参数类型】基本参数 【取值范围】没有固定的默认日期,不受[控制→4.恢复厂家设置]菜单的控制 【设置要求】更改为当地日期(系统日期不正确会导致历史记录的时间不正确)
4	21.当前时间 17:25:59	【参数含义】系统时间,格式为"时:分:秒" 【参数类型】基本参数 【取值范围】没有固定的默认时间,不受[控制→4.恢复厂家设置]菜单的控制 【设置要求】更改为当地时间(系统时间不正确会导致历史记录的时间不正确)

9.3.5 日常操作

(1) 开/关整流器

① 开/关整流器步骤 (见表9-36)

表 9-36 开/关整流器步骤

步骤	操作	界面
1	在主菜单界面中,选中[控制]主菜单项	信息 告警 控制 记录
2	按<Enter>键,弹出口令验证界面	口令: 0000_
3	按<▲>或<▼>键左右移动光标,按<Enter>键修改数值	口令: 0050_
4	完成修改后,按<▼>键将光标移动到最右侧,按<Enter>键确认,弹出控制菜单界面	口令: 0060
5	按<▲>或<▼>键,上下切换界面,选中[2.操作维护管理]界面	2.操作维护管理 进入
6	按<Enter>键,弹出[1.开整流器…]界面	1.开整流器… 进入
7	按<▲>或<▼>键,上下切换界面,选中[2.关整流器…]界面	2.关整流器… 进入
8	按<Enter>键,弹出[2.关整流器…]的下一层菜单界面	2.关整流器… 1 <123>
9	按<▲>或<▼>键,选择需要关机的整流器,一次只能选择1台整流器。当选择整流器3时,右上角显示整流器的编号"3"	2.关整流器… 3 <123>
10	按<Enter>键,向整流器3发出关机信号。当设置成功时,LCD显示设置成功界面。否则,LCD显示设置失败界面	设置成功! 设置失败!
11	浏览完毕,按<Esc>键,返回上一层菜单	—

② 开/关整流器界面介绍 (见表9-37)

表 9-37　开/关整流器界面介绍

序号	界面	说明
1	1.开整流器… 进入 下一层菜单界面 1.开整流器… 4 <3411>	【菜单功能】用来控制整流器开机。当系统中所有的整流器都已开机时,本子菜单失效。当有部分整流器已上电但尚未开机[该整流器的电源灯(PWR)亮,而运行灯(RUN)灭]时,本子菜单可控制整流器开机 【界面说明】界面中的<3411>表示尚有整流器3、整流器4、整流器11未开机。按<▲>键或<▼>键,选择需要开机的整流器。一次只能选择1台整流器。当选择整流器4时,右上角显示整流器的编号"4"
2	2.关整流器… 进入 下一层菜单界面 2.关整流器… 3 <1235678910>	【菜单功能】用来控制整流器关机。通过本子菜单断开整流器发生"设置失败"的原因是当前的开机整流器数已等于最小开机数 【界面说明】界面中的<1235678910>表示开关电源系统有9个整流器待关机。按<▲>键或<▼>键,选择需要关机的整流器。一次只能选择1台整流器。当选择整流器3时,右上角显示整流器的编号"3"

(2) 设置均充/浮充/测试

① 设置均充/浮充/测试步骤　用于电池维护管理的菜单包括设置均充、设置浮充和设置测试。这3项菜单的操作步骤基本相同,下面以设置均充的操作步骤为例进行介绍(见表9-38)。

表 9-38　设置均充的操作步骤

步骤	操作	界面
1	在主菜单界面中,选中[控制]主菜单项	信息 告警 控制 记录
2	按<Enter>键,弹出口令验证界面	⊶口令: 0000_
3	按<▲>或<▼>键左右移动光标,按<Enter>键修改数值	⊶口令: 0050_
4	完成修改后,按<▼>键将光标移动到最右侧,按<Enter>键确认,弹出控制菜单界面	⊶口令: 0060
5	按<▲>或<▼>键,上下切换界面,选中[2. 操作维护管理]界面	2.操作维护管理 进入
6	按<Enter>键,弹出[1. 开整流器…]界面	1.开整流器… 进入
7	按<▲>或<▼>键,上下切换界面,选中[4. 设置均充…]界面	4.设置均充… 进入
8	按<Enter>键,当设置成功时,LCD显示设置成功界面。否则,LCD显示设置失败界面	设置成功! 设置失败!
9	浏览完毕,按<Esc>键,返回上一层菜单	—

② 设置均充/浮充/测试界面(见表9-39)

表 9-39　设置均充/浮充/测试界面介绍表

序号	界面	说明
1	3.设置浮充… 进入	①控制电池进行浮充。浮充电压的默认值为53.5V,可设置范围为42.0~58.0V ②当LCD显示设置成功界面时,系统按照设定浮充电压对电池浮充
2	4.设置均充… 进入	①控制电池进行均充。均充电压的默认值为56.4V,可设置范围为42.0~58.0V ②当LCD显示设置成功界面时,系统按设定均充电压对电池均充
3	5.设置测试… 进入	①控制电池进行放电。当电池放电到一定程度之后,系统自动对电池均充。本子菜单用于测试电池的性能,日常不操作 ②当LCD显示设置成功界面时,电池开始放电

9.4 维护管理

ZXDU68 型开关电源系统的维护管理主要包括系统的日常维护、告警分析与处理及常见故障检修等。

9.4.1 日常维护

为了保证电源系统的稳定和可靠，延长设备的使用时间，用户应按时对其进行日维护和月维护；在系统运行中，对整流器进行拆卸和安装；增加负载。

（1）日维护项目（如表 9-40 所示）

表 9-40 开关电源系统日维护项目

维护项目	说明
交流防雷器与直流防雷盒	每日或雷雨过后应检查防雷器/防雷盒，若有损坏应及时更换和维修 【检查标准】C 级防雷器的压敏电阻片的外观无异常，显示窗口呈绿色或无色。直流防雷盒的三个状态指示灯（HL$_1$、HL$_2$、HL$_3$）同时亮，表明内部熔断器正常 【检查方法】 ①观察 C 级防雷器压敏电阻片的显示窗口是否变红。如果变红，表明该防雷器有故障，应将其更换 ②观察直流防雷盒的三个状态指示灯是否都亮着。如果某个指示灯不亮，表明该指示灯对应的直流防雷回路的熔断器已断开，需要更换熔断器。即使有一个或两个指示灯灭，直流防雷盒仍具有直流防雷功能。如果三个指示灯都熄灭，直流防雷盒失效，必须更换熔断器
通信功能	【检测标准】系统各单元与监控单元通信正常，历史告警记录中没有某一单元多次通信中断告警的记录 【检查方法】查看监控单元上的告警信息，或者从后台监控软件查看告警信息
系统均流	【检测标准】各整流器超过半载时，整流器间的输出电流不平衡度低于±5% 【检测方法】当所有整流器的输出电流段码显示器的亮灯个数相等或相差只有一个时，说明整流器均流正常 【处理方法】如亮灯个数之差大于 1，则系统的均流不理想，需做均流处理。均流处理操作步骤如下（注意：在均流操作时需关闭 1 个整流器，为防止因关闭整流器引起负载下电造成重大损失，请确保蓄电池已接入系统并能给负载供电） ①关闭整流器 1，观察系统是否均流（所有整流器的输出电流段码显示器的亮灯个数相等或相差一个）。如果系统均流，说明整流器 1 故障需要更换；如果系统不均流，执行下一步 ②打开整流器 1，再关闭整流器 2，观察系统是否均流。如果系统均流，说明整流器 2 故障需要更换；如果系统不均流，执行下一步 ③打开整流器 2，再关闭整流器 3，观察系统是否均流。如果系统均流，说明整流器 3 故障需要更换；如果系统不均流，执行下一步 ④采用同样方法逐个检查余下整流器，直至找到有故障的整流器并更换 ⑤如果经过以上故障处理系统仍不均流，则需专业技术人员处理

（2）月维护项目（如表 9-41 所示）

表 9-41 开关电源系统月维护项目

维护项目	说明
线缆连接	每月检查一次输入、输出电缆。检查电缆的连接端是否有松动、接触不良的现象。检查电缆是否完好无损，如有破损应及时更换 【检测标准】插座连接良好；电缆布线与固定良好；无电缆被金属挤压变形；连接电缆无局部过热和老化现象 【检测方法】重点检查防雷器和接地线缆、电池电缆、交流输入电缆的连接是否可靠

维护项目	说明
参数检查	每月检查一次电源系统的各项参数是否正常 【检测标准】根据上次设定参数的记录,进行对照检查 【检测方法】对于不符合要求的参数需要重新设定
系统保护功能	【检测标准】根据监控单元设置的参数或设备出厂整定的参数,进行对照检查 【检测方法】运行中的设备一般不宜检测此项,只有在设备经常发生交流或直流保护,判断为电源保护功能异常时才做此项检测。检测方法:通过外接调压器,试验交流过压保护功能;通过强制放电,检测欠压保护功能
系统管理功能	【检测标准】监控单元提供查询、存储和电池自动管理功能。可查询项有历史告警记录,可试验项有电池自动管理功能 【检测方法】 ①存储功能:模拟告警,监控单元将会记录告警信息 ②电池管理功能:监控单元可以根据用户设定的数据调整电池的充电方式、充电电流,并实施各种保护措施
直流断路器配置	【检测标准】直流断路器的额定电流值应不大于最大负载电流的2倍。各种专业机房断路器的额定电流应不大于最大负载电流的1.5倍 【检测方法】根据各负载最大电流记录,检查断路器的匹配性
风道与积尘	每月定期做好电源的清洁工作,防止出现积尘现象 【检查标准】整流器风扇风道无遮挡物、无灰尘累积。设备其他地方无灰尘累积 【检查工具】毛刷、皮老虎、抹布、专用吸尘器等 【检测方法】对风道挡板、风扇等进行拆卸清扫、清洗,晾干后装回原位

（3）系统运行中，整流器的取出与安装

整流器具有热插拔功能。在系统运行的过程中，当需要扩容或更换整流器时，可以带电拆卸、安装整流器（注意：在带电安装或取出整流器时，动作应缓慢，以保证整流器内部电路充分地充放电）。

① 槽位说明 在安装整流器时，应使A、B、C三相交流电上分布的整流器数量基本相同，以保持三相交流电基本平衡且利于散热。整流器槽位相序分布如图9-30所示。

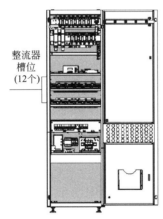

整流器
槽位
(12个)

A 相 整流器 1 槽位	B 相 整流器 2 槽位	C 相 整流器 3 槽位	A 相 整流器 4 槽位	B 相 整流器 5 槽位	C 相 整流器 6 槽位
A 相 整流器 7 槽位	B 相 整流器 8 槽位	C 相 整流器 9 槽位	A 相 整流器 10 槽位	B 相 整流器 11 槽位	C 相 整流器 12 槽位

图 9-30 整流器槽位相序分布图（正视图）

② 取出整流器 在系统运行中,按照以下步骤取出所需的整流器。

a. 将整流器所对应的整流器断路器置于"OFF"状态。整流器断路器设在电源机柜的前上部,如图 9-31 所示。

b. 抓住整流器前面板的扣手将整流器往上提,直至其限位销被松开,如图 9-32 左图所示。

c. 抓住整流器前面板的扣手将整流器缓慢拉出机柜,如图 9-32 右图所示。

③ 安装整流器　在系统运行中,按照以下步骤安装所需的整流器。

a. 将整流器所对应的整流器断路器置于"OFF"状态。整流器断路器设在电源机柜的前上部,如图 9-31 所示。

b. 一手抓住整流器的扣手,另一手托起整流器,将整流器缓慢推入机柜内,均匀用力推到底。当限位销被卡住时整流器即被推到位(如图 9-33 所示)。

c. 将整流器所对应的整流器断路器置于"ON"状态。

d. 待整流器启动至稳定状态后(等待约 8s 时间),观察监控单元 LCD 显示的输出电压、电流和温度是否正常。若不正常,则针对故障现象进行处理。

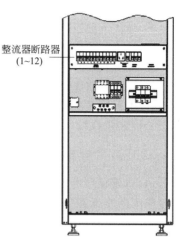

图 9-31　整流器断路器位置示意图

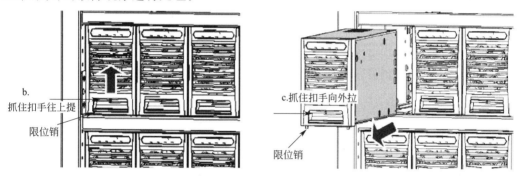

图 9-32　取出整流器的方法

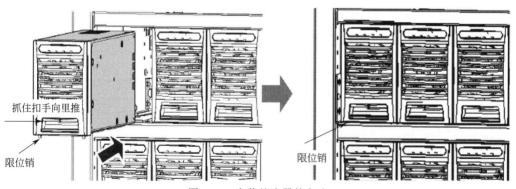

图 9-33　安装整流器的方法

(4)系统运行中增加负载

在系统运行中增加负载的前提:①系统尚未满载,系统裕量可满足新增负载的功率要求;②ZXDU68 S601/T601 机柜内有空置的、容量合适的负载输出分路用于连接新增负载(注意:负载运行后不容许断电,因此新增负载设备接入必须带电操作。操作工具必须经过绝缘处理)。

在系统运行中增加负载的步骤如下。

① 在 ZXDU68 S601/T601 机柜内选定准备使用的负载熔断器(或断路器),将该熔断器拔出(或断开断路器)。

② 确认负载设备的电源开关处于断开状态。

③ 加工并布放好负载连接电缆。电缆要做好编号和极性标志。

④ 从负载端开始连接电缆,接线顺序:工作接地线→−48V 输出熔断器(或断路器)电缆。

⑤ 安装之前选定的负载熔断器(或合上之前选定的断路器)。

⑥ 用万用表检查新增负载设备的电源电压和极性是否正确。若不正确,需拔出熔断器并重新正确连接线缆。

9.4.2　告警分析与处理

(1)告警说明和消音

系统的整流器、监控单元均采用可靠的内部保护设计技术。当整流器出现故障时,故障的整流器将自动退出工作;在单个整流器发生故障时不影响系统运行。监控单元发生故障时,电池一直维持在浮充状态中,系统仍能正常工作。

① 告警说明

a. 系统发生故障时,监控单元将根据故障情况给出告警信息,并有文字提示。

b. 可通过电源后台监控软件设置某种故障类型的告警级别,可以设置的告警级别有严重告警、次要告警和告警屏蔽。

c. 在采用 Modem 方式进行远端集中监控的情况下,如果发生的故障属于严重故障类型,监控单元将通过预先设定的电话号码或 BP 机号码,向远端监控中心或者维护人员发出告警信息。

② 告警消音

a. 系统有告警时,监控单元上的红色故障灯(ALM)亮。在次要告警发生时,蜂鸣器不发出告警声;在严重告警发生时,蜂鸣器将发出告警声。

b. 当蜂鸣器发出告警声时,按监控单元上的任一按键可消音。若在半个小时内告警未恢复正常,蜂鸣器将再次发出告警声。

(2)交流配电单元告警

① 交流停电告警(见表 9-42)

表 9-42　交流停电告警分析与处理表

项目	描述
告警名称	交流停电
默认告警级别	严重告警
告警分类	交流配电单元告警
告警指示	前台监控单元声、光告警;后台监控声、光告警(需配后台监控)
告警解释	市电停电且无备用交流输入
告警原因	①交流停电 ②交流变送器连线有问题或变送器损坏 ③监控单元插座接触不良或断线 ④监控单元损坏
处理方法	①交流电确实停电,属于正常告警 在停电时间不长时,由电池给负载供电 如果停电原因不明或时间过长,就需要启动油机发电 注:油机启动后,最好经过 5 分钟以上的时延再切换给电源系统供电,以减小油机在启动过程中可能对电源设备造成的影响 ②如果没有停电,检查交流变送器工作电压(−12V 和 12V)是否正常。如果工作电压不正常,需检查相应的监控单元的供电。交流变送器的工作电压为 −12V 和 +12V,分别由监控单元中 SCB 上的 X3-6 和 X3-5 提供

项目	描述
处理方法	③如交流变送的工作电压正常,检查从交流输入到交流变送器输入端的连线是否有断线。用万用表交流电压挡测量交流变送器输入端的三个相电压,如果电压不正确,则为交流输入到交流变送器输入端的连线断线 ④如果交流输入到交流变送器输入端的连线没有断线,用万用表直流电压挡测量交流变送器的输出端的 A、B、C 三相检测电压是否正常。如果三相检测电压不正确,即为交流变送器损坏,更换变送器 交流变送器输出的直流电压和其输入的交流电压满足 1∶60 的关系。例如,在交流变送器±12V 工作电压正常时,如果交流输入 A 相电压为 300V AC,交流变送器的直流输出电压 V_a 实测应为 5V DC ⑤如果交流变送器检测电压都正常,检查监控单元中 SCB 插座 X1、X2 和 X3 是否插好,有无断线 X3-1 对 X3-14 的电压为 A 相的检测电压 X3-2 对 X3-14 的电压为 B 相的检测电压 X3-3 对 X3-14 的电压为 C 相的检测电压 ⑥若以上步骤检测都没有问题,则是监控单元内部问题,更换监控单元
备注	交流变送器的更换步骤: ①确保系统接有蓄电池,并且蓄电池可以在满足负载供电需求的情况下,断开交流输入断路器 ②拔下监控单元中 SCB X7 插座,关闭监控单元 ③将交流变送器的所有连线作好标记 ④拆除交流变送器的所有连线,拆下交流变送器 ⑤装上新的交流变送器,确保固定牢靠 ⑥连接好所有交流变送器的连线,并检查确保无误 ⑦合上交流输入断路器 ⑧开启监控单元 ⑨检查交流输入电压和监控显示电压是否正常

② 交流辅助输出断告警（见表9-43）

表9-43 交流辅助输出断告警分析与处理表

项目	描述
告警名称	交流辅助输出断
默认告警级别	次要告警
告警分类	交流配电单元告警
告警指示	前台监控单元光告警;后台监控声、光告警(需配后台监控)
告警解释	交流辅助输出断路器(备用输出断路器)被断开(OFF)
判断依据	检测该断路器触点,当断路器闭合时正常,断路器断开时告警
告警原因	①交流辅助输出断路器未合上 ②辅助断路器触点的信号线断线或接触不良 ③监控单元 SCB 插座接触不良或断线 ④监控单元有问题
处理方法	①若交流辅助输出断路器未合上,应合上交流辅助输出断路器 ②检查辅助断路器触点的连线是否有脱落或接触不良现象。若有,重新插装好线缆 ③用万用表的电阻挡测量辅助断路器的触点。当断路器闭合时,触点闭合,电阻应为 0;当断路器断开时,触点断开,电阻应为无穷大。若该断路器的触点状态不正确,则更换断路器 ④检查监控单元 SCB X3 是否插好或有断线。用万用表(直流电压挡)测量 X3 插座的 11 脚对 14 脚的电压。当断路器闭合时,11 脚对 14 脚的电压为 0V;当断路器断开时,11 脚对 14 脚的电压为 12V ⑤检查 SCB 插座 X1、X2 是否插好 ⑥若以上步骤都没有问题,则是监控单元 PSU 内部有问题,更换监控单元

③ 交流主断路器断告警（见表9-44）

表 9-44　交流主断路器断告警分析与处理表

项目	描述
告警名称	交流主断路器断
默认告警级别	严重告警
告警分类	交流配电单元告警
告警指示	前台监控单元声、光告警;后台监控声、光告警(需配后台监控),单元告警
告警解释	交流输入断路器被断开(OFF)
判断依据	检测交流主断路器的触点;断路器闭合则正常,断路器断开则告警
告警原因	①交流主输入断路器未合上 ②主断路器触点的信号线断线或接触不良 ③监控单元 SCB 的插座接触不良或断线 ④监控单元有问题
处理方法	①当交流主输入断路器未合上时,合上交流主输入断路器 ②检查断路器触点。用万用表(电阻挡)测量断路器触点。当断路器闭合时,其触点闭合,电阻为0;当断路器断开时,其触点断开,电阻为无穷大。若断路器触点状态不正确,更换断路器。检查断路器触点的连线是否有脱落或接触不良现象 ③检查监控单元插座是否插好或有断线。检查监控单元 SCB X3 插座的线缆是否未插好或有断线现象。用万用表直流电压挡测量 X3 插座的 12 脚对 14 脚的电压。当断路器闭合时,12 脚对 14 脚的电压为 0V;当断路器断开时,12 脚对 14 脚的电压为 12V。检查 SCB 插座 X1、X2 是否插好 ④若以上步骤检测都没有问题,则是监控单元内部问题,更换监控单元

④ C 级防雷器回路异常（见表 9-45）

表 9-45　C 级防雷器回路异常告警分析和处理表

项目	描述
告警名称	C 级防雷器回路异常/防雷器回路损坏
默认告警级别	次要告警
告警分类	交流配电单元告警
告警指示	前台监控单元声告警;后台监控声、光告警(需配后台监控)
告警解释	C 级防雷器回路有故障
判断依据	检测 C 级防雷器的触点状态,触点闭合时正常,触点断开时告警
告警原因	①防雷断路器断开 ②防雷器已损坏 ③防雷器底座接触不良 ④防雷器检测线断线或接触不良 ⑤监控单元插座接触不良或断线 ⑥监控单元损坏
处理方法	①检查防雷断路器。如果防雷断路器处于断开状态,闭合防雷断路器 ②检查防雷模块。如果防雷模块的窗口显示红色,表明防雷器已损坏,需要更换防雷模块 ③若防雷模块正常,拔下防雷模块,检查防雷器的底座是否有接触不良的现象。若无问题,继续下一步的检测 ④检查防雷器底座触点连线是否脱落或接触不良。用万用表电阻挡测量防雷器底座触点。正常情况下,触点闭合,电阻为0;异常情况下,触点断开,电阻为无穷大 ⑤如果防雷器部分的电路正常,需要检查监控单元插座是否插好,有无断线情况。检查监控单元 SCB X3 接口的接线是否插好,或者是否有断线情况。若有问题,重新接好线缆。用万用表直流电压挡测量 X3 插座的 9 脚对 14 脚的电压(红笔接 9 脚,黑笔接 14 脚)。当防雷部分正常时,9 脚对14 脚的电压为 0V;当防雷部分异常时,9 脚对 14 脚的电压为 12V。检查 SCB 的插座 X1、X2 的线缆是否插好。若有问题,重新插好线缆 ⑥若以上步骤都没有问题,则是监控单元内部问题,需要更换监控单元

⑤ 交流电压低（见表 9-46）

表 9-46　交流电压低告警分析和处理表

项目	描述
告警名称	交流电压低
默认告警级别	次要告警
告警分类	交流配电单元告警
告警指示	前台监控单元光告警;后台监控声、光告警(需配后台监控)
告警解释	某相(A、B、C 相)电压欠压
判别依据	该相电压低于交流欠压值(该参数默认值为 154V;设置范围为 80～200V)
告警原因	①交流输入电压低 ②监控单元交流欠压值设置有问题 ③交流变送器连线有问题或变送器损坏 ④监控单元插座接触不良或断线 ⑤监控单元损坏
处理方法	①交流输入电压确实低于交流欠压值,属于正常告警 ②检查监控单元交流欠压值的设置是否正确,如果该参数设置值太高,改为默认值或用户要求的数值 ③如果交流欠压值的设置值没有问题,检查交流变送器工作电压(－12V 和 12V)是否正常。如果工作电压不正常,检查相应的监控单元的供电 ④如果交流变送的工作电压正常,检查从交流输入到交流变送器输入端的连线是否有断线 用万用表交流电压挡测量交流变送器输入端的三个相电压,如果电压不正确,则为交流输入到交流变送器输入端的连线断线 ⑤若交流输入到交流变送器输入端的连线没有断线,用万用表直流电压挡测量交流变送器的输出端的 A、B、C 三相检测电压是否正常。若三相检测电压不正常,即为交流变送器损坏,更换交流变送器 交流变送器输出的直流电压和其输入的交流电压满足 1∶60 的关系。例如,在交流变送器±12V 工作电压正常时,如果交流输入 A 相电压为 300V AC,交流变送器的直流输出电压 Va 实测应为 5V DC ⑥如果交流变送器检测电压都正常,检查监控单元中 SCB 插座 X1、X2 和 X3 是否插好,有无断线 X3-1 对 X3-14 的电压为 A 相的检测电压 X3-2 对 X3-14 的电压为 B 相的检测电压 X3-3 对 X3-14 的电压为 C 相的检测电压 ⑦若以上步骤检测都没有问题,则是监控单元内部问题,更换监控单元

⑥ 交流电压高 (见表 9-47)

表 9-47　交流电压高告警分析和处理表

项目	描述
告警名称	交流电压高
默认告警级别	次要告警
告警分类	交流配电单元告警
告警指示	前台监控单元光告警;后台监控声、光告警(需配后台监控)
告警解释	某相(A、B、C 相)电压过压
判别依据	该相电压高于交流过压值(该参数默认值为 286V;设置范围为 240～300V)
告警原因	①交流输入电压高 ②监控单元交流过压值设置有问题 ③交流变送器连线有问题或变送器损坏 ④监控单元插座接触不良或断线 ⑤监控单元损坏
处理方法	①交流输入电压确实高于交流过压值,属于正常告警 ②检查监控单元交流过压值的设置是否正确,如果设置得太低,改为默认值或用户要求的数值 ③如果交流过压值的设置值没有问题,检查交流变送器工作电压(－12V 和 12V)是否正常。如果工作电压不正常,检查相应的监控单元的供电

项目	描述
处理方法	交流变送器的工作电压为-12V和+12V,分别由监控单元中SCB上的X3-6和X3-5提供 ④如果交流变送的工作电压正常,检查从交流输入到交流变送器输入端的连线是否有断线 用万用表交流电压挡测量交流变送器输入端的三个相电压,如果电压不正确,则为交流输入到交流变送器输入端的连线断线 ⑤如交流输入到交流变送器输入端的连线没有断线,用万用表直流电压挡测量交流变送器的输出端的A、B、C三相检测电压是否正常。如三相检测电压不正常,即为交流变送器损坏,更换交流变送器 交流变送器输出的直流电压和其输入的交流电压满足1:60的关系。例如,在交流变送器±12V工作电压正常时,如果交流输入A相电压为300V AC,交流变送器的直流输出电压Va实测应为5V DC ⑥如果交流变送器检测电压都正常,检查监控单元中SCB插座X1、X2和X3是否插好,有无断线 X3-1对X3-14的电压为A相的检测电压 X3-2对X3-14的电压为B相的检测电压 X3-3对X3-14的电压为C相的检测电压 ⑦若以上步骤检测都没有问题,则是监控单元内部问题,更换监控单元

⑦ 交流缺相（见表 9-48）

表 9-48 交流缺相告警分析和处理表

项目	描述
告警名称	交流缺相
默认告警级别	次要告警
告警分类	交流配电单元告警
告警指示	前台监控单元光告警;后台监控声、光告警(需配后台监控)
告警解释	某相(A、B、C相)缺相
判别依据	某相(A、B、C相)电压小于20V
告警原因	①交流输入电源确实缺相 ②交流变送器连线有问题或变送器损坏 ③监控单元插座接触不良或断线 ④监控单元损坏
处理方法	①交流输入电源确实缺相,属于正常告警 ②如果交流输入电源没有缺相,检查交流变送器工作电压(-12V和12V)是否正常。如果工作电压不正常,检查相应的监控单元的供电 ③如果交流变送的工作电压正常,检查从交流输入到交流变送器输入端的连线是否有断线 用万用表交流电压挡测量交流变送器输入端的三个相电压,如果电压不正确,则为交流输入到交流变送器输入端的连线断线 ④如果交流输入到交流变送器输入端的连线没有断线,则用万用表的直流电压挡测量交流变送器的输出端的A、B、C三相检测电压是否正常。如果三相检测电压不正常,即为交流变送器损坏,更换交流变送器 交流变送器输出的直流电压和其输入的交流电压满足1:60的关系。例如,在交流变送器±12V工作电压正常时,如果交流输入A相电压为300V AC,交流变送器的直流输出电压Va实测应为5V DC ⑤如果交流变送器检测电压都正常,检查监控单元中SCB插座X1、X2和X3是否插好,有无断线 X3-1对X3-14的电压为A相的检测电压 X3-2对X3-14的电压为B相的检测电压 X3-3对X3-14的电压为C相的检测电压 ⑥若以上步骤检测都没有问题,则是监控单元内部问题,更换监控单元

⑧ 交流电流高（见表 9-49）

表 9-49　交流电流高告警分析和处理表

项目	描述
告警名称	输入电流高
默认告警级别	次要告警
告警分类	交流配电单元告警
告警指示	前台监控单元光告警;后台监控声、光告警(需配后台监控)
告警解释	交流输入电流过流
判别依据	交流输入电流超过交流过流值
告警原因	①交流供电电流确实很高 ②参数交流过流值设置有问题 ③交流变送器连线有问题或变送器损坏 ④监控单元插座接触不良或断线 ⑤监控单元损坏
处理方法	①用钳形电流表测量交流输入电流,确实高于交流过流值,属于正常告警 ②通过后台监控检查交流过流值的设置是否正确,如果该参数设置值太低,改为默认值或用户要求的数值 ③如果交流过流值的设置值没有问题,检查交流变送器工作电压(−12V 和 12V)是否正常。如果工作电压不正常,检查相应的监控单元的供电 ④如交流输入到交流变送器输入端的连线没有断线,用万用表直流电压挡测量交流变送器的输出端的 A、B、C 三相检测电压是否正常。如三相检测电压不正常,即为交流变送器损坏,更换交流变送器 交流变送器输出的直流电压和其输入的交流电压满足 1∶60 的关系。如,在交流变送器 ±12V 工作电压正常时,如交流输入 A 相电压为 300V AC,交流变送器的直流输出电压 Va 实测应为 5V DC ⑤如果交流变送器检测电压都正常,检查监控单元中 SCB 插座 X1、X2 和 X3 是否插好,有无断线 X3-1 对 X3-14 的电压为 A 相的检测电压 X3-2 对 X3-14 的电压为 B 相的检测电压 X3-3 对 X3-14 的电压为 C 相的检测电压 ⑥若以上都没有问题,则是监控单元内部问题,更换监控单元
备注	①交流输入电流的检测:前台监控单元软件根据交流输入电压,通过计算得出交流输入电流的值。所以交流输入电流检测不准可能是交流变送器检测电压不准造成的 ②只能通过后台监控软件查看和修改交流过流值 ③对于前台监控软件 V4.0,交流过流值的默认值为 50A;对于前台监控软件 V4.1,交流过流值的默认值为 80A

(3) 直流配电单元告警

① 直流输出电压低 (见表 9-50)

表 9-50　直流输出电压低告警分析和处理表

项目	描述
告警名称	直流输出电压低
默认告警级别	次要告警
告警分类	直流配电单元告警
告警指示	前台监控单元光告警;后台监控声、光告警(需配后台监控)
告警解释	直流输出电压欠压
判别依据	直流输出电压低于直流欠压值(默认值为 48V,范围为 41～52V)
告警原因	①直流输出电压确实低 ②监控单元直流欠压值的设置有问题 ③直流输出检测线有问题 ④监控单元插座接触不良或断线 ⑤监控单元损坏

项目	描述
处理方法	①用万用表直流电压挡测量正、负铜排之间的电压,如直流电压确实低于直流欠压值,则监控单元为正常告警 ②检查监控单元直流欠压值的设置是否合适,如设置得太高,改为默认值或用户要求的数值 ③检查直流输出在正、负铜排上的检测线有无断线或接触不良 ④检查监控单元 SCB 插座 X4 是否插好或有断线 用万用表直流电压挡测量 SCB X4 插座的电压:X4-1 脚对 X4-2 脚电压为直流输出的检测电压。正常情况下此处测到的电压和在正、负铜排上测到的电压相等 ⑤检查 SCB 插座 X1、X2 是否插好 ⑥若以上步骤检测都没有问题,则是监控单元内部问题,更换监控单元

② 直流输出电压高 (见表 9-51)

表 9-51 直流输出电压高告警分析和处理表

项目	描述
告警名称	直流输出电压高
默认告警级别	次要告警
告警分类	直流配电单元告警
告警指示	前台监控单元光告警;后台监控声、光告警(需配后台监控)
告警解释	直流输出电压过压
判别依据	直流输出电压高于直流过压值(默认值为58V,范围为57~59V)
告警原因	①直流输出电压确实高 ②监控单元直流过压值的设置有问题 ③直流输出检测线有问题 ④监控单元插座接触不良或断线 ⑤监控单元损坏
处理方法	①用万用表直流电压挡测量正、负铜排之间的电压,若直流输出电压高于直流过压值,则是正常告警,需要检查直流输出电压高的原因。一般有两种情况:一种是整流器内部故障,导致输出电压高;另一种是监控单元故障。处理方法: 　如果是整流器故障引起输出电压高,先关闭所有整流器。然后打开第一个整流器,观察输出电压是否正常,如果正常,关掉第一个。再打开第二个整流器,观察输出电压是否正常。按照上述方法依次检查每一个整流器,找出引起故障的整流器,更换后,重新开启系统 　如果所有整流器工作都正常,则是监控单元有问题,更换监控单元 ②如果正、负铜排之间的电压正常,监控单元发出直流输出电压高告警,检查监控单元直流过压值的设置是否正确,如设置得太低,改为默认值或用户要求的数值 ③检查直流输出在正、负铜排上的检测线是否断线或接触不良 ④检查监控单元 SCB 插座 X4 是否插好或有断线 用万用表直流电压挡测量 SCB X4 插座的电压:X4-1 脚对 X4-2 脚电压为直流输出的检测电压。正常情况下此处测到的电压和在正、负铜排上测到的电压相等 ⑤检查 SCB 插座 X1、X2 是否插好 ⑥若以上步骤检测都没有问题,则是监控单元内部问题,更换监控单元

③ 负载 X 熔断器断 (见表 9-52)

表 9-52 负载 X 熔断器断告警分析和处理表

项目	描述
告警名称	负载 X 熔断器断或直流负载回路 X 断
默认告警级别	次要告警
告警分类	直流配电单元告警
告警指示	前台监控单元光告警;后台监控声、光告警(需配后台监控)
告警解释	负载 X 熔断器断开

项目	描述
判别依据	负载熔断器正常时,检测端与负铜排之间的电压为 0V;负载熔断器断开时,检测端与负铜排之间的电压为 48V
告警原因	①负载回路熔断器烧断(或断路器断开) ②负载回路检测线是否断线或接触不良 ③监控单元插座是否接触不良或断线 ④监控单元损坏
处理方法	①负载回路熔断器烧断(或断路器断开),属于正常告警。需检查负载回路是否存在短路,负载回路电流是否过大,熔断器(或断路器)容量选择是否合适(一般直流熔断器的容量是直流负载电流的 1.5 倍到 2 倍)。排除故障后,更换熔断器(合上断路器) ②检查负载回路检测线是否断线或接触不良 ③检查监控单元 SCB 插座 X5,X18 是否插好或有断线。 用万用表直流电压挡测量 SCB X5,X18 插座的电压;X5-1 对负铜排的电压为熔断器 1 的检测信号;X5-2 对负铜排的电压为熔断器 2 的检测信号;X5-6 对负铜排的电压为熔断器 6 的检测信号;X18-3 对负铜排的电压为熔断器 7 的检测信号;X18-4 对负铜排的电压为熔断器 8 的检测信号;X18-11 对负铜排的电压为熔断器 15 的检测信号。当熔断器(或断路器)正常时,测得的检测信号电压应为 0V;当熔断器断开时,检测端与负铜排之间的电压为 48V ④若以上步骤检测都没有问题,则是监控单元内部问题,更换监控单元

④ 直流防雷器异常（见表 9-53）

表 9-53 直流防雷器异常告警分析和处理表

项目	描述
告警名称	直流防雷器异常
默认告警级别	次要告警
告警分类	直流配电单元告警
告警指示	前台监控单元光告警;后台监控声、光告警(需配后台监控)
告警解释	直流防雷器异常
判别依据	检测直流防雷器的触点;防雷器正常时,触点两端电压为 12V;防雷器异常时告警,触点两端的电压为 0.7V 左右
告警原因	①直流防雷器已损坏 ②防雷器的检测线断线或接触不良 ③监控单元插座接触不良或断线 ④监控单元损坏
处理方法	①直流防雷盒的三个指示灯(HL_1,HL_2,HL_3)任何一个灯不亮,说明防雷器已损坏,告警属于正常告警。此时,按照以下方法处理。打开直流防雷盒外壳,检查告警路数对应的熔断器和压敏电阻,更换损坏的器件(熔断器损坏的可能比较大) ②检查直流防雷器上的检测端子上的检测线有没有断线或接触不良。方法为:用万用表的直流电压挡测量检测端子。防雷器正常时,检测端子两端电压为 12V。防雷器异常时告警,触点两端的电压为 0.7V 左右 ③如果防雷器正常,检查监控单元插座是否插好,有无断线。检查监控单元 SCB X3 是否插好或有断线。用万用表直流电压挡测量 X3 插座的 8 脚对 7 脚的电压。当防雷器部分正常时,8 脚对 7 脚的电压为 12V;当防雷器部分异常时,8 脚对 7 脚的电压为 0.7V。检查 SCB 插座 X1、X2 是否插好 ④若以上步骤检测都没有问题,则是监控单元内部问题,更换监控单元

⑤ 负载断路器 X 异常（见表 9-54）

表 9-54 负载断路器 X 异常告警分析和处理表

项目	描述
告警名称	负载断路器 X 异常(X:1~2)
默认告警级别	次要告警

项目	描述
告警分类	直流配电单元告警
告警指示	前台监控单元光告警;后台监控声、光告警(需配后台监控)
告警解释	负载断路器 X 异常(直流接触器有故障)
判别依据	执行一、二次下电动作前后,负载总电流没明显减少(减少量小于 3A,或不减少)
告警原因	①手动下电装置开关设置错误;②直流断路器已损坏;③直流断路器线包连线脱落或断线;④监控单元插座接触不良或断线;⑤监控单元损坏
处理方法	①检查手动下电装置的开关是否处于"自动"和"接通"的状态 ②检查相应的直流断路器是否已损坏。检查方法: 用万用表直流挡测量直流断路器线包两端的电压,正常情况下线包两端有 48V 电压 如果断路器两端电压为 0 或者很小,则说明断路器已经损坏,需更换断路器 如果线包两端有 48V 电压,用万用表电阻挡测量断路器两端的电阻。正常情况下此时的电阻应该为无穷大,如果测得电阻为 0,则说明断路器已经损坏,需更换断路器 ③如果测量线包两端没有 48V 电压,检查直流断路器线包连线有没有脱落或断线 ④检查监控单元 SCB 上的 X24 是否接触不良或断线 用万用表直流电压挡测量 X24-3 脚、X24-6 脚和正铜排之间的电压 当需要进行一次下电时,X24-3 脚和正铜排之间的电压为 48V 当不需要进行一次下电时,X24-3 脚和正铜排之间的电压为 0 当需要进行二次下电时,X24-6 脚和正铜排之间的电压为 48V 当不需要进行二次下电时,X24-6 脚和正铜排之间的电压为 0 ⑤若以上步骤检测都没有问题,则是监控单元内部问题,更换监控单元
备注	直流接触器的作用:对电池进行欠压保护;应急照明控制;对负载进行一、二次下电保护

⑥ 整流器 X 故障(见表 9-55)

表 9-55 整流器 X 故障告警分析和处理表

项目	描述
告警名称	整流器 X 故障(X:1~N,N 为系统满配时整流器的数量)
默认告警级别	一个整流器故障为次要告警,两个或两个以上整流器同时故障为严重告警
告警分类	整流器告警
告警指示	前台监控单元声、光告警;后台监控声、光告警(需配后台监控)
告警解释	整流器故障
判别依据	测量整流器故障信号到参考地的电压,0V 表示有告警,5V 表示无告警
告警原因	①整流器故障;②整流器对应断路器未打开;③整流器底座有问题;④监控单元插座接触不良或断线;⑤监控单元损坏
处理方法	①整流器发生故障,整流器告警灯(红灯)亮,监控单元发出整流器故障,属于正常告警,需更换故障整流器 ②检查整流器对应断路器是否打开,若断路器断开,合上该断路器 ③检查整流器底座是否有短路或烧坏现象。整流器插座 12 脚为故障告警信号。整流器插座 13 脚为参考信号地。用万用表直流电压挡测量 12 脚到 13 脚之间的电压。0V 表示有告警,5V 表示无告警 ④检查 RSB 上的与该整流器对应的 6 芯插座有无接触不良或断线。用万用表直流电压挡测量 6 芯插座 2 脚对 6 脚的电压,0V 表示有告警,5V 表示无告警 ⑤如以上步骤检测都没有问题,则是监控单元内部问题,更换监控单元
备注	整流器是将交流转换为直流的装置。组合电源中采用多台整流器并联供电的方式,总输出电流等于各台整流器输出电流之和 ZXD800,ZXD800E,ZXD1500,ZXD2400 是将交流 220V 输入转换为直流 48V 输出;ZXD5000 是将交流 380V 输入转换为直流 48V 输出

(4) 电池告警

① 电池 X 断(见表 9-56)

表 **9-56** 电池 X 熔断器断告警分析与处理表

项目	描述
告警名称	电池 X 熔断器或电池 X 回路断(X:1~3)
默认告警级别	次要告警
告警分类	直流配电单元告警
告警指示	前台监控单元光告警;后台监控声、光告警(需配后台监控)
告警解释	电池 X 熔断器断开
判别依据	电池 X 电压与负载电压压差超过熔断器告警阈值
告警原因	①蓄电池回路熔断器烧断;②蓄电池回路检测线有断线或接触不良;③监控单元插座接触不良或断线;④监控单元损坏
处理方法	①蓄电池回路熔断器烧断,属于正常告警。需要检查负载回路是否存在短路以及蓄电池熔断器的容量配置是否合适。检查监控单元熔断器告警阈值(默认值为 0.5V,范围为 0.1~0.8V)。若设置不合理,改为默认值 ②检查蓄电池回路检测线是否断线或接触不良 ③检查监控单元插座是否接触不良或断线。检查监控单元 SCB 插座 X4 是否插好或有断线。X4-3 对负铜排的电压为蓄电池熔断器 1 的检测信号;X4-4 对负铜排的电压为蓄电池熔断器 2 的检测信号;X4-5 对负铜排的电压为蓄电池熔断器 3 的检测信号。当蓄电池熔断器正常时,测得的检测信号电压应小于熔断器告警阈值 ④若以上步骤检测都没有问题,则是监控单元内部问题,更换监控单元

② 电池 X 电压低 (见表 9-57)

表 **9-57** 电池 X 电压低告警分析和处理表

项目	描述
告警名称	电池 X 电压低(X:1~3)
默认告警级别	严重告警
告警分类	直流配电单元告警
告警指示	前台监控单元光告警;后台监控声、光告警(需配后台监控)
告警解释	电池 X 电压欠压
判别依据	电池 X 电压低于电池欠压值(默认值为 47V,范围为 39~52V)
告警原因	①蓄电池电压确实低 ②监控单元电池欠压值的设置有问题 ③蓄电池检测线有问题 ④监控单元插座接触不良或断线 ⑤监控单元损坏
处理方法	①用万用表直流电压挡测量蓄电池正负极之间的电压,如蓄电池电压低于电池欠压值,则监控单元为正常告警(用户可根据实际情况确定是否需要发电) ②检查监控单元电池欠压值的设置是否合适,如设置得太高,改为默认值或用户要求的数值 ③检查蓄电池熔断器底座上的检测线有无断线或接触不良 ④检查监控单元插座是否插好,有无断线 检查监控单元 SCB 插座 X4 是否插好或有断线 用万用表直流电压挡测量 SCB X4 插座的电压 X4-1 脚对 X4-3 脚电压为第一组蓄电池的检测电压 X4-1 脚对 X4-4 脚电压为第二组蓄电池的检测电压 X4-1 脚对 X4-5 脚电压为第三组蓄电池的检测电压 正常情况下此处测到的电压和在蓄电池正负极之间测到的电压相等 ⑤检查 SCB 插座 X1、X2 是否插好 ⑥若以上步骤检测都没有问题,则是监控单元内部问题,更换监控单元

③ 电池 X 温度高（见表 9-58）

表 9-58　电池 X 温度高告警分析和处理表

项目	描述
告警名称	电池 X 温度高(X:1～3)
默认告警级别	次要告警
告警分类	直流配电单元告警
告警指示	前台监控单元光告警;后台监控声、光告警(需配后台监控)
告警解释	电池 X 温度高
判别依据	电池 X 温度超过电池过温值(默认值为 40℃,范围为 30～60℃)
告警原因	①蓄电池温度确实比较高,已超过电池过温值 ②监控单元电池过温值设置不恰当 ③蓄电池温度传感器损坏 ④监控单元插座接触不良或断线 ⑤监控单元损坏
处理方法	①蓄电池温度确实比较高,已超过电池过温值。可能由以下原因引起: 机房空调坏或制冷效果不好,造成机房温度过高,从而引起蓄电池温度高的告警,需及时修理空调,降低室内温度 监控单元对蓄电池充电失控,长时间大电流对蓄电池充电,导致热失控,引起蓄电池温度高的告警,需及时更换监控单元。若有损坏电池,也需及时更换 ②检查监控单元电池过温值的设置。如设置值过低,改为默认值或用户要求的数值 ③检查蓄电池温度传感器是否损坏。可采用"替换法"来检查 所谓"替换法",就是指用一根好的温度传感器来替换原来的温度传感器,如果用好的温度传感器检测,结果正常,则说明原来的温度传感器已经损坏,需更换 ④检查监控单元 SCB 插座 X8、X9、X10 接口是否插好或有断线 X8 为第一组蓄电池温度传感器的接口;X9 为第二组蓄电池温度传感器的接口;X10 为第三组蓄电池温度传感器的接口 ⑤检查 SCB 插座 X1、X2 接口是否插好 ⑥若以上步骤检测都没有发现问题,则是监控单元内部问题,更换监控单元

④ 一次下电（见表 9-59）

表 9-59　一次下电告警分析和处理表

项目	描述
告警名称	一次下电
默认告警级别	严重告警
告警分类	直流配电单元告警
告警指示	前台监控单元声、光告警;后台监控声、光告警(需配后台监控)
告警解释	在交流输入断电时,由蓄电池组给负载供电。蓄电池放电导致端电压不断降低,当电压下降至一次下电电压阈值时,系统将自动切断一部分负载(次要负载),这次断电称为"一次下电"
判别依据	蓄电池端电压小于一次下电电压
告警原因	①系统进行了一次下电动作 ②监控单元一次下电电压设置错误 ③手动下电装置开关设置错误 ④直流断路器已损坏 ⑤直流断路器线包连线脱落或断线 ⑥监控单元插座接触不良或断线 ⑦监控单元损坏
处理方法	①系统进行了一次下电动作,监控单元有一次下电告警 检测当前蓄电池的端电压,如果该电压小于一次下电的电压,系统进行一次下电动作,属于正常告警 ②检查监控单元一次下电电压设置是否正确。系统默认值为 46V,设置范围为 38～51V

项目	描述
处理方法	③检查手动下电装置的两个开关是否处于"自动"和"通"的状态,如果状态不对,拨到"自动"和"连通"的状态 ④检测直流断路器是否已损坏。检查方法如下: 　首先,用万用表直流挡测量直流断路器线包两端的电压,正常情况下,此时断路器两端电压应该为 48V。如果断路器两端电压为 0V 或者很小,检查直流断路器线包的连线有没有脱落或断线,若连接正常,则说明断路器已经损坏,需更换断路器 　然后,在确认直流断路器线包两端电压为 48V 后,用万用表电阻挡测量断路器两端的电阻。正常情况下此时的电阻应该为无穷大,如果测得电阻为 0V,则说明断路器已经损坏,需更换断路器 ⑤检查监控单元插座是否有接触不良或断线 　检查监控单元 SCB 上的 X24 是否有接触不良或断线。用万用表直流电压挡测量 X24-3 脚和正铜排之间的电压 　当需要进行一次下电时,X24-3 脚和正铜排之间的电压为 48V 　当不需要进行一次下电时,X24-3 脚和正铜排之间的电压为 0V ⑥若以上步骤检测都没有发现问题,则是监控单元内部问题,更换监控单元

⑤ 二次下电（见表 9-60）

表 9-60　二次下电告警分析和处理表

项目	描述
告警名称	二次下电
默认告警级别	严重告警
告警分类	直流配电单元告警
告警指示	前台监控单元声、光告警;后台监控声、光告警(需配后台监控)
告警解释	在交流输入断电时,由蓄电池组给负载供电。当蓄电池电压下降至二次下电电压阈值时,系统将自动切断全部负载,这次下电称为"二次下电"
判别依据	蓄电池端电压小于二次下电电压
告警原因	①系统进行了二次下电动作 ②监控单元二次下电电压设置错误 ③手动下电装置开关设置错误 ④直流断路器已损坏 ⑤直流断路器线包连线脱落或断线 ⑥监控单元插座接触不良或断线 ⑦监控单元损坏
处理方法	①检测当前蓄电池的端电压,如果该电压小于二次下电的电压,系统进行二次下电动作,属于正常告警 ②检查监控单元二次下电电压设置是否正确。系统默认值为 45V,设置范围为 38~51V ③检查手动下电装置的开关是否处于"自动"和"连通"的状态,如果状态不对,拨到"自动"和"连通"的状态 ④检测直流断路器是否已损坏。检查方法如下: 　首先,用万用表直流挡测量直流断路器线包两端的电压,正常情况下此时断路器两端电压应该为 48V。如果断路器两端电压为 0 或者很小,检查直流断路器线包的连线有没有脱落或断线,连接正常则说明断路器已经损坏,需要更换断路器 　然后,在确认直流断路器线包两端电压为 48V 后,用万用表电阻挡测量断路器两端的电阻。正常情况下此时的电阻应该为无穷大,如果测得电阻为 0,则说明断路器已经损坏,需更换断路器 ⑤检查监控单元插座是否有接触不良或断线 　检查监控单元 SCB 上的 X24 是否有接触不良或断线。用万用表直流电压挡测量 X24-6 脚和正铜排之间的电压 　当需要进行一次下电时,X24-6 脚和正铜排之间的电压为 48V 　当不需要进行一次下电时,X24-6 脚和正铜排之间的电压为 0V ⑥若以上步骤检测都没有发现问题,则是监控单元内部问题,更换监控单元

（5）环境告警

① 环境温度高（见表 9-61）

表 9-61 环境温度高告警分析和处理表

项目	描述
告警名称	环境温度高
默认告警级别	次要告警
告警分类	环境单元告警
告警指示	前台监控单元光告警；后台监控声、光告警(需配后台监控)
告警解释	环境温度过高
判别依据	环境温度高于环境温度高阈值
告警原因	①环境温度高于环境温度高阈值 ②监控单元环境温度高阈值设置有误 ③传感器损坏 ④环境监控板通信线有问题 ⑤环境监控板损坏 ⑥监控单元插座接触不良或断线 ⑦监控单元损坏

处理方法	①若环境温度高于环境温度高阈值,监控单元给出告警,属于正常告警
	②检查监控单元环境温度高阈值设置,系统默认值为 40℃,范围为 30～60℃
	③检查传感器是否损坏或接触不良。若损坏,更换传感器;若接触不良,重新插拔一次。环境监控板上 X11 为温度传感器接口
	④检查环境监控板通信线是否存在接触不良或断线。可采用替换的方法来检测通信线路和环境监控板
	    监控单元 SCB 上提供两个 RS485 口:X11 和 X12。通常环境监控板是接在 X11 上,替换法就是把接到 X11 上的通信线接到 X12 上来检测通信线路(X12 是否有效要通过 CEB 上的拨码位来设置,参见备注)
	⑤检查环境监控板是否损坏,如损坏更换新的环境监控板
	⑥检查监控单元插座是否接触不良或断线
	    环境监控板接在插座 X11 上,检查有没有接错地方,通信线是否存在接触不良或断线。检查 SCB 插座 X1、X2 是否插好
	⑦若以上步骤检测都没有发现问题,则是监控单元内部问题,更换监控单元

备注	CEB 上的拨码开关有两个拨码位,拨码位的位置与 RS485/RS232 通信接口的选择关系如下: ①拨码位 1 为 ON,拨码位 2 为 OFF,选择 RS232,X15 有效 ②拨码位 1 为 OFF,拨码位 2 为 ON,选择 RS485,X12 有效

② 环境湿度低（见表 9-62）

表 9-62 环境湿度低告警分析和处理表

项目	描述
告警名称	环境湿度低
默认告警级别	次要告警
告警分类	环境单元告警
告警指示	前台监控单元光告警；后台监控声、光告警(需配后台监控)
告警解释	环境湿度过低
判别依据	环境湿度低于环境湿度低告警阈值
告警原因	①环境湿度低于环境湿度低告警阈值 ②监控单元环境湿度低告警阈值设置有误 ③传感器损坏 ④环境监控板通信线有问题 ⑤环境监控板损坏 ⑥监控单元插座接触不良或断线 ⑦监控单元损坏

项目	描述
处理方法	①若环境湿度低于环境湿度低告警阈值,监控单元给出告警,属于正常告警 ②检查监控单元环境湿度低告警阈值设置,系统默认值为 20%,范围为 10%～50%。如果设置值太高,改为默认值或局方要求数值 ③检查传感器是否损坏或接触不良。若损坏,更换传感器;若接触不良,重新插拔一次。环境监控板上 X5 为湿度传感器接口 ④检查环境监控板通信线是否存在接触不良或断线。可采用下面介绍的替换法来检测通信线路和环境监控板。监控单元 SCB 上提供了 X11 和 X12 两个 RS485 口,通常环境监控板接在 X11 上,可把通信线接到 X12 上来检测 ⑤检查环境监控板是否损坏。若损坏,更换新的环境监控板 ⑥检查监控单元插座是否接触不良或断线。环境监控板是否接在插座 X11 上,检查有没有接错地方,通信线是否存在接触不良或断线,SCB 插座 X1、X2 是否插好 ⑦若以上步骤检查都没有发现问题,则是监控单元内部问题,更换监控单元

③ 环境湿度高 (见表 9-63)

表 9-63 环境湿度高告警分析和处理表

项目	描述
告警名称	环境湿度高
默认告警级别	次要告警
告警分类	环境单元告警
告警指示	前台监控单元光告警;后台监控声、光告警(需配后台监控)
告警解释	环境湿度过高
判别依据	环境湿度高于环境湿度高阈值
告警原因	①环境湿度高于环境湿度高阈值;②监控单元环境湿度高阈值设置有误;③传感器损坏;④环境监控板通信线有问题;⑤环境监控板损坏;⑥监控单元插座接触不良或断线;⑦监控单元损坏
处理方法	①若环境湿度高于环境湿度高阈值,监控单元给出告警,属于正常告警 ②检查监控单元环境湿度高阈值设置,系统默认值为 20%,范围为 10%～50%。如果设置值太低,改为默认值或局方要求数值 ③检查传感器是否损坏或接触不良。若损坏,更换传感器;若接触不良,重新插拔一次。环境监控板上 X5 为湿度传感器接口 ④检查环境监控板通信线是否接触不良或断线。可采用下面介绍的替换法来检测通信线路和环境监控板。监控单元 SCB 上提供了 X11 和 X12 两个 RS485 口,通常环境监控板接在 X11 上,可把通信线接到 X12 上来检测通信线路 ⑤检查环境监控板是否损坏。若损坏,更换新的环境监控板 ⑥检查监控单元插座是否接触不良或断线。环境监控板是否接在插座 X11 上,检查有没有接错的地方,通信线是否接触不良或断线,SCB 插座 X1、X2 是否插好 ⑦若以上检测都没有发现问题,则可能是监控单元内部问题,建议更换监控单元

④ 烟雾告警 (见表 9-64)

表 9-64 烟雾告警分析和处理表

项目	描述
告警名称	烟雾告警
默认告警级别	次要告警
告警分类	环境单元告警
告警指示	前台监控单元光告警;后台监控单元声、光告警(需配后台监控)
告警解释	传感器监测到烟雾,发出烟雾告警
判别依据	烟雾超过一定程度,传感器发出告警信号
告警原因	①烟雾超过一定程度,传感器发出告警信号 ②传感器损坏 ③环境监控板通信线有问题

项目	描述
告警原因	④环境监控板（EMB）损坏 ⑤监控单元插座接触不良或断线 ⑥监控单元损坏
处理方法	①机房烟雾超过一定程度，传感器发出告警信号，监控单元告警属于正常告警 ②检查烟雾传感器是否存在损坏或接触不良现象。若损坏，更换传感器；若接触不良，重新插拔一次 环境监控板上 X7 为烟雾传感器接口 ③检查环境监控板通信线是否存在接触不良或断线。可采用替换的方法来检测通信线路和环境监控板。监控单元 SCB 上提供两个 RS485 口：X11 和 X12。通常环境监控板接在 X11 上，可把通信线接到 X12 上进行替换检测 ④检查环境监控板是否损坏。若损坏，更换新的环境监控板 ⑤检查监控单元插座 X1、X2、X11 是否存在接触不良或断线现象 环境监控板接在插座 X11 上，检查有没有接错地方，通信线是否存在接触不良或断线现象 ⑥若以上步骤检测都没有问题，则是监控单元内部问题，更换监控单元
备注	对可能严重影响通信安全的灾害以预防为主。同时，制订应付这些灾害的对策和配置相应的人力、物力，制订紧急状态管理条例和重大事故抢修规程

⑤ 水淹告警（见表 9-65）

表 9-65　水淹告警分析和处理表

项目	描述
告警名称	水淹告警
默认告警级别	次要告警
告警分类	环境单元告警
告警指示	前台监控单元光告警；后台监控声、光告警(需配后台监控)
告警解释	水淹告警
判别依据	机房被水淹，传感器发出告警信号
告警原因	①机房被水淹没，传感器发出告警信号；②传感器损坏；③环境监控板通信线有问题；④环境监控板损坏；⑤监控单元插座接触不良或断线；⑥监控单元损坏
处理方法	①机房被水淹，传感器发出告警信号，监控单元告警属于正常告警 ②检查传感器是否存在损坏或接触不良现象。若损坏，更换传感器；若接触不良，重新插拔一次 环境监控板上 X14 为水淹传感器接口 ③检查环境监控板通信线是否存在接触不良或断线现象 可采用替换法来检测通信线路和环境监控板。监控单元 SCB 上提供两个 RS485 口：X11 和 X12。通常环境监控板接在 X11 上，可把通信线接到 X12 上来替换检测 ④检查环境监控板是否损坏。若损坏，更换新的环境监控板 ⑤检查监控单元插座 X1、X2、X11 是否存在接触不良或断线现象 环境监控板接在插座 X11 上，检查有没有接错地方，通信线是否存在接触不良或断线现象 ⑥若以上步骤检测都没有问题，则是监控单元内部问题，更换监控单元

⑥ 红外（门禁）告警（见表 9-66）

表 9-66　红外（门禁）告警分析和处理表

项目	描述
告警名称	红外(门禁)告警
默认告警级别	次要告警
告警分类	环境单元告警
告警指示	前台监控单元光告警；后台监控声、光告警(需配后台监控)
告警解释	红外(门禁)告警
判别依据	有物体进入红外传感器检测范围，传感器发出告警

项目	描述
告警原因	①有物体进入红外传感器检测区域,传感器发出告警;②传感器损坏;③环境监控板通信线有问题;④环境监控板损坏;⑤监控单元插座接触不良或断线;⑥监控单元损坏
处理方法	①有物体进入红外传感器检测区域,监控单元告警属于正常告警 ②检查传感器是否存在损坏或接触不良现象。若损坏,更换传感器;若接触不良,重新插拔一次 环境监控板上 X6 为门禁传感器接口 ③检查环境监控板通信线是否存在接触不良或断线现象。可采用替换的方法来检测通信线路和环境监控板。监控单元 SCB 上提供两个 RS485 口:X11 和 X12。通常环境监控板接在 X11 上,可把通信线接到 X12 上进行替换检测 ④检查环境监控板是否损坏。若损坏,更换新的环境监控板 ⑤检查监控单元插座 X1、X2、X11 是否存在接触不良或断线现象 环境监控板接在插座 X11 上,检查有没有接错地方,通信线是否存在接触不良或断线现象 ⑥若以上步骤检测都没有问题,则是监控单元内部问题,更换监控单元

⑦ 门磁告警（见表 9-67）

表 9-67 门磁告警分析和处理表

项目	描述
告警名称	门磁告警
默认告警级别	次要告警
告警分类	环境单元告警
告警指示	前台监控单元光告警;后台监控声、光告警(需配后台监控)
告警解释	门磁告警
判别依据	门被打开,传感器发出告警信号
告警原因	①门被打开 ②传感器损坏 ③环境监控板通信线有问题 ④环境监控板损坏 ⑤监控单元插座接触不良或断线 ⑥监控单元损坏
处理方法	①门被打开,监控单元告警属于正常告警 ②检查传感器是否损坏或接触不良,如损坏,更换传感器,如接触不良,重新插拔一次。环境监控板上 X10 为门磁传感器接口,在不需门磁报警时短路 X8 接口,电路将不会告警 ③检查环境监控板通信线是否存在接触不良或断线现象。可采用替换的方法来检测通信线路和环境监控板 监控单元 SCB 上提供两个 RS485 口:X11 和 X12。通常环境监控板接在 X11 上,可把通信线接到 X12 上,进行替换检测 ④检查环境监控板是否损坏,如损坏,更换新的环境监控板 ⑤检查监控单元 SCB 上的 X1、X2、X11 插座是否接触不良或断线 环境监控板接在插座 X11 上,检查有没有接错地方,通信线是否存在接触不良或断线的情况 ⑥若以上步骤检测都没有问题,则是监控单元内部问题,更换监控单元

⑧ 玻璃碎告警（见表 9-68）

表 9-68 玻璃碎告警分析和处理表

项目	描述
告警名称	玻璃碎告警
默认告警级别	次要告警
告警分类	环境单元告警
告警指示	前台监控单元光告警;后台监控声、光告警(需配后台监控)
告警解释	玻璃碎告警

项目	描述
判别依据	玻璃破碎,传感器发出告警信号
告警原因	①玻璃破碎;②传感器损坏;③环境监控板通信线有问题;④环境监控板损坏;⑤监控单元插座接触不良或断线;⑥监控单元损坏
处理方法	①玻璃破碎,监控单元告警属于正常告警 ②检查传感器是否损坏或接触不良,如损坏,更换传感器,如接触不良,重新插拔一次 环境监控板上 X15 为玻璃碎传感器接口,在不需玻璃碎报警时短路 X9 接口,电路将不会告警 ③检查环境监控板通信线是否存在接触不良或断线现象。可采用替换的方法来检测通信线路和环境监控板 监控单元 SCB 上提供两个 RS485 口:X11 和 X12。通常环境监控板接在 X11 上,可把通信线接到 X12 上,进行替换检测 ④检查环境监控板是否损坏,如损坏,更换新的环境监控板 ⑤检查监控单元 SCB 上的 X1、X2、X11 插座是否接触不良或断线 环境监控板接在插座 X11 上,检查是否接错地方,通信线是否存在接触不良或断线现象 ⑥若以上步骤检测都没有问题,则是监控单元内部问题,更换监控单元

⑨ 环境单元通信断 (见表 9-69)

表 9-69 环境单元通信断告警分析和处理表

项目	描述
告警名称	环境单元通信断
默认告警级别	次要告警
告警分类	环境单元告警
告警指示	前台监控单元光告警;后台监控声、光告警(需配后台监控)
告警解释	环境单元通信断
判别依据	监控单元与环境单元通信不上
告警原因	①监控单元环境单元配置设置有问题;②环境监控板通信线有问题;③环境监控板损坏;④监控单元插座接触不良或断线;⑤监控单元损坏
处理方法	①检查监控单元环境单元配置设置,系统默认为无。当系统配置了环境监控板时,需要通过监控单元把环境单元配置改为有 ②检查环境监控板通信线是否存在接触不良或断线现象。可采用替换的方法来检测通信线路。监控单元 SCB 上提供两个 RS485 口,即 X11 和 X12。通常环境监控板接在 X11 上,可把它接到 X12 上来检测通信线 ③环境监控板损坏,更换新的环境监控板 ④环境监控板接在 SCB 的插座 X11 上,检查是否接错地方,通信线是否存在接触不良或断线现象。检查 SCB 插座 X1、X2 是否插好 ⑤若以上步骤检测都没有问题,则是监控单元内部问题,更换监控单元

9.4.3 常见故障检修

（1）故障应急处理与维修

为了避免开关电源系统的故障威胁通信安全或造成通信中断,需要用户掌握应急处理的方法。

应急处理的基本原则是维持通信系统的直流供电不中断。在电源系统中,威胁通信安全或造成通信中断的故障主要有:

- 交流配电单元电路发生不可恢复性损坏。
- 直流负载或直流配电单元发生短路。
- 整流器全部瘫痪。
- 监控单元失控造成系统关机。

- 直流输出过压造成整流器关机闭锁，需断电并排除故障之后再重新开启。

① 交流配电单元故障应急处理

【故障现象】交流配电单元故障，引起交流供电中断。

【处理方法】将单相交流电直接引入整流器。

② 直流配电单元故障应急处理（见表9-70）

表 9-70　直流配电单元故障应急处理

故障现象	处理方法
负载局部短路,该路负载无输出	将该路负载的直流输出断路器(或熔断器)断开
由于操作人员粗心或其他人为、自然因素造成的直流配电短路故障,并直接影响通信安全	【方法1】切断交流供电→将电池从系统中强制分离→利用电池或整流器直接给负载供电 【方法2】将整流器从系统中分离→使用匹配的接插件,将交流电源的输入线连接到整流器的交流输入端,将直流输出线连接到整流器的直流输出端→接通整流器的交流电源,启动整流器直接给负载供电

③ 监控单元故障应急处理

【故障现象】监控单元故障且影响直流供电安全。

【处理方法】取出监控单元，此时应注意电池的管理与维护，见后续内容。

④ 整流器故障应急处理（见表9-71）

表 9-71　整流器故障应急处理

故障现象	处理方法
整流器内部短路	该整流器将自动退出系统
部分整流器损坏	当剩余的未损坏的整流器能满足负载供电要求时,只需关掉损坏的整流器的交流电源即可
当负载电流低于单个整流器容量时,某一个整流器输出过压将造成系统过压,所有整流器过压保护,并且不能自动恢复	①在确保蓄电池能正常供电的情况下,断开所有整流器断路器 ②逐一合上单个整流器断路器。当合上某一整流器断路器,系统再次出现过压保护时,取出该整流器 ③重新断电后合上其他整流器断路器,系统将正常工作

（2）整流器常见故障处理（见表9-72）

表 9-72　整流器常见故障现象及处理方法

故障现象	处理方法
整流器无直流输出,面板指示灯均不亮	①检查整流器的交流输入电压是否正常;②检查该整流器对应的断路器是否合上;③检查整流器的输入熔断器是否熔断
整流器内部主散热器温度超过85℃,整流器停止输出	①风扇受阻或严重老化,需要清除风扇阻碍物或更换风扇 ②整流器内部电路故障引起过热,需要更换整流器
整流器输出限流	①检查系统是否处于充电状态,通过监测单元检查电池的充电电流 ②检查输出负载是否有短路现象 ③检查整流器是否有故障,若整流器故障则更换故障的整流器
整流器的风扇故障	①检查整流器的风扇是否转动;②若整流器的风扇处于静止状态,拔出整流器,检查风扇是否被阻碍物堵住,清理后重新将整流器插入系统机柜。整流器启动后,若风扇还是处于静止状态,需要更换风扇;③若上述处理措施还是无法消除整流器的风扇故障,需要更换该整流器
整流器均流不理想	①测量各整流器输出电压是否相等,若不相等,需要调节其输出电压 ②若某整流器内部电路故障造成系统均流不理想,需要对该整流器进行维修 ③若某整流器接触不良造成系统均流不理想,需对该整流器重新插拔

（3）监控单元常见故障处理（见表9-73）

表 9-73 监控单元常见故障现象及处理方法

故障现象	处理方法
监控单元无输入电源	①检查监控单元的电源输入端是否有电压；②检查监控单元的熔断器是否熔断；③检查监控单元的电源线插座是否插好
屏幕显示混乱	复位监控单元,如果仍不能解决该故障,需要取下监控单元进行检修
与监控后台通信中断	①检查波特率、设备地址、电话号码是否配置正确；②检查监控后台与监控单元 SCB 的 X16(RS232)之间的通信电缆是否接好；③若采用 Modem 通信方式,需要检查 Modem 的电缆和电源线是否连接好
整流器的状态检测和控制不正常	①1～6 号整流器的状态检测和控制异常,应检查 RSB1 是否插好 ②7～12 号整流器的状态检测和控制异常,应检查 RSB2 是否插好
交流数据或状态显示不正常	检查监控单元 SCB 的 X3 插头是否插接好
直流数据或状态显示不正常	检查监控单元 SCB 的 X17 插头是否插接好
电池温度检测不正常	检查电池温度传感器与监控单元 SCB 的 X8、X9、X10 之间的连线是否接好
干接点输入检测不正常	检测输入干接点与监控单元 SCB 的 X22 之间的连线是否连接好
RLY 板工作不正常	检查 RLY 与监控单元 SCB 的 X20 之间的连线是否接好
监控单元指示灯不闪烁	复位监控单元
键盘操作无效	检查键盘电缆是否接触良好

习题与思考题

1. 简述 ZXDU68 型开关电源系统的主要配置,并简述其主要特点。

2. 画出 ZXDU68 型开关电源系统原理框图。

3. 画出 ZXDU68 型开关电源系统交流/直流配电单元工作原理框图。

4. 画出 ZXD2400 整流器原理框图,并简述其工作原理。

5. 画出 ZXDU68 型开关电源系统监控单元原理框图。

6. ZXDU68 S601/T601 开关电源系统监控单元的前面板有哪些指示灯和按键？说明指示灯的含义和按键的功能。

7. 简述 ZXDU68 S601/T601 开关电源系统的开/关机操作步骤。

8. 简述 ZXDU68 S601/T601 开关电源系统实时信息查阅步骤。

9. 简述 ZXDU68 S601/T601 开关电源系统实时告警信息查阅步骤。

10. 简述 ZXDU68 S601/T601 开关电源系统历史告警信息查阅步骤。

11. 简述 ZXDU68 S601/T601 开关电源系统历史操作记录查阅步骤。

12. 简述 ZXDU68 S601/T601 开关电源系统放电记录查阅步骤。

13. 简述 ZXDU68 S601/T601 开关电源系统极值记录查阅步骤。

14. 简述 ZXDU68 S601/T601 开关组合电源系统参数设置步骤。

15. 简述开/关整流器的步骤。

16. 简述设置蓄电池均充/浮充/测试的步骤。

17. 简述 ZXDU68 S601/T601 开关电源系统的日维护项目。

18. 简述 ZXDU68 S601/T601 开关电源系统的月维护项目。

19. 简述 ZXDU68 S601/T601 开关电源系统运行中,整流器的取出与安装方法。

20. 简述 ZXDU68 S601/T601 开关电源系统在运行中增加负载的步骤。

21. 简述 ZXDU68 S601/T601 开关电源系统交流停电告警的处理方法。

22. 简述 ZXDU68 S601/T601 开关电源系统交流辅助输出断告警的处理方法。

23. 简述 ZXDU68 S601/T601 开关电源系统交流主断路器断告警的处理方法。

24. 简述 ZXDU68 S601/T601 开关电源系统交流电压低的处理方法。

25. 简述 ZXDU68 S601/T601 开关电源系统交流电压高的处理方法。

26. 简述 ZXDU68 S601/T601 开关电源系统交流缺相的处理方法。
27. 简述 ZXDU68 S601/T601 开关电源系统交流电流高的处理方法。
28. 简述 ZXDU68 S601/T601 开关电源系统直流输出电压低的处理方法。
29. 简述 ZXDU68 S601/T601 开关电源系统直流输出电压高的处理方法。
30. 简述 ZXDU68 S601/T601 开关电源系统一次下电的处理方法。
31. 简述 ZXDU68 S601/T601 开关电源系统二次下电的处理方法。
32. 简述 ZXDU68 S601/T601 开关电源系统门磁告警的处理方法。

参 考 文 献

[1] 杨贵恒. 电气工程师手册（专业基础篇）. 北京：化学工业出版社，2019.
[2] 强生泽，阮喻，杨贵恒. 电工技术基础与技能. 北京：化学工业出版社，2019.
[3] 严健，常思浩，杨贵恒. 内燃机构造与维修. 北京：化学工业出版社，2019.
[4] 杨贵恒，龙江涛，王裕文. 发电机组维修技术. 第 2 版. 北京：化学工业出版社，2018.
[5] 杨贵恒，杨雪，何俊强. 噪声与振动控制技术及其应用. 北京：化学工业出版社，2018.
[6] 强生泽，杨贵恒，常思浩. 通信电源系统与勤务. 北京：中国电力出版社，2018.
[7] 杨贵恒，张颖超，曹均灿. 电力电子电源技术及应用. 北京：机械工业出版社，2017.
[8] 杨贵恒，杨玉祥，王秋虹. 化学电源技术及其应用. 北京：化学工业出版社，2017.
[9] 聂金铜，杨贵恒，叶奇睿. 开关电源设计入门与实例剖析. 北京：化学工业出版社，2016.
[10] 杨贵恒，卢明伦，李龙. 通信电源设备使用与维护. 北京：中国电力出版社，2016.
[11] 杨贵恒. 内燃发电机组技术手册. 北京：化学工业出版社，2015.
[12] 杨贵恒，张海呈，张颖超. 太阳能光伏发电系统及其应用. 第 2 版. 北京：化学工业出版社，2015.
[13] 强生泽，杨贵恒，贺明智. 电工实用技能. 北京：中国电力出版社，2015.
[14] 文武松，王璐，杨贵恒. 单片机原理及应用. 北京：机械工业出版社，2015.
[15] 杨贵恒，常思浩，贺明智. 电气工程师手册（供配电）. 北京：化学工业出版社，2014.
[16] 文武松，杨贵恒，王璐. 单片机实战宝典. 北京：机械工业出版社，2014.
[17] 杨贵恒，刘扬，张颖超. 现代开关电源技术及其应用. 北京：中国电力出版社，2013.
[18] 杨贵恒，张海呈，张寿珍. 柴油发电机组实用技术技能. 北京：化学工业出版社，2013.
[19] 杨贵恒，王秋虹，曹均灿. 现代电源技术手册. 北京：化学工业出版社，2013.
[20] 杨贵恒，龙江涛，龚伟. 常用电源元器件及其应用. 北京：中国电力出版社，2012.
[21] 张颖超，杨贵恒，常思浩. UPS 原理与维修. 北京：化学工业出版社，2011.
[22] 杨贵恒，张瑞伟，钱希森. 直流稳定电源. 北京：化学工业出版社，2010.
[23] 杨贵恒，贺明智，袁春. 柴油发电机组技术手册. 北京：化学工业出版社，2009.
[24] 强生泽，杨贵恒，李龙. 现代通信电源系统原理与设计. 北京：中国电力出版社，2009.
[25] 王兆安，黄俊. 电力电子技术. 第 5 版. 北京：机械工业出版社，2009.
[26] 漆逢吉. 通信电源. 第 4 版. 北京：北京邮电大学出版社，2015.
[27] 倪海东，蒋玉萍. 高频开关电源集成控制器. 北京：机械工业出版社，2004.
[28] 刘树林，刘健. 开关变换器分析与设计. 北京：机械工业出版社，2010.
[29] 张占松，张心益. 高频开关变换技术教程. 北京：机械工业出版社，2010.
[30] 路秋生. 开关电源技术与典型应用. 北京：电子工业出版社，2009.
[31] 赵同贺. 新型开关电源典型电路设计与应用. 北京：机械工业出版社，2009.
[32] 梁奇峰. 开关电源原理与分析. 北京：机械工业出版社，2012.
[33] 乔恩明，张双运. 开关电源工程设计快速入门. 北京：中国电力出版社，2010.
[34] 李定宣. 开关稳定电源设计与应用. 北京：中国电力出版社，2010.
[35] 马洪涛，周分萍，郭晓剑. 从零学起开关电源设计入门. 北京：化学工业出版社，2018.
[36] 钟炎平. 电力电子电路设计. 武汉：华中科技大学出版社，2010.
[37] 贲洪奇，孟涛，杨威. 现代开关电源技术与应用. 哈尔滨：哈尔滨工业大学出版社，2018.
[38] 贲洪奇，张继红，刘桂花. 开关电源中的有源功率因数校正技术. 北京：机械工业出版社，2010.
[39] 张颖超. 中点箝位三电平双 PWM 变频器控制技术研究. 北京：清华大学，2008.
[40] 赵志旺. 三电平 PWM 整流器控制技术研究. 重庆：重庆通信学院，2010.
[41] 张颖超. 软开关技术在通信电源中的应用研究. 西安：空军工程大学，1998.
[42] 闫民华. 高性能三电平背靠背变频器综合控制策略研究. 重庆：重庆通信学院，2011.